高等学校电子信息类精品教材

微机原理与接口技术

（第3版）

陈逸菲　叶彦斐　主编
宋　莹　李伟伟　郑皆亮　编著
张颖超　主审

電子工業出版社
Publishing House of Electronics Industry
北京·BEIJING

内容简介

本书是根据电气与电子信息类本科专业的共同要求而编写的，共 14 章，分为原理篇、接口篇和拓展篇。

原理篇包括微型计算机基础、8086/8088 微处理器及其指令系统、汇编语言程序设计、存储器技术。指令系统和汇编语言部分引入了 DEBUG 调试结果截图，以及与 C 语言的对比内容，同时保证了对比内容的相对独立性。

接口篇以简易交通灯控制系统和自动气象站为案例，介绍了相关接口芯片、接口电路和程序设计方法。部分案例同时提供了汇编语言和 C 语言版本的程序。

拓展篇包括高性能微处理器及其新技术、总线技术、实验指导。其中接口部分的实验和设计均基于 Proteus 平台，具有较大的灵活性。

本书内容深入浅出，通过案例导入、问题牵引、对比学习、点线面循序渐进等方式，实现了理论与应用的有机融合，使本书具有较强的可读性。本书在每一章给出了思维导图、学习指导和典型例题，为读者学习提供了全方位的辅导。本书还构建了与教材资源关联的课程知识图谱，提供了课程思政案例。

本书适合作为高等学校电气与电子信息类各专业的教材或参考书，还可供从事微机系统设计与应用的工程技术人员阅读和参考。

图书在版编目（CIP）数据

微机原理与接口技术 / 陈逸菲，叶彦斐主编. —3 版. —北京：电子工业出版社，2024.7

ISBN 978-7-121-47695-2

Ⅰ. ①微…　Ⅱ. ①陈…　②叶…　Ⅲ. ①微型计算机-理论-高等学校-教材　②微型计算机-接口技术-高等学校-教材　Ⅳ. ①TP36

中国国家版本馆 CIP 数据核字（2024）第 074950 号

责任编辑：韩同平

印　　刷：三河市良远印务有限公司

装　　订：三河市良远印务有限公司

出版发行：电子工业出版社

　　　　　北京市海淀区万寿路 173 信箱　　邮编：100036

开　　本：787×1092　1/16　印张：24.5　字数：784 千字

版　　次：2011 年 2 月第 1 版

　　　　　2024 年 7 月第 3 版

印　　次：2025 年 5 月第 2 次印刷

定　　价：85.90 元

凡所购买电子工业出版社图书有缺损问题，请向购买书店调换。若书店售缺，请与本社发行部联系，联系及邮购电话：（010）88254888，88258888。

质量投诉请发邮件至 zlts@phei. com. cn，盗版侵权举报请发邮件至 dbqq@phei. com. cn。

本书咨询联系方式：010-88254525，hantp@phei. com. cn。

第 3 版前言

“微机原理与接口技术”是高等学校电气与电子信息类各专业的核心课程。课程目标是使学生从系统角度出发，掌握微机系统的组成、工作原理、接口技术及应用方法，使学生具有微机系统的初步开发能力。本书编者总结了多年教研实际经验，对课程相关资料进行综合分析提炼，编写了本书。

本书第 1、2 版受到了许多高校老师的青睐和读者的欢迎，被数十所不同层次、不同特色的院校选作教材或学习用书，并提出了不少宝贵的意见和建议；此外微机技术发展迅速，教学改革不断创新，“数智化”在教材和课程建设中越来越受到重视。综合考虑以上因素，本书第 3 版在保持第 2 版特色的基础上，在内容和结构上主要做了以下几个方面的修订：

（1）对章节安排顺序进行了调整，更符合认知规律。

- 把 8255A 调整到第 6 章的 I/O 接口技术之后，即学完简单 I/O 接口之后就学习可编程并行接口，衔接更自然紧密。
- 原第 7 章的中断技术与第 8 章的 8259A 合并，避免从复杂的 8259A 开始学习可编程接口芯片。

（2）增加了基于仿真的简易交通灯控制系统设计，贯穿接口篇，每学习 1 个新章节，就对系统功能拓展 1 次，经历 5 次拓展，得到 1 个功能较完备的系统。

（3）原有的部分例题改为仿真版本，并新增了仿真案例。

（4）增加了实验项目数量和接口部分的综合设计。

（5）部分接口案例和实验项目提供了 C 语言程序的实现。

全书共 14 章，分为原理篇、接口篇和拓展篇。

原理篇由第 1～5 章组成。第 1 章介绍了微机系统的结构及特点，数制、编码等计算机基础知识。第 2 章以 8086/8088 微处理器为实例，介绍了 CPU 的功能结构、引脚和特点，并以此为基础讨论了微机系统的总线操作与时序、存储器和 I/O 组织。第 3 章 8086/8088 指令系统和第 4 章汇编语言程序设计引入了与 C 语言的对比内容。第 5 章存储器技术，重点介绍存储器与 CPU 的连接。本篇是学习接口篇的基础。

接口篇由第 6～11 章组成。以简易交通灯控制系统、自动气象站的设计为例，介绍了 I/O 接口技术（第 6 章），以及 8255A（第 7 章）、8259A（第 8 章）、8253（第 9 章）、8251A（第 10 章）等可编程接口芯片的功能、结构、编程和应用，系统讨论了 A/D、D/A 转换器的原理和接口方法（第 11 章）。在分步学习与设计的基础上实现 1 个完整的系统。本篇在讨论各类常用接口芯片的基本功能和特点的基础上侧重应用。

拓展篇由第 12～14 章组成。第 12 章介绍了高性能微处理器及其发展，阐述了当前高性能微处理器的关键新技术。第 13 章为总线技术。第 14 章为实验指导，主要包括汇编语言、接口部分的基本实验及综合设计，接口实验和设计均基于 Proteus 仿真软件，同时介绍了汇编语言和 C 语言两种编程的方法，具有较大的灵活性。

本教材具有以下特色：

（1）案例导入和问题教学相融合，注重理论联系实际

本书通过简易交通灯控制系统和自动气象站两个案例导入和问题牵引，组织接口部分的教学内容，把 8255A、8259A、8253、8251A 等可编程接口芯片，以及 A/D 转换器等全部合理

导入，从整体到局部再到整体，循序渐进。

（2）通过对比教学法，借C语言基础，促汇编语言学习

通过汇编语言和C语言对比教学实现互补，促进汇编语言学习，并深化对C语言的理解和找准 C 语言与汇编语言中概念的异同。本教材在第 3、4 章以及接口篇部分章节、接口实验部分内容的处理上，保证了与C语言对比内容的相对独立性。

（3）知识图谱链接各类丰富配套资源

- 本教材提供PPT课件、课后习题答案、各章节仿真案例、第14章的实验参考程序、仿真电路、部分思考题答案，以及以二维码形式提供的参考资料、样卷、课程思政案例等配套资源。
- 本教材**基于超星平台构建了课程知识图谱**，与教材资源关联（含题库），通过超星平台的课程克隆方式提供给使用教材的教师，便于教师根据实际需要使用。（注：需开通超星知识图谱功能）

本书配套的教学资源，读者可以登录华信教育资源网（www.hxedu.com.cn）下载，也可以联系编者索取（ch_yi_f@126.com）。

本书采用集体讨论、分工完成、交叉修改的编写方式，由河海大学叶彦斐，无锡学院陈逸菲、宋莹、李伟伟，中资科技（江苏）有限公司郑皆亮编写，并进行了配套资源制作。全书由陈逸菲、叶彦斐统稿和最后定稿，由南京信息工程大学张颖超教授主审。

本书得到了无锡市示范产业学院（无锡学院智能制造现代产业学院）项目的大力支持，以及江苏省高校“智慧教育与教学数字化转型研究”专项课题（2022ZHSZ72）、无锡学院教改研究课题（XYJG2023007）、无锡学院2023年度校级教材建设项目的资助。

作者水平有限，书中不足之处，敬请读者及时指正。衷心感谢所有阅读和关心本书的朋友！

编　者

目　录

原　理　篇

接 口 篇

拓 展 篇

原理篇

微型计算机发展迅速，结构特点鲜明。本篇首先帮助读者对微型计算机系统工作的原理建立初步认识。接着以8086/8088为实例，讨论CPU的构成和特点，并以此为基础讨论总线操作与时序的概念，这有助于正确理解微型计算机系统的工作原理和指令。指令系统和汇编语言部分在内容编排上先介绍了寻址方式、传送指令、算术运算指令、逻辑运算指令和移位指令等，然后结合程序设计介绍了各类转移指令、DOS系统功能调用和字符串操作指令等。存储器技术部分先介绍存储器的分类和对应的典型芯片，然后介绍了存储器的扩展、译码及与存储器系统设计案例。

本篇是接口篇学习的基础。

第 1 章　微型计算机基础

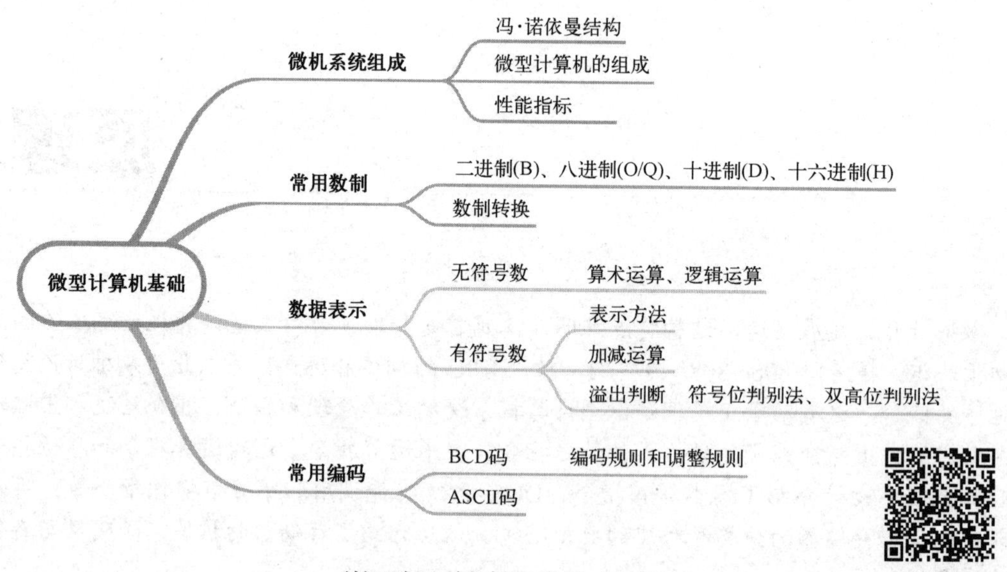

二维码 1-1　微型计算机发展概述

1.1　微型计算机系统的组成

微型计算机（简称微机）的硬件结构基本采用的是冯·诺依曼提出的“存储程序和程序控制”的设计思想。如图 1.1-1 所示，冯·诺依曼结构包括运算器、控制器、存储器、输入设备和输出设备 5 部分。

1.1.1　微型计算机的组成

微型计算机由微处理器、存储器、输入/输出(Input/Output，I/O)接口和系统总线组成，如图 1.1-2 所示。它最大的特点就是将控制器和运算器集成在一起，构成了中央处理器(CPU)。随着电路集成度的提高，整个 CPU 集成在一个集成电路芯片上，统称为微处理器(Microprocessor)；一般在不引起混淆的情况下，CPU 就是微处理器。

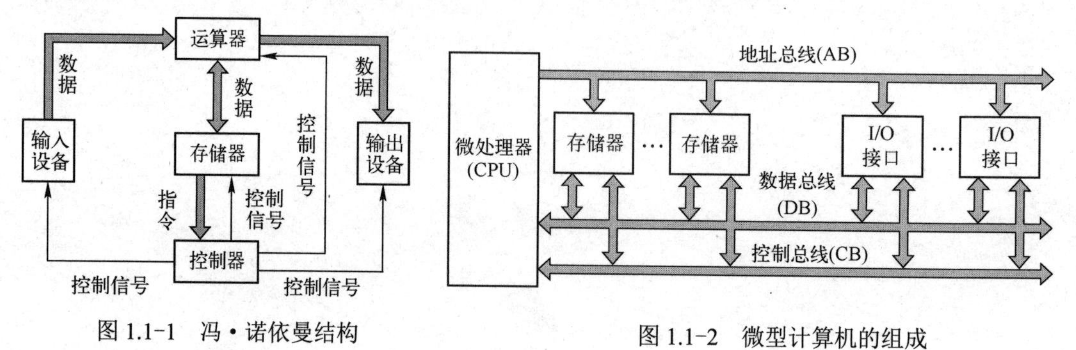

图 1.1-1　冯·诺依曼结构

图 1.1-2　微型计算机的组成

（1）CPU

CPU 是微型计算机的核心，包括运算器、控制器和寄存器 3 个主要部分，主要进行指令译码、算术运算和逻辑运算、通过外部系统总线与存储器或 I/O 接口进行信息交换等。运算器又叫作算术逻辑单元(ALU)，主要负责算术运算和逻辑运算；控制器一般由指令寄存器、指令译码器和控制电路组成，主要负责指令译码并根据指令要求发出相应控制信号；寄存器主要负责存放经常使用的数据。CPU 的一个重要指标是字长，即 CPU 一次可处理的二进制数的位数，通常取决于 CPU 内部通用寄存器的位数和数据总线的宽度。一般所说的 16 位机、32 位机、64 位机，即指 CPU 的字长。

（2）存储器

这里的存储器主要指主存储器(又叫内存储器，简称主存或内存)，是具有记忆功能的部件，用来存放数据和程序。存储器中存放信息的最小单位叫存储单元，每个存储单元都用 1 个地址来标识，通过地址即可找到某个存储单元，也就可以访问存储单元里存放的内容了。微型计算机中常用的存储容量单位有“位(bit)”、“字节(Byte)”、“字(Word)”等，1bit 即二进制中 0 或 1 所占大小，是计算机能表示的最小最基本的数据单位。通常 1 个存储单元，存放 1 个字节(8bit)信息。若有 1 个字，则需要 2 个存储单元存放，在 80x86 系列微型计算机中多字节数据根据小尾顺序原则存放，即高字节存放在高地址、低字节存放在低地址。以图 1.1-3 所示的存储器结构为例，假设要存放字数据 0201H，需要连续的 2 个存储单元，其中低字节 01H 存放在地址为 10000H 的存储单元，高字节 02H 存放在地址为 10001H 的存储单元。

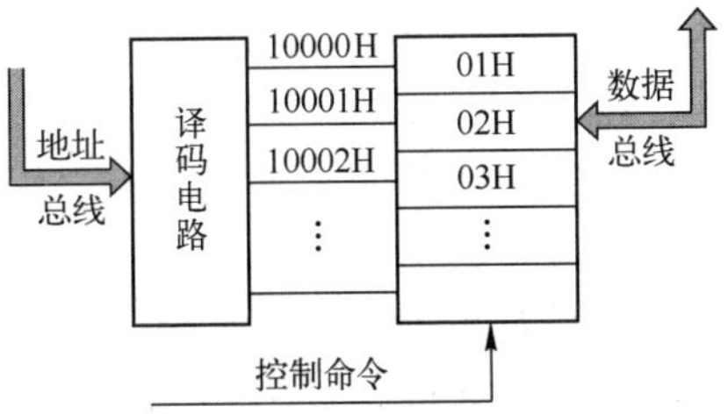

图 1.1-3　存储器结构

CPU 可以访问存储器中的内容，包括读和写 2 种操作。

CPU 读存储器：CPU 发地址信息，经过地址总线送到译码电路译码，选中相应的存储单元；CPU 发读控制命令，相应存储单元中的数据通过数据总线被读出。注意，被读的存储单元中内容不变，除非重新写入新的数据。

CPU 写存储器：CPU 发地址信息，经过地址总线送到译码电路译码，选中相应的存储单元；CPU 发写控制命令，通过数据总线将数据写入相应存储单元。

（3）I/O 接口

I/O 接口是外部设备与 CPU 连接的电路。外部设备是指微型计算机上配备的输入/输出设备，简称外设。常用的输入设备有键盘、鼠标和扫描仪等；常用的输出设备有显示器、打印机和绘图仪等；磁盘、光盘既是输入设备，又是输出设备。由于各种外设的工作速度、驱动方法差别很大，无法与 CPU 直接匹配，所以不能将它们简单地连接到系统总线上，需要有一个接口来充当它们和 CPU 间的桥梁，用于完成信号转换、数据缓冲、暂存、与 CPU 联络等工作，称作 I/O 接口。

（4）总线

总线负责在 CPU 和存储器、I/O 接口间传输地址、数据、控制信号，分为地址总线(AB)、数据总线(DB)和控制总线(CB)。

地址总线：是 CPU 用来向存储器或 I/O 接口传输地址的，是三态单向总线。地址总线宽度决定了 CPU 的寻址能力。一般地，n 根地址线可寻址 2^n 个存储单元。假设 1 个存储单元容量为 1 个字节，则有 20 根地址总线的系统，其存储器的寻址空间为 2^{20} 字节，即 1MB。

数据总线：是 CPU 与存储器及外设交换数据的通路，是三态双向总线。CPU 进行读操作时，外部数据通过数据总线送往 CPU；写操作时，CPU 中的数据通过数据总线送往外部。数据线的多少决定了一次能够传输数据的位数。

控制总线：是用来传输控制信号的，进而协调系统中各部件的操作，传输方向由具体控制信号而定，有输出控制、输入状态等信号。控制总线决定了系统总线的特点，如功能、适应性等。

1.1.2 微型计算机的性能指标

微型计算机(简称微机)的主要性能指标如下：

（1）主频：是指 CPU 的时钟频率。微机运行的速度与主频有关，一般来说，相同架构的 CPU 主频越高，微机运行的速度越快。

（2）字长：指 CPU 一次能够处理的二进制数的位数。字长越长，运算精度越高，功能越强。

（3）内存容量：指微机的存储器能存储信息的字节数。内存容量越大，能存储的信息越多，信息处理能力越强。

（4）存取周期：指存储器完成一次读/写所需的时间。存取时间越短，即存取速度越快，微机运算速度越快。存取周期与存储器性能指标有关。

（5）运算速度：指微机每秒所能执行的指令条数，单位用 MIPS(百万条指令/秒)表示。

（6）内核数目：指封装在 1 个 CPU 内的内核数目，内核越多则 CPU 处理并行计算的能力越强。

（7）高速缓存：又称 Cache，其作用是使数据存取的速度适应 CPU 的处理速度。对于同类 CPU 来说，高速缓存的容量越大，CPU 的执行效率越高，速度越快。

1.1.3 微型计算机系统

以微型计算机为主体，配上外部设备和软件就构成了微型计算机系统(简称微机系统)，也就是说微机系统是由硬件系统和软件系统组成的。

硬件系统包括微处理器、存储器、I/O 接口、系统总线和外部设备等，也称为裸机。

软件系统是为了运行、管理和维护微机系统而编制的各种程序的总和，包括系统软件和应用软件。系统软件通常包括操作系统、语言处理程序、诊断调试程序、设备驱动程序以及为提高机器效率而设计的各种程序。应用软件是指用于特定应用领域的专用软件，又分为两类：一类是为解决某一具体应用、按用户的特定需要而编制的应用程序；另一类是可以适合多种不同领域的通用性的应用软件，如文字处理软件、绘图软件、财务管理软件等。

二维码 1-2 微机系统的工作过程

练习题 1

1.1-1 从第一代到第四代计算机的体系结构都是相同的，都是由运算器、控制器、存储器以及输入设备和输出设备组成的，称为（　　）结构。

A．艾伦·图灵　　B．冯·诺依曼　　C．比尔·盖茨　　D．罗伯特·诺伊斯

1.1-2 通常所说的 32 位机，指的是这种计算机的 CPU（　　）。

A．是由 32 个运算器组成的　　B．能够一次处理 32 位二进制数

C．包含有 32 个寄存器　　D．一共有 32 个运算器和控制器

1.1-3 一般在 CPU 中包含有（　　）。

A．算术逻辑单元　　B．主存　　C．I/O 单元　　D．数据总线

1.1-4 完整的计算机系统应该包括（　　）。

A．系统软件和应用软件　B．计算机及其外部设备　C．硬件系统和软件系统　D．系统硬件和系统软件

1.1-5 构成微机的主要部件除 CPU、系统总线、I/O 接口外，还有（　　）。

A．CRT　　B．键盘　　C．磁盘　　D．主存储器

1.1-6　计算机实际上是执行（　　）。

A．用户编制的高级语言程序　　B．用户编制的汇编语言程序

C．系统程序　　D．机器指令

1.1-7　计算机之所以能连续自动进行数据处理，其主要原因是（　　）。

A．采用了开关电路　　B．采用了半导体器件　　C．具有存储程序的功能　　D．采用了二进制

1.1-8　运算器的主要功能是（　　）。

A．算术运算　　B．逻辑运算　　C．算术运算和逻辑运算　　D．函数运算

1.1-9　判断题

（1）所谓三总线就是数据总线、控制总线、地址总线。（　　）

（2）无论什么微型计算机，其 CPU 都具有相同的机器指令。（　　）

（3）汇编语言就是机器语言。（　　）

1.1-10　两个数 1234H 和 9ABCH 分别存储在 10000H 和 21000H 开始的存储单元中，试画图表示存储情况。

1.2　计算机中的常用数制

1.2.1　数制

表 1.2-1 给出了计算机常用数制，不同数制用不同后缀表示，二进制的后缀是 B，八进制的后缀是 O 或 Q，十进制的后缀为 D(一般省略不写)，十六进制的后缀为 H。这些进制值叫作基数(记作 r)。

表 1.2-1　计算机常用数制

数制	基数	数码	运算规则	后缀
二进制	2	0, 1	逢二进一，借一当二	B
八进制	8	0, 1, 2, 3, 4, 5, 6, 7	逢八进一，借一当八	O 或 Q
十进制	10	0, 1, 2, 3, 4, 5, 6, 7, 8, 9	逢十进一，借一当十	D
十六进制	16	0, 1, 2, 3, 4, 5, 6, 7, 8, 9, A, B, C, D, E, F	逢十六进一，借一当十六	H

二进制中有 0 和 1，八进制中有 0, 1, 2, 3, 4, 5, 6, 7 八个数，十六进制中有 0, 1, 2, 3, 4, 5, 6, 7, 8, 9, A, B, C, D, E, F 十六个数，这些数就叫作该数制的数码(记作 a)；每个数中的每一位与之对应的单位值，叫作权(是基数的某次幂，记作 r^i)。

如十进制数 123.45，可以表示成 123.45D 或者$(123.45)_{10}$，每位对应的权为 $10^2, 10^1, 10^0, 10^{-1}, 10^{-2}$；十六进制数 6C2AH，也可以记作$(6C2A)_{16}$，每位对应的权为 $16^3, 16^2, 16^1, 16^0$。

8086 汇编程序规定，如果十六进制数的首位是字母，前面需要加 0 来表示，例如 0A134H。

通常，任意 r 进制数 N 可以表示为

$$N = a_{n-1}\cdot r^{n-1} + a_{n-2}\cdot r^{n-2} + \cdots + a_2\cdot r^2 + a_1\cdot r^1 + a_0\cdot r^0 + a_{-1}\cdot r^{-1} + \cdots + a_{-m}\cdot r^{-m} = \sum_{i=-m}^{n-1} a_i\cdot r^i$$

1.2.2　不同数制间的转换

（1）r 进制数转换成十进制数

公式 $N = \sum_{i=-m}^{n-1} a_i\cdot r^i$ 实际上给出了 r 进制数转换成十进制数的方法，任何数制都可由其数码

乘上对应的权再求和转换成十进制数。

【例 1.2-1】 将二进制数 1011.001B 转换为十进制数。

【解答】 $1011.001B = 1\times2^3+0\times2^2+1\times2^1+1\times2^0+0\times2^{-1}+0\times2^{-2}+1\times2^{-3} = 11.125D$

（2）十进制数转换成 r 进制数

十进制数转换成 r 进制数时，根据需要将数分成整数部分和小数部分分别转换。

整数部分除以 r 取余，直到商为 0，余数按逆序排列，即第一个余数排在最右边；小数部分乘 r 取整数部分，留小数部分继续乘 r，直到小数部分为 0 或达到要求的精度为止(可能小数部分永远得不到0)，所得整数按顺序排列，即第一个得到的整数排在最左边。

【例 1.2-2】 将十进制数 21.643D 转换为二进制数。

【解答】 分成整数部分 21、小数部分 0.643 分别转换为二进制数：

整数部分

除数	被除数	余数
2	21	
2	10	1
2	5	0
2	2	1
2	1	0
	0	1

（余数由下向上排列）

小数部分

运算	取整数部分
0.643 × 2 = 1.286	1
0.286 × 2 = 0.572	0
0.572 × 2 = 1.144	1
0.144 × 2 = 0.288	0
0.288 × 2 = 0.576	0

（整数部分由上向下排列）

则 21.643D ≈ 10101.10100B(精度为 5 位小数)。

（3）二进制数、八进制数、十六进制数间的转换

十进制数转换为二进制数，转换过程较长，二进制数表示十进制数需要占更多位数容易出错。为方便起见，一般借助八进制数或十六进制数表示十进制数，然后再转换为二进制数，3 位二进制数相当于 1 位八进制数($8^1=2^3$)，4 位二进制数相当于 1 位十六进制数($16^1=2^4$)。表 1.2-2 为常用数制对照表。

表 1.2-2 常用数制对照表

二进制数(B)	八进制数(O)	十进制数(D)	十六进制数(H)
0000	0	0	0
0001	1	1	1
0010	2	2	2
0011	3	3	3
0100	4	4	4
0101	5	5	5
0110	6	6	6
0111	7	7	7
1000	10	8	8
1001	11	9	9
1010	12	10	A
1011	13	11	B
1100	14	12	C
1101	15	13	D
1110	16	14	E
1111	17	15	F

这样，二进制数转换为八进制数或十六进制数时，分成整数部分和小数部分，每 3 位或 4 位为 1 组对应 1 位八进制数或十六进制数，不满 3 位或 4 位的补 0；反之，八进制数、十六进制数转换为二进制数只需将 1 位对应成 3 位、4 位二进制数即可。

二维码 1-3　0 与 1 生万物的智慧启迪

思政案例： 见二维码 1-3。

【例 1.2-3】 将二进制数 10100.10100B 转换为八进制数。

【解答】 $\underset{2}{\underline{010}}\ \underset{4}{\underline{100}}.\underset{5}{\underline{101}}\ \underset{0}{\underline{000}}B = 24.50O$

【例 1.2-4】 将十六进制数 6C2A.15H 转换为二进制数。

【解答】 $6C2A.15H = \underset{6}{\underline{0110}}\ \underset{C}{\underline{1100}}\ \underset{2}{\underline{0010}}\ \underset{A}{\underline{1010}}.\underset{1}{\underline{0001}}\ \underset{5}{\underline{0101}}B$

练习题 2

1.2-1 选择题

（1）二进制数 011001011110B 对应的十六进制数为（　　）

A．4EH　　B．75FH　　C．54FH　　D．65EH

（2）11110000B 对应的十进制数是（　　）

A．360　　B．480　　C．240　　D．120

1.2-2　完成下列数制的转换。

（1）201D　　=________H　=________O =________B

（2）123.45D　=________H　=________O =________B

（3）1ACDH　=________D　=________O =________B

（4）10110101B =________H　=________D =________O

1.3　计算机中的数据表示方法

1.3.1　无符号数与有符号数

数在计算机中用二进制数表示，包括无符号数和有符号数两种。

无符号数不分正负，每个二进制数位都是数值位，均用来表示数的大小。例如，8 位无符号数的范围是 0～255(0～FFH)。

有符号数的最高位是符号位：1 表示负数，0 表示非负数。数的表示范围受字长和表示方法的限制。有符号数有三种表示方法：原码、反码、补码。下面以 8 位字长为例进行介绍。

（1）原码

整数 X 的原码：除去最高位即符号位外，其余数值部分就是其绝对值的二进制数。如：

```
[+1]原   = 00000001 B        [-1]原   = 10000001 B
[+127]原 = 01111111 B        [-127]原 = 11111111 B
[+0]原   = 00000000 B        [-0]原   = 10000000 B
```

（2）反码

整数 X 的反码：对于正数，反码同原码；对于负数，符号位为 1，其余数值位为原码数值位取反。如：

```
[+1]反   = 00000001 B        [-1]反   = 11111110 B
[+127]反 = 01111111 B        [-127]反 = 10000000 B
[+0]反   = 00000000 B        [-0]反   = 11111111 B
```

（3）补码

整数 X 的补码：对于正数，补码同原码；对于负数，用 $2^n-|X|$表示，n 为字长，求负数补码的简单方法是将此数对应的正数原码写出，然后符号位为 1，其余数值位取反后加 1。

```
[+1]补   = 00000001 B        [-1]补   = 11111111 B
[+127]补 = 01111111 B        [-127]补 = 10000001 B
[0]补    = 00000000 B        [-128]补 = 10000000 B
```

1.3.2　无符号二进制数的运算

在计算机中，无符号数运算采用二进制数的算术运算和逻辑运算规则。

1．算术运算规则

二进制数的算术运算包括加、减、乘、除 4 种，运算规则见表 1.3-1。

表 1.3-1　二进制数的算术运算规则

运算	运算符	运算规则	说明
加	+	0 + 0 = 0　0 + 1 = 1　1 + 0 = 1　1 + 1 = 10	逢二进一
减	−	0 − 0 = 0　0 − 1 = 1　1 − 0 = 1　1 − 1 = 0	借一当二
乘	×	0 × 0 = 0　0 × 1 = 0　1 × 0 = 0　1 × 1 = 1	
除	÷	0 ÷ 1 = 0　1 ÷ 1 = 1	除数不能为 0

【例 1.3-1】 无符号二进制数的算术运算举例。

$$01111111B + 00000001B = 10000000B$$

2．逻辑运算规则

二进制数的逻辑运算包括与、或、非、异或 4 种，运算规则见表 1.3-2。

表 1.3-2　二进制数的逻辑运算规则

运算	运算符	运算规则
与(AND)	∧	0 ∧ 0 = 0　0 ∧ 1 = 0　1 ∧ 0 = 0　1 ∧ 1 = 1
或(OR)	∨	0 ∨ 0 = 0　0 ∨ 1 = 1　1 ∨ 0 = 1　1 ∨ 1 = 1
非(NOT)	—	$\overline{0} = 1$　$\overline{1} = 0$
异或(XOR)	⊕	0 ⊕ 0 = 0　0 ⊕ 1 = 1　1 ⊕ 0 = 1　1 ⊕ 1 = 0

【例 1.3-2】 无符号二进制数的逻辑运算举例。

$01100011B \wedge 00110011B = 00100011B$　　$01100011B \vee 00110011B = 01110011B$

$\overline{01100011B} = 10011100B$　　$01100011B \oplus 00110011B = 01010000B$

📖 无符号二进制数的逻辑运算（与、或、非、异或）与 C 语言中的位运算（按位与&、按位或|、按位取反～和按位异或^）类似。

1.3.3　有符号二进制数的运算

有符号数的三种表示方法中，最常用的是补码，原因如下：

（1）符号位能与数值位一起参加数值运算，从而简化运算规则、节省运行时间。

（2）使减法运算转化成加法运算，从而简化 CPU 中运算电路的设计。

进行运算时，乘法、除法运算均可用加法运算、移位运算实现（见 3.5 节），减法运算实际是加上一个负数，用补码可以方便地进行运算。

1．补码加/减法运算规则

采用补码来表示数，在加/减法运算时，不必判断数的正负，只要符号位参加运算就能得到正确结果。运算规则如下：

$$[X+Y]_{补} = [X]_{补} + [Y]_{补}，[X-Y]_{补} = [X]_{补} + [-Y]_{补}$$

【例 1.3-3】 按补码运算规则计算“−6 + 4”和“−10−5”。

【解答】

```
[6]补  = 00000110 B
[-6]补 = 11111010 B
[-6+4]补 = [-2]补 = 11111110 B
[-6]补+[4]补 = 11111010 B + 00000100 B = 11111110 B
[5]补  = 00000101 B                    [10]补  = 00001010 B
[-5]补 = 11111011 B                    [-10]补 = 11110110 B
```

```
[-10-5]补 = [-15]补 = 11110001 B
[-10]补 +[-5]补 = 11110110 B + 11111011 B = 11110001 B
```

2．补码加/减法运算的溢出判断

CPU 字长有限，因此能表示的数据是有范围的，比如字长为 8 位时，补码表示的有符号数在−128～+127 范围内。当超出这个范围时，运算结果将出错，这称为溢出。产生溢出的原因是数值位占用了符号位。加/减法运算溢出的判断有以下两种方法。

（1）符号位判别法

- 若两个同号数相加，结果的符号位与之相反，则溢出。
- 若两个异号数相减，结果的符号位与减数相同，则溢出。
- 若两个异号数相加或同号数相减，则不溢出。

（2）双高位判别法

- 若次高位(即最高数值位)和最高位(即符号位)不同时产生进位或借位，则溢出。
- 若次高位和最高位同时产生进位或借位，则不溢出。

换句话说，将最高数值位向符号位的进位/借位记为 C_P，符号位向前产生的进位/借位记为 C_S，有 $C_P \oplus C_S = 1$ 则溢出，$C_P \oplus C_S = 0$ 则不溢出。

【例 1.3-4】 当字长为 8 位时，计算 127 + 1，并用两种方法来判断结果是否正确。

【解答】

```
                                 Cs=0
                                 ↓┐
    127          [127]补 = 01111111 B
 +)   1      +)    [1]补 = 00000001 B
 -------     ---------------------------
    128                  10000000 B
                         ↑┘
                          Cp=1
```

根据符号位判别法可知：两个正数数相加结果为负数，因此结果溢出；根据双高位判别法 $C_P \oplus C_S = 1 \oplus 0 = 1$，因此结果溢出。

练习题 3

1.3-1 判断题

（1）若$[X]_{原}= [X]_{反}= [X]_{补}$，则该数为正数。（　　）

（2）补码的求法是：正数的补码等于原码，负数的补码是原码连同符号位一起求反后加 1。（　　）

（3）如果二进制数 00000H～11111H 的最高位为符号位，其能表示 31 个十进制数。（　　）

1.3-2 用补码表示的二进制数 10001000B 转换为对应的十进制数为__________。

1.3-3 假设某微机的字长是 8 位，给出−52 的原码、反码、补码。

1.3-4 计算机的内存“溢出”是指其运算结果（　　）。

A．为无穷大

B．超出了计算机存储单元所能存储的数值范围

C．超出了该指令所指定存放结果的存储单元所能存储的数值范围

D．超出了一个字所能表示数的范围

1.3-5 已知 X=58，Y=67，设字长为 8，求$[-58]_{补}$，$[-67]_{补}$。并利用补码的加/减法运算规则计算$[X-Y]_{补}$，$[-X+Y]_{补}$，$[-X-Y]_{补}$，要求写出计算过程，并判断是否溢出。

1.4　计算机中信息的编码表示

编码是采用少量的基本符号，选用一定的组合原则，以表示大量复杂多样信息的技术。计

算机中任何信息必须转换成二进制形式的数据后，才能由计算机进行处理、存储和传输。

1．BCD 码(二-十进制编码)

BCD(Binary Code Decimal)码是用 4 位二进制数表示 1 位十进制数的编码，这种编码形式使二进制数和十进制数之间的转换更快捷。表 1.4-1 是十进制数与 BCD 码的对照表。1 个字节可以表示 1 位或 2 位 BCD 码，若 1 个字节表示 1 位 BCD 码即为非压缩 BCD 码，若 1 个字节表示 2 位 BCD 码即为压缩 BCD 码。

表 1.4-1　十进制数与 BCD 码的对照表

十进制数	0	1	2	3	4	5	6	7	8	9
BCD 码	0000	0001	0010	0011	0100	0101	0110	0111	1000	1001

计算机中利用 BCD 码表示十进制数，但是使用 BCD 码进行运算时，是按照二进制数的规则进行计算的，得到的结果中可能出现 1010B～1111B，而非 BCD 码。这是由不同进位制所导致的，必须根据 BCD 码调整规则对运算结果进行调整。压缩 BCD 码的十进制调整规则如下：

（1）结果中个位(D_3 位向 D_4 位)有进位/借位，则加/减 06H；

（2）结果中十位(D_7 位向前)有进位/借位，则加/减 60H；

（3）结果中个位超过计数符号 9(1001 B)，则加/减 06H；

（4）结果中十位超过计数符号 9(1001 B)，则加/减 60H。

【例 1.4-1】 用压缩 BCD 码计算 88 与 59 的和。

【解答】

```
   88 | 10001000 B
+) 59 | 01011001 B
-------------------
  147 | 11100001 B
```

结果不是压缩 BCD 码。结果中 D_3 位向 D_4 位有进位，但不是到 10 而是到 16 后才进位；高 4 位结果超过 10，但没有进位，不是压缩 BCD 码。显然此处符合调整规则（1）和（4），因此调整如下：

```
   88 |    10001000 B
+) 59 |    01011001 B
----------------------
  147 |    11100001 B
      | +) 01100110 B
      | --------------
      |  1 01000111 B
```

【例 1.4-2】 用压缩 BCD 码计算 88 与 59 的差。

【解答】 因为 D_3 位向 D_4 位有借位，符合调整规则（1），因此减去 06H。

```
   88 |    10001000 B
-) 59 |    01011001 B
----------------------
   29 |    00101111 B
      | -) 00000110 B
      | --------------
      |    00101001 B
```

可见，根据上述规则调整之后的结果为压缩 BCD 码。程序设计时，BCD 码运算仅需使用调整指令，让计算机自动调整，不需要手工调整(详见 3.3 节)。

2. ASCII 码

计算机中用二进制编码来表示字符和字符串。另外，从键盘输入的信息或显示输出的信息都是字符形式的，如：字母 ‘a’～‘z’、‘A’～‘Z’；数字 ‘0’～‘9’ 等。这些字符用 ASCII 码(美国信息交换标准代码，American Standard Code for Information Interchange)表示。ASCII 码用 8 位二进制数表示一个字符，其中低 7 位为 ASCII 值，最高位一般作为校验位，见附录 B。字符串大小比较，实际上就是比较 ASCII 码的大小。

练习题 4

1.4-1 十进制数 255 的 ASCII 码可以表示为________；用压缩 BCD 码表示为 __________；其对应的十六进制数表示为___________。

1.4-2 判断：与二进制数 11001011B 等值的压缩 BCD 码是 11001011B。(　　)

1.4-3 用压缩 BCD 码求下列各数，要求结果为压缩 BCD 码。

(1) 38 + 49　　(2) 33 + 34　　(3) 91 − 66　　(4) 87 − 15

1.5 本章学习指导

1.5.1 本章主要内容

1. 微型计算机系统

微型计算机由微处理器、存储器、I/O 接口及系统总线(数据总线 DB、地址总线 AB、控制总线 CB)组成。其中：

- 数据总线为双向三态，数据线的多少决定了一次能够传输数据的位数。
- 地址总线为单向三态，输出将要访问的存储单元(在存储器内)或 I/O 端口(在 I/O 接口内)的地址，地址总线宽度决定了 CPU 的寻址能力。
- 控制总线的各信号线特点各异。

微处理器即 CPU，由运算器、控制器和寄存器组成。以微型计算机为主体加上外部设备，就得到了常说的裸机。在裸机的基础上加上软件系统就得到了微机系统。

80x86 系列微机的存储器采用小尾顺序原则：多字节数据的低字节保存在低地址，而高字节保存在高地址。

2. 计算机中数和编码的表示

(1) 不同进制下数的表示及相互之间的转换。常用的有：二进制数、八进制数、十进制数、十六进制数。

(2) 无符号数的表示以及加、减、乘、除 4 种算术运算和与、或、非、异或 4 种逻辑运算。

(3) 有符号数的表示(包括：十进制数、原码、反码、补码)及相互之间的转换。注意：

- 正数的原码、反码和补码相等。
- 负数的反码等于其原码的符号位不变、其余位求反。
- 负数的补码等于其原码的符号位不变、其余位求反后加 1。
- 常用补码运算规则：

$$[X+Y]_{补}=[X]_{补}+[Y]_{补}，\quad [X-Y]_{补}=[X]_{补}+[-Y]_{补}$$

(4) 有符号数进行补码运算时，数值部分发生溢出的判断方法有符号位判别法和双高位判别法两种。后者使用更为简便，规则如下：

$C_P \oplus C_S = 1$ 则溢出；$C_P \oplus C_S = 0$ 则不溢出。

（5）编码的表示：非压缩 BCD 码(用 8 位二进制数表示 1 位十进制数，其中高 4 位为 0)、压缩 BCD 码(用 8 位二进制数表示 2 位十进制数)、ASCII 码。

1.5.2 典型例题

【例 1.5-1】 某台计算机有 20 根地址总线和 16 根数据总线，则其存储器寻址空间多大？通过数据总线一次可传输的有符号数的范围是多大（设采用补码）？

分析： 地址总线多少决定了计算机的寻址能力，而数据总线多少决定了一次可传输的二进制数位数，假设地址总线和数据总线根数分别为 n 和 m，则存储器寻址空间为 2^n B，一次可传输的有符号数的范围为 $-2^{m-1} \sim 2^{m-1}-1$。

【解答】 其存储器寻址空间为 1MB，数据总线一次可传输的用补码表示的有符号数的范围是 $-32768 \sim 32767$ $(-2^{15} \sim 2^{15}-1)$。

【例 1.5-2】 试说明微处理器、微型计算机和微机系统的概念。

【解答】 微处理器也称为 CPU，是构成微型计算机的核心部件，通常是包含运算器、寄存器和控制器的一块集成电路。具有解释指令、执行指令和与外界交换数据的能力。

微型计算机是通过系统总线把 CPU、I/O 接口和存储器(ROM 和 RAM)组合在一起构成的一台物理装置。

微型计算机配上外设和软件系统就构成了一个微机系统。其中，所有物理装置的集合称为硬件系统，也称为裸机或硬核，是计算机存储和执行程序、实现各种功能的物质基础。硬件系统必须与软件系统(系统软件和应用软件)相配合构成一个微机系统，才能完成各种工作。

三者的关系如图 1.5-1 所示。

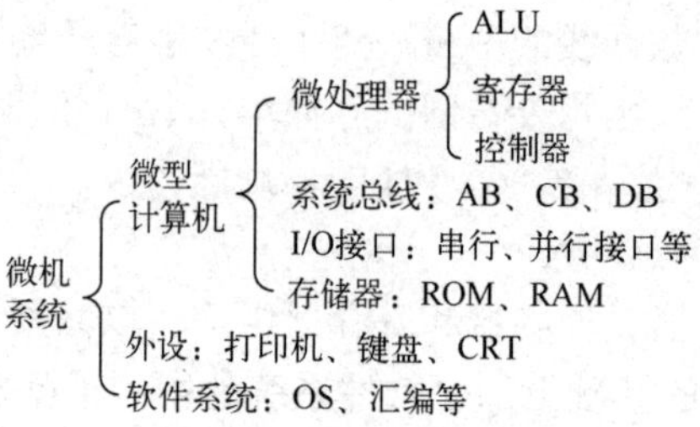

- 微机系统
  - 微型计算机
    - 微处理器
      - ALU
      - 寄存器
      - 控制器
    - 系统总线：AB、CB、DB
    - I/O接口：串行、并行接口等
    - 存储器：ROM、RAM
  - 外设：打印机、键盘、CRT
  - 软件系统：OS、汇编等

图 1.5-1 例 1.5-2 的图

【例 1.5-3】 计算 $(11010.1)_2 + (100100.1000)_{BCD} + (26.8)_{16} = (\quad)_{10}$

分析： 考查二进制数、十六进制数及 BCD 码之间的运算，运算结果为十进制数。先把所有数据转换成十进制数后再相加。

【解答】 $(11010.1)_2 = (0001\ 1010.1000)_2 = (1A.8)_{16} = 1\times16^1 + 10\times16^0 + 8\times16^{-1} = (26.5)_{10}$

$(100100.1000)_{BCD} = (0010\ 0100.1000)_{BCD} = (24.8)_{10}$

$(26.8)_{16} = 2\times16^1 + 6\times16^0 + 8\times16^{-1} = (38.5)_{10}$

$(11010.1)_2 + (100100.1000)_{BCD} + (26.8)_{16} = (89.8)_{10}$

本章习题

1-1 下面是 4 个无符号数的大小顺序，正确的排列是（　　）。

A. 0FEH > 250D > 371Q > 0111111B　　B. 250D > 0FEH > 371Q > 0111111B

C. 371Q > 0FEH > 250D > 0111111B　　D. 0111111B > 0FEH >250D > 371Q

1-2 1个8位二进制数，若采用补码表示，且由4个1和4个0组成，则最小值为（　　）。

A．−120　　　B．−7　　　C．−112　　　D．−121

1-3 两个压缩BCD码相加，结果为压缩BCD码，为得到正确结果，对高4位和低4位都要修正的是（　　）。

A．38 + 49　　　B．33 + 34　　　C．91 + 56　　　D．87+15

1-4 完成下列无符号数的加法、减法运算。

（1）24A5H 和 0033H　　（2）62FCH 和 0004H　　（3）7889H 和 0777H

（4）7BCDH 和 35B5H　　（5）5CBEH 和 0BAFH

1-5 试指出十六进制数的数码0～9及A～F对应字符的ASCII码，并说明数码与ASCII码之间的数值关系。

1-6 设计算机字长为8位，对下列有符号数进行计算，并用双高位判别法判断是否产生溢出。

（1）(+90) + (+107)　　（2）(−110) + (−92)　　（3）(+45) + (+30)

（4）(−14) + (−16)　　（5）(−117) + (+121)　　（6）(−12) + (+9)

1-7 完成下列逻辑运算。

（1）$11001100B \wedge 10101010B$　　（2）$11001100B \vee 10101010B$　　（3）$11001100B \oplus 10101010B$

（4）$10101100B \wedge 10101100B$　　（5）$10101100B \vee 10101100B$　　（6）$10101100B \oplus 10101100B$

（7）$\overline{10101100B}$

第2章　8086/8088微机系统

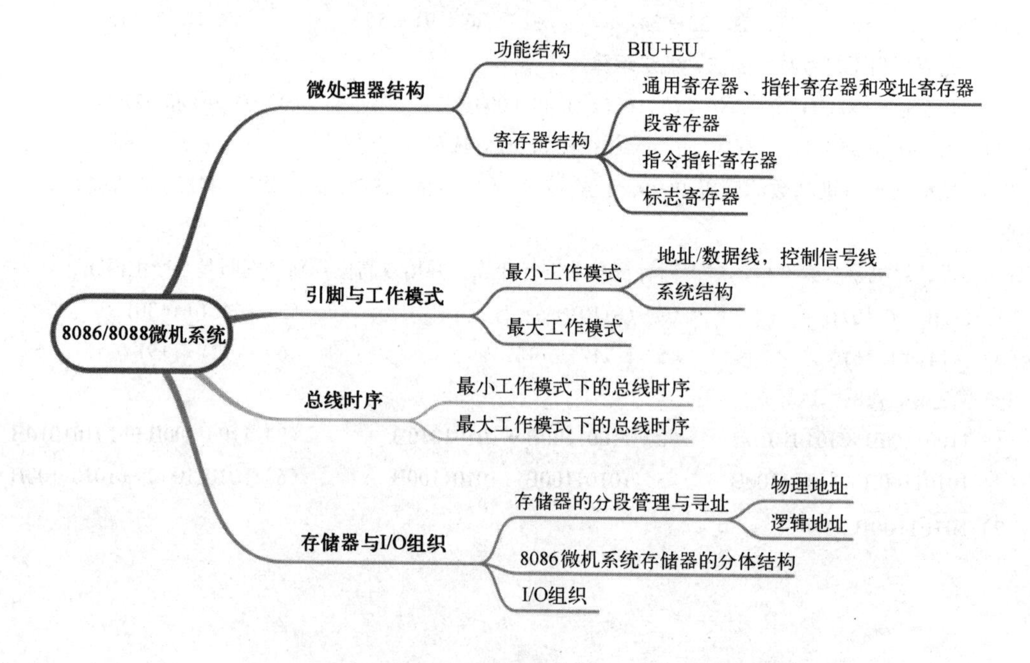

2.1　8086微处理器结构

20 世纪 80 年代初，IBM 公司用 Intel 8088 作为中央处理器(CPU)，推出了个人计算机 IBM PC/XT(现称 PC)，开创了个人计算机的先河，8086/8088 微处理器(下文简称 8086/8088)成为微机系统的典型芯片。8086 和 8088 的内部结构基本相同，所不同的是：8086 的外部数据总线宽度为 16 位，而 8088 的外部数据总线宽度为 8 位。因此，称 8086 为 16 位微处理器，而 8088 为准 16 位微处理器。了解 8086/8088 的内部结构是理解微机系统工作原理的重要基础，其寄存器构成及作用是编写汇编语言程序所必须掌握的。本章先介绍 8086，在 2.5 节将对 8086 与 8088 的差异进行对比。

2.1.1　8086的功能结构

在 8086/8088 之前，微处理器执行指令的过程是串行的，即先取指令后分析执行，继而取下一条指令再分析执行。为了使取指令与分析执行指令能并行，提高 CPU 的执行效率，如图 2.1-1 所示，8086 的功能结构分成 2 部分，即总线接口部件(Bus Interface Unit，BIU)和执行部件(Execution Unit，EU)。

1. 总线接口部件(BIU)

BIU 负责在 CPU 与存储器、I/O 接口之间传输数据。BIU 完成如下功能：

(1) 保存当前要执行的指令、分析指令、向 EU 提供稳定的指令特征状态；

(2) 计算下条指令的地址，以便控制程序的走向，保证正确地执行程序；

(3) 控制存储器、外设之间的数据交换。

BIU 的内部结构由 4 个段寄存器(CS、DS、SS、ES)、指令指针寄存器(IP)、完成与 EU

通信的内部寄存器、地址加法器和指令队列缓冲器组成。它们的主要功能如下：

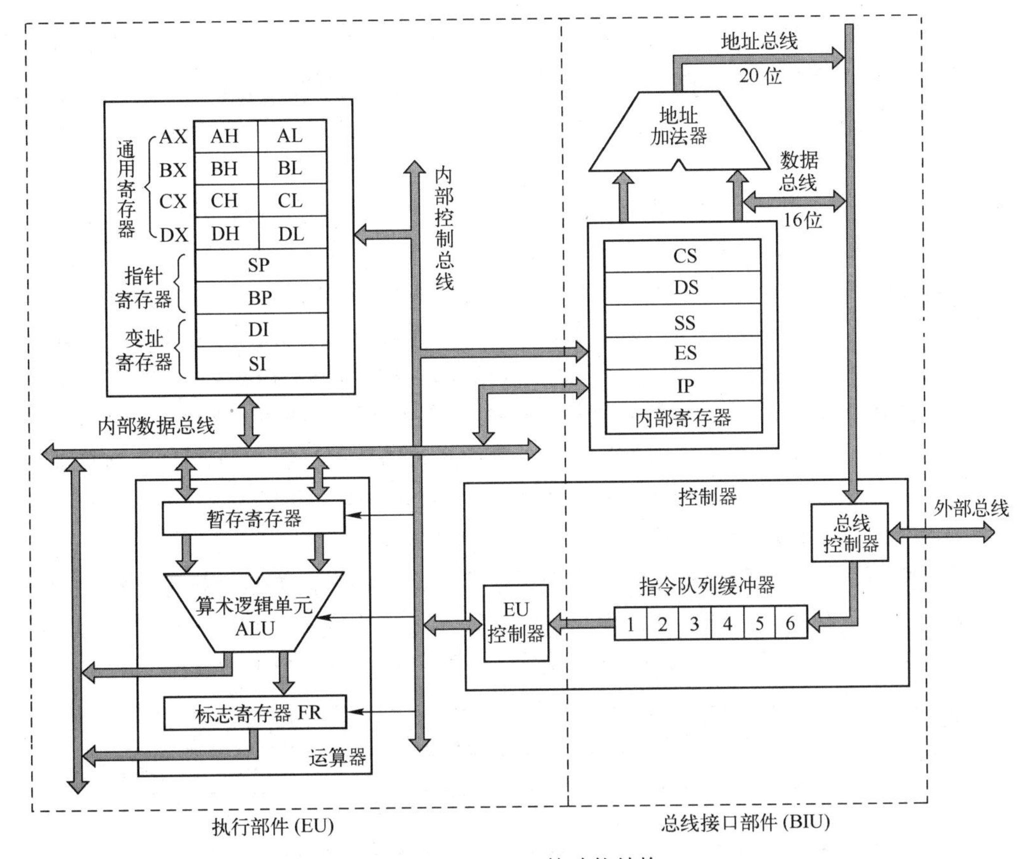

图 2.1-1　8086 的功能结构

（1）地址加法器将段寄存器的值和偏移地址相加，生成 20 位物理地址（见 2.4 节）。

（2）IP 用于引导程序的执行，有以下 3 种情况：

① 当取指令时，用代码段寄存器 CS 中的 16 位段地址乘以 16，再加上 IP 中的 16 位偏移地址，形成要取出的指令字节的 20 位物理地址。每取 1 个指令字节后，IP 自动加 1。

② 形成指令队列时，按 IP 的值顺序取出的指令字节被装入指令队列缓冲器中，进行排队，等待执行，程序员不能对 IP 进行存取操作。

③ 执行转移、调用和返回指令及中断响应时，能按照指令自动修改 IP 的值。

BIU 提供存储器与 I/O 端口的地址线、数据线和控制信号线。图 2.1-1 所示的外部总线是这些信号线的总称，2.2 节会详细介绍具体引脚。

2. 执行部件（EU）

EU 负责指令的执行。EU 由算术逻辑单元（ALU）、暂存寄存器、标志寄存器（FR）、通用寄存器、指针寄存器、变址寄存器和 EU 控制器构成。其主要任务是执行指令，进行算术运算和逻辑运算，完成偏移地址的计算，向 BIU 提供指令执行结果的数据和偏移地址，并对通用寄存器、指针寄存器、变址寄存器和标志寄存器进行管理。

取指令部分与执行指令部分是分开的，在一条指令的执行过程中，就可以读取下一条及后续的多条指令到指令队列缓冲器中排队。这种重叠式的操作技术，早期只在大型计算机中才使用。

3．指令队列缓冲器

指令队列缓冲器是暂存指令的寄存器，又称为指令栈。它由 6 个 8 位的寄存器组成。8086 在指令译码和执行指令的同时，BIU 从存储器中取下一条或几条指令，取来的指令就放在指令队列缓冲器中。一般情况下，CPU 执行完一条指令就可以立即执行下一条指令，从而提高了 CPU 执行指令的速度。

图 2.1-2 给出了重叠执行指令的过程。指令队列缓冲器遵循先装入的指令先取出、后装入的后取出的原则。开始时指令队列缓冲器是空的，EU 处于等待状态，取出的第 1 条指令放入指令队列缓冲器，当 EU 执行第 1 条指令时，便从指令队列缓冲器取走第 1 条指令，同时 BIU 又取出第 2 条指令，并存入指令队列缓冲器。由于 EU 尚未执行完第 1 条指令，指令队列缓冲器未满，于是 BIU 又开始取第 3 条指令，并存入指令队列缓冲器。EU 执行完第 1 条指令后，从指令队列缓冲器中又取走第 2 条指令执行。在执行第 2 条指令期间，BIU 又接连取出第 4、第 5 条指令存入指令队列缓冲器。EU 执行第 2 条指令时需要取出操作数，于是 BIU 重叠地处理，什么时候停止重叠取指令，什么时候清除指令队列缓冲器，什么时候开始取指令，主要视指令队列缓冲器是空或是满，如果符合下列情况，便开始操作：

（1）只要指令队列缓冲器中有 2 个或 2 个以上字节未装指令，便自动执行取指令操作；

（2）当指令队列缓冲器已填满时，便自动停止取指令操作；

（3）当 EU 执行完转移、调用和返回指令时，则要清除指令队列缓冲器。

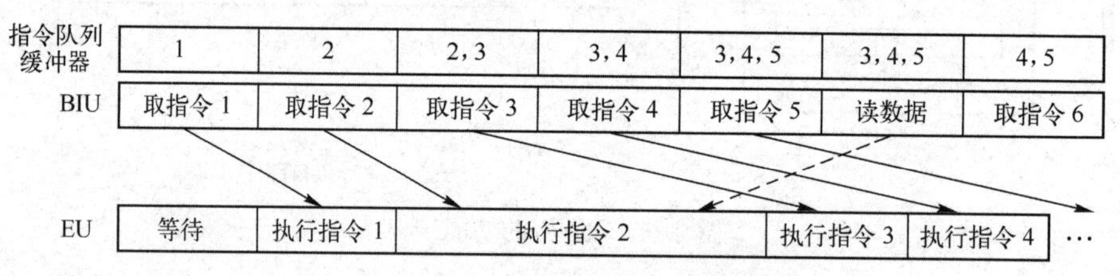

图 2.1-2　重叠执行指令的过程

2.1.2　8086 的寄存器结构

8086 内部具有 14 个 16 位寄存器，形成 1 个寄存器组，用于提供运算中需要的操作数及中间结果、控制指令执行和对指令及操作数寻址，其寄存器结构如图 2.1-3 所示。按寄存器功能可分为以下几类。

1．通用寄存器

通用寄存器包括 4 个 16 位的寄存器：AX(累加器)、BX(基地址寄存器)、CX(计数寄存器)和 DX(数据寄存器)。在指令执行的过程中，既可用来寄存操作数，也可用于寄存操作的结果。它们每一个又分成独立的 2 个 8 位寄存器，分别对应高 8 位(AH、BH、CH 和 DH)与低 8 位(AL、BL、CL 和 DL)。8 位寄存器只能用来存放数据；16 位寄存器可用来存放数据，也可用来存放地址。

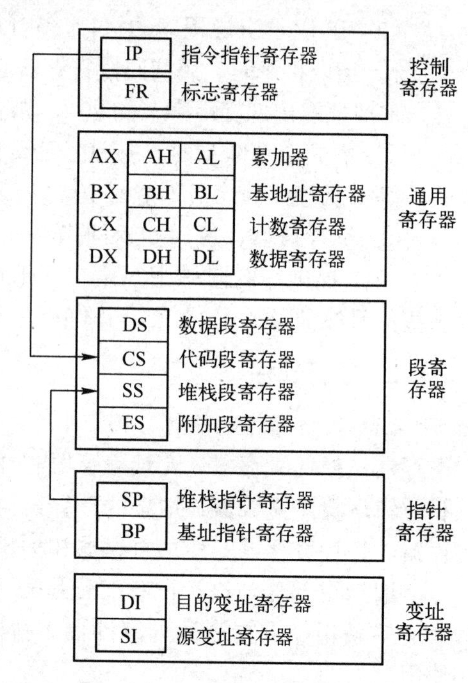

图 2.1-3　8086/8088 寄存器结构

2．指针寄存器和变址寄存器

指针寄存器包括 SP、BP，变址寄存器包括 SI 和 DI，都是 16 位的，这些寄存器在功能上的共同点是在对内存操作数寻址时，用于形成 20 位物理地址。在任何情况下，它们都不能独立地形成访问存储器的地址，因为访问存储器的地址由段地址和偏移地址两部分构成(详见 2.4 节)，而这 4 个寄存器用于存放偏移地址的全部或一部分(详见 3.1 节)。

① SP(堆栈指针寄存器)：主要用于指示堆栈的栈顶位置，必须与堆栈段寄存器 SS 一起形成堆栈的栈顶地址，进行堆栈操作。SP 始终指向栈顶位置。

② BP(基址指针寄存器)：用作堆栈的附加指针，与 SS 联用，确定堆栈中某一存储单元的物理地址，用于对栈空间的数据进行操作。它与 SP 的区别为：它不具有 SP 始终指向栈顶位置的功能，但它可以作为栈空间内的一个偏移地址，访问栈空间内任意位置的存储单元。

③ SI(源变址寄存器)和 DI(目的变址寄存器)：SI 和 DI 具有自动增量和自动减量的功能，因此常与 DS、ES 联用，用于数据区中的数据块或字符串传送操作。在这类操作指令中，SI 指示源串地址，而 DI 指示目的串地址，详见 4.7 节。

它们也可以用来存放一个 16 位数据，作为一般的 16 位寄存器使用。

3．段寄存器

在 8086 微机系统中，访问存储器的地址由段地址和偏移地址两部分组成，段寄存器用来存放段地址。总线接口部件(BIU)设置 4 个段寄存器，CPU 可通过 4 个段寄存器访问存储器中 4 个不同的段(每段不超过 64KB)。这 4 个段寄存器分别是：代码段寄存器(CS)、数据段寄存器(DS)、堆栈段寄存器(SS)和附加段寄存器(ES)，具体作用和使用方法详见 2.4 节。

4．标志寄存器

8086 内部有 1 个 16 位的标志寄存器 FR，设置了 9 位标志。其中 3 位(DF、IF、TF)是控制标志，可用专门的置 1 或清零指令设置，以此来控制 CPU 的操作；6 位(CF、PF、AF、ZF、SF 和 OF)是状态标志，它们反映了执行算术运算或逻辑运算等操作后结果的特征，8086 可以根据这些标志的状态决定其后续动作；剩下的 7 位未用。标志寄存器中标志如图 2.1-4 所示。

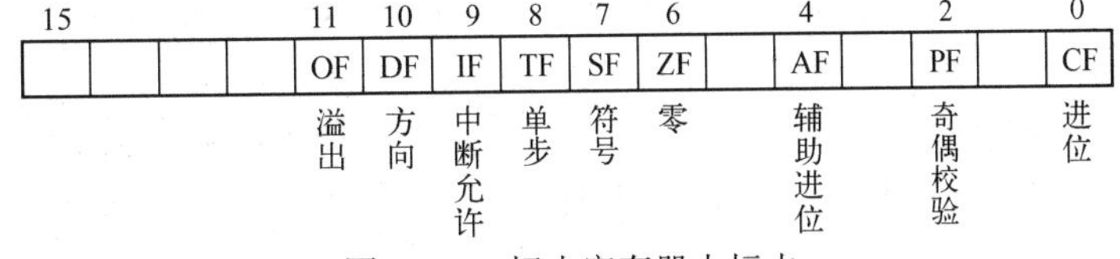

图 2.1-4　标志寄存器中标志

① CF：进位标志。在进行算术运算时，最高位产生进位或借位时使 CF 置 1；否则 CF 清零。移位指令也影响这一标志。可用有关指令置 1、清零或取反。

② PF：奇偶校验标志。若运算结果中低 8 位“1”的个数为偶数，PF = 1；否则 PF = 0。

③ AF：辅助进位标志。在进行字节运算时，由低半字节(D_3位)向高半字节(D_4位)产生进位或借位时，AF = 1；否则为 0。AF 与 CF 一起，用来对 BCD 码运算的结果进行十进制调整。

④ ZF：零标志。当前运算结果为 0 时，ZF = 1，否则 ZF = 0。

⑤ SF：符号标志。与运算结果的最高位相同，结果为负数，SF = 1，否则 SF = 0。SF 只对有符号数运算有意义。

⑥ OF：溢出标志。所谓溢出是指在运算中，有符号数的运算结果超出了操作数所能表达

的范围。例如，字节的运算结果超出了–128～127的范围。溢出时OF = 1，否则OF = 0。

⑦ DF：方向标志。用于在字符串操作中规定数据处理的方向。在DF = 1时，字符串操作指令修改地址指针用减法，此时字符串处理从高地址向低地址进行；若DF = 0，则相反，字符串操作指令修改地址指针用加法，即字符串处理从低地址向高地址进行(见4.7节)。

⑧ IF：中断允许标志。IF = 1时，允许CPU响应可屏蔽中断请求；若IF = 0，禁止CPU接受外界的可屏蔽中断请求。该标志可用有关指令置1或清零，从而控制CPU是否响应可屏蔽中断请求(见8.3节)。

⑨ TF：单步标志。当TF = 1时，为单步操作，CPU每执行一条指令后进入内部中断，以便对指令的执行情况进行检查；若TF = 0，则CPU处于正常的连续执行指令状态。

【例2.1-1】 两个8位有符号数40H和41H执行加法运算后，系统的状态标志将如何变化？

【解答】

```
  01000000B ¦   64
+ 01000001B ¦ + 65
-----------------
  10000001B ¦  129
```

当执行加法运算时，最高位没有向前产生进位，CF=0；结果中低8位“1”的个数为偶数，PF=1；D_3位没有向D_4位产生进位，AF=0；结果不是0，ZF=0；由于最高位为1，SF=1；两个数相加的结果超出了8位有符号数的范围(–128～127)，产生了溢出，OF=1。OF状态的判断可采用1.3节的符号位判别法或双高位判别法。

值得指出的是：CF是对无符号数运算有意义的标志，而OF是对有符号数运算有意义的标志。因此，在CF和OF的利用上，编程者必须考虑数据的类型。

二维码2-1 CPU架构与国产CPU的发展

思政案例：见二维码2-1。

练习题1

2.1-1 8086在功能结构上由________和________构成。

2.1-2 将62A0H和4321H相加，则AF =___，SF =____，ZF =_____，CF =___，OF =___，PF =___。

2.1-3 8086的段寄存器的功能是（　　）。

A．用于计算偏移地址　　B．执行各种数据传送操作　　C．用于存放段地址

2.1-4 微机的地址总线主要功能是（　　）。

A. 只用于选择存储器单元　　B．只用于选择进行信息传输的设备

C. 用于传送要访问的存储器单元或I/O端口的地址　　D．只用于选择I/O端口

2.1-5 在堆栈段中，存放栈顶地址的寄存器是（　　）。

A．IP　　B．SP　　C．BX　　D．BP

2.2 8086的引脚和工作模式

2.2.1 8086的引脚

8086采用双列直插式封装结构，共有40根引脚，如图2.2-1所示，其引脚提供以下几类信号：

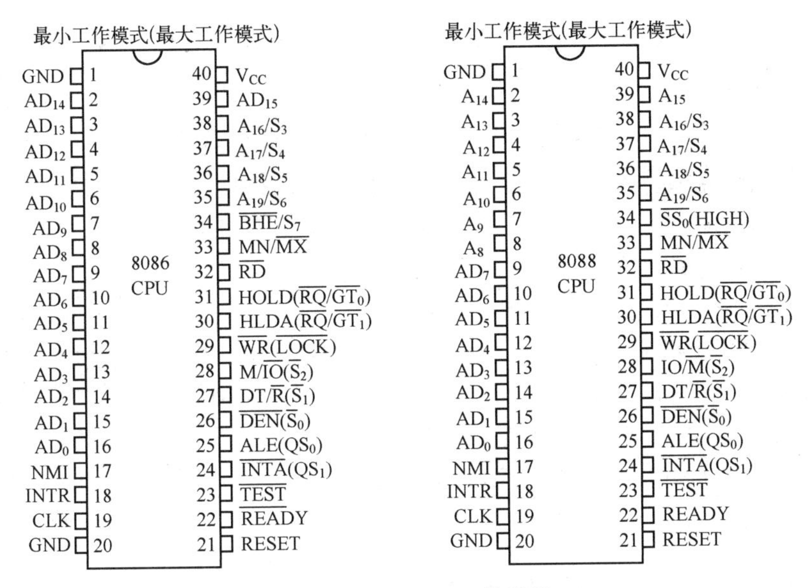

图 2.2-1 8086/8088 的引脚

（1）为芯片的工作提供电源、时钟、复位等必备的信号；

（2）与存储器之间交换数据时所需要的地址、数据和存储器读/写控制等信号；

（3）与 I/O 端口之间交换数据所需要的地址、数据、I/O 端口读/写控制、中断管理、DMA 控制及时钟、复位等信号。

当用 8086 构成微机系统时，有两种工作模式可供选择，即最大工作模式和最小工作模式。选择哪种工作模式，主要取决于应用系统的规模。

当用 8086 构成单 CPU 系统时，存储器容量小，I/O 端口较少，如单板机规模。这种规模组成的系统，只需要加上少量的锁存器和缓冲器就可隔离它的地址线、数据线和控制信号线，无须太多驱动电路，读/写控制可直接由 CPU 来控制管理。在这种情况下，一般选择 8086 最小工作模式(见图 2.2-2)。

若要构成较大的系统，如存储器容量大、I/O 端口多的情况；或者两片以上的微处理器系统，如微型计算机系统的规模。外部系统总线不是由 1 个微处理器控制，而是由两个以上的微处理器分时控制。为此，在系统中设置 1 个总线控制器，由控制着系统的微处理器发送信号给总线控制器，总线控制器发出控制总线的信号。这种系统组织就要选择 8086 的最大工作模式(见图 2.2-3)。

用引脚 $MN/\overline{MX}$ 来规定 8086 处在什么工作模式。若 $MN/\overline{MX}$ 引脚连至电源(+5V)，则是最小工作模式；若接地，则 8086 处在最大工作模式。这两种工作模式下，8086 引脚中的第 24～31 脚的名称和意义是不同的，如图 2.2-1 所示，要注意其意义与区别。

按照微处理器引脚的用途可分为地址线、数据线和控制信号线，下面首先详细说明 8086 在最大/最小工作模式下功能及使用方法相同的引脚。

1．地址/数据线(AD_{15}～AD_0，三态，双向)

这是一组地址与数据时分复用的信号线。所谓时分复用，是指 1 根信号线要传输 2 种以上的信号，从信号占用的时间来加以区分。地址/数据线在第 1 个时间段作为地址线，在第 2 个时间段作为数据线，它们都是并行的 16 位输入或输出。当地址锁存允许信号 ALE 为高电平时，它们用作地址线；当 ALE 信号为低电平时，它们用作数据线。

当 CPU 访问存储器或对 I/O 端口操作时，都要复用 AD_{15}～AD_0，2.3 节的总线时序分析中会详细解释如何复用。

2．地址/状态线（A_{19}/S_6、A_{18}/S_5、A_{17}/S_4、A_{16}/S_3，输出，三态）

A_{19}～A_{16} 是地址总线的高 4 位，和 AD_{15}～AD_0 一样也是时分复用的。当 ALE 信号为高电平时，它们被用作地址线；当 ALE 信号为低电平时，被用作状态线。地址和状态都是由 CPU 发送出来的，所以它们都为输出。

4 位状态表示 CPU 当前的工作状态，有不同用途。

（1）S_4、S_3 用来指示当前使用的段寄存器，如表 2.2-1 所示。

（2）S_5 用来指示中断允许标志 IF 的状态，$S_5 = 1$，表示当前允许 CPU 响应可屏蔽中断请求；$S_5 = 0$，则禁止。

（3）S_6 始终为 0，用来指示 8086 当前与总线相连。

表 2.2-1　S_4、S_3 指示当前使用的段寄存器

S_4	S_3	段寄存器
0	0	ES
0	1	SS
1	0	CS
1	1	DS

3．控制信号线

最大和最小工作模式下都要使用的公共控制信号线如下。

（1）$\overline{BHE}/S_7$（输出，三态）——高 8 位数据总线允许/状态信号，复用，低电平有效。8086 在总线周期的 T_1 状态用 $\overline{BHE}$ 指示高 8 位数据总线上的数据有效。在 T_2～T_4 时，S_7 输出状态信息，在 8086 中 S_7 未赋予实际意义，始终为逻辑 1。

（2）$MN/\overline{MX}$——最大/最小工作模式选择信号。若 $MN/\overline{MX}$ 连至电源(+5V)，则为最小工作模式；接地，则为最大工作模式。

（3）$\overline{RD}$（输出，三态）——读选通信号，低电平有效。当其有效时，表示正在进行存储器读或 I/O 端口读。在 DMA 方式时，此线浮空。

（4）READY（输入）——准备就绪信号。这是所访问的存储器或外设发给 CPU 的响应信号，高电平有效。当其有效时，将完成数据传输（详见 2.3 节）。

（5）INTR（输入）——可屏蔽中断请求信号。它是 1 个电平触发的信号，高电平有效。CPU 在每个指令周期的最后 1 个 T 状态采样此信号，以决定是否进入中断响应周期。可以用软件复位中断允许标志 IF 来屏蔽此信号。

（6）$\overline{TEST}$（输入）——测试信号，低电平有效。此信号是由“Wait”指令来检查的。若此信号有效，则 CPU 继续执行；否则 CPU 就等待，进入空转状态。此信号在每一个时钟周期的上升沿由内部同步。

（7）NMI（输入）——非屏蔽中断请求信号，为边沿触发信号，不能用软件来加以屏蔽，当该引脚的电平由低到高变化时，就在现行指令结束以后引起中断（详见 8.3 节）。

（8）RESET（输入）——复位信号，此信号有效将使 CPU 回到其初始状态。为保证可靠复位，在上电复位（冷启动）时，要求 RESET 的有效时间应维持 50μs 以上；在不掉电复位（热启动）时，此信号的有效时间应维持在 4 个时钟周期以上。

（9）CLK（输入）——时钟信号。它提供了处理器和总线控制器的定时操作。8086 的标准时钟频率为 5MHz。

4．电源线和地线

电源线 V_{CC} 接入电压为 5V ± 10%。地线 GND 接地。

5．其他信号线

8086 的第 24～31 引脚是一些控制信号线，它们在 8086 的最大和最小工作模式下名称和

意义有很大区别，见下文。

2.2.2　8086 最小工作模式

1．最小工作模式引脚

当 $MN/\overline{MX}$ 接+5V 时，CPU 处于最小工作模式，第 24～31 引脚功能和使用方法如下：

（1）$\overline{INTA}$（输出）——中断响应信号，低电平有效。它在每个中断响应周期的 T_2、T_3 和 T_W 状态有效，可用作中断向量读选通信号。

（2）ALE（输出）——地址锁存允许信号，高电平有效。这是 1 个在 T_1 状态的时钟信号为低电平时，由 CPU 提供的正选通脉冲。此信号把在 AD_{15}～AD_0 和 A_{19}/S_6～A_{16}/S_3 上出现的地址信号以及 $\overline{BHE}$ 信号，锁存到用三态输出锁存器 74LS373 组成的地址锁存器中去。

（3）$\overline{DEN}$（输出，三态）——数据允许信号，低电平有效。此信号用作双向数据总线收发器 74LS245 的门控输入信号。此信号在每次存储器访问、I/O 端口操作或中断响应周期有效。当 CPU 处在 DMA 响应时，为浮空状态。

（4）$DT/\overline{R}$（输出，三态）——数据发送/接收信号。在最小工作模式时，为了增强数据总线的驱动能力，用 74LS245 实现数据的发送和接收，此信号用于控制 74LS245 数据传输的方向：为高电平，则发送数据（CPU 写）；为低电平，则接收数据（CPU 读）。当 CPU 处在 DMA 响应时，为浮空状态。

（5）$M/\overline{IO}$（输出，三态）——存储器或 I/O 端口选择信号。若此信号为高电平，则访问存储器；若为低电平，则访问 I/O 端口。当 CPU 处在 DMA 响应时，为浮空状态。

（6）$\overline{WR}$（输出，三态）——写信号，低电平有效。这是 CPU 写操作时输出的 1 个选通信号，表示处在存储器写或 I/O 端口写（取决于 $M/\overline{IO}$ 信号）周期。此信号在整个 T_2、T_3、T_W 状态有效。当 CPU 处在 DMA 响应时，为浮空状态。

（7）HOLD（输入），HLDA（输出）——HOLD 是系统中别的总线主设备要求占用总线时，向 CPU 发出的总线请求信号，高电平有效。当 CPU 接收到有效的 HOLD 信号后，在当前总线周期的 T_4 状态输出一个高电平有效的总线请求响应信号 HLDA。同时，CPU 就使地址线、数据线和相应的控制信号线浮空。当 CPU 检测到 HOLD 信号变为低电平后，使 HLDA 变为低电平，同时收回总线控制权。

2．最小工作模式系统结构

在最小工作模式下，$M/\overline{IO}$、$\overline{WR}$ 和 $\overline{RD}$ 的组合决定了 CPU 是读/写存储器还是读/写 I/O 端口。图 2.2-2 示出了一种典型的 8086 最小工作模式的系统结构。

图 2.2-2 中 74LS373 是 8 位的三态输出锁存器，LE 是锁存允许信号，与 CPU 的地址锁存允许信号 ALE 相连接。当 ALE 信号有效时，表示在地址锁存时间段，地址/数据线 AD_{15}～AD_0 和地址/状态线 A_{19}/S_6～A_{16}/S_3 用作地址线，地址被锁存在 74LS373 的输出端，这些锁存着的地址就是访问存储器单元的地址（20 位）或操作 I/O 端口的地址（16 位）。当 ALE 为低时，表示进入数据交换时间段，AD_{15}～AD_0 用作数据线，A_{19}/S_6～A_{16}/S_3 用作状态线；也就是说，74LS373 用作地址锁存器。

74LS245 是 8 位的三态双向数据缓冲器，DIR 是方向控制信号，$\overline{G}$ 是门控输入信号。74LS245 用作双向数据总线收发器。

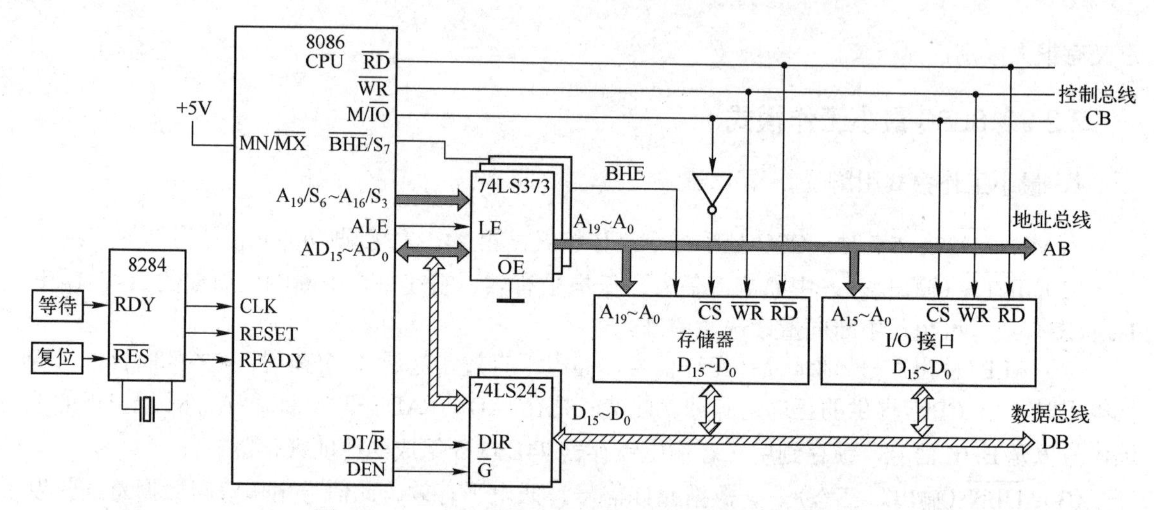

图 2.2-2　一种典型的 8086 最小工作模式的系统结构

当 CPU 发出写信号，即 $\overline{WR}$ 有效时，表示欲将 CPU 中某个寄存器的内容输出到存储器或 I/O 端口；此时若 $\overline{DEN}$ 有效，DT/$\overline{R}$ 为高电平，74LS245 实现由 CPU 写到存储器或 CPU 输出到 I/O 端口的数据流。

当 CPU 发出读信号，即 $\overline{RD}$ 有效时，表示将存储器或 I/O 端口的数据输入到 CPU 的某个寄存器中；此时若 $\overline{DEN}$ 有效，DT/$\overline{R}$ 为低电平，74LS245 实现由存储器到 CPU 或 I/O 端口到 CPU 的数据流。

2.2.3　8086 最大工作模式

1. 最大工作模式引脚

当 MN/$\overline{MX}$ 引脚接地时，8086 处于最大工作模式下，它的第 24～31 引脚与最小工作模式下的意义不同，这 8 根引脚的功能和使用方法如下：

（1）$\overline{S}_2$、$\overline{S}_1$、$\overline{S}_0$（输出，三态）——总线周期状态信号，它们的组合与对应的操作如表 2.2-2 所示。

表 2.2-2　$\overline{S}_2\,\overline{S}_1\,\overline{S}_0$ 的组合与对应的操作

$\overline{S}_2$	$\overline{S}_1$	$\overline{S}_0$	性　能
0	0	0	中断响应
0	0	1	读 I/O 端口
0	1	0	写 I/O 端口
0	1	1	Halt
1	0	0	取指
1	0	1	读存储器
1	1	0	写存储器
1	1	1	过渡状态

8288 总线控制器根据 8086 发出的 $\overline{S}_2\,\overline{S}_1\,\overline{S}_0$ 信号的组合，进入不同的总线周期，用于控制有关存储器访问或 I/O 端口操作的总线周期，并在每个总线周期产生各种所需要的控制信号。

在 T_1 状态期间，$\overline{S}_2\,\overline{S}_1\,\overline{S}_0$ 的任一组合，指示 1 个总线周期的开始；而在 T_3 或 T_W 状态期间返回到过渡状态(111)，即表示 1 个总线周期的结束。

当 CPU 处在 DMA 响应状态时，这些引脚浮空。

（2）$\overline{RQ}/\overline{GT}_0$，$\overline{RQ}/\overline{GT}_1$（输入/输出）——总线请求/总线允许(Request/Grant)信号，低电平有效。接收 CPU 以外的总线主设备发出的总线请求信号和发送 CPU 的总线允许信号，类似于最小工作模式下的 HOLD 和 HLDA。$\overline{RQ}/\overline{GT}_0$ 比 $\overline{RQ}/\overline{GT}_1$ 有更高的优先权。

（3）$\overline{LOCK}$（输出，三态）——低电平有效，当其有效时，其他总线主设备不能获得对系统总线的控制。$\overline{LOCK}$ 信号由前缀指令“LOCK”来设置，且在下一个指令完成以前保持有效。当 CPU 处在 DMA 响应状态时，此引脚浮空。

（4）QS_1、QS_0（输出）——指令队列状态信号，用于指示 CPU 中指令队列（存放于指令队列缓冲器中）当前的状态，以便外部对 8086 内部指令队列的动作进行跟踪。QS_1 和 QS_0 的组合与对应的操作如表 2.2-3 所示。

表 2.2-3　QS_1 和 QS_0 的组合与对应的操作

QS_1	QS_0	操　作
0	0	无操作
0	1	从指令队列取走第一个字节
1	0	队列空
1	1	从指令队列取走后继字节

2. 最大工作模式系统结构

图 2.2-3 所示为一种典型的 8086 最大工作模式的系统结构。图中有 2 个微处理器（主微处理器 8086 和协处理器 8087），1 个总线控制器 8288，还包括地址锁存器 74LS373、双向数据总线收发器 74LS245、存储器、I/O 接口等。

其在结构上与最小工作模式系统的主要区别是增设了 8288 和 8087，它们可以构成以 8086 为核心的多处理器系统。两个微处理器的总线周期状态信号 $\overline{S}_2$ $\overline{S}_1$ $\overline{S}_0$ 同时接到 8288 上，但在某个时刻只有一个微处理器工作，由管理总线的微处理器发送 $\overline{S}_2$ $\overline{S}_1$ $\overline{S}_0$ 信号。

二维码 2-2　总线控制器 8288

8087 不可独立工作，称为协处理器。它也有 40 根引脚，它的引脚除 QS_1、QS_0、BUSY 和 INT 之外，其余引脚的意义与 8086 最大工作模式下的相应引脚的意义完全相同。通过用 QS_1、QS_0、BUSY 与主微处理器 8086 连接，确定当前管理系统的微处理器，哪个微处理器处于管理阶段，其总线信号就起作用，另一个微处理器相应的总线处于挂起浮空状态，也就不会影响总线信号。关于 8087 在此不做进一步讨论。

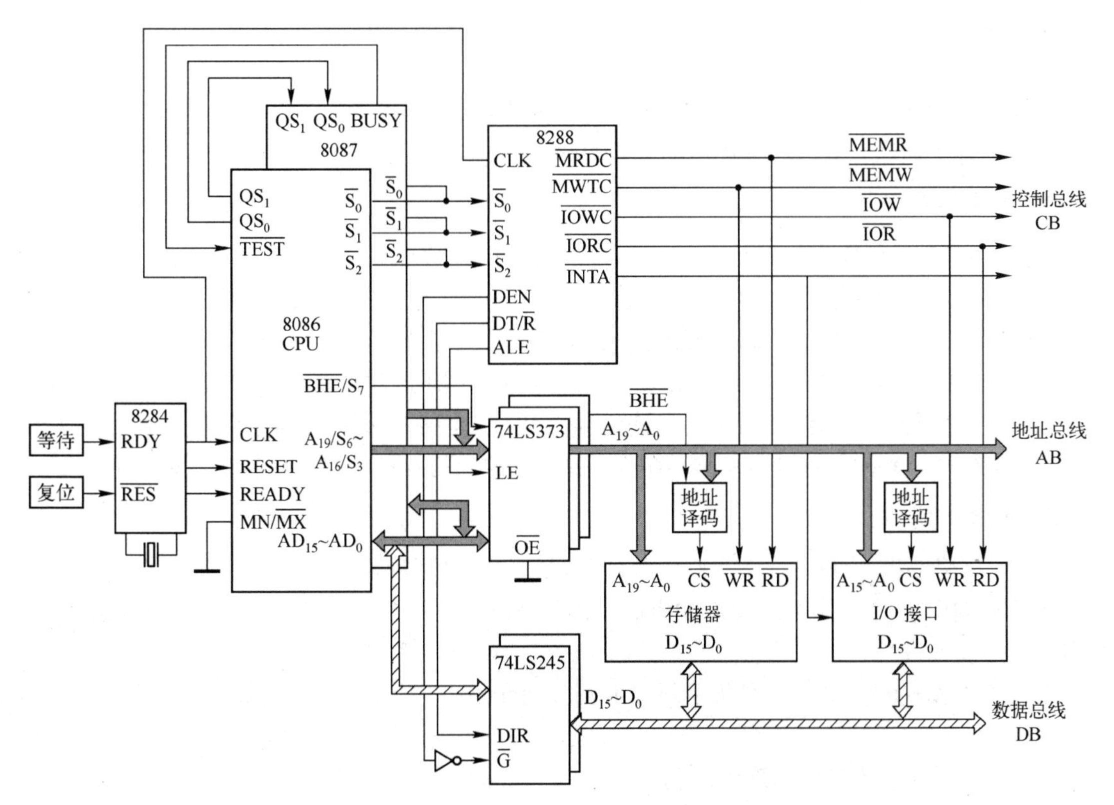

图 2.2-3　一种典型的 8086 最大工作模式的系统结构

练习题 2

2.2-1 8086 中地址/数据线分时复用，为保证总线周期内地址稳定，应配置__________，为提高总线驱动能力，应配置__________。

2.2-2 8086 最小工作模式下的总线控制信号由______产生，最大工作模式下由________产生。

2.2-3 8086 有两种工作模式，当 8086 处于最小工作模式时，MN/$\overline{MX}$ 接（　　）。

A．+12V　　B．−12V　　C．+5V　　D．地

2.2-4 8086 的 INTR 信号（　　）有效。

A．上升沿　　B．下降沿　　C．高电平　　D．低电平

2.2-5 下列说法中属于 8086 最小工作模式特点的是（　　）。

A．CPU 提供全部的控制信号　　B．由编程进行模式设定

C．不需要地址锁存器　　D．需要总线控制器 8288

2.3　8086 微机系统的总线时序

2.3.1　时序单位

时序是指信号高低电平(有效或无效)变化及相互间的时间顺序关系。总线时序用于描述 CPU 引脚如何实现总线操作。CPU 的总线时序决定系统各部件间的同步和定时。

1．时钟周期

微机系统的所有操作都按统一的时钟节拍来进行，这就是 CPU 的时钟信号 CLK。8086 的最高时钟频率为 5 MHz。IBM PC/XT 采用时钟发生器 8284 向 CPU 提供 4.77MHz 的时钟信号，每个时钟周期约 210 ns。时钟周期就是时钟信号频率的倒数。

2．总线周期

8086 的各种对外操作都需要通过总线，它们都可被称为总线操作。CPU 通过总线操作与外界(存储器和 I/O 端口)进行 1 次数据交换的过程(时间)称为总线周期。8086 的基本总线周期需要 4 个时钟周期，每个时钟周期的总线操作并不相同。为了便于区别和叙述，通常将基本总线周期中的 4 个时钟周期编号为 T_1, T_2, T_3 和 T_4。因此总线周期中的时钟周期也被称为“T 状态”。

注意，存储器读包括读取指令码和读取操作数，它们都是从存储器中读取的信息。存储器读、存储器写和 I/O 端口读、I/O 端口写是任何微处理器最基本和最频繁的 4 种总线周期。

3．指令周期

1 条指令经取指、译码、读/写操作数到执行完成的过程称为指令周期。

指令周期由 1 个或多个总线周期组成。由于 8086 的指令码长度不等，导致不同指令的指令周期不等长。

不同工作模式的具体时序有所不同，下面分别介绍。

2.3.2　最小工作模式典型时序

最小工作模式的典型时序就是存储器读/写和 I/O 端口读/写时的总线周期，学习总线周期有助于了解 CPU 是如何工作的，对用 8086 组成微型计算机系统的电路理解与设计将起到作用。

1. 总线读周期和写周期

总线读周期和总线写周期均由 4 个时钟周期 T_1～T_4 组成。下面结合图 2.2-2 中的最小工作模式的系统结构和图 2.3-1、图 2.3-2 的最小工作模式下的总线读/写周期时序来分析。

（1）T_1 状态

① CPU 根据执行的是访问存储器还是访问 I/O 端口的指令，首先发出有效的 $M/\overline{IO}$ 信号。若为高电平，表示从存储器读；若为低电平，则表示从 I/O 端口读。此信号将持续整个周期。

② 从地址/数据线 AD_{15}～AD_0 和地址/状态线 A_{19}/S_6～A_{16}/S_3 发出要访问的存储器单元的地址(20 位)或 I/O 端口地址(16 位)。这类信号都是复用的，只持续 T_1 状态，因此必须将其锁存起来，以供整个总线周期使用。

③ 为了实现对存储器的高位字节(奇地址存储体)进行寻址(见 2.4.1 节)，CPU 在 T_1 状态通过 $\overline{BHE}/S_7$ 引脚发 $\overline{BHE}$ 信号。该信号也是复用的，因此也需要锁存。

④ 为了锁存上述信号，CPU 在 T_1 状态从 ALE 输出 1 个正脉冲加到 3 片地址锁存器 74LS373 的 LE 引脚上。当 ALE 为高电平时，74LS373 的输出随着输入变化(输出等于输入)，此时，地址信号输出到 74LS373 的输出端。当 ALE 变为低电平时，其输出锁存保持不变，即把 20 位地址和 $\overline{BHE}$ 锁存到地址锁存器中，并输出地址到系统的地址总线上。

⑤ 为了控制数据传输方向，使 $DT/\overline{R}$ 输出低电平，控制 74LS245 的数据传输方向为存储器或 I/O 端口到 CPU，见图 2.3-1；或者使 $DT/\overline{R}$ 输出高电平，74LS245 的数据传输方向则相反，见图 2.3-2。$DT/\overline{R}$ 的有效电平一直保持到整个总线周期结束。

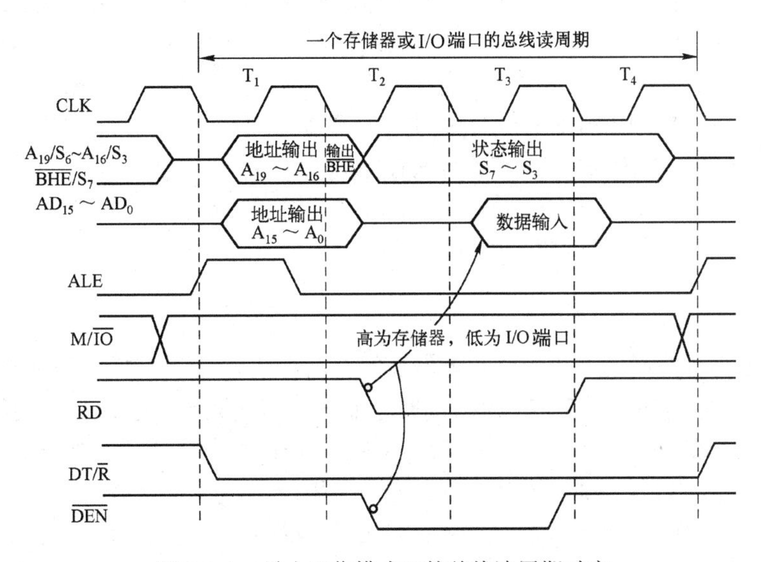

图 2.3-1　最小工作模式下的总线读周期时序

（2）T_2 状态

① CPU 撤销输出的地址信号，AD_{15}～AD_0 成为高阻态，为读/写数据做准备。A_{16}/S_3～A_{19}/S_6 和 $\overline{BHE}/S_7$ 上输出状态信号 S_3～S_7，并一直持续到 T_4 状态。

② $\overline{DEN}$ 变为低电平，允许 74LS245 传输数据。

③ $\overline{RD}$ 输出低电平，$\overline{RD}$ 接到系统中所有存储器和 I/O 端口，用来打开存储器的数据单元(即存储单元)或 I/O 端口，以便它们将数据送至数据总线，如图 2.3-1 所示。

④ $\overline{WR}$ 输出低电平，$\overline{WR}$ 接到系统中所有存储器和 I/O 端口，用来打开存储单元或 I/O 端

口，以便把 CPU 输出到数据总线上的数据写入选中的存储器单元或 I/O 端口，见图 2.3-2。

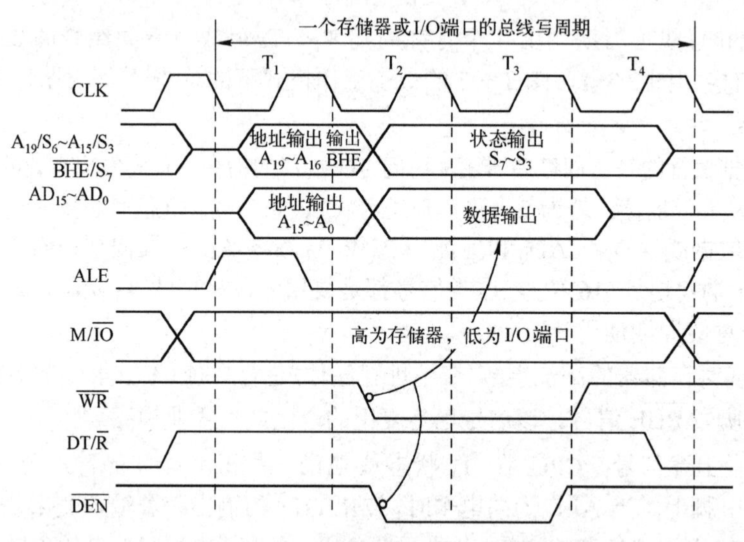

图 2.3-2　最小工作模式下的总线写周期时序

（3）T_3 状态

经过 T_1 和 T_2 状态后，存储单元或 I/O 端口把数据送至数据总线，供 CPU 读取；或者 CPU 把要写入存储单元或 I/O 端口的数据送至数据总线。

在 T_3 状态，如果被选中的存储单元或 I/O 端口来得及把读出数据送到数据总线上，或者存储器、外设能及时从数据总线上取走写入的数据，即写入选中的存储单元或 I/O 端口，则 8086 的等待控制逻辑使 READY 信号有效(高电平)，在 T_3 状态的时钟信号下降沿，8086 采样 READY 上输入的信号。如果 READY 为高电平，则在 T_3 状态结束、T_4 状态开始的时钟脉冲下降沿把数据总线上的数据读入 CPU 或者写入存储单元、I/O 端口。

（4）T_4 状态

8086 完成了数据传输，在此期间恢复各信号的初始状态，准备执行下一个总线周期。

2．T_W 状态

T_W 状态又称为等待周期，是为了匹配慢速的存储器或外设读/写操作而增设的。

如果是慢速存储器或外设在 T_3 状态期间不能把数据送到数据总线上，则等待控制逻辑使 READY 为低电平，8086 采样到 READY 信号无效，就在 T_3 状态结束后插入 1 个 T_W 状态。在 T_W 状态的时钟信号下降沿，8086 再对 READY 信号采样，只要 READY 为低电平，就在本状态结束后插入 1 个 T_W 状态，直至采样到 READY 信号为有效的高电平为止。这时表示慢速的存储器或外设已把数据送到数据总线上，在最后 1 个 T_W 和 T_4 状态交界的时钟信号下降沿，总线上的数据被读入 CPU。如图 2.3-3 所示，为具有 T_W 状态的总线读周期。

和读周期时序一样，当存储器或外设的工作速度较慢时，总线写周期也会在 T_3 和 T_4 状态之间插入 1 个或几个 T_W 状态。

3．复位周期

8086 的 RESET 信号用来重新启动系统。

当 CPU 从 RESET 引脚上检测到 1 个脉冲的上升沿时，便中止当前工作，直到 RESET 信号变为低电平。寄存器复位后的初始状态，如表 2.3-1 所示。

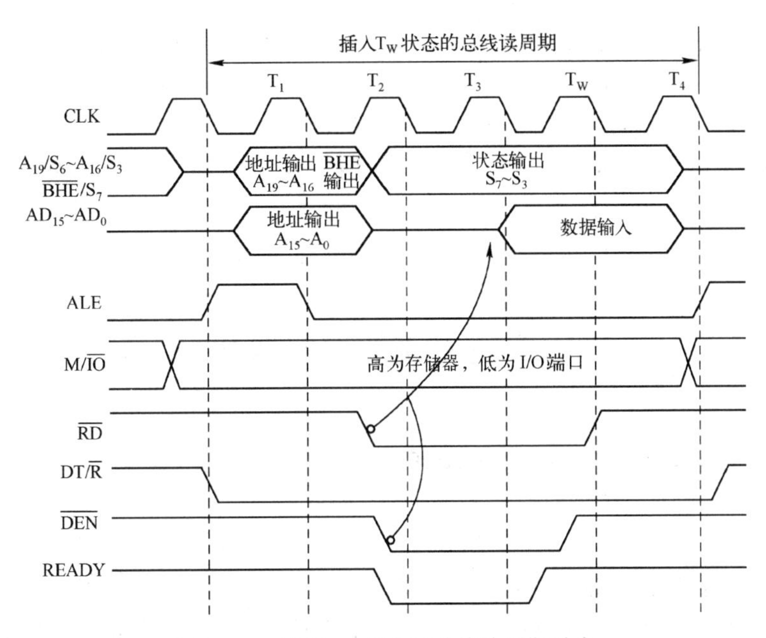

图 2.3-3　具有 T_W 状态的总线读周期时序

8086 要求复位脉冲的有效电平必须至少维持 4 个时钟周期，若为冷启动引起的复位（上电复位），则必须大于 50μs。复位周期的时序如图 2.3-4 所示。

表 2.3-1　寄存器复位后的初始状态

CPU 中的部分	内　　容
标志位	清除
IP	0000H
CS	FFFFH
DS	0000H
SS	0000H
ES	0000H
指令队列缓冲器	空

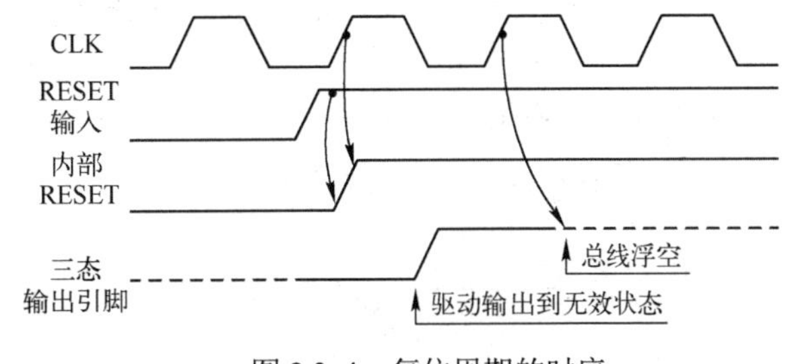

图 2.3-4　复位周期的时序

8086 复位时的总线状态如表 2.3-2 所示。

表 2.3-2　8086 复位时的总线状态

信　　号	状　态
AD_{15}～AD_0、A_{19}/S_6～A_{16}/S_3、$\overline{BHE}/S_7$、$M/\overline{IO}$、$DT/\overline{R}$、$\overline{DEN}$、$\overline{WR}$、$\overline{RD}$、$\overline{INTA}$	高阻、三态
ALE、HLDA、$\overline{RQ}/\overline{GT_0}$、$\overline{RQ}/\overline{GT_1}$、$QS_0$、$QS_1$	无效

2.3.3　最大工作模式典型时序

在最大工作模式下，8086 常用的基本总线周期有存储器读/写和 I/O 端口读/写 4 类，除此之外，复位周期与最小工作模式下是一致的。

在最大工作模式下，总线的控制信号由 8288 发出，数据和地址信号仍然由 CPU 发出。标准的总线周期也是 4 个时钟周期组成。

二维码 2-3　8086 最大工作模式下的典型时序

练习题 3

2.3-1　若存储器的读出时间大于 CPU 所要求的时间，为保证 CPU 与存储器的周期配合，就需要用______信号，使 CPU 插入 1 个______状态。

2.3-2　对存储器访问时，地址线有效和数据线有效的时间关系应该是（　　）。

A．数据线较先有效　　B．二者同时有效　　C．地址线较先有效　　D．同时高电平

2.3-3　8086 的时序中，不加等待的一个总线周期需时钟周期数为（　　）。

A．1　　　　B．2　　　　C．3　　　　D．4

2.3-4　8086 执行 1 个总线周期最多可传输（　　）个字节。

A．1　　　　B．2　　　　C．3　　　　D．4

2.3-5　RESET 信号有效后，8086 执行的第一条指令地址为（　　）。

A．00000H　　　　B．FFFFFH　　　　C．FFFF0H　　　　D．0FFFFH

2.4　8086 微机系统的存储器和 I/O 组织

2.4.1　8086 微机系统的存储器组织

1．存储器空间

8086 微机系统中存储器按字节编址，20 根地址线可寻址的存储器空间为 2^{20} = 1MB，对应存储器的地址范围为 00000H～FFFFFH，每个存储单元(1B)由 20 位的唯一编码与之对应。这个编码也就是存储单元的地址，称为物理地址或绝对地址。

为了实现 16 位数据的传输，8086 的存储器采用分体结构，被分成两个 512KB 的存储体，采用字节交叉编址方式，如图 2.4-1 所示。

如图 2.4-2，在 8086 微机系统中偶地址存储体（偶体）与数据总线的低 8 位 D_7～D_0 相连，奇地址存储体（奇体）与数据总线的高 8 位 D_{15}～D_8 相连；地址总线的 A_{19}～A_1 同时寻址奇体和偶体，$\overline{BHE}$ 和地址总线的 A_0 分别作为奇体和偶体的选择信号，表 2.4-1 给出了这 2 个信号的不同组合所对应的操作。

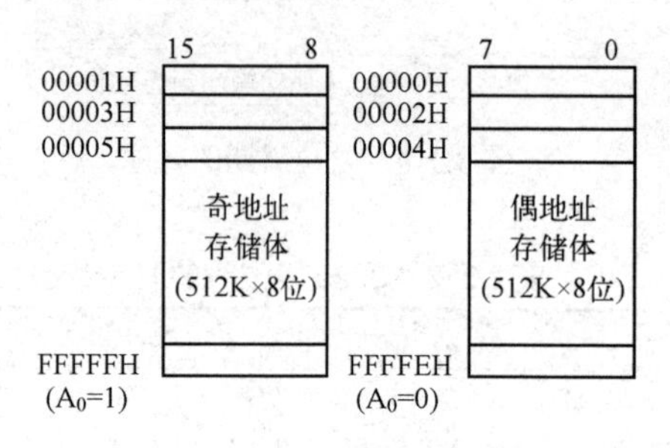

图 2.4-1　存储器分体结构

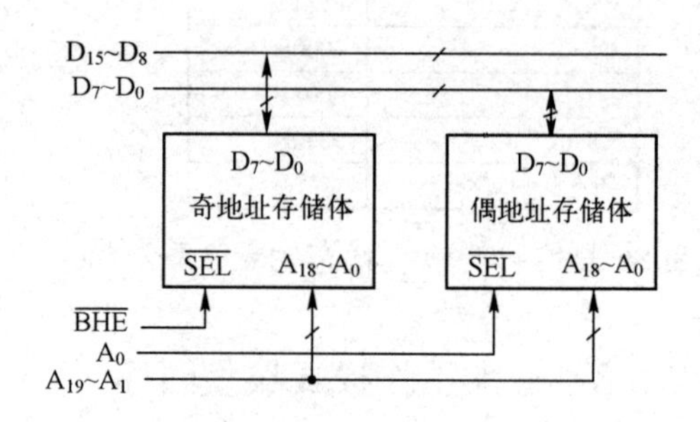

图 2.4-2　8086 微机系统中存储器与总线的连接

8086 的存储器虽然物理上采用分体结构，但是在逻辑结构上，存储单元还是按地址顺序排列的。在进行数据存取操作时，数据可以是字节、字、双字等。8086 规定，对于多字节数据（2 个字节以上），存放的顺序是：低字节存放在低地址；高字节存放在高地址，且以低字节（最低 8 位）所在存储单元的地址作为该数据的地址。例如，在内存 20000H 地址处存放一个双字数据 12345678H，则表示该数据存放在 20000H～20003H 这 4 个存储单元中，依次存放的是 78H、56H、34H 和 12H，如图 2.4-3 所示。

需要说明的是：存放多字节数据时，如果低字节从偶地址开始存放，称为对准存放，该数据称为对准字；如果低字节从奇地址开始存放，称为非对准存放，该数据称为非对准字。根据表 2.4-1 可知，存取对准字可以在 1 个总线周期内完成，而存取非对准字需要 2 个总线周期。这是因为 16 位 CPU 在设计时，数据总线宽度为 16 位，图 2.4-2 中每个存储单元的数据线为 8

位，因此相邻的两个存储单元的数据线分别接至数据总线的高 8 位和低 8 位，形成了奇地址、偶地址、对准和非对准等概念。

表 2.4-1　$\overline{BHE}$ 与 A_0 的不同组合所对应的操作

$\overline{BHE}$　A_0	操作	数据总线使用
0　0 0　1 1　0 1　1	从偶地址开始读/写一个字 从奇地址读/写一个字节 从偶地址读/写一个字节 无效	D_{15}～D_0 D_{15}～D_8 D_7～D_0 无
0　1 1　0	从奇地址开始读/写一个字	D_{15}～D_8 D_7～D_0

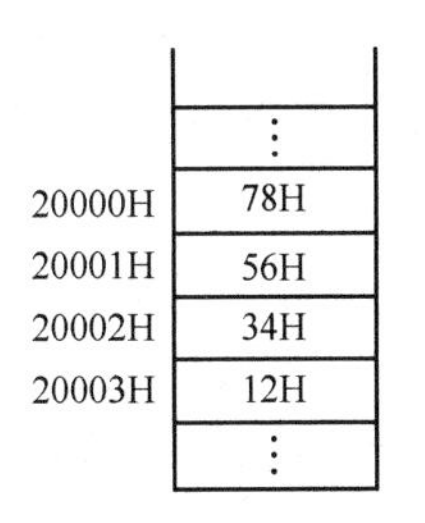

图 2.4-3　双字数据在存储器中的存放

以图 2.4-3 的数据为例，如果从 20001H 单元开始存取 1 个字数据 3456H，需要 2 次总线操作；如果从 20002H 单元开始存取 1 个字数据 1234H，只需 1 次总线操作；前者称为非对准字，后者称为对准字。

需要注意的是 8086 的堆栈操作是以字为单位的，并且必须按对准字的方式存储，确保每访问 1 次堆栈就能入栈或者出栈 1 个字数据，详见 3.2 节 PUSH 和 POP 指令的介绍。

2．存储器的分段管理与寻址

访问 1 个存储单元必须使用 20 位的地址信息，但 8086 内部的数据总线和寄存器都是 16 位的，无法存储 20 位的物理地址。因此，对地址的传输和运算只能在 16 位范围内进行，也就是说，CPU 的寻址能力被局限在 2^{16} = 64KB 的区域内。如何解决这一问题呢？可以设想，任何一个 20 位的地址都可分成两个 16 位地址。例如：8FFFFH =80000H + FFFFH，这样可把 8000H 存储到 16 位的寄存器 DS，把 FFFFH 存储到另一个 16 位寄存器 BX，需要物理地址时，把 DS 的内容 8000H 乘以 16(相当于把 8000H 按二进制数左移 4 位)，再用 20 位的地址加法器把 BX 的内容 FFFFH 加在低 16 位上，即形成了 20 位的物理地址，如图 2.4-4 所示。

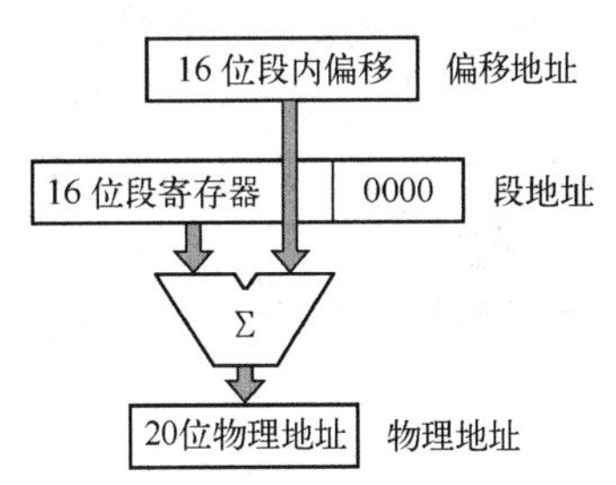

图 2.4-4　20 位物理地址的形成

当 DS 内容不变，BX 的内容从 0000H 变到 FFFFH 时，所产生的地址范围为 80000H～8FFFFH，即 64KB 寻址空间。显而易见，DS 指示了物理地址的高位地址，BX 的内容为这一范围内的相对变化量(偏移量)。DS 和 BX 中的地址都不是绝对地址，而是一个相对地址，通常称这种程序中编排的地址为逻辑地址，记作“段地址：偏移地址”。用这一方法把 1MB 的存储空间分成若干段，每个段的容量不超过 64KB。把段的起始地址的高 16 位(称段地址或段基址)存放到段寄存器，段内的相对地址(相对于段起始地址的偏移量，称偏移地址或有效地址)存放到另一些 16 位寄存器中或直接出现在指令中，经过 20 位的加法器就可以形成任意一个 20 位的物理地址。即：物理地址=段地址×16+偏移地址。

如果把 1MB 的存储空间划分为连续的、固定的 64KB 的逻辑段，可以分成 16 个逻辑段，如图 2.4-5 中所示的 0000H～F000H 段。在实际应用中，允许将 1MB 存储器分成更多的逻辑段，它们可在整个存储空间中浮动，也就是说，段与段之间可以部分重叠、完全重叠、连续排列、断续排列，如图 2.4-5 中所示的物理地址 4455FH 可以从两个部分重叠的段中得到：一个段地址为 3456H，偏移地址为 FFFFH；另一个段地址为 4000H，而偏移地址为 455FH。由此可见，尽管使用了不同的段地址和偏移地址，但它们仍然指向相同的物理地址。从 20 位物理地址形成的原理可以看出，段地址是 20 位物理地址中的高 16 位部分，相当于低 4 位为 0 的 20 位物理地址。因此，段的起始地址必须是低 4 位为 0 的那些物理地址。

需要强调的是，段区的分配工作是由操作系统完成的，但必要时程序员可以指定所需占用的存储区域。

计算机的存储器中存放着 3 类信息：

代码——指令的机器码(机器指令)，指示 CPU 执行什么操作；

数据——数值和字符，程序加工的对象；

堆栈——临时保存的返回地址和中间结果。

为了避免混淆，这 3 类信息通常分别存放在各自的存储区域内。用段寄存器指示这些存储区域的起始地址，即段地址。一般每个段中存放着同类性质的信息。

8086 用 4 个 16 位的段寄存器存放上述信息的段地址。这 4 个段寄存器分别是：CS——代码段寄存器；DS——数据段寄存器；ES——附加段(第二数据段)寄存器；SS——堆栈段寄存器。

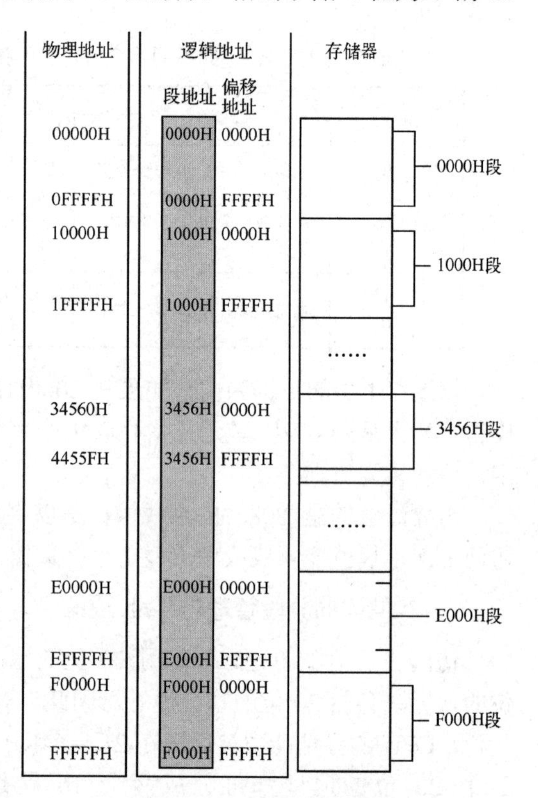

图 2.4-5　存储器段示意图

【例 2.4-1】 数据段内某数据的偏移地址 EA = 5678H，且 DS = 1234H，则该数据在内存中的物理地址是多少？该数据段第 1 个存储单元和最后 1 个存储单元的物理地址是多少（设段的大小为 64KB）？

【解答】 物理地址= 1234H×16 + 5678H = 179B8H

第 1 个存储单元的物理地址= 1234H×16 + 0000H = 12340H

最后 1 个存储单元的物理地址= 1234H×16 + FFFFH = 2233FH

2.4.2　8086 微机系统的 I/O 组织

8086 微机系统中配置了一定数量的 I/O 设备，即外设，外设必须通过 I/O 接口与 CPU 连接。每个 I/O 接口都有 1 个或者几个 I/O 端口（即接口中可以被 CPU 直接读/写的寄存器），像存储单元一样，每个 I/O 端口都有唯一的端口地址，供 CPU 访问时使用。

8086 用地址总线的低 16 位 A_{15}～A_0 来表示端口地址，因此 8086 可以访问的 I/O 端口地址共 64K 个，其地址范围为 0000H～FFFFH，详细内容将在第 6 章介绍。

练习题 4

2.4-1　已知 CS=1800H, IP=1500H, 则指令所处的物理地址为________，给定某个数据的偏移地址是 2359H，且 DS= 49B0H，该数据的实际物理地址为________H。

2.4-2　判断：8086 访问 1 个字节单元和访问 1 个字单元，都只需要 1 个总线周期。(　　)

2.4-3　设存储器的数据段存放了 2 个字数据 2FE5H 和 3EA8H，已知 DS=2500H，数据的偏移地址分别为 1201H 和 305AH，画图说明 2 个字在存储器中的存放情况。如要读取这 2 个字，8086 需要对存储器进行几次读操作？

2.5　8086和8088的主要区别

8086和8088的内部结构和外部引脚基本相同，但是8086的外部数据总线宽度为16位，而8088的外部数据总线宽度为8位，因此称8086为16位微处理器，而8088为准16位微处理器。它们的主要区别如下：

（1）BIU中指令队列缓冲器的长度不同。8086的指令队列缓冲器是6个字节；而8088的是4个字节。8088的指令队列缓冲器中有1个字节（8086是2个字节）未装指令时，自动执行取指令操作。

（2）存储器结构不同。8086的存储器采用分体结构，分为奇地址、偶地址两个存储体，而8088的存储器不分奇偶。

（3）外部数据总线宽度不同。8086内部和外部的数据总线宽度都是16位；而8088内部数据总线宽度是16位，外部数据总线宽度为8位，分时复用的地址/数据总线为AD_7～AD_0。

（4）部分控制信号不同。如图2.2-1所示，8086的存储器、I/O端口选择信号使用$M/\overline{IO}$，而8088使用$IO/\overline{M}$；因为8088只能传输8位数据，因此没有$\overline{BHE}/S_7$引脚，对应引脚定义为状态信号$\overline{SS_0}$。$IO/\overline{M}$、$DT/\overline{R}$、$\overline{SS_0}$的组合与对应的操作如表2.5-1所示。

表2.5-1　$IO/\overline{M}$、$DT/\overline{R}$、$\overline{SS_0}$的组合与对应的操作

$IO/\overline{M}$	$DT/\overline{R}$	$\overline{SS_0}$	操作
1	0	0	中断响应
1	0	1	读I/O端口
1	1	0	写I/O端口
1	1	1	暂停(Halt)
0	0	0	取指
0	0	1	读存储器
0	1	0	写存储器
0	1	1	无源

练习题5

2.5-1　现有8个字节的数据为34H、45H、56H、67H、78H、89H、9AH和ABH，假设它们分别在物理地址为400A6H～400ADH的存储单元中，若当前DS=4002H：

（1）试求各存储单元的偏移地址，并画出数据存放示意图。

（2）若从8086或者8088的存储器中按字的方式从400A6H单元开始读出这些数据，需要访问几次存储器？

（3）请写出读出的字数据。

2.6　案例：8086最小系统仿真电路搭建

参考图2.2-2所示的8086最小工作模式的系统结构，在Proteus环境下搭建对应的仿真电路(不含存储器与I/O接口)，见图2.6-1，下文中称作8086最小系统仿真电路。

- 使用ALE信号将分时复用的20根地址线通过3片74LS373锁存，形成系统地址总线（A_{19}～A_0），$\overline{BHE}$信号同样锁存。
- 8086的数据线通过2片双向数据总线收发器74LS245形成系统数据总线，以增大驱动能力，74LS245由$\overline{DEN}$和$DT/\overline{R}$两个信号控制。
- 图2.6-1中8086的引脚A[16..19]被标注为AD[16..19](AD_{16}、AD_{17}、AD_{18}、AD_{19})，是为了与74LS373输出的A_{16}、A_{17}、A_{18}、A_{19}区分开。这4根引脚不与数据总线复用。

需要说明的是，Proteus下8086的CPU模型内部已经嵌入了部分功能，比如时钟信号，因此仿真电路中没有接入时钟信号发生器8284。此外，如果没有74LS245也不影响系统的仿真。在后面的章节中将基于此最小系统仿真电路，进行各种案例的仿真。

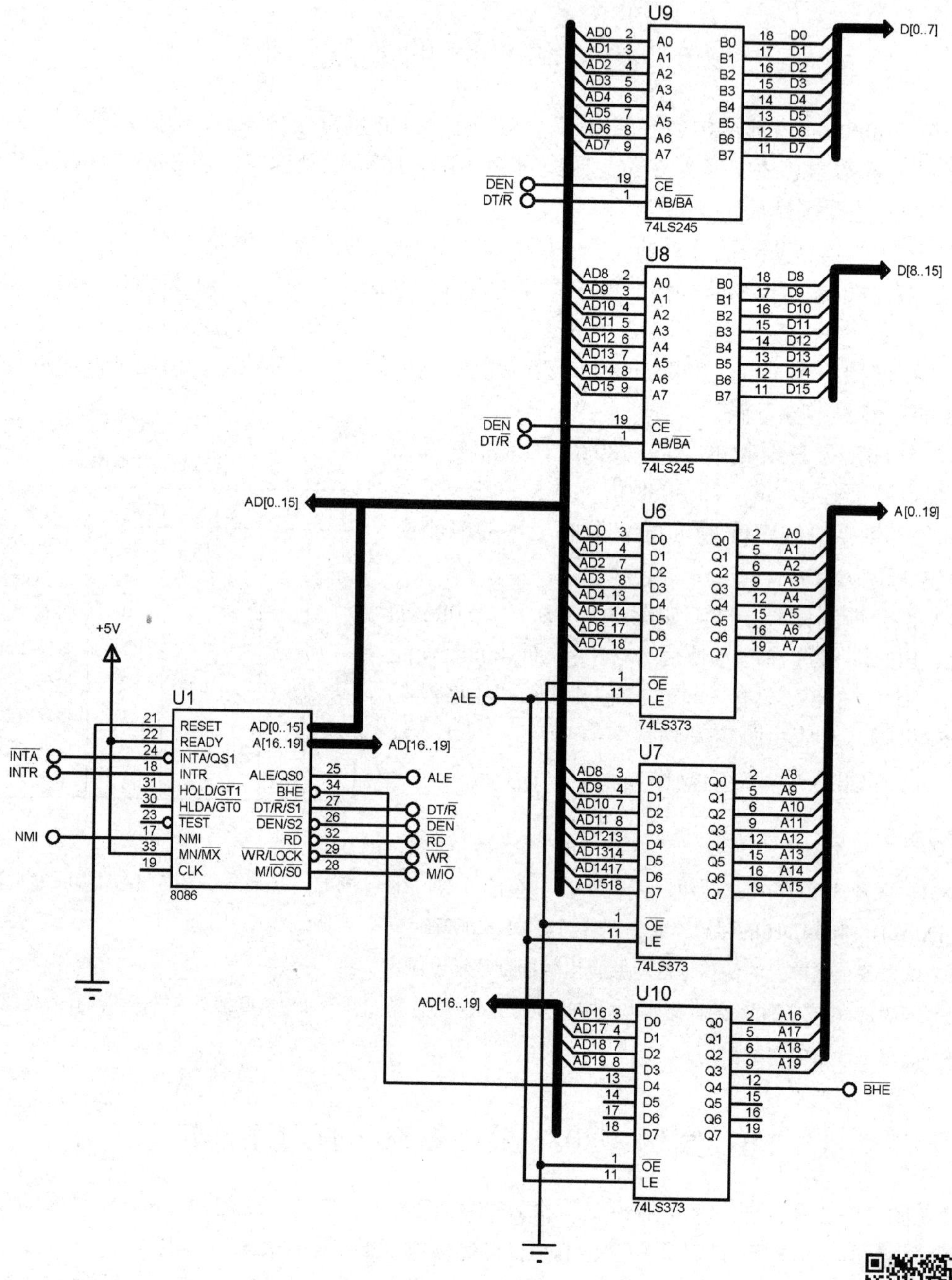

图 2.6-1　8086 最小系统仿真电路①

练习题 6

2.6-1　请扫描二维码，完成以下工作：

（1）阅读“Proteus 的基本操作”，绘制图 2.6-1 所示的 8086 最小系统仿真电路。

（2）阅读“Proteus 下的 8086 仿真”，在最小系统仿真电路的基础上添加如下程序，在调试模式下运行程序，观察相关寄存器的变化情况。

```
CODE      SEGMENT
          ASSUME CS:CODE
```

二维码 2-4
Proteus 的基本操作

二维码 2-5
Proteus 下的 8086 仿真

① 注：Proteus 不支持在标签中输入下标，本书的仿真电路均不采用下标形式

```
START:  MOV    AX, 0001H     ;给 AX 寄存器赋值 0001H
        MOV    BX, 0002H     ;给 BX 寄存器赋值 0002H
        ADD    AX, BX        ;AX 的值与 BX 的值相加，结果保存在 AX 中
ENDLESS:
        JMP    ENDLESS       ;跳转指令实现“死循环”
CODE    ENDS
        END    START
```

2.7 本章学习指导

2.7.1 本章主要内容

1. 8086/8088 功能结构

8086/8088 微处理器的功能结构由两大模块组成，即总线接口部件(BIU)和执行部件(EU)。总线接口部件负责在 CPU 与存储器、I/O 端口之间传输数据；执行部件负责指令的执行。

2. 8086/8088 寄存器结构

按寄存器功能，8086/8088 可分为通用寄存器、指针寄存器、变址寄存器、段寄存器、标志寄存器和指令指针寄存器等。其中：

- 通用寄存器(AX、BX、CX、DX)用来存放数据，其中 BX 也可以用来存放偏移地址。
- 指针寄存器(SP、BP)和变址寄存器(SI、DI)通常用于存放偏移地址。
- 段寄存器用来存放段地址。代码段寄存器(CS)，用于存放代码段地址；数据段寄存器(DS)，用于存放当前数据段地址；堆栈段寄存器(SS)，用于存放堆栈段地址，通常与 SP 提供的偏移地址结合，获得堆栈操作的物理地址；附加段寄存器(ES)，结合 DI 提供的偏移地址，用于字符串操作。
- 标志寄存器(FR)设置了 9 位标志，其中 3 位是控制标志，专门用来控制 CPU 的操作；6 位是状态标志，反映了执行算术运算或逻辑运算等操作后结果的特征，8086/8088 可以根据这些标志的状态决定其后续动作。值得指出的是，在 CF 和 OF 的利用上，编程者必须考虑数据的类型是无符号数还是有符号数。
- 指令指针寄存器(IP)，用来存放将要执行的下一条指令在现行代段码中的偏移地址，引导程序的执行。

3. 8086/8088 存储器组织

存储器中每个存储单元的实际编码地址称为物理地址或绝对地址，由 20 根地址线所表示的唯一编码与之对应。8086/8088 内部的数据总线和寄存器都是 16 位的，无法直接存储实际存储单元的物理地址。因此，8086/8088 的 1MB 存储空间采用了分段存储，每个段的段地址存放在段寄存器中，偏移地址存放在能存储偏移地址的寄存器中或直接出现在指令中，进而形成了“段加偏移”的寻址机制。段地址和偏移地址被称为逻辑地址，将段地址的内容左移 4 位再加上偏移地址即可得到存储单元的实际物理地址。

8086 的存储器分成奇地址和偶地址两个存储体(简称奇体、偶体)，偶体的数据线与数据总线的低 8 位连接，奇体的数据线与数据总线的高 8 位连接；$\overline{BHE}$ 和地址总线最低位 A_0 分别作为奇体和偶体的选择信号，$\overline{BHE}$=0 时选中奇体，A_0=0 时选中偶体。当字以偶地址开始存放时，可以在一个存储器读/写周期内完成访问；而当字以奇地址开始存放时，需要两个存储器

读/写周期才能完成访问。

4．8086/8088 工作模式和引脚

8086/8088 有两种工作模式：最大工作模式和最小工作模式。两者的区别主要在于所构成的微机系统中微处理器的个数：如果微机系统中只有单个 CPU，则为最小工作模式；如果系统中包含多个微处理器，则为最大工作模式。$MN/\overline{MX}$ 用来规定 8086/8088 处在什么工作模式：若接电源(+5V)，则是最小工作模式；若接地，则处在最大工作模式。

8086 的 AD_{15}～AD_0 以及 8088 的 AD_7～AD_0 引脚是地址/数据线，是分时复用的。这意味着地址和数据都在相同的引脚上传输，CPU 依靠 ALE 信号的高低电平对地址和数据信号进行区分，以实现不同时间段内传输不同的信号。由于地址/数据线是时分复用的，所以在构成微机系统时，需要对 CPU 先发出的地址信息进行锁存。

5．8086/8088 的总线时序

8086 的各种对外操作都需要通过总线，总线时序用于描述 CPU 引脚如何通过信号高低电平变化及相互间的时间顺序关系实现总线操作。总线操作主要有：存储器读和 I/O 读操作、存储器写和 I/O 写操作、复位操作、中断响应操作、总线请求及响应操作等。本章主要介绍了前 5 种，其他总线操作将在后续章节介绍。

2.7.2　典型例题

【例 2.7-1】 8086 存储器的物理地址最多有多少？逻辑地址呢？8086 是怎样实现对整个存储空间寻址的？

【解答】 8086 有 20 根地址线，可寻址的存储器物理地址最多为 2^{20} 个，对应 1MB 的寻址空间。

由于逻辑地址分为段地址和偏移地址两部分，都是 16 位的，所以 8086 微机系统最多有 64K 个逻辑段，每个段最多有 64K 个偏移地址，也就是 64K 个存储单元。

8086 内部只有 16 位的寄存器，最大寻址空间为 64KB，无法满足 1MB 的寻址要求，因此采用“段加偏移”的寻址机制，即将 1MB 的空间分为多个最大为 64KB 的存储空间，同一个段内的存储单元共用一个段地址，此地址存储于段寄存器中。段中存储单元相对于段的起始位置的偏移地址，存储于相关的寄存器中或直接出现在指令中。实际的 20 位物理地址可由段地址和偏移地址经过 CPU 的地址加法器计算得到，实现了 1MB 的寻址。

【例 2.7-2】 1 个物理地址所对应的逻辑地址 ____(是、不是)唯一的，请举例说明。

【解答】 不是。例如物理地址 12300H，可以由逻辑地址 1000H:2300H，也可以由逻辑地址 1200H:0300H 与之对应。

【例 2.7-3】 若当前 DS=7F06H，在偏移地址 0075H 开始的存储单元中连续存放 6 个字节的数据，分别为 11H、22H、33H、44H、55H 和 66H。请指出这些数据在存储器中的物理地址。如果要从 8086 的存储器中读出这些数据，至少需要访问几次存储器？各读出哪些数据？

【解答】（1）物理地址 = 段地址×16+偏移地址，所以第 1 个单元的物理地址 = 7F06H×16 + 0075H = 7F0D5H，以此类推，各字节如图 2.7-1 所示存放在 7F0D5H～7F0DAH 这 6 个单元里。

（2）由于这 6 个字节是从奇地址开始存放的，至少需要访问存储器 4 次，才能全部读出：第 1 次读出 11H，第 2 次读出 3322H，第 3 次读出 5544H，第 4 次读出 66H。

…	…
7F0D5H	11H
7F0D6H	22H
7F0D7H	33H
7F0D8H	44H
7F0D9H	55H
7F0DAH	66H
…	…

图 2.7-1　例 2.7-3 图

【例 2.7-4】 8086 基本总线周期由几个时钟周期组成？假定某

8086 的时钟频率为 5MHz，试问它的 1 个时钟周期是多少？

【解答】 8086 的基本总线周期需要 4 个时钟周期，通常编号为 T_1, T_2, T_3 和 T_4。

时钟周期=1/5MHz =0.2μs。

【例 2.7-5】 若 8086 工作于最小模式，试指出将 AH 的内容送到物理地址为 91001H 的存储单元时，引脚 $M/\overline{IO}$、$\overline{RD}$、$\overline{WR}$、$\overline{BHE}$、$DT/\overline{R}$ 的状态如何？

【解答】 因为执行的是访问存储器的操作，所以 $M/\overline{IO}$ =1；因为数据是从 CPU 内送到存储器的，即写操作，所以 $\overline{RD}$ =1，$\overline{WR}$ =0，$DT/\overline{R}$ =1；因为访问的 91001H 单元是奇地址，所以 $\overline{BHE}$ =0。

本章习题

2-1 8086 的存储器采用什么结构？用什么信号来选择存储体？

2-2 8086 由哪两部分组成？它们的主要功能是什么？8086 与 8088 的主要区别是什么？

2-3 8086 的指令队列缓冲器有什么好处？8086 内部的并行操作体现在哪里?

2-4 8086 中有哪些寄存器?各有什么用途?

2-5 要完成下述运算或控制，用 FR 中的什么标志判别？

（1）比较两数是否相等　　（2）两数运算后结果是正数还是负数

（3）两数相加后是否溢出　（4）采用偶校验方式，判定是否要补“1”

2-6 8086/8088 的引脚是怎样的？请将地址线、数据线、控制信号线及电源信号线分类，思考为什么要设置这些信号线？

2-7 什么是 8086 的最大工作模式和最小工作模式？将 8086/8088 下列方式的特点填入表中。

方式＼特点	$MN/\overline{MX}$ 引脚	处理器个数	总线控制信号的产生
最小工作模式			
最大工作模式			

2-8 RESET 信号来到后，8086/8088 的各寄存器内容和总线状态是怎样的？结合操作系统引导过程，思考 BIOS 执行 ROM 的首地址是多少？

2-9 试说明在图 2.2-2 中的 8284、74LS245、74LS373 的作用；能否不用 74LS373？为什么？

2-10 什么是指令周期？什么是时钟周期？什么是总线周期？三者有何关系？8086/8088 微机系统中的基本总线周期由几个时钟周期组成？

2-11 现有 8 个字节的数据为 12H、23H、34H、45H、56H、67H、78H、89H，假设它们在存储器中的物理地址为 34205H～3420CH，若当前 DS=3402H：

（1）试求以上数据所在存储单元的偏移地址，画出数据存放示意图。

（2）若从 8086 的存储器中按字的方式读出这些数据，需要访问几次存储器？写出读出的字数据。

第3章　8086/8088 指令系统

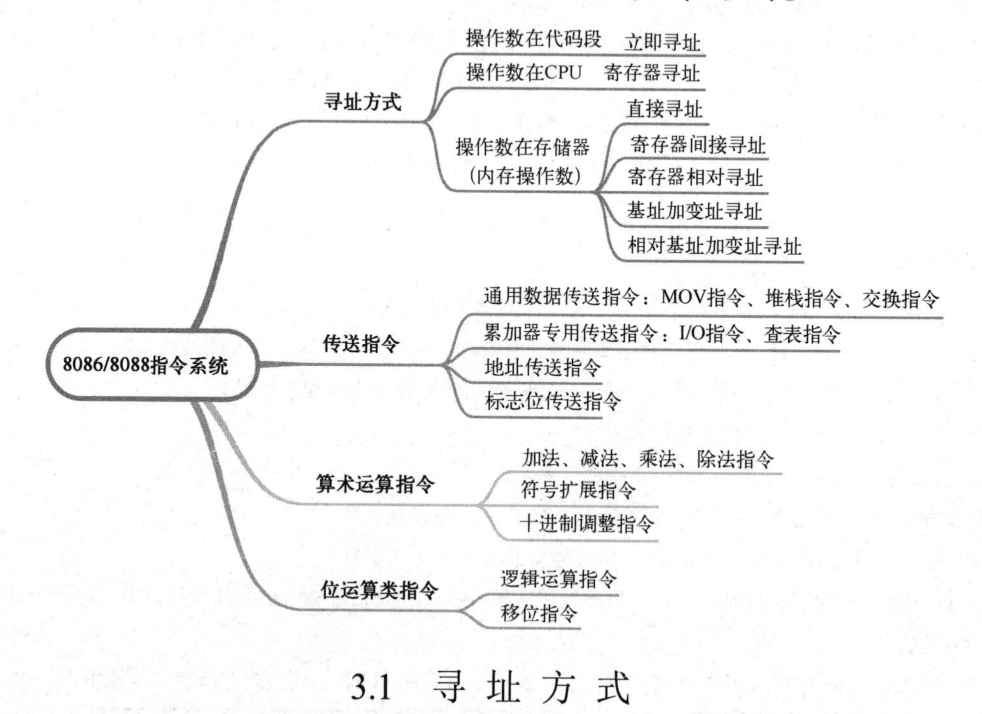

3.1　寻 址 方 式

计算机是进行数据处理和运算的机器，有两个基本问题：①处理的数据在什么地方，②处理的数据有多长。这两个问题在指令中必须给出明确或隐含的说明，否则计算机就无法工作。本节将针对 8086/8088 对这两个问题进行讨论。

指令的一般格式为：

操作码	操作数 1	……	操作数 n

操作码指出计算机所要执行的操作，即指出操作类型。

操作数指在指令执行操作的过程中所需要的数，可以是操作数本身，也可以是操作数地址或地址的一部分，还可以是指向操作数地址的指针或其他有关操作数的信息。如何寻找操作数就是寻址方式。

在 8086/8088 微机系统中，操作数可以以立即数形式放在指令中，也可以存放在寄存器、存储器的存储单元或者 I/O 端口中。CPU 要访问一个存储单元的时候，必须先给出这个存储单元的地址。通过前面的学习，我们了解到 8086/8088 的寄存器资源均为 16 位，而实际的物理地址却需要 20 位，因此存储单元地址由段地址和偏移地址两部分组成。偏移地址有多种构成方式，对应于不同的寻址方式，这导致了寻址方式的复杂性。

下面将以指令中的源操作数为对象，详细介绍各种寻址方式。本书中描述指令常用的符号及其含义见表 3.1-1。

1．立即寻址

立即寻址提供的操作数直接放在指令中，紧跟在操作码后，与操作码一起放在代码段，可以是 8 位的或者 16 位的。直接包含在机器指令中的数据，在汇编语言中称为立即数(idata)。

表 3.1-2 和图 3.1-1 中给出了立即寻址的示例。对于这样的指令，在执行前所要处理的数据作为指令的一部分读入 CPU 内部的指令队列缓冲器。

表 3.1-1 符号及其含义

符　号	含　义
REG, REG8, REG16	寄存器，8 位寄存器，16 位寄存器
SREG	段寄存器
MEM	内存操作数，即在存储器中的操作数
idata	立即数
ACC	累加器，AX 或者 AL, AH
EA/SA	偏移地址（有效地址）/段地址

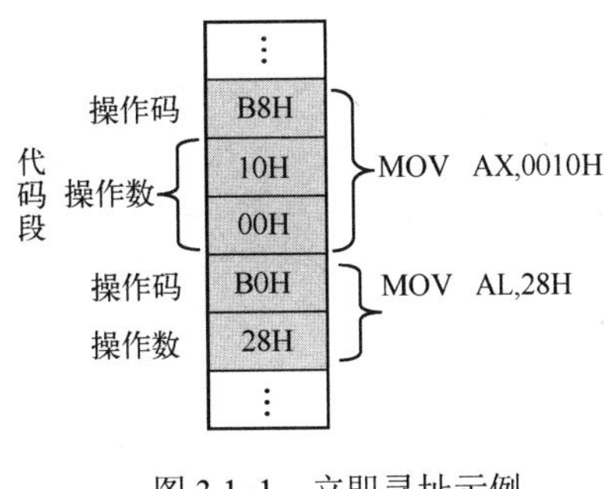

图 3.1-1 立即寻址示例

2. 寄存器寻址

操作数包含在 CPU 内部的寄存器中，如寄存器 AX、BX、CX、DX 等。寄存器可以是 8 位或者 16 位的。表 3.1-3 给出了寄存器寻址的示例。

表 3.1-2 立即寻址的示例

指　令	控制 CPU 完成的操作	机器指令	指令执行前数据的位置
MOV AX, 0010H	将 0010H 送入寄存器 AX	B81000H	代码段
MOV AL, 28H	将 28H 送入寄存器 AL	B028H	代码段

表 3.1-3 寄存器寻址的示例

指　令	控制 CPU 完成的操作	机 器 指 令	指令执行前数据的位置
MOV AX, BX	将 BX 中的 1 个字送入寄存器 AX	89D8H	CPU 内部寄存器 BX
MOV AL, BL	将 BL 中的 1 字节送入寄存器 AL	88DBH	CPU 内部寄存器 BL

3. 直接寻址

指令要处理的数据在存储器中，逻辑地址为段地址:偏移地址。在汇编语言指令中可用[idata]的格式给出偏移地址，而段地址在某个段寄存器中。存放段地址的寄存器可以是默认的，也可以通过段超越前缀显式给出。表 3.1-4 为直接寻址的示例。如果不显式给出存放段地址的寄存器，则默认为 DS。

表 3.1-4 直接寻址的示例

指　令	控制 CPU 完成的操作	机 器 指 令	指令执行前数据的位置
MOV AX, [0002H]	将数据段内偏移地址为 0002H 的 1 个字送入寄存器 AX	A10200H	存储器的 DS:2～DS:3 单元
MOV AL, [0002H]	将数据段内偏移地址为 0002H 的 1 字节送入寄存器 AL	A00200H	存储器的 DS:2 单元
MOV BX, ES:[0002H]	将附加段内偏移地址为 0002H 的 1 个字送入寄存器 BX	8B1E0200H	存储器的 ES:2～ES:3 单元

图 3.1-2～图 3.1-4 分别为表 3.1-4 中 3 条指令的执行示意图。

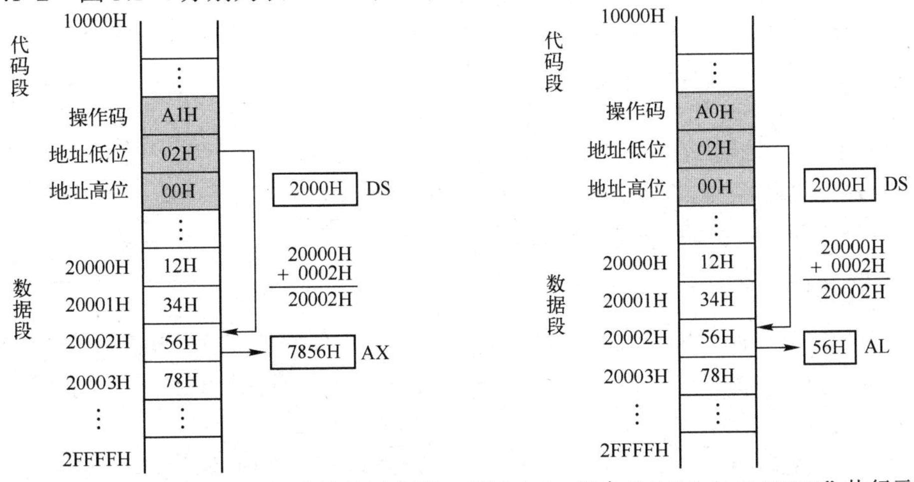

图 3.1-2 指令“MOV AX, [0002H]”执行示意图　　图 3.1-3 指令“MOV AL, [0002H]”执行示意图

在汇编语言中还允许用符号地址代替数值地址。例如：

```
VAR   DW 1234H
⋮
MOV   AX, VAR
```

这里的 DW 伪指令语句用来定义字型变量(详见 4.1 节)，变量名 VAR 表示存储器中一个数据区的名字，也就是符号地址，该地址存放一个字数据 1234H。变量名可以作为指令中的内存操作数来引用，因此属于直接寻址。

4. 寄存器间接寻址

与直接寻址一样，其操作数在存储器中，但是操作数地址的 16 位偏移地址包含在 SI、DI、BX、BP 这 4 个寄存器之一中。可以分成两种情况：

（1）以 SI、DI、BX 间接寻址，通常操作数在现行数据段区域中，此时 DS × 16 + REG 为操作数的物理地址，REG 表示寄存器是 SI、DI、BX 之一。

（2）以 BP 间接寻址，操作数在堆栈段中，即 SS × 16 + BP 作为操作数的物理地址。

例如，图 3.1-5 为下列指令的执行示意图。

```
MOV   SI, 1000H
MOV   AX, [SI]
```

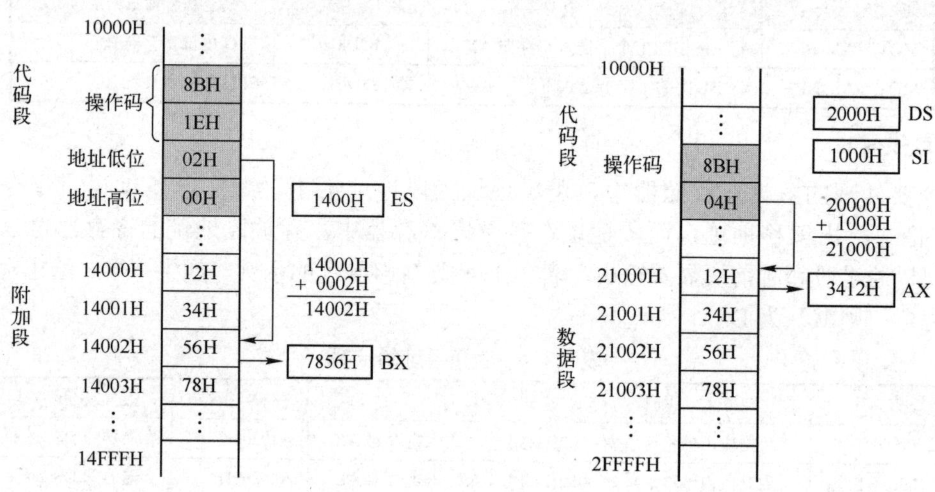

图 3.1-4　指令“MOV BX, ES:[0002H]”执行示意图　　图 3.1-5　指令执行示意图(寄存器间接寻址)

寄存器间接寻址的格式如表 3.1-5 所示。这种寻址方式也可以使用段超越前缀来从默认段以外的段中取得数据，如：

```
MOV   BX, DS:[BP]
MOV   AX, ES:[DI]
```

由于寄存器内的偏移地址可以在运行时修改，因此寄存器间接寻址在访问一维数组时特别有用。与 C 语言中的数组下标类似，寄存器间接寻址的操作数可以指向数组的不同元素，如第 4 章的程序 4.4-1。

表 3.1-5　寄存器间接寻址格式

寻址方式	含　义
[BX]	EA=BX，SA=DS
[SI]	EA=SI，SA=DS
[DI]	EA=DI，SA=DS
[BP]	EA=BP，SA=SS

5. 寄存器相对寻址

寄存器相对寻址由指定的寄存器内容加上指令中给出的 8 位或 16 位偏移量作为操作数的偏移地址(操作数在存储器中)。其一般格式为：[REG+idata]，其中 REG 是 SI、DI、BX、BP 这 4 个寄存器之一。例如：

```
MOV   BX, 1000H
```

```
MOV   AX, [BX+1]
```

其执行示意图如图 3.1-6 所示。

寄存器相对寻址的格式如表 3.1-6 所示。这种寻址方式也允许使用段超越前缀，例如：

```
MOV   BL,  ES:[SI+10]
```

🔔 寄存器相对寻址也适合一维数组的访问。idata 可以看成数组首元素在段内的偏移地址，寄存器内容作为数组元素下标值或相对于数组首地址的偏移量，如第 4 章的程序 4.4-5。

表 3.1-6　寄存器相对寻址格式

寻 址 方 式	含　义
[BX+idata] /idata[BX]	EA=BX + idata，SA=DS
[SI+idata] /idata[SI]	EA=SI + idata，SA=DS
[DI+idata] /idata[DI]	EA=DI + idata，SA=DS
[BP+idata] /idata[BP]	EA=BP + idata，SA=SS

6. 基址加变址寻址

BX、BP 是基址寄存器，SI、DI 是变址寄存器，把一个基址寄存器的内容加上一个变址寄存器的内容作为操作数的偏移地址，这样的寻址方式称为基址加变址寻址。操作数在存储器中，BX 默认对应数据段，BP 则对应堆栈段。下列指令执行的示意图见图 3.1-7。

```
MOV   BX, 1000H
MOV   SI, 1
MOV   AX, [BX+SI]
```

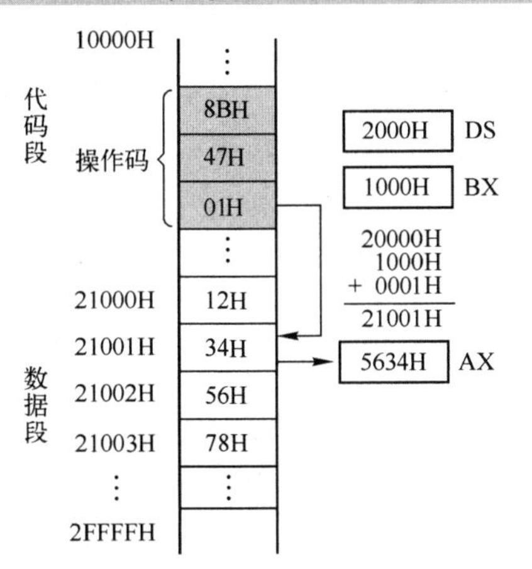

图 3.1-6　指令执行示意图(寄存器相对寻址)

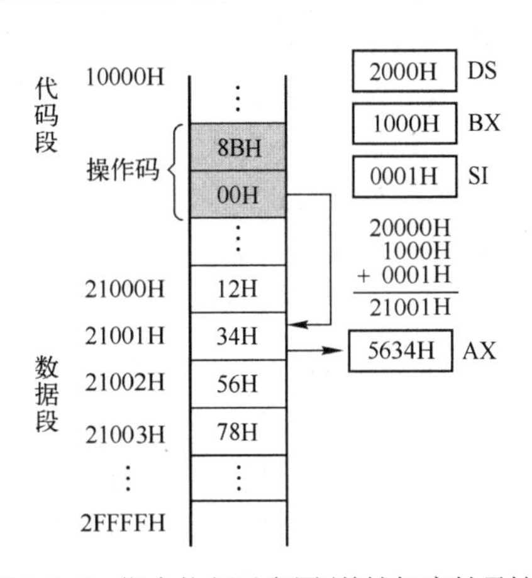

图 3.1-7　指令执行示意图(基址加变址寻址)

基址加变址寻址的格式如表 3.1-7 所示。

🔔 基址加变址寻址同样可以用于一维数组的访问：将数组首地址存放于基址寄存器，变址寄存器存放元素下标值或相对于数组首地址的偏移量。由于基址寄存器的内容也可以动态修改，因此该寻址方式也可以用于二维数组的访问，例如基址寄存器可以对应于行方向，变址寄存器对应于列方向。

7. 相对基址加变址寻址

其操作数在存储器中，其偏移地址由“基址寄存器＋变址寄存器＋相对偏移量”形成。

相对基址加变址寻址的格式如表 3.1-8 所示。

表 3.1-7　基址加变址寻址格式

寻 址 方 式	含　义
[BX + SI] / [BX][SI]	EA=BX + SI，SA=DS
[BX + DI] / [BX][DI]	EA=BX + DI，SA=DS
[BP + SI] / [BP][SI]	EA=BP + SI，SA=SS
[BP + DI] / [BP][DI]	EA=BP + DI，SA=SS

表 3.1-8　相对基址加变址寻址格式

寻 址 方 式	含　义
[BX + SI + idata] /idata[BX][SI]	EA=BX + SI + idata，SA=DS
[BX+ DI + idata] /idata[BX][DI]	EA=BX + DI + idata，SA=DS
[BP + SI + idata] /idata[BP][SI]	EA=BP + SI + idata，SA=SS
[BP + DI + idata] /idata[BP][DI]	EA=BP + DI + idata，SA=SS

下列指令的执行示意图见图 3.1-8。

```
MOV   BX, 1000H
MOV   SI, 1
MOV   AX, [BX+SI+1]
```

图 3.1-8　指令执行示意图

（相对基址加变址寻址）

8. 寻址方式小结

从直接寻址开始的寻址方式中，操作数都存放在存储器中除代码段以外的区域，通过求得操作数的有效地址，即偏移地址，取得操作数。比较这几种寻址方式，可以发现：

- [idata]用一个常量来表示偏移地址，可以用于直接定位一个存储单元；
- [BX]用一个变量来表示偏移地址，可以用于间接定位一个存储单元；
- [BX+idata]用一个变量和常量来表示偏移地址，可以在一个起始地址的基础上用变量间接定位一个存储单元；
- [BX +SI]用两个变量表示偏移地址；
- [BX + SI +idata]用两个变量和一个常量表示偏移地址。

它们都是对内存操作数的访问，只是偏移地址的表示方式不同。而其他两种寻址方式，立即寻址中操作数和指令存放在一起，寄存器寻址中操作数就在 CPU 内的相关寄存器内。

二维码 3-1
条条大路通罗马，办法总比问题多

思政案例：见二维码 3-1。

练习题 1

3.1-1　指出下列指令中源操作数和目的操作数的寻址方式。

（1）MOV　BX, 20H　　（2）MOV　AX, [1245H]　　（3）MOV　DX, [SI]

（4）MOV　100[BX], AL　　（5）MOV　[BP][SI], AX　　（6）MOV　[BX+100][SI], AX

（7）MOV　[1800H], AL　　（8）MOV　[SI], AX

3.1-2　判断下列操作数寻址方式的正确性，正确的指出其寻址方式，错误的说明其错误原因。

（1）[AX]　　（2）[SI+DI]　　（3）BP　　（4）BH

（5）DS　　（6）[BL+44]　　（7）[BX+BP+32]　　（8）[DX]

（9）[CX+90]　　（10）[BX*4]　　（11）BX+90H　　（12）SI[100H]

3.1-3　已知 DS = 2000H，ES = 1000H，SS = 1010H，SI = 1100H，BX= 0500H，BP = 0200H，请指出下列指令中源操作数是什么寻址方式？源操作数的物理地址是多少？

（1）MOV　AL, [2500H]　　（2）MOV　AX, [BP]

（3）MOV　AX, ES:[BP+10]　　（4）MOV　AL, [BX+SI+20]

3.2 传 送 指 令

根据功能不同，8086/8088 的指令可以分为：传送指令、算术运算指令、逻辑运算指令、移位指令、处理器控制指令及标志位处理指令、无条件转移和条件转移指令、循环指令、串操作指令、子程序指令、中断指令等。本章主要介绍前 5 类指令，其他与程序控制结构相关的指令将在第 4 章、第 8 章的相应部分介绍。

3.2.1 MOV 指令

格式：MOV　dst, src

功能：dst←src，MOV 是操作码，dst 和 src 分别是目的操作数和源操作数。指令执行后，源操作数的值传送至目的操作数，目的操作数的值被改变而源操作数的值不变。

图 3.2-1 给出了 MOV 指令的数据传送路径。

表 3.2-1 给出了 MOV 指令的常见格式。

使用 MOV 指令时应注意几个问题：

● IP 不能用作源操作数和目的操作数。

● CS 不能用作目的操作数。

● 不允许两个内存操作数之间直接进行数据传送。作为一种替代方法，在送入目的操作数之前，可以把源操作数送入一个寄存器中，如：

```
MOV   AX, [0100H]
MOV   [1230H], AX
```

● 两个段寄存器之间不能直接传送数据，也不允许用立即寻址为段寄存器赋初值。

● 目的操作数不能用立即寻址。

● 操作数类型要匹配，字对字、字节对字节传送。如表 3.2-1 的最后一行，需通过伪指令“BYTE PTR”说明[0000H]这个内存操作数是字节类型的，然后将 01H 送入。如果不使用此伪指令，CPU 无法区分内存操作数为字节型或字型，就会出错。伪指令 PTR 将在 4.1 节详细介绍。

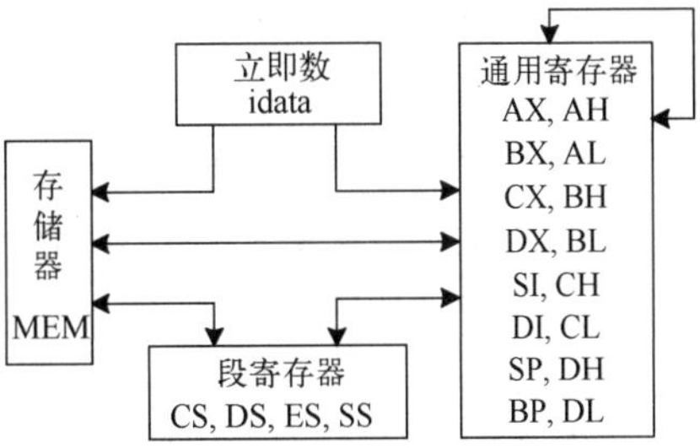

图 3.2-1　MOV 指令数据传送路径

表 3.2-1　MOV 指令常见格式

指令格式	举　例
MOV　REG, idata	MOV　AX, 8
MOV　REG, REG	MOV　BX, AX
MOV　REG, MEM	MOV　AX, [SI]
MOV　MEM, REG	MOV　[SI+1], AX
MOV　SREG, REG	MOV　DS, AX
MOV　REG, SREG	MOV　AX, DS
MOV　SREG, MEM	MOV　DS, [0000H]
MOV　MEM, SREG	MOV　[0000H], DS
MOV　MEM, idata	MOV　BYTE PTR [0000H], 01H

🕮 MOV 指令类似 C 语言中的赋值操作，用于给寄存器或存储单元赋值。C 语言中的变量名本身就是一个符号地址，对应于特定的存储单元，只不过我们可以不知道这些存储单元的具体位置，根据变量名就可以实现数据的存取；而汇编语言中一般需了解数据的存储位置。

3.2.2　堆栈指令

堆栈是一种具有特殊访问方式的存储空间，它的特殊性在于：数据的访问只能在栈顶进行，最后进入堆栈的数据最先出去(后进先出)。

8086/8088 提供相关指令来以堆栈的方式访问存储空间。在 8086/8088 中，堆栈是递减型的满堆栈，即栈空间的使用是从高地址往低地址方向的。

要实现对堆栈的操作，必须解决两个问题：①如何让 CPU 知道哪一段存储空间用作栈空间；②如何让 CPU 知道栈顶的位置。

回忆在第 2 章学习过的堆栈段寄存器 SS 和堆栈指针寄存器 SP，栈顶的段地址放在 SS 中，偏移地址放在 SP 中，任意时刻 SS:SP 指向栈顶。

8086/8088 提供入栈和出栈指令。

（1）PUSH 指令

格式：PUSH　src

功能：将字类型的源操作数 src 压入堆栈。

如表 3.2-2 所示，src 可以是 16 位的通用寄存器、段寄存器和内存操作数，但不能是立即数。

PUSH 指令执行过程如下：

表 3.2-2　PUSH 和 POP 指令格式

指令格式	说　明
PUSH　REG16	将一个 16 位寄存器中的数据入栈
PUSH　SREG	将一个段寄存器中的数据入栈
PUSH　MEM	将存储单元处的字数据入栈
POP　REG16	将栈顶的字数据送入一个 16 位寄存器
POP　SREG	将栈顶的字数据送入一个段寄存器
POP　MEM	将栈顶的字数据送入存储单元

① SP ← SP−2，此时 SS:SP 指向新的栈顶；

② 将 src 送入 SS:SP 指向的存储单元中。

（2）POP 指令

格式：POP　dst

功能：将当前栈顶的一个字数据出栈并送到目的操作数 dst 中。

dst 的形式如表 3.2−2 所示。POP 指令执行的过程如下：

① 将 SS:SP 指向的存储单元中的一个字数据送入 dst 中；

② SP ← SP +2，SS:SP 指向新的栈顶。

【例 3.2−1】 设将 20000H～2000FH 这段内存区间用作堆栈，分析依次执行以下指令前后堆栈的变化情况。

```
MOV   AX, 1234H
PUSH  AX
POP   BX
```

【解答】 堆栈的变化情况见图 3.2−2。初始时堆栈为空，SS:SP 指向栈底，即空栈的栈顶与栈底重合；执行“PUSH AX”后，字数据 1234H 入栈，SP 减 2，栈顶地址为 2000EH；执行“POP　BX”之后，SP 加 2，SS:SP 重新指向栈底，成为空栈。此时虽然 2000EH 和 2000FH 单元中的数值不变，还是 34H 和 12H，但是它们在逻辑上已经不属于堆栈的内容，只有位于栈顶和栈底之间的存储单元才属于堆栈。需要说明的是栈底不属于栈空间，SP 的值必为偶数。

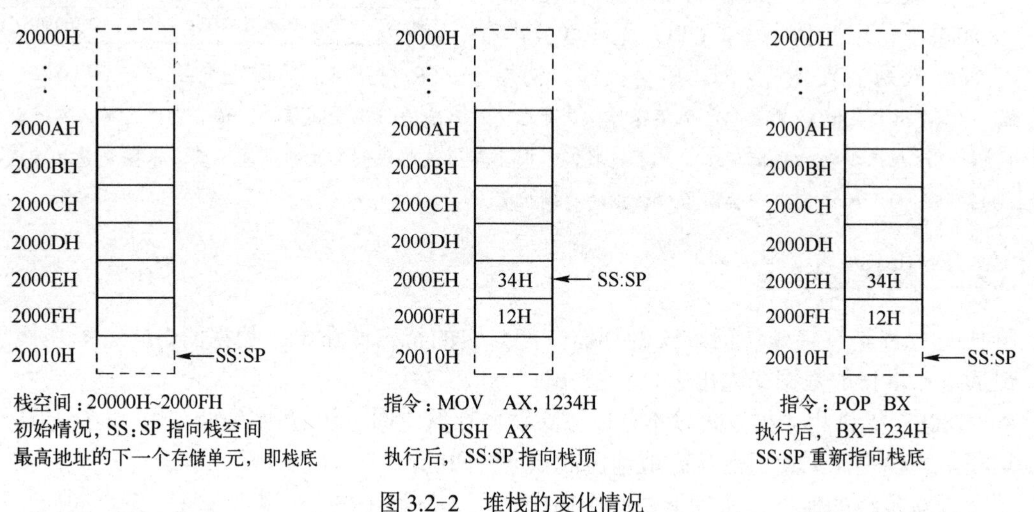

图 3.2−2　堆栈的变化情况

【例 3.2−2】 对比图 3.2−3（a）和图 3.2−4（a）所示的两个程序段，分析它们的功能。

【解答】 通过图 3.2−3（b）和图 3.2−4（b）的分析可以看出，这两个程序段都是将 1234H 送入了存储单元 20000H～20001H。但前者通过 MOV 指令实现，后者则是通过堆栈操作实现的。

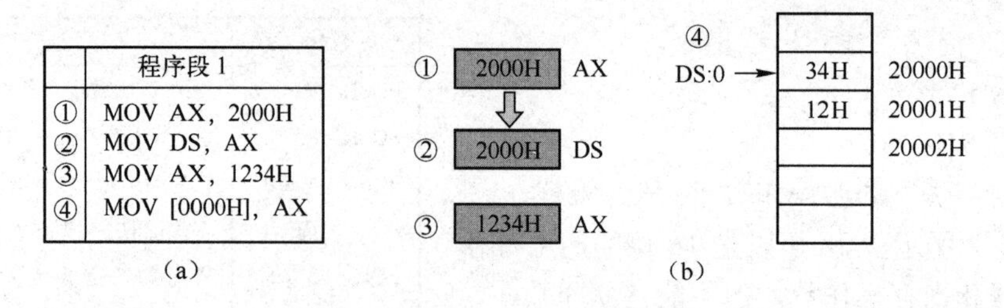

图 3.2−3　程序段 1 及其执行过程

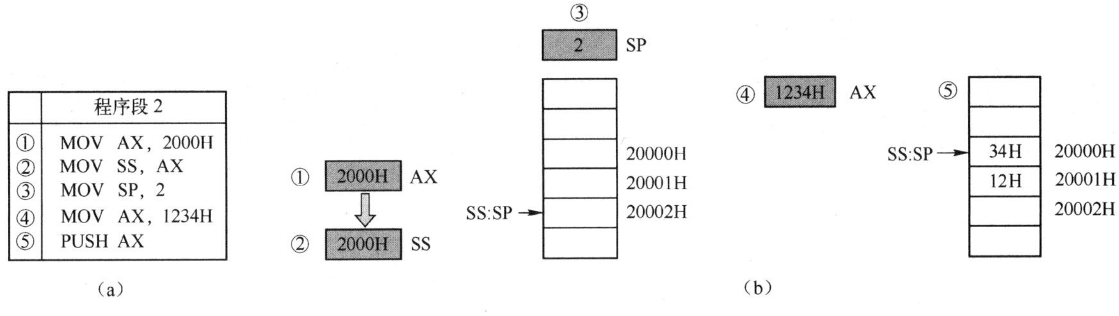

图 3.2-4　程序段 2 及其执行过程

通过例 3.2-2 可知 PUSH 和 POP 实质上就是一种内存操作数的传送指令，可以在寄存器和存储器、存储器的不同存储单元之间传送数据。它们与 MOV 指令的区别在于：PUSH 和 POP 指令访问的存储单元的地址不是在指令中直接给出的，而是由 SS:SP 隐含指出的；CPU 执行 MOV 指令只需要一步操作；而执行 PUSH 和 POP 指令则要分两步：先修改 SP，然后向 SS:SP 处传送数据；或先取 SS:SP 处的数据，后改变 SP。

在程序中堆栈有以下作用(将在第 4 章介绍)：

- 当某一寄存器有多种用途时，堆栈可方便地作为其临时保存区域；在寄存器使用完毕之后，可以通过堆栈恢复其原始值(见程序 4.6-4)。
- CALL 指令执行时，CPU 用堆栈保存子程序调用时的返回地址(见 4.6.1 节)。
- 调用子程序时，通过堆栈传递参数(见程序 4.6-5)。
- 利用堆栈“后进先出”的特点解决一些特殊问题(见程序 4.4-5)。

🔔 CPU 不会进行栈顶越界操作的检查，它只知道栈顶在何处(由 SS:SP 指示)，而不知道我们安排的栈空间有多大。这点就好像 CPU 知道当前要执行的指令在何处(由 CS:IP 指示)，而不知道有多少指令要执行一样。因此在编程时要注意栈顶越界的问题。

📖 读者可能已经在数据结构等课程中学习了相关数据结构，对于其后进先出特点已经掌握了。但是需要注意表 3.2-3 中列举的 2 种情况的区别。另外，本书中的堆栈属于运行时栈(runtime stack)，是由 CPU 内部硬件直接支持的，在系统层上处理子程序调用；而数据结构中的栈抽象数据类型通常用于实现依赖于后进先出操作的算法，一般用高级语言编写。

表 3.2-3　8086/8088 指令系统中堆栈与数据结构中栈的区别

	8086/8088 指令系统	数据结构(顺序栈)
栈顶	低地址	高地址
栈底	高地址	低地址
栈空	SS:SP 指向栈空间最高地址的下一个存储单元	栈顶指针=栈底指针
增长方向	向低地址增长	向高地址增长
入栈	SP 减 2	栈顶指针加 1
出栈	SP 加 2	栈顶指针减 1
操作单位	字	数据元素，长度取决于具体的数据类型

3.2.3　交换指令 XCHG

格式：XCHG　dst, src

功能：dst↔src，即把一个字节或一个字的源操作数与目的操作数的值相交换。

其格式见表 3.2-4。交换可在通用寄存器之间、通用寄存器与存储器之间进行。但段寄存器和立即数不能作为操作数，不能在累加器 AL 和 AH 之间进行交换。

表 3.2-4　XCHG 指令格式

指 令 格 式	举　例
XCHG　REG，REG	XCHG　CL，BL
XCHG　REG，MEM	XCHG　BX，[0000H]
XCHG　MEM，REG	XCHG　[0000H]，BX

【例 3.2-3】 编写指令实现 DS:0100H 和 DS:1000H 处两个字的交换。

【解答】 如果交换两个内存操作数的值，需要使用一个寄存器作为临时存储，并把 MOV 指令和 XCHG 指令结合起来使用。

```
MOV   AX, [0100H]
XCHG  AX, [1000H]
MOV   [0100H], AX
```

3.2.4　累加器专用传送指令

（1）IN 指令

该指令从 I/O 端口读入一个字节或一个字数据至 AL 或 AX，指令格式见表 3.2-5，其中 port 是一个用 8 位立即数表示的端口号，即端口地址。

（2）OUT 指令

该指令将 AL 或 AX 中的内容写入一个 I/O 端口。指令格式如表 3.2-6 所示。

表 3.2-5　IN 指令格式

指令格式	含　义
IN　AL, port	AL←(port)
IN　AX, port	AH←(port +1), AL←(port)
IN　AL, DX	AL←(DX)
IN　AX, DX	AH←(DX+1) , AL←(DX)

表 3.2-6　OUT 指令格式

指令格式	含　义
OUT　port, AL	AL→(port)
OUT　port, AX	AH→(port +1), AL→(port)
OUT　DX, AL	AL→(DX)
OUT　DX, AX	AH→(DX+1), AL→(DX)

表 3.2-5 和表 3.2-6 中的第 1、2 条指令和第 3、4 条指令在形式上的区别就在于端口地址是否在指令中直接给出，这两种格式的指令分别称为长格式和短格式。当端口地址 port≥256 时，指令必须采用短格式，用 DX 进行端口寻址最多可寻址 64K 个端口。

【例 3.2-4】 下面是用 IN、OUT 指令从 I/O 端口读/写数据的例子。

```
IN    AL, 0F0H        ; 从 F0H 端口读入一个字节到 AL
IN    AX, 80H         ; 从 80H 端口读入一个字节到 AL，从 81H 端口读入一个字节到 AH
MOV   DX, 310H        ; 将端口地址 310H 先送入 DX 中
OUT   DX, AL          ; 将 AL 中的内容送到 310H 端口
```

（3）XLAT 指令

格式一：XLAT

格式二：XLAT 表格首地址

功能：AL←(DS×16+BX+AL)，是将数据段中偏移地址为 BX+AL 的存储单元中的一个字节送入 AL，从而实现 AL 中的字节转换。该指令的寻址方式是隐含的，默认为数据段。

要求：①AL 的内容作为一个长度不超过 256 字节的表的下标；②表的基地址在 BX 中；③转换后的结果存放在 AL 中。

格式二中的表格首地址部分，只是为了提高程序的可读性而设置的。执行时，使用 BX 的值作为表格的首地址，即基地址。

本指令可用在数制转换、函数查表、代码转换等场合。

【例 3.2-5】 已知 AL 中有一个 0～9 范围内的数，用查表指令写出能查找出该数平方值的程序段，平方值表如图 3.2-5 所示，其所在段的段地址为 2000H。

【解答】 平方值表的起始地址为 21000H，则平方值表的基地址=起始地址-DS×16=21000H-20000H=1000H。AL 中的数恰好等于该数平方值所在存储单元的地址相对于表起始地址的偏移量，则相应

21000H	0
21001H	1
21002H	4
21003H	9
21004H	16
21005H	25
21006H	36
21007H	49
21008H	64
21009H	81

图 3.2-5　平方值表

程序段为：

```
        MOV    AX, 2000H        ; 取平方值表的段地址送 DS
        MOV    DS, AX
        MOV    BX, 1000H        ; 取平方值表的基地址送 BX
        MOV    AL, 06H          ; AL 中为待查找的数
        XLAT
```

执行该程序段后 AL = 36，刚好是待查找数 6 的平方值。

3.2.5 地址传送指令

（1）LEA 指令

格式：LEA　REG16，src

功能：REG16 ←EA(src)，即把源操作数 src 的偏移地址传送至寄存器 REG16。

要求：①源操作数的寻址方式不能是立即寻址和寄存器寻址；②目的操作数必须是一个 16 位的通用寄存器，但不能是段寄存器。这条指令的特殊之处就在于，它传送的不是操作数本身而是操作数的偏移地址。

【例 3.2-6】 假设 SI=0100H，DS=0200H，对应存储单元内容如图 3.2-6。比较以下两条指令执行之后的结果：

```
        MOV   AX, [SI+20H]
        LEA   AX, [SI+20H]
```

【解答】 第 1 条指令执行后，AX 的值是 01ABH，它的作用是将数据段内偏移地址为 0120H 处的一个字数据送入 AX。第 2 条指令执行后，AX 的值是 0120H，即将源操作数的偏移地址送入 AX。

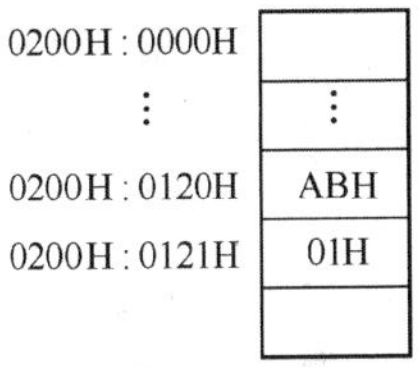

0200H : 0000H	
⋮	⋮
0200H : 0120H	ABH
0200H : 0121H	01H

图 3.2-6　存储单元内容

LEA 指令还可以有以下形式：

```
        LEA   DI, DATA1
        LEA   BX, AGAIN
```

其中，DATA1 和 AGAIN 可以是已定义的变量，也可以是程序语句的标号(见 4.1 节)。变量和标号都有段地址和偏移地址的属性。LEA 指令的作用就是把它们的偏移地址送入相应的寄存器。

📖 在 C 语言中可以通过取地址运算符“&”来取一个变量的地址，并赋值给与该变量数据类型相对应的指针，如：

```c
        int a; int *p;
        p=&a;
```

p 就是一个指向整型变量 a 的指针。汇编语言指令“LEA　BX, [SI]”则是取源操作数的偏移地址送 BX。

（2）LDS 指令

格式：LDS　REG16, mem32

功能：REG16←mem32 的低 16 位，DS←mem32 的高 16 位。mem32 是一个 32 位的内存操作数，该指令将 32 位的内存操作数的低 16 位送到指令指出的寄存器 REG16 中，将高 16 位送到 DS 中。

要求：源操作数的寻址方式不能是立即寻址和寄存器寻址，目的操作数不能是段寄存器。

【例 3.2-7】 假设 DS=1200H，(12350H)=ABCDH，(12352H)=0A0BH，问执行指令“LDS　SI, [0350H]”后，SI, DS 的值是多少？

【解答】 执行该指令后，从地址 12350H 处取出连续的 2 个字节(即低 16 位)送 SI，再从地址 12352H 处取出连续的 2 个字节(即高 16 位)送 DS，因此 SI=ABCDH，DS=0A0BH。注意：执行该指令后 DS 的值会被修改。

（3）LES 指令

格式：LES　REG16, mem32

功能：REG16←mem32 的低 16 位，ES←mem32 的高 16 位

这条指令与 LDS 类似，只是将 32 位内存操作数的高 16 位送入 ES。例如：

```
LES  DI, [BX+COUNT]
```

3.2.6 标志位传送指令

标志位传送指令共有 4 条，专门用于对标志寄存器的保护或更新。

（1）LAHF 指令

格式：LAHF

功能：AH←FR 的低字节。即将标志寄存器的低字节送 AH：状态标志 SF、ZF、AF、PF、CF 分别送 AH 的 D_7、D_6、D_4、D_2、D_0 位，而 AH 的 D_5、D_3、D_1 位任意。

（2）SAHF 指令

格式：SAHF

功能：FR 的低字节←AH。即将 AH 内容送标志寄存器的低字节，根据 AH 的 D_7、D_6、D_4、D_2、D_0 位相应设置 SF、ZF、AF、PF、CF 标志。

（3）PUSHF 指令

格式：PUSHF

功能：SP←SP－2，(SP＋1,SP)←FR，即将栈顶指针 SP 减 2，标志寄存器的内容入栈。

这条指令可用于保护调用子程序(见 4.6 节)以前的标志寄存器的值。

（4）POPF 指令

格式：POPF

功能：FR←(SP＋1, SP)，SP←SP＋2。即将栈顶字单元内容送标志寄存器，同时栈顶指针 SP 加 2。

该指令用于在子程序返回(见 4.6 节)以后恢复标志状态位。

练习题 2

3.2-1 判断下列指令的对错，如果错误请说明原因。

（1）MOV　CS, BX　　（2）MOV　CH, SI　　（3）PUSH　AL　　（4）MOV　DX, [BX][BP]

（5）MOV　CH, 100H　　（6）XCHG　BX, 3　　（7）PUSH　CS　　（8）MOV　AL, [BX][SI]

（9）PUSH　CL　　（10）OUT　3EBH, AL

3.2-2 给出 MOV 指令执行后的结果，设有关寄存器及存储单元内容如下：DS＝2000H, ES＝2200H, BX＝0100H, SI＝0004H, (22100H)＝12H, (22101H)＝34H, (22102H)＝56H, (22103H)＝ 78H, (22104H)＝9AH, (22105H)＝BCH, (20100H)＝1AH, (20101H)＝2BH, (20103H)＝3CH, (20104H)＝4DH, (20105H)＝5EH, (20106H)＝6FH。

（1）MOV　AX, ES:[BX][SI]　　（2）MOV　AX, BX　　（3）MOV　AX, [BX]

（4）MOV　AX, [BX+SI]　　（5）MOV　AX, [BX+SI+1]

3.2-3 假定 SS=1000H，SP=0100H，AX=2107H，执行指令“PUSH AX”后，存放数据 07H 的存储单元物理地址是________。

3.2-4 已知 AX=1020H，DX=3080H，端口地址 PORT=41H，设有关端口内容如下：(40H)=6EH，(41H)=22H，指出下列各条指令执行的结果。

（1）IN　AL, PORT　;AL＝______　　（2）IN　AX, 40H　;AX＝______

（3）OUT　DX, AL　;(DX) = ______　　（4）OUT　DX, AX　;(DX) = ______

3.2-5　用一条指令实现把 BX 和 SI 之和传送给 CX。

3.2-6　试比较下列 3 组指令的功能

（1）LDS　SI, [DI]　　（2）MOV　SI, [DI]
MOV　DS, [DI+2]　　（3）MOV　DS, [DI+2]
MOV　SI, [DI]

3.2-7　指令“LDS　SI, ES:[1000H]”的功能是（　　）。

A．把地址 1000H 送 SI

B．把地址为 ES:[1000H]的字单元内容送 SI

C．把地址为 ES:[1000H]的字单元内容送 SI，把地址为 ES:[1002H]的字单元内容送 DS

D．把地址为 ES:[1000H]的字单元内容送 DS，把地址为 ES:[1002H]的字单元内容送 SI

3.2-8　在指令“POP　[BX]”中，目的操作数的段地址和偏移地址分别在（　　）。

A．没有段地址和偏移地址　　B．DS 和 BX 中　　C．ES 和 BX 中　　D．SS 和 BP 中

3.3　算术运算指令

8086/8088 提供了加、减、乘、除 4 种算术运算指令，可用于字节或字运算，也可以用于无符号数和有符号数的运算。

3.3.1　加法指令

1．ADD 指令

格式：ADD　dst, src

功能：dst←dst + src。即完成两个操作数相加，结果送至目的操作数 dst。

📖 ADD 指令类似于 C 语言中的 a += b，结果保存在目的操作数中。

ADD 指令格式举例见表 3.3-1。该指令对状态标志 AF、CF、OF、PF、SF 和 ZF 都有影响。

表 3.3-1　ADD 指令格式举例

指令格式	举　例
ADD　REG, idata	ADD　AX , 8
ADD　REG, REG	ADD　AX, BX
ADD　REG, MEM	ADD　AX, [0000H]
ADD　MEM, REG	ADD　[0000H], AL
ADD　MEM, idata	ADD　WORD PTR[0000H], 1234H

【例 3.3-1】 分析下面两条指令执行之后进位标志 CF 和溢出标志 OF 的状态。

```
    MOV   AL, 99H
    ADD   AL, AL
```

【解答】 99H + 99H 的结果应是 132H，超出了 AL 容量的上限 FFH，执行后 AL = 32H，进位值 1 记录在标志寄存器的 CF 中。所以图 3.3-1 中，当执行加法指令后，CF 的状态由“NC”变成“CY”[①]，即由 0 变成 1。在无符号数加法运算中，CF 用于记录运算结果的最高有效位向前的进位值。

观察图 3.3-1 可以发现，OF 的状态由“NV”变成了“OV”（由 0 变成 1），说明产生了溢出。99H 为补码时对应的十进制数是−103。所以“ADD　AL, AL”进行的有符号数运算是−103 + (−103) = −206，超过了 8 位有符号数的范围−128～127。而加法运算完成后 AL 中存储的 32H，是 50 的补码。显然这个结果是错误的。原因就是实际结果−206 在 AL 中存放不下，于是数值位侵占了符号位，发生了溢出。

① 图 3.3-1 中采用 DEBUG 来跟踪指令的执行，DEBUG 的使用方法见 14.1 节。DEBUG 中操作数均为十六进制数，且后面不加 H。

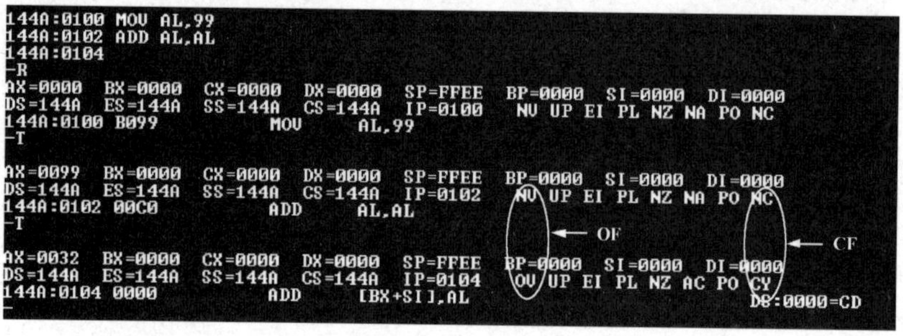

```
144A:0100 MOV AL,99
144A:0102 ADD AL,AL
144A:0104
-R
AX=0000  BX=0000  CX=0000  DX=0000  SP=FFEE  BP=0000  SI=0000  DI=0000
DS=144A  ES=144A  SS=144A  CS=144A  IP=0100   NV UP EI PL NZ NA PO NC
144A:0100 B099          MOV     AL,99
-T

AX=0099  BX=0000  CX=0000  DX=0000  SP=FFEE  BP=0000  SI=0000  DI=0000
DS=144A  ES=144A  SS=144A  CS=144A  IP=0102   NV UP EI PL NZ NA PO NC
144A:0102 00C0          ADD     AL,AL
-T

AX=0032  BX=0000  CX=0000  DX=0000  SP=FFEE  BP=0000  SI=0000  DI=0000
DS=144A  ES=144A  SS=144A  CS=144A  IP=0104   OV UP EI PL NZ AC PO CY
144A:0104 0000          ADD     [BX+SI],AL                    DS:0000=CD
-
```

OF　CF

图 3.3-1　例 3.3-1 图

注意： CF 和 OF 的区别在于，CF 是对无符号数运算有意义的标志，而 OF 是对有符号数有意义的标志。算术运算中，在对标志的使用上，对于无符号数和有符号数两种情况应该分别对待。

读者可能会有疑问，怎样才能知道什么时候进行无符号数运算或有符号数运算呢？实际上，CPU 和加法、减法指令本身是不区分有符号数还是无符号数的，图 3.3-1 就是一个很好的说明。一个寄存器或者存储单元内存放的二进制数什么时候作为有符号数，什么时候作为无符号数，取决于程序的需求，程序员应该根据应用需求来选择使用哪些标志。再比如：

```
        MOV   AL, 3FH
        ADD   AL, 50H
```

执行后 CF=0，OF=1。如果操作数是无符号数，可以忽略 OF；反之，则根据 OF=1 判断运算溢出。

2. ADC 指令

格式：ADC　dst, src

功能：dst←dst + src + CF

该指令与 ADD 指令类似，只是在两个操作数相加时，要把进位标志 CF 的当前值加上，结果送至目的操作数。ADC 指令主要用于多字节运算中，指令格式及对各状态标志的影响与 ADD 相同。

【例 3.3-2】 写出程序段将存储在 DS:0000H 处的 4 字节数 12345678H 与 DS:0010H 处的 4 字节数 00ABCDEFH 相加，结果放在 DS:0020H 处。

【解答】 因为 8086/8088 一次性最多进行 16 位(二进制)数的运算，当需要进行 32 位数的加法运算时，只能分两次进行。如图 3.3-2 所示，先进行低 16 位相加，然后再做高 16 位相加。低 16 位相加时产生了进位，保存在 CF 中，下一步做高 16 位相加时，必须把 CF 中的进位值也加上。因此高 16 位相加时要用 ADC 指令。对应的程序段如下：

```
        MOV   AX, [0000H]
        ADD   AX, [0010H]          ; 低 16 位相加
        MOV   [0020H], AX          ; 低 16 位相加结果送 DS:0020H 处
        MOV   AX,  [0002H]         ; 取高 16 位
        ADC   AX,  [0012H]         ; 高 16 位带进位相加
        MOV   [0022H], AX          ; 高 16 位相加结果送 DS:0022H 处
```

🕮 与 4.4 节介绍的循环指令结合，利用 ADC 和下面即将介绍的 SBB 指令可以很方便地实现多字节(如 1024 位)数的加法和减法。要编写 C 程序实现同样的功能，则不是一件简单的事。

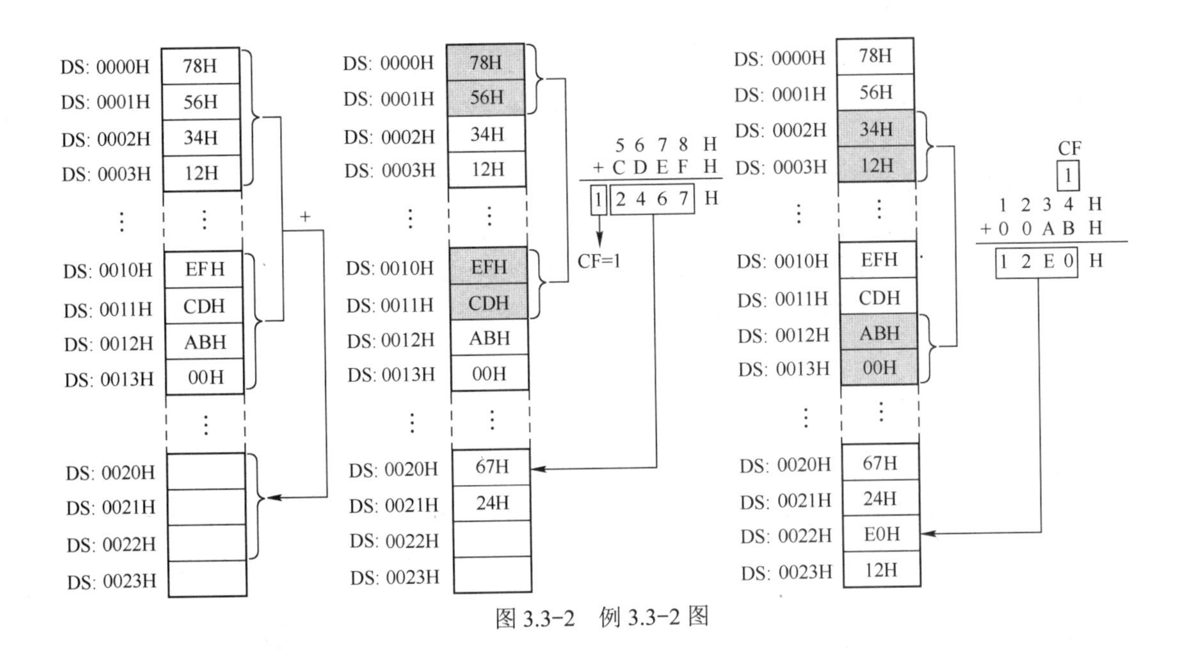

图 3.3-2　例 3.3-2 图

3. INC 指令

格式：INC　dst

功能：dst←dst + 1。即对操作数 dst 加 1，结果送回此操作数。

指令格式见表 3.3-2。此指令主要用于在循环程序中修改地址指针和循环次数等。需要注意的是 INC 指令对 CF 没有影响。图 3.3-3 中，AL 的初值设为 FEH，当连续两次加 1 后，AL 的内容变为 00H，而 CF 的状态仍然是 NC(CF=0)，无进位。

📖 INC 指令与 C 语言中的“++”功能类似。

表 3.3-2　INC 指令格式

指 令 格 式	举　　例
INC　REG16	INC　AX
INC　REG8	INC　BL
INC　MEM	INC　VAR；VAR 为变量

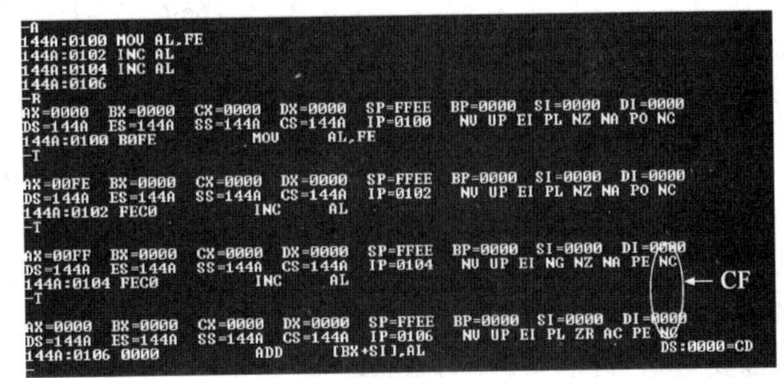

图 3.3-3　INC 指令对 CF 无影响

3.3.2　减法指令

(1) SUB 指令

格式：SUB　dst, src

功能：dst←dst − src。即完成两个操作数相减，从 dst 中减去 src，结果放在 dst 中。

SUB 指令的格式以及对状态标志的影响同 ADD 指令。

📖 SUB 指令类似于 C 语言中的 a −= b，结果都是保存在目的操作数中。

(2) SBB 指令

格式：SBB　dst, src

功能：dst←dst − src −CF

这条指令与 SUB 类似，只是在两个操作数相减时，还要减去进位标志 CF 的当前值。同 ADC 指令类似，本指令主要用于多字节操作数相减。

（3）DEC 指令

格式：DEC　dst

功能：dst←dst − 1。即对指令中的操作数减 1，然后送回此操作数。

该指令与 INC 指令类似，在相减时把操作数作为一个无符号数来对待。对进位标志 CF 无影响(即保持此指令以前的值)。

🕮 DEC 指令与 C 语言中的“--”功能类似。

（4）NEG 指令

格式：NEG　dst

功能：dst←0−dst。即将目的操作数的值取负。

该指令影响状态标志 AF、CF、OF、PF、SF 和 ZF。该指令的结果一般总是使 CF = 1；除非在操作数为 0 时，才使 CF = 0。指令中操作数可以采用除立即寻址以外的其他寻址方式，但不能是段寄存器。

图 3.3-4 中 AL 的初值为 01H，取负后变为−1，此时 AL 中是其补码 FFH。相应地，SF、AF、PF 和 CF 都发生了变化。

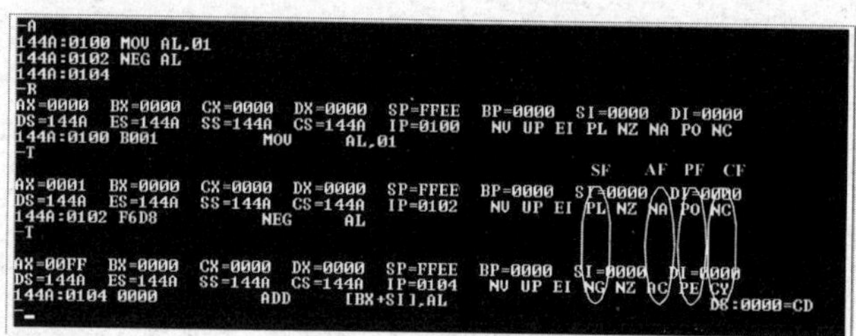

图 3.3-4　NEG 指令对标志位的影响

（5）CMP 指令

格式：CMP　dst, src

功能：dst−src。即完成两个操作数相减，使结果反映在状态标志上，但并不送回结果，即不会改变 dst 的值。

该指令中两个操作数的寻址方式与加法、减法指令的寻址方式相同。比较指令主要用于比较两个数之间的大小关系，执行后的结果仅仅体现在状态标志上，它是为随后具有判别功能的条件转移指令(见 4.3 节)提供条件的。

3.3.3　乘法和除法指令

乘法和除法指令分为有符号数和无符号数两种。有符号数进行乘法、除法运算时，操作数和结果均以补码表示。

乘法和除法指令中的目的操作数的寻址方式是隐含的。源操作数可以是除立即寻址以外的其他寻址方式，但不能是段寄存器。

（1）无符号数乘法指令 MUL

格式：MUL　src

功能：该指令完成字节与字节、字与字相乘，且默认的操作数放在 AL 或 AX 中，而源操作数由 src 给出。

若 src 为字节，则默认被乘数在 AL 中，得到的 16 位积默认在 AX 中。即

$$AL \times src \rightarrow AX$$

若 src 为字，则默认被乘数在 AX 中，得到的 32 位积默认在 DX、AX 中，其中高 16 位在 DX 中，低 16 位在 AX 中。即

$$AX \times src \rightarrow DX, AX$$

MUL 指令影响 CF 和 OF，若相乘后的结果中高 16 位(16 位乘法)或高 8 位(8 位乘法)均为 0 时，CF 和 OF 均被清零，否则 CF 和 OF 均被置 1。

【例 3.3-3】 分别计算 10 × 100 和 10×10000。

【解答】 10 和 100 都小于 255，所以做 8 位乘法，程序如下：

```
MOV   AL, 10
MOV   BL, 100
MUL   BL
```

10000 大于 255，所以做 16 位乘法，程序如下：

```
MOV   AX, 10
MOV   BX, 10000
MUL   BX
```

（2）有符号数乘法指令 IMUL

格式：IMUL　src

功能：该指令同 MUL 一样可以进行字节与字节、字与字的乘法运算。结果放在 AX 或 DX、AX 中。当结果的高半部分不是结果的低半部分的符号扩展(见 CWB 和 CWD 指令)时，CF 和 OF 将置 1。

【例 3.3-4】 编写程序段，计算 30H×0FFH。

【解答】 将两个数看作无符号数，即 48 × 255=12240：

```
MOV   AL, 30H          ;AL=48
MOV   BL, 0FFH         ;BL=255
MUL   BL               ;AX=12240=2FD0H,OF=CF=1
```

将两个数看作有符号数，即 48 × -1= -48：

```
MOV   AL, 30H          ;AL=48
MOV   BL, 0FFH         ;BL=-1
IMUL  BL               ;AX=-48=FFD0H,OF=CF=0
```

（3）无符号数除法指令 DIV

格式：DIV　src

功能：若 src 为字节，则默认被除数在 AX 中，得到的 8 位商在 AL 中，余数在 AH 中。即

$$AX \div src \rightarrow AL \cdots AH$$

若 src 为字，则默认被除数在 DX、AX 中，得到的 16 位商在 AX 中，余数在 DX 中。即

$$DX, AX \div src \rightarrow AX \cdots DX$$

例如：AX = 2000H，DX = 200H，BX = 1000H，则“DIV　BX”执行后，AX = 2002H，DX = 0000H。

DIV 指令执行后，所有状态标志均无定义。如果除数为 0，或商的结果超出相应寄存器的范围，则在内部产生一个类型 0 的中断，相关内容见 8.3 节。

（4）有符号数除法 IDIV

格式：IDIV　src

功能：该指令执行过程同 DIV 指令，但 IDIV 指令将操作数的最高位看成符号位，商的最高位也为符号位。

📖 C 语言虽然在乘法和除法运算符上没有进行有符号和无符号的区分(乘法运算符只有“*”，除法运算符只有“/”)，但是在数据类型上分为无符号数(unsigned)和有符号数(signed)，根据数据类型选择进行对应的操作。

汇编语言则是通过指令区别无符号数和有符号数的乘法和除法运算。

3.3.4 符号扩展指令

在进行算术运算时，有时会遇到两个长度不等的数。此时应该将长度短的数扩展成与长度长的数位数相同后再计算。CBW 和 CWD 的功能就是对有符号数进行扩展。

（1）字节扩展指令 CBW

该指令执行时将 AL 的符号扩展到 AH。即若 AL 中 $D_7=0$，则 AH = 0；否则 AH = 0FFH。

（2）字扩展指令 CWD

该指令执行时将 AX 的符号扩展到 DX。即若 AX 中 $D_{15}=0$，则 DX = 0；否则 DX = 0FFFFH。

CBW、CWD 指令不影响标志位。

【例 3.3-5】 编写程序段，计算$(V-(X\times Y+Z-100))\div X$。已知$X$、$Y$、$Z$、$V$均为 16 位有符号数，已装入$X$、$Y$、$Z$、$V$单元，要求将上式计算结果中的商存入 AX，余数存入 DX。

【解答】 16 位有符号数的乘积 $X\times Y$ 是 32 位的，因此在和 Z 相加之前需要对 Z 进行符号扩展，并且要注意操作数的保存，以及高 16 位相加/减时要加上低 16 位相加/减产生的进位/借位。

```
MOV   AX,  X        ;取被乘数 X
IMUL  Y             ;X×Y，结果在 DX，AX 中
MOV   CX, AX        ;将乘积保存至 BX，CX 中
MOV   BX, DX
MOV   AX, Z         ;取加数 Z
CWD                 ;将 Z 符号扩展成 32 位(DX，AX)
ADD   CX, AX        ;加到 BX,CX 中的乘积上
ADC   BX, DX
SUB   CX, 100       ;从 BX、CX 中减去 100
SBB   BX, 0         ;减去低 16 位运算时可能产生的借位
MOV   AX, V
CWD                 ;将 V 扩展为 32 位
SUB   AX, CX        ;从符号扩展后的 V 中减去 BX,CX
SBB   DX, BX
IDIV  X             ;除以 X，商在 AX 中，余数在 DX
```

3.3.5 十进制调整指令

计算机中的算术运算，都是针对二进制数的，而人们在日常生活中习惯使用十进制。为此在 8086/8088 中，针对十进制的算术运算有一类十进制调整指令。

在计算机中可用 BCD 码表示十进制数，BCD 码分为两类：一类为压缩 BCD 码，即规定每个字节表示两位十进制数；另一类为非压缩 BCD 码，即用 1 个字节表示 1 位十进制数，在该字节的高 4 位用 0 填充。例如，十进制数 25D，表示为压缩 BCD 码时为 25H；表示为非压缩 BCD 码时为 0205H，用 2 个字节表示。相关的十进制调整指令见表 3.3-3。

表 3.3-3 十进制调整指令

指令格式	指令说明
DAA	压缩 BCD 码的加法调整
DAS	压缩 BCD 码的减法调整
AAA	非压缩 BCD 码的加法调整
AAS	非压缩 BCD 码的减法调整
AAM	乘法后的非压缩 BCD 码调整
AAD	除法前的非压缩 BCD 码调整

【例 3.3-6】 编写程序段，用压缩 BCD 码计算 28 + 68。

```
MOV   AL, 28H
```

```
    MOV    BL, 68H
    ADD    AL, BL          ; AL=90H, AF=1, CF=0
    DAA                    ; AL=96H, AF=1, CF=0
```

【例 3.3-7】 编写程序段，用非压缩 BCD 码计算 7×9。

```
    MOV    AL, 07H
    MOV    BL, 09H
    MUL    BL              ; AX=003FH
    AAM                    ; AX=0603H，即非压缩BCD码表示的63
```

【例 3.3-8】 编写程序段，用非压缩 BCD 码计算 $37\div 5$。

```
    MOV    AX, 0307H       ; 被除数37
    AAD                    ; AX=0025H
    MOV    BL, 5           ; 除数5
    DIV    BL              ; AL=07H（商），AH=02H（余数）
```

注意：BCD 码进行乘法和除法运算时，一律使用无符号数，因而 AAM 和 AAD 应分别出现在指令 MUL 之后和 DIV 之前。

练习题 3

3.3-1 判断下列指令的对错，如果错误请说明原因。

（1）ADC　AX, 0ABH　　（2）MUL　AL, CL　　（3）MUL　AX, 25

（4）INC　[SI]　　（5）ADD　[BX], 456H　　（6）DIV　AX, BX

（7）DEC　[BP]　　（8）ADD　CX+1　　（9）DAA　CX

3.3-2 求出以下各十六进制数与 62A0H 之和，并根据结果判断标志 SF, ZF 和 OF 的值。

（1）1234H　　（2）4321 H　　（3）CFA0H　　（4）9D60H

3.3-3 无符号数扩展是否可以使用如下指令？为什么？

（1）CBW 指令　　（2）CWD 指令

3.3-4 若 AL、BL 中是压缩 BCD 码，且在执行“ADD AL, BL”之后，AL = 0CH，CF = 1，AF = 0。再执行 DAA 后，AL 的值为多少？

3.3-5 判断题

（1）INC 和 DEC 指令不影响状态标志。（　　）

（2）压缩 BCD 码和非压缩 BCD 码均有加法和减法调整指令。（　　）

（3）压缩 BCD 码和非压缩 BCD 码均有乘法和除法调整指令。（　　）

（4）DIV 指令在执行 8 位除法时，运算后的商存放在 AH 中，余数存放在 AL 中。（　　）

3.4　逻辑运算指令

逻辑运算指令可以通过选用源操作数不同位的代码，使目的操作数的某些位置 1、清零、取反和测试目的操作数的某些位。

1. AND 指令

格式：AND　dst, src

功能：dst←dst∧src。即对源操作数 src 和目的操作数 dst 进行按位的逻辑“与”运算，结果送回 dst。

指令中 src 可以是立即数、通用寄存器和任意寻址方式所指定的内存操作数。dst 可以是通用寄存器和任意寻址方式所指定的内存操作数，但不允许是立即数。当源操作数不是立即数时，两个操作数中必须有一个是寄存器。指令执行后，将 CF 和 OF 清零，SF 和 PF 反映操作

结果，AF未定义，源操作数不变。例如，指令

```
MOV   AL, 01100011B
AND   AL, 00110011B
```

执行后，AL＝00100011B。

通过 AND 指令可以将目的操作数的相应位清零(和“0”相与)，其他位不变(和“1”相与)。例如：

```
AND   AL, 11110111B       ; 将AL的D3位清零，其余位不变
AND   AL, 11111110B       ; 将AL的D0位清零，其余位不变
AND   AL, 0F0H            ; 将AL的低4位清零，高4位不变
```

【例 3.4-1】 假设AL中存储了小写字母，写出指令将其转换成大写字母。

【解答】 对比‘A’和‘a’的ASCII码，显然它们只有 D_5 位不同：

0 1 **1** 0 0 0 0 1B＝61H(‘a’)

0 1 **0** 0 0 0 0 1B＝41H(‘A’)

其他字母的大小写之间也存在同样的关系。所以只要将任意小写字母 ASCII 码的 D_5 位清零，其他位不变，就可以得到对应的大写字母。即

```
AND   AL, 11011111B
```

2. OR 指令

格式：OR　dst, src

功能：dst←dst∨src。即对源操作数 src 和目的操作数 dst 进行按位的逻辑“或”运算，结果送回 dst。寻址方式及对状态标志的影响与 AND 指令相同。例如，指令

```
MOV   AL, 01100011B
OR    AL, 00110011B
```

执行后，AL＝01110011B。

通过 OR 指令可以将目的操作数的相应位置 1(和“1”相或)，其他位不变(和“0”相或)。例如：

```
OR    AL, 00001000B       ; 将AL的D3位置1，其余位不变
OR    AL, 00000001B       ; 将AL的D0位置1，其余位不变
OR    AL, 0FH             ; 将AL的低4位置1，高4位不变
```

【例 3.4-2】 假设AL中存储了0～9之间的一个数字，写出指令将其转换成对应的ASCII码。

【解答】 0～9之间的整数与对应的ASCII码只是 D_4 位和 D_5 位不同，如

0 0 **0 0** 0 0 0 1B＝1

0 0 **1 1** 0 0 0 1B＝31H(‘1’)

利用 OR 指令可以实现前者到后者的转换，方法是把 0～9 数字的 D_4 位和 D_5 位置 1，其余位不变，即

```
OR    AL, 00110000B
```

3. XOR 指令

格式：XOR　dst, src

功能：dst←dst ⊕ src。即对源操作数 src 和目的操作数 dst 进行按位的逻辑“异或”运算，结果送回 dst。寻址方式及对状态标志的影响与 AND 指令相同。例如，指令

```
MOV   AL, 01100011B
XOR   AL, 00110011B
```

执行后 AL=01010000B。

通过 XOR 指令可以将目的操作数的相应位取反(和“1”异或)，其他位不变(和“0”异

或）。例如：

```
XOR   AL, 00001000B     ; 将AL的D3位取反，其他位不变
XOR   AL, 00000001B     ; 将AL的D0位取反，其他位不变
XOR   AL, 0FH           ; 将AL的低4位取反，高4位不变
```

4. TEST 指令

格式：TEST　OPR1, OPR2

功能：OPR1∧OPR2。即对操作数 OPR1 和 OPR2 进行按位的逻辑“与”运算，结果只体现在状态标志位上，不改变操作数的值。TEST 与 AND 的关系类似于 CMP 与 SUB 的关系。

利用该指令可以测试操作数的相应位是否为 0。例如，测试 AL 的 D_3 位是否为 0：

```
TEST   AL, 00001000B
```

如果 AL 的 D_3 位为 0，TEST 指令执行后 ZF=1；反之 ZF=0。

一般 TEST 指令后面会跟一个条件转移指令，见 4.3 节。

5. NOT 指令

格式：NOT　dst

功能：dst← $\overline{dst}$ 。即对操作数 dst 的各位按位取反。指令执行后，对标志位无影响。

例如：

```
MOV   AL, 01100011B
NOT   AL
```

执行后 AL = 10011100B。

📖 与汇编语言的逻辑运算指令功能类似的是 C 语言中的位运算，有如下对应关系：

汇编语言	AND	OR	XOR	NOT
C 语言	&	|	^	~

注意 C 语言中的逻辑运算(&&、||、!)与位运算的区别。

练习题 4

3.4-1　AND、OR、XOR、NOT 为逻辑运算指令，下面解释有误的是（　　）

A. 它们都是按位操作的

B.“XOR　AX, AX”执行后，结果不变，但是影响状态标志

C.“AND　AL, 0FH”执行后，使 AL 的高 4 位清零，低 4 位不变

D. 若 DL=09H，CH=30H，执行“OR DL, CL”后，结果为 DL=39H

3.4-2　将寄存器 BX 的内容求反，不正确的操作是（　　）

A. NOT　BX　　　　B. XOR　BX, 0FFFFH　　　　C. AND　BX, 0FFFFH

3.4-3　逻辑运算指令 AND、OR、XOR、NOT 中，________指令对状态标志均没有影响，而其他 3 条指令除对标志 SF、ZF、PF 有影响外，还使________和________总是清零，AF 不确定。

3.4-4　如果要对一个字节或一个字数据求反，可以用________指令，要对寄存器或存储单元内容中指定位求反则可以用________指令。

3.4-5　按要求编写下列指令序列(设最低位为第 0 位)。

（1）把 DL 中的最低 2 位清零而不改变其他位；

（2）把 SI 的最高 3 位置 1 而不改变其他位；

（3）把 AX 中的第 0～3 位清零，第 7～9 位置 1，第 13～15 位取反；

（4）检查 CX 中的第 1、3 和 5 位中是否有一位为 1；

（5）检查 BX 中的第 2、6 和 10 位是否同时为 1；

（6）检查 CX 中的第 1、3、5 和 7 位中是否有一位为 0；

（7）检查 BX 中的第 2、6、10 和 12 位是否同时为 0。

3.5 移 位 指 令

3.5.1 算术移位和逻辑移位指令

可以对寄存器或者内存操作数的各位进行算术移位或者逻辑移位，移位的次数由指令中的计数值决定，图 3.5-1 给出了操作示意图。

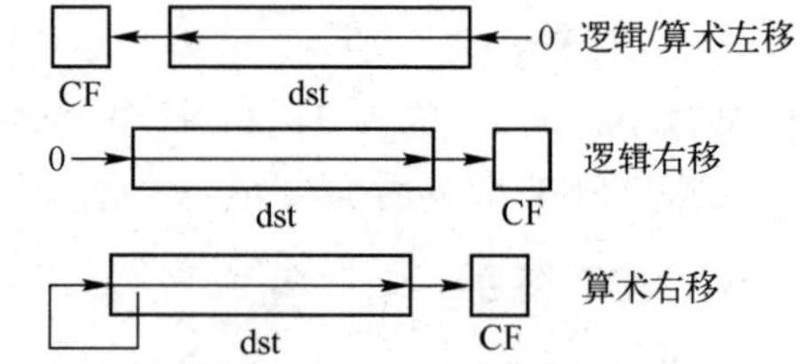

图 3.5-1 算术移位和逻辑移位指令操作示意图

（1）SHL/SAL 逻辑/算术左移指令

格式：SHL dst, cnt/ SAL dst, cnt

功能：将目的操作数 dst 的各位左移，每移一次，最高位移入 CF，而最低位补 0。dst 可以采用除立即寻址以外的任何寻址方式；cnt 用于指定移位的位数，如果是 cnt 立即数，则只能是 1，如果移位位数大于 1，则 cnt 必须为寄存器 CL，CL 中的内容即为移位位数。

在移位位数为 1 的情况下，如果移位后的最高位(符号位)被改变，则 OF 置 1，否则 OF 清零。但在移位的位数大于 1 的情况下，OF 的值不确定。不论移位 1 位或多位，CF 总是等于目的操作数最后被移出去的那一位。SF 和 ZF 根据指令执行后目的操作数的状态来决定，PF 只有当目的操作数在 AL 中时才有效，AF 不确定。例如：

```
MOV   AL, -128        ; AL=10000000B
SHL   AL, 1           ; AL=00000000B,OF=1,CF=1,SF=0,ZF=1,PF=1
```

左移 1 位，只要左移以后的结果未超出 1 个字节或 1 个字的表示范围，则原目的操作数的每一位的权增加了 1 倍，相当于乘以 2。因此 SHL 和 SAL 可以用于乘法。

【例 3.5-1】 不用乘法实现将 AL 中的无符号数 X 乘以 10。

【解答】 因为 $X\times10=X\times2+X\times8$，所以可以采用移位和相加来实现乘以 10。为保证结果完整，先将 AL 中的字节扩展为字。即

```
MOV   AH, 0
SAL   AX, 1           ; X×2
MOV   BX, AX          ; 放至 BX 中暂存
SAL   AX, 1           ; X×4
SAL   AX, 1           ; X×8
ADD   AX, BX          ; X×10
```

读者可以思考如果 AL 中是有符号数应该如何处理？

（2）SHR 逻辑右移指令

格式：SHR dst, cnt

功能：将目的操作数 dst 的各位右移，每移一位，最低位移入 CF，而最高位补 0。

（3）SAR 算术右移指令

格式：SAR dst, cnt

功能：将目的操作数 dst 的各位右移，移位时操作数的最低位移入 CF，而最高位保持不变，移入的仍然是原最高位。

相应地，右移 1 位相当于除以 2。SHR 可用于无符号数的快速除法，SAR 则用于有符号数的快速除法。但是，用这种方法做除法时，余数将被丢掉。

【例 3.5-2】 用右移的方法做除法 133 ÷ 8 和-128 ÷ 8，设操作数均为字节类型。

【解答】 133 是无符号数，用 SHR 指令做除法；-128 是有符号数，用 SAR 指令做除法。则有：

```
MOV   AL, 10000101B       ; AL=133
MOV   CL, 03H             ; CL 为移位次数
SHR   AL, CL              ; 右移 3 位
```

指令执行后，AL = 10H = 16，余数 5 被丢失。CF=1，ZF=0，SF=0，PF=0，OF 和 AF 不确定。请思考，如果把以上程序段中的 SHR 指令替换成 SAR，AL 的值是多少？

```
MOV   AL, 10000000B       ; AL=-128
MOV   CL, 03H             ; CL 为移位位数
SAR   AL, CL              ; 右移 3 位
```

指令执行后，AL = F0H = -16。CF=0，ZF=0，SF=1，PF=1，OF 和 AF 不定。

3.5.2 循环移位指令

使用算术移位和逻辑移位指令时，被移出操作数的数位均被丢失，而循环移位指令把操作数从一端移到另一端，这样移走的数位就不会丢失了。循环移位指令的操作示意图如图 3.5-2 所示。

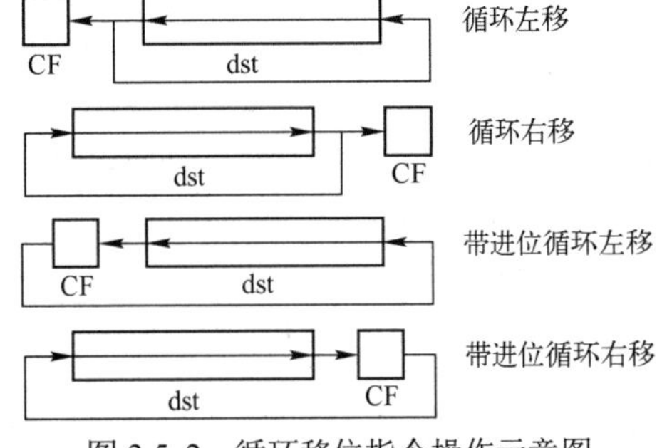

图 3.5-2 循环移位指令操作示意图

（1）ROL 循环左移指令

格式：ROL dst, cnt

功能：将目的操作数 dst 的各位左移，移位过程中，最高位移入标志寄存器的 CF 位，同时也移入最低位，构成了一个环形移位。

（2）ROR 循环右移指令

格式：ROR dst, cnt

功能：将目的操作数 dst 的各位右移，移位过程中，最低位移入标志寄存器的 CF 位，同时也移入最高位，构成了一个环形移位。

【例 3.5-3】 交换一个字节的高半部分和低半部分。

【解答】 可以使用 ROL 或 ROR 指令，移位 4 位。

```
MOV   AL, 12H
MOV   CL, 4
ROL   AL, CL          ; AL=21H
ROR   AL, CL          ; AL=12H
```

（3）RCL 带进位循环左移指令

格式：RCL dst, cnt

功能：将目的操作数 dst 的各位左移，移位过程中，最高位移入标志寄存器的 CF 位，而 CF 位移入最低位，构成了一个环形移位。

（4）RCR 带进位循环右移指令

格式：RCR dst, cnt

功能：将目的操作数 dst 的各位右移，移位过程中，最低位移入标志寄存器的 CF 位，而 CF 位移入最高位，构成了一个环形移位。

以上 4 条指令对各状态标志的影响与算术移位和逻辑移位指令类似。

📖 汇编语言中的移位指令与 C 语言中的位操作符有如下对应关系：

汇编语言	SHL/SAL	SHR/SAR	ROL/ROR	RCL/RCR
C 语言	<<	>>	_rotl, _rotr 等	无

算术右移和逻辑右移指令的区分是一个难点。C 语言似乎对算术移位和逻辑移位不加区分，如右移只有“>>”一个操作符，这也是 C 语言学习的难点。其实，“>>”具有“重载”的特性，如果操作数是有符号数，它会按 SAR 执行；如果是无符号数，则按 SHR 执行(C 语言在声明变量类型时决定了是无符号数 unsigned 还是有符号数 signed)。另外，标准 C 语言由头文件 stdio.中的函数_rotl、_rotr、_lrotl、_lrotr 来完成无符号整型/长整型数的左/右循环移位移位；C51 语言则由头文件 intrins.h 中定义的_crol_、_cror_、_irol_、_iror_、_lrol_、_lror_完成无符号字节型/整型/长整型数的左/右循环移位；但是 C 语言没有带进位的循环移位函数或者运算符。

练习题 5

3.5-1 8086 的移位指令若需移位多位时，应该先将移位位数置于（　　）中。

A．AL　　B．AH　　C．CL　　D．CH

3.5-2 对于算术左移指令“SAL AL, 1”，若 AL 中的有符号数在执行指令后符号有变化，可以通过（　　）来确认。

A．OF=1　　B．OF=0　　C．CF=1　　D．CF=0

3.5-3 AL 的内容实现算术右移 4 位的正确指令是（　　）。

A．SHR AL, 4

B．MOV CL, 4
　SHR AL, CL

C．SAR AL, 4

D．MOV CL, 4
　SAR AL, CL

3.5-4 将 BUF 字节单元内容算术左移 1 位，以下指令不正确的是（　　）。

A．MOV BX, OFFSET BUF
　SAL BX, 1

B．MOV BL, BUF
　SAL BL, 1

C．SAL BUF, 1

D．LEA BX, BUF
　SAL BYTE PTR [BX], 1

3.5-5 选择适合的移位指令把十进制数+35 和−41 分别乘以 2 和除以 2，结果分别是多少？

3.6 处理器控制指令及标志位处理指令

表 3.6-1 给出了处理器控制指令及标志位处理指令。

说明：

（1）CLC、CMC 和 STC

进位标志 CF 常用于多字(节)运算中，用来说明低位向高位进位的情况。在此类运算中往往需要对 CF 进行处理，CLC 将 CF 清零，CMC 将 CF 取反，而 STC 将 CF 置 1。

（2）CLD 和 STD

方向标志 DF(见 2.1 节)在执行字符串操作指令(见 4.7 节)时用来决定地址的修改方向，当字符串操作由低地址向高地址方向进行时，可用 CLD 指令将 DF 清零；反之，可用 STD 指令将 DF 置 1。

表 3.6-1 处理器控制指令及标志位处理指令

助记符格式	功 能 说 明
CLC	标志位 CF 清零
CMC	标志位 CF 取反
STC	标志位 CF 置 1
CLD	标志位 DF 清零
STD	标志位 DF 置 1
CLI	中断允许标志 IF 清零
STI	中断允许标志 IF 置 1
HLT	使 CPU 进入暂停状态
NOP	空操作

（3）CLI 和 STI

中断允许标志 IF(见 2.1 节)用于决定 CPU 是否可以响应外部的可屏蔽中断请求。指令 CLI 使 IF 清零，禁止 CPU 响应中断；而指令 STI 使 IF 置 1，允许 CPU 响应可屏蔽中断，详见 8.3 节。

（4）HLT

停机指令 HLT 使 CPU 进入暂停状态，不进行任何操作。程序中，HLT 指令经常用来等待中断的出现。

（5）NOP

NOP 是一条单字节指令，不完成任何操作，需要 3 个时钟周期。常被插在其他指令之间，在循环等操作中增加延时，或者在调试程序中使用。

3.7 本章学习指导

3.7.1 本章主要内容

1. 指令包含的信息

指令中一般包含的信息有：操作码和操作数。操作数在计算机中的位置包括：指令中直接给出的立即数(是指令机器码的一部分，在代码段中)、CPU 内部的寄存器、存储器、I/O 端口。

2. 寻址方式

寻址方式是指在执行一条指令的过程中，CPU 如何找到操作数。如果操作数存放在存储器中，CPU 就要找到操作数的偏移地址 EA。8086/8088 的寻址方式分成以下 7 种(以源操作数为例)：

（1）立即寻址。操作数在指令中直接给出，如：MOV AX, 30H。

（2）寄存器寻址。操作数在寄存器中，如：MOV AX, BX。执行时不需要指令周期，因而可以取得较高的运算速度。

（3）直接寻址。操作数的 EA 由指令直接给出，如：MOV AX, [30H]。

EA 在机器指令中，操作数本身在存储器中。实际程序设计中使用符号地址(见第 4 章)，此时不必加括号，如：MOV AX, NUM。

NUM 是在数据段用伪指令定义的变量，见 4.1 节。

（4）寄存器间接寻址。操作数的 EA 在指令指定的基址或变址寄存器中，操作数本身在存储器中，如：MOV AX, [BX]。

（5）寄存器相对寻址。操作数的 EA 为 8 位/16 位偏移量与基址或变址寄存器内容之和，操作数本身在存储器中，如：MOV AX, COUNT[SI]。

（6）基址加变址寻址。操作数的 EA 为基址与变址寄存器内容之和，操作数本身在存储器中，如：MOV AX, [BX][SI]。

（7）相对基址加变址寻址。操作数的 EA 为基址与变址寄存器内容及 8 位/16 位偏移量之和，操作数本身在存储器中，如：MOV AX, COUNT[BX][DI]。

学习时注意区别两对寻址方式：

- 立即寻址和直接寻址，如上面的（1）将数据 30H 送入 AX 中，而（3）将数据段中偏移地址为 30H 的 1 个字送入 AX 中。
- 寄存器寻址和寄存器间接寻址，如上面的（2）将 BX 的内容送入 AX 中，而（4）将 BX 所指示的存储单元中的 1 个字送入 AX 中。

此外，还有隐含的寻址方式：指令中不指明操作数，但隐含了操作数地址，比如 XLAT 指令，源操作数在存储器中，目的操作数为 AL。

3．指令系统

本章的指令主要包括：传送指令、算术运算指令、逻辑运算指令、移位指令、处理器控制指令及标志位处理指令等。

要求了解指令的格式、特点、用法，对标志寄存器中状态标志的影响。常用指令要熟练掌握。

3.7.2 典型例题

【例 3.7-1】 执行指令“MOV [SI],AX”，则CPU引脚$\overline{WR}$、$\overline{RD}$和M/$\overline{IO}$的状态如何？

分析：考查寻址方式、数据传送指令以及与CPU读/写相关的引脚功能。

“MOV [SI], AX”的源操作数是寄存器寻址，而目的操作数是寄存器间接寻址的内存操作数，所以执行的操作是CPU写，即把数据写入存储器，由此可以确定3个引脚的状态。

【解答】 $\overline{WR}=0$，$\overline{RD}=1$ 和 $M/\overline{IO}=1$。

【例 3.7-2】 设DS=1000H，ES=2000H，SS=3000H，SI=00C0H，DI=0170H，BX=01B0H，AX=5657H，(10370H)=3AH，(10371H)=67H，NUM的值为0050H。

（1）求指令“ADD AX, NUM[BX][DI]”中源操作数的物理地址。

（2）指令执行完成后OF=？CF=？

分析：考查寻址方式和加法运算指令。指令“ADD AX, NUM[BX][DI]”中源操作数在存储器中，操作数的偏移地址EA是基址寄存器BX内容、变址寄存器SI的内容与相对偏移量NUM之和。

【解答】 （1）EA = 0050H + 01B0H + 0170H = 0370H；

物理地址 = DS × 10H + EA = 10370H。

因为目的操作数AX是16位的，源操作数在物理地址为10370H和10371H的两个存储单元中，因此源操作数的值为673AH(注意按小尾顺序，低字节在低地址、高字节在高地址)

（2）指令执行完后，AX = 673A H + 5657H = 0BD91H，根据第1章介绍的双高位判别法和符号位判别法都可知OF = 1(有溢出)， CF = 0(无进位)。

【例 3.7-3】 设指令“CMP AL，BL”执行后，CF=0，AF=1，SF=0，PF=0，OF=1，ZF=0，则：若AL、BL中的数据为有符号数的8位补码，AL、BL中两数的大小关系为__________；若AL，BL中均为无符号数，则两数的大小关系为________。

分析：CMP相当于减法运算，只不过运算结果不写入目的操作数AL。

如果是有符号数运算，OF=1表示结果溢出，说明两个操作数相减后得到8位结果的符号位与实际结果相反，SF=0，表明8位符号数的结果是正数，但实际结果应该是负数，两个数相减结果为负，且超出8位有符号数表示的范围，只可能是负数减正数的情况，由此可知AL<BL。

对无符号数运算而言，OF和SF是没有意义的。而CF=0表示无符号数减法无借位，说明够减，由此可知AL>BL。

【解答】 AL<BL, AL>BL

【例 3.7-4】 下列程序段的功能是完成 $s = (a \times b + c) \div a$ 的运算，其中a、b、c和s均为有符号字数据，结果的商存入s，余数不计，请按注释填空。

```
MOV    AX, a
MOV    BX, b
IMUL   BX
_____(1)_____
```

```
______(2)______        ; 将 a×b 放在 CX、BX 中
MOV    AX, c
______(3)______        ; 将 c 扩展到 DX、AX 中
______(4)______
______(5)______        ; 将 a×b+c 放在 DX、AX 中
IDIV   a
______(6)______        ; 商存入 s
```

分析：这是一个算术运算的程序段，变量 a、b、c 和 s 均为有符号字数据，第一步计算 $a \times b$，其乘积是双字，默认存放在 DX、AX 中；第二步，将 c 扩展成双字，然后和 $a \times b$ 的结果相加，扩展前要将 $a \times b$ 的结果保存在其他寄存器中，另外高 16 位相加时要加上低 16 位相加时产生的进位值；第三步，将相加的结果除以 a，并把商保存到 s 中。

【解答】

```
(1) MOV   CX, DX        (2) MOV   BX, AX        (3) CWD
(4) ADD   AX, BX        (5) ADC   DX, CX        (6) MOV   s, AX
```

【例 3.7-5】 写出指令将 AH 和 AL 中的非压缩 BCD 码，转换成组合的压缩 BCD 码，并存于 AL 中。

分析：此题考查 BCD 码的概念，以及移位和逻辑运算指令。

非压缩的 BCD 码，每个字节表示 1 位十进制数，其高 4 位为 0，压缩 BCD 码是每个字节表示 2 位十进制数。AH 和 AL 分别存有非压缩 BCD 码，它们的高 4 位都是 0。因此可以对 AL 逻辑左移 4 位，移位后的 AL 中的高 4 位和低 4 位就实现了互换，如图 3.7-1 所示；再对 AX 整体右移 4 位，此时 AL 中就是转换后的压缩 BCD 码，见图 3.7-2。

【解答】

```
MOV   CL, 4
SHL   AL, CL
SHR   AX, CL
```

图 3.7-1　SHL 指令执行前后示意图　　图 3.7-2　SHR 指令执行前后示意图

本章习题

3-1　写出以下指令序列中每条指令的执行结果，在 DEBUG 环境下进行验证，并注意各状态标志的变化情况。

```
MOV    BX, 23ABH
ADD    BL, 0ACH
MOV    AX, 23F5H
ADD    BH, AL
SUB    BX, AX
ADC    AX, 12H
SUB    BH, -9
```

3-2　编写计算多项式 $4A^2-B+10$ 值的程序段。说明：多项式值存于 AX 中，A、B 是无符号字节数。

数据说明：A　DB 0AH

　　　　　B　DB 10H

3-3　编写计算 CL 的 3 次方的指令序列，假设幂不超过 16 位二进制数。

3-4　假设 DX、AX 中存放一个双字：

```
NEG    DX
NEG    AX
SBB    DX, 0
```

请问：设执行前，DX = 0001H，AX = FFFFH，上述程序段执行后，DX、AX 的值是什么？上述程序段完成什么功能？

3-5 列出 2 种以上实现下列要求的指令或指令序列。

（1）把累加器 AX 清零

（2）把进位标志 CF 清零

（3）将累加器 AX 的内容乘以 2(不考虑溢出)

（4）将累加器 AX 的内容除以 2(不考虑余数)

3-6 写出下列程序段执行后 AX 的值为多少？

```
MOV    AX, 1234H
MOV    CL, 4
AND    AL, 0FH
ADD    AL, 30H
SHL    AH, CL
AND    AH, 0F3H
```

3-7 分析下列程序段，执行之后 AX 和 CF 的值为多少？

```
MOV    AX, 0099H
MOV    BL, 88H
ADD    AL, BL
DAA
ADC    AH, 0
```

3-8 试完成下面程序段，将存储单元 DA1 中的压缩 BCD 码，拆成两个非压缩 BCD 码，低位放入 DA2 单元，高位放入 DA3 单元，并分别转换为 ASCII 码。

```
START:  MOV    AL, DA1
        MOV    CL, 4
           (1)
        ____________
        OR     AL, 30H
        MOV    DA3, AL
        MOV    AL, DA1
           (2)
        ____________
        OR     AL, 30H
        MOV    DA2, AL
```

第 4 章　汇编语言程序设计

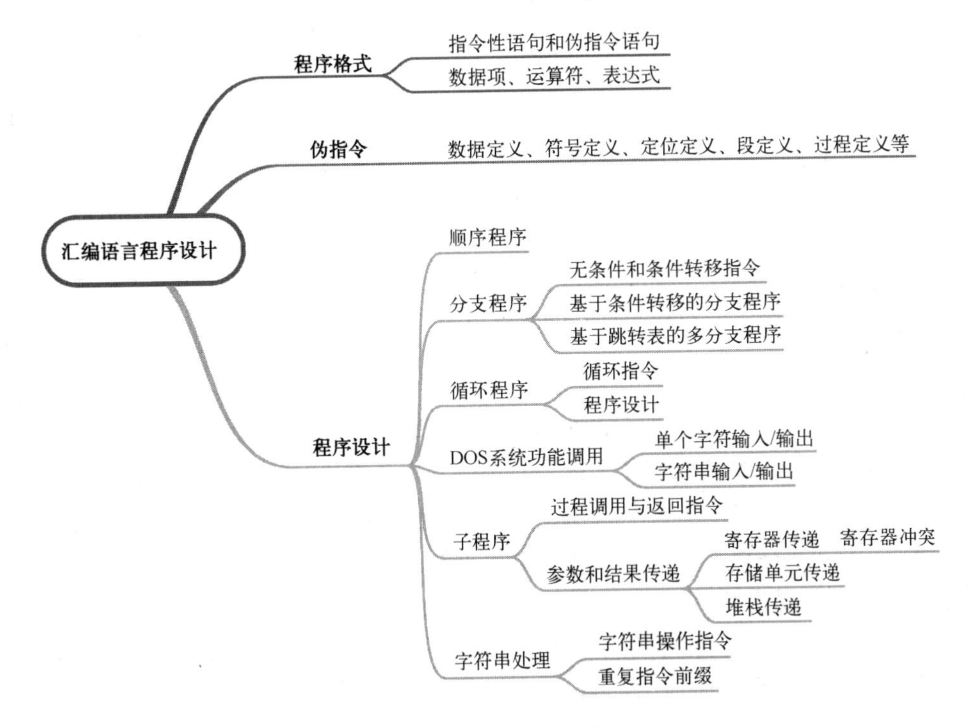

4.1　汇编语言基础

汇编语言是面向机器的程序设计语言。通过第 3 章的学习，读者应该已经体会到汇编语言与高级语言的一些区别。在高级语言中完成加法，如 $a=b+c$，只要定义变量 a、b、c 并且给 b 和 c 赋初值即可，不需要关心变量存储的具体位置。而在汇编语言程序中，必须指明 b 和 c 存放在何处(寄存器中、存储器中等)，相加之后的结果 a 该如何存放。使用者必须对处理器、存储器等硬件结构有一定的了解，才能使用汇编语言编程。

汇编语言程序主要由指令性语句和伪指令语句组成。汇编语言的核心是指令，它决定了汇编语言的特性，第 3 章介绍的指令都属于这一类，而伪指令将在本章介绍。

4.1.1　汇编语言的语句组成

汇编语言程序是由若干条语句组成的，语句就是完成一个操作的说明，主要可以分成两类：指令性语句和伪指令语句。

1．指令性语句

指令性语句可由汇编程序(MASM)编译成目标代码(机器指令)并由 CPU 执行，指令性语句组成如下：

[标号:]　[前缀]指令助记符　操作数　[;注释]

- 标号表示指令性语句的符号地址，标号必须以冒号“:”结尾，命名的原则见下文标识符部分。标号通常用作转移指令的目标地址，标号也可以省略。例如，下面的 JMP(无条件转移指令）将程序的执行转到标号CYCLE标识的位置，从而构成了一个循环。

```
CYCLE: CMP  AL, 100     ; AL中的值与100比较
             ⋮
       JMP  CYCLE
```

- 指令助记符指出指令的操作类型，汇编程序将其编译成机器指令。它是语句的核心部分，不能省略。上面例子中的CMP是比较指令的助记符。指令助记符前可以有前缀，见4.7节。
- 操作数可以是常数、变量、表达式、寄存器等，或者是以其他寻址方式给出的操作数地址。操作数不是每条指令所必需的。例如，STD指令就不需要操作数，直接将DF置1。当一条指令中有两个以上操作数时，要用逗号隔开，而操作数与助记符之间必须用空格隔开。
- 注释仅用作语句或程序段的说明，它不是程序的可执行部分，编译时不形成任何目标代码。注释必须以“;”开头，可以作为语句的一部分，也可以作为一条单独的语句。

2．伪指令语句

伪指令语句没有对应的机器指令，在编译源程序时由汇编程序进行处理，可以进行数据定义、存储区分配、段定义和分配等。伪指令语句组成如下：

[符号名]　伪指令助记符　操作数　[;注释]

- 符号名用符号地址表示，可以作为变量名、段名、过程名等，后面不能加“:”，可以省略。
- 伪指令助记符是汇编程序规定的符号。
- 操作数个数由具体的伪指令决定，有的伪指令不允许带操作数，而有的伪指令却要求带多个操作数，多个操作数之间必须用逗号分开。操作数可以是常数、变量、字符串或表达式等。

如“SUM DB 0”中，SUM是符号名，DB是定义字节变量的伪指令，“0”是操作数，该伪指令定义了一个字节变量SUM，初值为0。

3．标识符

标号和符号名都称为标识符，由程序员创建，需要注意以下几点：

- 标识符可以包含1～31个字符；
- 标识符对大小写不敏感；
- 标识符的第一个字符必须是字母、_（下画线）、@、？或者$，后继字符可以是数字。
- 标识符不能与保留字相同，指令、伪指令、寄存器名等都是保留字。

尽量使标识符的名字具有实际意义且易于理解，以下是一些正确的标识符：

VAR1, count, $sum, _main, MIN, _4567

思政案例：见二维码4-1。

二维码4-1　程序设计中的规则意识

4.1.2　数据项

1．常数

凡是出现在汇编语言程序中的固定值，在程序运行期间不会变化，就称为常数。常数可以分为数值常数、字符串常数两类。

数值常数按其基数的不同，可以有二进制数（B）、八进制数（O）、十进制数（D）、十六进制数（H）等不同的表示形式。例如，00101100B是二进制数，1234D或1234是十进制数，255O是八进制数，56H和0BA12H是十六进制数。

字符串常数是由引号括起来的一串字符。汇编程序把它们表示成一个字符序列，一个字符对应一个字节，把引号内的字符编译成 ASCII 码。如‘218’，其值并不表示十进制数 218，而是 2, 1, 8 三个数字的 ASCII 码，即 32H，31H 和 38H。

需要注意的是，只有在初始化存储器时才可以使用多于两个字符的字符串常数(见 4.1.4 节)。在能使用单字节立即数的地方，可以使用单个字符组成的字符串常量，如

```
        MOV   AL, 'A'    ; 等价于 MOV  AL, 41H
```

在能使用字立即数的地方，可以使用两个字符组成的字符串常量，如

```
        MOV   AX, 'AB'   ; 等价于 MOV  AX, 4142H
```

2. 变量

变量指存放在存储单元内的值，以变量名的形式出现在程序中，可以在程序运行时修改。如“SUM DB 0”定义了一个字节变量 SUM，初值为 0。在一个汇编语言程序中，一个变量只能定义一次。变量具有三个属性：

- 段地址：变量所在段的段地址；
- 段内偏移地址：变量地址与段首地址之间的偏移量；
- 类型：变量中每个元素所包含的字节数，有字节型(BYTE)、字型(WORD)、双字型(DWORD)等。

3. 标号

标号是指令性语句的符号地址，具有三个属性：

- 段地址：标号所在段的段地址；
- 段内偏移地址：标号地址与段首地址之间的偏移量；
- 类型：指在转移指令中标号可以转移的距离，也称距离属性。包括：NEAR(近标号)实现段内转移或调用；FAR(远标号)实现段间转移或调用，详见 4.3.1 节和 4.6.1 节。

4.1.3 表达式

表达式是由运算符和运算对象组成的序列，在编译时能产生一个值。运算符在汇编语言中非常丰富，可以分成算术运算符、逻辑运算符、移位运算符、关系运算符、分析运算符和合成运算符等。这里主要介绍前 4 种运算符，后两种将在 4.1.5 节介绍。

1. 算术运算符

算术运算符主要有：+、−、*、/、MOD(取余数)。

算术运算符都是双操作数运算，操作数一般都是数字，结果也是数字的。例如：

```
        MOV  AL, 8 MOD 3          ; AL 的结果为 2
        MOV  BL, 10 + 12          ; BL 的结果为 22
```

对于地址操作数，有意义的算术运算是加、减一个数字量，如 SUM + 2 及 CYCLE−5 是有效的表达式，这里数字量表示的是地址偏移量。SUM + 2 表示 SUM 之后 2 个字节的存储单元的地址。

2. 逻辑运算符

逻辑运算符有：AND(逻辑与)、OR(逻辑或)、NOT(逻辑非)和 XOR(逻辑异或)。

逻辑运算的操作数只能是数字，且结果也是数字。内存操作数不能进行逻辑运算。例如：

```
        MOV   AL, 10101100B  AND  00001111B        ; AL 的结果为 00001100B
```

```
MOV   BL, NOT  00001111B                    ; BL的结果为11110000B
```

注意：逻辑运算符同时也是逻辑运算指令(见 3.4 节)的助记符，只有当它们出现在指令的操作数部分时，才是构成表达式的逻辑运算符。例如：

```
AND   BL, 0AH OR 0FH
```

其中 AND 是指令助记符，而 OR 是逻辑运算符。该指令表示，将 BL 中的内容与第二个操作数，即表达式的值(两数相或的结果 0FH)相与，相与的结果存放于 BL 中。

3. 移位运算符

移位运算符有：SHL(左移)和 SHR(右移)。

操作数都是数字，结果也是数字的。例如：

```
MOV   CL, 10   SHR 2            ; 10右移2位(÷4)，CL结果为2
MOV   DL, 30   SHL 2            ; 30左移2位(×4)，DL结果为120
```

4. 关系运算符

关系运算符有：EQ(相等)、NE(不等)、LT(小于)、GT(大于)、LE(小于等于)、GE(大于等于)。

关系运算符的操作数一般也必须为数字或同一段内两个存储单元的地址。当结果成立时，其结果为全 1，否则为全 0。例如：

```
MOV   AX, 10H GT 16             ; 等价于MOV   AX,0000H
ADD   BX, 6 EQ 0110B            ; 等价于ADD   BX,0FFFFH
```

汇编语言中的表达式不能作为单独语句，只能是语句的一部分。例如：

```
MOV   AL, SUM+2
JMP   AGAIN+5
MOV   BL, VB GE VA
```

上述各语句中都含有表达式，表达式中的标识符可以是变量名，也可以是标号。需要指出的是，语句中表达式的求值不是在 CPU 执行指令时完成的，而是在对源程序进行编译时完成的。因此，语句中各表达式的值必须在编译时就是确定的。

4.1.4 数据定义

存放在存储单元中的操作数是变量，因为它们的值可以改变。在程序中出现的是存储单元地址的符号，即变量名。变量的类型为：字节(BYTE)、字(WORD)、双字(DWORD)等。变量通常用数据定义语句定义，格式如下：

```
变量名  DB    表达式      ; 定义字节变量
变量名  DW    表达式      ; 定义字变量
变量名  DD    表达式      ; 定义双字变量
```

说明：

(1) 变量名是一个标识符，变量名后不能加冒号，只能用空格。变量名不是必需的。

(2) 变量的类型与变量名后的关键字 DB、DW、DD 有关。

(3) 格式中的表达式可以有以下几种情况：

① 一个或多个常数或表达式，常数之间、表达式之间用逗号隔开。

② 带引号的字符串。

③ 一个问号“？”。

④ 重复方式，此时表达式部分的格式为：

重复次数 DUP(表达式)

【例 4.1-1】 定义如下 10 个变量，假设第一个变量 DATA1 的地址为 1000H:0000H，画出变量在存储器中存放的示意图。

```
DATA1   DB   30H
DATA2   DW   1234H, 5678H
DATA3   DB   (2*4),(9/3)
DATA4   DD   0ABCDEFH
DATA5   DB   '1234'
DATA6   DW   'AB','C', 'D'
DATA7   DB   ?
DATA8   DW   ?
DATA9   DB   3 DUP(0)
DATA10  DB   5 DUP(?)
```

【解答】 伪指令 DB、DW、DD 的功能是在变量名对应的存储单元处依次存入表达式中各项值。表达式中每项值占用的字节数与变量的类型相对应。变量在存储器中的存放见图 4.1-1。

说明：

（1）表达式中的“?”表示只是定义该变量，为其预留了存储空间，但没有为其赋值，如变量 DATA7 和 DATA8。

（2）重复方式指出表达式的值可以重复地存放到变量对应的存储区域，重复次数在伪指令中给出。例如，DATA9 在其存储单元起始处，即 1000H:0018H 处重复存放了 3 个字节的 00H，而 DATA10 从存储单元 1000H:001BH 起保留了 5 个字节的空间。

（3）8086 存取变量时，采用的是小尾顺序，即变量的最低字节存放在地址最小的存储单元中，其余字节在存储器中按顺序连续存放。因此，如图 4.1-1 所示，DATA2 就是 12H 存放在 1000H:0002H 处，而 34H 存放在 1000H:0001H 处。

（4）当表达式为字符串时，对于字节变量，一个字符占 1 个字节，并且存入的是字符的 ASCII 码。例如，DATA5 一共包含 4 个字符，所以占用了 1000H:000BH～1000H:000EH 共 4 个单元，分别存储了‘1234’的 ASCII 码，所有字符可以放在一对单引号内，也可以每个单独放在单引号内，即

DATA5 DB ‘1’, ‘2’, ‘3’, ‘4’ 等价于 DATA5 DB ‘1234’

（5）如果是字变量，每个变量不能超过两个字节，若为两个字符时，同样应遵循小尾顺序原则。例如，DATA6 中，‘AB’就是‘A’的 ASCII 码 41H 在高字节，‘B’的 ASCII 码 42H 在低字节；若只有一个字符时，则存入低字节，高字节为 00H，如 DATA6 中的‘C’和‘D’分别存储为 0043H 和 0044H。

地址	内容	变量
1000H: 0000H	30H	DATA1
1000H: 0001H	34H	DATA2
1000H: 0002H	12H	
1000H: 0003H	78H	
1000H: 0004H	56H	
1000H: 0005H	08H	DATA3
1000H: 0006H	03H	
1000H: 0007H	EFH	DATA4
1000H: 0008H	CDH	
1000H: 0009H	ABH	
1000H: 000AH	00H	
1000H: 000BH	31H	DATA5
1000H: 000CH	32H	
1000H: 000DH	33H	
1000H: 000EH	34H	
1000H: 000FH	42H	DATA6
1000H: 0010H	41H	
1000H: 0011H	43H	
1000H: 0012H	00H	
1000H: 0013H	44H	
1000H: 0014H	00H	
1000H: 0015H	?	DATA7
1000H: 0016H	?	DATA8
1000H: 0017H	?	
1000H: 0018H	00H	DATA9
1000H: 0019H	00H	
1000H: 001AH	00H	
1000H: 001BH	?	DATA10
1000H: 001CH	?	
1000H: 001DH	?	
1000H: 001EH	?	
1000H: 001FH	?	

图 4.1-1 变量在存储器中的存放

并非所有的数据定义都需要变量名，如果在例 4.1-1 的基础上继续定义名为 ARRAY 的数组，就可以采取如下方式，第 2 行可以没有变量名。

```
ARRAY  DB  10,20,30,40
       DB  50,60,70,80
```

4.1.5 分析运算符与合成运算符

1. 分析运算符

标号或变量一旦被定义，就具有相应的属性，利用分析运算符可以获取这些属性，其表达式格式及功能见表 4.1-1。

表 4.1-1 分析运算符表达式格式及功能

分析运算符	表达式格式	功　能
SEG	SEG　　变量名或标号	返回变量或标号所在段的段地址
OFFSET	OFFSET　变量名或标号	返回变量或标号在段内的偏移地址
TYPE	TYPE　　变量名或标号	返回变量的类型值或标号的距离属性值
LENGTH	LENGTH　变量名	返回变量定义的元素个数
SIZE	SIZE　　变量名	返回变量所占的字节数

说明：

（1）TYPE 加在变量名前，返回变量的类型值，对于 DB、DW、DD 定义的变量，分别为 1、2、4。TYPE 加在标号前，返回距离属性值，可以是-1(NEAR)或-2(FAR)。

（2）长度 LENGTH，表示一个变量所定义的元素个数，在含有 DUP 操作符的变量定义中，元素个数为重复次数，在其他各种变量定义中元素个数均为 1。

（3）SIZE 等于 LENGTH 与 TYPE 的乘积。

【例 4.1-2】 对于例 4.1-1 定义的各变量，分析下面表达式的值：

（1）SEG　DATA1　（2）OFFSET　DATA2　（3）TYPE　DATA3　（4）LENGTH　DATA4

（5）SIZE　DATA5　（6）LENGTH　DATA9　（7）SIZE　DATA9

【解答】

```
SEG     DATA1       ;结果为1000H
OFFSET  DATA2       ;结果为0001H
TYPE    DATA3       ;结果为1
LENGTH  DATA4       ;结果为1
SIZE    DATA5       ;结果为1
LENGTH  DATA9       ;结果为3
SIZE    DATA9       ;结果为3
```

注意： DATA5 是 DB 类型的，所以“TYPE DATA5”等于 1；由于 DATA5 中不存在 DUP 重复定义，因此“LENGTH　DATA5”为 1，所以例 4.1-2 中“SIZE　DATA5”是 1 而不是 4。

2. 合成运算符 PTR

格式：类型/距离　PTR 表达式

功能：将 PTR 左边的类型属性或距离属性赋给右边的表达式。格式中的类型可以是 BYTE、WORD、DWORD，距离可以是 FAR、NEAR 等。表达式可以为变量名、标号或其他表达式。

（1）可以由已存在的内存操作数声明一个段地址和偏移地址相同，而类型不同的新的内存操作数。

如果需要将例 4.1-1 中定义的字节变量 DATA3 当成字变量使用，则可以用以下语句：

```
    MOV   AX, WORD  PTR  DATA3
```

该语句的功能是将从地址 1000H:0005H 开始的一个字(0308H)送入 AX。需要指出的是 DATA3 仅在该语句中作为字变量使用，DATA3 原来定义的字节类型并没有被修改。

（2）当不能明确操作数的类型(字节或字)时，要用 PTR 伪指令进行说明。例如

```
MOV   BYTE PTR [BX], 01H
MOV   WORD PTR [BX], 01H
```

如果写成

```
MOV   [BX], 01H
```

就是错误的，因为无法确定是将 01H 这个字节送入物理地址 DS×16+BX 对应的存储单元，还是将 0001H 这个字送入物理地址从 DS×16+BX 开始的连续 2 个存储单元。

（3）用 PTR 来改变距离属性，如

```
JMP   FAR PTR SUB1
```

在 JMP 语句中将标号 SUB1 声明为 FAR 类型，使 JMP 指令与标号 SUB1 被安排在不同代码段中也可以使用，以实现段间转移（见 4.3.1 节）。

4.1.6　符号定义

符号是通过将标识符与整数表达式或文本联系起来而创建的。与保留存储空间的变量定义不同，符号不占用任何实际的存储空间。符号仅在编译程序时使用，在运行期间不能修改。

1. EQU 伪指令

格式：符号名　EQU　表达式

功能：用来将符号名与表达式联系起来，表达式可以是变量、标号、常数、指令或表达式。定义后，程序中可以用符号名代替表达式。EQU 伪指令定义的符号在同一程序中不能重新定义。

例如：

```
BSIZE    EQU  100      ; 给 BSIZE 定义了一个值 100
COUNT    EQU  CX       ; 为 CX 定义了一个同义词 COUNT
CBD      EQU  AAD      ; 定义了指令 AAD 的同义词 CBD
```

2. 等号伪指令

格式：符号名 = 表达式

功能：等号伪指令将符号名与表达式联系起来，功能与 EQU 伪指令相同。同一程序中以“=”定义的符号可以重新定义。例如：

```
COUNT = 500
MOV   AX, COUNT        ; 第一次使用 COUNT，指令等价于 MOV  AX,500
  ⋮
COUNT = 20
ADD   CX, COUNT        ; 第二次使用 COUNT，指令等价于 ADD  CX,20
```

3. LABEL 伪指令

格式：符号名　LABEL 类型属性

功能：LABEL 伪指令给已定义的变量或标号取另一个名字，并可重新定义它的类型属性。

其中，符号名是为 LABEL 语句下一行语句中的变量或标号取的别名；类型属性规定了起别名的变量或标号的类型，此别名与原变量或标号具有相同的段地址及偏移地址。

（1）LABEL 与变量连用

```
DATB  LABEL BYTE              ; DATB 为 DATW 的别名，为字节型
DATW  DW  3031H, 3233H        ; DATW 变量，为字型
MOV   AL, DATB[0]             ; 31H→AL
```

```
    MOV   BX, DATW[1]                 ; 3330H→BX
```

（2）堆栈段定义中使用 LABEL

```
    STACK SEGMENT
        DB    100 DUP(?)
        TOP   LABEL WORD              ; 为堆栈分配100个字节，TOP为栈底的名字，类型为字
    STACK ENDS
```

4.1.7　定位定义

1. $运算符

$运算符也称为当前地址计数器，用于返回当前程序语句的偏移地址，利用$可以方便地计算数组元素个数或字符串的字符个数。例如：

```
    ARRAY  DB  10,20,30,40,50
    ARRSize = ($-ARRAY)
```

可知数组 ARRAY 有 5 个元素。显然，无论数组是什么类型的，数组的元素个数均可以表示为

```
    ARRSize = ($-ARRAY)/TYPE ARRAY
```

2. ORG 伪指令

格式：ORG　表达式

功能：说明该语句下面的程序在段内的起始地址为表达式所代表的值。

【例 4.1-3】 使用如下 ORG 伪指令，画出数据存放示意图。

```
    ORG     1000H
    DATA1   DB   30H
    ORG     2000H
    DATA2   DW   1234H, 5678H
      ⋮
```

【解答】 如图 4.1-2 所示，DATA1 从当前段的偏移地址 1000H 处开始存放，而 DATA2 从偏移地址 2000H 处开始存放。

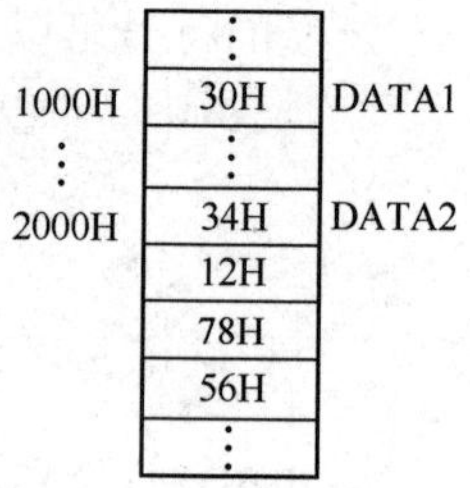

地址	内容	变量
	⋮	
1000H	30H	DATA1
⋮	⋮	
2000H	34H	DATA2
	12H	
	78H	
	56H	
	⋮	

图 4.1-2　数据存放示意图

练习题 1

4.1-1　设 A=10，B=20，Q=30，D=2，执行下列指令后，AL 的值为多少？

（1）MOV AL, A×5-B+D　　（2）MOV AL, Q MOD (A-D)

（3）MOV AL, A AND 7　　（4）MOV AL, Q LE B

（5）MOV AL, B/A MOD D　　（6）MOV AL, (A SAL 2) + (Q SHL 2)

4.1-2　有如下数据定义：

```
    DA1     DB 4  DUP (5) , 2
    COUNT   EQU 10
    DA2     DD  COUNT  DUP(?)
```

问：（1）上述数据定义为变量 DA1 分配多少字节存储空间？（2）为变量 DA2 分配多少字节存储空间？

4.1-3　画出以下伪指令所定义的数据在存储器中的存放示意图。

```
    DATA1   DB 66H, 33H
    DATA2   DW 12ABH, 99H,?
    DATA3   DB 05H, 3 DUP(1,2)
```

4.1-4　有如下数据定义：

```
    D1  DB   20 DUP(?)
```

```
    D2   DW    01H
```

请写出用一条指令实现取 D1 的偏移地址到 SI 的 2 种方法。

4.1-5 写出具有下列功能的伪指令语句：

（1）在 DATA 为首地址的存储单元中连续存放字节数据：4 个 18，5 个'B'，10 个(2,4,6)；

（2）将字数据 1234H、0ABCH 存放在定义为字节变量的 VAR 存储单元中，并且不改变数据按字存储的次序。

4.1-6 假设程序中的数据定义如下：

```
    LNAME        DB   30 DUP(?)
    ADDRESS      DB   30 DUP(?)
    CODE_LIST    DB   1,7,8,3,2
    CITY         DB   15 DUP(?)
```

（1）用一条 MOV 指令将 LNAME 的偏移地址存入 AX。

（2）用一条指令将 CODE_LIST 的头两个字节存入 SI。

（3）写一条伪指令使 CODE_LENGTH 的值等于 CODE_LIST 的实际长度。

4.2 顺序程序设计

顺序结构是指程序中的每一条指令都是按指令的排列顺序执行的，这是最简单的一种程序结构。

4.2.1 最简单的汇编语言程序

【例 4.2-1】 编写程序计算 4 个数 0123H、0456H、0789H、0ABCH 的和，结果保存在累加器 AX 中。

分析：根据目前已掌握的指令，可以将 4 个数逐个相加，结果保存在 AX 寄存器中。

【程序 4.2-1】

```
CODE      SEGMENT
    ASSUME  CS:CODE
    MOV    AX, 0123H
    ADD    AX, 0456H
    ADD    AX, 0789H
    ADD    AX, 0ABCH
    MOV    AH, 4CH              ; 程序返回
    INT    21H
CODE      ENDS
          END
```

说明：

（1）SEGMENT 和 ENDS

SEGMENT 和 ENDS 是成对使用的一组伪指令，作用是定义一个段，SEGMENT 说明段的开始，ENDS 说明段的结束。段都有一个名称来识别，称为段名，格式为：

```
    段名   SEGMENT
             ⋮
    段名   ENDS
```

一个汇编语言程序往往由多个段组成，分别用于存放代码、数据或者作为栈空间。一个汇编语言程序至少有一个代码段，如程序 4.2-1 所示，位于“CODE SEGMENT”和“CODE

ENDS”之间的内容都属于代码段。

（2）END

END 伪指令标志着一个汇编语言程序的结束。编译程序时如果遇到 END，就停止对源程序的编译。注意 ENDS 和 END 的区别。

（3）ASSUME

ASSUME 伪指令的作用是将由“SEGMENT … ENDS”定义的一个段与某些段寄存器进行关联。在程序 4.2-1 中，ASSUME 将 CS 与 CODE 段关联起来。

4.2.2 包含多个段的汇编语言程序

如果例 4.2-1 中的 4 个数存储在 DATA1 开始的连续存储单元中，即

```
DATA1  DW  0123H, 0456H, 0789H, 0ABCH
```

该如何处理呢？

如果能从存储单元中逐一读出这些数，逐个累加就可以达到目的。但问题是如何寻找这些数呢？

程序 4.2-1 只包含一个代码段，解决此问题比较好的方法是：用和定义代码段一样的方法来定义一个数据段，然后在数据段里面定义需要的数据。

【例 4.2-2】 计算存储在变量 DATA1 中 4 个字数据 0123H, 0456H, 0789H, 0ABCH 的和，结果保存在累加器 AX 中。

【程序 4.2-2】

```
DATA    SEGMENT
        DATA1  DW  0123H, 0456H, 0789H, 0ABCH
DATA    ENDS
CODE    SEGMENT
        ASSUME  CS:CODE, DS:DATA
START:  MOV    AX, DATA
        MOV    DS, AX                    ; DS 指向 DATA 段
        MOV    BX, OFFSET  DATA1         ; BX 指向 DATA1 起始处，即指向 0123H
        MOV    AX, 0
        ADD    AX, [BX]
        ADD    BX, 2                     ; BX 指向 0456H
        ADD    AX, [BX]
        ADD    BX, 2                     ; BX 指向 0789H
        ADD    AX, [BX]
        ADD    BX, 2                     ; BX 指向 0ABCH
        ADD    AX, [BX]
        MOV    AX, 4CH
        INT    21H
CODE    ENDS
        END    START
```

说明：

（1）定义多个段的方法

从程序 4.2-2 可知，定义数据段的方法与定义代码段的方法类似，只是段名不同。

（2）对段地址的引用

在程序 4.2-2 中有 2 个段，如何访问 DATA 段中的数据呢？这要通过地址，而地址分成段地址和偏移地址两部分。如何指明要访问的数据的段地址呢？在程序中，段名代表了段地址。

所以“MOV AX, DATA”的含义就是将名为DATA的段的段地址送入AX。程序中对段名的引用，如DATA，将被汇编程序处理为一个表示段地址的数值，由于8086/8088不允许将一个数值直接送入段寄存器，所以需再通过指令“MOV DS, AX”将段地址送入DS。于是，数据段中数据的段地址可以由段名来表示，偏移地址则取决于数据在段中的位置。图4.2-1为DATA1在数据段中的存放情况，其中字数据“0798H”的地址就是DS:0004H。

DS:0000H	23H
DS:0001H	01H
DS:0002H	56H
DS:0003H	04H
DS:0004H	89H
DS:0005H	07H
DS:0006H	0BCH
DS:0007H	0AH
…	…

图4.2-1 DATA1在数据段中的存放情况

（3）对段的区分

在程序4.2-2中定义了CODE段、DATA段，分别用于存放代码(指令)和数据。在源程序的最后，由END START指明了程序的入口。程序开始执行时，CS:IP被设置成指向这个入口，并执行程序的第一条指令。由于START在CODE段中，这样CPU就将CODE段中的内容当作指令来执行了。在CODE段中，通过指令：

```
MOV   AX, DATA
MOV   DS, AX
```

设置DS指向DATA段，CPU执行这些指令后，将把DATA段当成数据段使用。

在程序4.2-2中，用到了代码段和数据段，在有些情况下还需要堆栈段，定义堆栈段的方法与数据段类似，只是在使SS指向堆栈段后，还需设置堆栈指针寄存器SP，见4.6.3节。

总之，CPU到底如何处理所定义的段的内容，是当作指令还是当作数据，或者当作栈空间完全是靠程序中具体的汇编语言指令，以及对CS:IP、DS、SS、SP、ES等寄存器的设置来决定的。

练习题2

4.2-1 判断：汇编语言程序通常由几个段组成，可以没有数据段，没有堆栈段，但不能没有代码段。（ ）

4.2-2 完整的段定义是由伪指令SEGMENT定义段的开始，用伪指令ENDS作为段的结束。而段的性质可以由段的名字来决定吗？

4.2-3 阅读下列程序，找出其中不符合汇编语言规范之处，并修改。

```
DATA    SEGMENT
        A:  DB  35, 01000111B, 24H, 'XYZ'
        B:  DB  N   DUP (0)
        N:  EQU $-A
        ENDS
CODE    SEGMENT
START:  MOV    AX, DATA
        MOV    DS, AX
        LEA    SI, A
        LEA    DI, B
        MOV    CX, N
LOP     MOV    AL, [SI]
        MOV    [DI], AL
        INC    SI
        INC    DI
        LOOP   LOP            ;跳转到标号LOP处构成循环结构
```

```
        MOV    AH, 4CH
        INT    21H
        ENDS
        END    START
```

4.2-4 编写程序，用查表法将 AL 中的一个压缩 BCD 码转换成相应的 ASCII 码，并存放到存储器的 RESULT 单元。

4.2-5 编写程序，求出 $Z=[(X+Y)\times 8-X]\div 2$ 中的 Z 值，结果存放在 RESULT 单元中(设 X、Y 和 Z 均为 16 位)。

4.2-6 编写程序，将内存中 4 位压缩 BCD 码数据 DATA1 和 DATA2 相加，结果仍然为 BCD 码并保存在 SUM 中。

4.3 分支程序设计

在实际的应用中很少有程序始终按顺序执行的情况，经常需要根据各种不同的条件实现不同的功能。程序能根据各种条件进行判定，并决定程序的流向，这就是分支程序。图 4.3-1 给出了常见的分支程序结构。

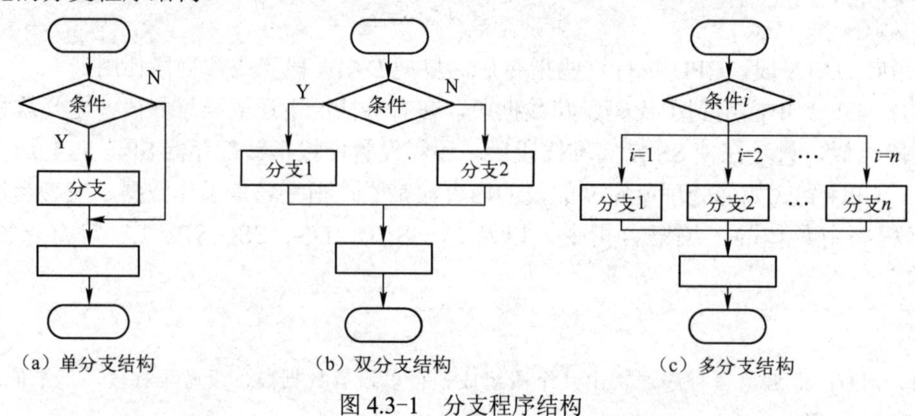

(a) 单分支结构　(b) 双分支结构　(c) 多分支结构

图 4.3-1 分支程序结构

4.3.1 转移指令

转移指令可以用于改变程序的执行顺序。可以修改 IP，或者同时修改 CS 和 IP 的指令，统称为转移指令。

8086/8088 的转移行为有以下几类：

- 同时修改 CS 和 IP 时，称为段间转移。
- 只修改 IP 时，称为段内转移。由于转移指令对 IP 的修改范围不同，段内转移又分为短转移和近转移，IP 修改范围分别为−128～127 字节和−32768～32767 字节。

8086/8088 的转移指令可以分为以下几类：无条件转移指令、条件转移指令、循环指令、调用和返回指令、中断指令。本节介绍前两类指令，其他指令将在后面章节介绍。

1. 无条件转移指令 JMP

JMP 指令可以只修改 IP，也可以修改 CS 和 IP。JMP 指令要给出两种信息之一：转移的目的地址或转移的位移。根据给出目的地址的不同和转移的位移不同，JMP 指令有不同的格式。

（1）依据位移进行转移

1）段内短转移

格式：JMP　short 标号

功能："short"说明进行的是短转移，"标号"是代码段中的标号，指明了要转移的目的地址。其功能是段内短转移，即 IP←IP＋8 位位移。其中：

① 8 位位移＝标号处的地址 －JMP 指令后的第一个字节的地址；

② 8 位位移的范围是 −128～127 字节，用补码表示，也就是说最多向前越过 128 个字节，向后越过 127 个字节；

③ 8 位位移由汇编程序对源程序编译时算出。

该指令为相对寻址方式，以程序 4.3-1 为例进行说明。

【程序 4.3-1】

```
CODE    SEGMENT
        ASSUME  CS:CODE
START:  MOV     AX, 8
        JMP     SHORT S
        INC     AX
S:      ADD     AX, 1
        MOV     AH, 4CH
        INT     21H
CODE    ENDS
        END     START
```

在 DEBUG 中查看程序 4.3-1 的机器指令，如图 4.3-2 所示。"JMP SHORT S"指令的首字节在代码段的偏移地址为 0003H，当 CPU 取出这 2 个字节的 JMP 指令后，首先增量 IP，使 IP=0005H，指向下一条指令"INC AX"，然后 JMP 指令将改变程序执行的顺序，它要转移的目的地址是 S，而 S 的偏移地址是 0006H，所以 JMP 指令中的 8 位位移为：

8 位位移 ＝ 标号 S 的偏移地址 – IP 当前值 ＝0006H – 0005H＝01H

这就是图 4.3-2 中第 2 行机器指令的第 2 个字节为 01H 的原因。接着 JMP 指令把 IP 修改为：IP＝IP＋8 位位移＝0005H＋01H＝0006H。于是，程序转移到代码段偏移地址为 0006H 的位置，即标号 S 处执行。

```
150E:0000 B80800        MOV     AX,0008
150E:0003 EB01          JMP     0006
150E:0005 40            INC     AX
150E:0006 050100        ADD     AX,0001
```

图 4.3-2　程序 4.3-1 的机器指令

2）段内近转移

格式：JMP　NEAR　PTR　标号

功能：IP←IP＋16 位位移，其中：

① 16 位位移＝标号处的地址 －JMP 指令后的第一个字节的地址；

②"NEAR　PTR"指明此处是 16 位位移，进行的是段内近转移；

③ 16 位位移的范围是−32768～32767 字节，用补码表示。16 位位移由汇编程序对源程序编译算出。

（2）转移的目的地址在指令中

格式：JMP　FAR　PTR　标号

功能：CS←标号所在段的段地址；IP←标号在段中的偏移地址。FAR PTR 指明了用标号的段地址和偏移地址修改 CS 和 IP，因此其为直接寻址方式，属于段间远转移。

例如，设标号 PROG_F 所在段的段地址=3500H，偏移地址=080AH，则指令

```
JMP   FAR PTR PROG_F
```

执行后 IP＝080AH，CS＝3500H，程序转移到 3500H: 080AH 处执行。

（3）转移地址在寄存器中

格式：JMP　REG16

功能：IP←REG16 的内容

此指令为寄存器寻址方式，属于段内间接转移。

例如，BX=3500H，则指令

```
JMP   BX
```

执行后 IP = 3500H，程序转移到 CS:3500H 处执行。

（4）转移地址在存储单元中

1）段内间接转移

格式：JMP　WORD　PTR　存储单元地址

功能：在指定的存储单元中存放一个字，以其作为目的地址中的偏移地址，实现段内转移。存储单元的地址可以用除立即寻址和寄存器寻址外的任意寻址方式给出。比如

```
MOV   AX, 0123H
MOV   [BX], AX
JMP   WORD PTR [BX]
```

执行后 IP=0123H。

2）段间间接转移

格式：JMP　DWORD　PTR 存储单元地址

功能：在指定的存储单元中存放两个字，以其作为目的地址中的段地址和偏移地址，实现段间转移。存储单元的地址可以用除立即寻址和寄存器寻址外的任意寻址方式给出。比如

```
MOV   WORD PTR [BX], 1512H
MOV   WORD PTR [BX+2], 0123H
JMP   DWORD PTR [BX]
```

执行后 IP=1512H，CS=0123H。

2. 条件转移指令

格式：JCond　标号

功能：指令执行时，根据前一条指令对标志寄存器各状态标志的设定来决定是否转移，即对预先指定的标志条件进行测试。

在标志条件为真时，分支转移到标号处；如果标志条件为假，那么立即执行紧跟在条件转移指令之后的指令。条件转移指令不影响标志位。条件转移指令见表 4.3-1。

表 4.3-1　条件转移指令

指 令	指 令 功 能	标 志 条 件
JC	有进位，则转移	CF=1
JNC	没有进位，则转移	CF=0
JZ/JE	结果为 0，则转移	ZF=1
JNZ/JNE	结果不为 0，则转移	ZF=0
JS	结果为负，则转移	SF=1
JNS	结果非负，则转移	SF=0
JP/JPE	结果中 1 的个数为偶数，则转移	PF=1
JNP/JNPE	结果中 1 的个数为奇数，则转移	PF=0
JO	结果溢出，则转移	OF=1
JNO	结果无溢出，则转移	OF=0
JB/JNAE	结果低于/不高于或不等于(无符号数)，则转移	CF=1

续表

指 令	指 令 功 能	标 志 条 件
JNB/JAE	结果不低于/高于或等于(无符号数)，则转移	CF=0
JBE/JNA	结果低于或等于/不高于(无符号数)，则转移	CF=1∨ZF=1
JNBE/JA	结果不低于或不等于/高于(无符号数)，则转移	CF=0∧ZF=0
JL/JNGE	结果小于/不大于或不等于(有符号数)，则转移	SF⊕OF=1
JNL/JGE	结果不小于/大于或等于(有符号数)，则转移	SF⊕OF=0
JLE/JNG	结果小于或等于/不大于(有符号数)，则转移	(SF⊕OF)∨ZF=1
JNLE/JG	结果不小于或不等于/大于(有符号数)，则转移	(SF⊕OF)∧ZF=0
JCXZ	CX=0，则转移	\

所有的条件转移指令都是短转移，在机器指令中包含的是转移的位移，而不是目的地址，对 IP 的修改范围是−128～127 字节，采用 8 位位移的相对寻址方式。以 JZ 为例进行说明。

格式：JZ 标号

功能：

- 当 ZF=1 时，IP←IP+8 位位移。8 位位移的计算方法和转移范围与 JMP 指令短转移情况一致。
- 当 ZF≠1 时，什么也不做，程序向下执行。

用类似 C 语言的方式表示，“JZ 标号”相当于：

```
if (ZF==1)
    JMP  short  标号
```

【例 4.3-1】 阅读下面程序段，说明程序段执行后转移到哪里？

```
MOV   AL, 7FH          ; 无符号数 127，有符号数+127
MOV   BL, 80H          ; 无符号数 128，有符号数-128
CMP   AL, BL
JA    IsAbove          ; 不跳转，因为 127 不高于 128
JG    IsGreate         ; 跳转，因为+127 大于-128
```

【解答】 JA 和 JG 都可以用于判断被比较的两个数中被减数是否大于减数，但是前者是对无符号数而言的，而后者是对有符号数而言的。如果将 7FH 和 80H 理解为无符号数，则 127 不“高于”128，JA 指令不会跳转；如果理解为有符号数，则+127“大于”−128，因此跳转至标号 IsGreate 处。

必须注意：有符号数和无符号数的相关指令一般是不能相互取代的。

4.3.2 分支程序举例

1. 单分支结构

【例 4.3-2】 求某整数 X 的绝对值，并送回原处，即 $F=\begin{cases}X, & X\geqslant 0\\ -X, & X<0\end{cases}$。

【程序 4.3-2】

```
DATA    SEGMENT
        X  DW  ?            ; 数据段定义变量 X
DATA    ENDS
CODE    SEGMENT
        ASSUME CS:CODE, DS:DATA
START:  MOV    AX, DATA
```

```
        MOV   DS, AX
        MOV   AX, X       ; 采用直接寻址方式将 X 取入累加器 AX
        AND   AX, AX      ; 不改变 X 的值而根据 X 的正负设置 SF 位
        JNS   EDNIF       ; 与运算后取 SF，如果 SF=0，X 非负，不做处理
        NEG   AX          ; 如果 SF=1，X 为负数，求 x 的相反数
        MOV   X, AX       ; 结果送回 XDAR
EDNIF:  MOV   AX, 4CH
        INT   21H
CODE    ENDS
        END   START
```

说明：MOV 指令不影响状态标志，因此程序 4.3-2 中使用“AND　AX, AX”，在不改变 *X* 值的前提下，能根据与运算的结果影响相关状态标志，从而可以根据 SF 来判断 *X* 的正负。

📖 这里同时给出了与程序 4.3-2 对应的 C 语言程序段。为了方便对比，未采用求绝对值函数。

C 语言程序段:

```
int  X, F;
⋮
if (X<0)  {F=0-X; X=F;}
```

表 4.3-2 给出了汇编语言与 C 语言的单分支结构。单分支结构就是 C 语言中仅包含一个 if 条件（没有 else 部分）的选择结构。CMP 指令用于对构成比较条件的两个数进行比较，“JNcond ENDIF” 表示条件 cond 不成立跳转至标号 ENDIF，退出选择结构，否则执行 statement1 中的相关语句。

2. 双分支结构

【例 4.3-3】 试编写程序段，判断一个非零有符号数的正负。

【程序 4.3-3】 请扫描二维码获取。

二维码 4-2 程序 4.3-3

📖 对应的 C 语言程序段为

```
if (X>0)
    y=1;
else
    y=-1;
```

表 4.3-3 给出了汇编语言与 C 语言的双分支结构，当然读者并不一定要按这种结构编写汇编语言程序。

表 4.3-2　汇编语言与 C 语言的单分支结构

汇编语言结构	C 语言结构
CMP　A, B JNcond　ENDIF　; cond 为假 statement1　　; cond 为真 ENDIF: statemant2	if (cond) statement1; statement2;

表 4.3-3　汇编语言与 C 语言的双分支结构

汇编语言结构	C 语言结构

CMP　A, B
JNcond　ELSE1 ;cond 为假
statement1　;cond 为真
JMP　ENDIF1
ELSE1:　statement2
⋮
ENDIF1:　statement3
	if (cond)
	statement1;
	else
	statement2;
	statement3;

3. 多分支结构

【例 4.3-4】 若有一组选项，当 *N* 选择不同值时，做相应处理。该组选项及其对应的处理为：*N*=1 时，显示信息(DISPL)；*N*=2 时，传送信息(TRAN)；*N*=3 时，处理信息(PROCE)；*N*=4 时，打印信息(PRINT)；*N*=5 时，结束程序(EXIT)。假设 *N* 的值由键盘输入。

分析：显然这是一个多分支的程序。可以用多个条件转移指令实现，如程序 4.3-4，请扫描二维码获取。

二维码 4-3 程序 4.3-4

在汇编语言中，多分支结构也可以利用跳转表来实现。比如，构造跳转表 JADT，根据给定的 *N* 值计算出对应的跳转地址在 JADT 表中的位移量 disp，然后用一条间接转移指令就可以实现所需的转移了。若转移属于段内转移，那么表中存放的是 16 位段内偏移地址，此时位移量与 *N* 的关系是 $disp = 2(N-1)$。例如当 $N=4$ 时，

disp = 6，即程序的入口地址存放在 JADT + 6 开始的 2 个单元之内，见程序 4.3-5。

【程序 4.3-5】

```
DATA    SEGMENT                    ; 跳转表偏移地址   N
    JADT  DW  DISPL                ;   00H          1
          DW  TRAN                 ;   02H          2
          DW  PROCE                ;   04H          3
          DW  PRIN                 ;   06H          4
          DW  EXIT                 ;   08H          5
DATA    ENDS
CODE    SEGMENT
        ASSUME  CS:CODE, DS:DATA
START:  MOV     AX, DATA
        MOV     DS, AX
DO:     MOV     AH, 01H            ; 从键盘接收输入的一个字符，字符的 ASCII 码保存在 AL 中
        INT     21H                ; DOS 系统功能调用见 4.5 节
        SUB     AL, 30H            ; ASCII 码减去 30H，转换成对应的数字 N
        CMP     AL, 01H
        JB      DO                 ; 小于 1 重新输入
        CMP     AL, 05H            ; 大于 5 重新输入
        JA      DO
        SHL     AL, 01H            ; AL*2
        MOV     AH, 0
        MOV     DI, AX             ; DI=2N
        JMP     JADT[DI-2]         ; 从 JADT+(2N-2)处取出跳转的目标地址并跳转
DISPL:  ⋮
        JMP     DO
TRAN:   ⋮
        JMP     DO
PROCE:  ⋮
        JMP     DO
PRIN:   ⋮
        JMP     DO
EXIT:   MOV     AH, 4CH
        INT     21H
CODE    ENDS
        END     START
```

对比程序 4.3-4 和程序 4.3-5，可以发现利用跳转表减少了分支条件的比较和判断，程序更简洁。读者可根据实际情况选用具体的方法。

📖 以上结构与 C 语言中的 switch 语句功能类似。表 4.3-4 给出了两种语言的多分支结构。

表 4.3-4　汇编语言与 C 语言的多分支结构

汇编语言结构	C 语言结构

CMP expression, exp1
Jcond1 **CASE1**
CMP expression, exp2
Jcond2 **CASE2**
⋮
CMP expression, expN
JcondN **CASEN**
JMP **DEFAULT**
CASE1: statement1
JMP **ENDCASE**
CASE2: statement2
JMP **ENDCASE**
⋮
CASEN: statementN
JMP **ENDCASE**
DEFAULT: statement
ENDCASE:
⋮
	switch(expression)
	{
	case exp1: statement1;break;
	case exp2: statement2;break;
	……
	case expN: statementN;break;
	default : statement;
	}

练习题 3

4.3-1 判断：段内转移要改变 IP、CS 的值。（　　）

4.3-2 判断：条件转移指令只能进行段内短转移。（　　）

4.3-3 条件转移指令的目的地址应该在本条件转移指令的下一条指令地址的________字节范围内。

4.3-4 段内和段间的转移指令的寻址方式有________和________两种。

4.3-5 计算以下指令中转移目的地址中的偏移地址。设 DS = 1200H, AX = 200H, BX = 0080H, SI = 0002H,

位移量 DISP = 0600H，(12680H) = 18H，(12681H) = 98H，(12082H) = 9AH，(12083H) = 22H，(12600H) = 10H，(12601H) = 20H。

（1）JMP　BX　　　　　　（2）JMP　WORD PTR　DISP[BX]

（3）JMP　WORD PTR　[BX][SI]　　　（4）JMP　WORD PTR　[DISP]

4.3-6 阅读下面的程序段，分析 AL 满足什么条件时，程序转移到标号 LOP 处执行。

```
        CMP   AL, 0FFH
        JNL   LOP
        ......
LOP:
```

4.3-7 根据下列要求，写出程序段。

（1）判断 AL 为负，则跳转至 NEXT。

（2）判断字节变量 DA 为 0，则跳转至 NEXT。

（3）判断 AL 的 D_0 位为 1，则跳转至 NEXT。

（4）判断字变量 DA 的 D_7 位为 0，则跳转至 NEXT。

（5）比较 AH 与字节变量 DA 的值，若不相等，则跳转至 NEXT。

（6）比较字节变量 DA 与字符‘A’，若 DA≥‘A’，则跳转至 NEXT。

4.3-8 阅读程序段，说明程序执行后转移到哪里？

```
MOV   AX, 8756H
MOV   BX, 1234H
SUB   AX, BX
JNO   L1
JNC   L2
JMP   L3
```

4.3-9 假设内存单元中存储了 3 个字节变量 A、B 和 C，编写程序判断它们能否构成三角形。如果可以，将 CF 设为 1，否则将 CF 设为 0。

4.4　循环程序设计

程序 4.2-2 中通过连续 4 个 ADD 指令实现了数据段中 4 个字数据的求和。如果求和的数据更多，显然用连续的加法指令是不合适的。这样的问题通过设计循环程序处理比较合适。

4.4.1　循环程序的基本结构

循环程序的基本结构如图 4.4-1 所示，由初始化、循环体、出口判定 3 个部分组成。

- 初始化部分是为循环做准备的，一般包括设定循环体用到的变量或寄存器的初始值，设置循环次数等。
- 循环体部分是循环程序的核心，重复操作位于循环体内。
- 出口判定部分的作用是判断循环是否结束或者继续。

【例 4.4-1】 利用 4.3 节所学的条件转移指令，把 4 个数累加求和的程序 4.2-2 改写成循环程序。

分析：对存放累加结果的 AX 清零，取 DATA1 的偏移地址以及设置循环次数等操作应该放在初始化部分。假设循环次数保存在 CX 中。程序 4.2-2 中重复进行的累加求和操作“ADD　AX, [BX]”，以及用作数据指针的 BX 的移动操作“ADD　BX, 2”应该放在循环体部分。同时循环体每执行一次，CX 中的循环次数

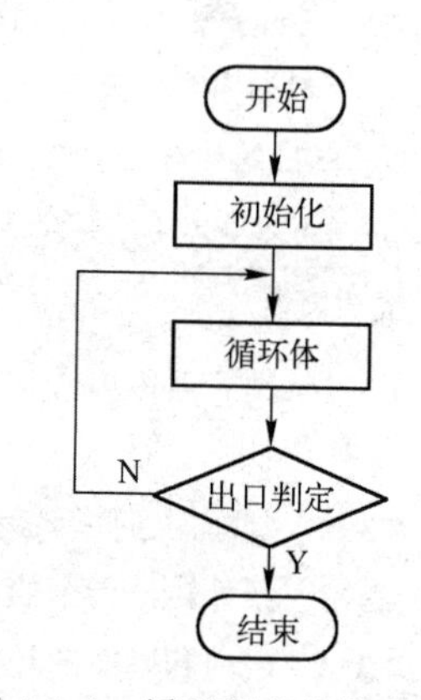

图 4.4-1　循环程序的基本结构

应该减 1，这可以通过“DEC CX”实现。在循环的出口处判断 CX 是否为 0，为 0 说明循环应结束，否则重复执行循环体内的语句。

【程序 4.4-1】

```
DATA    SEGMENT
        DATA1  DW   0123H, 0456H, 0789H, 0ABCH
DATA    ENDS
CODE    SEGMENT
        ASSUME  CS:CODE, DS:DATA
START:  MOV    AX, DATA
        MOV    DS, AX                ; DS 指向 DATA 段
        MOV    BX, OFFSET  DATA1     ; BX 指向 DATA1
        MOV    AX, 0
        MOV    CX, 4                 ; 设置循环次数
AGAIN:  ADD    AX, [BX]
        ADD    BX, 2
        DEC    CX
        JNZ    AGAIN
        MOV    AH, 4CH
        INT    21H
CODE    ENDS
        END    START
```

4.4.2 循环指令

程序 4.4-1 是通过在循环体内对循环次数减 1，并配合条件转移指令实现循环的，汇编语言也提供了专门的循环指令。

1. LOOP 指令

格式：LOOP　标号

功能：CX = CX− 1，且

- 当 CX≠0 时，IP←IP + 8 位位移。
- 当 CX=0 时，程序向下执行。

所以程序 4.4-1 中的“DEC　CX”和“JNZ　AGAIN”可以用“LOOP　AGAIN”替代。

【例 4.4-2】 编写程序段，将数据段中 SRC 处开始存放的 100 个字节数据传送至 DEN 处开始的连续存储单元进行存储。

分析： 分别用 SI 和 DI 指向 SRC 和 DEN，传送数据的同时同步移动 SI 和 DI，直至访问完 100 个字节的数据。

【程序 4.4-2】

```
        LEA    SI, SRC
        LEA    DI, DEN
        MOV    CX, 100
AGAIN:  MOV    AL, [SI]
        MOV    [DI], AL
        INC    SI
        INC    DI
        LOOP   AGAIN
```

📖 分析程序 4.4-1 和程序 4.4-2 可以发现，汇编语言中的循环结构更接近于 C 语言中的 do … while 结构，见表 4.4-1。

表 4.4-1 汇编语言与 C 语言的循环结构

汇编语言结构	C 语言结构

MOV CX, LEN
AGAIN: ⋮
LOOP AGAIN
	int k = len;
	do
	{
	……;
	k--;
	} while(k > 0)

“MOV CX, LEN” 起初始化循环次数的作用，当 CX 大于 0 时执行循环体内的语句，否则循环结束。循环体至少被执行一次。对于 LOOP 指令构成的循环结构，循环次数的修改和出口判定都隐含在 LOOP 指令中，而 C 语言则要求显式地写出对应的语句。

2. LOOPZ/LOOPE 指令

格式：LOOPZ/LOOPE　标号

功能：CX= CX−1。如果 CX≠0 且 ZF=1，则转移到标号处执行；否则程序向下执行。

3. LOOPNZ/LOOPNE 指令

格式：LOOPNZ/LOOPNE　标号

功能：CX= CX −1。如果 CX≠0 且 ZF = 0，则转移到标号处执行；否则程序向下执行。

【例 4.4-3】 编写程序段，将数据段中 SRC 处开始存放的 100 个字节数据传送至 DEN 处开始的连续存储单元进行存储，如果传送过程中遇到‘#’则结束传送。

【程序 4. 4-3】

```
          LEA     SI, SRC
          LEA     DI, DEN
          MOV     CX, 100
          MOV     AL, [SI]
          CMP     AL, '#'
          JE      ENDT
AGAIN:    MOV     [DI], AL
          INC     SI
          INC     DI
          MOV     AL, [SI]
          CMP     AL, '#'
          LOOPNE  AGAIN          ;CX 不等于 0 且 AL 不等于'#'（即 ZF=0）时，继续循环
ENDT:     ......
```

4.4.3 循环程序举例

【例 4.4-4】 在给定个数的字数据中，找出大于 0、等于 0 和小于 0 的个数，并紧跟着原数据存放。

分析：这是一个统计问题，设定三个变量分别统计三种情况下的结果。依次取出数据与 0 进行比较，注意需要用有符号数的条件转移指令。

【程序 4.4-4】

```
DATA    SEGMENT
        BUFF    DW   1, -1, 0, 100, 66, -32, -18, 1234
        COUNT   EQU  $-BUFF       ; COUNT 的值为 BUFF 所占的字节数
        PLUS    DB   ?            ; 存放大于 0 的数据个数
        ZERO    DB   ?            ; 存放等于 0 的数据个数
        MINUS   DB   ?            ; 存放小于 0 的数据个数
DATA    ENDS
CODE    SEGMENT
```

```
        ASSUME  CS:CODE, DS:DATA
START:  MOV    AX, DATA
        MOV    DS, AX
        MOV    CX, COUNT          ; 将 BUFF 的字节数送入 CX
        SHR    CX, 1              ; 相当于除以 2，正好为 BUFF 中的数据个数
        MOV    DX, 0              ; 设定计数初值，DH/DL 存放等于/大于 0 的数据个数
        MOV    AX, 0              ; 设定计数初值，AH 存放小于 0 的数据个数
        LEA    BX, BUFF
AGAIN:  CMP    WORD  PTR  [BX],0
        JGE    PLU                ; >=0，则转 PLU
        INC    AH                 ; <0，则统计
        JMP    NEXT
PLU:    JZ     ZER                ; =0，则转 ZER
        INC    DL                 ; >0，则统计
        JMP    NEXT
ZER:    INC    DH                 ; =0，则统计
NEXT:   ADD    BX, 2              ; 取下一个数
        LOOP   AGAIN
        MOV    PLUS, DL           ; 将结果送入相应的变量中
        MOV    ZERO, DH
        MOV    MINUS, AH
        MOV    AH, 4CH
        INT    21H
CODE    ENDS
        END    START
```

【例 4.4-5】 逆向复制字符串，编写程序把源字符串复制到目的字符串中，在复制过程中反转字符串的顺序。

分析：此问题至少可以采用两种方法解决。一种方法是从源字符串的最后一个字符开始复制，读者可自行尝试编写程序。另一种方法是利用 3.2.2 节中介绍的堆栈，先循环遍历源字符串，并把每个字符都入栈，然后再从堆栈中把字符出栈到目的字符串。由于堆栈具有先进后出的特性，所以字符串的顺序就反转了。另外需要注意堆栈操作是以字为单位的，而字符串是以字节为单位的。下面给出第二种方法的程序。

【程序 4.4-5】 请扫描二维码获取。

二维码 4-4
程序 4.4-5

练习题 4

4.4-1 与“LOOP　NEXT”指令功能等效的两条指令依次是＿＿＿＿＿＿和＿＿＿＿＿＿。

4.4-2 阅读下面的程序段，分析其功能

```
START:  LEA    BX, CHAR ; CHAR 是已定义的变量
        MOV    AL, 'A'
        MOV    CX, 26
LOP1:   MOV    [BX], AL
        INC    AL
        INC    BX
        LOOP   LOP1
        HLT
```

4.4-3 下面程序完成什么功能？指令“INC　SI”和“INC　DI”在程序中起何作用？

```
        MOV    SI, OFFSET BUF1
        MOV    DI, OFFSET BUF2
```

```
            MOV     CX, 10
    NEXT:   MOV     AL, [SI]
            MOV    [DI], AL
            INC     SI
            INC     DI
            LOOP   NEXT
```

4.4-4 编写程序段，将从地址 2B000H 开始的 256 个存储单元中的内容均减去 1，如果发现某个存储单元的内容减为 0，则立即退出循环，其后的存储单元不再减 1。

4.5 DOS 系统功能调用

到目前为止，所有程序的运行结果不是保存在寄存器中，就是保存在存储器中。只能利用 DEBUG 工具来观察结果，非常不方便。能否将结果直接输出呢？

最方便的方法就是调用操作系统中的 I/O 子程序。DOS 系统将 I/O 管理程序编写成了一系列子程序供系统和用户调用。这种调用系统提供的子程序的方式，就称为系统功能调用。系统功能调用的基本方法是采用一条软中断指令“INT n”。所谓软中断是以指令的方式产生的中断。CPU 执行该指令时，转入中断服务程序，中断服务程序结束后又返回到 INT 指令的下一条指令处。指令中的 n 为中断类型码，不同的 n 将转入不同的中断服务程序。所以系统提供的 I/O 子程序是以中断服务程序方式编写的。关于中断的具体知识将在第 8 章详细介绍。

4.5.1 常用系统功能调用

DOS 系统功能调用主要是由软中断指令“INT 21H”实现的，通过在 AH 设置不同的值，即功能号，并设置相应的入口参数，指令将完成不同的功能。比如在前面的程序中，已经使用了 AH=4CH 的功能调用，实现程序的返回。

表 4.5-1 给出了常用的 DOS 系统功能调用，下面对部分功能调用进行说明。

表 4.5-1 常用 DOS 系统功能调用

功能号	功 能	入 口 参 数	出 口 参 数
01H	键盘输入单个字符，回显，查 Ctrl+Break	\	AL=输入字符
02H	输出单个字符，查 Ctrl+Break	DL=输出字符	\
06H	控制台输入/输出，不查 Ctrl+Break	DL=FFH(输入) DL=字符(输出)	AL=输入字符
07H	键盘输入单个字符(无回显)，不查 Ctrl+Break	\	AL=输入字符
08H	键盘输入单个字符(无回显)，查 Ctrl+Break	\	AL=输入字符
09H	输出字符串	DS:DX=输出缓冲区首地址	\
0AH	键盘输入字符串	DS:DX=输入缓冲区首地址	\
0BH	查键盘输入状态	\	AL=00H(无键入), AL=FFH(有键入)
0CH	清除键盘输入缓冲区,调用键盘输入功能	AL(键盘功能)=1,6,7,8, A	\
4CH	退出用户程序并返回 DOS	\	\

（1）键盘输入单个字符

功能号：AH＝01H。

入口参数：无。

出口参数：AL = 输入字符(ASCII 码)。

功能：等待键盘输入单个字符，存入 AL，回显，光标后退，检查 Ctrl + Break。

如程序 4.3-5 中使用 01H 号功能从键盘接收输入的字符，并保存在 AL 内，然后转换成 ASCII 码对应的数字，并判断是否在 1～5 范围内。

（2）键盘输入字符串

功能号：AH = 0AH。

入口参数：DS:DX 存放输入缓冲区首地址。

出口参数：无

功能：等待键盘输入字符串，以回车符结束，存入输入缓冲区，回显，光标后退。

要求先定义一个输入缓冲区（格式见图 4.5-1）。输入缓冲区的第一个字节指出能容纳的最大字符个数，由用户给出；第二个字节存放实际输入的字符个数，由系统最后填入；从第三个字节开始存放从键盘输入的字符，直到输入回车键结束。例如：

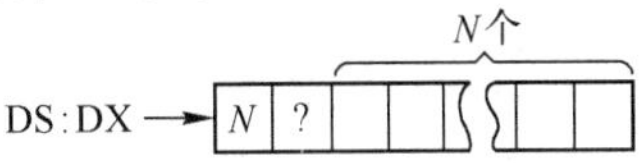

图 4.5-1　输入缓冲区格式

```
DATA     SEGMENT
         TLEN  DB  10
         RLEN  DB   ?
         BUF   DB  10 DUP(?)
DATA     ENDS
CODE     SEGMENT
     ASSUME CS:CODE, DS:DATA
START:   MOV    AX, DATA
         MOV    DS, AX
         LEA    DX, TLEN
         MOV    AH, 0AH
         INT    21H
……
```

以上程序段调用 0AH 号功能从键盘输入字符串‘HELLO!’后，缓冲区内容如图 4.5-2 所示。需要注意的是回车符(0DH)也当成一个字符填入 BUF，但不计算在实际长度 RLEN 中，因此实际输入的字符个数不能超过 N−1。

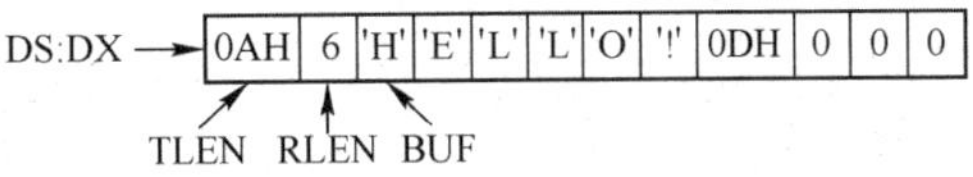

图 4.5-2　输入字符串‘HELLO!’后缓冲区内容

（3）输出单个字符

功能号：AH = 02H。

入口参数：DL = 输出字符(ASCII 码)。

出口参数：无。

功能：在当前光标处输出 DL 中的单个字符，光标后退，检查 Ctrl + Break。例如：

```
MOV   DL, 'x'
MOV   AH, 2
INT   21H
```

调用的结果是屏幕上在光标位置处显示‘x’。

（4）输出字符串

功能号：AH = 09H。

入口参数：DS:DX 存放输出缓冲区首地址。

出口参数：无。

功能：在当前光标处输出字符串直到串结束符‘$’，光标后退。

输出缓冲区格式如图 4.5-3 所示。下面的程序段实现字符串‘HELLO WORLD!’的输出。

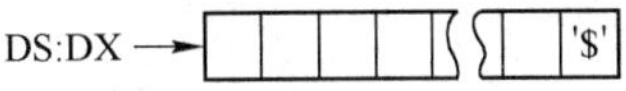

图 4.5-3　输出缓冲区格式

```
DATA     SEGMENT
    STR DB 'HELLO WORLD!','$'
DATA     ENDS
CODE     SEGMENT
    ASSUME CS:CODE,DS:DATA
START:  MOV     AX, DATA
        MOV     DS, AX
        LEA     DX, STR
        MOV     AH, 9
        INT     21H
……
```

4.5.2 DOS系统功能调用举例

下面通过实例来说明以上系统功能调用的使用方法。

【例 4.5-1】 编程实现从键盘接收一个字符串，再从键盘输入一个待查找字符(例如'g')，找到时提示"Yes，found"，找不到时提示"No found"。

【程序 4.5-1】

```
DATA     SEGMENT
    STRBUF1 DB 'Please input a string:','$'
    STRBUF2 DB 'Please input the character you want to look for:','$'
    PRMT1   DB 'Yes,found!','$'
    PRMT2   DB 'No found!','$'
    KEYLEN  DB 64
    KEYNUM  DB ?
    KEYBUF  DB 64 DUP(?)
    char    DB ?
    CRLF    DB 0AH, 0DH,'$'
DATA     ENDS
CODE     SEGMENT
         ASSUME CS:CODE, DS:DATA
START:   MOV    AX, DATA
         MOV    DS, AX
         LEA    DX, STRBUF1              ; 显示提示信息 STRBUF1
         MOV    AH, 09H
         INT    21H
         LEA    DX, KEYLEN               ; 接收键盘输入的字符串
         MOV    AH, 0AH
         INT    21H
         LEA    DX, CRLF                 ; 回车换行
         MOV    AH, 09H
         INT    21H
         MOV    BL, KEYNUM               ; 字符串的实际长度送 BX
         MOV    BH, 0
         LEA    DX, KEYBUF               ; 字符串的实际起始地址
         ADD    BX, DX                   ; 字符串最后一个字符的后一个字节
         MOV    BYTE  PTR  [BX],'$'      ; 填入"$"
         MOV    AH, 09H                  ; 显示输入的字符串
         INT    21H
```

```
         LEA    DX, CRLF            ; 回车换行
         MOV    AH, 09H
         INT    21H
         LEA    DX, STRBUF2         ; 显示提示信息 STRBUF2
         MOV    AH, 09H
         INT    21H
         MOV    AH, 01H             ; 从键盘接收用户输入的单字符
         INT    21H
         MOV    char, AL
         LEA    DX, CRLF            ; 回车换行
         MOV    AH, 09H
         INT    21H
         MOV    CL, KEYNUM          ; 循环查找字符串 KEYBUF
         MOV    CH, 0
         MOV    BX, OFFSET KEYBUF
         MOV    AL, char
L1:      CMP    AL, [BX]
         JZ     FOUND
         INC    BX
         LOOP   L1
NOFOUND: MOV    DX, OFFSET PRMT2
         MOV    AH, 09H
         INT    21H
         JMP    EXIT
FOUND:   MOV    DX, OFFSET PRMT1
         MOV    AH, 09H
         INT    21H
EXIT:    MOV    AH, 4CH
         INT    21H
CODE     ENDS
         END    START
```

说明：

（1）在程序 4.5-1 中利用 09H 号功能实现提示信息和结果的输出，这些字符串都是预先在数据段中定义好的。

（2）利用 0AH 号功能接收用户从键盘输入的字符串，字符串的实际长度送入变量 KEYNUM 中，字符串则存放于 KEYBUF 中。为了能在屏幕上再次输出用户输入的字符串，通过程序在 KEYBUF 存储的字符串末尾加上‘$’，再调用 09H 号功能进行输出。

（3）利用 01H 号功能接收用户从键盘输入的单个字符，送入变量 char 保存，然后在 KEYBUF 中循环查找字符，循环次数记录在 KEYNUM 中。

二维码 4-5
Harmony 操作系统突出重围

思政案例：见二维码 4-5。

练习题 5

4.5-1 阅读程序并完成填空，从 BUFFER 单元开始放置一个数据块，其中 BUFFER 单元存放的是预计的数据块长度 20H，BUFFER+1 单元存放的是实际从键盘输入的字符串的长度，从 BUFFER+2 单元开始存放的是从键盘上接收的字符，请将这些从键盘上接收的字符再在屏幕上显示出来。

```
MOV    DX, OFFSET BUFFER
MOV    AH, ____(1)____
```

```
        INT   21H              ; 读入字符串
        LEA   DX, ____(2)____
        MOV   BX, DX
        MOV   AL, ____(3)____  ; 读入字符串的字符个数
        MOV   AH, 0
        ADD   BX, AX
        MOV   AL, ____(4)____
        MOV   [BX+1], AL
        MOV   AH, ____(5)____
        INC   DX               ; 确定显示字符串的首地址
        INT   21H
        MOV   AH, ____(6)____
        INT   21H
```

4.5-2　阅读下列程序段，说明程序段的功能。

```
AGAIN:  MOV   AH, 01H
        INT   21H
        CMP   AL, 41H
        JB    AGAIN
        CMP   AL, 5AH
        JA    AGAIN
        MOV   DL, AL
        ADD   DL, 20H
        MOV   AH, 02H
        INT   21H
```

4.6　子程序设计

子程序又称为过程，相当于高级语言中的函数。一个程序中若干功能类似的程序段，如果只是某些变量的赋值不同，就可以定义为子程序，在需要时调用。

4.6.1　调用与返回指令

CALL 和 RET、RETF 指令都修改 IP，或者同时修改 CS 和 IP，经常用于子程序设计。

1. CALL 指令

CALL 指令指示 CPU 到新的地址处取指令执行，以实现对子程序的调用。从底层角度讲，CALL 指令的基本功能是将返回地址(即 CALL 指令的下一条指令的地址)入栈，并把调用的子程序的地址复制到 IP 或 CS，从而转向子程序的入口。

CALL 指令除了不能实现短转移，其实现转移的方法和 JMP 指令的原理相同。根据给出转移目的地址方式的不同，CALL 指令的格式可分为以下 4 类。

(1) 段内直接调用

格式：CALL　标号

功能：将当前的 IP 入栈后，转移到标号处执行指令。

CPU 执行该指令时，完成如下操作：

① SP←SP − 2，(SS × 16 + SP)←IP；

② IP←IP + 16 位位移。

（2）段间直接调用

格式：CALL　FAR PTR 标号

功能：将当前的 CS 和 IP 入栈后，转移到标号处执行指令。

CPU 执行该指令时，完成如下操作：

① SP←SP－2，(SS × 16 + SP)←CS；SP←SP－2，(SS × 16 + SP)←IP。

② CS←标号的段地址，IP←标号的偏移地址。

（3）段内间接调用

段内间接调用分为转移地址在寄存器内和在存储单元中两种情况：

格式一：CALL　REG16

功能：① SP←SP－2，(SS × 16 + SP)←IP；② IP←REG16。

格式二：CALL　WORD　PTR 存储单元地址

功能：① SP←SP－2，(SS × 16 + SP)←IP；② IP←WORD PTR (存储单元地址)。

【例 4.6-1】 分析下面的程序段执行后，IP 和 SP 的值为多少？

```
MOV    SP, 10H
MOV    AX, 4321H
MOV    [0000H], AX
CALL   WORD  PTR [0000H]
```

【解答】 AX 的值 4321H 送入数据段中偏移地址为 0000H 处，当执行“CALL　WORD PTR [0000H]”时，先将 IP 当前的值入栈，因此 SP 减 2，SP=0EH；接下来将数据段中偏移地址为 0000H 处的字数据取出送 IP，于是 IP=4321H。

因此执行后，IP=4321H，SP=0EH。

（4）段间间接调用

格式：CALL　DWORD　PTR 存储单元地址

功能：① SP←SP－2，(SS × 16 + SP)←CS；SP←SP－2；(SS × 16 + SP)←IP。

② IP←WORD　PTR (存储单元地址)；CS←WORD　PTR (存储单元地址 +2)。

【例 4.6-2】 分析下面的程序段执行后，IP、CS 和 SP 的值为多少？

```
MOV    SP, 10H
MOV    AX, 4321H
MOV    [0000H], AX
MOV    WORD  PTR [0002H], 0011H
CALL   DWORD  PTR [0000H]
```

【解答】 在执行 CALL 指令前，(DS:0000H)=4321H，(DS:0002H)=0011H，执行“CALL DWORD　PTR [0000H]”时，需要连续将 CS 和 IP 的当前值入栈，因此 SP=SP−4=0CH，接着将 DS:0000H 处的字数据送 IP，DS:0002H 处的字数据送 CS。

因此执行后，IP=4321H，CS=0011H，SP=0CH。

2. RET 指令

RET 指令用堆栈栈顶处的数据修改 IP 的内容，从而实现近转移。CPU 执行 RET 指令时，完成下面 2 步操作：

① IP←(SS × 16 + SP)；② SP←SP + 2。

3. RETF 指令

RETF 指令用堆栈栈顶处的数据修改 CS 和 IP 的内容，从而实现远转移。CPU 执行 RETF 指令时，完成下面 4 步操作：

① IP←(SS × 16 + SP)；② SP←SP + 2；③ CS←(SS × 16 + SP)；④ SP←SP + 2。

4.6.2 过程定义

在汇编语言中子程序通常以过程的形式编写，过程的一般形式如下：

```
过程名   PROC [类型]
           ⋮
         RET
过程名   ENDP
```

其中：

（1）过程名是由用户给出的，应该是一个合法的标识符。过程名是子程序入口的符号地址。

（2）PROC 和 ENDP 总是成对出现的，是定义过程的伪指令，它们中间的内容就作为一个过程，即一个子程序。

（3）类型有 NEAR 和 FAR 两种。如果调用程序(主程序)和过程(子程序)在同一个代码段中，则使用 NEAR 属性；否则使用 FAR 属性。类型可以默认，默认表示 NEAR 类型。

（4）RET 是过程的返回指令，根据类型决定是段内返回还是段间返回。

注意：过程只有被 CALL 指令调用后才能执行，NEAR 类型的过程采用段内调用，FAR 类型的过程采用段间调用。

4.6.3 参数和结果的传递

1. 寄存器传递参数方式

【例 4.6-3】 设计一个子程序，可以根据提供的无符号数 N，来计算 N 的 3 次方。

分析：读者如果学习过高级语言，如 C 语言，应该知道这个问题可以通过定义函数来解决，N 作为函数的入口参数，而 N 的 3 次方作为函数的返回值(即出口参数)[①]。如果要用汇编语言实现同样功能，则涉及两个问题：参数 N 存储在什么地方？返回值存储在什么地方？

最方便的方法就是用寄存器来存储：可以把参数 N 放到 BX 中，因为子程序(类似 C 语言中的函数)中要计算 $N \times N \times N$，可以使用 2 次 MUL 指令；为了方便将返回值放到 DX 和 AX 中(假设返回值不超过 32 位无符号数表示的范围)。

【程序 4.6-1】

```
DATA    SEGMENT
        N   DW 1,2,3,4,5,6,7,8,9
        Re  DD 0,0,0,0,0,0,0,0,0
DATA    ENDS
STACK   SEGMENT               ; 定义堆栈段
        DB  100 DUP(0)        ; 栈空间为 100 个字节
        TOP LABEL WORD        ; TOP 对应栈底
STACK   ENDS
CODE    SEGMENT
        ASSUME  CS: CODE, DS:DATA, SS:STACK
START:  MOV    AX, DATA
```

① 下文不做强调时，参数可以指入口参数或出口参数(返回值)。

```
        MOV   DS, AX
        MOV   AX, STACK
        MOV   SS, AX              ; 为SS送初值
        MOV   SP, OFFSET TOP      ; 设定栈顶指针，初始为空栈，栈顶栈底重合
        LEA   SI, N
        LEA   DI, Re
        MOV   CX, 9
S:      MOV   BX, [SI]            ; BX存放子程序参数
        CALL  CUBIC
        MOV   [DI], AX            ; AX，DX存放子程序结果，即返回值
        MOV   [DI+2], DX
        ADD   SI, 2
        ADD   DI, 4
        LOOP  S
        MOV   AX, 4CH
        INT   21H
CUBIC   PROC                      ; 子程序
        MOV   AX, BX
        MUL   BX
        MUL   BX
        RET
CUBIC   ENDP
CODE    ENDS
        END   START
```

在程序4.6-1中，对于存放参数的寄存器BX和存放返回值的寄存器AX和DX，主程序和子程序的读/写操作刚好相反：主程序将由SI间接寻址的参数送入BX，从AX和DX中取出返回值，并送入由DI间接寻址的存储单元；而子程序从BX取出参数，将返回值送入AX和DX。

例4.6-3中，子程序CUBIC只有一个参数，放在BX中。如果需要传递的参数有多个，该怎样存放呢？毕竟寄存器的数量有限，不可能简单地利用寄存器来存放多个需要传递的参数。如果返回值有多个，也存在同样问题。

可以将需要批量处理的数据放到存储器中，然后将它们在存储器中的首地址放在寄存器中作为参数，传递给需要的子程序。对于批量数据作为返回值时，也可以用同样的方法。

【例4.6-4】 设计一个子程序，其功能是将一个由英文字母构成的字符串转化为小写的。

分析：设计该子程序需要明确两件事：字符串的内容和长度。因为字符串中的字符可能很多，不能将所有的字符直接作为参数传递给子程序。但是可以将字符串在存储器中的首地址(即字符串的第1个字符在现行段的偏移地址)放在寄存器中，作为参数传递给子程序。在字符串转换过程中要用到循环结构，循环的次数就是字符串的长度，所以可以考虑将字符串长度放在CX中也作为一个参数。

表4.6-1给出了部分大小写字母的ASCII码。可以看出，小写字母的ASCII码比大写字母的大20H。所以可以对字符串中的每个字母进行判断，如果ASCII码在41H～5AH内，则加上20H，否则不做处理。注意：ASCII码是无符号数，应选择无符号数对应的条件转移指令。

表4.6-1 英文字母的ASCII码

大写字母	A	B	C	D	E	F	…	Z
ASCII码	41H	42H	43H	44H	45H	46H	…	5AH
小写字母	a	b	c	d	e	f	…	z
ASCII码	61H	62H	63H	64H	65H	66H	…	7AH

【程序 4.6-2】

```
DATA    SEGMENT
        STR DB   'HELLO WORLD!'
        LEN = $ -STR
DATA    ENDS
STACK   SEGMENT
        DB   100 DUP(0)
        TOP LABEL  WORD
STACK   ENDS
CODE    SEGMENT
        ASSUME  CS:CODE, DS:DATA, SS:STACK
START:  MOV    AX, DATA
        MOV    DS, AX
        MOV    AX, STACK
        MOV    SS, AX
        MOV    SP, OFFSET TOP
        MOV    SI, OFFSET STR          ; SI 为参数，存放字符串首地址
        MOV    CX, LEN                 ; CX 为参数，存放字符串长度
        CALL   CAPT
        MOV    AX, 4C00H
        INT    21H
CAPT    PROC                           ; 子程序
S:      CMP    BYTE PTR [SI], 41H
        JB     NOTL                    ; ASCII 码小于 41H，则处理下一个字符
        CMP    BYTE PTR [SI], 5AH
        JA     NOTL                    ; ASCII 码大于 5AH，则处理下一个字符
        ADD    BYTE PTR [SI], 20H      ; ASCII 码在 41H～5AH 内，转换成小写的
NOTL:   INC    SI
        LOOP   S
        RET
CAPT    ENDP
CODE    ENDS
        END    START
```

2. 寄存器冲突问题

将程序 4.6-2 改为多个字符串的转换。每个字符串的长度都是 12。请分析下面的程序是否正确？

【程序 4.6-3】

```
DATA    SEGMENT
    STR DB 'HELLO WORLD!'
        DB 'CONVERSATION'
        DB 'Very Good!!!'
DATA    ENDS
STACK   SEGMENT
        DB 100 DUP(0)
        TOP LABEL WORD
STACK   END
CODE    SEGMENT
        ASSUME CS:CODE, DS:DATA, SS:STACK
START:  MOV    AX, DATA
        MOV    DS, AX
        MOV    AX, STACK
        MOV    SS, AX
        MOV    SP, OFFSET TOP
```

```
        MOV     BX, OFFSET STR
        MOV     CX, 3
NEXT:   MOV     SI, BX
        CALL    CAPT
        ADD     BX, 12
        LOOP    NEXT
        MOV     AH, 4CH
        INT     21H
CAPT    PROC                            ; 子程序
        MOV     CX, 12
S:      CMP     BYTE PTR [SI], 41H
        JB      NOTL                    ; ASCII 码小于 41H，则处理下一个字符
        CMP     BYTE PTR [SI], 5AH
        JA      NOTL                    ; ASCII 码大于 5AH，则处理下一个字符
        ADD     BYTE PTR [SI], 20H      ; ASCII 码在 41H～5AH 内，转换成小写的
NOTL:   INC     SI
        LOOP    S
        RET
CAPT    ENDP
CODE    ENDS
        END    START
```

程序 4.6-3 中，子程序和主程序都使用了 CX，但是作用不同，主程序中 CX 所控制的循环是取下一个字符串，而在子程序中则是取下一个字符。因此执行子程序时，CX 保存的循环计数值被改变，使得主程序的循环出错。

以上问题具有一般性，主程序中使用的寄存器很有可能在子程序中也会用到，这种情况称为寄存器冲突。

解决方法是在子程序的开始将子程序中用到的寄存器保存起来，子程序返回时再恢复。此时就要用到 3.2.2 节学习过的堆栈。

根据以上思想，程序 4.6-3 中的子程序可以改为：

```
CAPT    PROC
        PUSH    CX
        PUSH    SI
        MOV     CX, 12
         ⋮                       ;省略部分与程序 4.6-2 中子程序的循环体部分一致
        LOOP    S
        POP     SI
        POP     CX
        RET
CAPT    ENDP
```

务必注意寄存器入栈和出栈的顺序要符合“后进先出”的原则。另外，子程序用于向主程序传递参数(返回值)的寄存器不需要保护和恢复。

3. 存储单元传递参数方式

参数除了利用寄存器传递，也可以直接通过指定的存储单元传递。在这种情况下，主程序在调用子程序之前，需要把所有的参数送入指定的存储单元，所需的结果(返回值)也从指定存储单元中取出。进入子程序后，子程序则直接从指定的存储单元取出参数，子程序处理的结果(返回值)也送入指定存储单元。

【例 4.6-5】 设计一个子程序，将一个由英文字母构成的字符串转化为小写的，要求利用存储单元传递参数。

【程序 4.6-4】

```
DATA    SEGMENT
        STR1    DB 'HELLO WORLD!'
        ADOFFS  DW ?
        LEN     DW ?
DATA    ENDS
STACK   SEGMENT
        DB   100 DUP (?)
        TOP  LABEL  WORD
STACK   ENDS
CODE    SEGMENT
        ASSUME CS:CODE, DS:DATA, SS:STACK
START:  MOV    AX, DATA
        MOV    DS, AX
        MOV    AX, STACK
        MOV    SS, AX
        LEA    SP, TOP
        MOV    ADOFFS, OFFSET  STR1  ；取字符串的首地址送 ADOFFS，作为参数
        MOV    LEN, ADOFFS-STR1  ；ADOFFS-STR1 为字符串长度，送 LEN 作为参数
        CALL   CAPT
        MOV    AH, 4CH
        INT    21H
CAPT    PROC                         ；子程序
        PUSH   CX
        PUSH   SI
        MOV    SI, ADOFFS
        MOV    CX, LEN
S:      CMP    BYTE PTR [SI], 41H
        JB     NOTL                  ；ASCII 码小于 41H，则处理下一个字符
        CMP    BYTE PTR [SI], 5AH
        JA     NOTL                  ；ASCII 码大于 5AH，则处理下一个字符
        ADD    BYTE PTR [SI], 20H    ；ASCII 码在 41H～5AH 内，转换成小写的
NOTL:   INC    SI
        LOOP   S
        POP    SI
        POP    CX
        RET
CAPT    ENDP
CODE    ENDS
        END    START
```

4．堆栈传递参数方式

堆栈传递参数方式是指子程序的参数和处理结果(返回值)通过堆栈传递。主程序在调用子程序之前应该将传递给子程序的参数入栈保存，子程序则从堆栈中取出参数，处理结果也入栈保存。返回后，主程序再从堆栈取出处理结果。

【例 4.6-6】 设计子程序，将一个由英文字母构成的字符串转化为小写的，要求利用堆栈传递参数。

【程序 4.6-5】

```
DATA    SEGMENT
```

```
        STR DB  "HELLO WORLD!"
        LEN = $ - STR
DATA    ENDS
STACK   SEGMENT
        DB  100 DUP(?)
        TOP LABEL WORD
STACK   ENDS
CODE    SEGMENT
        ASSUME  CS:CODE, DS:DATA, SS:STACK
START:  MOV   AX, DATA
        MOV   DS, AX
        MOV   AX, STACK
        MOV   SS, AX
        LEA   SP, TOP
        MOV   BX, OFFSET  STR         ; 字符串首地址送BX
        PUSH  BX                      ; 入栈保存，作为参数
        MOV   BX, LEN                 ; 字符串长度送BX
        PUSH  BX                      ; 入栈保存，作为参数
        CALL  CAPT                    ; 段内调用子程序
        MOV   AH, 4CH
        INT   21H
CAPT    PROC
        PUSH  BP                      ; 原BP的内容入栈保存
        MOV   BP, SP                  ; BP记录当前的栈顶
        PUSH  CX                      ; 原CX的内容入栈保存
        PUSH  SI                      ; 原SI的内容入栈保存
        MOV   SI, [BP+6]              ; 把堆栈中保存的字符串首地址送SI
        MOV   CX, [BP+4]              ; 把堆栈中保存的字符串长度送CX
S:      CMP   BYTE  PTR [SI], 41H
        JB    NOTL                    ; ASCII码小于41H，则处理下一个字符
        CMP   BYTE  PTR [SI], 5AH
        JA    NOTL                    ; ASCII码大于5AH，则处理下一个字符
        ADD   BYTE  PTR [SI], 20H     ; ASCII码在41H～5AH内，转换成小写的
NOTL:   INC   SI                      ; 取下一个字符
        LOOP  S
        POP   SI                      ; 恢复寄存器
        POP   CX
        POP   BP
        RET   4                       ; 恢复堆栈初始状态
CAPT    ENDP                          ; 子程序结束
CODE    ENDS                          ; 代码段结束
        END   START                   ; 程序结束
```

图4.6-1给出了程序4.6-5执行过程中堆栈的变化情况，如图4.6-1(a)所示堆栈初始状态为空栈。可以看出：

（1）堆栈起了三个作用：一是传递参数，如主程序中将字符串的首地址和长度都作为参数压入堆栈中，如图4.6-1(b)所示；二是保存返回地址，见图4.6-1(c)；三是避免寄存器冲突。

（2）程序4.6-5中除了PUSH指令将数据压入堆栈，子程序调用指令“CALL CAPT”会将当前IP的内容，即指令“MOV AH, 4CH”第一个字节的地址压入堆栈中，见图4.6-1(c)。

（3）进入子程序后，为了能从堆栈中获取所需参数，应该将SP的位置记下，因此在子程

序开始将原 BP 的内容入栈保存(图 4.6-1(d))，然后将当前 SP 的内容送入 BP，以后在子程序中通过 BP 取得参数，BP+6 处存放了 STR 的首地址，BP + 4 处存放了 STR 的长度。子程序中用到的 CX 和 SI 也都压入堆栈中保护，如图 4.6-1(e)所示。

（4）当子程序执行“POP BP”指令后，堆栈的状态如图 4.6-1(f)所示，SP 指向存放返回地址的位置，如果用正常的 RET 指令返回，仍然有 4 个字节数据在堆栈中，因此栈顶指针 SP 不能恢复到图 4.6-1(a)所示的最初状态。这种情况需要使用带参数的返回，一般形式为“RET n”，n 是常数表达式，具体表达式要根据堆栈使用的情况确定。本例中 n = 4，即先从栈顶出栈 2 个字节的返回地址送入 IP，再将 SP 下移 4 个字节，即 SP+4，如图 4.6-1(g)所示，堆栈就恢复到初始状态。

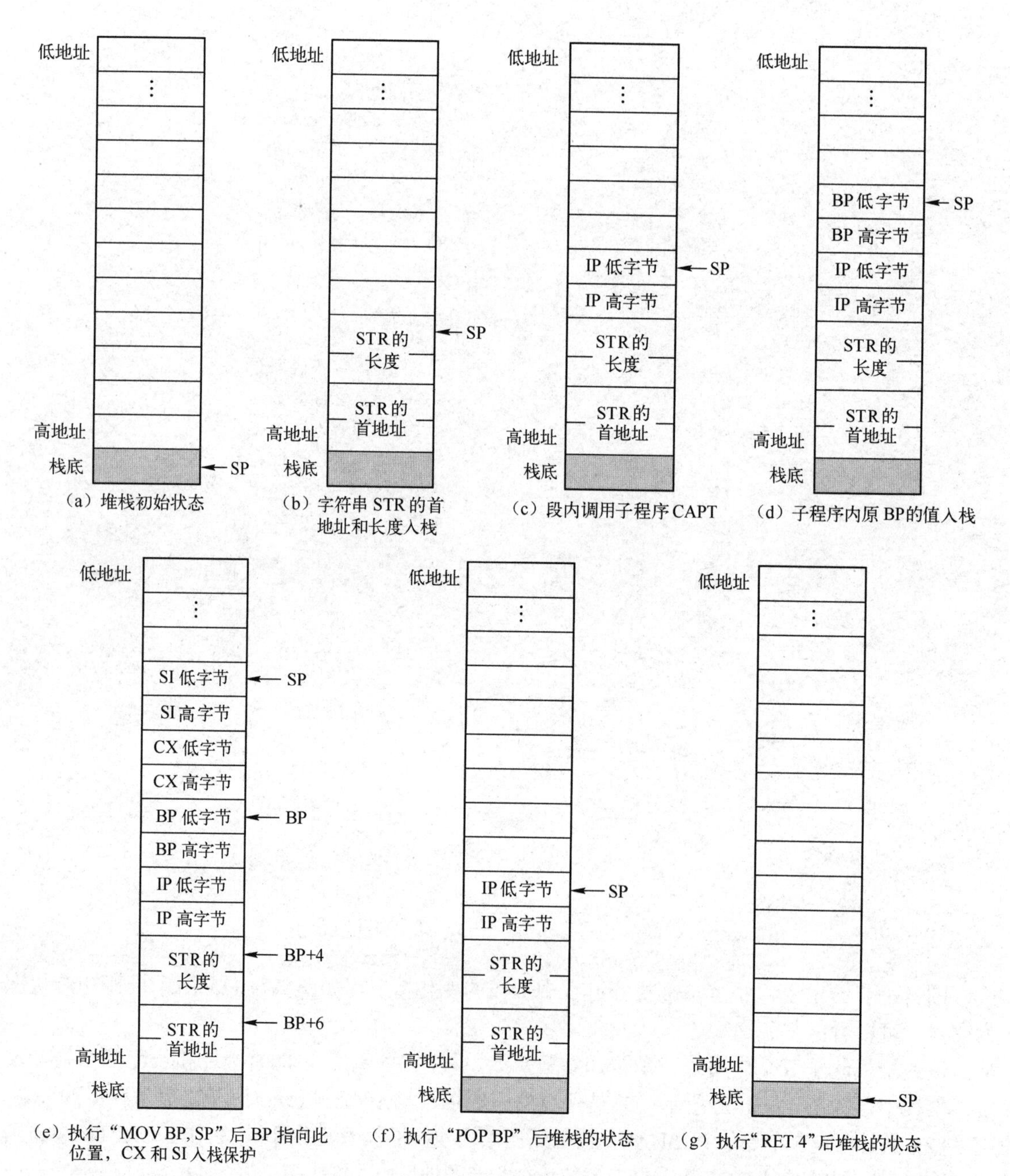

图 4.6-1　程序 4.6-5 执行过程中堆栈的变化情况

4.6.4　子程序设计举例

【例 4.6-7】 编写子程序实现两个 6 字节数相加。

分析： 将两个单字节相加的程序段设计为子程序。主程序分 6 次调用该子程序，但每次调用的参数不同。

【程序 4.6-6】 请扫描二维码获取。

二维码 4-6
程序 4.6-6

说明：

（1）本例中有两个代码段 CODEM 和 CODE，前者为主程序所在的段，后者为子程序所在的段。由于主程序和子程序不在一个段内，所以过程的类型为 FAR。相应地，在主程序中的调用指令为段间调用，过程中的返回指令为段间返回。

（2）本例利用寄存器进行参数传递，其中 SI 指向第 1 个数，DI 指向第 2 个数，BX 指向返回值；每次对由 SI 和 DI 间接寻址的两个字节相加，由于是多字节相加，每次的进位也要加上，所以采用了带进位的加法指令 ADC。注意：两个数的最低字节相加时不考虑 CF，所以预先用 CLC 指令将 CF 清零，否则结果可能不准确。

练习题 6

4.6-1　子程序设计中，常用的参数传递方式有__________、____________和____________。

4.6-2　在如下子程序中，已知 AL 的值为 0～F 中的一位十六进制数，问：

```
HEAC    PROC    FAR
        CMP     AL, 10
        JC      KK
        ADD     AL, 7
KK:     ADD     AL, 30H
        MOV     DL, AL
        MOV     AH, 2
        INT     21H
        RETF
HEAC    ENDP
```

（1）如果调用子程序时 AL＝2，子程序执行后，DL＝?

（2）如果调用子程序时 AL＝0AH，子程序执行后，DL＝?

（3）该子程序完成什么功能？

4.6-3　假设程序段执行前 DS=3000H、SS=2000H、SP=3000H、AX=4567H、BX=1234H、CX=6789H，完成下列填空。

```
        AND     BX, 00FFH
        CALL    MYSUB
        NOP                 ; SP=____________
                            ; AX=____________
                            ; BX=____________
        HLT
MYSUB   PROC
        PUSH    AX
        PUSH    BX
        PUSH    CX
        SUB     AX, BX  ; SP=____________
        POP     CX
        POP     AX
```

```
         POP     BX        ; SP=__________
         RET
MYSUB    ENDP
```

4.7 字符串处理

这里所谓的字符串是指一组存放在存储器中的字或字节数据，无论它们是否为ASCII码。字符串长度可达 64KB。字符串的操作通常包括：字符串的传送、比较、存储、装入等。这些操作可以用前面学过的指令实现，如例 4.4-2 和例 4.5-1。为了提高字符串处理的效率，8086/8088 指令系统中专门提供了字符串操作指令。

4.7.1 字符串操作指令

常用的字符串操作指令有 5 种，见表 4.7-1。

表 4.7-1 字符串操作指令

指令类型	指令格式	执行操作
字符串传送指令	MOVS dst, src MOVSB MOVSW	由操作数说明是字节或字操作；其余同 MOVSB 或 MOVSW (DS:SI)→(ES:DI)；SI = SI ± 1，DI = DI ± 1 (DS:SI)→(ES:DI)；SI = SI ± 2，DI = DI ± 2
字符串比较指令	CMPS dst, src CMPSB CMPSW	由操作数说明是字节或字操作；其余同 CMPSB 或 CMPSW (DS:SI) − (ES:DI)；SI = SI ± 1，DI = DI ± 1 (DS:SI) − (ES:DI)；SI = SI ± 2，DI = DI ± 2
字符串搜索指令	SCAS dst SCASB SCASW	由操作数说明是字节或字操作；其余同 SCASB 或 SCASW AL − (ES:DI)；DI = DI ± 1 AX − (ES:DI)；DI = DI ± 2
字符串存储指令	STOS dst STOSB STOSW	由操作数说明是字节或字操作；其余同 STOSB 或 STOSW AL→(ES:DI)；DI = DI ± 1 AX→(ES:DI)；DI = DI ± 2
字符串装入指令	LODS src LODSB LODSW	由操作数说明是字节或字操作；其余同 LODSB 或 LODSW (DS:SI)→ AL；SI = SI ± 1 (DS:SI)→ AX；SI = SI ± 2

使用字符串操作指令时要注意以下几个问题：

（1）使用的默认寄存器是 DS:SI(源串地址)，ES:DI(目的串地址)，CX(字符串长度)，AX 或 AL(存储、装入或搜索的默认值)。

（2）可以进行字操作也可以进行字节操作，这可以由指令中的操作数的类型指出，也可以由指令助记符后加上 W 或 B 来指出。

（3）方向标志与地址指针的修改。DF = 1，则修改地址指针(SI、DI)时用递减方式；DF=0 时，则修改地址指针时用递增方式。

（4）MOVS、STOS、LODS 指令不影响标志位。

1．字符串传送指令 MOVS

该指令的功能是把由 DS:SI 间接寻址的一个字节(或字)传送到由 ES:DI 间接寻址的一个字节(或字)中，然后根据方向标志 DF 及所传送数据的类型(字节或字)对 SI 及 DI 进行修改。DF = 0 时，地址指针以递增方式修改；反之，则以递减方式修改。如果是字操作，递增或递减的值为 2；若是字节操作则值为 1。

【例 4.7-1】 在数据段中有一字符串 MESS1，其长度为 LEN，要求将其传送到 MESS2 开始的存储区域内，每个字符占一个字节。

【程序 4.7-1】

```
          ⋮
          LEN    EQU 20
          MESS1 DB LEN DUP(12H)
          MESS2 DB LEN DUP(0) ; MESS1 与 MESS2 在同一段中
          ⋮
          MOV    AX, SEG MESS1
          MOV    DS, AX          ; 设置源串段地址
          MOV    ES, AX          ; 设置目的串段地址
          LEA    SI, MESS1       ; 设置源串偏移地址
          LEA    DI, MESS2       ; 设置目的串偏移地址
          MOV    CX, LEN         ; 设置字符串长度
          CLD                    ; 方向标志复位
  AGAIN:  MOVSB                  ; 字节型字符串传送
          LOOP   AGAIN
```

2．字符串比较指令 CMPS

该指令完成由 DS:SI 间接寻址的一个字节(或字)与由 ES:DI 间接寻址的一个字节(或字)的比较操作，与比较指令 CMP 一样，比较后只影响状态标志，源串和目的串不会被修改。比较时是用源串减去目的串。指令的寻址方式和地址指针的修改与 MOVS 指令相同。相关实例见例 4.7-4。

3．字符串搜索指令 SCAS

该指令的功能是：将由指令指定的关键字节或关键字(分别存放在 AL 及 AX 中)，与 ES:DI 间接寻址的字符串中的一个字节或字进行比较，使比较的结果影响状态标志，然后根据方向标志 DF 及所进行操作的数据类型(字节或字)对 DI 进行修改。可用于在指定的数据串中搜索第一个与关键字节(或字)匹配或不匹配的字节(或字)。

【例 4.7-2】 在附加段中有一个字符串，存放在以符号地址 MESS 开始的区域中，要求在该字符串中搜索空格符(ASCII 码为 20H)。

【程序 4.7-2】

```
            ⋮
          MESS   DB  'ab defgh'
          LEN    EQU $ - MESS
            ⋮
          MOV    AX, SEG MESS       ; 设置字符串的段地址
          MOV    ES, AX
          LEA    DI, MESS           ; 设置字符串的偏移地址
          MOV    AL, 20H            ; 设置待查找字符为空格
          MOV    CX, LEN            ; 设置字符串长度
  AGAIN:  SCASB                     ; 字符串搜索
          JE     FOUND              ; 找到匹配的字符
          LOOP   AGAIN
  NO_FOUND:  ⋮
             ⋮
  FOUND:     ⋮
```

程序 4.7-2 执行完 SCASB 指令后，DI 的值即为相匹配字符的下一个字符的偏移地址。执行 JE 指令跳出循环时，CX 的值是尚未比较的字符个数加 1。若字符串中没有所要搜索的关键

字节(或字)，则当搜索完之后 CX = 0，退出循环。

4．字符串存储指令 STOS

该指令的功能是把指令中指定的一个字节或一个字(分别存放在 AL 及 AX 中)，传送到由 ES:DI 间接寻址的字节或字中，然后根据方向标志 DF 及操作数类型(字节或字)对 DI 进行修改操作。可用于将 AL 或 AX 的内容存入到附加段中的一段存储区域中，该指令不影标志位。该指令在需要以指定的字符填充整个字符串或数组时非常有用。

【例 4.7-3】 对附加段中从 MESS2 开始的 5 个连续的字节单元进行清零操作。

【程序 4.7-3】

```
        MOV    AX, SEG MESS2
        MOV    ES, AX
        LEA    DI, MESS2      ; 设置目的串偏移地址
        MOV    AL, 00H        ; 为清零操作做准备
        MOV    CX, 5          ; 设置目的串长度
AGAIN:  STOSB                 ; 字符串存储
        LOOP   AGAIN
```

5．字符串装入指令 LODS

该指令的功能是从 SI 指向的存储单元向 AL 或 AX 中装入一个值，同时根据方向标志 DF 及操作数类型(字节或字)对 DI 进行修改操作，实现从指定的字符串中读出数据。

【例 4.7-4】 比较 DEST 和 SOURCE 中的 5 个字节，找出第一个不相同的字节，如果找到，则将 SOURCE 中的这个字节送 AL 中并显示。

分析：字符串比较用 CMPS 指令，找到不同的字节装入 AL 则用 LODS 指令。

【程序 4.7-4】

```
DATA    SEGMENT
        SOURCE  DB  0,0,0,'a',0
        LEN     EQU  $ - SOURCE
        PMT     DB   'They are the same!','$'
DATA    ENDS
EXTR    SEGMENT
        DEST    DB  0,0,0,'b',0
EXTR    ENDS
CODE    SEGMENT
        ASSUME  CS:CODE, DS:DATA, ES:EXTR
START:  MOV    AX, DATA
        MOV    DS, AX
        MOV    AX, EXTR
        MOV    ES, AX
        LEA    DI, DEST
        LEA    SI, SOURCE
        CLD
        MOV    CX, LEN
AGAIN:  CMPSB                    ; 字符串比较
        JNE    NO_EQUL
        LOOP   AGAIN
        LEA    DX, PMT           ; 无不相同字符则显示提示信息
        MOV    AH, 09H
        INT    21H
```

```
        JMP    EXIT
NO_EQUL:DEC    SI              ; 令SI指向第1个不同的字符，并显示
        LODSB
        MOV    DL, AL
        MOV    AH, 02H
        INT    21H
EXIT:   MOV    AH, 4CH
        INT    21H
CODE    ENDS
        END    START
```

4.7.2 重复指令前缀

字符串操作指令可以与重复指令前缀配合使用，从而使操作得以重复进行，及时停止。重复指令前缀见表 4.7-2。

利用重复指令前缀，可以进一步简化循环程序。例如：

● 字符串传送

```
LEA    SI, MESS1       ; 设置源串偏移地址
LEA    DI, MESS2       ; 设置目的串偏移地址
MOV    CX, LEN         ; 设置字符串长度
CLD                    ; 方向标志复位
REP    MOVSB           ; 字符串传送
```

● 字符串查找

```
LEA    DI, MESS        ; 设置目的串偏移地址
MOV    AL, 20H         ; 设置关键字节
MOV    CX, LEN         ; 设置字符串长度
REPNE  SCASB           ; 字符串搜索
```

表 4.7-2 重复指令前缀

格式	执 行 过 程	影响指令
REP	① 若 CX=0，则退出； ② CX= CX-1； ③ 执行后续指令； ④ 重复①～③	MOVS STOS
REPE/ REPZ	① 若 CX=0 或 ZF=0，则退出； ② CX= CX-1； ③ 执行后续指令； ④ 重复①～③	CMPS SCAS
REPNE/ REPNZ	① 若 CX=0 或 ZF=1，则退出； ② CX= CX-1； ③ 执行后续指令； ④ 重复①～③	CMPS SCAS

4.7.3 字符串处理程序举例

【例 4.7-5】 对一个给定的字符串 1，从头开始查找，找到字符串 1 的第一个非空字符后，将从其开始的字符复制到字符串 2 中，并在屏幕上显示字符串 1 和字符串 2。

分析： 完成以上功能，要利用字符串搜索指令 SCAS 来找到第一个非空字符，然后利用 MOVS 指令将其开始的字符复制到字符串 2。最后还要利用 DOS 系统功能调用的 09H 号功能实现字符串的输出。

二维码 4-7 程序 4.7-5

【程序 4.7-5】 请扫描二维码获取。

练习题 7

4.7-1 字符串操作指令的两个隐含指针寄存器是________和__________。

4.7-2 有如下程序段：

```
DATA    SEGMENT
        ORG     20H
        BUF     DB 'ABCDEFGH'
        FLAG    DB ?
DATA    ENDS
        …
        LEA     DI, BUF
        MOV     AL, 'E'
```

```
            CLD
            MOV     CX, 8
            REPNZ  SCANS
            JZ      OK
            MOV     FLAG, -1
            JMP     DONE
    OK:     DEC     DI
            MOV     FLAG, 1
    DONE:   …
```

问：上述程序段执行后，DI和FLAG的值是多少？

4.7-3 下列程序实现把含有 20 个字符'A'的字符串从源缓冲区传送到目的缓冲区的功能，试在程序中的空白处填上适当的指令(每空只填一条指令)。

```
    DATA    SEGMENT
            SOURCE_STRING  DB  20  DUP('A')
    DATA    ENDS
    EXTRA   SEGMENT
            DEST_STRING  DB 20  DUP(?)
    EXTRA   ENDS
    CODE    SEGMENT
            ASSUME  CS:CODE, DS:DATA, ES:EXTRA
    START:  MOV    AX, DATA
            MOV    DS, AX
            MOV    AX, EXTRA
            MOV    ES, AX
            ______(1)______
            LEA    DI, DEST_STRING
            CLD
            MOV    CX, 20
            ______(2)______
            MOV    AH, 4CH
            INT    21H
    CODE    ENDS
            END    START
```

4.7-4 下列程序的功能是：将从内存 2000H:0A00H 开始的 2KB 存储单元清零。请在下列空格中填入合适的指令。程序执行后DI的内容是多少？

```
    CLD
    MOV    AX, 2000H
    ______(1)______
    ______(2)______
    XOR    AL, AL
    ______(3)______
    ______(4)______
```

4.8 本章学习指导

4.8.1 本章主要内容

本章主要学习了汇编语言程序的结构、语法、各类转移指令、字符串操作指令以及相关的程序设计方法。

1．汇编语言程序的基本结构

语句是汇编语言程序的基本组成单元。汇编语言程序中主要包含两种基本语句：

- 指令性语句：能产生目标代码(机器指令)，即 CPU 可执行的、完成某种功能的语句。其组成如下：

  [标号:]　[前缀]指令助记符　操作数　[;注释]

- 伪指令语句：没有目标代码，CPU 不能执行，只是为了提供汇编语言的编译器在编译程序时所需要的信息。其组成如下：

  [符号名]　伪指令助记符　操作数　[;注释]

2．变量、标号及表达式

- 变量是与一个数据项的第一字节相对应的标识符。它表示该数据项第一字节在现行段中的偏移地址。变量有 3 个主要的属性：段地址(SEG)、偏移地址(OFFSET)、类型(TYPE)。类型定义为该变量每个元素所包含的字节数。
- 标号是用符号表示的地址。标号有 3 个属性：段地址、偏移地址和类型。标号的类型属性有两种，即 NEAR 和 FAR 类型，用来指出该标号是在本段内引用还是在其他段中引用的。在转移指令中常将标号作为转移或调用的目的地址。
- 表达式由运算符和运算对象组成。运算符有算术、逻辑、移位、关系运算符和汇编语言特定的运算符(分析、合成等)；运算对象可以是常数、变量和标号，也可以是操作数，还可以是段名、偏移地址等。

3．常用伪指令

- 数据及符号定义：DB、DW、DD、EQU、=、LABEL
- 分析运算符：OFFSET、SEG、TYPE、LENGTH、SIZE
- 合成运算符：PTR、BYTE、WORD、DWORD、NEAR 和 FAR
- 段或过程定义：SEGMENT、ENDS、ASSUME、PROC、ENDP、END
- 定位定义：ORG、$

4．分支程序设计

掌握无条件转移指令和条件转移指令。程序的分支主要是依靠条件转移指令实现的。注意：条件转移语句都是短转移(–128～+127 字节范围)。若程序所需要转移的地址超出其范围时，需要利用一条无条件转移指令作为中转。

5．循环程序设计

循环程序主要用于某些需要重复进行的操作，可使用循环指令 LOOP、LOOPZ、LOOPNZ 或条件转移指令。循环程序的设计可分为初始化、循环体和出口判定 3 个部分。

6．DOS 系统功能调用（INT 21H）

要求掌握功能号为 01H、02H、09H、0AH、4CH 等的 DOS 系统功能调用。

7．子程序设计

子程序即过程，可以被调用，且子程序完成确定的功能后便返回调用程序(主程序)处。

- 过程的定义和调用：其一般形式为

```
过程名    PROC [类型]
```

```
      ⋮
      RET
过程名  ENDP
```

调用时在 CALL 指令后写上该过程名即可。类型用来指明过程是 NEAR 类型还是 FAR 类型的。RET 指令放在过程体的尾部，用来返回主程序。

- 寄存器的保护和恢复(保护现场和恢复现场)：通常用 PUSH 指令和 POP 指令来实现。必须注意：并不是过程中用的所有寄存器内容都要保护，只有那些子程序和主程序都要用且用途不同的寄存器才予以保护。
- 主程序和子程序间的参数传递：主程序调用子程序时，必须先把子程序所需的初始数据(即入口参数)设置好，子程序执行完毕返回主程序时也必须将处理结果(返回值，即出口参数)送给主程序。参数传递的方式主要有 3 种：寄存器传递、存储单元传递和堆栈传递。

8. 字符串处理

字符串操作指令是用一条指令的执行实现对一串字或字节数据的操作，可以处理长达 64KB 的字符串。一条带重复指令前缀的字符串操作指令的执行相当于一个循环程序的执行，CX 作为计数器。其中 REP 只可配合 MOVS 和 STOS 指令，而 REPE/REPZ 和 REPNE/REPNZ 只与 CMPS 和 SCAS 指令联合使用。用方向标志 DF 的值规定字符串处理方向，DF=0，由低地址向高地址方向处理；DF=1 则相反。利用字符串操作指令能够实现字符串的传送、比较、搜索、存储、装入等。

4.8.2 典型例题

【例 4.8-1】 执行下列程序段后各寄存器的内容是多少？

```
ORG    0100H
ARX    DW   3, $+4, 5, 6
CNT    EQU  $-ARX
DB     7, CNT, 8, 9
MOV    AX, ARX+8
MOV    BX, ARX+10
```

分析：考查数据定义伪指令，以及变量在存储单元的分布情况。如图 4.8-1 所示，ARX 是字变量，第一个元素 0003H 占两个字节(偏移地址为 0100H 和 0101H)。当$独立出现在表达式中时，它的值为程序下一个所能分配的存储单元的偏移地址，所以第一个$对应的偏移地址为 0102H，$+4 等于 0106H，这就是变量 ARX 第二个元素的值。第二个$对应的偏移地址为 0108H，所以 CNT=0108H–0100H=8。ARX+8 对应的偏移地址为 0108H，ARX+10 对应的偏移地址为 010AH。从这两个偏移地址处，取出 2 个字数据分别送入 AX 和 BX。

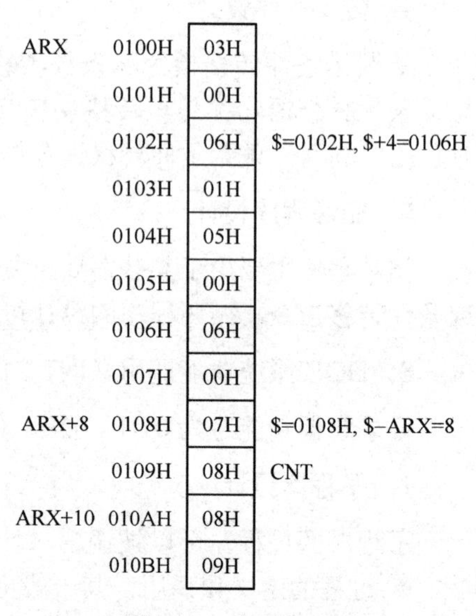

图 4.8-1 例 4.8-1 图

【解答】 程序段执行之后 AX=0807H，BX=0908H。

【例 4.8-2】 有下列程序段：

```
        MOV    AX, 185AH
NEXT:   ADD    AL, 7CH
```

```
        CMP    AL, 0D0H
        JBE    NEXT
        INC    AL
         ⋮
NEXT:   DEC    AL
```

问：（1）执行“ADD　AL, 7CH”后，CF 为_________，OF 为___________；

（2）在“JBE　NEXT”后执行的下一条指令是___________。

分析：考查加法运算指令对状态标志的影响以及条件转移指令。“ADD AL, 7CH”的源操作数为 7CH，目的操作数 AL 的值为 5AH，指令执行之后 AL=0D6H，CF=0，根据双高位判别法或者符号位判别法可知 OF=1(有溢出)。

比较指令“CMP AL，0D0H”是用 AL 中的内容减去 0D0H，不回送结果，但影响状态标志，其执行后 ZF=0，CF=0，OF=0，SF=0，AF=0，PF=1。

JBE 的条件是判断 CF=1 或者 ZF=1，满足则转移到 NEXT 处执行。因为“CMP AL，0D0H”执行后 ZF=0，CF=0，所以不符合转移条件，于是顺序执行。

【解答】（1）CF=0，OF=1；（2）INC　AL。

【例 4.8-3】 请填空完成下列程序，以实现对一维数组求和，该数组包含 100 个元素。

```
DATA    SEGMENT
        ARY   DB    100  DUB(?)
        SUM   DW ?
DATA    ENDS
STACK   SEGMENT
        DB  100 DUP(?)
        TOP LABEL WORD
STACK   ENDS
CODE    SEGMENT
        _______(1)_______
STRAT:  MOV     AX, DATA
        MOV     DS, AX
        MOV     AX, STACK
        MOV     SS, AX
        _______(2)_______
        MOV     AX, SIZE  ARY
        PUSH    AX
        MOV     AX, OFFSET  ARY
        PUSH    AX
        MOV     AX, OFFSET  SUM
        PUSH    AX
        CALL    NEAR PRT SUM_PROC
        MOV     AH, 4CH
        INT     21H
SUM_PROC  PROC  NEAR
        _______(3)_______
        MOV     BP,  SP
        MOV     BX,  [BP+6]
        MOV     SI,  [BP+4]
        _______(4)_______
        XOR     AX,  AX
```

```
        AND1:   ADD     AL,  [BX]
                ADC     AH,  0
                INC     BX
                LOOP    AND1
                      (5)
                ________________________
                      (6)
                ________________________
    SUM_PROC  ENDP
    CODE      ENDS
              END    START
```

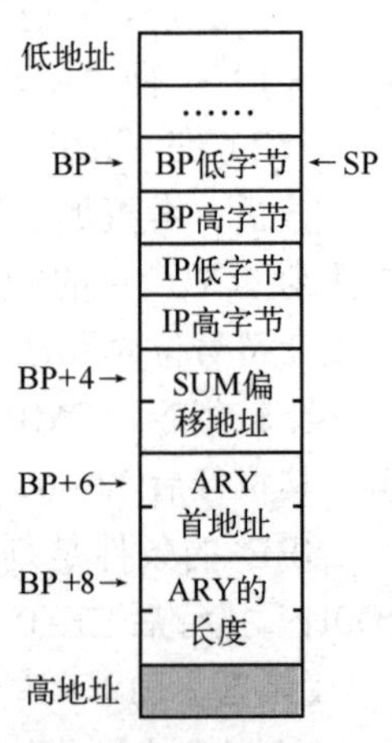

图 4.8-2　例 4.8-3 图

分析：求和是由子程序完成的，主程序通过堆栈传递了 3 个参数(3 次 PUSH 操作)，即数组 ARY 的长度、首地址以及求和结果变量 SUM 的偏移地址。为了便于分析，画出堆栈，见图 4.8-2。当执行 CALL 指令时，由于是段内调用，所以只把当前的 IP 内容入栈。转去执行子程序后，为了能够从堆栈中取出以上 3 个参数，需要用到 BP，所以先将 BP 的内容入栈保存。从[BP+6]取出的正好是数组 ARY 的首地址，[BP+4]对应的则是变量 SUM 的偏移地址，因此剩下一个参数，即数组长度需要从[BP+8]取出。之后语句的功能是循环求和，所以数组长度应该送 CX。子程序结束之前，应该恢复 BP 的内容。最后，如果用正常的 RET 指令返回，根据图 4.8-2，仍然有 6 个字节数据在栈中，所以需要使用带参数的返回指令。

【解答】（1）ASSUME　CS:CODE, DS:DATA, SS:STACT

（2）LEA　SP, TOP 或者 MOV　SP, OFFSET TOP

（3）PUSH　BP

（4）MOV　CX, [BP+8]

（5）POP　BP

（6）RET　6

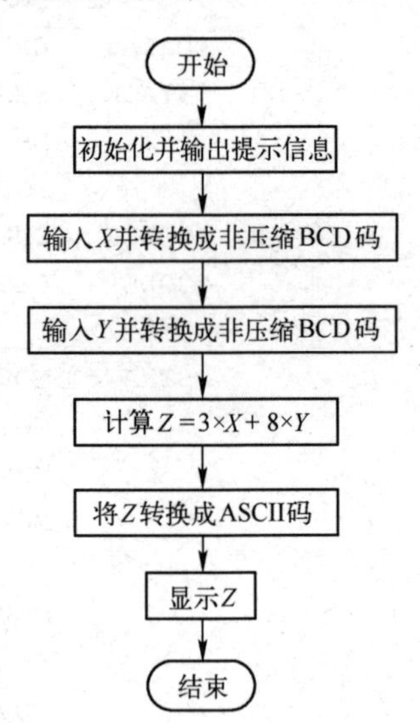

图 4.8-3　例 4.8-4 流程图

【例 4.8-4】 试编写程序，实现 $Z = 3 \times X + 8 \times Y$。其中 X 和 Y 分别为从键盘输入的 1 位十进制数，即 $0 \leqslant X \leqslant 9$，$0 \leqslant Y \leqslant 9$。要求：有输入提示“$X$=”和“$Y$=”，并将表达式及计算结果显示在屏幕上。

分析：本题主要考查 DOS 系统功能调用、ASCII 码与非压缩 BCD 码的相互转换以及算术运算指令的使用。流程图见图 4.8-3。首先调用 DOS 系统功能的 09H 号功能输出提示信息，接着由 01H 号功能接收键盘输入的变量 X 和 Y。输入的 X 和 Y 都是 ASCII 码形式的，转换成对应的非压缩 BCD 码(0～9)只需通过 AND 指令与 0FH 相与。然后用乘法、加法指令计算得到 Z，此过程中需用十进制调整指令，将运算结果调整为非压缩 BCD 码。最后将 2 个字节的非压缩 BCD 码表示的 Z 转换成 ASCII 码，调用 DOS 系统功能的 09H 号功能输出。

【解答】 完整的程序(程序 4.8-1)请扫描二维码获取。

二维码 4-8
程序 4.8-1

本章习题

4-1 编写一个程序，统计 32 位数 DX:AX 中二进制位是 1 的位数。

4-2 编制两个子程序，将十六进制数转换成 ASCII 码，并显示 ASCII 码字符。

4-3 编写程序将 ASCII 码转换成十六进制数，要求从键盘上输入十进制整数(假定范围 0～65535)，然后转换成十六进制数来存储。

4-4 编写程序将字变量中的无符号二进制数转换成 ASCII 字符串输出。

4-5 从键盘输入一个长度为 10 的字符串，用冒泡法对其从小到大进行排序，并在屏幕上输出排序结果，要求将排序定义成子程序，主程序和子程序在同一段内。

4-6 编写程序求某数据区中无符号字数据的最大值和最小值，结果送入 RESULT 单元。要求：最大值和最小值分别用于子程序计算，主程序和子程序之间分别用：（1）寄存器传递参数；（2）存储单元传递参数；（3）堆栈传递参数。

4-7 设有两个长度相等的字符串分别放在以 STR1 和 STR2 为首地址的数据区中，试编写程序检查这两个字符串是否相同。若相同，标志变量 FLAG 设置为 0，否则设置为-1。

4-8 某程序可以从键盘接收命令(0～5)，分别转向 6 个子程序，子程序入口地址分别为 P0～P5，编写程序，用跳转表实现分支结构。

4-9 编写程序计算 $N!$(N=0～6)，N 由键盘输入，结果输出到屏幕上。

第 5 章　存储器技术

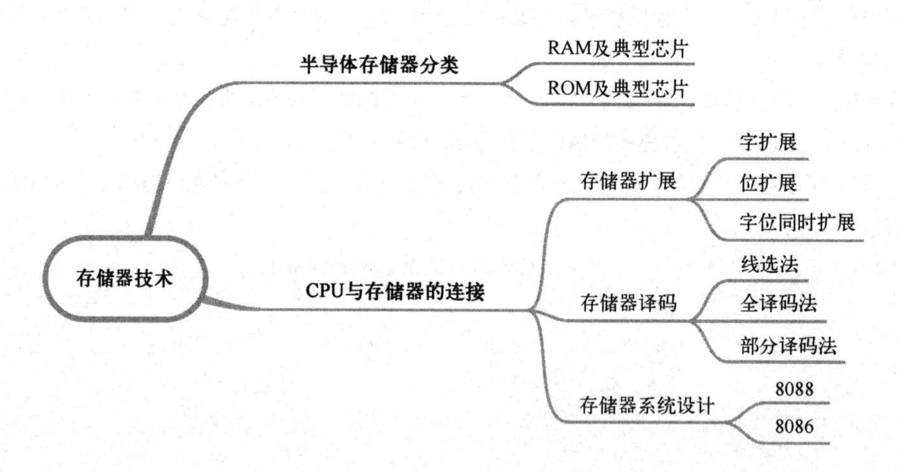

5.1　存储器概述

存储器(Memory)是计算机中的记忆设备，用来存放程序和数据。存储器的主要性能指标有：容量、速度和价格/位。一般速度越快的存储器，每位价格越高，相应的容量就小。因此，现代计算机的存储器系统一般采用图 5.1-1 中的塔式结构。

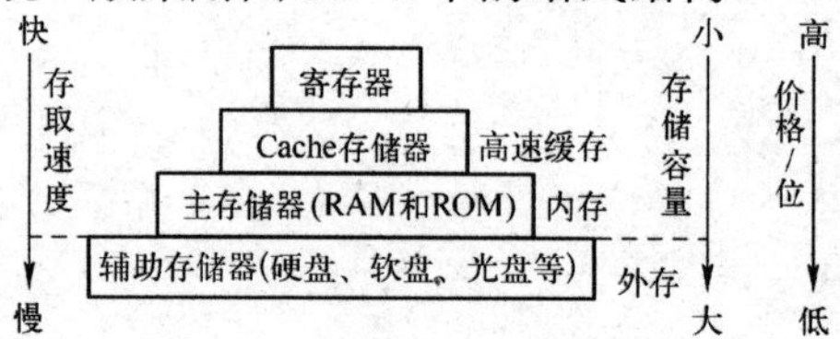

图 5.1-1　存储器系统的塔式结构

其中主存储器(简称主存或内存)一般采用半导体存储器，存放当前正在执行的程序和使用的数据，CPU 可以直接对其进行读/写操作。在 8086/8088 微机系统中，内存是以字节为单位组成的一维线性空间。

辅助存储器(简称外存或辅存)容量较大，成本较低，主要用来存放当前不经常使用的程序和数据，CPU 对其进行的读/写操作必须通过内存才能进行。常用的外存有硬盘、软盘和光盘等。

Cache 存储器又称高速缓存，其存取速度接近 CPU。Cache 中保存着内存一部分内容的副本，CPU 对内存请求数据时通常都是先访问 Cache。但 Cache 的存储容量小，主要完成内存和 CPU 之间的速度匹配。

下面主要对内存进行介绍。

5.1.1　半导体存储器分类

内存一般由半导体存储器组成，按存取方式分为随机读/写存储器(RAM)和只读存储器(ROM)两类。

(1) RAM

CPU 可以随机地、个别地对 RAM 中的各存储单元进行访问，RAM 中的信息既可以读出，又可以写入。RAM 中的信息具有易失性，即一旦电源掉电，会全部丢失。因此，RAM 可以用来存储实时数据、中间结果、最终结果或作为程序的堆栈来使用。

按照存放信息原理的不同，RAM 又可分为静态 RAM 和动态 RAM 两种。静态 RAM(SRAM)是以双稳态触发电路作为基本存储单元来保存信息的，因此其保存的信息在不断电的情况下，是不会被破坏的；而动态 RAM(DRAM)是靠单管存储电路中的电容充放电来存放信息的，由于保存在电容上的电荷会随时间而泄漏，使得存放的信息丢失，所以必须定时进行刷新。

（2）ROM

ROM 的信息只可以读出，不可以写入。ROM 中的信息具有非易失性，即使电源掉电，也不会丢失。因此，ROM 通常用来存放固定不变的程序、汉字字形库及图形符号等。ROM 按工艺不同分为以下几类：

① 掩膜 ROM。制造商在制造时写入内容，一旦制成其内容就不能更改。它适用于存储固定的程序和数据，如系统的管理监控程序、数据表等。

② 可编程 ROM，即 PROM。厂家根据用户需求将芯片内部的二极管烧断而存储内容，一般用于固化程序，写入后不能再更改。

③ 可擦除可编程 ROM，即 EPROM。用户按规定的方法用专用工具编程后，可由紫外光照擦除其内容然后重写。

④ 电擦除可编程 ROM，即 E^2PROM。用设备写入内容后，通过加电可擦除其内容，芯片能重复使用。

⑤ 闪存(Flash Memory)。它具有 E^2PROM 的特点，但读/写速度更快。

5.1.2 存储器性能指标

1．存储容量

存储容量有 2 种表示方式。

（1）用“存储单元数×位数”表示，以位(b)为单位。如 1K×4b，表示该存储器芯片有 1K 个存储单元，每个单元的I/O 位数为 4 位，因此该存储器芯片的存储容量为 1024×4 = 4096 b。统一记为：

$$存储器芯片的存储容量 = 存储单元数 \times 位数 = 2^M \times N\text{b}$$

其中，M 是存储器芯片的地址线根数，N 是存储器芯片的数据线根数(I/O 位数)。

（2）用字节数表示容量，以字节(B)为单位。如 128B，表示该芯片有 128 个单元，默认每个存储单元的长度为 8 位。现代计算机中常用 KB、MB、GB 和 TB 来表示存储容量的大小。其中：1 KB = 2^{10} B = 1024 B；1 MB = 2^{20} B = 1024 KB；1 GB = 2^{30} B = 1024 MB；1 TB = 2^{40} B = 1024 GB。

8086/8088 的 20 根地址线可寻址 2^{20}B，即 1MB。

2．存取时间

存取时间指从启动一次存储器操作(读出或写入)到完成该操作所经历的时间。例如，读出时间是指从 CPU 向存储器发出有效的地址和读命令开始，直到将被选中存储单元的内容读出为止所用的时间。显然，存取时间越短，存取速度越快。

3．功耗

功耗反映了存储器耗电的多少，同时也反映了其发热的程度。

4．可靠性

可靠性一般指存储器对外界电磁场及温度等变化的抗干扰能力。存储器的可靠性用平均故障间隔时间(Mean Time Between Failures，MTBF)来衡量。MTBF 越长，可靠性越高，存储器正常工作能力越强。

5．集成度

集成度指在一块存储器芯片内能集成多少个基本存储电路，每个基本存储电路存放一位二进制信息，所以集成度常用位/片来表示。

6．性能价格比

性能价格比(简称性价比)是衡量存储器经济性能好坏的综合指标，它关系到存储器的实用价值。

5.1.3　存储器系统结构

存储器系统结构如图 5.1-2 所示，通常由以下几部分组成。

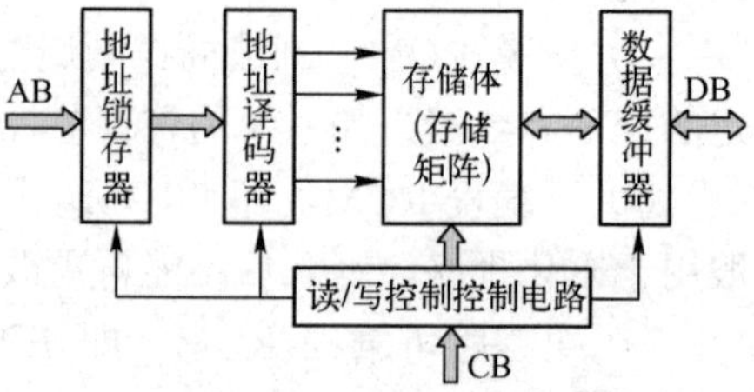

（1）基本存储单元

一个基本存储单元可以存放一位二进制信息，不同类型的基本存储单元，决定了由其所组成的存储器的不同类型。

图 5.1-2　存储器系统结构

（2）存储体

存储器若要存放 $M\times N$ 位二进制信息，就需要用 $M\times N$ 个基本存储单元，它们按一定的规则排列起来，构成图 5.1-2 中的存储体或存储矩阵。

存储体中，可以由 N 个基本存储电路构成一个并行存取 N 位二进制代码的存储单元(N 的取值一般为 1、4、8 等)。为了便于数据的存取，给同一存储体内的每个存储单元赋予一个唯一的编号，该编号即为存储单元的地址。这样，对于 2^m 个存储单元的存储体，至少需要 m 条地址线对其编址，若每个单元存放 N 位数据，则需要 N 条数据线传输数据，存储容量就可以表示为 $2^m\times N$b，如图 5.1-3 所示。

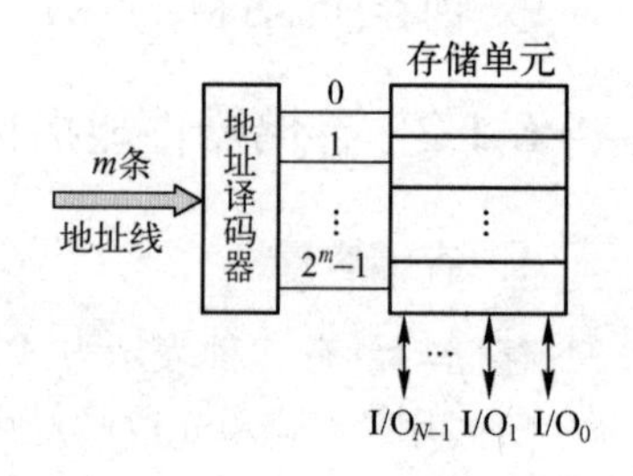

图 5.1-3　$2^m\times N$b 存储体结构

（3）地址译码器

地址译码器对 CPU 送来的 m 位地址进行译码，从而唯一地选中存储体中某一存储单元，在读/写控制电路的控制下对该存储单元进行读/写操作。地址译码有两种方式，即单译码与双译码。

① 单译码

单译码方式又称字结构，适用于小容量存储器。该方式只用一个译码电路对所有地址进行译码，译码输出的选择线直接选中对应的存储单元，一根译码输出选择线对应一个存储单元。

图 5.1-4 为单译码方式的示例，以一个 256×4b 的存储器芯片构成存储器，其所有基本存储单元排成 256 行×4 列(图中未详细画出)，每一行对应一个存储单元，每一列对应其中的一位。图中，A_7～A_0 共 8 根地址线经译码输出 256 根选择线，用于选择 256 个存储单元。例如，当 $A_7A_6A_5A_4A_3A_2A_1A_0$=00000000，且 $\overline{CS}$=0，$\overline{WE}$=1 时，将 0 号存储单元中的 4 位信息读出。

② 双译码

双译码方式把 m 位地址分成两部分，分别送 X 译码器和 Y 译码器进行译码，产生一组行选择线 X 和一组列选择线 Y。每一根 X 线选中存储矩阵中位于同一行的所有单元，每一根 Y 线选中存储矩阵中位于同一列的所有存储单元。当某一存储单元的 X 线和 Y 线同时有效时，此存储单元被选中。图 5.1-5 示出了一个双译码方式的示例，在 1K×1b 的存储器芯片构成的存储器中，1K(1024)个基本存储单元排成 32×32 的存储矩阵，10 根地址线分成 A_4～A_0 和 A_9～A_5 两组。A_9～A_5 经 X 译码器输出 32 条行选择线，A_4～A_0 经 Y 译码器输出 32 条列选择线。行、列选择线组合可以方便地选中 1024 个存储单元中的任何一个。例如，当 $A_4A_3A_2A_1A_0$=00000，$A_9A_8A_7A_6A_5$=00000 时，0 号存储单元被选中，通过数据线 I/O 实现数据的输入或输出。图中，X 和 Y 译码器的输出线各有 32 根，总输出线仅为 64 根。若采用单译码方式，将有 1024 根输出线。在大容量的存储器中，通常采用双译码方式。

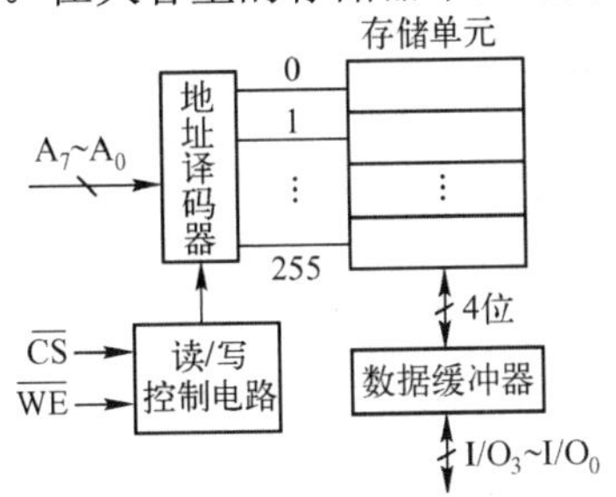

图 5.1-4　单译码方式示例

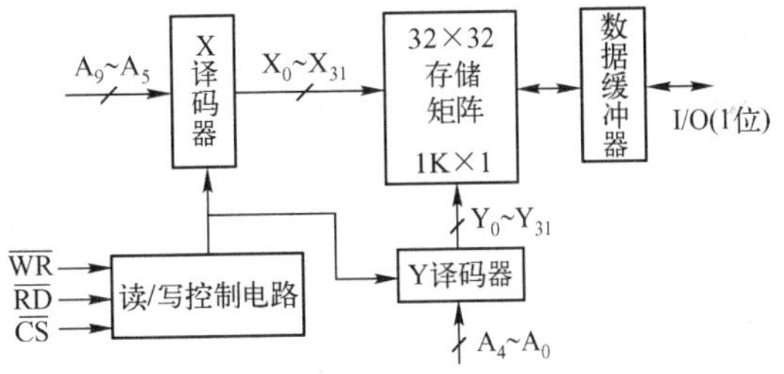

图 5.1-5　双译码方式示例

（4）读/写控制电路

片选信号 $\overline{CS}$ 用以实现存储器芯片的选择。对于一个存储器芯片来讲，只有当片选信号有效时，才能对其进行读/写操作。而读/写控制信号，如图 5.1-4 和图 5.1-5 中的 $\overline{WE}$、$\overline{WR}$、$\overline{RD}$，则用来控制对存储器芯片的读/写操作。

（5）I/O 电路

I/O 电路位于系统数据总线与被选中的存储单元之间，用于信息的读出与写入。必要时，还可包含对 I/O 信号的驱动及放大处理功能。

（6）集电极开路或三态输出缓冲器

为了扩充存储器系统的容量，常常需要将几片存储器芯片的数据线并联使用或与双向的数据线相连，这就要用到集电极开路或三态输出缓冲器。

（7）其他外围电路

对不同类型的存储器系统，有时还需要一些特殊的外围电路，如动态 RAM 中的预充电及刷新控制电路等，这也是存储器系统的重要组成部分。

说明：在不影响理解的前提下，图 5.1-2 中未画出部分(5)～(7)。

思政案例：见二维码 5-1。

二维码 5-1
郑纬民——中国存储系统的先行者

练习题 1

5.1-1　易失型存储器是（　　）。

A．RAM　　B．PROM　　C．EPROM　　D．Flash Memory

5.1-2　CPU 不能直接访问的是（　　）。

A．RAM　　B．ROM　　C．内存　　D．外存

5.1-3　存储器系统的塔式结构可分为四级，其中存储容量最大的是（　　）。

A．内存　　B．内部寄存器　　C．高速缓存　　D．外存

5.1-4　动态 RAM 必须要周期性地进行_______，否则它的内容会发生改变；静态 RAM 在断电的情况下，其保存的内容会__________。

5.1-5　下列只读存储器中，可紫外线擦除数据的是（　　）。

A．PROM　　B．EPROM　　C．E^2PROM　　D．Flash Memory

5.1-6 256KB 的静态 RAM 具有 8 条数据线，那么它具有（　　）条地址线。

A．10　　　　B．18　　　　C．20　　　　D．32

5.1-7 PC 中内存由________构成，存取方式分为________和_______，与外存相比，其访问速度_______（快，慢）。

5.1-8 存储器的地址译码有两种方式，分别是___________和__________。

5.1-9 高速缓存(Cache)一般用________构成，内存用________ 构成（注：在动态 RAM 和静态 RAM 中选择）。

5.1-10 BIOS 程序放在___________中，要执行的应用程序放在___________中。

5.2　典型存储器芯片介绍

5.2.1　静态 RAM 芯片举例

典型的静态 RAM 芯片有 Intel 2114(1K×4b)，Intel 6116(2K×8b)，Intel 6232(4K×8b)，Intel 6264(8K×8b)，Intel 62128(16K×8b)，Intel 62256(32K×8b)等。

1．Intel 2114

Intel 2114 是一种 1K×4b 的静态 RAM 芯片，内部排成 64×64 的存储矩阵形式，它的基本存储单元采用双稳态触发电路。该芯片为双列直插式，图 5.2-1 给出了其引脚图。各引脚的功能如下。

A_9～A_0：10 根地址线，可以寻址 1K 个存储单元(2^{10}=1024)。

I/O_4～I/O_1：4 根数据线。

$\overline{CS}$：片选信号，$\overline{CS}=0$时，该芯片被选中。

$\overline{WE}$：写允许控制信号，$\overline{WE}=0$时执行写入操作；$\overline{WE}=1$时执行读出操作。

V_{CC}：+5V 电源。GND：地。

引脚	名称	引脚	名称
1	A_6	18	V_{CC}
2	A_5	17	A_7
3	A_4	16	A_8
4	A_3	15	A_9
5	A_0	14	I/O_1
6	A_1	13	I/O_2
7	A_2	12	I/O_3
8	$\overline{CS}$	11	I/O_4
9	GND	10	$\overline{WE}$

图 5.2-1　Intel 2114 引脚图

2．Intel 6264

图 5.2-2 给出了 Intel 6264 的引脚图，其中：

A_{12}～A_0：13 根地址线，可以寻址 8K 个存储单元。

D_7～D_0：8 根数据线。

$\overline{CS_1}$，CS_2：片选信号。

$\overline{OE}$：输出允许控制信号，低电平有效；当$\overline{CS_1}=0$，CS_2=1，且写允许控制信号$\overline{WE}=1$，$\overline{OE}=0$时，执行数据读出操作。

$\overline{WE}$：写允许控制信号，低电平有效。当$\overline{CS_1}=0$，CS_2=1，且$\overline{WE}=0$，$\overline{OE}=1$时，执行数据写入操作。

V_{CC}：+5V 电源。GND：地。

引脚	名称	引脚	名称
1	N/C	28	V_{CC}
2	A_4	27	$\overline{WE}$
3	A_5	26	CS_2
4	A_6	25	A_3
5	A_7	24	A_2
6	A_8	23	A_1
7	A_9	22	$\overline{OE}$
8	A_{10}	21	A_0
9	A_{11}	20	$\overline{CS_1}$
10	A_{12}	19	D_7
11	D_0	18	D_6
12	D_1	17	D_5
13	D_2	16	D_4
14	GND	15	D_3

6264

图 5.2-2　Intel 6264 引脚图

5.2.2　动态 RAM 芯片举例

Intel 2164 是 64K×1b 的动态 RAM 芯片，其存储体由 4 个 128×128 的存储矩阵构成，它的基本存储单元采用单管存储电路。其他的典型动态 RAM 有 Intel 41256/51256 等。

Intel 2164 是具有 16 个引脚的双列直插式集成电路芯片，其引脚图如图 5.2-3 所示。

$A_7 \sim A_0$：8 条地址线，采用分时复用的方法获得存储单元寻址所需的 16 条地址线的高 8 位和低 8 位，分别作为行、列地址。进行读/写操作时，行地址先有效，列地址后有效。刷新时，按行地址刷新。

$\overline{RAS}$：行地址选通信号，低电平有效，表明芯片当前接收的是行地址。

$\overline{CAS}$：列地址选通信号，低电平有效，表明芯片当前接收的是列地址。

$\overline{WE}$：写允许控制信号，当其为低电平时，执行写操作；否则，执行读操作。

D_{IN}：数据输入。

D_{OUT}：数据输出。

V_{CC}：+5V 电源。

GND：地。

N/C：未用引脚。

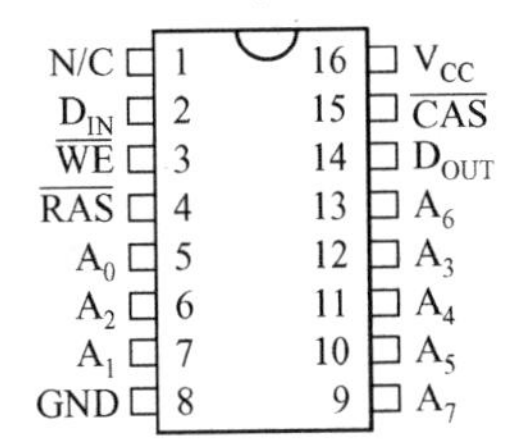

图 5.2-3　Intel 2164 引脚图

5.2.3　EPROM 芯片举例

Intel 2732 是 4K×8b 的 EPROM 芯片，图 5.2-4 给出了其引脚图。

$A_{11} \sim A_0$：12 根地址线，用于选择片内的 4K 个存储单元。

$D_7 \sim D_0$：8 根数据线，编程时为数据输入，读出时为数据输出。

$\overline{CE}$：片选信号，低电平有效。

$\overline{OE}/V_{PP}$：输出允许控制信号，低电平有效。该引脚在编程时也作为编程电压 V_{PP} 的输入端。

GND：地。

V_{CC}：+5V 电源。

Intel 2732 有 6 种工作方式，见表 5.2-1。

图 5.2-4　Intel 2732 引脚图

表 5.2-1　Intel 2732 的工作方式

工作方式＼引脚	$\overline{CE}$	$\overline{OE}/V_{PP}$	A_9	V_{CC}	$D_7 \sim D_0$
读	0	0	×	+5V	输出
输出禁止	0	1	×	+5V	高阻
待用	1	×	×	+5V	高阻
编程	0	V_{PP}	×	+5V	输入
编程禁止	1	V_{PP}	×	+5V	高阻
Intel 标识符	0	0	1	+5V	标识符编码

读方式：$\overline{CE}$=0，$\overline{OE}/V_{PP}$=0，由 $A_{11} \sim A_0$ 选中的存储单元内容被送到 $D_7 \sim D_0$。

输出禁止方式：$\overline{CE}$=0，$\overline{OE}/V_{PP}$=1，$D_7 \sim D_0$ 为高阻状态。

待用方式：$\overline{CE}$=1，Intel 2732 处于待机方式。$D_7 \sim D_0$ 为高阻状态，且不受 $\overline{OE}/V_{PP}$ 控制。

编程方式：$\overline{CE}$ 加 50ms 低电平有效的 TTL 编程脉冲，$\overline{OE}/V_{PP}$ 加+21V 电压。在编程之前，应保持芯片内所有位均为 1。写入信息时，只是把应为 0 的位由 1 改为 0，而应为 1 的位保持不变。

编程禁止方式：$\overline{CE}$=1，$\overline{OE}/V_{PP}$ 加+21V 电压，禁止向芯片写入数据，$D_7 \sim D_0$ 为高阻状态。

Intel 标识符方式：A_9=1，$\overline{CE}$=0 且 $\overline{OE}/V_{PP}$=0，可以从 D_7～D_0 读出制造厂家和器件的编码。

5.2.4 E^2PROM 举例

典型的 E^2PROM 芯片 28C64 容量为 8K×8b，引脚图见图 5.2-5。其中：

A_{12}～A_0：13 根地址线，用于选择片内的 8K 个存储单元。

D_7～D_0：8 根数据线。

$\overline{CE}$：片选信号，低电平有效。

$\overline{OE}$：输出允许控制信号。当 $\overline{CE}$=0，$\overline{OE}$=0，$\overline{WE}$=1 时，将选中的存储单元中的数据读出。

$\overline{WE}$：写允许控制信号。当 $\overline{CE}$=0，$\overline{OE}$=1，$\overline{WE}$=0 时，将数据写入指定的存储单元。

28C64			
RDY/$\overline{BUSY}$	1	28	V_{CC}
A_{12}	2	27	$\overline{WE}$
A_7	3	26	NC
A_6	4	25	A_8
A_5	5	24	A_9
A_4	6	23	A_{11}
A_3	7	22	$\overline{OE}$
A_2	8	21	A_{10}
A_1	9	20	$\overline{CE}$
A_0	10	19	D_7
D_0	11	18	D_6
D_1	12	17	D_5
D_2	13	16	D_4
GND	14	15	D_3

图 5.2-5　28C64 引脚图

RDY / $\overline{BUSY}$：状态输入端。执行编程写入时，此引脚为低电平，写完后此引脚变成高电平。

V_{CC}：+5V 电源。GND：地。N/C：未用引脚。

5.3　CPU 与存储器的连接

微机系统的规模、应用场合不同，对存储器系统容量、类型的要求也不同。一般情况下，需要用不同类型、不同规格的存储器芯片，通过适当的硬件连接，来构成所需要的存储器系统。存储器芯片与 CPU 之间的连接，实质上就是其与系统总线的连接，包括地址总线、数据总线和控制总线。需要注意的是，当存储器由多片存储器芯片组成时，要正确进行地址分配和片选信号的输出。本节先以 8088 为例介绍存储器扩展的方法，然后再给出 8088 和 8086 存储器系统设计的案例。

5.3.1　存储器扩展

1. 位扩展

位扩展是指存储器芯片的存储单元数(即寻址空间)满足要求，而 I/O 位数(数据线根数)不够，需用多个存储器芯片实现指定位数的数据 I/O。位扩展的特点：

（1）每个存储器芯片的地址线和控制信号线(包括片选信号、读/写控制信号等)并联在一起，以保证对每个芯片及其内部存储单元的同时选中。

（2）数据线分别连至数据总线的不同位上，以保证通过数据总线一次即可访问到指定位数的数据。

【例 5.3-1】 用 1K×4 b 的 Intel 2114 芯片构成 1 K×8 b 的存储器系统。

分析：由于给定芯片为 1K 的寻址空间，故满足存储器系统的寻址空间要求。由于每个芯片只能提供 4 位 I/O 位数，故需用 2 个这样的芯片，分别提供 4 根数据线至数据总线，以满足存储器系统的 8 位 I/O 位数的要求。设计要点：

① 1K 空间需要 $\log_2 1K$=10 根地址线寻址，因此将每个芯片的 10 根地址线按引脚名称一一并联，按次序逐根接至地址总线的低 10 位，即 A_9～A_0。

② 数据线按芯片编号，1 号芯片的 4 根数据线依次接至数据总线的 D_3～D_0，2 号芯片的 4 根数据线依次接至数据总线的 D_7～D_4。

③ 两个芯片的 $\overline{WE}$ 引脚并在一起后接至控制总线的 $\overline{WR}$ 。

④ 两个芯片的 $\overline{CS}$ 引脚也并联后接至地址译码器的 $\overline{Y}_0$，地址译码器的输入则由地址总线的 A_{11} 和 A_{10} 来承担。

【解答】 其硬件连接如图 5.3-1 所示。当存储器工作时，系统根据 A_{11} 和 A_{10} 的译码同时选中两个芯片，而地址总线的 A_9～A_0 也同时到达每一个芯片，从而选中与它们地址相同的存储单元。在 $\overline{WE}$ 信号的作用下，两个芯片的数据同时读出，送至数据总线 D_7～D_0，产生一个字节供 CPU 读入，或者同时将来自数据总线上的字节数据写入存储器。

根据硬件连接，可以进一步分析出该存储器系统的地址分配表如表 5.3-1 所示(假设只考虑 16 位地址)。

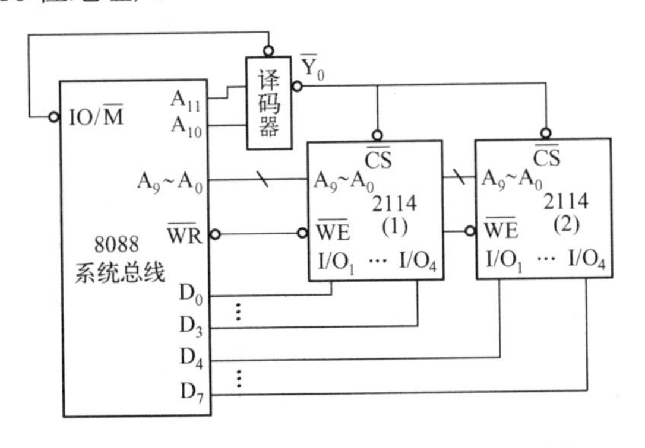

图 5.3-1 例 5.3-1 的存储器系统的硬件连接

表 5.3-1 例 5.3-1 的存储器系统的地址分配表

地址码			芯片的地址范围
$A_{15}\cdots A_{12}$	A_{11} A_{10}	A_9 … A_1 A_0	
×…×	0 0	0 … 0 0	0000H
		0 … 0 1	0001H
		⋮	⋮
		1 … 1 1	03FFH

×表示为任选值，在这里假设均选 0。

2. 字扩展

字扩展适用于存储器芯片的 I/O 位数满足要求而存储单元数(寻址空间)不够的情况。

【例 5.3-2】 用 2K×8 b 的 Intel 2716 芯片组成 8K×8 b 的存储器系统。

分析： 由于每个芯片的 I/O 位数为 8 位，故满足存储器系统的数据位数要求。但由于每个芯片只能提供 2K 个存储单元，故需用 4 个这样的芯片来满足存储器系统寻址空间的要求。设计要点：

① 2K 个存储单元需要 $\log_2 2K=11$ 根地址线寻址，先将每个芯片的 11 根地址线按引脚名称一一并联，然后按次序逐根接至地址总线的 A_{10}～A_0。

② 将每个芯片的 8 根数据线依次接至数据总线的 D_7～D_0。

③ 每个芯片的 $\overline{OE}$ 引脚并在一起后接至控制总线的 $\overline{RD}$ 。

④ 每个芯片的 $\overline{CE}$ 引脚分别接至译码器的不同输出，译码器的输入则由地址总线的高位地址线来承担。

【解答】 其硬件连接如图 5.3-2 所示。当存储器工作时，根据地址总线中 A_{12} 和 A_{11} 的不同，系统通过译码器分别选中不同的芯片，A_{10}～A_0 则同时到达每一个芯片，选中它们的相应存储单元。在 $\overline{RD}$ 的作用下，选中芯片的数据被读出，送至数据总线，产生一个字节供 CPU 读取。

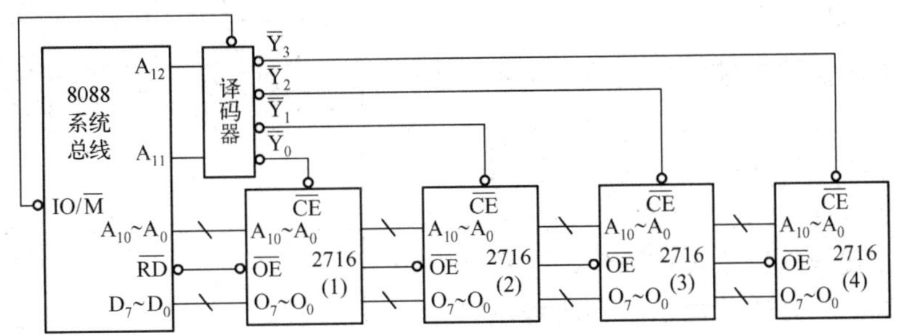

图 5.3-2 例 5.3-2 的存储器系统的硬件连接

同样，根据硬件连接，可以进一步分析出该存储器的地址分配表如表 5.3-2 所示(假设只考虑 16 位地址)。

表 5.3-2　例 5.3-2 的存储器系统的地址分配表

地址码						芯片的地址范围	对应芯片编号
A_{15}	A_{14}	A_{13}	A_{12}	A_{11}	$A_{10}A_9 \cdots A_1A_0$		
×	×	×	0	0	0 0…0 0 0 0…0 1 ⋮ 1 1…1 1	0000H 0001H ⋮ 07FFH	2716(1)
×	×	×	0	1	0 0…0 0 0 0…0 1 ⋮ 1 1…1 1	0800H 0801H ⋮ 0FFFH	2716(2)
×	×	×	1	0	0 0…0 0 0 0…0 1 ⋮ 1 1…1 1	1000H 1001H ⋮ 17FFH	2716(3)
×	×	×	1	1	0 0…0 0 0 0…0 1 ⋮ 1 1…1 1	1800H 1801H ⋮ 1FFFH	2716(4)

× 表示为任选值，在这里假设均选 0。

3. 字位同时扩展

当存储器芯片的存储单元数和 I/O 位数均不符合存储器系统的要求时，就需要用多个这样的芯片进行字位同时扩展，以满足系统的要求。

【例 5.3-3】 用 1K×4b 的 Intel 2114 芯片组成 2K×8b 的存储器系统。

分析：由于芯片的 I/O 位数为 4 位，因此首先需采用位扩展的方法，用两个芯片组成 1K×8b 的芯片组。再采用字扩展的方法来扩展存储单元数，使用两组经过上述位扩展的芯片组实现。

设计要点：每个芯片的 10 根地址线接至地址总线的 A_9～A_0，每组两个芯片的 4 根数据线分别接至数据总线的高/低 4 位。地址总线中的 A_{10}、A_{11} 经译码后的输出分别作为两组芯片的片选信号，每个芯片的 $\overline{WE}$ 直接接到控制总线的 $\overline{WR}$ 上，以实现对存储器的读/写控制。

【解答】 其硬件连接如图 5.3-3 所示。同样，根据硬件连接可以进一步分析出该存储器系统的地址分配表如表 5.3-3 所示(假设只考虑 16 位地址)。

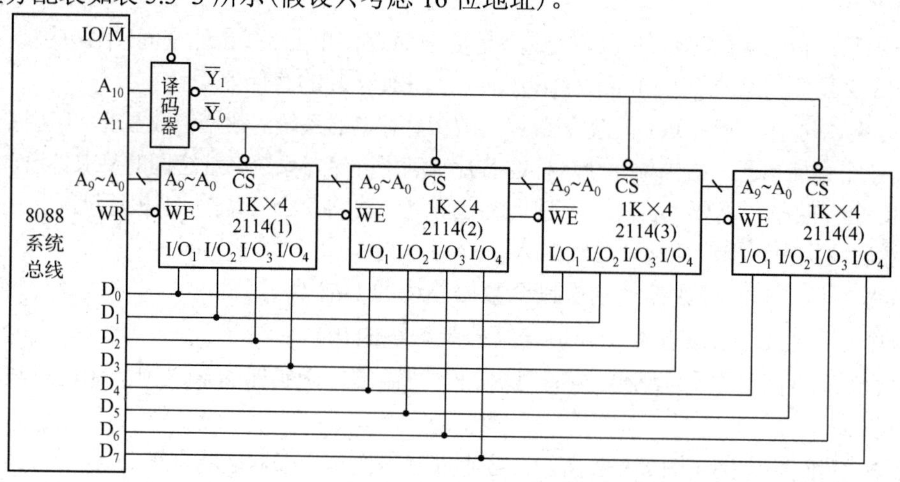

图 5.3-3　例 5.3-3 的存储器系统的硬件连接

5.3.2　存储器译码

表 5.3-3　例 5.3-3 的存储器系统的地址分配表

地址码			芯片组的地址范围	对应芯片编号
$A_{15} \cdots A_{12}$	A_{11} A_{10}	$A_9 \cdots A_0$		
× … ×	0　0	0 …0 0 …1 ⋮ 1 …1	0000H 0001H ⋮ 03FFH	2114 (1) 2114 (2)
× … ×	0　1	0 …0 0 …1 ⋮ 1 …1	0400H 0401H ⋮ 07FFH	2114 (3) 2114 (4)

×表示为任选值，在这里假设均选 0。

以上例子中所需的地址线根数并未从系统整体上考虑。在实际系统中，地址总线中的地址线根数往往要多于所需的地址线根数，这时除了用于片内寻址的低位地址线(即片内地址线)，剩余的高位地址线一般要部分或全部用于片选译码，这样就对应于不同的存储器译码方法。常用的存储器译码方法有线选法、全译码法和部分译码法。

1. 线选法

当存储器系统容量不大，所使用的存储器芯片数量不多，而 CPU 寻址空间远远大于存储器系统容量时，可用地址总线中的高位地址线直接作为存储器芯片的片选信号，每一根地址线选通一个芯片，这种方法称为线选法，其结构图如图 5.3-4 所示。

线选法的优点是连线简单，片选控制无须专门的译码电路。缺点主要有以下两点：

（1）当存在空闲地址线时，空闲地址线可随意取值 1 或 0，将导致地址重叠。

（2）整个存储器系统地址分布不连续，使可寻址范围减小。

读者可尝试分析图 5.3-4 中每个存储器芯片对应的地址范围。

2. 全译码法

全译码法指的是将地址总线中的低位地址线直接与各存储器芯片的地址线相连，而将全部高位地址线经译码后作为各存储器芯片的片选信号，其结构图如图 5.3-5 所示。

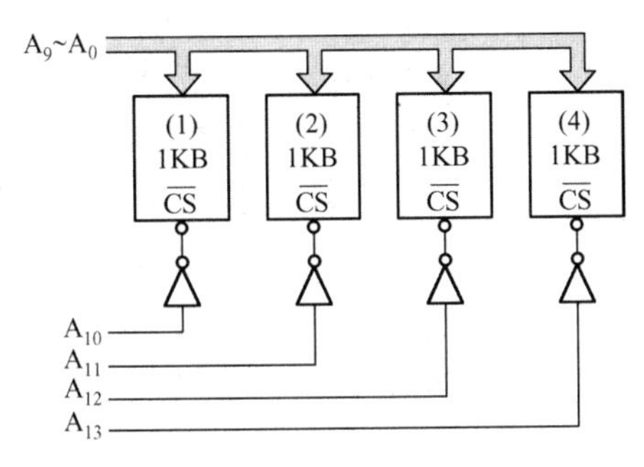

图 5.3-4　线选法结构图

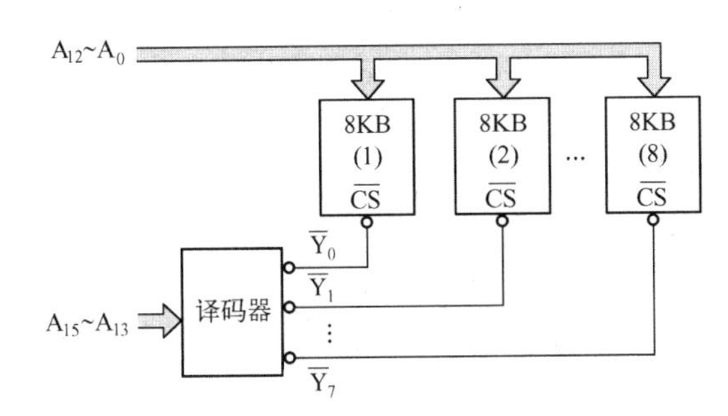

图 5.3-5　全译码法结构图

全译码法可以提供 CPU 对全部存储空间的寻址能力。当存储器系统容量小于可寻址的存储空间时，可从译码器输出线中选出连续的几根作为片选信号，多余的空闲下来，以便需要时扩充。

优点：存储器系统的地址是连续的且唯一确定的，即无地址间断和地址重叠。

缺点：译码电路比线选法复杂。

3. 部分译码法

这种方法介于线选法和全译码法之间，它将地址总线中的高位地址线的一部分进行译码，产生片选信号，其结构图如图 5.3-6 所示，常用于不需要全部存储空间的寻址能力，但采用线选法地址线又不够用的情况。部分译码法的优点是较全译码法简单，但缺点是存在地址重叠区。

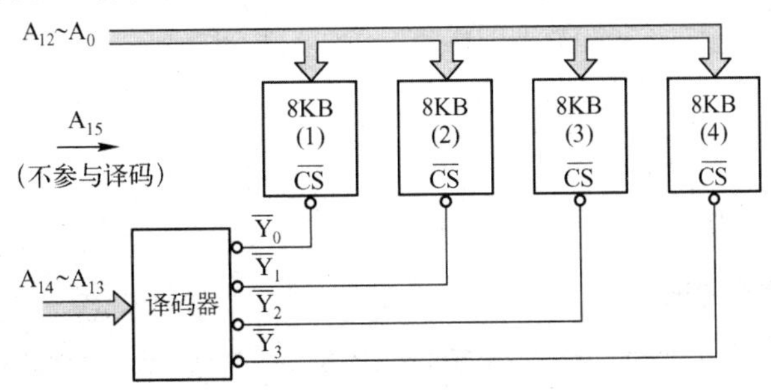

图 5.3-6　部分译码法结构图

4. 常用译码器介绍

一个容量大的存储器系统往往需要多个容量较小的存储器芯片组合扩展来实现，为了能准确无误地访问到存储器系统中的任意一个存储单元，必须先确定要访问的存储单元在哪个存储器芯片中，这个工作需要由译码电路或译码器来完成。

常见的译码器有 74LS138、74LS139、74LS155、74LS156 等，其中 74LS138 最为典型，图 5.3-7 给出了 74LS138 的引脚图。

当选通端 G_1 为高电平，另两个选通端 $\overline{G}_{2A}$ 和 $\overline{G}_{2B}$ 为低电平时，可将地址端 A、B、C 的二进制编码在一个对应的输出端以低电平译出。74LS138 引脚定义及真值表见表 5.3-4。

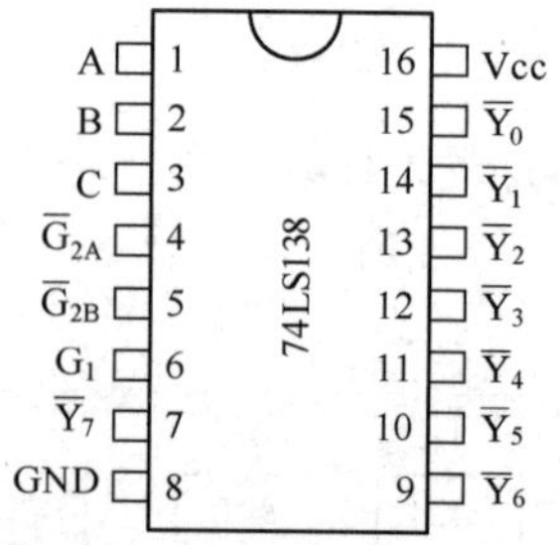

图 5.3-7　74LS138 引脚图

表 5.3-4　74LS138 引脚定义及真值表

G_1　$\overline{G}_{2A}$　$\overline{G}_{2B}$	C　B　A	输出
1　0　0	0　0　0	$\overline{Y}_0$=0，其余为 1
1　0　0	0　0　1	$\overline{Y}_1$=0，其余为 1
1　0　0	0　1　0	$\overline{Y}_2$=0，其余为 1
1　0　0	0　1　1	$\overline{Y}_3$=0，其余为 1
1　0　0	1　0　0	$\overline{Y}_4$=0，其余为 1
1　0　0	1　0　1	$\overline{Y}_5$=0，其余为 1
1　0　0	1　1　0	$\overline{Y}_6$=0，其余为 1
1　0　0	1　1　1	$\overline{Y}_7$=0，其余为 1
其他值	×　×　×	均为 1

5．应用举例

【例 5.3-4】 请将 Intel 6264 芯片(8K×8b)与 8088 连接，使其地址范围为：38000H～39FFFH 和 78000H～79FFFH。假设用 74LS138 译码器构成译码电路。

【解答】 如表 5.3-5 所示，进行地址范围分析。可知地址总线中，A_{12}～A_0 用于片内寻址，A_{18} 不参与译码，剩余的高位地址线用于片选译码。图 5.3-8 给出了一种可行的硬件连接。

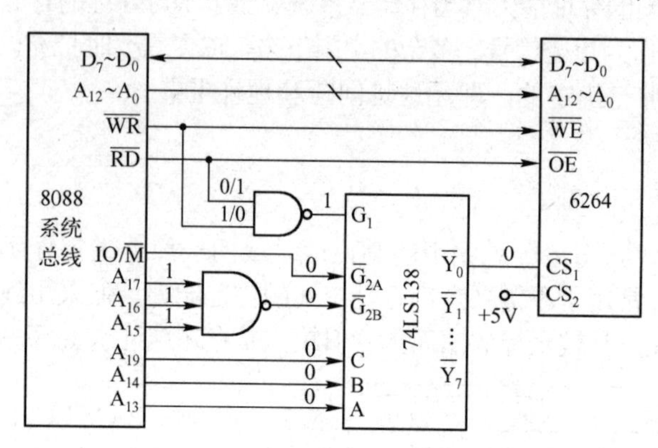

图 5.3-8　例 5.3-4 的图

表 5.3-5　6264 芯片地址分配

地址码				地址范围
A_{19}	A_{18}	$A_{17}A_{16}A_{15}A_{14}A_{13}$	$A_{12}\cdots A_0$	
0	0	1　1　1　0　0	0 ⋯ 0 ⋮ 1 ⋯ 1	38000H ⋮ 39FFFH
0	1	1　1　1　0　0	0 ⋯ 0 ⋮ 1 ⋯ 1	78000H ⋮ 79FFFH

5.3.3　案例：8086/8088 的存储器系统设计

1．8088 与存储器的连接

8088 是准 16 位的微处理器，内部寄存器和运算器为 16 位，外部数据总线宽度为 8 位，一个总线周期只能读/写 1 个字节，要进行字操作必须用 2 个总线周期，第一个周期读/写低字节，第二个周期读/写高字节。

【例 5.3-5】 要求用 8K×8b 的 Intel 2764、8K×8b 的 Intel 6264、74LS138 构成 16KB ROM（地址空间为 10000H～13FFFH）和 16KB RAM 的存储器系统（地址空间为 18000H～1BFFFH)，系统配置为 8088 最小工作模式。

分析：（1）计算芯片数量。

所需 Intel 2764 芯片数量=16KB/8KB=2；所需 Intel 6264 芯片数量=16KB/8KB=2。

（2）地址分配。

存储器系统的地址分配表如表 5.3-6 所示，地址总线中的低位地址线 A_{12}～A_0 直接与芯片的地址线 A_{12}～A_0 相连，用于片内寻址；高位地址线 A_{19}～A_{13} 用来产生片选信号，其中 $A_{19}A_{18}A_{17}A_{16}$ 接入 74LS138 的选通端，$A_{15}A_{14}A_{13}$ 接入译码器的 C、B、A，74LS138 的输出 $\overline{Y}_0$、$\overline{Y}_1$ 分别作为 ROM0 和 ROM1 的片选信号，$\overline{Y}_4$、$\overline{Y}_5$ 分别作为 RAM0 和 RAM1 的片选信号，见图 5.3-9。

表 5.3-6　例 5.3-5 存储器系统地址分配表

编号	型号	地址分配	片选地址	片内地址			
			$A_{19}A_{18}A_{17}A_{16}$ $A_{15}A_{14}A_{13}$	A_{12}	A_{11} A_{10} A_9 A_8	A_7 A_6 A_5A_4	$A_3A_2A_1A_0$
ROM0	2764	10000H～11FFFH	0 0 0 1 0 0 0	0	0000	0000	0000
			0 0 0 1 0 0 0	1	1111	1111	1111
ROM1	2764	12000H～13FFFH	0 0 0 1 0 0 1	0	0000	0000	0000
			0 0 0 1 0 0 1	1	1111	1111	1111
RAM0	6264	18000H～19FFFH	0 0 0 1 1 0 0	0	0000	0000	0000
			0 0 0 1 1 0 0	1	1111	1111	1111
RAM1	6264	1A000H～1BFFFH	0 0 0 1 1 0 1	0	0000	0000	0000
			0 0 0 1 1 0 1	1	1111	1111	1111

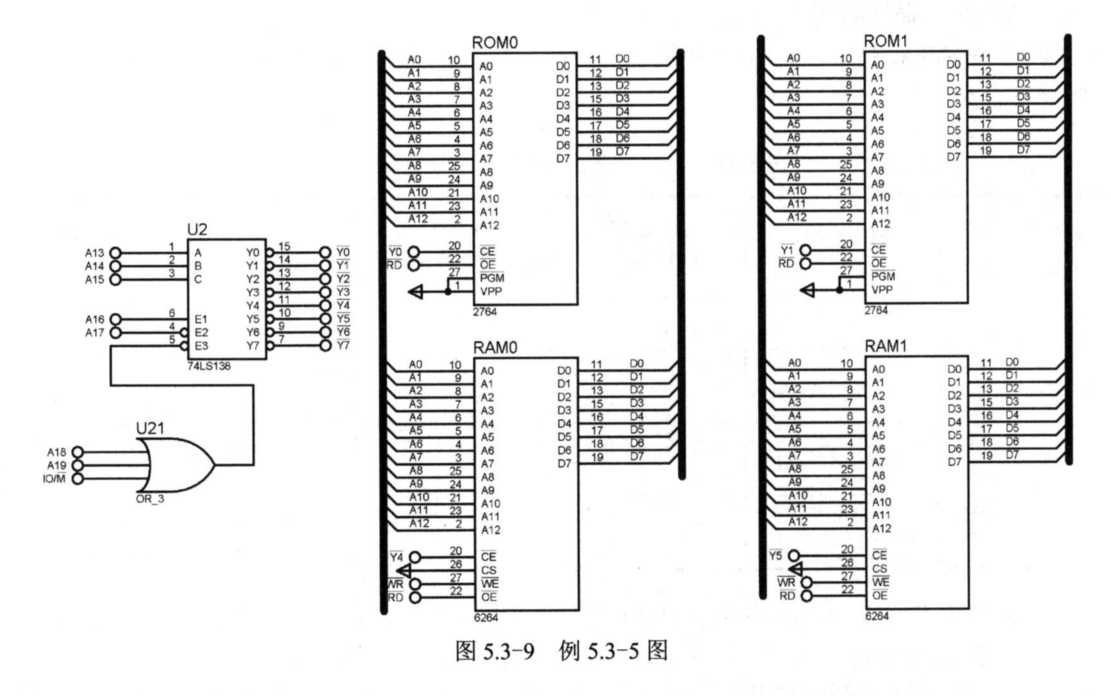

图 5.3-9　例 5.3-5 图

2．8086 与存储器的连接

8086 的外部数据总线宽度为 16 位，一次可以读/写 1 个字节或者 1 个字。8086 可寻址 1MB，其存储器系统是由 2 个 512KB 的存储体组成的，分别称为偶地址存储体和奇地址存储体。用地址总线的最低位 A_0 和 $\overline{BHE}$ 信号分别选择两个存储体。若 A_0=0，选中偶地址存储体，其数据线连接到数据总线低 8 位 D_7～D_0；$\overline{BHE}$=0 选中奇地址存储体，其数据线连接到数据总线高 8 位 D_{15}～D_8。若从偶地址读/写 1 个字，A_0 和 $\overline{BHE}$ 均为 0，2 个存储体均选中。

【例 5.3-6】 8086 工作于最小工作模式，请用 Intel 6116 (2K×8b)构成一个 8KB 的存储器系统。

分析：Intel 6116 是 2K×8b 的，必须用 4 个连接成 8KB 的存储器系统，2 个为一组。片内寻址需要 $\log_2 2K=11$ 根地址线，而 A_0 用于指示低 8 位数据总线上的数据有效(选通偶地址存储体)；$\overline{BHE}$ 用于指示高 8 位数据总线上的数据有效(选通奇地址存储体)，因此用地址总线中的 A_{11}～A_1 进行片内寻址。

【解答】 图 5.3-10 中给出了存储器连接的方法。

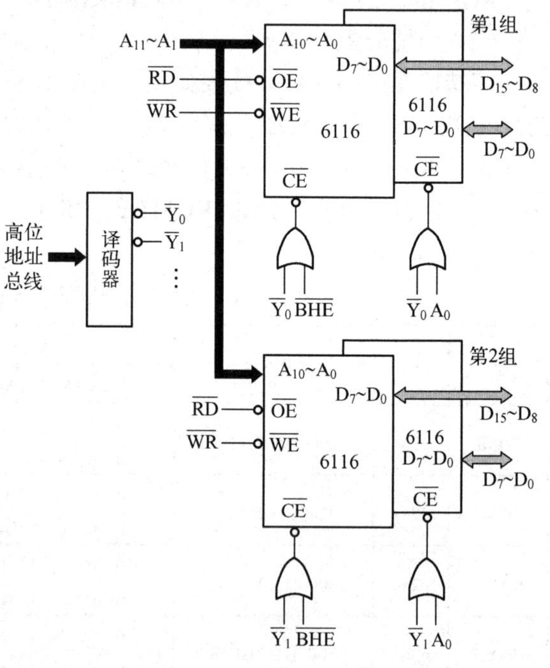

图 5.3-10 例 5.3-6 图

【例 5.3-7】 把例 5.3-5 中的 8088 替换成 8086，在其他条件不变的情况下，完成存储器系统设计，并通过程序验证数据的访问，用 Proteus 实现仿真。

分析：因为存储器系统容量相同，所以需要的存储器芯片数量与例 5.3-5 一致。因为 8086 的存储体分成奇偶两部分，地址总线中的 A_0 用于偶地址存储体的选通，A_{13}～A_1 用于片内寻址，其中 $A_{19}A_{18}A_{17}$ 接入 74LS138 的选通端，$A_{16}A_{15}A_{14}$ 接入 C、B、A 端，存储器系统地址分配表见表 5.3-7。

表 5.3-7 例 5.3-7 的存储器系统地址分配表

编号	型号	地址分配	片选地址		片内地址				A_0
			$A_{19}A_{18}A_{17}A_{16}$	$A_{15}A_{14}$	$A_{13}A_{12}$	$A_{11}A_{10}A_9A_8$	$A_7A_6A_5A_4$	$A_3A_2A_1$	
ROM0	2732	10000H～13FFEH	0 0 0 1	0 0	0 0	0000	0000	000	0
	(偶)		0 0 0 1	0 0	1 1	1111	1111	111	0
ROM1	2732	10001H～13FFFH	0 0 0 1	0 0	0 0	0000	0000	000	1
	(奇)		0 0 0 1	0 0	1 1	1111	1111	111	1
RAM0	6264	18000H～1BFFEH	0 0 0 1	1 0	0 0	0000	0000	000	0
	(偶)		0 0 0 1	1 0	1 1	1111	1111	111	0
RAM1	6264	18001H～1BFFFH	0 0 0 1	1 0	0 0	0000	0000	000	1
	(奇)		0 0 0 1	1 0	1 1	1111	1111	111	1

74LS138 输出的 $\overline{Y}_4$ 和 A_0 作为 ROM0 的片选信号、$\overline{Y}_4$ 和 $\overline{BHE}$ 作为 ROM1 的片选信号，$\overline{Y}_6$ 和 A_0 作为 RAM0 的片选信号、$\overline{Y}_6$ 和 $\overline{BHE}$ 作为 RAM1 的片选信号。

【解答】 根据以上分析绘制出图 5.3-11 所示电路，图中最小系统仿真电路部分未给出，详见 2.6 节。

编写程序 5.3-1 加载到 Proteus 仿真环境，实现向 RAM 中写入 16 字节的数据 01H～10H。

【程序 5.3-1】

```
CODE    SEGMENT
        ASSUME CS:CODE
START:  MOV    AX, 1800H
        MOV    DS, AX
        MOV    DS:[0], AX          ;少了这条语句，仿真时第 1 个字节的写入有问题，
```

```
                                  ;具体写入的内容无所谓
        MOV    BX, 0
        MOV    CX, 16
        MOV    AL, 01H
NEXT:   MOV    [BX], AL
        INC    AL
        INC    BX
        LOOP   NEXT
ENDLESS:
        JMP    ENDLESS
CODE    ENDS
        END    START
```

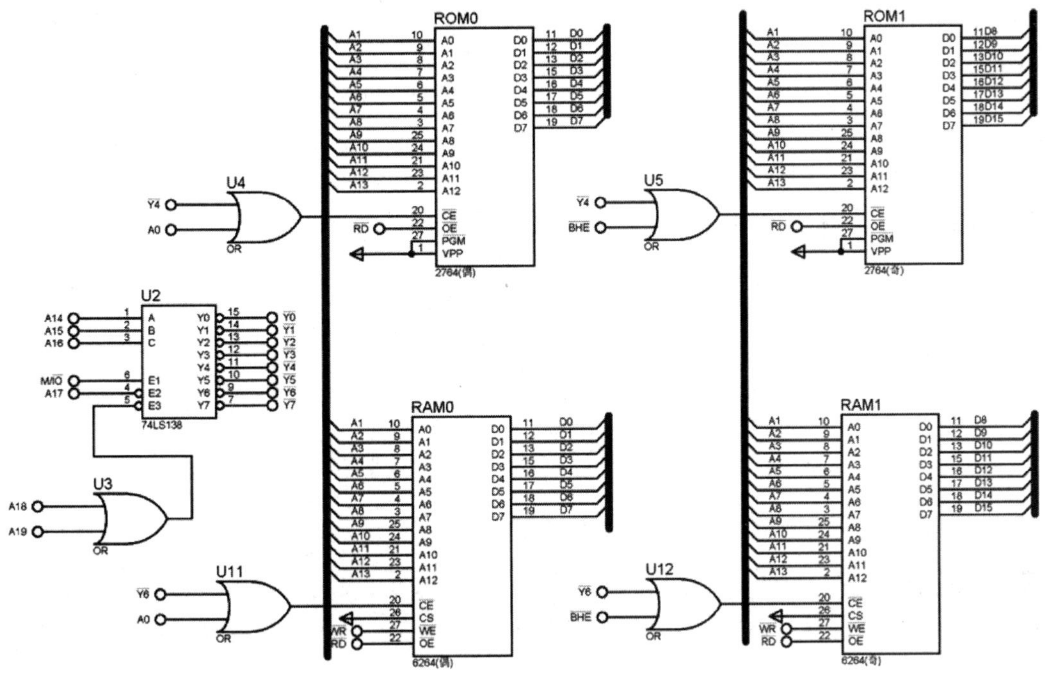

图 5.3-11　例 5.3-7 图

运行仿真后在调试模式下可以观察到 RAM0 和 RAM1 中写入的数据如图 5.3-12 所示，其中 RAM0（偶地址存储体）中存储的是 01H，03H，…，0FH 共 8 个奇数，RAM1（奇地址存储体）中存储的是 02H，04H，…，10H 共 8 个偶数，仿真方法详见 14.2.1 节。

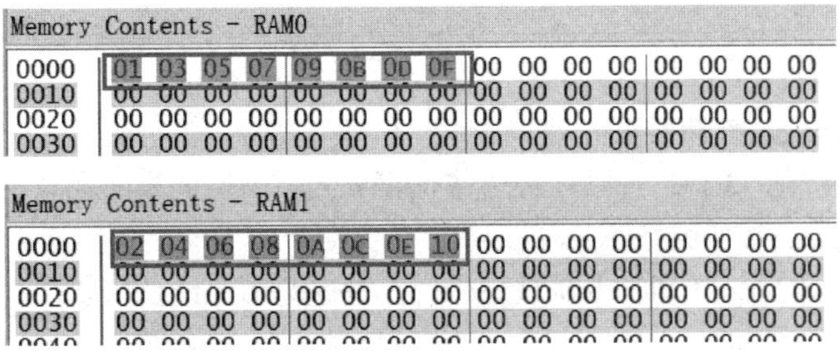

```
Memory Contents - RAM0
0000 | 01 03 05 07 | 09 0B 0D 0F | 00 00 00 00 | 00 00 00 00
0010 | 00 00 00 00 | 00 00 00 00 | 00 00 00 00 | 00 00 00 00
0020 | 00 00 00 00 | 00 00 00 00 | 00 00 00 00 | 00 00 00 00
0030 | 00 00 00 00 | 00 00 00 00 | 00 00 00 00 | 00 00 00 00

Memory Contents - RAM1
0000 | 02 04 06 08 | 0A 0C 0E 10 | 00 00 00 00 | 00 00 00 00
0010 | 00 00 00 00 | 00 00 00 00 | 00 00 00 00 | 00 00 00 00
0020 | 00 00 00 00 | 00 00 00 00 | 00 00 00 00 | 00 00 00 00
0030 | 00 00 00 00 | 00 00 00 00 | 00 00 00 00 | 00 00 00 00
```

图 5.3-12　RAM0 和 RAM1 中存储的数据

练习题 3

5.3-1　若用 16K×1b 的 SRAM 芯片组成一个 64K×8b 的存储器系统，需要______个芯片，片内寻址需要_______根地址线，片选需要_______根地址线。

5.3-2 现有 16K×1b 的 SRAM 芯片，欲组成 128K×8b 的存储器系统，需要________片这样的芯片，需组成______组芯片，这属于_______扩展，用于片内地址选择的地址线需要________根，至少需要__________根地址线进行译码来实现不同芯片组的选择。

5.3-3 74LS138 有_______根译码输入线，将产生________个译码输出信号。

5.3-4 地址范围为 64000H～6FFFFH 的存储器系统是由 8K×8b RAM 芯片构成的，该芯片需要（　　）个。

A．8　　B．6　　C．10　　D．12

5.3-5 采用部分译码法，若地址总线中有 2 根高位地址线不参与片选译码，则将有（　　）个存储空间发生重叠。

A．1　　B．2　　C．4　　D．8

5.3-6 一台 8 位微机的地址总线为 16 根，其存储器容量为 32KB，起始地址为 4000H，问可用的最高地址是多少？

5.3-7 为 8088 微机系统设计一容量为 8K×8b 的存储器系统，起始地址空间(无地址重叠)为 8000H，提供的芯片为：74LS138、Intel 6264。请完成下列两个任务：

（1）简要说明设计工作原理。

（2）补全图 5.3-13 所示全译码法的电路，可适当添加所需电路或芯片。

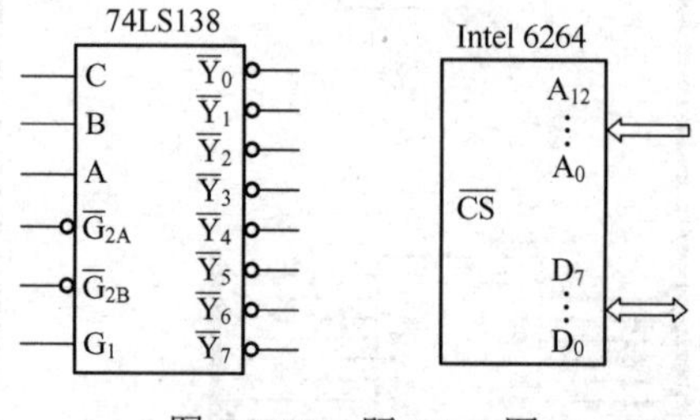

图 5.3-13　题 5.3-7 图

5.3-8 要求用 4K×8b 的 Intel 2732、8K×8b 的 Intel 6264、74LS138 构成 16KB ROM（地址空间为 10000H～13FFFH）和 16KB RAM 的存储器系统（地址空间为 14000H～17FFFH)，系统配置为 8088 最小工作模式，请画出电路连接。

5.4　本章学习指导

5.4.1　本章主要内容

1．存储器的分类

按存取速度和作用，存储器可分为：

- 主存储器(内存)：CPU 可以直接访问，存放当前使用的程序和数据，存取速度较快，具有一定容量、每位价格高。
- 辅助存储器(外存)：CPU 不能直接访问，存放当前不活跃的程序和数据，容量大、速度慢、单位价格低。
- Cache 存储器(高速缓存)：用于在两个不同工作速度的部件之间起缓冲作用，如 CPU 和内存，其存取速度高于内存，容量小，每位价格高。

内存均采用半导体存储器，按存取方式分为随机读/写存储器(RAM)和只读存储器(ROM)。RAM 掉电信息丢失，ROM 即使掉电，信息也不会丢失。表 5.4-1 所示为半导体存储器的分类及应用。

表 5.4-1 半导体存储器分类及应用

分类			应用
半导体存储器	RAM	SRAM	Cache
		DRAM	计算机主存储器
	ROM	ROM	存储固定的程序，系统的管理监控程序、数据表等
		PROM	存储用户自编程序，用于工业控制机或电器
		EPROM	存储用户编写并可修改的程序或测试程序
		E^2PROM	存储 BIOS 配置文件、嵌入式设备的配置等
		Flash Memory	固态硬盘、SD 卡等

2．存储器的主要性能指标

（1）存储容量。存储器芯片的容量 = 存储单元数×位数，即 $2^m \times N$b，其中 m 是芯片的地址线根数，N 是芯片的数据线根数(I/O 位数)。无论计算机字长是多少位，存储器容量总是以字节(8 位)为单位的。

（2）存取时间。启动一次存储器操作到完成该操作所需的时间。

3．CPU 与存储器连接

主要解决如何用存储单元数少、I/O 位数少的存储器芯片构成符合容量要求的存储器系统的问题，具体步骤如下：

（1）芯片选择：确定存储器芯片的类型和数量。

（2）地址分配：列出每个存储器芯片占用的地址范围和地址分配表。

（3）地址译码：根据地址分配表找出规律，设计地址译码电路。

（4）存储器与 CPU 的连接：包括数据总线 DB、地址总线 AB、控制总线 CB。

注意 8086 和 8088 系统存储器接口的区别：8086 系统分为奇地址存储体和偶地址存储体，有 16 根数据总线 D_{15}～D_0，需要连接 $\overline{BHE}$ 和 A_0；而 8088 不分奇地址存储体和偶地址存储体，只有 8 根数据总线 D_7～D_0，没有 $\overline{BHE}$ 引脚。

5.4.2 典型例题

【例 5.4-1】 设有一个具有 14 位地址和 8 位字长的存储器，问：

（1）该存储器能存储多少字节的信息？

（2）如果存储器由 1K×1b 的静态 RAM 芯片组成，需多少个芯片？

（3）需要多少根地址线来选择芯片？

（4）改用 4K×4b 的芯片，试画出与总线的硬件连接（假设与 8 位 CPU 连接）。

【解答】 （1）已知存储器的地址是 14 位的，所以存储单元数为 2^{14} 个，字长是 8 位，所以能存储 2^{14}=16KB 信息。

（2）因为采用 1K×1b 的芯片，所以一个芯片组需要由 8 个芯片(位扩展)，需要的芯片组数是 16K/1K=16 组(字扩展)，共需要芯片 8×16=128 个。

（3）对于每个芯片需要片内寻址的地址线为 $\log_2 1K=10$ 根，用于芯片组选择的片选地址线为 $\log_2 16=4$ 根。

（4）改用 4K×4b 的芯片，需要 2 个为一组，分成 16K/4K=4 组，共 2×4=8 个。

其中片内寻址的地址线为 $\log_2 4K=12$ 根，使用地址总线中的低位地址线 A_{11}～A_0；片选地址线为 $\log_2 4=2$ 根，使用高位地址线 A_{13}～A_{12}，见图 5.4-1。

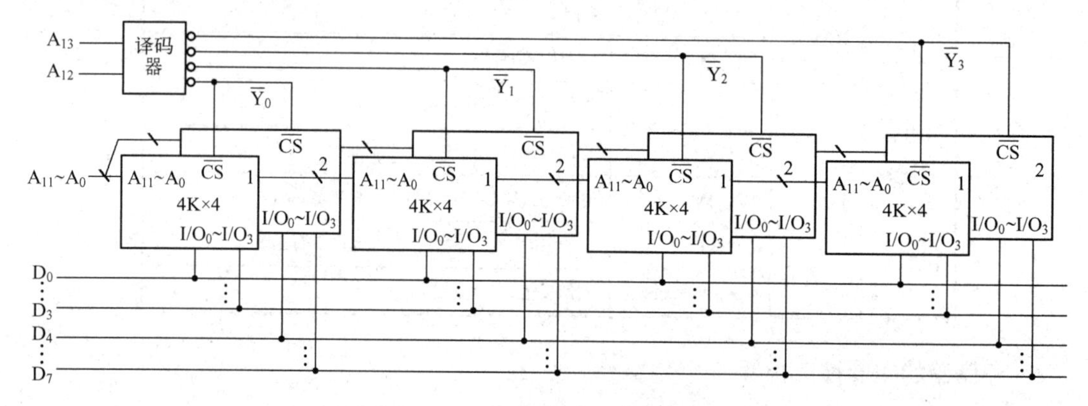

图 5.4-1　例 5.4-1 的硬件连接图

【例 5.4-2】 8086 为最小工作模式，利用 4K × 8b 的 Intel 2732 和 2K × 8b 的 Intel 6116 以及 74LS138，构成一个 16KB 的 ROM（从 F0000H 开始）和 8KB 的 RAM（从 C0000H 开始）。画出硬件连接图，写出 ROM 和 RAM 的地址范围。

分析：（1）芯片选择。系统设计要求 ROM 为 16KB，由于 Intel 2732 的容量是 4K×8b，所以需要 4 个。同理 Intel 6116 也需要 4 个。

（2）地址分配。根据选择的芯片进行地址分配，地址总线的最低位 A_0 单独列出，和 $\overline{BHE}$ 分别作为偶地址存储体和奇地址存储体的选择信号之一。由于选择的芯片分别是 4KB 和 2KB 的，用于片内寻址的地址线分别是 12 根和 11 根，因此地址总线中的 A_{12}～A_1 作为片内寻址线与 4KB 的 ROM 芯片的地址引脚连接；A_{11}～A_1 作为片内寻址线与 2KB 的 RAM 芯片的地址引脚连接。这样产生片选信号的就应该是地址总线中的 A_{19}～A_{13}。根据题目要求分配给 ROM 和 RAM 的地址分别从 F0000H 和 C0000H 开始，填写地址分配表，见表 5.4-2。

（3）根据表 5.4-2，ROM 寻址范围是 F0000H～F3FFFH，RAM 寻址范围是 C0000H～C1FFFH。

（4）由表 5.4-2 可知，A_{19}～A_{13} 中发生变化的是 A_{17}、A_{16} 和 A_{13}，因此将这 3 根地址线与 74LS138 的 C、B、A 连接，得到表 5.4-3 所示的芯片与译码器输出关系。不发生变化的 A_{19}、A_{18}、A_{15} 和 A_{14} 与 74LS138 的选通端连接。由于是访问存储器，所以令 $M/\overline{IO}$ 为高电平。而 A_{12} 参与 RAM 芯片 RAM0 和 RAM1 的片选。

根据以上分析得到图 5.4-2 所示的硬件连接。

表 5.4-2　地址分配表

	A_{19}	A_{18}	A_{17}	A_{16}	A_{15}	A_{14}	A_{13}	A_{12}	A_{11}	…	A_1	A_0	备注
ROM0	1	1	1	1	0	0	0	0	0	…	0	0	片内寻址
	1	1	1	1	0	0	0	1	1	…	1	1	
ROM1	1	1	1	1	0	0	1	0	0	…	0	0	
	1	1	1	1	0	0	1	1	1	…	1	1	
RAM0	1	1	0	0	0	0	0	0	0	…	0	0	
	1	1	0	0	0	0	0	0	1	…	1	1	
RAM1	1	1	0	0	0	0	0	1	0	…	0	0	
	1	1	0	0	0	0	0	1	1	…	1	1	

表 5.4-3　芯片与译码器输出关系

	A_{17}	A_{16}	A_{13}	输出
	C	B	A	
ROM0	1	1	0	$\overline{Y_6}$
	1	1	0	
ROM1	1	1	1	$\overline{Y_7}$
	1	1	1	
RAM0	0	0	0	$\overline{Y_0}$
	0	0	0	
RAM1	0	0	0	$\overline{Y_0}$
	0	0	0	

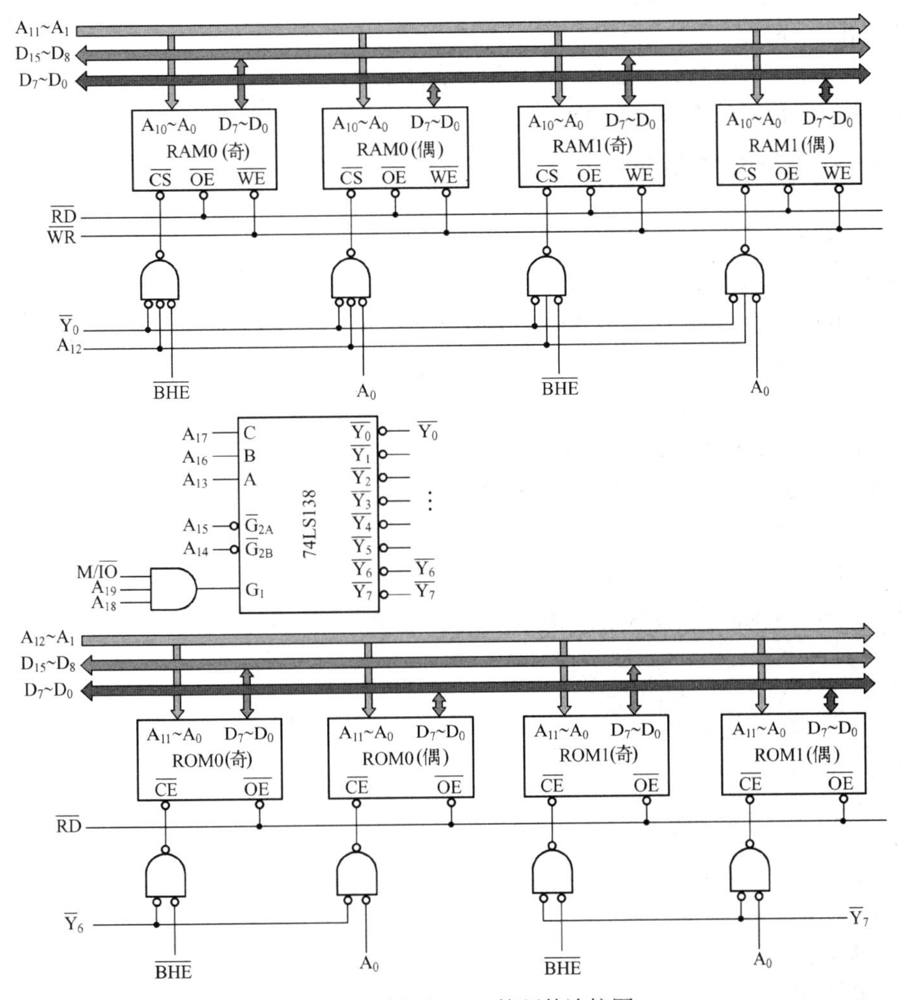

图 5.4-2　例题 5.4-2 的硬件连接图

【例 5.4-3】 Intel 2732 芯片的译码电路如图 5.4-3 所示。

（1）计算芯片的存储容量；（2）给出芯片的地址范围；（3）是否存在地址重叠区?

【解答】 （1）存储容量是 4KB。

（2）芯片的地址范围是 08000H～09FFFH，地址分析见表 5.4-4。

（3）存在地址重叠区，如上分析可知：08000H～08FFFH，09000H～09FFFH 是重叠的，每个存储单元有 2 个地址，分别在以上两段地址空间内。

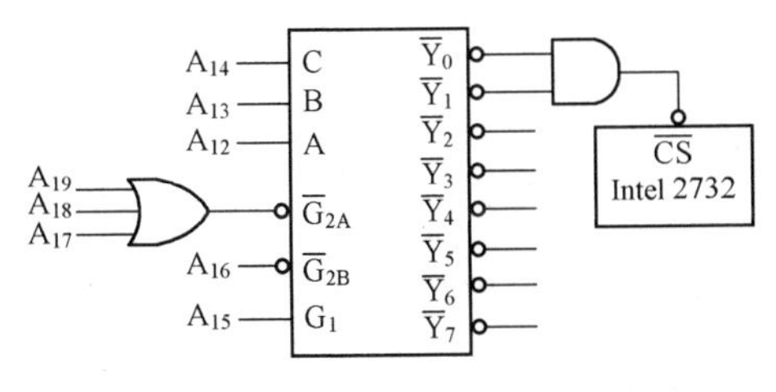

图 5.4-3　Intel 2732 芯片的译码电路

表 5.4-4　例 5.4-3 的地址分析

	$A_{19}\ A_{18}\ A_{17}\ A_{16}\ A_{15}\ A_{14}\ A_{13}\ A_{12}$	A_{11}~A_0	地址
$\overline{Y_0}$	0　0　0　0　1　0　0　0	0 ～ 0	08000H
		1 ～ 1	08FFFH
$\overline{Y_1}$	0　0　0　0　1　0　0　1	0 ～ 0	09000H
		1 ～ 1	09FFFH

本章习题

5-1　在某个微机系统中，试用 Intel 2716 芯片扩展出一个 4K×8b 的 ROM。要求起始地址为 8000H，译码器采用 74LS138，导线和门电路若干。

（1）共需几个 Intel 2716？

（2）分别画出其与 8088 和 8086 的硬件连接图，确定各芯片的地址范围。

（3）根据硬件连接图确定有无地址重叠，为什么？

5-2 Intel 2716 芯片的译码电路如图 5.6-4 所示，请计算该芯片的地址范围。

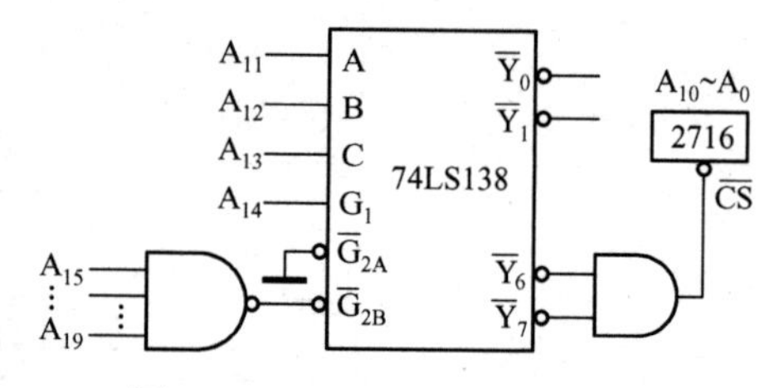

图 5.6-4　2716 芯片的译码电路

5-3 试画出容量为 2K×8b RAM 的硬件连接图(CPU 用 8088，RAM 用 Intel 2114，RAM 地址范围为 0800H～0FFFH)。

5-4 采用 Intel 62256 存储器芯片设计一个 8086 微机系统的 RAM 扩展电路，要求：容量为 64KB 字，地址从 10000H 开始。

5-5 试以 8088 为 CPU 的系统设计存储器系统，要求用 64K×8b 的 ROM 芯片组成起始地址为 00000H 的 128K×8b ROM，用 128K×8b 的 RAM 芯片构成起始地址为 20000H 的 512K×8b RAM，画出该存储系统的硬件连接图。

5-6 要求用 Intel 2732、Intel 6264、74LS138 构成 16KB ROM（地址空间为 10000H～13FFFH）和 16KB RAM 的存储器系统（地址范围为 14000H～17FFFH），系统配置为 8086 最小工作模式，请画出硬件连接图。

接口篇

微机接口技术是采用硬件与软件相结合的方法，使 CPU 与外部设备（简称外设）进行最佳的匹配，实现 CPU 与外设之间高效可靠地交换信息的一门技术，是微机应用系统设计的关键。

本篇以简易交通灯控制系统和自动气象站的设计为案例，分别介绍简单 I/O 接口、8255A、8259A、8253、8251A 等接口芯片的功能、结构、编程和应用设计，系统讨论了模数转换器（A/D 转换器）和数模转换器（D/A 转换器）的转换原理、接口方法。在分步学习与设计的基础上，采用集成方法完成一个基本的自动气象站系统设计。采用迭代和拓展的方式，逐步升级简易交通灯控制系统，并进行仿真。本篇在学习各类常用接口芯片的基本功能和特点的基础上，侧重于应用（如不追究自动气象站设计中的具体气象问题），重点关注芯片的学习与微机应用系统的设计。

1. 简易交通灯控制系统

交通灯控制系统是日常生活中常见的一类应用系统，一般由红黄绿三色信号灯和用于倒计时显示的数码管等构成，有的还带转向指示。本篇以 1 个十字路口的简易交通灯控制系统为例(其信号灯分布示意图见图 1)，逐步完善其功能。

（1）各方向三色信号灯的切换：信号灯可以由简单的输出接口芯片，如 74LS373 来控制发光二极管实现（第 6 章），也可以由 8255A（第 7 章）来控制。

（2）信号灯切换的时间：可以通过编写延时子程序来控制，也可以由 8253 实现更精准的定时（第 9 章）。

（3）路口紧急情况的处理：用非屏蔽中断，或者由 8259A 管理可屏蔽中断来模拟（第 8 章）。

（4）倒计时：用数码管静态显示（第 6 章），加上 8253A 产生定时中断信号（第 9 章），触发周期性的中断请求（第 8 章），在中断服务程序中更新数码管的显示和信号灯的切换。

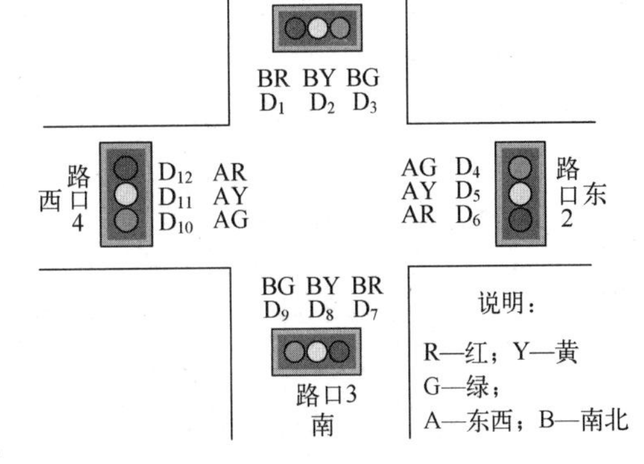

图 1 信号灯分布示意图

（5）周期性的中断请求和紧急情况触发的中断请求同时产生时，考虑中断的优先级管理（第 8 章）。

（6）把当前的通行信息通过 8251A 以串行通信方式发送到上位机或接收端（第 10 章），方便管理者或者用户做决策。

本篇将从最简单的情况出发，每学习一个新的章节后，使用新的知识点对简易交通灯控制系统进行改进，最终实现以上 6 个功能，并在 Proteus 环境下进行仿真。

2. 自动气象站

自动气象站是一种能自动观测和存储气象观测数据的设备，主要由传感器、采集器、通信接口、系统电源等组成。随着气象要素值的变化，各传感器的感应元件输出的电量将产生变化，这种变化量被 CPU 实时控制的数据采集器所采集，经过线性化和量化处理，实现工程量到要素量的转换，再对数据进行筛选，得出各个气象要素值。自动气象站观测要素主要包括风速、风向、降雨量、气压、温度、湿度、太阳辐射强度等，经扩充后还可测量其他要素，一般每分钟采集并存储一组观测数据。为了实现组网和远程监控，往往还需配置无线通信功能和远程监控软件(本系统不讨论)，将自动气象站与中心站通过有线或无线连接形成自动气象观测系统。

自动气象站应实现以下功能：

（1）瞬时风速和降雨量的测量。风速传感器和翻斗式雨量传感器的输出都是脉冲信号，一般瞬时风速 $V=a+bf$，其中 a 为常数(起动风速)，b 为系数(与传感器有关)，f 为单位时间内的脉冲数；翻斗式雨量传感器某时段的降雨量计算公式为 $P=kN$，其中 N 为该时段内传感器输出脉冲的个数，k 为系数(翻斗的容积与雨量计桶的横截面积的比值)。要实现瞬时风速和降雨量的测量均需要实现对脉冲的计数和定时，8253（第 9 章）能满足计数和定时的要求，配以软件就可以求得瞬时风速和降雨量等。

（2）风向测量。风向传感器输出的是数字量，通过扩展 8255A（第 7 章）并配以软件就可以直接获取风向信息。

（3）温度、湿度、气压和太阳辐射强度的测量。温度、湿度、气压和辐射传感器的输出均为模拟量，要通过模数转换后才能被计算机读取。ADC0809（第 11 章）可以实现多通道模拟量到数字量的转换。

（4）数据上传。自动气象站采集的数据需要上传至与中心站连网的计算机（简称上位机），利用 8251A（第 10 章）的串行通信功能，再通过电平转换，可以实现与计算机的 RS-232C 接口的连接，借助通信程序就可以完成自动气象站到上位机的数据上传或接收上位机下达的指令。

（5）人机接口。自动气象站还具有键盘输入和 LED 显示功能，通过 8255A（第 7 章），再配以软件，就可以完成自动气象站所需要的人机接口功能。

（6）中断管理。自动气象站系统中的 8253、ADC0809 和键盘都涉及中断问题，有多个中断源需要管理，8259A（第 8 章）能够很好地管理这些中断。

应用 8086 最小工作模式，通过扩展 8253、8255A、8251A、8259A，以及 ADC0809 构成的自动气象站的原理框图如图 2 所示。

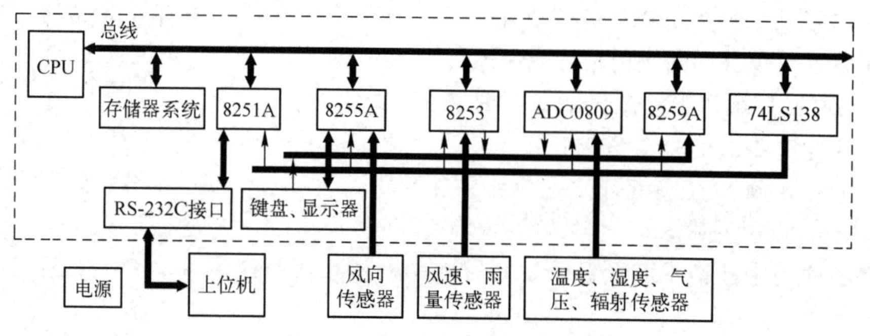

图 2　自动气象站的原理框图

实现简易交通灯控制系统和自动气象站功能的设计方案很多，本教材给出的系统并不是最佳应用设计，只是学习各种接口芯片的导入案例，通过案例的导入有助于学习接口芯片以及微机应用系统的设计。

第6章 I/O接口技术

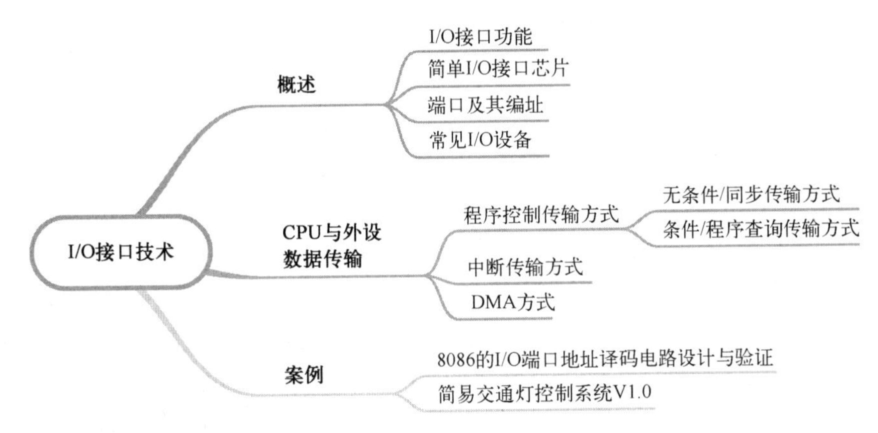

在一个微机系统中，除了负责解释执行指令、实现运算处理的 CPU 子系统和负责信息存储的存储器子系统，还需要有输入/输出(I/O)子系统。

如图 6.0-1 的微机系统接口框图所示，各类外设和存储器都是通过各自的接口连接到系统总线上的。用户根据应用要求选用不同的外设，因此要设计相应的接口电路，把它们连接到系统总线上，以构成不同类型、不同规模的应用系统。

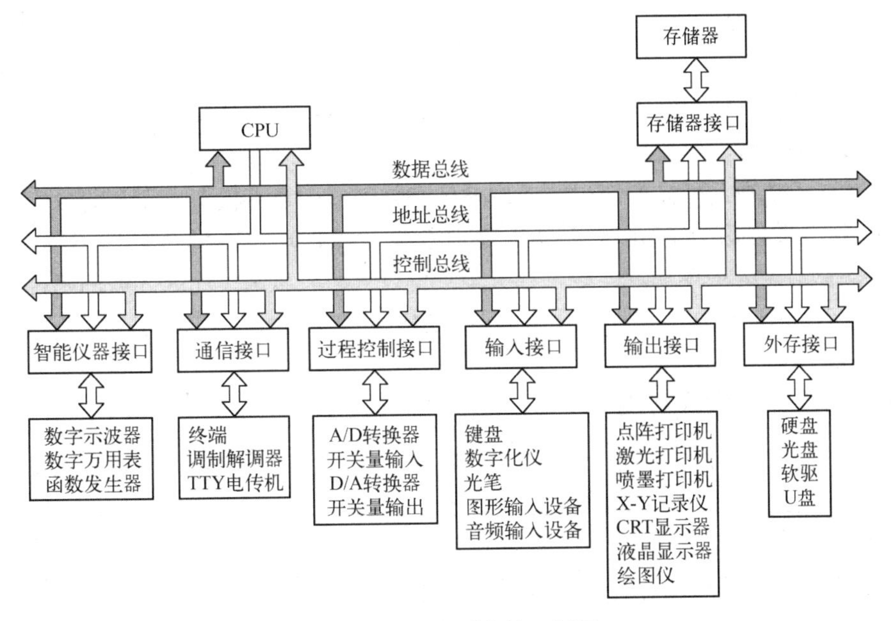

图 6.0-1 微机系统接口框图

通常，存储器是在 CPU 的控制下同步工作的，故存储器接口电路及其控制机构比较简单。而外设种类繁多，有机电式、电子式、电磁式、光电式等，这些设备速度各异，繁简差异很大。就常用的外设而言，既有慢到秒级的键盘输入设备，也有快到微秒级的磁盘输入设备；大到一台数控加工中心，小到一个发光二极管。因此 I/O 接口电路各异，复杂程度相差悬殊。所以，接口技术的研究对象一般指 I/O 接口。

为了使微型计算机适应这种不同和应用要求，相应地有不同的 I/O 方式。一般微型计算机都支持以下 3 种方式：程序控制传输方式、中断传输方式和直接存储器存取(简称 DMA)方式。不同的I/O方式不仅影响CPU与接口的连接，还涉及软件设计中不同I/O程序的编写。

本章将从I/O接口入手，提出端口的概念，在此基础上讨论I/O方式及其接口原理，I/O程序的基本编写方法。

6.1 I/O接口概述

图6.0-1中I/O接口一侧和CPU相连，另一侧和外设相连。外设为什么不能直接和CPU连接？一个接口应该具有怎样的功能？下面将把这两个问题结合起来讨论。

6.1.1 接口的功能

（1）地址识别，即地址译码。一个微机系统包含多台外设，一个外设往往要与CPU交换几种不同信息，因而一个接口内通常包含若干个端口，任意时刻CPU只能访问其中一个端口，每个端口必须有各自的地址便于CPU访问，所以接口电路中要有译码电路，即有地址识别(寻址)功能。

（2）提供CPU和外设的缓冲、暂存能力，满足时序要求。CPU和外设通常是按照各自独立的时序工作的，而外设的速度差异又很大，因此两者之间无法直接进行信息交换，必须通过接口来缓冲、暂存。经常使用锁存器和缓冲器，配以适当的联络信号线以实现此功能。

（3）数据格式转换。当CPU和一个串行设备通信时，串行设备只能以串行方式接收和发送信息，而CPU一般以并行方式进行信息的传输，因此必须进行并串和串并转换，这也要靠接口来完成。

（4）电平转换。微机中的串行接口采用RS-232C标准，而有些串行设备采用TTL电平标准，两者无法直接连接，中间必须再加接口。

（5）信号形式转换。外设所使用的信息不仅有数字量，还有模拟量和开关量，而微型计算机只能处理数字量。因此需要由模拟量到数字量（A/D）的转换接口、数字量到模拟量（D/A）的转换接口来完成此功能。至于开关量，可以有两种状态，比如开关的闭合和断开，也要被转换成用0或者1表示的数字量后，才能被微机识别或者接受其控制。

6.1.2 简单I/O接口芯片

由前所述，I/O接口是外设和CPU之间传输信息的交接部件，每一个外设都要通过I/O接口才能和CPU相连。这里先介绍几种简单的I/O接口芯片，后面几章将重点讨论几种常用的可编程接口芯片的工作原理、编程方法以及与CPU和外设的连接问题。

最常用的简单I/O接口芯片有缓冲器和锁存器。

1. 74LS244

74LS244是一种单向的8路数据缓冲器，其引脚图如图6.1-1所示。74LS244的内部有8个三态驱动器，分成两组，每组4个输入/输出端，分别由控制端$\overline{1G}$和$\overline{2G}$控制。当$\overline{1G}$为低电平时，数据从$1A_1$～$1A_4$传输到$1Y_1$～$1Y_4$；$\overline{2G}$为低电平时，数据从$2A_1$～$2A_4$传输到$2Y_1$～$2Y_4$。$\overline{1G}$和$\overline{2G}$为高电平时，输出呈高阻状态。用于8位数据总线时，可以把$\overline{1G}$和$\overline{2G}$并联由一个片选信号控制。74LS244常用来构成外设的输入数据端口，这时它的输入端A和外设的数据线相连，而输出端Y并接至CPU的数据总线上。74LS244的数据传输是单向的，只能从A端到Y端。如果要进行双向数据传输，可选用74LS245。

2. 74LS245

74LS245 是一种 8 位的三态双向数据缓冲器，其引脚图见图 6.1-2。控制信号包括：低电平有效的门控输入 $\overline{G}$ 和方向控制 DIR。当 $\overline{G}$ 为低电平时，若 DIR 为高电平，数据传输从 A 端到 B 端；若 DIR 为低电平，数据传输从 B 端到 A 端。74LS245 在 8086 最小和最大工作模式下可用作双向数据总线收发器。

3. 74LS373

锁存器具有暂存数据的能力，能在数据传输过程中将数据锁存住，之后在输出控制信号的作用下，将数据送出去。

74LS373 是一款常用的 8 位三态输出锁存器，可直接挂接到总线上，用作地址锁存器。

它由 8 个并行的、带三态缓冲输出的 D 触发器构成，其引脚图如图 6.1-3 所示。它有 2 个控制引脚：三态允许控制 $\overline{OE}$ 和锁存允许 LE。如表 6.1-1 所示，当 $\overline{OE}$ 为低电平且 LE 为高电平时，输出 Q 随数据 D 而变，可用来驱动负载或总线；若 $\overline{OE}$ 为低电平，而 LE 从高电平变成低电平，输出 Q 将是前面锁存的数据 D，这时 D 的任何变化都不影响输出。当 $\overline{OE}$ 为高电平时，Q 呈高阻态，既不驱动总线，也不为总线的负载。

表 6.1-1 74LS373 真值表

$\overline{OE}$	LE	D	Q
0	1	1	1
0	1	0	0
0	0	×	锁存
1	×	×	高阻态

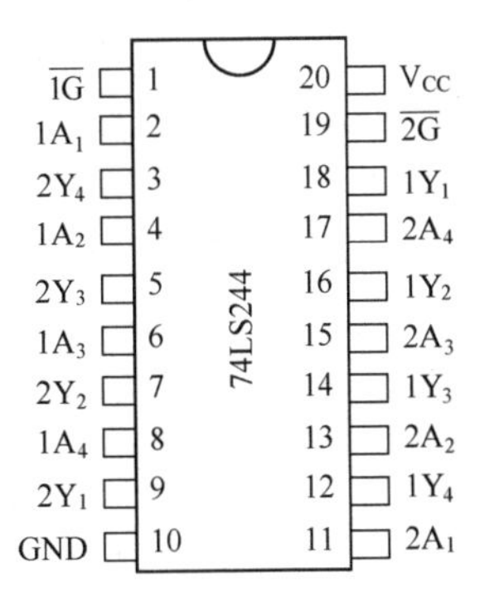

图 6.1-1 74LS244 引脚图

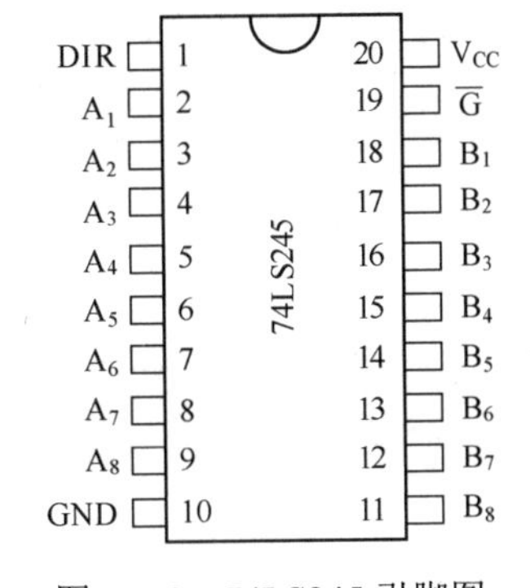

图 6.1-2 74LS245 引脚图

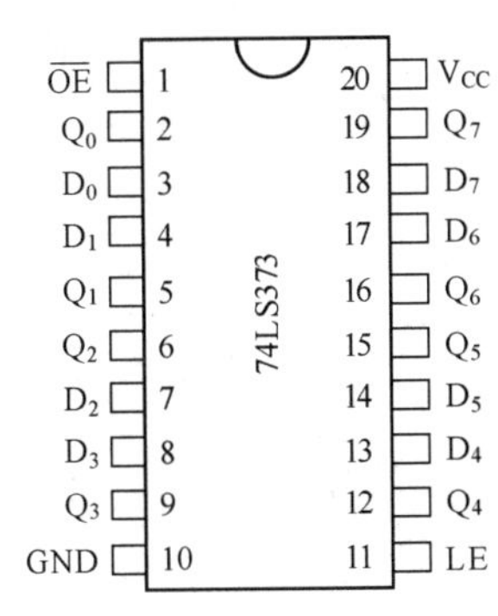

图 6.1-3 74LS373 引脚图

6.1.3 常见 I/O 设备

CPU 要实现与外界的数据交换，I/O 设备是必不可少的，本节介绍最常见的 I/O 设备，在后面的章节中将经常使用。

1. 发光二极管

发光二极管与接口芯片 I/O 引脚的连接，可以采用低电平驱动和高电平驱动两种方式。发光二极管在使用时，需要加限流电阻。如图 6.1-4 所示，采用低电平驱动时，发光二极管阳极(通过限流电阻)接电源，阴极接 I/O 引脚，当 I/O 引脚输出低电平时，发光二极管被点亮；采用高电平驱动时，发光二极管阴极(通过限流电阻)接地，阳极接 I/O 引脚，I/O 引脚输出高电平时，发光二极管被点亮。

2. 数码管

数码管由若干个发光二极管按一定的位置排列在一起组成一个字符。每个发光二极管表示字符中的一段笔画。要显示某个字符时，只要将该字符相应笔画点亮即可。最常用的是七段数码管，7 个发光二极管按“日”字形排列，分别称为 a、b、c、d、e、f、g，有的还带有小数点 dp，如图 6.1-5 所示。

根据各发光二极管的连接方式不同，数码管分为共阴极和共阳极两种。共阴极的数码管，各发光二极管的阴极并联在一起(称为公共端)，通常将其接地，如图 6.1-5(a)所示，要想让某一段点亮时，只需将该段的引脚置为高电平；共阳极的数码管，各发光二极管的阳极并联在一起(公共端)，通常将其接高电平，如图 6.1-5(b)所示，要想让某一段点亮时，只需将该段的引脚置为低电平。

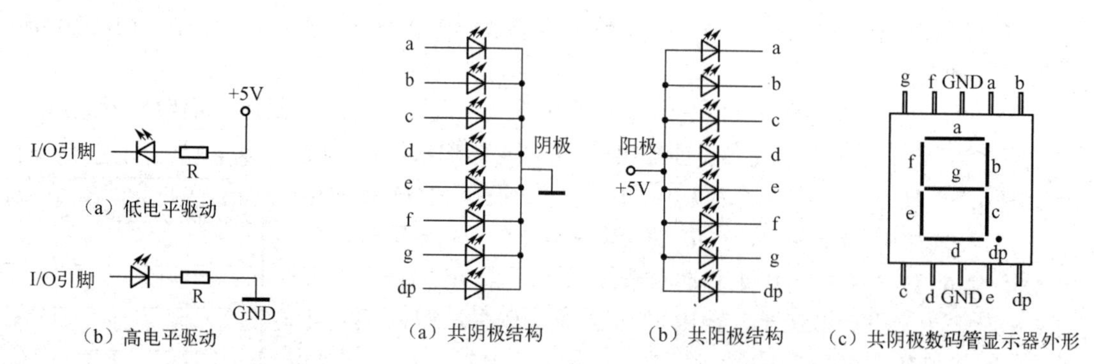

图 6.1-4　发光二极管的驱动方式

图 6.1-5　数码管显示器的结构和外形

通常将 7 个段连同小数点共 8 个控制位共同组成一个字节，dp、g、f、e、d、c、b、a 依次对应字节的 D_7、D_6、D_5、D_4、D_3、D_2、D_1、D_0 位。以共阴极数码管为例，如果要显示字符“3”，则需要 a、b、c、d、g 段亮，相应位的输入引脚(称为段码控制线)应该置“1”，而 f、e、dp 段不亮，相应位的输入引脚应该置“0”，对应的字节为 01001111B，即 4FH。这种用于控制显示不同字符的字节编码称为段码。显示同一个字符时，共阴极和共阳极数码管的段码互为反码。

通常将数码管能显示的所有字符汇总成一张表，称为段码表，如表 6.1-2 所示，并将此表存放在存储器中，根据要显示的字符查找对应的段码进行输出显示。

表 6.1-2　段码表

显示字符	共阴极段码	共阳极段码	显示字符	共阴极段码	共阳极段码	显示字符	共阴极段码	共阳极段码	显示字符	共阴极段码	共阳极段码
0	3FH	C0H	8	7FH	80H	P	73H	8CH	3.	CFH	30H
1	06H	F9H	9	6FH	90H	U	3EH	C1H	4.	E6H	19H
2	5BH	A4H	A	77H	88H	H	76H	89H	5.	EDH	12H
3	4FH	B0H	b	7CH	83H	L	38H	C7H	6.	FDH	02H
4	66H	99H	c	39H	C6H	“灭”	00H	FFH	7.	87H	78H
5	6DH	92H	d	5EH	A1H	0.	BFH	40H	8.	FFH	00H
6	7DH	82H	E	79H	86H	1.	86H	79H	9.	EFH	10H
7	07H	F8H	F	71H	8EH	2.	DBH	24H			

数码管有静态和动态两种显示方式，将在 6.3 节和 7.4 节分别介绍其接口电路和程序设计方法。

3．按键和开关

按键和开关是最基本的输入设备，若直接与 I/O 接口芯片引脚连接，当按键或开关闭合时，对应引脚的电平就会发生反转。CPU 通过读端口的电平即可识别是哪个按键或开关闭合。开关和按键的区别是：开关具有断开和闭合两个稳定的状态；而按键则不同，当按键按下时，保持闭合状态，当松开时，按键的弹性会使按键自动回到断开状态。图 6.1-6 给出了单极单掷开关和弹性按键的电路符号。

（a）单极单掷开关　（b）弹性按键

图 6.1-6　开关与按键的电路符号

需要注意的是，按键在按下或释放时通常伴随一定时间的触点机械抖动，然后触点才能稳定下来，抖动时间一般为 5～10ms，因此需要消除机械抖动，可以用硬件电路消除，也可以采用软件方法消除。软件去抖更为常用，思路是在检测到有按键按下时，先执行 5～10ms 左右的延时子程序，然后再重新检测该按键是否仍然按下，以确认该按键按下不是因抖动引起的。

二维码 6-1　团队的力量

思政案例：见二维码 6-1。

练习题 1

6.1-1　判断：CPU 与 I/O 接口是通过总线连接的。（　　）

6.1-2　判断：一个 I/O 接口中必须有锁存器。（　　）

6.1-3　可用于简单输入接口电路的是（　　）。

A．译码器　　B．锁存器　　C．反相器　　D．三态缓冲器

6.1-4　下列芯片中可以作为双向数据缓冲器的是（　　）。

A．74LS244　　B．74LS138　　C．74LS245　　D．74LS373

6.1-5　下列芯片中可以作为地址锁存器的是（　　）。

A．74LS244　　B．74LS138　　C．74LS245　　D．74LS373

6.1-6　什么是 I/O 接口？其基本功能是什么？

6.1-7　图 6.1-7 是一个共阳极数码管，若显示数字“2”，则 D_7～D_0 的状态应该是__________B，如果是共阴极数码管，D_7～D_0 的状态应该是__________B。

6.1-8　图 6.1-8 中的发光二极管为______驱动方式，当 74LS373 交替输出字节______H 和______H 时，8 个发光二极管可以间隔（即偶数号和奇数号）亮灭。

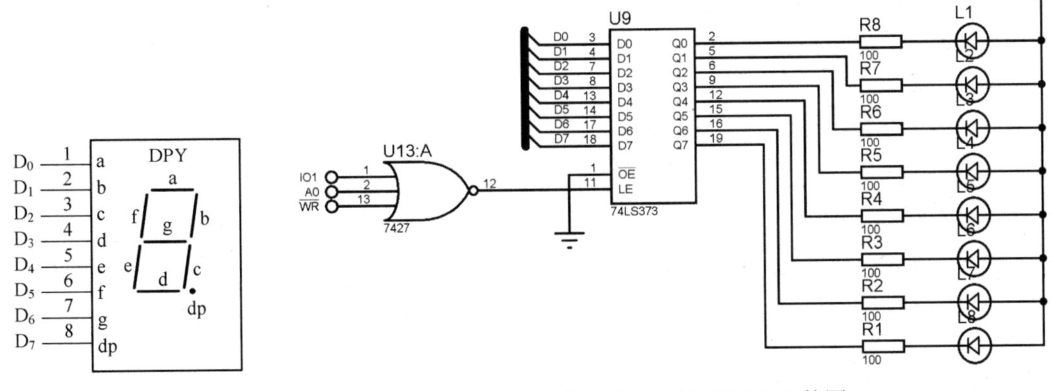

图 6.1-7　练习题 6.1-7 的图　　图 6.1-8　练习题 6.1-8 的图

6.2　I/O 端口及其编址方法

6.2.1　I/O 端口

CPU 通过接口与外设进行信息交换，在接口中必须有可供 CPU 直接访问的、可以实现信息缓冲的寄存器(也叫锁存器)或逻辑电路(如三态门等)。这就是所谓的 I/O 端口①。

① 下文中交替使用 I/O 端口和端口两种表示。

在接口电路中，按存放信息的物理意义划分，端口可分为以下 3 类。

1. 数据端口

数据端口用来存放 CPU 要输出到外设的数据或者外设送给 CPU 的数据。这些数据是 CPU 和外设之间交换的最基本的信息，一般长度为 1～2 个字节。数据端口主要起缓冲的作用。

2. 状态端口

状态端口存放反映外设当前工作状态的信息。每个状态用 1 个二进制位表示，每个外设可以有几个状态。CPU 读取这些状态信息，以查询外设当前的工作情况。接口电路的状态端口中最常用的状态位有：

（1）忙碌位(BUSY)：对输出设备，用忙(BUSY)信号表示输出设备是否能够接收新的信息，若“忙”(BUSY = 1)则不能接收，若“闲”(BUSY = 0)则可以接收。

（2）准备就绪位(READY)：对输入设备，用准备好(READY)信号表示输入设备是否做好了输入准备，若准备好了输入信息供 CPU 读取，则 READY = 1，CPU 可以读取；若还没有做好输入准备，则 READY = 0，CPU 不能读取。

3. 控制端口

控制端口也称为命令端口，存放 CPU 向接口发出的各种命令字和控制字，以便控制接口或外设的动作。如 CPU 送出的启动或停止外设工作的信息，具体随外设要求以及外设与主机连接方式的不同而不同。

显然，数据信息、状态信息和控制信息的性质不同，作用也不同，按理应该分别传输。但是在 8086/8088 微机系统中，CPU 通过接口和外设交换数据时只有输入和输出两种指令(即 IN 和 OUT 指令)，也就是说这三种信息都是通过数据总线传输的（状态信息作为输入数据、控制信息作为输出数据）。为了区分这三种不同的信息，需要把它们送到不同的端口，从而起到不同的作用。图 6.2-1 是引入端口概念的 CPU 通过接口与外设连接的示意图。

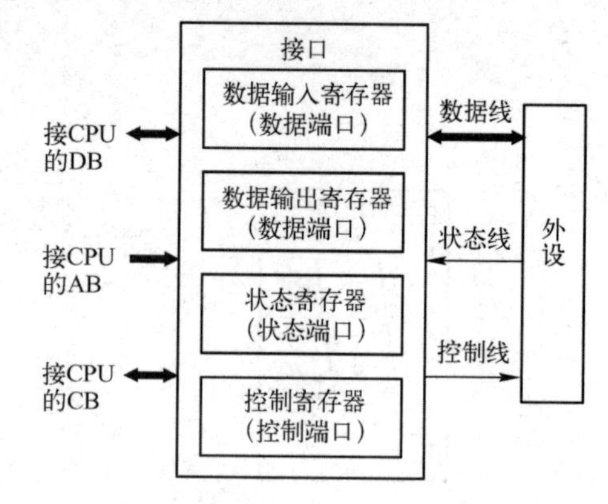

图 6.2-1　CPU 通过接口与外设连接示意图

事实上，CPU 并不能区分不同性质的端口，CPU 对哪一个端口进行读/写操作完全取决于所执行 I/O 指令的端口地址，这一点是每一个编写 I/O 程序的人员应该十分清楚的。

6.2.2　I/O 端口的编址方法

CPU 在进行 I/O 操作时必须对端口进行区分，即对哪个端口进行操作。为此必须像对待存储单元那样，给每一个端口分配一个地址。分配地址的方式就称为编址方式，常见的编址方式有存储器统一编址和端口独立编址两种。

1. 存储器统一编址

存储器统一编址就是把一个端口当成一个存储单元对待，CPU 访问端口与访问存储单元完全一样。例如要把 BL 的内容送到地址为 PORT1 的端口，可用下述指令实现。

```
MOV  [PORT1],  BL
```

采用这种编址方式的 CPU 的寻址空间是存储器容量和端口个数的总和。假设某 CPU 的寻址空间是 1MB，如果采用存储器统一编址方式，则 CPU 所能寻址的存储器的最大容量为 1MB

减去寻址端口所占用的字节数。

这种方式的优点是：不需要专用的 I/O 指令，使指令系统简化；另外访问存储器的寻址方式和指令较为丰富，与端口独立编址方式相比，对端口的访问会更加灵活。缺点是：I/O 端口占用了存储器的地址空间。

另外，对外设的操作一般比较简单，并不需要复杂的寻址方式(见 3.1 节)。寻址方式复杂反而会影响传输速度。因此存储器统一编址方式常被用于一些小系统中。

2. 端口独立编址

该编址方式是把端口看成独立于存储器的地址空间，8086/8088 系统习惯上采用这种编址方式来访问外设。图 6.2-2 给出了 8086/8088 系统中 I/O 端口和存储器地址分配的比较。在该编址方式下通过专用指令 IN 和 OUT(见 3.2.4 节)来访问端口。

由于 I/O 端口地址线和存储器地址线是共用的，因此两者只能分时使用这一组地址线，为了区别当前是访问存储器的地址还是访问 I/O 端口的地址，一般要设置专用的控制线。例如在 8086 中由 $M/\overline{IO}$ 来区分：当执行存储器操作指令时 $M/\overline{IO}$ 为高电平；当执行 I/O 指令时 $M/\overline{IO}$ 为低电平，此时地址就只对端口有效。8088 用信号线 $IO/\overline{M}$ 来区分，其操作状态与 8086 相反。

这种编址方式的优点是：将 I/O 指令和访问存储器的指令区分开，因此程序的可读性好；I/O 指令长度短，执行速度快；I/O 端口无须占用存储器空间；I/O 端口地址译码电路简单。缺点是：需要专门的 I/O 指令和控制信号。

I/O端口地址	I/O端口	备注	
0000H	**	可直接寻址	256
0001H	**		
⋮	⋮		
00FEH	**		
00FFH	**		
0100H	**	必须DX间接寻址	
0101H	**		
⋮	⋮		
FFFEH	**		
FFFFH	**		

存储器地址	存储单元		
00000H	**	64K	1M
00001H	**		
⋮	⋮		
000FEH	**		
000FFH	**		
00100H	**		
00101H	**		
⋮	⋮		
0FFFEH	**		
0FFFFH	**		
10000H	**		
10001H	**		
⋮	⋮		
FFFFEH	**		
FFFFFH	**		

图 6.2-2　8086/8088 系统中 I/O 端口和存储器地址分配比较

6.2.3　案例：I/O 端口地址译码电路设计与验证

当微机系统中采用 I/O 端口独立编址方式来控制外设时，常用 74LS138 和必要的逻辑电路来设计 I/O 端口地址译码电路。这时，可将要参与译码的地址信号和指示 I/O 操作的控制信号 $M/\overline{IO}$ 接到译码器的输入端。当执行 I/O 指令时，译码器的输出端便能产生低电平的片选信号。这些片选信号被送到各 I/O 接口芯片的控制端或片选（$\overline{CS}$）端，就能选中相应的端口，对其进行 I/O 读或 I/O 写操作。

【例 6.2-1】 为 8086 设计一个 I/O 端口地址译码电路。要求：

（1）译出 8 个连续的片选信号，每个片选信号均包含 16 个连续的端口地址；

（2）端口地址在 0480H～04FFH 内分配。

（3）编写程序对译出的端口地址进行 I/O 操作，验证 I/O 端口地址译码电路的正确性。

分析：根据要求（1），译出的是 8 个连续的片选信号，每个片选信号均包含 16 个连续的端口地址，因此以 74LS138 对地址总线中的 A_6～A_4 译码，而 A_3～A_0 不参与译码。74LS138 的选通端可以通过对 A_7 及以上的高位地址线译码来控制。

根据要求（2），各组的 16 个端口地址在 0480H～04FFH 内，分析得到 A_{15}～A_7 的取值为 000001001，A_6～A_4 在 000～111 之间变化。考虑采用以下方案：A_6～A_4 作为 74LS138 的 C、B、A 输入，A_{15}～A_8 通过 8 输入或非门 4078 经反相后送 74LS138 的 E_2，其中 A_{10} 经反相后送入 4078，A_7 与 E_1 相连，8086 的 $M/\overline{IO}$ 与 E_3 相连。于是 74LS138 的端口地址分配如表 6.2-1 所示。

表 6.2-1　端口地址分配

输出端	A_{15} A_{14} A_{13} A_{12} A_{11} A_{10} A_9 A_8	A_7 A_6 A_5 A_4	A_3～A_0	地址范围	分配
IO_0	0 0 0 0 0 1 0 0	1 0 0 0	××××	0480H～048FH	8259A
IO_1	0 0 0 0 0 1 0 0	1 0 0 1	××××	0490H～049FH	简单 I/O 接口芯片
IO_2	0 0 0 0 0 1 0 0	1 0 1 0	××××	04A0H～04AFH	8253
IO_3	0 0 0 0 0 1 0 0	1 0 1 1	××××	04B0H～04BFH	8255A
IO_4	0 0 0 0 0 1 0 0	1 1 0 0	××××	04C0H～04CFH	8251A
IO_5	0 0 0 0 0 1 0 0	1 1 0 1	××××	04D0H～04DFH	ADC0809
IO_6	0 0 0 0 0 1 0 0	1 1 1 0	××××	04E0H～04EFH	DAC0832
IO_7	0 0 0 0 0 1 0 0	1 1 1 1	××××	04F0H～04FFH	其他

根据以上分析，在 2.6 节 8086 最小系统仿真电路的基础上绘制如图 6.2-3 所示的 I/O 端口地址译码电路。

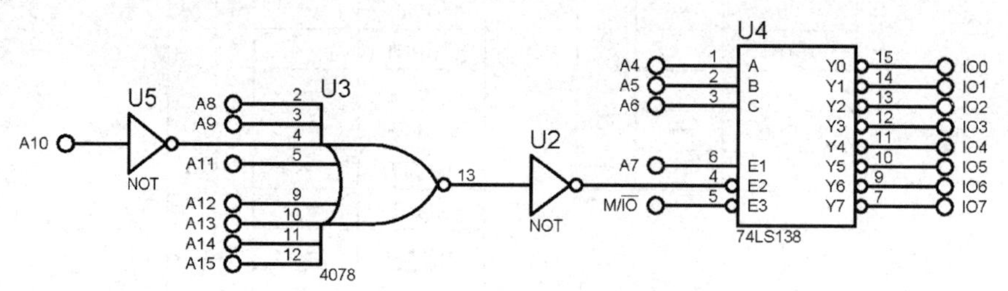

图 6.2-3　I/O 端口地址译码电路

根据要求(3)，编写程序验证 I/O 端口地址译码电路的正确性。假设以 74LS138 的 IO_0 输出端为例，进行验证。只要地址线 A_{15}～A_0 上的信号符合表 6.2-1 中 IO_0 所在行的组合，且 $M/\overline{IO}$=0，74LS138 的 IO_0 就会有效，即为低电平，而 IO_1～IO_7 无效为高电平。显然只要执行 I/O 指令(IN 或 OUT 均可)使 $M/\overline{IO}$=0，同时端口地址符合 000001001000××××B 即可，见程序 6.2-1。

【程序 6.2-1】

```
IO0    EQU 0480H
CODE   SEGMENT
       ASSUME CS:CODE
START: MOV    DX, IO0
       OUT    DX, AL
```

```
        JMP    $
CODE    ENDS
        END    START
```

在本书后继章节，如果不做说明，默认采用图 6.2-3 中的 I/O 端口地址译码电路和 2.6 节的最小系统仿真电路。

练习题 2

6.2-1 判断：一个 I/O 接口中必须有数据端口、控制端口和状态端口。（　　）

6.2-2 判断：I/O 端口与存储器统一编址的优点是可用相同指令操作。（　　）

6.2-3 判断：8086 的 I/O 端口与存储器只能采用统一编址。（　　）

6.2-4 8086 使用_____根地址线进行 I/O 端口寻址，可寻址范围为______字节。

6.2-5 8086 执行“IN　AL, DX”指令时，M/$\overline{IO}$ 为____电平，$\overline{RD}$ 为____电平，$\overline{WR}$ 为____电平。

6.2-6 状态信息是通过（　　）总线进行传输的。

A．数据　　B．地址　　C．控制　　D．外部

6.2-7 当 M/$\overline{IO}$ 为低电平，$\overline{WR}$ 为低电平时，8086（　　）数据。

A．向存储器传输　　B．向 I/O 端口传输　　C．从存储器读入　　D．从 I/O 端口读入

6.2-8 8086 对地址为 240H 的 I/O 端口进行读操作的指令为（　　）。

A．MOV　AL, 240H　　B．MOV　AL, [240H]　　C．IN　AL, 240H　　D．MOV　DX, 240H
IN　AL, DX

6.2-9 执行指令“IN　AL, DX”后，进入 AL 寄存器的数据来自（　　）。

A．立即数　　B．存储器　　C．寄存器　　D．外设端口

6.2-10 采用端口独立编址后，I/O 端口地址与存储单元地址可以重叠使用，会不会产生混淆？

6.2-11 在 8088 微机系统中，某外设接口所接的端口地址为 338H～33FH，请用 74LS138 设计符合要求的译码电路。

6.2-12 设计一个对 2F8H 进行读/写操作的端口译码电路，要求分别用：（1）门电路；（2）门电路和 74LS138。

6.2-13 某个微机系统中有 8 个接口芯片，每个芯片占有 8 个端口地址，若起始地址为 300H，8 个芯片的地址连续分布，用 74LS138 做译码器，试画出 I/O 端口地址译码电路，并说明每个芯片的地址范围。

6.3　I/O 方式及其接口

从控制 I/O 传输的角度，I/O 方式可分为 3 种，即程序控制传输方式、中断传输方式和直接存储器存取（简称 DMA）方式。

6.3.1　程序控制传输方式

该方式的特点是：CPU 直接通过 I/O 指令对 I/O 端口进行访问，CPU 与外设交换信息的每一个过程均在程序中表示出来。它又分为无条件传输和程序查询传输两种方式。

1．无条件传输方式（同步传输方式）

当利用程序来控制 CPU 与外设交换信息时，如果可以确信外设总是处于准备好或空闲状态，或者说外设和 CPU 是同步的，CPU 无须询问外设的状态，就可以直接由 IN 或 OUT 指令访问相应的 I/O 端口，输入或输出数据。这种方式称为无条件传输方式。

无条件传输方式一般只能用于纯电子部件，以及完全由 CPU 决定传输时间的场合。比如 CPU 送段码给数码管、送数给 74LS373 控制信号灯、送数给 D/A 转换器和输出信号以控制马

达或阀门等输出场合；读取开关状态、读取 1 个时间值、启动高速 A/D 转换器后立即读取结果等输入场合。图 6.3-1 为无条件传输方式的输入接口原理图，图 6.3-2 为无条件传输方式输出接口原理图，下面结合原理图讨论 I/O 过程。

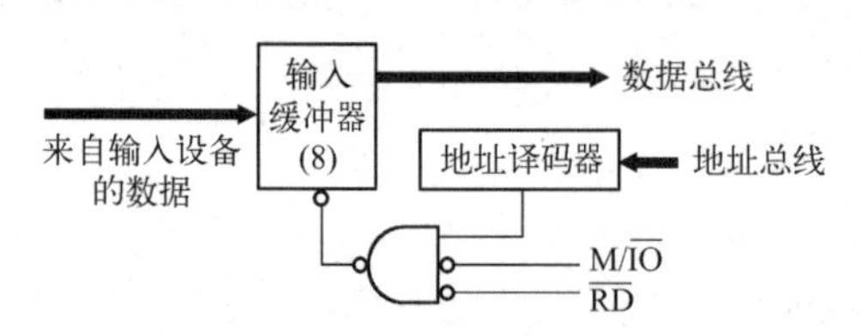

图 6.3-1　无条件传输方式输入接口原理图

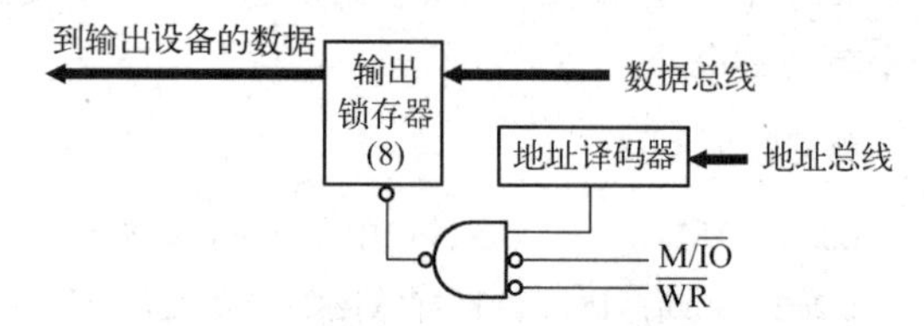

图 6.3-2　无条件传输方式输出接口原理图

（1）输入过程

在输入时，由于来自输入设备的数据的保持时间相对于 CPU 的读取时间要长得多，故输入接口一般可直接用输入缓冲器与数据总线相连。

当 CPU 执行输入指令时，$\overline{RD}$ 为低电平，M/$\overline{IO}$ 为低电平，地址译码器的输出为高电平，因而输入缓冲器被选中，这样来自输入设备的数据经输入缓冲器进入数据总线，CPU 在 T_4 状态的前沿把数据取走。显然，为了保证数据输入的正确性，输入数据的出现和保持时间必须符合输入周期对数据的要求。如果不能保证数据的出现时间符合输入要求，就要用程序查询传输方式；如果不能保证输入数据的保持时间符合输入要求，就要加输入锁存器。

（2）输出过程

在输出时，一般要有输出锁存器，因为外设的速度比 CPU 慢，CPU 送出的数据要由输出锁存器锁存，直到输出设备把它取走。

当 CPU 执行输出指令时，$\overline{WR}$ 为低电平，M/$\overline{IO}$ 为低电平，地址译码器的输出为高电平，因而输出锁存器被选中，这样 CPU 输出的数据经数据总线进入输出锁存器，输出锁存器保持这个数据直到输出设备把它取走。显然，CPU 在执行输出指令前，必须确信输出锁存器中的上一个数据已被取走，即输出锁存器是空的。否则就会出现覆盖错误。如果不能确定何时输出锁存器是空的，则需要用程序查询传输方式。

【例 6.3-1】 设计无条件传输方式的接口电路和程序，采用 8086，开关状态通过 74LS245 采集，采集结果通过 74LS373 锁存输出后控制 8 个发光二极管的显示。读入的开关状态为低电平时，对应的发光二极管发光，反之熄灭。

分析：图 6.3-3 中，I/O 端口地址译码电路的输出端 IO_1（见例 6.2-1）参与了 74LS245 的 $\overline{CE}$ 和 74LS373 的 LE 的控制，也就是说图中输入和输出接口的端口地址相同。但这并不矛盾，因为 $\overline{RD}$ 和 $\overline{WR}$ 分别参与了对输入和输出接口的控制，只有当端口地址为 0490H～049FH 范围内的偶地址中任意 1 个（本例取 490H），且 $\overline{RD}$=0 时，74LS245 才能选通，开关状态才会被读入；同样当端口地址为 0490H，且 $\overline{WR}$=0 时，74LS373 才能输出 1 个字节数据，改变发光二极管的状态。

【解答】根据以上分析，绘制出图 6.3-3 所示的电路，编写出程序 6.3-1。

【程序 6.3-1】

```
IN245  EQU   0490H
OUT373 EQU   0490H
CODE   SEGMENT
       ASSUME CS:CODE
START: MOV   DX, IN245        ;读入开关状态
       IN    AL, DX
```

```
        MOV   DX, OUT373      ;发光二极管显示
        OUT   DX, AL
        JMP   START
CODE    ENDS
        END   START
```

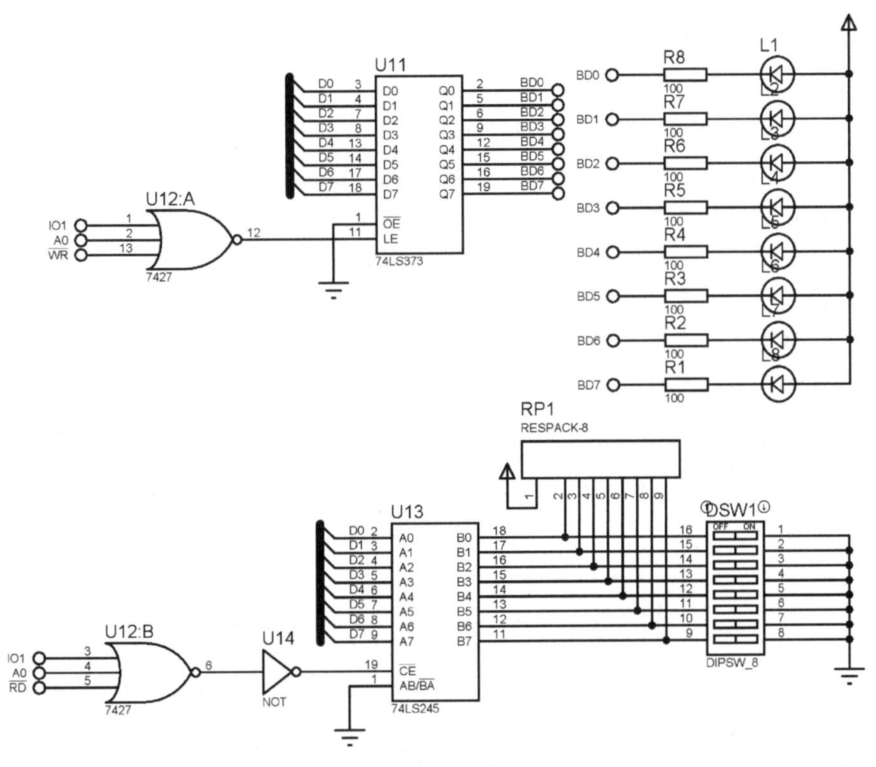

图 6.3-3　例 6.3-1 的电路

请读者思考：为什么本例中要强调“端口地址为 0490H～049FH 范围内的偶地址中任意一个”？奇地址是否可行呢？

观察图 6.3-3，不论是 74LS373 还是 74LS245，都接到了 8086 数据总线的低 8 位 D_7～D_0。第 2 章曾介绍，当 A_0=0，数据总线低 8 位有效时，对应的端口地址是偶地址。图 6.3-3 中 A_0 作为或非门 7427 的 1 个输入，如果 A_0=1 则或非门输出 0，74LS245 的 $\overline{CE}$ 和 74LS373 的 LE 都无效。所以根据图 6.3-3，必须选择 0490H～049FH 范围内的偶地址。

那么 74LS373 和 74LS245 能否接到 8086 数据总线的高 8 位 D_{15}～D_8 呢？答案是可以的，但是此时需要配合 $\overline{BHE}$ 来选通接口芯片。读者可以自行尝试。如果使用的是 8088，则不存在以上问题，因为 8088 只有 8 根数据总线，见 2.5 节。

例 6.3-1 也可以用 C 语言实现程序设计，请扫二维码 6-2 获取相关方法。本书提供了部分案例和实验项目的 C 语言源程序，读者可以在配套资源中获取并学习。

二维码 6-2
例 6.3-1 的 C 语言
程序设计方法

2. 程序查询传输方式(条件传输方式)

多数外设是不能被 CPU 随机读/写的，而且其工作状态也是很难事先预知的。例如键盘，只有当有按键被可靠按下并稳定时，CPU 才能读到正确的键值，而何时有按键按下是无法事先准确预知的；再如一台打印机只有处于空闲状态才能接收新的打印信息，而事先也是无法预知它是否空闲的。好在一般外设在传输数据的过程中都可以提供一些反映其工作状态的状态信

号。例如，对输入设备来说，需提供准备好(READY)信号，READY = 1 表示输入数据准备好，CPU 可以做读操作。对输出设备来说，则需提供忙(BUSY)信号，BUSY = 1 表示其正在忙，不能接收 CPU 送来的数据。如果先用程序来查询外设的相应状态，若状态不满足 I/O 条件则等待，当状态满足 I/O 条件时，才进行相应的传输，这就能保证 I/O 的正确性，从而使不同速度的外设均可以和 CPU 进行可靠的 I/O 操作。所以程序查询传输方式又叫条件传输方式。

下列操作在此方式相应的 I/O 程序中是不可少的：

① 读取外设状态信息。

② 判断是否可进行新的操作。如果外设还未准备好，则返回①；若已经准备好，就执行③。

③ 执行所需的 I/O 操作。这一步就是无条件传输方式下的 I/O 操作。

程序查询传输方式的接口电路要设置供 CPU 查询外设状态用的状态端口。这样，该接口至少包含有两个端口：一个数据端口和一个状态端口。

下面将对输入和输出过程分别加以讨论。

（1）输入过程

程序查询式输入接口的原理图如图 6.3-4 所示。图中与输入设备连接一侧的输入锁存器和 D 触发器属于与外设接口的逻辑，与 CPU 总线相连的数据缓冲器、三态缓冲器、地址译码器及逻辑门电路则属于与总线接口的逻辑。

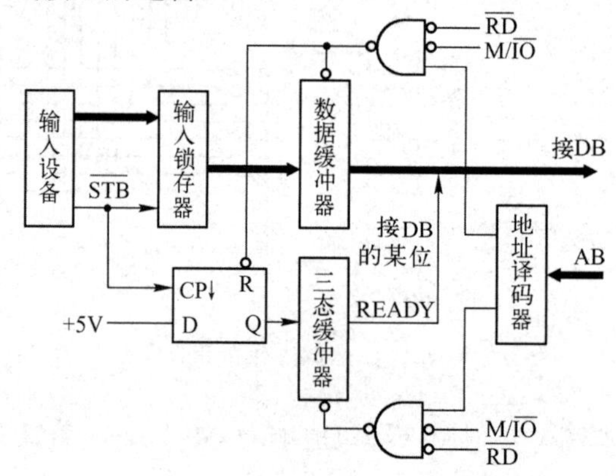

图 6.3-4　程序查询式输入接口的原理图

工作过程：当输入设备将数据准备好后就把数据送出并发选通信号 $\overline{STB}$。该选通信号一方面将数据锁存到输入锁存器中；一方面作为 D 触发器的 CP 信号，使其输出端 Q 变为高电平，经三态缓冲器送至数据总线(DB)的某位，这就是 READY 信号，此时 READY = 1，即输入数据准备好。CPU 通过一条 IN 指令打开三态缓冲器，读入 READY，如果 READY = 1，则再通过一条 IN 指令将数据缓冲器打开，读入输入数据，同时清除 D 触发器，使 READY = 0(如果 READY 再次为 1，则说明一个新的输入数据又准备好了)。这样，就完成了一次输入操作。如果读入的 READY = 0，就继续查询。程序查询式输入的程序流程图如图 6.3-5 所示。对应的程序段为：

```
STATUSIN: MOV   DX, 状态端口地址
          IN    AL  DX
          TEST  AL, 测试字
          JZ    STATUSIN
          MOV   DX, 数据端口地址
          IN    AL  DX
```

程序中的测试字是 1 个字节的立即数，要测试的状态位取“1”，其余各位均为“0”。比如输入设备的状态信号接的是状态端口的 D_7 位，则测试字为 10000000B，即 80H。

【例 6.3-2】 查询式键盘输入接口电路如图 6.3-6 所示，其中总线接口逻辑与图 6.3-4 的相同。设状态端口的地址为 210H，数据端口的地址为 211H，状态信号 READY 接到状态端口的 D_0 位，即数据总线的 D_0 位。写出对应的程序段。

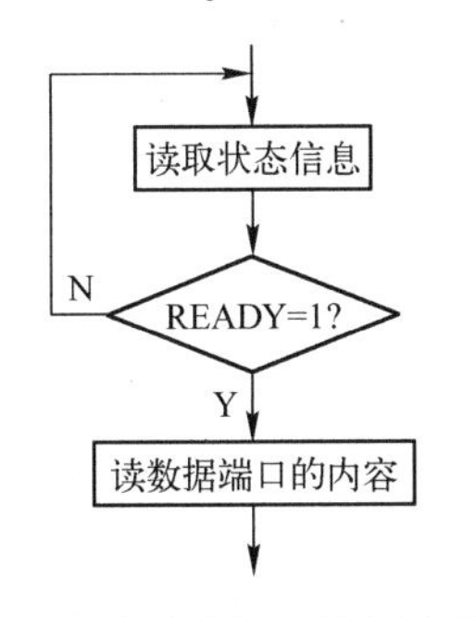

图 6.3-5　程序查询式输入的程序流程图

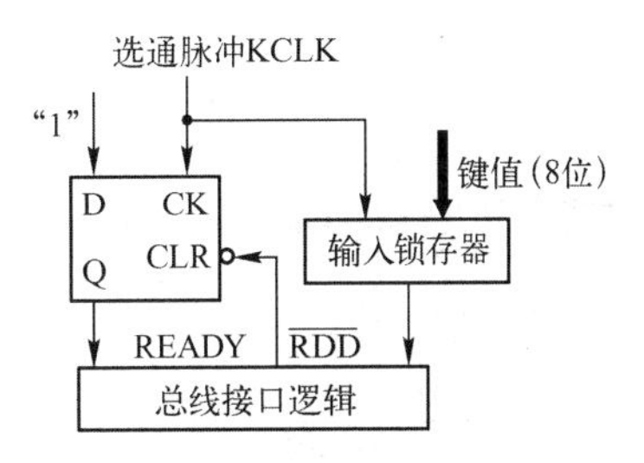

图 6.3-6　查询式键盘输入接口电路

分析：该接口工作过程如下：

① 当某键被按下时，键盘就送出相应的 8 位键值，并发出一个键值打入脉冲(即选通脉冲)KCLK，该脉冲一方面把键值打入输入锁存器，一方面触发 D 触发器将 READY 置 1。

② 键盘输入程序一直在不断地查询 READY 是否为 1，即查询是否有新的按键被按下且键值已打入接口。

③ 当查询到 READY=1 时，就执行输入指令读取数据端口，读入新的键值。同时读数据端口选通信号 $\overline{RDD}$ 将 READY 清零。

【解答】 其对应的源程序为：

```
KINSTART: MOV   DX, 210H
          IN    AL, DX
          TEST  AL, 01H
          JZ    KINSTART
          MOV   DX, 211H
          IN    AL, DX
```

（2）输出过程

程序查询式输出接口原理图见图 6.3-7。输出工作过程：当 CPU 要对输出设备执行输出操作时，首先通过 IN 指令读状态端口的状态信息，以了解输出设备是否忙。如果忙(BUSY=1)就继续查询，如果空闲(BUSY=0)，CPU 就执行一条 OUT 指令，通过与非门 1 产生选通信号，将要输出的数据送入输出锁存器。该选通信号的作用有两个：一个是作为输出锁存器的打入信号，同时又作为 D 触发器的 CP 信号，使其输出端 Q 变为 1。D 触发器输出的“1”信号有两个作用：一是用作对输出设备的联络信号，通知输出设备在接口中已有数据可供取走，二是使经过三态缓冲器接至数据总线(DB)某位的 BUSY 置 1，以告诉 CPU 当前处于忙状态，阻止 CPU 输出新的数据。

当输出设备从输出锁存器中取走数据以后，会发回应答信号 $\overline{ACK}$，该信号将清除 D 触发器，使 BUSY＝0，以告诉 CPU 可以开始输出下一个数据。

程序查询式输出的程序流程图如图 6.3-8 所示。对应的程序段如下：

```
STATUSIN: MOV   DX, 状态端口地址
          IN    AL, DX
          TEST  AL, 测试字
          JNZ   STATUSIN
          MOV   AL, 待输出数据
```

```
        MOV    DX，数据端口地址
        OUT    DX，AL
```

通过以上内容，可以认识到所谓输出设备“忙”或“空闲”的真正含义：“忙”是指输出锁存器中 CPU 上一次写入的新数据还没被输出设备取走；而“空闲”是指输出锁存器中的数据已被取走，可以再写入 1 个新数据。

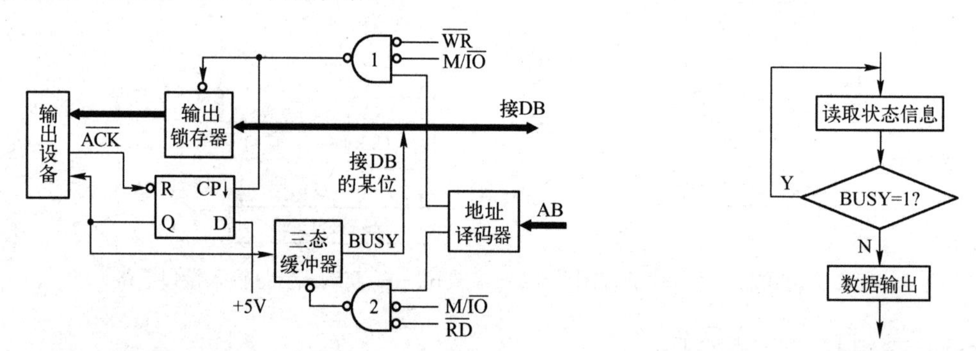

图 6.3-7　程序查询式输出接口原理图　　　　图 6.3-8　程序查询式输出的程序流程图

【例 6.3-3】 如图 6.3-9 所示，由 74LS373 控制 1 个共阳极数码管，初始时显示数字 0；74LS244 接 1 个按键，每按 1 次按键，数码管显示的数字加 1，显示到 9 后回到 0，重复以上过程。

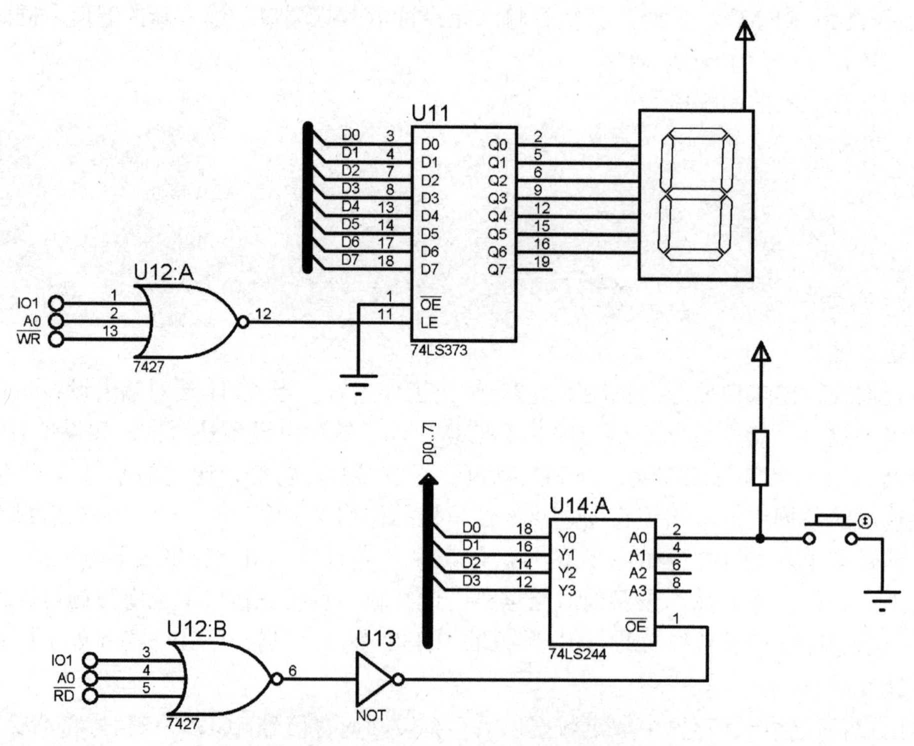

图 6.3-9　例 6.3-3 的电路原理图

分析：根据图 6.3-9，数码管采用的是静态显示方式。该方式下，共阳极数码管的公共端接+5V，段码控制线与 74LS373 的 Q_6～Q_0 相连接。

要通过数码管显示数字，需要把数字转换成对应的段码，可以通过查表实现。因此在数据段定义 0～9 共阳极数码管的段码表。但是只有在按键被按下时，才需要更新数码管的显示内容，因此需要检测按键的状态，按键没有按下，仍然显示原来的值。74LS244 控制的端口可以看成状态端口，地址由 IO_1 决定，由指令“IN AL, DX”读入按键的状态在 D_0 位上，可以利用“TEST AL, 01H”来检测 D_0 位是 1 还是 0，如果是 0，说明按键被按下。对于按键的处理有两点需要注意：

（1）需要进行去抖处理（见 6.1.3 节）。

（2）需要进行松手检测，即按键从按下到松开记作 1 次按压，按压 1 次才能进行 1 次加 1 操作。

程序流程图见图 6.3-10，对应的程序见程序 6.3-2。

【程序 6.3-2】

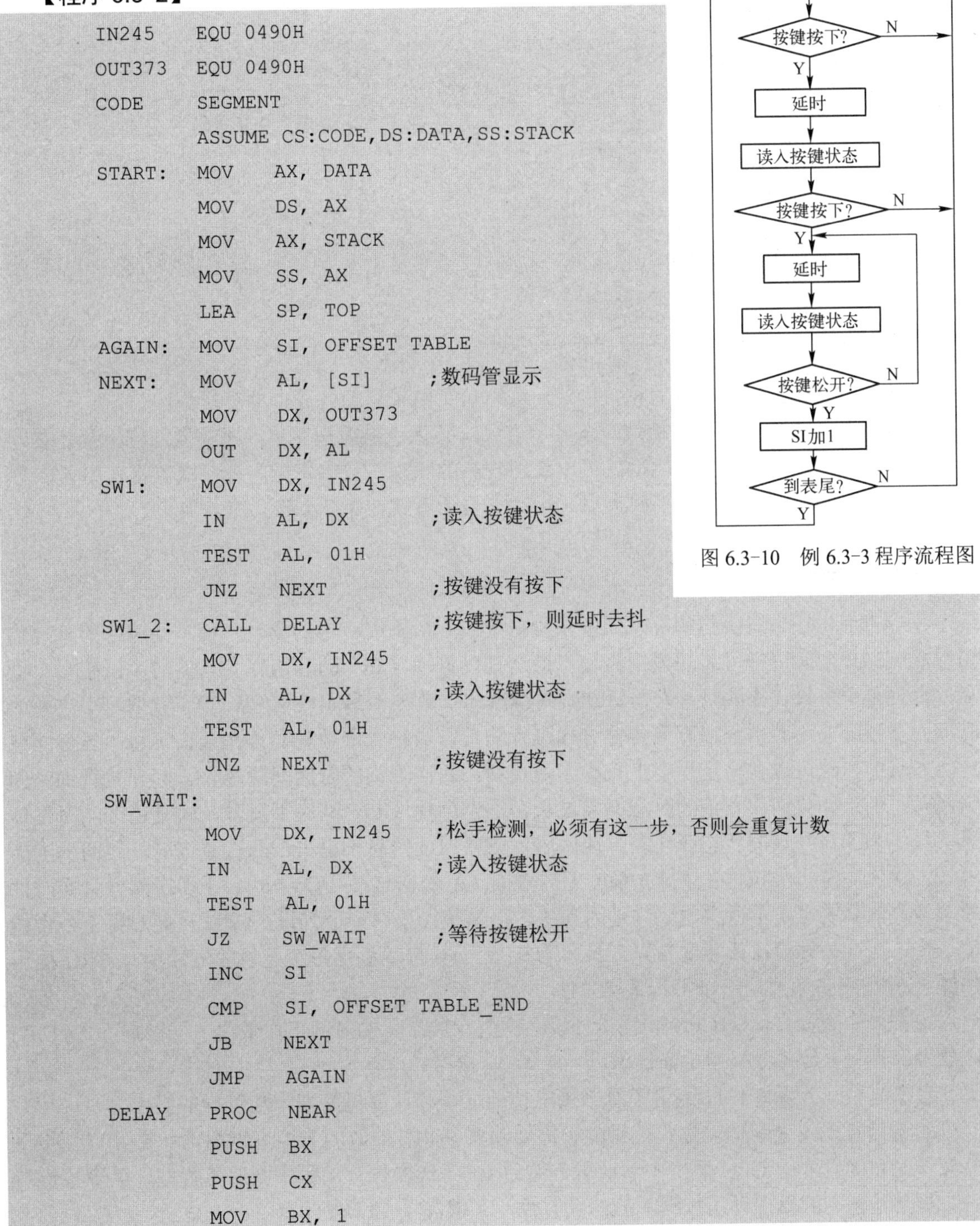

图 6.3-10　例 6.3-3 程序流程图

```
        IN245     EQU 0490H
        OUT373    EQU 0490H
        CODE      SEGMENT
                  ASSUME CS:CODE,DS:DATA,SS:STACK
        START:    MOV     AX, DATA
                  MOV     DS, AX
                  MOV     AX, STACK
                  MOV     SS, AX
                  LEA     SP, TOP
        AGAIN:    MOV     SI, OFFSET TABLE
        NEXT:     MOV     AL, [SI]        ;数码管显示
                  MOV     DX, OUT373
                  OUT     DX, AL
        SW1:      MOV     DX, IN245
                  IN      AL, DX          ;读入按键状态
                  TEST    AL, 01H
                  JNZ     NEXT            ;按键没有按下
        SW1_2:    CALL    DELAY           ;按键按下，则延时去抖
                  MOV     DX, IN245
                  IN      AL, DX          ;读入按键状态
                  TEST    AL, 01H
                  JNZ     NEXT            ;按键没有按下
        SW_WAIT:
                  MOV     DX, IN245       ;松手检测，必须有这一步，否则会重复计数
                  IN      AL, DX          ;读入按键状态
                  TEST    AL, 01H
                  JZ      SW_WAIT         ;等待按键松开
                  INC     SI
                  CMP     SI, OFFSET TABLE_END
                  JB      NEXT
                  JMP     AGAIN
        DELAY     PROC    NEAR
                  PUSH    BX
                  PUSH    CX
                  MOV     BX, 1
```

```
DEL1:    MOV    CX, 5882
DEL2:    LOOP   DEL2
         DEC    BX
         JNZ    DEL1
         POP    CX
         POP    BX
         RET
DELAY    ENDP
CODE     ENDS
DATA     SEGMENT
   TABLE  DB 0C0H,0F9H,0A4H,0B0H,99H,92H,82H,0F8H,80H,90H
                                          ;0～9 的共阳极数码管段码
   TABLE_END = $
DATA     ENDS
STACK    SEGMENT
         DB 100 DUP(?)
         TOP LABEL WORD
STACK    ENDS
         END    START
```

请读者尝试去掉松手检测的相关语句，观察仿真结果有何问题，并分析原因。

此外，本例中数码管采用的是静态显示方式，其优点是编程简单，不需要对同一显示内容进行重复刷新，用较小的电流驱动就可以获得较高的亮度，且字符无闪烁。缺点是占用 I/O 端口资源太多，当数码管位数较多时可以采用动态显示方式，见 7.4 节。

6.3.2　中断传输方式

程序查询传输方式虽然解决了无条件传输方式中所不能应用的场合，使不同速度的外设均可以和 CPU 之间进行可靠的数据传输，但这是以牺牲 CPU 的利用率为代价的。试想一个键盘，即便是一个最优秀的录入人员每秒敲击键盘的次数也不足 10 次，而 CPU 读取一个字符的时间是微秒级的，若用程序查询传输方式进行输入，则绝大多数时间都在查询等待。虽然采取定时查询的方法可以从一定程度上减少无效查询，两次查询的时间间隔越长，其无效查询时间就越短，但是如果两次查询的时间间隔过长，不仅会使 CPU 响应不及时，而且还可能产生信息丢失。为了对外设的状态变化及时地做出反应并保证信息不丢失，两次查询的时间间隔不能过长，这就决定了 CPU 必然有大量的无效查询。另外，这种 I/O 方式对于多个外设且实时性要求较高的系统也是不适宜的。这是因为：一个系统如果有多个外设，CPU 只能对每个外设轮流查询，而这些外设往往速度各异，显然 CPU 无法很好地满足每个外设随机性地对 CPU 提出的输入/输出服务要求，所以不具备实时性。

怎样才能既提高快速 CPU 和慢速外设之间进行数据传输时的工作效率，又能提高 CPU 响应的及时性呢？回答是采用中断技术。

什么是中断？图 6.3-11 给出了看书接电话的过程和计算机处理中断过程的类比。

对键盘若采用中断传输方式，平时不需要浪费 CPU 的时间去查询键盘的状态，仅当按下某按键时，键盘才向 CPU 发出中断请求，然后 CPU 转去执行键盘中断服务程序，读取按键编码。显然这种方式既保证了按键响应的及时性，又提高了 CPU 的效率。

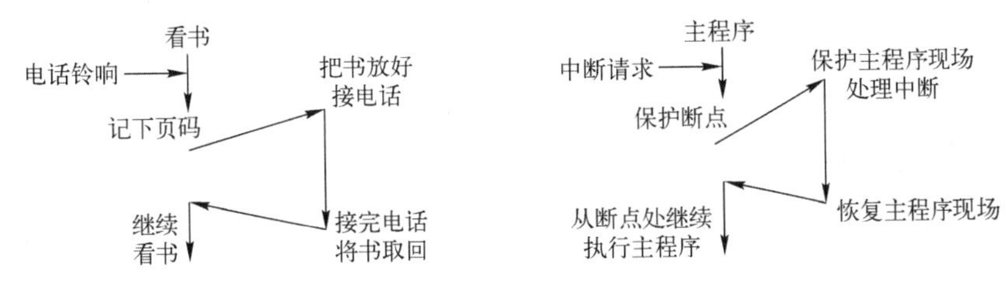

图 6.3-11　看书接电话的过程和计算机处理中断过程的类比

比较程序查询传输方式与中断传输方式，可以看出主要差异是在如何获知外设的工作状态上。前者是靠 CPU 执行程序来获取的，所以叫程序查询传输方式；后者是靠 CPU 对中断请求信号的有效性判断来获取的，这里启动 I/O 操作靠的是中断，而 I/O 操作的实现仍然靠执行程序(执行 IN 或 OUT 指令)，所以这种方式叫中断传输方式。需要特别说明的是：CPU 获知中断请求信号的有效与否不是靠执行程序，而是靠硬件电路来完成的。在第 2 章中关于 8086 引脚的介绍中指出，不管有无中断请求，CPU 都会在每个指令周期的最后 1 个 T 状态采样可屏蔽中断请求信号 INTR，所以这种方式既保证了 CPU 对外设状态获知的及时性，又不额外占用 CPU 的时间。

当然要可靠地完成 1 次中断并保证其工作的合理性，还有许多问题要考虑。比如 CPU 如何响应外设的中断请求？CPU 如何找到中断服务程序？CPU 为外设服务完后如何正确回到主程序并保证其继续正确运行？如果有多个外设同时要求数据传输怎么办？如果 1 个外设的数据传输正在进行而又有新的外设要求传输怎么办？等等。这些问题将在第 8 章讨论。

6.3.3　DMA 方式

与程序查询传输方式相比，中断传输方式解决了慢速外设和快速 CPU 的矛盾，大大提高了 CPU 的效率。但是就其实现方法来看仍然是通过 CPU 执行程序来实现数据传输的。当外设的传输速率很高(如磁盘)，或要进行大量的数据块传输时，其效率仍然不高，会出现高速外设等待 CPU 的现象。

针对以上问题，提出了 DMA 方式。DMA 是“直接存储器存取(Direct Memory Access)”的缩写。DMA 方式下，利用专门的硬件电路实现外设直接和存储器进行高速数据传输，在传输过程中无须 CPU 执行指令来干预。数据传输的速度基本上取决于外设和存储器的速度，效率大大提高。一般情况下 1 个数据的传输仅占用 1 个存储器读/写周期或更短。因此特别适用于需要高速批量数据传输的场合。用来控制这种传输的电路称为 DMA 控制器，简称 DMAC。

除了可以实现存储器与外设之间的数据传输，DMA 方式也可以实现外设与外设、存储器与存储器之间的数据传输。

由于 DMA 方式一般只能实现单一或成组数据的传输，而不能进行较复杂事件的随机处理，因此它并不能完全取代中断传输方式。

思政案例：见二维码 6-3。

二维码 6-3
“求同存异”的 I/O 接口

练习题 3

6.3-1　从硬件角度而言，采用硬件最少的数据传输方式是(　　)。

A．DMA 方式　　B．无条件传输方式

C．程序查询传输方式　　D．中断传输方式

6.3-2　从输入设备向存储器传输数据时，若数据不需经过 CPU，其 I/O 方式是(　　)。

A．DMA 方式　　B．无条件传输方式

C．程序查询传输方式　　D．中断传输方式

6.3-3　中断传输方式的主要优点是（　　）。

A．接口电路简单、经济，只需少量的硬件

B．数据传输的速度最快

C．CPU 的时间利用率高

D．能实时响应外设的输入/输出请求

6.3-4　DMA 方式常用于（　　）。

A．高速外设的输入/输出

B．慢速外设的输入/输出

C．寄存器与存储器之间的程序传输

D．寄存器与寄存器之间的数据传输

6.3-5　CPU 与外设之间数据传输的控制方式包括：无条件传输、________、________和 _______方式。

6.3-6　设数据端口地址为 61H，状态端口地址为 60H，输入设备准备好状态标志位为 D_7=1，试用程序查询传输方式编写完整的 FAR 型子程序，要求实现：当输入设备准备好后，读入数据，并将数据存入数据段偏移地址为 2000H 的存储单元。

6.3-7　图 6.3-12 为两个共阳极数码管及其接口电路，试编写程序段，使 LED1 和 LED2 显示 35。

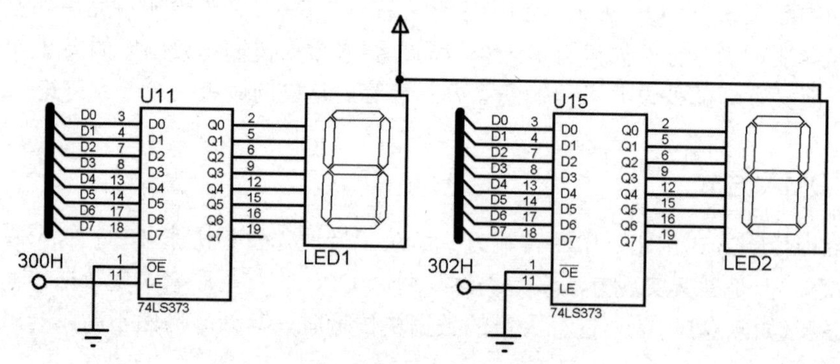

图 6.3-12　练习题 6.3-7 的电路原理图

6.4　案例：简易交通灯控制系统 V1.0

设计一个十字路口的简易交通灯控制系统。信号灯分布示意图如接口篇图 1 所示，交通灯切换流程图见图 6.4-1。

在图 6.4-2 所示的简易交通灯控制系统 V1.0 的电路原理图中，用 3 种颜色的发光二极管模拟红、黄、绿灯，假设东西方向的信号灯一致，南北方向的信号灯一致。因此，虽然在电路中使用了 4 组发光二极管，但是用 1 片 74LS373 的 6 个引脚就可以控制，将东西方向记作 A，南北方向记作 B，74LS373 的 Q_0～Q_2 分别接东西方向的红、黄、绿灯；Q_3～Q_5 分别接南北方向的红、黄、绿灯。发光二极管都采用低电平驱动方式，如南北方向绿灯亮、东西方向红灯亮，其他信号灯熄灭，则 74LS373 输出的应该是××011110B（×表示 0 或 1 均可）。根据电路原理图和流程图，可以编写出程序 6.4-1。

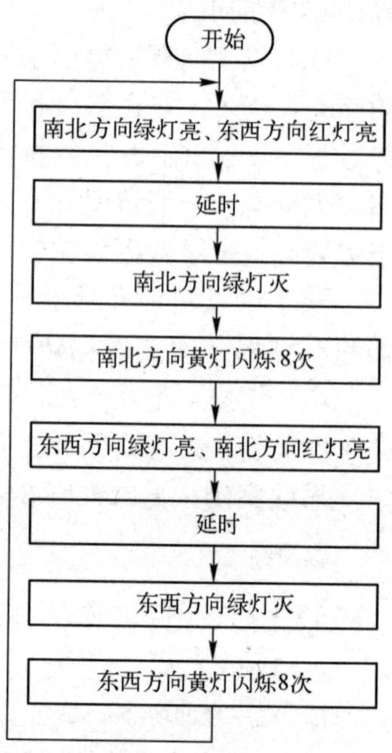

图 6.4-1　交通灯切换流程图

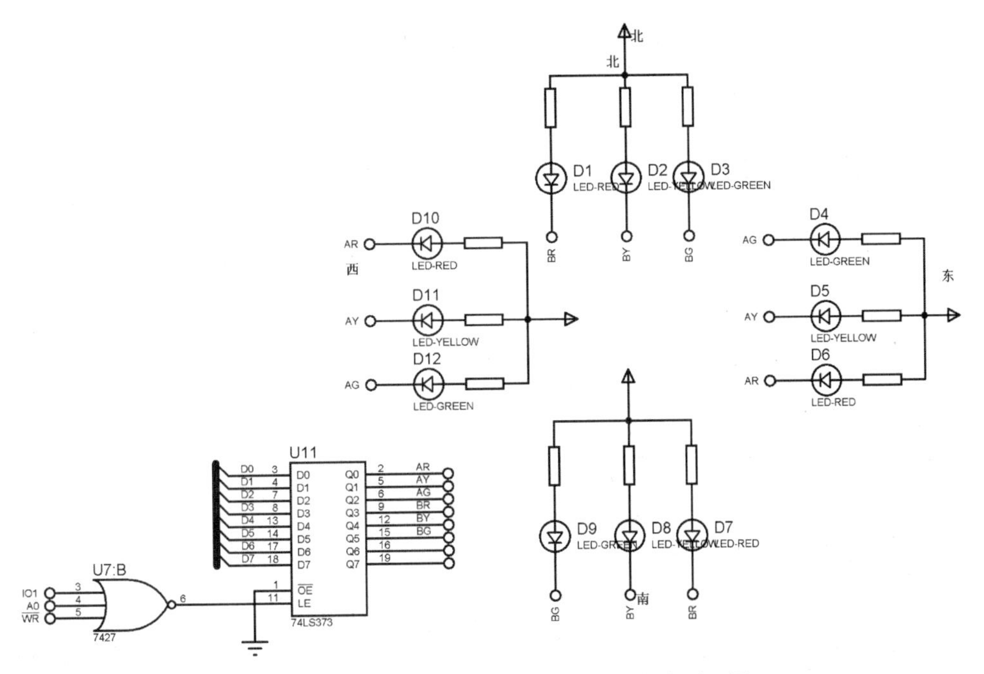

图 6.4-2　简易交通灯控制系统 V1.0 的电路原理图

【程序 6.4-1】

```
OUT373 EQU   0490H                  ;74LS373 地址
CODE    SEGMENT
        ASSUME CS:CODE,SS:STACK
START:  MOV    AX, STACK
        MOV    SS, AX
        LEA    TOP, SP
        MOV    DX, OUT373
LED0:   MOV    AL,11011110B         ;东西方向红灯亮，南北方向绿灯亮，AR=BG=0
        OUT    DX, AL
        CALL   DELAY1
        CALL   DELAY1
        OR     AL, 00100000B        ;南北方向绿灯灭
        OUT    DX, AL
        MOV    CX, 8                ;南北方向黄灯闪烁
YLEDB:  AND    AL, 11101111B        ;南北方向黄灯亮
        OUT    DX, AL
        CALL   DELAY2
        OR     AL, 00010000B        ;南北方向黄灯灭
        OUT    DX, AL
        CALL   DELAY2
        LOOP   YLEDB
        MOV    AL, 11110011B        ;南北方向红灯亮，东西方向绿灯亮，BR=AG=0
        OUT    DX, AL
        CALL   DELAY1
        OR     AL, 00000100B        ;东西方向绿灯灭
        OUT    DX, AL
        MOV    CX, 8                ;东西方向黄灯闪烁
YLEDA:  AND    AL, 11111101B        ;东西方向黄灯亮
        OUT    DX, AL
        CALL   DELAY2
        OR     AL, 00000010B        ;东西方向黄灯灭
```

```
        OUT    DX, AL
        CALL   DELAY2
        LOOP   YLEDA
        JMP    LED0
DELAY1: PUSH   AX
        PUSH   CX
        MOV    CX, 0030H
DELY2:  CALL   DELAY2
        LOOP   DELY2
        POP    CX
        POP    AX
        RET
DELAY2: PUSH   CX
        MOV    CX, 8000H
DELA1:  LOOP   DELA1
        POP    CX
        RET
CODE    ENDS
STACK   SEGMENT
        DB 100 DUP(?)
        TOP LABEL WORD
STACK   ENDS
        END    START
```

在后续章节中将以此案例为基础，加入新的可编程接口芯片，逐步进行功能拓展。

6.5 本章学习指导

6.5.1 本章主要内容

1. I/O 接口的作用和结构

I/O 接口的基本功能有：地址译码，缓冲、暂存，数据格式转换，电平转换，信号形式转换等。

为了实现 CPU 与外设的速度匹配，一般接口电路中使用锁存器锁存输出信息，再由外设处理。

CPU 与外设交换信息只允许在读/写周期占用总线，所以在接口电路中一般使用缓冲器实现 CPU 与外设的隔离。

2. I/O 端口编址方式

I/O 端口编址方式有存储器统一编址和端口独立编址两种，其对比见表 6.5-1。8086/8088 一般采用端口独立编址方式，通过专门的 I/O 端口访问指令(IN 和 OUT)来对端口进行访问。

表 6.5-1 I/O 端口编址方式对比

	存储器统一编址	端口独立编址
特点	把一个端口当成一个存储单元对待， CPU 访问端口与访问存储单元完全一样	把 I/O 端口看成独立于存储器的地址空间 I/O 端口的地址可以与存储单元的地址相同
优点	简化了指令系统的设计 对端口的操作更灵活	访问 I/O 端口和访问存储器的指令分开，程序可读性好 I/O 指令短，执行速度快 I/O 端口不占用存储器的地址空间 I/O 端口地址译码电路简单
缺点	I/O 端口占用存储器的地址空间 程序可读性差	需要专门的 I/O 指令和控制信号

3. I/O 方式

各种方式的特点与使用场合见表 6.5-2。

表 6.5-2　4 种 I/O 方式的比较

方式	特　点	应 用 场 合
无条件传输（同步传输）	接口简单，不考虑控制问题时只有数据端口	一般用于纯电子的外设、以及完全由 CPU 决定传输时间的场合和外设与 CPU 能同步工作的场合，否则就会出错
程序查询传输(条件传输)	比无条件传输接口多一个状态端口。在传输过程中，若外设数据没有准备好，则 CPU 主动查询或者处于等待状态，CPU 效率低下	理论上可用于所有的外设，但是由于查询等待等原因，主要应用在 CPU 负担不重，允许查询等待的场合
中断传输	CPU 处于被动状态，当外设发出中断请求后，CPU 响应，实现传输或控制，通过 CPU 执行 I/O 指令来实现数据传输	特别适合慢速外设和少量数据的传输
DMA	不需要 CPU 执行任何指令，而是在 DMAC 的硬件控制下实现数据传输，数据传输路径不需要经过 CPU	特别适合高速外设的批量传输

4. I/O 端口译码电路的设计

根据给出的译码电路分析出端口的地址(范围)，或者反过来已知端口地址(范围)设计正确的端口译码电路。

6.5.2　典型例题

【例 6.5-1】 某接口芯片有 2 根地址线 A_1、A_0，它的片选信号 $\overline{CS}$ 是地址总线中的 A_9～A_5 产生的，则该芯片（　　）。

A．占有 4 个端口地址，且端口地址唯一，互不重叠

B．占有 8 个端口地址，但每个端口地址重叠 2 次

C．占有 16 个端口地址，但每个端口地址重叠 4 次

D．占有 32 个端口地址，但每个端口地址重叠 8 次

分析：根据题意，在 A_9～A_5 产生片选信号选中芯片时，A_4～A_0 这 5 条地址线取任意值都可以访问该芯片内的某个端口，所以提供的端口地址有 2^5=32 个。但由于芯片本身的地址只有 A_1、A_0 这 2 条，所以本身的端口数只有 4 个。这样每个端口就重叠了 32/4=8 次。

【解答】 D

【例 6.5-2】 图 6.5-1 为某 8088 系统通过 2 个 74 系列芯片构成的 I/O 接口电路，试编写程序段，实现由输入端口读 10 个数据反相后由输出端口输出。

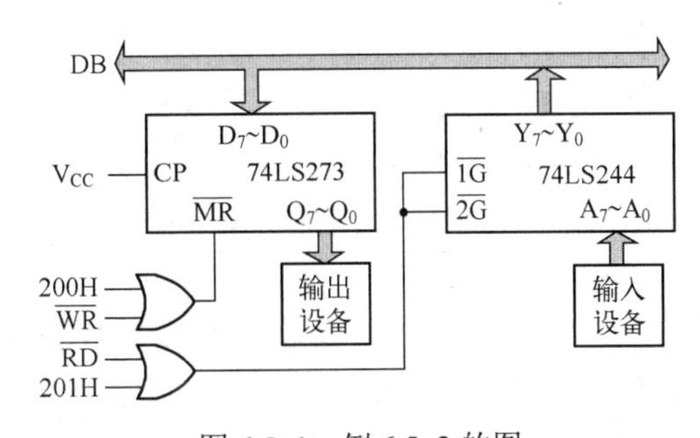

图 6.5-1　例 6.5-2 的图

分析：74LS273 作为输出端口，地址为 200H。74LS244 作为输入端口，地址为 201H。因为要传输 10 个数据，所以要用循环结构来实现，循环体内的操作包括：从输入端口读数据，取反，再通过输出端口输出。对应的程序段为：

【解答】
```
      MOV     CX, 10
  L1: MOV     DX, 201H
      IN      AL, DX
      NOT     AL
      MOV     DX, 200H
```

```
        OUT     DX, AL
        LOOP    L1
```

【例 6.5-3】 分析图 6.5-2 中 74LS138 译码器各输出端的地址范围。

分析：解题步骤如下：

（1）根据电路先确定与 G_1、$\overline{G}_{2A}$、$\overline{G}_{2B}$ 相连的各个引脚：

- G_1 接+5V，始终有效；
- 若要使 $\overline{G}_{2A}$ 和 $\overline{G}_{2B}$ 为 0，则需满足 $\overline{RD}$ 和 $\overline{WR}$ 任意一个为 0，且 $A_9=1$、$A_8=A_7=A_6=0$ 和 $M/\overline{IO}=0$。

（2）再分析与 C、B、A 相连的各引脚，可知 A_5、A_4、A_3 的组合有 8 种与 $\overline{Y}_0\sim\overline{Y}_7$ 对应。

（3）考虑到 A_2、A_1、A_0 未参加译码，其值任意，即取值为 000～111。

（4）最后综合所有地址信号的取值，得出结论。

【解答】 输出端的译码地址范围见表 6.5-3。

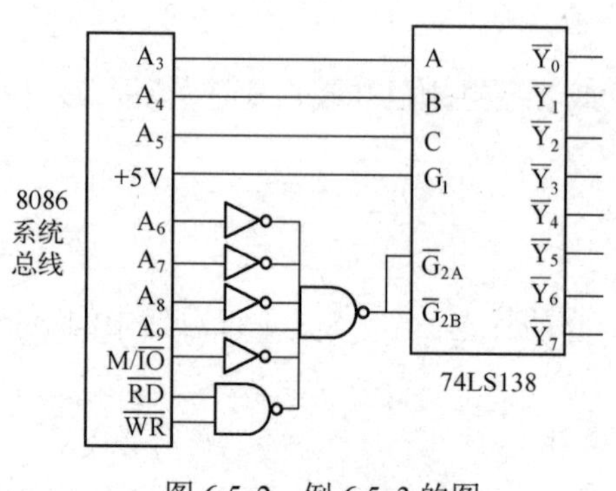

图 6.5-2　例 6.5-3 的图

表 6.5-3　译码地址范围

A_9 A_8 A_7 A_6	A_5 A_4 A_3	A_2 A_1 A_0	译码地址范围	输出端
1 0 0 0	0 0 0	0 0 0 ⋮ 1 1 1	200 H ～ 207 H	$\overline{Y}_0$
	0 0 1		208 H ～ 20F H	$\overline{Y}_1$
	0 1 0		210 H ～ 217 H	$\overline{Y}_2$
	0 1 1		218 H ～ 21F H	$\overline{Y}_3$
	1 0 0		220 H ～ 227 H	$\overline{Y}_4$
	1 0 1		228 H ～ 22F H	$\overline{Y}_5$
	1 1 0		230 H ～ 237 H	$\overline{Y}_6$
	1 1 1		238 H ～ 23F H	$\overline{Y}_7$

本章习题

6-1　图 6.5-3 为 I/O 端口的地址译码电路，试问 $\overline{Y}_1$ 对应的 I/O 端口为输入还是输出的。写出其对应的 I/O 端口地址范围。

6-2　有 8 个发光二极管，其阴极上加低电平则亮，用 74LS373 作为 I/O 接口与 8086 连接，若使这些二极管同时亮灭，并要求二极管亮灭的时间分别为 50ms 和 20ms。试画出其接口电路(假设端口地址为 0300H)，并编写程序完成上述要求(假设有延时子程序 CALL DELAY_10 可以直接调用，实现 10ms 的延时)。

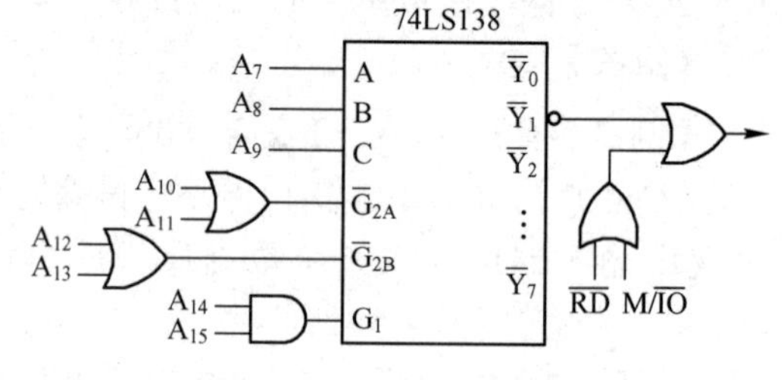

图 6.5-3　习题 6-1 的图

6-3　现有 2 个输入设备，使用程序查询传输方式。若状态位 $D_0=1$，1 号设备输入字符；状态位 $D_1=1$，2 号设备输入字符；状态位 $D_3=1$，1 号设备输入结束；状态位 $D_4=1$，2 号设备输入结束。设状态端口地址为 0624H，1 号设备数据端口地址为 0626H，2 号设备数据端口地址为 0628H，输入字符串缓冲区首地址分别为 BUFFER1 和 BUFFER2，试编写完成该功能的程序。

6-4　图 6.5-4 为 8086 系统中开关控制发光二极管亮灭的接口电路。

（1）分析输入和输出端口的端口地址是多少？

（2）在此电路基础上编写程序实现：不断扫描开关 K_1 和 K_2，当 K_1 闭合时，点亮 L_1、L_3、L_5、L_7，其他发光二极管灭；当 K_2 闭合时，点亮 L_2、L_4、L_6、L_8；当 K_1 和 K_2 同时闭合时所有发光二极管全灭；当 K_1 和 K_2 同时断开时，所有发光二极管状态不变。

（3）在 Proteus 环境下进行仿真和验证（最小系统仿真电路参考 2.6 节）。

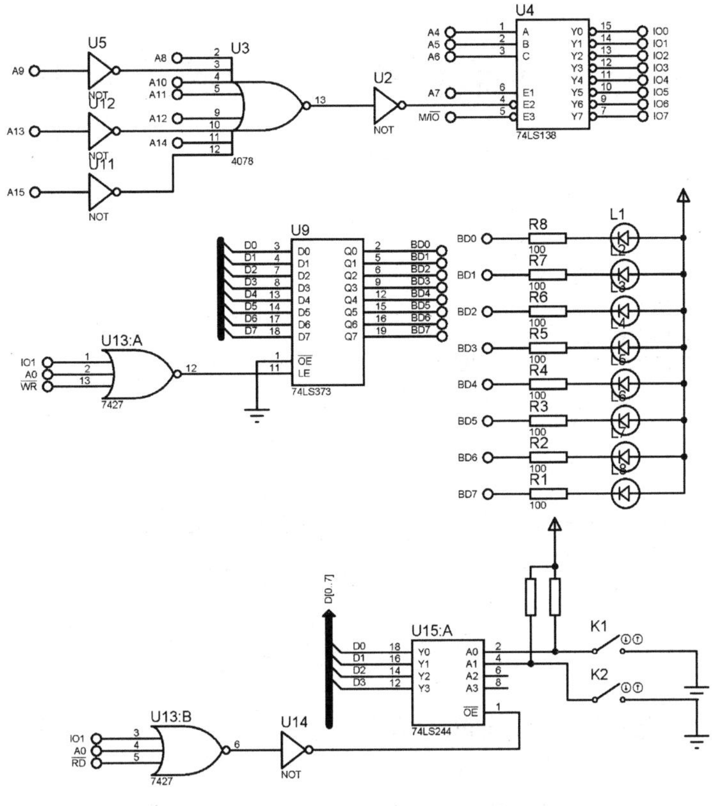

图 6.5-4　题 6-4 的电路原理图

6-5　现有一台硬币兑换器，平时等待纸币输入，当状态端口中的 D_2=1 时，表示有纸币输入。此时，可以从数据端口中读出纸币面额，一元纸币代码为 01，五元纸币代码为 02，十元纸币代码为 03（假设不会有其他类型纸币输入）。当 D_3=1 时，把兑换的一元硬币数（十六进制）从数据端口输出。设状态端口地址为 03FAH，数据输入端口地址为 03FCH，数据输出端口地址为 03FEH。画出其接口电路示意图，并编写程序段完成以上要求。

第 7 章　可编程并行接口芯片 8255A

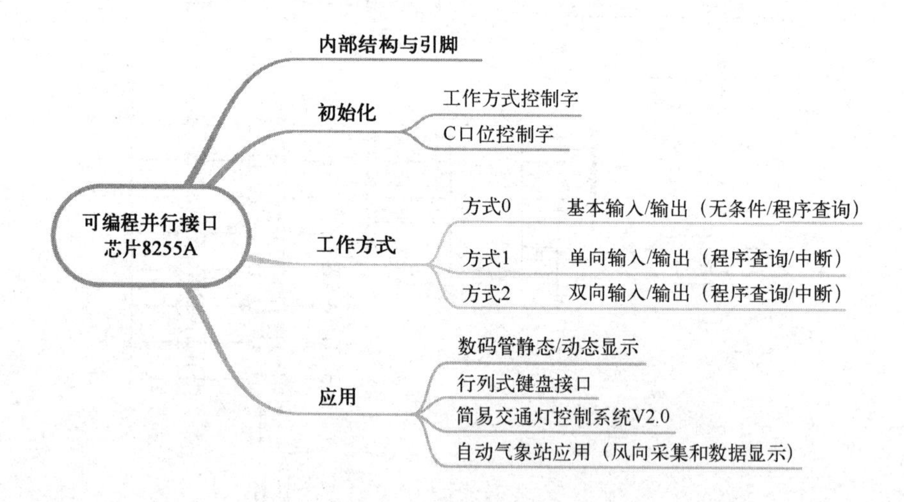

7.1　并行接口概述

正如第 6 章所述，接口是外设与 CPU 之间的桥梁。当 CPU 要输出信息到外设或从外设输入数据时，应通过各种接口实现。

根据接口与外设之间数据线的数目，数据传输分为串行传输和并行传输。串行传输指通过 1 根数据线逐位传输数据。并行传输用多根数据线同时传输数据。微机系统中常用的并行数据线有 4 位、8 位和 16 位等。并行接口传输速度快，多用在实时、高速的场合；并行接口适用于距离较近的数据传输，而用于长距离传输有两个问题，一是干扰大，另一个是线路成本太高。

并行接口又分为可编程和不可编程两种。不可编程并行接口由纯硬件电路组成，如 6.1 节介绍的锁存器和缓冲器都属于并行接口，可直接输入/输出，电路比较简单。可编程并行接口提供了可编程的工作方式寄存器、命令寄存器和状态寄存器，通过程序对这些寄存器设置和查询，实现对并行接口的控制。因此，可编程并行接口设置灵活，可适应不同需要，大多数微机系统中的并行接口都是这类接口。

可编程并行接口通常具有以下功能：

（1）数据缓冲、锁存。并行接口以字节为单位传输数据。当从外设输入数据时，输入数据存放在并行接口的数据输入端口中，CPU 可直接访问数据输入端口；当 CPU 向外设输出数据时，把数据输出到数据输出端口，接口控制将数据输出端口的数据锁存到与外设连接的数据线上。

（2）查询工作状态。并行接口每交换一个字节数据，既要按照 CPU 的 I/O 指令将交换的数据存放到数据缓冲器中，又要兼顾与外设的速度匹配。用程序查询式接口中信号的电平(读接口内部的状态寄存器)来确定外设状态，根据外设的“空闲”或“忙”状态决定是否进行数据输入/输出。状态寄存器是并行接口中很重要的寄存器。

（3）选择数据传输方式。并行接口一般能适应 CPU 与外设之间的多种数据传输方式，如无条件传输、程序查询传输、中断传输和 DMA。而这些数据传输方式的选择一般是通过编程予以确定的。

（4）提供控制命令。有些命令由 CPU 输出到并行接口，直接控制并行接口上的引脚信号，如中断请求响应、DMA 请求响应等；有些命令用于产生接口与外设之间的联络信号等。

（5）提供并行接口的编程端口。并行接口中有各种端口，通过对端口编程，从而实现对接口的管理和控制。每一个并行接口中都有多个可编程控制的 I/O 端口，通过对并行接口上地址线和片选线的控制，实现对各个端口的寻址和 I/O 操作。

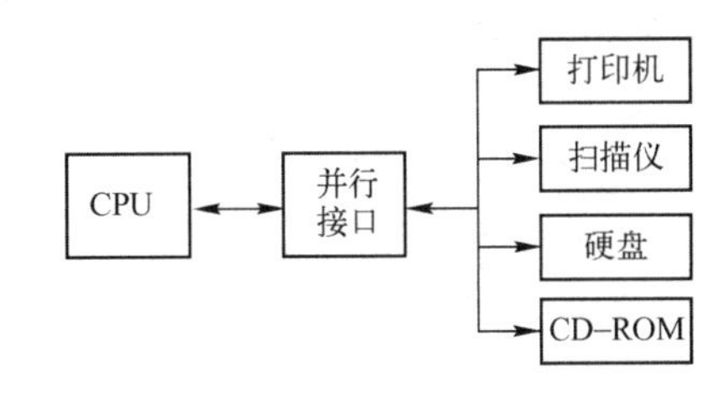

图 7.1-1　具备并行接口的外设

具备并行接口的外设种类繁多，如图 7.1-1 所示，有打印机、扫描仪、硬盘和 CD-ROM 等。通过电缆连接外设，用并行接口来实现外设与 CPU 之间的数据交换。

7.2　8255A 的结构与初始化

8255A 是一个为微机系统设计的通用的可编程并行接口芯片，它的外部信号完全与 Intel 公司的 CPU 兼容和匹配，无须增加辅助电路即可实现并行接口的功能。因此，其通用性强，使用灵活，传输效率高，适用于键盘、打印机和数据采集设备等各种场合。其基本功能如下：

（1）具有 3 组共 24 条独立的输入/输出引脚，每根引脚可编程控制；

（2）具有基本输入/输出、单向输入/输出和双向输入/输出 3 种工作方式；

（3）可实现与 CPU 之间的无条件、程序查询、中断和 DMA 四种数据传输方式；

（4）输入与输出电平与 TTL 电平兼容，每次输出电流最大可达 4.0mA，若与 8MHz 时钟以上的 CPU 配合，需要增加等待周期；

（5）单一+5V 电源，双列直插式，40 引脚。

7.2.1　8255A 内部结构和芯片引脚

1. 8255A 的内部结构

8255A 内部结构框图如图 7.2-1 所示，各组成部分说明如下。

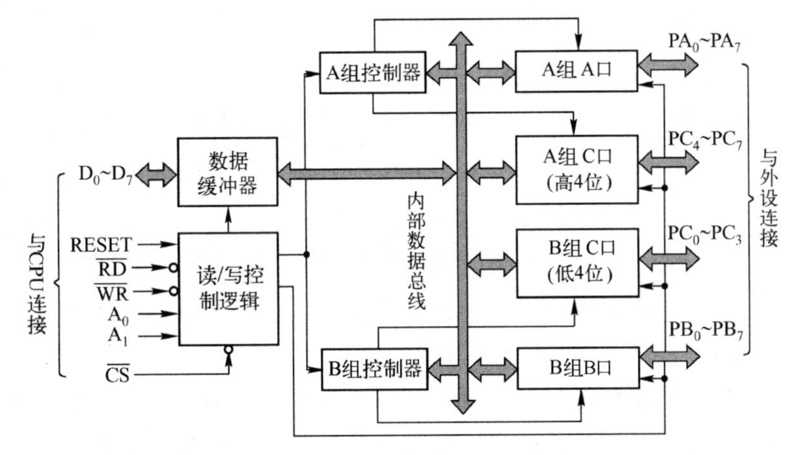

图 7.2-1　8255A 内部结构框图

8255A 有 3 个数据端口，即 A 口、B 口和 C 口，每个端口都有 8 根并行数据线，可作为输入或输出端口使用。这 3 个端口分为 A、B 两组，A 组包括 A 口和 C 口的高 4 位，B 组包括 B 口和 C 口的低 4 位。

A 组控制器和 B 组控制器是内部控制部件，从读/写控制逻辑接收 CPU 命令，从内部数据总线接收控制字，向有关的端口发出相应的命令。

读/写控制逻辑管理所有的内部和外部传输过程，包括数据及控制字。它接收来自 CPU 地址总线和控制总线的输入信号，然后向 A 组和 B 组的控制部件发送命令。

数据缓冲器是三态双向 8 位缓冲器，是 8255A 与数据总线的连接部件，CPU 通过 I/O 指令接收和发送数据、控制字和状态信息，由数据缓冲器把 CPU 的控制字或输出数据送至相应的端口；也可把外设的状态信息或输入数据通过相应的端口送至 CPU。

2. 8255A 的引脚

8255A 的引脚如图 7.2-2 所示。引脚分两部分：

（1）与 CPU 连接部分

RESET：复位信号，输入，高电平有效，复位时清除控制字寄存器，并置所有端口为输入。

$\overline{CS}$：片选信号，输入，低电平有效，启动 CPU 与 8255A 之间的数据交换。

$\overline{RD}$：读信号，输入，低电平有效，控制 8255A 送出数据或状态信息至 CPU。

$\overline{WR}$：写信号，输入，低电平有效，控制把 CPU 输出的数据或命令(控制字)写到 8255A。

A_1,A_0：端口地址选择线，输入，用来选择 3 个数据端口和控制字寄存器。8255A 端口选择如表 7.2-1 所示。

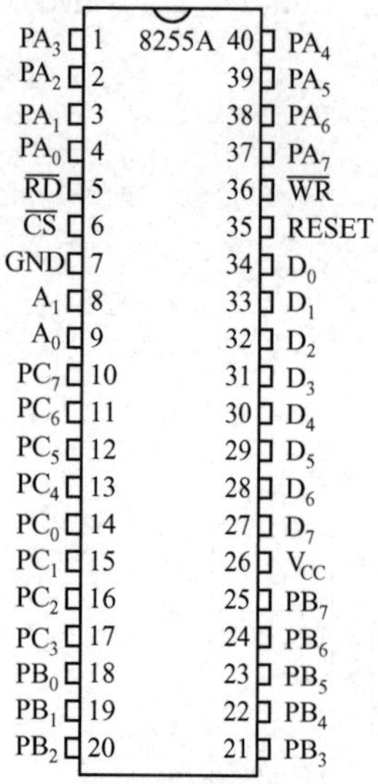

引脚	编号	8255A 编号	引脚
PA_3	1	40	PA_4
PA_2	2	39	PA_5
PA_1	3	38	PA_6
PA_0	4	37	PA_7
$\overline{RD}$	5	36	$\overline{WR}$
$\overline{CS}$	6	35	RESET
GND	7	34	D_0
A_1	8	33	D_1
A_0	9	32	D_2
PC_7	10	31	D_3
PC_6	11	30	D_4
PC_5	12	29	D_5
PC_4	13	28	D_6
PC_0	14	27	D_7
PC_1	15	26	V_{CC}
PC_2	16	25	PB_7
PC_3	17	24	PB_6
PB_0	18	23	PB_5
PB_1	19	22	PB_4
PB_2	20	21	PB_3

图 7.2-2　8255 的引脚

表 7.2-1　8255A 端口选择

A_1	A_0	$\overline{RD}$	$\overline{WR}$	$\overline{CS}$	输入操作(读)
0	0	0	1	0	端口 A→数据总线
0	1	0	1	0	端口 B→数据总线
1	0	0	1	0	端口 C→数据总线
A_1	A_0	$\overline{RD}$	$\overline{WR}$	$\overline{CS}$	输出操作(写)
0	0	1	0	0	数据总线→端口 A
0	1	1	0	0	数据总线→端口 B
1	0	1	0	0	数据总线→端口 C
1	1	1	0	0	数据总线→控制字寄存器
A_1	A_0	$\overline{RD}$	$\overline{WR}$	$\overline{CS}$	断开功能
×	×	×	×	1	数据总线为三态
1	1	0	1	0	无效状态
×	×	1	1	0	数据总线为三态

D_7～D_0：数据线，与数据总线相连接，CPU 通过它向 8255A 发送命令(控制字)和数据，8255A 也通过它向 CPU 回送数据和状态信息。

图 7.2-3 是 8255A 与 8086 的连接图。$A_9A_8A_7A_6A_5A_4A_3$=100×001 时，$\overline{Y_1}=0$。A_6 未参与译码，假设 A_6=0。8255A 端口地址分配见表 7.2-2，A 口、B 口和 C 口的地址分别是 208H、20AH 和 20CH，可对这 3 个端口进行读/写操作。控制字寄存器地址为 20EH。

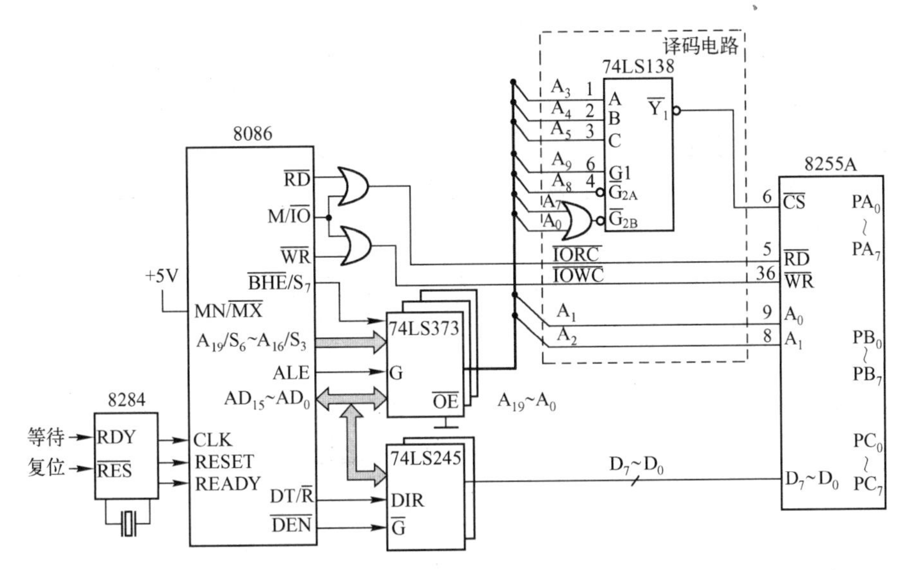

图 7.2-3　8255A 与 8086 的连接图

表 7.2-2　8255A 端口地址分配

$A_9A_8A_7$	A_6	$A_5A_4A_3$	A_2A_1	A_0	地址	端口
1　0　0	×	0　0　1	0　0	0	208H	A 口
1　0　0	×	0　0　1	0　1	0	20AH	B 口
1　0　0	×	0　0　1	1　0	0	20CH	C 口
1　0　0	×	0　0　1	1　1	0	20EH	控制字寄存器

（2）与外设连接部分

PA_7～PA_0：A 口的输入/输出数据线，输入/输出都可锁存，双向，三态引脚。

PB_7～PB_0：B 口的输入/输出数据线，输入不锁存，输出锁存，双向，三态引脚。

PC_7～PC_0：C 口的输入/输出数据线，输入不锁存，输出锁存，双向，三态引脚。该端口可通过编程分为 2 个 4 位的端口，用于传输数据和状态信息。

这 3 个端口分为 2 组，按组进行编程，每组 12 根引脚。

7.2.2　8255A 的工作方式和初始化编程

1．8255A 的工作方式

8255A 有 3 种工作方式：方式 0 为基本输入/输出方式；方式 1 为单向输入/输出方式；方式 2 为双向输入/输出方式。

方式 0 主要工作在无条件传输方式下，不需要联络线。A 口、B 口和 C 口均可工作在此方式下。在方式 0 下，C 口的输出位可由用户直接独立设置为“0”或“1”。

方式 1 主要工作在程序查询传输方式下(必须先检查状态，然后才能传输数据)。仅有 A 口和 B 口可工作于方式 1。由于程序查询传输需要联络线，所以在方式 1 下，C 口的某些位分别为 A 口和 B 口各提供 3 根联络线。

方式 2 的双向输入/输出方式是指在同一端口内分时进行输入/输出操作。8255A 中只有 A 口可工作在这种方式下。当 A 口工作在方式 2 时，它需要 5 根联络线，均由 C 口提供。故此时 B 口只能工作在方式 0 或方式 1。当 B 口工作在方式 1 时，又需要 3 根联络线，所以当 A

口工作在方式 2，同时 B 口又工作在方式 1 时，C 口的 8 根线将全部用作联络线，C 口也就因没有 I/O 功能而“消失”了。关于 C 口联络线的定义后面将详细讨论。

2．8255A 的初始化编程

所谓 8255A 的初始化编程，就是用户在使用 8255A 前，用软件来定义端口的工作方式，选择所需要的功能。掌握 8255A 的初始化是正确使用该芯片的前提，为此须先了解 8255A 的控制字。8255A 的控制字有两个：工作方式控制字和 C 口的位控制字。这两个控制字都用同一个端口地址（A_1A_0=11，控制字寄存器），编程时用控制字最高位（D_7）的值来区别。

D_7=1，表示 8255A 的工作方式控制字，其格式如图 7.2-4 所示。

工作方式选择分 A 组和 B 组，D_6D_5 是 A 组方式选择，用于选择方式 0、方式 1 和方式 2。D_2 定义 B 组方式选择。

A 口、B 口、C 口由 D_4、D_3、D_1 和 D_0 定义为输入或输出端口，若该位为 1，则表示对应端口是输入端口，若该位为 0，则表示对应端口是输出端口。每个端口在复位之后默认为输入端口。

【例 7.2-1】 如果控制字的值是 10100010B（A2H），表示 A 组工作在方式 1，A 口和 C 口的高 4 位为输出，B 组工作在方式 0，B 口为输入，C 口的低 4 位为输出。控制字设置如图 7.2-5 所示。8255A 端口地址分配见表 7.2-2，编写初始化程序。

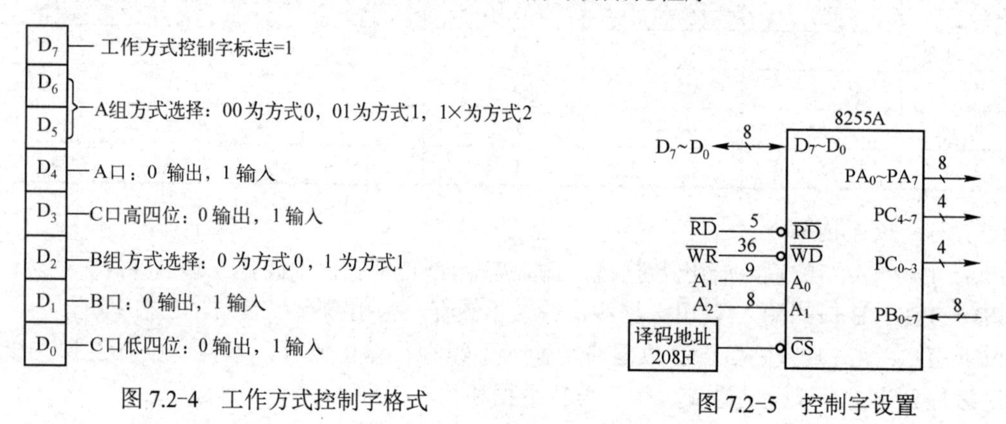

图 7.2-4　工作方式控制字格式

图 7.2-5　控制字设置

【解答】 初始化程序如下：

```
MOV    AL, 0A2H
MOV    DX, 20EH              ; 控制字写入控制字寄存器
OUT    DX, AL
```

D_7=0，表示 C 口的位控制字；C 口位控制字的格式如图 7.2-6 所示。

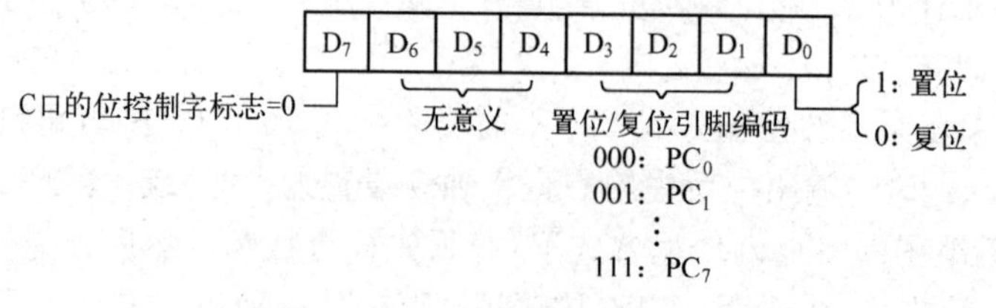

图 7.2-6　C 口位控制字格式

当 8255A 工作在方式 1 和方式 2 时，C 口用作控制端口；此时，C 口的每一位都有专用的控制意义，所以 C 口具有位控操作功能。例如：8255A 设置中断允许信号 INTE，如果编程设置 PC_4 置位，表示允许中断。

【例 7.2-2】 编写使 C 口的 PC_2 置位和 PC_4 复位的程序。8255A 端口地址分配见表 7.2-2。

【解答】 程序如下：

```
MOV    AL, 00000101B
MOV    DX, 20EH
OUT    DX, AL               ; PC2位置位
MOV    AL, 00001000B
OUT    DX, AL               ; PC4位复位
```

练习题 1

7.2-1 8255A 与 CPU 之间的数据总线为（　　）数据总线，8255A 与外设间每个端口的数据为（　　）。

A．4 位　　B．8 位　　C．16 位　　D．32 位

7.2-2 8255A 的 $\overline{CS}$=0、A_1=0、A_0=0、$\overline{RD}$=0 时，完成的工作是（　　）。

A．将 A 口数据读入　　B．将 B 口数据读入　　C．将 C 口数据读入　　D．将控制字寄存器内容读入

7.2-3 8255A 的 $\overline{CS}$=0、A_1=1、A_0=1、$\overline{WR}$=0 时，完成的工作是（　　）。

A．将数据写入 A 口　　B．将数据写入 B 口　　C．将数据写入 C 口　　D．将控制字写入控制字寄存器

7.2-4 8255A 的工作方式控制字为 80H，其含义为（　　）。

A．A、B、C 口全为方式 0 输入

B．A、B、C 口全为方式 0 输出

C．A 口为方式 2 输出，B、C 口全为方式 0 输出

D．A、B 口全为方式 0 输出，C 口任意

7.2-5 下列数据中，（　　）有可能是 8255A 的工作方式控制字。

A．00H　　B．79H　　C.80H　　D．54H

7.2-6 某一 8255A 芯片，需要对 PC_4 置位，则 C 口的位控制字应为__________。

7.2-7 试编写程序使 B 口和 C 口均工作在方式 0 输出，并使 PB_5 和 PC_5 输出低电平，而其他位的状态保持不变。设 8255A 的端口地址为 8CH～8FH，CPU 为 8088。

7.2-8 8255A 的三个端口在使用时有什么差别？

7.2-9 设某 8086 系统中有两个 8255A，由 74LS138 译码器产生这两个芯片的片选信号，如图 7.2-7 所示。要求：第 1 个 8255A 的 A 口工作在方式 0 输出，B 口工作在方式 0 输入，C 口高 4 位为输出，低 4 位为输入。第 2 个 8255A 的 A 口为方式 0 输入，B 口为方式 1 输出，C 口高 4 位输出。

（1）试指出这两个 8255A 芯片各自的端口地址；

（2）试写出这两个 8255A 芯片各自的工作方式控制字；

（3）试写出这两个 8255A 芯片各自的初始化程序。

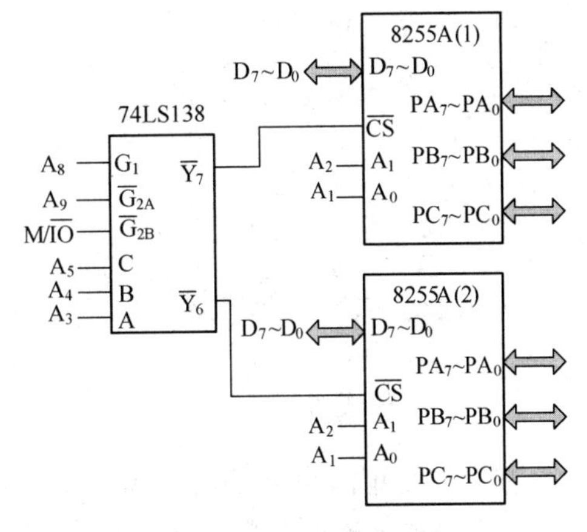

图 7.2-7　习题 7.2-9 图

7.3　8255A 的工作方式分析

7.3.1　方式 0

方式 0 是基本输入/输出方式，在这种工作方式下，3 个端口的每一个都可以由程序设置为输入或输出端口。此时没有其他的控制线，只有输入/输出的数据线，又称为直接输入/输出方式。

输出端口锁存，而输入端口缓冲、不锁存。当 CPU 发出输出数据指令后，数据按照指令指定的端口地址传输，并锁存输出，可从引脚上测量到输出数据的电平，直至再次输出新数据，电平才会变化；当 CPU 发出读指令时，CPU 能够直接从 8255A 的输入端口读到数据，而读到的数据就是当时引脚上的电平。

【例 7.3-1】 假设 8255A 的 A 口、B 口、C 口和控制字寄存器的端口地址如表 7.2-2 所示，3 个口均工作在方式 0。编程设置 A 口为输出，B 口为输出，C 口为输入，并将 C 口输入的值取反输出到 A 口，B 口高 4 位为高电平，低 4 位为低电平。

【解答】 程序如下：

```
MOV   AL, 10001001B
MOV   DX, 20EH             ; 设置工作方式控制字
OUT   DX, AL
MOV   DX, 20CH             ; C 口输入
IN    AL, DX
NOT   AL                   ; 取反操作
MOV   DX, 208H             ; 输出到 A 口
OUT   DX, AL
MOV   AL, 0F0H
MOV   DX, 20AH             ; 输出到 B 口
OUT   DX, AL
```

C 口的设置与 A 口和 B 口不同，可以按照高 4 位和低 4 位分开设置输入或输出，当高 4 位与低 4 位输入/输出方式不同时，按照 1 个字节编程操作输出或输入。

【例 7.3-2】 编程设置 C 口的工作方式，高 4 位为输入，低 4 位为输出，将高 4 位输入的数据输出到低 4 位。假设端口地址同上例。

【解答】 程序如下：

```
MOV   AL, 10001000B
MOV   DX, 20EH             ; 设置工作方式控制字
OUT   DX, AL
MOV   DX, 20CH             ; 读入 C 口高 4 位
IN    AL, DX
MOV   CL, 04H
SHR   AL, CL               ; 将高 4 位移到低 4 位
OUT   DX, AL               ; 输出到 C 口低 4 位
```

7.3.2 方式 1

方式 1 是单向输入/输出方式，分为 A、B 两组，A 组由数据口 A 口和控制口 C 口的高 3 位及 PC_3 组成，B 组由数据口 B 口和控制口 C 口的低 3 位组成。数据口的输入/输出都是锁存的。所谓单向是指控制字一旦确定 A 口或 B 口是输入或输出后，数据传输方向就不可改变，这点主要是相对方式 2 而言。

在方式 1 下，C 口用作联络线，不再是并行的 4 位或 8 位数据口，联络线的时序关系是严格的，编程控制时要注意时序。

1. 单向输出

方式 1 下的 A 口和 B 口为输出时，控制引脚和工作方式控制字格式分别如图 7.3-1 和图 7.3-2 所示。

下面分别介绍各信号的作用和时序关系。

$\overline{OBF}$：输出缓冲器满(Output Buffer Full)，输出，低电平有效，当 CPU 数据输出到端口 A 或端口 B 锁存时，使$\overline{OBF}$变为低电平，在外设返回$\overline{ACK}$脉冲时，$\overline{OBF}$被置位。

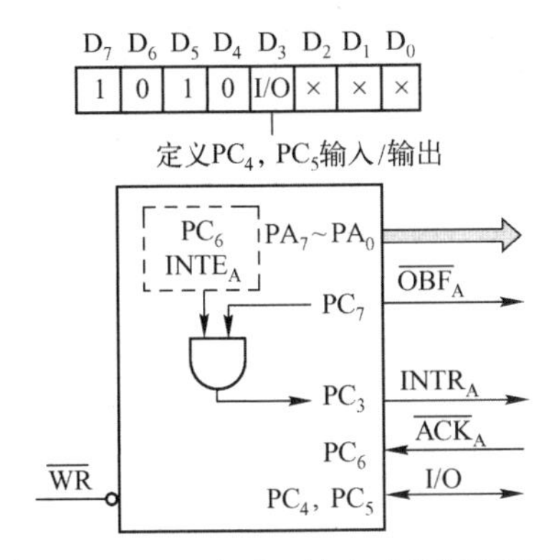

图 7.3-1　A 口方式 1 输出时控制引脚和工作方式控制字格式

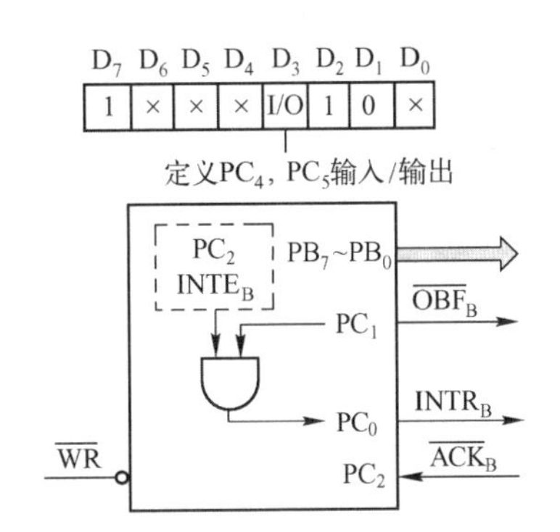

图 7.3-2　B 口方式 1 输出时控制引脚和工作方式控制字格式

$\overline{ACK}$：外设应答信号（Acknowledge)，输入，低电平有效，该信号有效可使$\overline{OBF}$引脚置位，指示外设已经接收到 8255A 端口送来的数据。

INTR：中断请求信号(Interrupt Request)，输出，高电平有效。在外设接收到数据后，8255A 允许中断，则 INTR 变为高电平，向 CPU 发出中断请求。

INTE：中断允许信号(Interrupt Enable)，内部输出，这个控制信号由编程设置。当允许中断时，将该位置位；若不允许中断，则将该位复位。注意：A 口是 PC_6 位，B 口是 PC_2 位。

方式 1 输出的时序如图 7.3-3 所示。当初始化程序设置了工作方式控制字之后，CPU 输出(写)一个数据到端口，$\overline{OBF}$变为低电平，表示输出缓冲器满，指示外设取数据，同时使 INTR 变为低电平。外设取走锁存在端口的数据之后，使$\overline{ACK}$变成低电平，$\overline{ACK}$又使$\overline{OBF}$置位，并使 INTR 有效(允许中断时)。

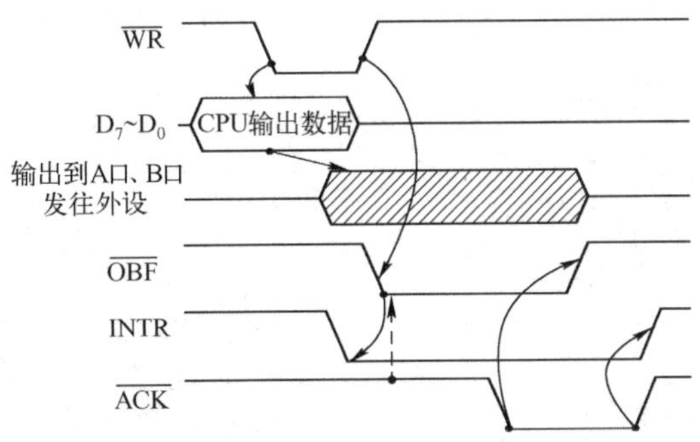

图 7.3-3　方式 1 输出的时序

【例 7.3-3】 如图 7.3-4 所示，8255A 的 A 口工作于方式 1 输出，控制发光二极管，判断 PC_7 ($\overline{OBF_A}$)的状态：如果为 0 则等待；如果为 1（按下 PC_6 上的按键$\overline{ACK_A}$，$\overline{OBF_A}$变为高电平)，则表示外设已经从输出缓冲器取走了数据，输出缓冲器变空，这时 CPU 可以输出数据至 A 口，点亮其中一个发光二极管（以逐位右移的顺序点亮)，请编写对应的程序（最小系统仿真电路和 I/O 端口地址译码电路分别见 2.6 节与 6.2 节)。

分析：根据条件可知 8255A 的工作方式控制字为 10100000B。采用查询法对 PC_7($\overline{OBF_A}$)的状态进行检测，TEST 指令中的测试字是 10000000B。

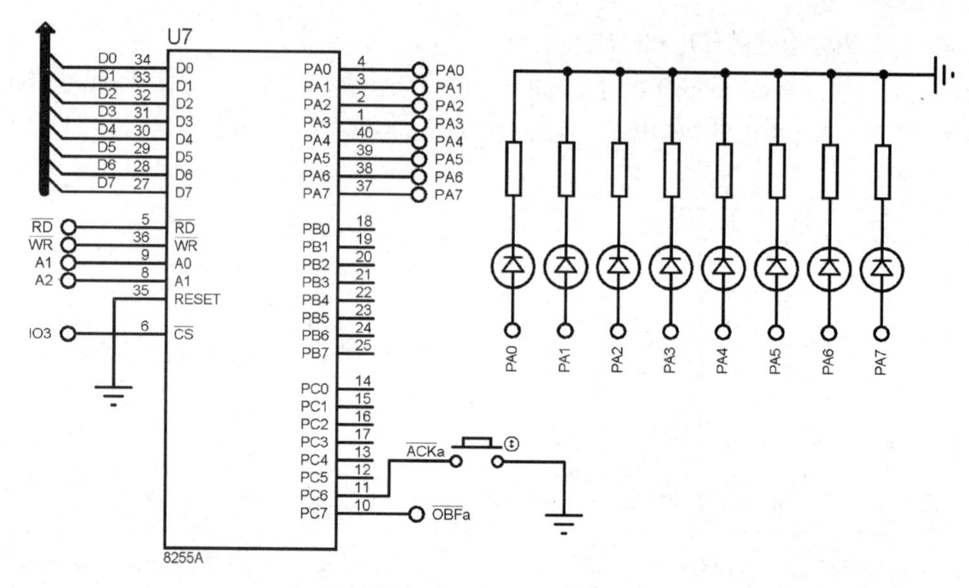

图 7.3-4　例 7.3-3 图①

【程序 7.3-1】

```
        IOCON    EQU 04B6H
        IOA      EQU 04B0H
        IOB      EQU 04B2H
        IOC      EQU 04B4H
        CODE     SEGMENT
                 ASSUME CS:CODE,DS:DATA,SS:STACK
        START:   MOV    AX, DATA
                 MOV    DS, AX
                 MOV    AX, STACK
                 MOV    SS, AX
                 LEA    SP, TOP
                 MOV    AL, 10100000B      ;8255A 初始化
                 MOV    DX, IOCON
                 OUT    DX, AL
        NEXT:    MOV    DX, IOA            ;A 口输出
                 MOV    AL, LED
                 OUT    DX, AL
        AGAIN:   MOV    DX, IOC            ;读状态
                 IN     AL, DX
                 TEST   AL, 10000000B      ;检测/OBFa 是否等于 1②
                 JZ     AGAIN              ;/OBFa=0 表示输出缓冲器满
                 ROL    LED, 1             ;/OBFa=1 表示外设已经取走数据
                 CALL   DELAY              ;/ACKa 由按键模拟
                 JMP    NEXT
        DELAY    PROC                      ;延时子程序
                 PUSH    BX
                 PUSH    CX
                 MOV     BX, 300
        LP1:     MOV     CX, 496
        LP2:     LOOP    LP2
                 DEC     BX
```

① 仿真软件中不支持输入下标，因此用小写字母 a 表示引脚名中的下标。

② 程序注释中不支持输入上画线，因此用“/”表示。

```
            JNZ     LP1
            POP     CX
            POP     BX
            RET
    DELAY   ENDP
    CODE    ENDS
    DATA    SEGMENT
            ORG 0100H
            LED DB  01H
    DATA    ENDS
    STACK   SEGMENT
            DB 100 DUP(?)
            TOP LABEL WORD
    STACK   ENDS
            END   START
```

2. 单向输入

方式 1 下的 A 口和 B 口为输入时，控制引脚和工作方式控制字格式分别如图 7.3-5 和图 7.3-6 所示。

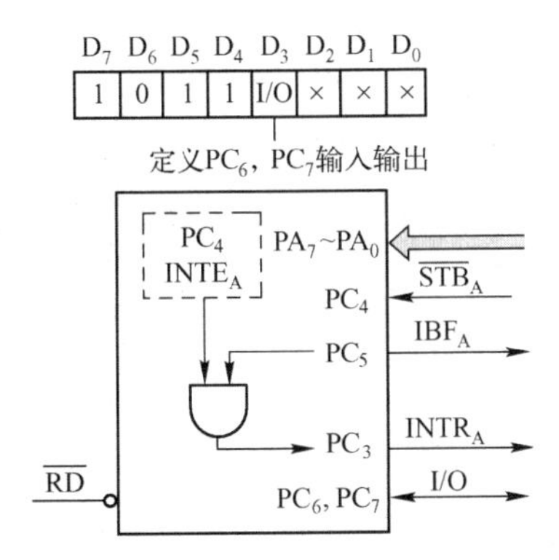

图 7.3-5　A 口方式 1 输入时控制引脚和工作方式控制字格式

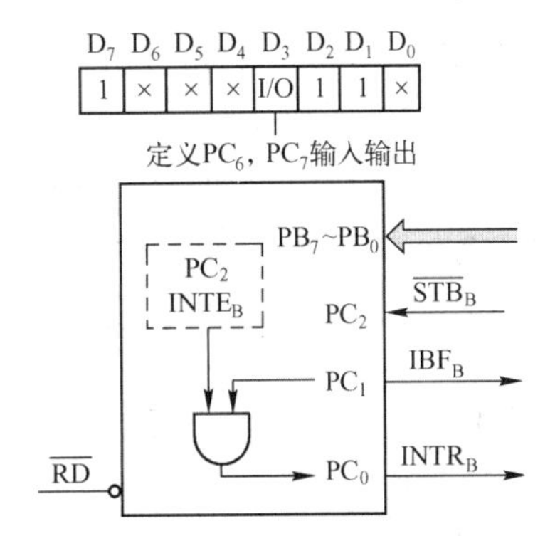

图 7.3-6　B 口方式 1 输入时控制引脚和工作方式控制字格式

在方式 1 输入时，INTR 和 INTE 的作用与输出时相同，$INTE_A$ 由 PC_4 控制，$INTE_B$ 仍由 PC_2 控制。

$\overline{STB}$：选通信号(Strobe)，输入，低电平有效，将外设数据写入端口锁存器中，当数据输入到 8255A 端口后，等待 CPU 通过 IN 指令读取端口数据。

IBF：输入缓冲器满(Input Buffer Full)，输出，高电平有效，它指示输入缓冲器已经存入了数据。CPU 将外设存入的数据读取后，IBF 会变成低电平，指示输入缓冲器空了。这是 8255A 送给外设的状态信号，可供 CPU 查询。

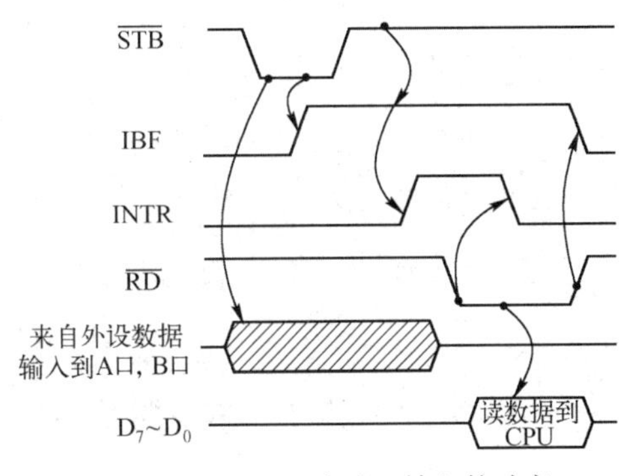

图 7.3-7　8255A 方式 1 输入的时序

8255A 方式 1 输入的时序如图 7.3-7 所示。该时序说明，当外设数据准备好之后，发信号到 $\overline{STB}$，将外设的数据锁存到 8255A 数据端口，并使 $\overline{STB}$ 有效(即低电平)，该信号促使 IBF 由低变高，指示 8255A 的输入缓冲器满。当 8255A 允许中断时，即向 CPU 发出中断请求信号 INTR。

IBF 是一个重要的信号，它的电平高低标志着什么时候能读到外设输入的数据，什么时候不能读到数据。

INTR 在 $\overline{STB}$、IBF 和 INTE 三者同时为高电平时才有效。CPU 响应中断后，可以用 IN 指令读取数据，$\overline{RD}$ 的下降沿将 INTR 复位成低电平。

【例 7.3-4】 如图 7.3-8 所示，8255A 的 B 口接 8 个开关，工作方式设为方式 1 输入，A 口接 8 个发光二极管，设置为方式 0 输出。PC_2 为选通信号，接按键（负脉冲源）。按下负脉冲源，$\overline{STB}_B$ 有效，开关状态被存入 B 口，CPU 检测到 PC_1（IBF_B）为高电平后，从 B 口读入开关状态，并通过 PA 口控制发光二极管的状态，编写对应的程序。

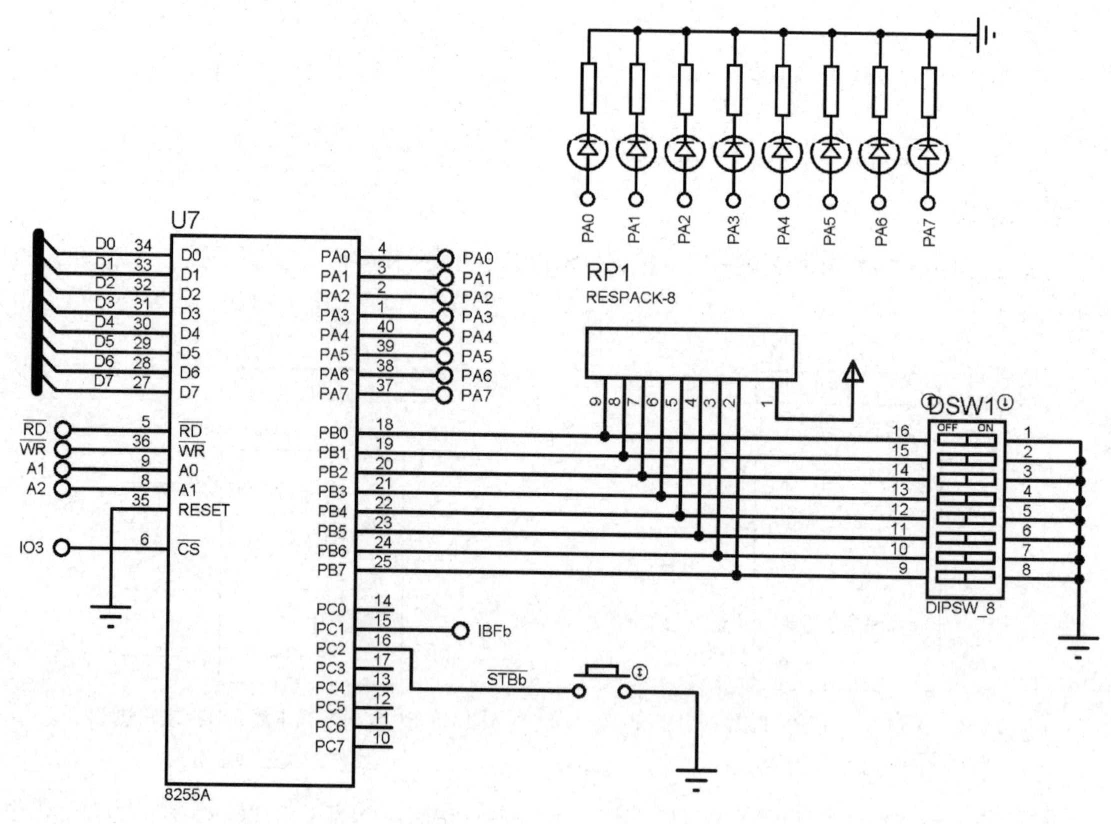

图 7.3-8 例 7.3-4 图①

分析：根据条件可知 8255A 的工作方式控制字为 10000110B。采用查询法对 PC_1（IBF_B）的状态进行检测，因此 TEST 指令中的测试字是 00000010B。

【程序 7.3-2】

```
IOCON   EQU 04B6H                 ;8255A 控制字寄存器
IOA     EQU 04B0H
IOB     EQU 04B2H
IOC     EQU 04B4H
CODE    SEGMENT
        ASSUME CS:CODE
START:  MOV    DX,IOCON
        MOV    AL, 10000110B      ;写工作方式控制字，A 口方式 0 输出，B 口方式 1 输入
        OUT    DX, AL
AGAIN:  MOV    DX, IOC
```

① 仿真软件中不支持输入下标，因此用小写字母 b 表示引脚名中的下标。

```
        IN     AL, DX
        TEST   AL, 00000010B      ;测试 IBFb 是否为高电平
        JZ     AGAIN              ;IBFb 为低电平，继续检测
        MOV    DX, IOB            ;IBFb 为高电平，读 B 口开关状态
        IN     AL, DX
        MOV    DX, IOA            ;A 口输出
        OUT    DX, AL
        JMP    AGAIN
CODE    ENDS
        END    START
```

B 口开关状态的改变，必须等按下 PC_2 引脚上的按键之后（$\overline{STB_B}$ 变低），才会在 A 口的发光二极管上有所体现。

7.3.3 方式 2

方式 2 是双向输入/输出方式。这种方式的特点是在一定控制信号的作用下，一个端口既用作输入又用作输出，因此称该端口为双向的。

只有 A 口有方式 2，即只有 A 口可以设置为双向的数据端口，此时 PC_7～PC_3 作为联络线使用。方式 2 下的控制引脚和工作方式控制字格式如图 7.3-9 所示。

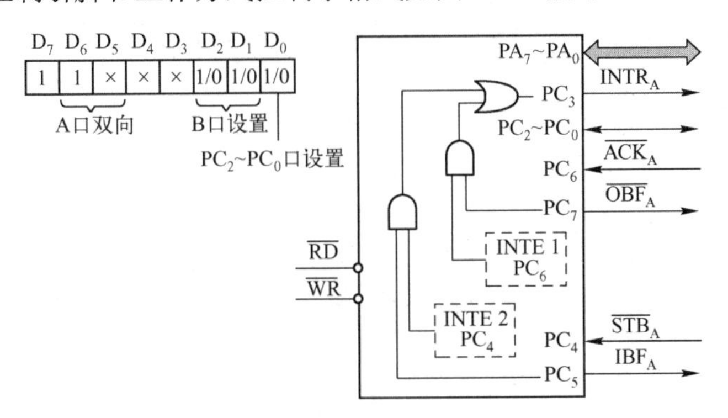

图 7.3-9 8255A 方式 2 控制引脚和工作方式控制字格式

根据图示，当 A 口定义为方式 2 时：B 口工作在方式 0，C 口的 PC_2～PC_0 位可以作为普通的输入/输出使用；当 B 口工作于方式 1 时，PC_2～PC_0 作为 B 口的联络信号。

INTE 1 和 INTE 2 分别为输出和输入时的中断允许信号，分别由 PC_6 和 PC_4 置位/复位。$INTR_A$ 既用于输出时的中断请求，也用于输入时的中断请求。其余联络信号的含义与方式 1 下输入和输出相同。联络信号的时序也是方式 1 下输出和输入时序的组合。

练习题 2

7.3-1 8255A 只有工作在方式______下才可以实现双向数据传输，工作方式______具有中断请求功能。

7.3-2 当 8255A 工作在方式 1 输入时，可通过信号（　　）知道外设的输入数据已准备好。

A．READY　　B．IBF　　C．$\overline{STB}$　　D．INTR

7.3-3 8255A 工作于方式 1 输出，A 口/B 口与外设之间的控制状态联络信号是（　　）。

A．$\overline{STB}$ 与 IBF　　B．IBF 与 $\overline{ACK}$　　C．$\overline{OBF}$ 与 $\overline{ACK}$　　D．$\overline{OBF}$ 与 $\overline{STB}$

7.3-4 8255A 的 A 口工作在方式 2 时，B 口可以工作在（　　）。

A．方式 0　　B．方式 1　　C．方式 2　　D．方式 0 或方式 1

7.3-5 试指出下列工作方式组合使用时，8255A 的 C 口各位的作用。

（1）A 口工作在方式 2，B 口工作在方式 0 输入；

（2）A 口工作在方式 2，B 口工作在方式 1 输入；

（3）A 口工作在方式 2，B 口工作在方式 1 输出。

7.3-6 8255A 的方式 1 一般用在什么场合？在方式 1 时，如何使用联络信号？

7.4 8255A 应用举例

在对 8255A 进行应用设计时，应该注意以下几点：

（1）8255A 在微机系统中的 I/O 端口地址的分配。

（2）并行的输入/输出采用何种数据传输方式，如果是无条件传输方式，应该速度匹配；如果是程序查询传输方式，应该注意查询信号的引脚和有效电平；如果是中断传输方式，应该注意中断类型码和中断向量地址等(见第 8 章)。

（3）程序设计一般包括 8255A 的初始化、数据端口的初始值设置等。

（4）实际应用中，还要确定与其配合的信号电平和锁存关系等。

7.4.1 案例：8255A 与数码管静态显示

图 7.4-1 为 8255A 控制的数码管静态显示电路原理图，8255A 的 A 口和 B 口接两个共阳极数码管。初始时数码管显示数字 00，然后每隔一段固定时间数字加 1，当数字超过 59 之后回到 00。

用变量 NUM 存储待显示的数字。假设 NUM 当前值对应的十进制数是 12，必须把 NUM 个位的“2”和十位的“1”分离，然后再通过查表等方法获得数字“2”和“1”对应的共阳极数码管的段码，分别送 A 口和 B 口。

解决此问题有两种思路：第一种是通过除法运算，分离出个位和十位，十位在除法运算的商 AL 中，个位在余数 AH 中；第二种是通过移位运算和与运算，先把 NUM 的值取出来与 0FH 相与，得到个位，查表获得个位的段码，然后把 NUM 的值取出来向右移位 4 位，再与 0FH 相与，得到十位，查表获得十位的段码。本案例采用第二种思路。

此时还有一个问题要解决，每隔固定时间 NUM 需要加 1，但是指令 ADD 和 INC 都是基于二进制规则做加法的，如果 NUM 当前为 09H，再加 1 后，NUM 变成 0AH，而不是需要的 10。为了解决此问题，可以用 3.3 节介绍的十进制调整指令 DAA，需要注意该指令默认的操作数在 AL 中。

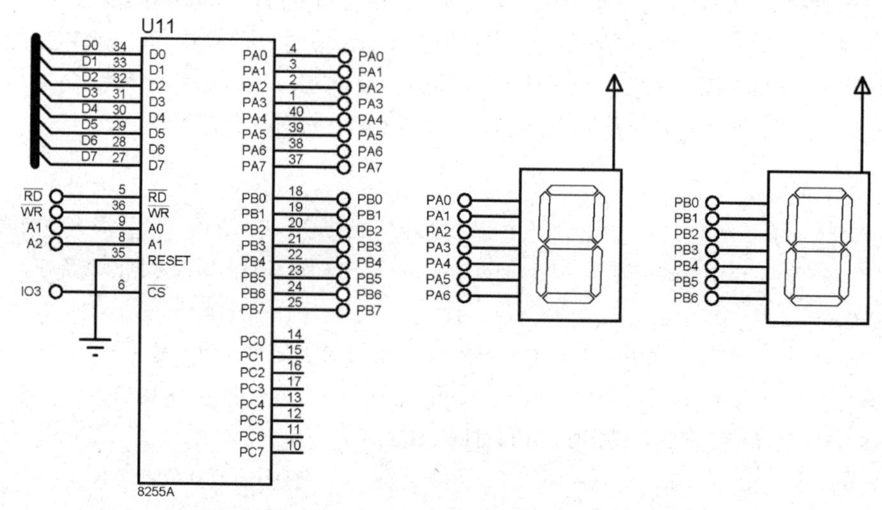

图 7.4-1 8255A 控制的数码管静态显示的电路原理图

【程序 7.4-1】

```
IOCON   EQU 04B6H
IOA     EQU 04B0H
IOB     EQU 04B2H
IOC     EQU 04B4H
CODE    SEGMENT
        ASSUME CS:CODE,DS:DATA,SS:STACK
START:  MOV    AX, DATA
        MOV    DS, AX
        MOV    AX, STACK
        MOV    SS, AX
        LEA    SP, TOP
        MOV    AL, 10000000B         ;8255A 初始化
        MOV    DX, IOCON             ;A 口、B 口、C 口方式 0 输出
        OUT    DX, AL
NEXT:   CALL   DISP
        CALL   DELAY
        MOV    AL,NUM
        INC    AL
        DAA
        MOV    NUM,AL
        CMP    AL, 60H
        JB     NEXT
        MOV    NUM,0
        JMP    NEXT
DISP    PROC                         ;把 NUM 的十位、个位分离，送 A 口、B 口显示
        PUSH   BX
        PUSH   AX
        PUSH   CX
        MOV    BX, OFFSET LED        ;取个位
        MOV    AL, NUM
        AND    AL, 0FH
        XLAT
        MOV    DX, IOB               ;送段码
        OUT    DX, AL
        MOV    AL, NUM
        AND    AL, 0F0H              ;分离十位
        MOV    CL, 4
        SHR    AL, CL
        MOV    BX, OFFSET LED        ;取十位
        XLAT
        MOV    DX, IOA               ;送段码
        OUT    DX, AL
        POP    CX
        POP    AX
        POP    BX
        RET
DISP    ENDP
DELAY   PROC
        PUSH   BX
        PUSH   CX
        MOV    BX,25
DEL1:   MOV    CX,5882
DEL2:   LOOP   DEL2
        DEC    BX
        JNZ    DEL1
        POP    CX
        POP    BX
```

```
        RET
DELAY   ENDP
CODE    ENDS
DATA    SEGMENT
        LED DB 0C0H, 0F9H, 0A4H, 0B0H, 99H, 92H,82H, 0F8H, 80H, 90H
                                                  ;0～9 共阳极数码管的段码
        TABLE_END = $
        NUM     DB 0
DATA    ENDS
STACK   SEGMENT
        DB 100 DUP(?)
        TOP LABEL WORD
STACK   ENDS
        END     START
```

7.4.2 案例：8255A 与数码管动态显示

数码管的静态显示虽然编程简单、显示稳定，但是占用 I/O 端口资源太多，当数码管位数较多时，采用动态显示方式更为合适。

动态显示方式下，多位数码管共用一个段码端口（段选口），每位数码管的公共端由另一个端口（位选口）分别控制。显示时，首先把要显示的段码送给段选口，然后通过位选口使对应显示位的位选有效(共阴极数码管的为低电平，共阳极数码管的为高电平)，每位显示一小段时间，然后切换到下一位，如此轮流显示，不停循环(即刷新)，虽然每个时刻只有 1 位数码管是点亮的，但是依靠人眼的视觉暂留作用，只要每秒钟每位数码管的刷新次数达到 24 次以上，人眼看到的将是各位同时点亮。图 7.4-2 是 8255A 控制的 8 位数码管动态显示的电路原理图，A 口用作段选口，B 口用作位选口。8 位数码管显示从左向右依次为第 1 位、第 2 位、…、第 8 位，显示“19491001”的流程图如图 7.4-3 所示。

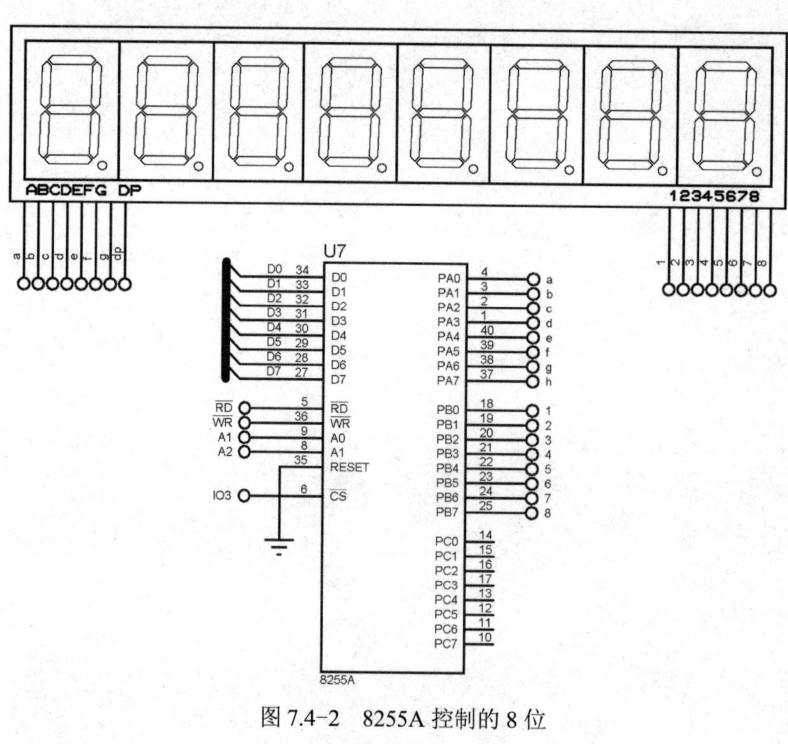

图 7.4-2　8255A 控制的 8 位数码管动态显示的电路原理图

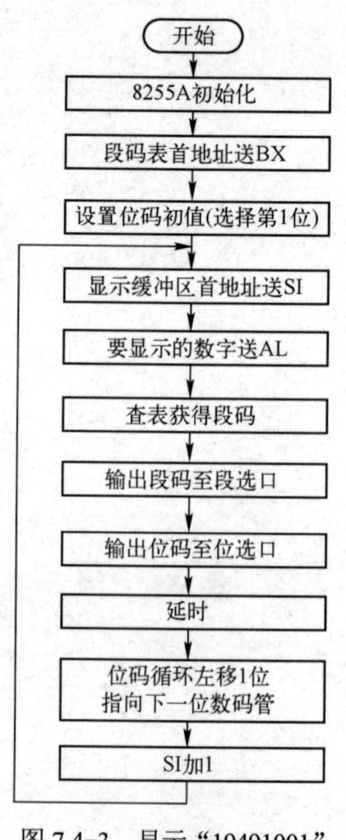

图 7.4-3　显示“19491001”的流程图

【程序 7.4-2】

```
        IOCON    EQU 04B6H
        IOA      EQU 04B0H
        IOB      EQU 04B2H
        IOC      EQU 04B4H
        CODE     SEGMENT
                 ASSUME CS:CODE,DS:DATA,SS:STACK
        START:   MOV    AX, DATA
                 MOV    DS, AX
                 MOV    AX, STACK
                 MOV    SS, AX
                 LEA    SP, TOP
                 MOV    AL, 10000000B      ;8255A 初始化
                 MOV    DX, IOCON          ;A 口、B 口、C 口方式 0 输出
                 OUT    DX, AL
                 MOV    BX, OFFSET TABLE
        AGAIN:   MOV    SI, OFFSET DISBUF
                 MOV    CX, 8
        NEXT:    MOV    DX, IOB            ;消影
                 MOV    AL, 0FFH
                 OUT    DX, AL
                 MOV    DX, IOA            ;送段码
                 MOV    AL, [SI]           ;取要显示的数字送 AL
                 XLAT                      ;查表获得数字的段码，AL=(DS×16+BX+AL)
                 OUT    DX, AL
                 MOV    DX, IOB            ;送位码
                 MOV    AL, WEI
                 OUT    DX, AL
                 CALL   DELAY
                 ROL    WEI, 1             ;位码左移 1 位
                 INC    SI                 ;取下一位的段码
                 LOOP   NEXT
                 JMP    AGAIN
        DELAY    PROC                      ;延时子程序
                 PUSH   BX
                 PUSH   CX
                 MOV    BX, 1
        LP1:     MOV    CX, 469
        LP2:     LOOP   LP2
                 DEC    BX
                 JNZ    LP1
                 POP    CX
                 POP    BX
                 RET
        DELAY    ENDP
        CODE     ENDS
        DATA     SEGMENT
                 ORG 1000H
                 TABLE   DB 3FH, 06H, 5BH, 4FH, 66H, 6DH, 7DH, 07H, 7FH, 6FH
                                            ;0～9 的共阴极数码管段码
                 DISBUF  DB 1,9,4,9,1,0,0,1 ;显示 19491010
                 WEI     DB 0FEH            ;位码初值，从第 1 位数码管开始显示
        DATA     ENDS
        STACK    SEGMENT
```

```
            DB 100 DUP(?)
            TOP LABEL WORD
    STACK   ENDS
            END    START
```

思政案例：见二维码 7-1。

二维码 7-1 眼见不一定为实

7.4.3 案例：8255A 与行列式键盘接口

在例 6.3-3 中使用了独立式按键，即 1 个按键由 1 个 I/O 口引脚控制。当按键个数较多时，采用独立式按键非常浪费 I/O 口资源，此时用行列式键盘更为合适。

行列式键盘电路如图 7.4-4 所示，行线和列线为传输方向相反的信号线，如行线作为输入信号线，列线作为输出信号线，或反之。图 7.4-4 中用 C 口的低 4 位作为键盘的行线，高 4 位作为列线，可连接 16 个按键。

图 7.4-4 行列式键盘电路

键盘通常分为查询式键盘和中断式键盘，查询式键盘依靠软件查询判断是否有按键按下以及按下的是哪一个按键，中断式键盘在有键按下时向 CPU 发出中断请求，CPU 通过中断处理来识别哪一个按键按下（见 8.5 节）。

按键的位置或键号有两种获取方法：扫描法和反转法。

本节以查询式键盘的扫描法为例。图 7.4-5 为 8255A 行列扫描式键盘与数码管显示电路原理图，键盘提供 0～F 这 16 个十六进制数字按键；当有按键按下时，在数码管上显示相应的数字。用 PC_0～PC_3 作为行线输出，用 PC_4～PC_7 作为列线输入，显示按键值的数码管接 8255A 的 A 口，因此 8255A 的控制字为 10001000B。采用行扫描法，步骤如下：

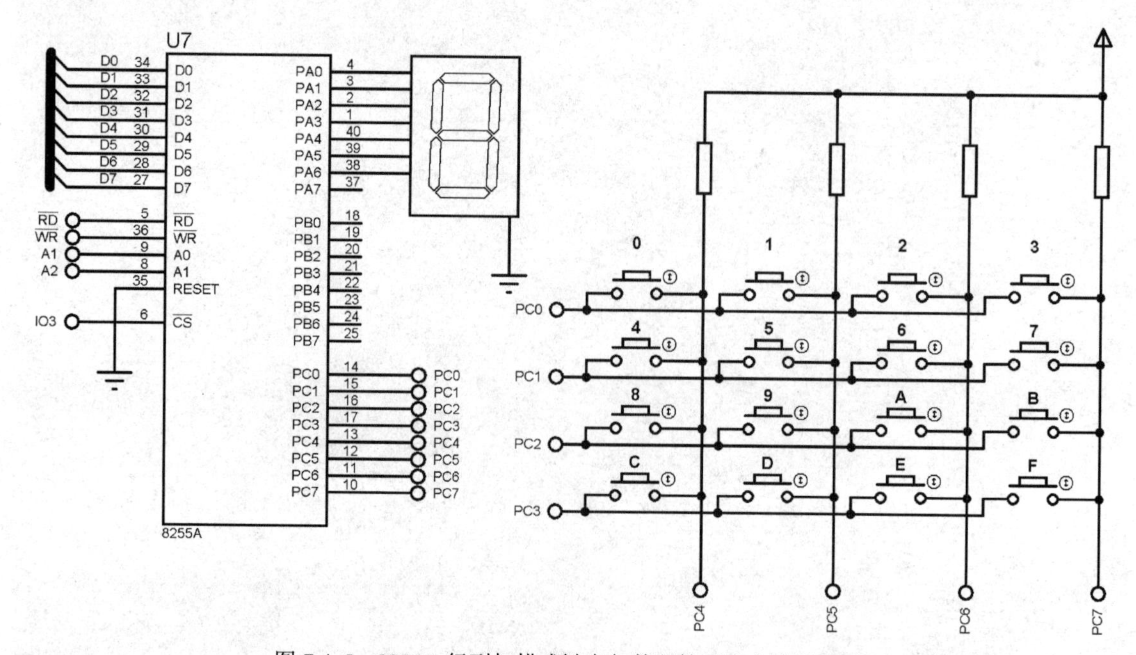

图 7.4-5 8255A 行列扫描式键盘与数码管显示电路原理图

（1）检测是否有按键按下。从 8255A 的 C 口输出 0（PC_3～PC_0均为 0），然后读入 PC_7～PC_4的状态，在没有按键按下的情况下，4 根列线 PC_7～PC_4保持高电平，只要有 1 个按键被按下，与此按键相连接的行线和列线就短接，于是列线与对应的行线状态相同，即变为低电平。因此通过检测 PC_7～PC_4是否全为 1，就可以判断是否有按键按下。如果全为 1，则没有按键按下，重复该步骤；否则进入步骤（2）。

（2）按键识别。首先从 8255A 的 C 口输出扫描码 11111110B，扫描第 0 行，使 PC_0为 0，其余各行为 1；再读 C 口，检测 PC_7～PC_4各列的状态，如果全为 1，说明此行没有按键按下。接着从 C 口输出扫描码 11111101B，扫描第 1 行。以此类推，扫描所有行。如果扫描到某一行，发现 PC_7～PC_4各列的状态不全为 1，就说明该行有按键按下，不需要再扫描余下的行。进入步骤（3）。如果扫描完所有的行，发现 PC_7～PC_4 各列的状态全为 1，则返回步骤（1）。

（3）计算按键编码。利用当前写入 PC_3～PC_0 的数（行号）和从 PC_7～PC_4 读取的数（列号），可以计算得到按键的编码，计算方法为：按键编码=行号×4+列号。

利用得到的按键编码，可以通过查表法获取对应的段码，然后将段码送 8255A 的 A 口。

【程序 7.4-3】

```
        IOCON   EQU 04B6H
        IOA     EQU 04B0H
        IOB     EQU 04B2H
        IOC     EQU 04B4H
        CODE    SEGMENT
                ASSUME CS:CODE, DS:DATA,SS:STACK
        START:  MOV   AX, DATA
                MOV   DS, AX
                MOV   AX, STACK
                MOV   SS, AX
                LEA   SP, TOP
                MOV   DX, IOCON        ;设置 8255A 工作方式
                MOV   AL, 10001000B    ;A 口、C 口方式 0，PC7～PC4 输入，PC3～PC0 输出，
                                        A 口输出
                OUT   DX, AL
                MOV   DX, IOA          ;取 A 口地址
                MOV   AL, 0
                OUT   DX, AL           ;输出黑屏
        KEY:    MOV   DX, IOC          ;取 C 口地址
                MOV   AL, 0
                OUT   DX, AL           ;依次输出 PC3～PC0 为 0 的扫描信号
                IN    AL, DX           ;读列状态，有 1 位为 0 表示有按键按下
                NOT   AL               ;取反后，相应位为 1 表示有按键按下
                TEST  AL, 0F0H         ;检测是否有按键按下
                JZ    KEY              ;如果没有按键按下 AL=0，继续扫描
                CALL  DELAY10          ;软件延时去抖
                                       ;确定有按键按下后，判断具体哪一行有按键按下
                MOV   CH, 0FEH         ;取初始扫描信号，从第 0 行开始
                MOV   BL, 0            ;BL 记录行号
        ROW:    MOV   AL, CH           ;取当前行进行扫描
                OUT   DX, AL           ;输出行扫描信号
                IN    AL, DX           ;读当前行按键状态
                NOT   AL               ;取反后，相应位为 1 表示有按键按下
                AND   AL, 0F0H         ;判断当前行是否有按键按下
                JNZ   NEXT             ;有按键按下，跳转至 NEXT
```

```
         INC    BL                    ;无按键按下，行号加1，扫描下一行
         CMP    BL, 4                 ;判断是否扫描完4行
         JZ     KEY                   ;扫描完，回到KEY继续
         ROL    CH, 1                 ;没有扫描完，行扫描信号指向下一扫描行
         JMP    ROW                   ;继续行扫描
NEXT:    MOV    BH, 3                 ;计算按下的按键所在列号，初值为3
COLUMN:  TEST   AL, 80H               ;当前列是否有按键按下
         JNZ    EXIT                  ;有键按下，BH为列号
         SHL    AL, 1                 ;指向下一列
         DEC    BH                    ;列号减1
         JMP    COLUMN                ;检测下一列
EXIT:    MOV    AL, BL                ;计算按键编码，BL*4+BH->AL
         MOV    CL, 2
         SHL    AL, CL
         ADD    AL, BH
         MOV    BX, OFFSET TABLE      ;取共阴极数码管段码表首地址
         XLAT                         ;查表取按键编码对应的段码
         MOV    DX, IOA               ;送段码至数码管所在端口
         OUT    DX, AL
         JMP    KEY                   ;继续扫描
DELAY10  PROC                         ;延时子程序
         MOV    CX, 882
         LOOP   $
         RET
DELAY10  ENDP
CODE     ENDS
DATA     SEGMENT
         ORG 1000H
         TABLE    DB  3FH,06H,5BH,4FH,66H          ;共阴极数码管段码 0,1,2,3,4
                  DB  6DH,7DH,07H,7FH,6FH          ;5,6,7,8,9
                  DB  77H,7CH,39H,5EH,79H,71H      ;A~F
DATA     ENDS
STACK    SEGMENT
         DB 100 DUP(?)
         TOP LABEL WORD
STACK    ENDS
         END    START
```

7.4.4 案例：简易交通灯控制系统V2.0

将6.4节简易交通灯控制系统V1.0中的74LS373换成8255A，得到图7.4-6所示的简易交通灯控制系统V2.0电路原理图来实现相同功能。8255A的$\overline{CS}$引脚接6.2.3节I/O端口地址译码电路中的IO_3，因此8255A的4个端口地址分别是04B0H、04B2H、04B4H和04B6H。假设使用PC_0～PC_2控制东西方向的红、黄、绿灯，PC_4～PC_6控制南北方向的红、黄、绿灯。显然8255A工作在方式0，C口输出，因此控制字是80H。

【程序7.4-4】

```
IOCON    EQU 04B6H
IOC      EQU 04B4H
CODE     SEGMENT
         ASSUME   CS:CODE, SS:STACK
START:   MOV    AX, STACK           ;8255A初始化
         MOV    SS, AX
```

```
        LEA     SP, TOP
        MOV     AL, 10000000B       ;8255A 初始化
        MOV     DX, IOCON           ;A 口、B 口、C 口方式 0 输出
        OUT     DX, AL
        MOV     DX, IOC
LED0:   MOV     AL, 10111110B       ;东西方向红灯亮，南北方向绿灯亮 AR=BG=0
        OUT     DX, AL
        CALL    DELAY1
        CALL    DELAY1
        OR      AL, 01000000B       ;南北方向绿灯灭
        OUT     DX, AL
        MOV     CX, 8               ;南北方向黄灯闪烁
YLEDB:  AND     AL, 11011111B       ;南北方向黄灯亮
        OUT     DX, AL
        CALL    DELAY2
        OR      AL, 00100000B       ;南北方向黄灯灭
        OUT     DX, AL
        CALL    DELAY2
        LOOP    YLEDB
        MOV     AL, 11101011B       ;南北方向红灯亮，东西方向绿灯亮 BR=AG=0
        OUT     DX, AL
        CALL    DELAY1
        OR      AL, 00000100B       ;东西方向绿灯灭
        OUT     DX, AL
        MOV     CX, 8
YLEDA:  AND     AL, 11111101B       ;东西方向黄灯亮
        OUT     DX, AL
        CALL    DELAY2
        OR      AL, 00000010B       ;东西方向黄灯灭
        OUT     DX, AL
        CALL    DELAY2
        LOOP    YLEDA
        JMP     LED0
DELAY1: ……                          ;以下部分与程序 6.4-1 相同
```

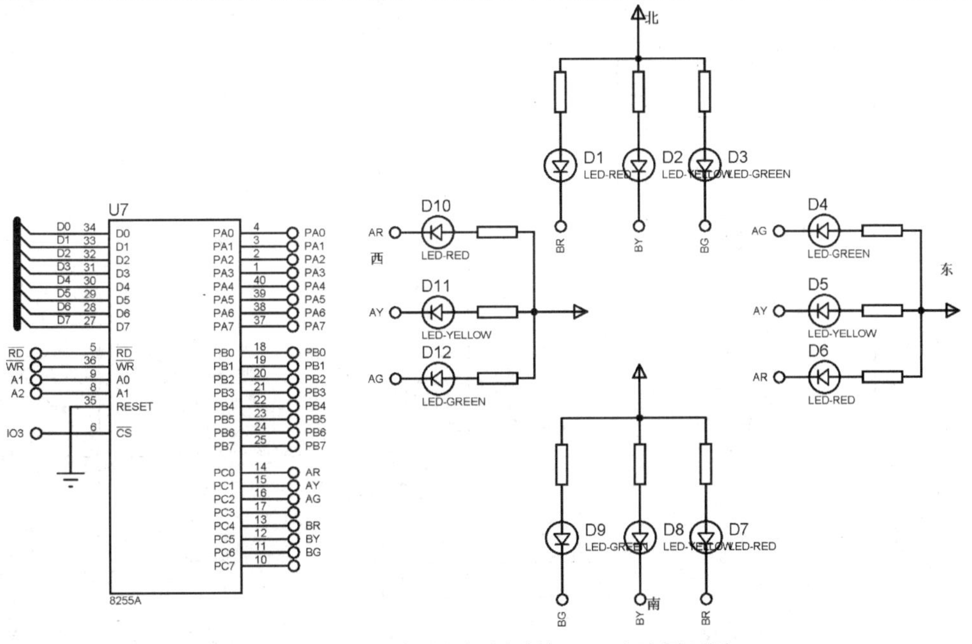

图 7.4-6　简易交通灯控制系统 V2.0 电路原理图

请扫描二维码获取完整程序。

二维码 7-2　简易交通灯控制系统 V2.0 程序

7.4.5　8255A 在自动气象站中的应用

风向传感器采用绝对格雷码盘编码，根据光电信号转换原理，可以准确采集风向数据，风向数据通过 8255A 的 B 口(设置为方式 0，输入)采集，A 口和 C 口用作 4 位共阴极数码管和 4×4 键盘的接口，自动气象站风向数据采集与键盘显示电路如图 7.4-7 所示。其中 A 口工作在方式 0 输出，B 口工作在方式 0 输入，C 口的高 4 位输入、低 4 位输出。

1．风向信息采集

8 风向对应角度和名称如图 7.4-8 所示。风向传感器输出的是 7 位格雷码，通过 B 口输入，然后转换为对应的风向二进制码，根据风向二进制码结合图 7.4-8 就可以判断出对应的风向。表 7.4-1 所示为 8 风向角度、风向格雷码和风向二进制码的对应关系。风向二进制码若在 0001001～0011000 之间为东北风，在 0011000～0101000 之间则为东风，以此类推。注意北风对应的风向二进制码范围为大于 1111000 或小于 0001001。因 8255A 的 $\overline{CS}$ 接图 6.2-3 I/O 端口地址译码电路的 IO_3，所以端口地址为 4B0H～4BFH。

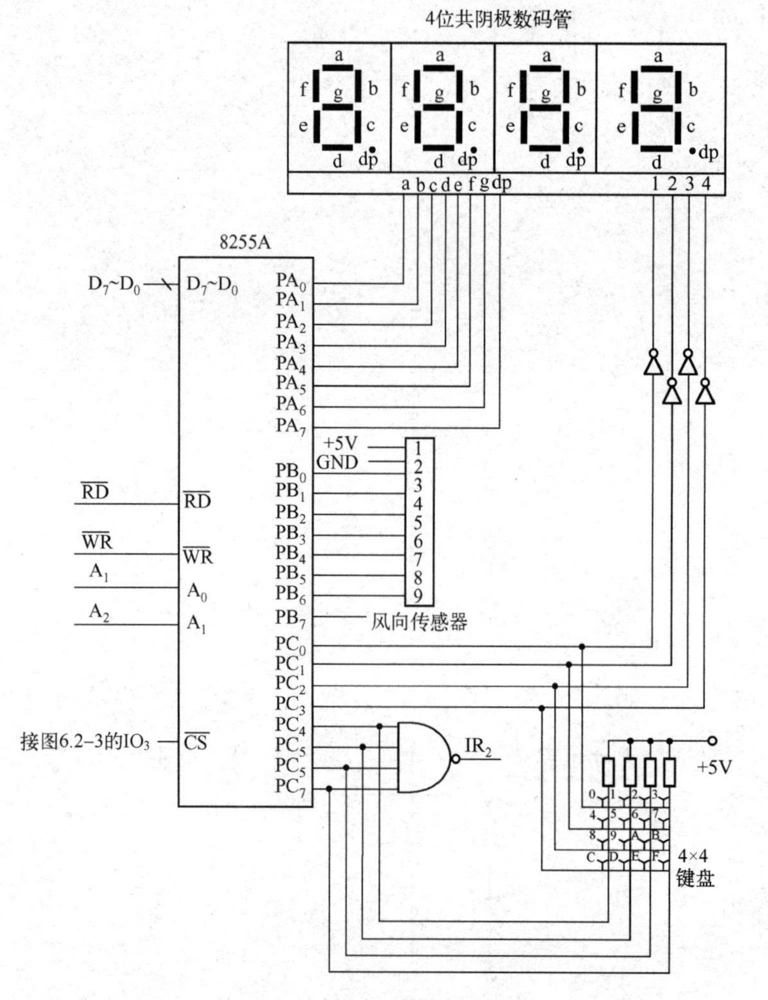

图 7.4-7　自动气象站风向数据采集与键盘显示电路

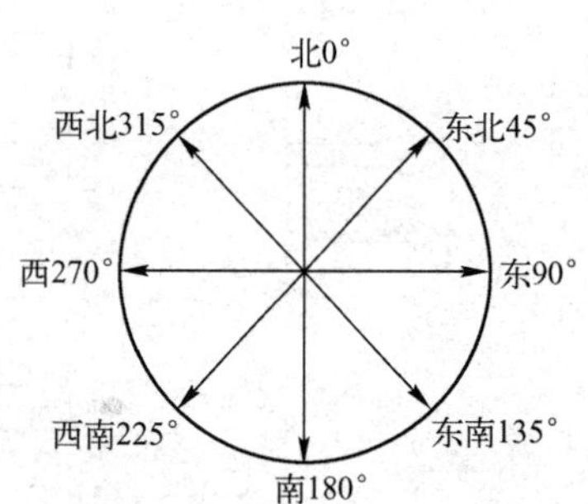

图 7.4-8　8 风向对应角度和名称

表 7.4-1　8 风向角度、风向格雷码和风向二进制码对应关系

方　位	中心角度	角度范围	风向格雷码	风向二进制码
北	0°	337.5°～22.5°	1000100～0001100	1111000～0001001
东北	45°	22.5°～67.5°	0001100～0010100	0001001～0011000
东	90°	67.5°～112.5°	0010100～0111100	0011000～0101000
东南	135°	112.5°～157.5°	0111100～0100100	0101000～0111000
南	180°	157.5°～202.5°	0100100～1101100	0111000～1001000
西南	225°	202.5°～247.5°	1101100～1110100	1001000～1011000
西	270°	247.5°～292.5°	1110100～1011100	1011000～1101000
西北	315°	292.5°～337.5°	1011100～1000100	1101000～1111000

根据 8255A 的端口工作要求编写的初始化和一次风向采集程序如下。

```
START:  MOV    DX, 4B6H
        MOV    AL, 8AH
        OUT    DX, AL          ; 写入 8255A 工作方式控制字
        MOV    DX, 4B2H
        IN     AL, DX          ; 风向格雷码输入至 AL
```

图 7.4-7 中采用了中断式键盘，对应的程序设计见 8.5 节。

2. LED 数码显示与程序设计

在图 7.4-7 中，A 口用作段选口，PC_7～PC_4 用于位选，位选加了反相驱动。4 位数码管从左向右依次为第 1 位、第 2 位、第 3 位和第 4 位，从第 4 位开始显示，其中有一位小数，即第 3 位为带小数点位，4 位数码显示管动态显示程序流程图如图 7.4-9 所示。

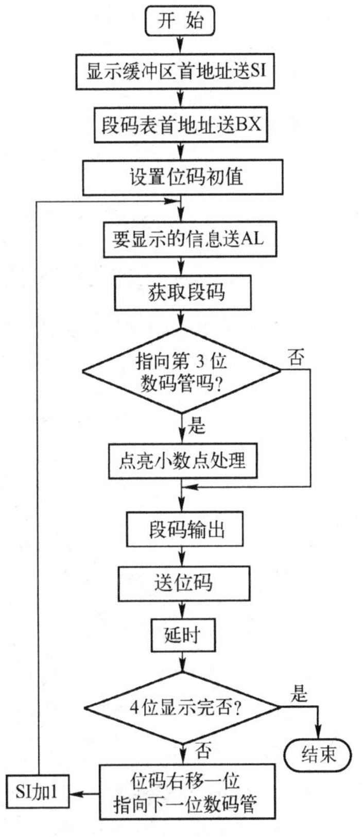

图 7.4-9　4 位数码显示管动态显示程序流程图

假设要显示的信息已存放在显示缓冲区 DISPBUF，数码管为共阴极，位选加反向驱动。相应的显示子程序如下：

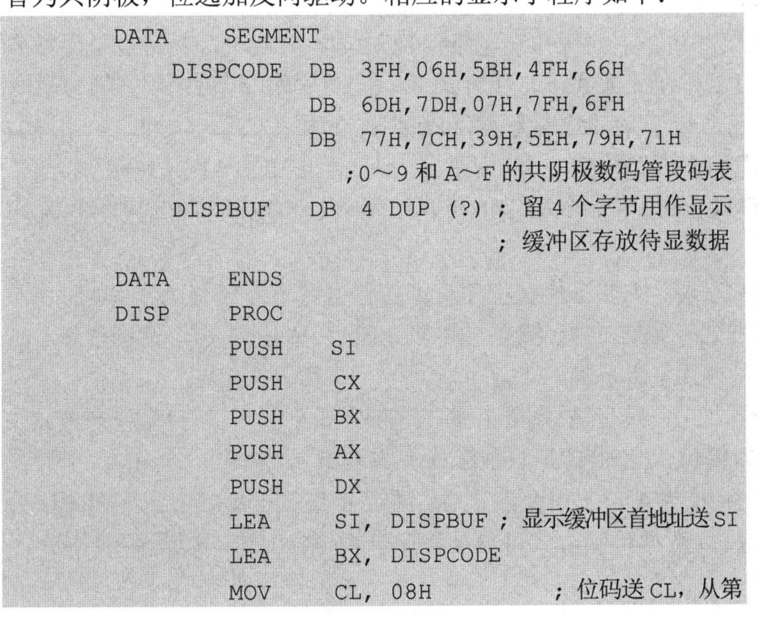

```
DATA    SEGMENT
    DISPCODE  DB  3FH,06H,5BH,4FH,66H
              DB  6DH,7DH,07H,7FH,6FH
              DB  77H,7CH,39H,5EH,79H,71H
                  ;0～9 和 A～F 的共阴极数码管段码表
    DISPBUF   DB  4 DUP (?) ; 留 4 个字节用作显示
                            ; 缓冲区存放待显数据
DATA    ENDS
DISP    PROC
        PUSH    SI
        PUSH    CX
        PUSH    BX
        PUSH    AX
        PUSH    DX
        LEA     SI, DISPBUF ; 显示缓冲区首地址送 SI
        LEA     BX, DISPCODE
        MOV     CL, 08H          ; 位码送 CL，从第
```

```
                                    4 位开始
DISI:    MOV    AL, [SI]            ; 取要显示的字符送 AL
TR:      XLAT                       ; 得到段码：AL←(DS×16+BX+AL)
         CMP    CL, 04H             ; 是否指向第 3 位数码管
         JNZ    SEC                 ; 不是，转不带小数点显示
         OR     AL, 80H             ; 生成点亮小数点的对应段码
SEC:     MOV    DX, 4B0H            ; 8255A 的 A 口地址送 DX
         OUT    DX, AL              ; 从 A 口送出段码
         MOV    AL, CL              ; 位码送 AL
         MOV    DX, 4B4H            ; 8255A 的 C 口地址送 DX
         OUT    DX, AL              ; 从 C 口送出位码
         CALL   DELAY               ; 显示延时
LAST:    CMP    CL, 01H             ; 是否指向最后一位数码管
         JZ     QUIT                ; 是，4 位已显示一遍，退出
         INC    SI                  ; 修改显示缓冲区指针
         SHR    CL, 1               ; 位码右移一位，指向下一位数码管
         JMP    DISI
QUIT:    POP    DX
         POP    AX
         POP    BX
         POP    CX
         POP    SI
         RET
DISP     ENDP
```

7.5 本章学习指导

7.5.1 本章主要内容

1. 8255A 三种工作方式的特点

（1）方式 0 为基本输入/输出方式。主要工作在无条件输入/输出方式下，其特点是不需要联络线。A 口、B 口和 C 口均可工作在此方式下。在方式 0，C 口的输出位可由用户直接独立设置为“0”或“1”。方式 0 还可以用于条件传输方式(即程序查询传输方式)，此时 3 个端口可以分别指定为数据端口、控制端口和状态端口。特别是 C 口，由于 PC_7～PC_4 属于 A 组，PC_3～PC_0 属于 B 组，因此 C 口可以同时具有输入/输出功能，这样 C 口可以同时充当控制端口和状态端口，详见例 7.5-2。

（2）方式 1 为单向输入/输出方式。主要工作在程序查询传输方式下。仅有 A 口和 B 口可工作于方式 1。程序查询传输方式下需要的联络线，由 C 口的某些位提供，见例 7.3-3、例 7.3-4。也可以工作在中断传输方式下。

（3）方式 2 为双向输入/输出方式。只有 A 口可工作在这种方式下。当 A 口工作在方式 2 时，它需要 5 根联络线，由 C 口提供。此时 B 口只能工作在方式 0 或方式 1，当 B 口工作在方式 1 时，又需要 3 根联络线，所以当 A 口工作在方式 2，同时 B 口又工作在方式 1 时，C 口的 8 根线将全部用作联络线。同样，数据传输方式可以是程序查询传输，也可以是中断传输。

2. 8255A 端口选通

8255A 提供的端口地址选通信号有$\overline{CS}$和 A_1、A_0，用以选通 8255A 内部的 4 个寄存器(A 口、B 口、C 口和控制字寄存器)。需要注意的是，在 8086 系统中采用 16 根数据总线进行数据传输。从偶地址端口取得的数据总是通过数据总线的低 8 位传输到 8086 的，而从奇地址端口取得的数据总是通过数据总线的高 8 位传输到 8086 的。所以当 8255A 的数据线 D_7～D_0 接数据总线的低 8 位时(为了硬件上的连接方便，实际中经常这样)，从 8086 一边看 8255A 的 4 个端口应该全为偶地址。为了满足这个要求，同时又要满足 8255A 内规定的 4 个端口地址(00,01,10,11)的要求，在 8255A 的地址线连接时应为：

地址总线 A_2——8255A 地址线 A_1

地址总线 A_1——8255A 地址线 A_0

并且 8086 在对 8255A 进行访问时，应使地址总线 A_0 保持低电平，见图 7.2-3。

3. 8255A 的编程

用户在使用 8255A 前，需先进行初始化编程，即用工作方式控制字来定义端口的工作方式，选择所需要的功能。8255A 控制字有两个：工作方式控制字和 C 口的位控制字。这两个控制字都用同一个端口地址(A_1A_0=11，控制字寄存器)，编程时通过控制字最高位(D_7 位)的值来区分。

7.5.2 典型例题

【例 7.5-1】 8255A 与开关 K_0～K_3 及数码管的接口见图 7.5-1，开关的状态由 B 口输入，经程序转换成对应的数码管段码后，通过 A 口输出，由数码管显示开关二进制的状态值，试编写其控制程序(设 8255A 的端口地址为 80H～83H；0～F 的共阳极数码管段码表首地址为 TABLE)。

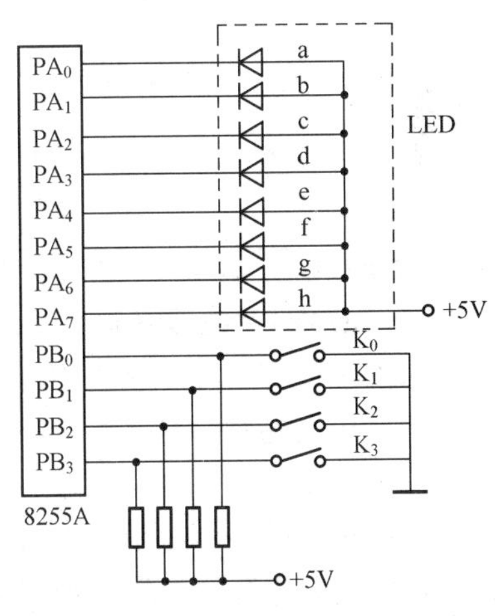

图 7.5-1 例 7.5-1 图

【解答】

```
DATA     SEGMENT
   TABLE  DB  0C0H, 0F9H, 0A4H, 0B0H, 99H, 92H,82H, 0F8H, 80H, 90H
DATA     ENDS
CODE     SEGMENT
   ASSUME CS:CODE, DS:DATA
START:  MOV    AX, DATA
        MOV    DS, AX
        MOV    AL, 82H        ; 8255A 初始化
        MOV    DX, 83H
        OUT    DX, AL
AGAIN:  IN     AL, 81H        ; 读 B 口开关
        AND    AL, 0FH        ; 取低 4 位
        LEA    BX, TABLE      ; 取数码管段码表首地址
        XLAT                  ; 查表指令取段码
        MOV    DX, 80H
        OUT    DX, AL         ; 送 A 口显示
        JMP    AGAIN
CODE    ENDS
```

```
        END    START
```

【例 7.5-2】 8255A 与打印机连接如图 7.5-2(a)所示，利用 8255A 工作在方式 0 实现打印机接口，其中 PC_0 接收打印机的状态(BUSY)，PC_7 作为打印机的选通控制线(负脉冲有效)。设 8255A 端口地址为 40H～43H。

（1）编写初始化程序。

（2）若要将字符‘A’送打印机打印，试写出打印程序。

（3）若采用 8255A 方式 1 与打印机相连，如图 7.5-2(b)所示，试编写 8255A 的初始化程序。

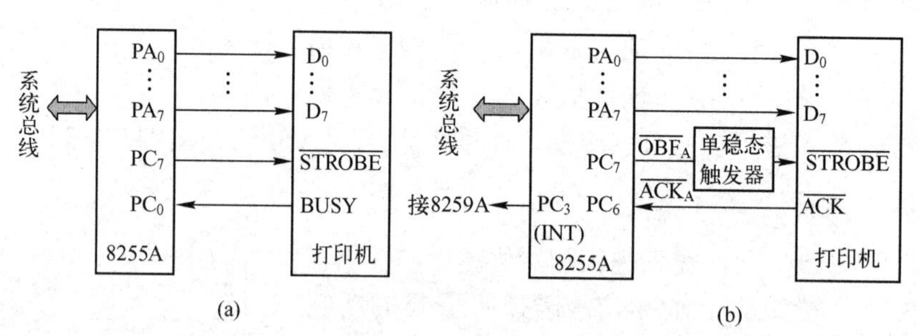

图 7.5-2 例 7.5-2 图

分析：（1）由图 7.5-2(a)可知，A 口作为数据输出端口，工作于方式 0，PC_0 接收打印机的状态(BUSY)，应该是输入，PC_7 作为打印机的选通控制线，应该是输出，由此可以确定 8255A 的工作方式控制字为 10000001B。

（2）根据题意，打印字符时需要由 PC_7 向打印机发出一个负脉冲的选通信号，可以通过对 PC_7 置位→复位→置位实现负脉冲的输出，PC_7 置位的 C 口位控制字为 00001111B，复位的 C 口位控制字是 00001110B。同时需要查询打印机的状态，当 BUSY 为 1 时等待，为 0 时才能从 PA 口送出待打印数据。由于 BUSY 接 PC_0，所以测试字为 01H。本例属于第 6 章介绍的程序查询传输方式。

（3）图 7.5-2(b)中 A 口工作于方式 1，且采用中断传输方式，除了要设置 8255A 的工作方式控制字，还要开中断，即将 $INTE_A(PC_6)$ 置 1。

【解答】

```
(1)     MOV     AL, 81H
        OUT     43H, AL         ; 写入工作方式控制字
(2)     MOV     AL, 0FH         ; PC7=1
        OUT     43H, AL
LOOP1:  IN      AL, 42H         ; 从 PC0 读入 BUSY 状态
        TEST    AL, 01H         ; BUSY=1 时继续查询状态
        JNZ     LOOP1
        MOV     AL, 'A'         ; BUSY=0 时，CPU 送出数据
        OUT     40H, AL         ; 到 A 口
        MOV     AL, 0EH         ; 从 PC7 发选通信号，PC7=0
        OUT     43H, AL
        INC     AL              ; PC7=1
        OUT     43H, AL
(3)     MOV     AL, 0A0H
        OUT     43H, AL         ; 写入工作方式控制字
        MOV     AL, 0DH         ; PC6=1 即将 INTE A 置 1
        OUT     43H, AL         ; 开中断
```

本章习题

7-1 并行接口的特点是什么?

7-2 概要说明 8255A 的内部结构及基本工作原理。

7-3 简述 8255A 方式 1 的基本功能。

7-4 8255A 的工作方式控制字和 C 口位控制字都是写到控制字寄存器的，它们是由什么来区分的?

7-5 图 7.5-3 为 8086 系统中 8255A 实现开关控制发光二极管亮灭的接口电路，试问:

(1) 8255A 的端口地址是多少?

(2) 试编写程序实现开关 K_i 闭合时发光二极管 L_i 亮，反之 L_i 熄灭(i=0,1,2,3)，并且所有开关断开时退出程序。

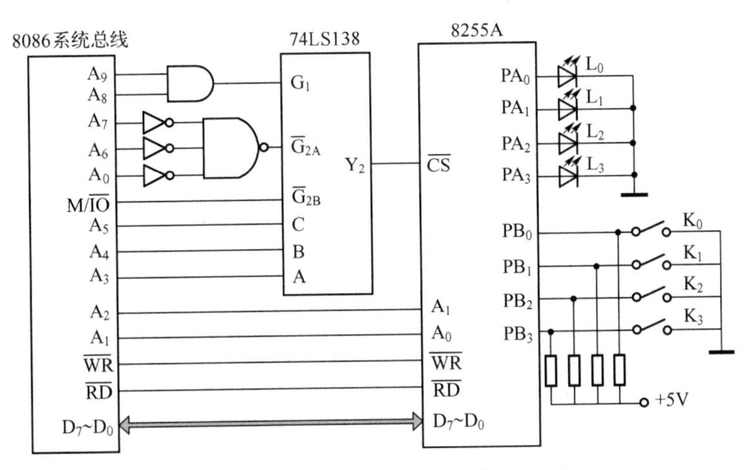

图 7.5-3 习题 7-5 的图

7-6 图 7.5-4 为 8086 系统中 8255A 实现开关控制共阳极数码管的接口电路。试问:

(1) 8255A 的 4 个端口地址是多少。

(2) 请编写程序，使初始时数码管显示 0，当开关接至位置 1～7 时，数码管显示相应的数字 1～7，当开关接至位置 8 时，则退出程序（数码管熄灭）。

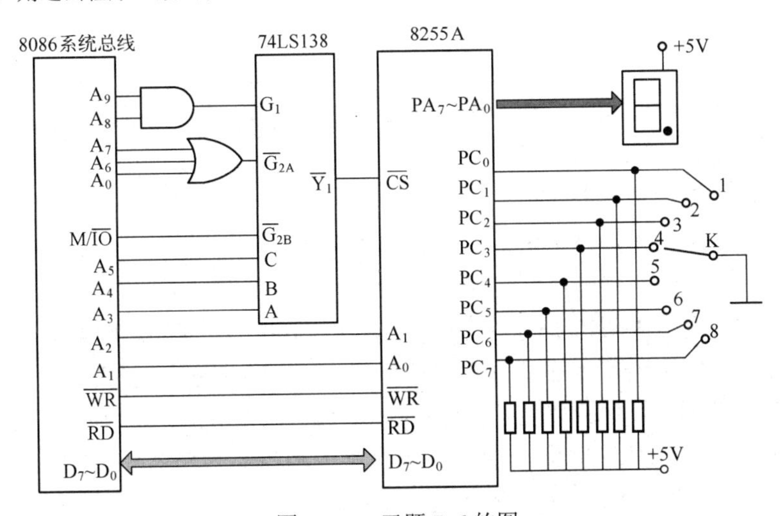

图 7.5-4 习题 7-6 的图

第 8 章　中断技术与可编程中断控制器 8259A

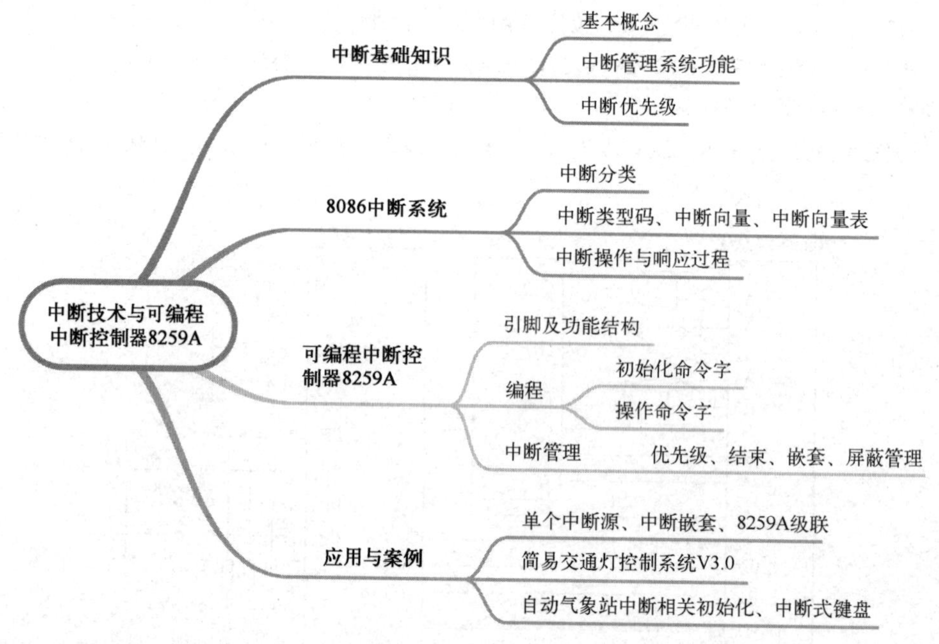

现代计算机中毫无例外地都采用中断技术，通过第 6 章的讨论，读者对中断的概念已经有了初步认识。在第 6 章的中断传输方式中还有许多问题没有解决。例如 CPU 如何转去为外设服务？服务完成后如何正确回到被暂停的程序继续执行？当多个中断同时要求处理时怎么办？当 CPU 正在处理某一中断时又有新的中断请求怎么办？等等。从中断的概念来讲依次对应的是中断响应、中断返回、中断优先级排队和中断嵌套等问题，这些是中断管理系统应具有的基本功能，也是本章所要讨论的重要内容。8086/8088 的中断技术具有代表性，本章将以此为例系统地讨论中断的概念和管理方法。

8.1　中断的基本概念及应用

1. 中断的定义和有关名词解释

中断是这样的一个过程：当 CPU 正在执行某程序时，有中断源发出中断申请，CPU 暂停正在执行的程序转去为中断源服务，服务结束后再回到原程序继续执行。

在这一过程中，发出中断请求的外设称为中断源(即引起中断的原因或来源)。除了以中断方式工作的外设，中断源还可能是以中断方式要求 CPU 处理的软硬件故障或中断指令等。程序被中断的位置(中断返回后要执行的第一条指令的地址)称为断点。中断请求要求 CPU 执行的程序称为中断处理程序或中断服务程序，相对于被中断的程序，也可称其为中断服务子程序。中断源为了获得 CPU 的服务而向 CPU 发出的请求信号，称为中断请求信号或中断请求。CPU 检测到有效的中断请求信号后转向中断服务程序的过程叫作中断响应。中断服务结束后再返回被中断的程序继续执行的过程叫中断返回。在中断响应过程中，为中断返回而对断点进行的保护叫断点保护。在中断服务程序中，对被中断的程序中要保存的寄存器内容所进行的保护叫现场保护。在中断返回前对所保护的寄存器内容进行的恢复叫现场恢复。

2. 中断的典型应用

中断是现代计算机的重要技术，应用十分广泛，这里仅举出几个有代表性的应用加以说明。

（1）采用中断方式管理外设，使 CPU 能与外设并行工作，从而大大提高 CPU 的工作效率。如用中断方式管理打印机一类的输出设备：CPU 准备好一批待打印数据后，启动打印机，然后 CPU 继续执行其他程序。当打印机做好接收数据的准备后就向 CPU 发出中断请求。CPU 响应这一请求后，就暂停原程序的执行转去执行打印机的中断服务程序。在中断服务程序中，CPU 向打印机发出一批(如一行)要打印的数据，然后返回主程序继续执行。打印机打印完这一批数据后，再向 CPU 发出中断请求。如此重复，直到要打印的数据全部打印完毕。由于 CPU 完成输出一行字符的中断服务程序的执行时间，相对于打印机打印一行字符所花的时间要短得多，所以从宏观上看，CPU 与打印机可视为并行工作的。

（2）实时处理。“实时”是相对于被处理过程而言的相对概念，这是计算机用于控制领域中的一个重要指标。比如对火箭的飞行控制可能要求在 1～2ms 或更短的时间内实现，而工业锅炉的温度控制能在几秒钟之内实现就可以，有的则允许更长。

由于轻重缓急不同，当实时性要求相对较高的事件要求处理时，非实时性事件则可暂缓处理。例如，系统出现异常要求处理时，像报表打印这样的非实时性事件请求就可被暂停处理。这就会使实时系统中的实时事件得到更加合理和及时的处理。

（3）故障处理。在系统运行中，故障出现与否以及何时出现都是随机的，因此不可能预先安排在程序的某个位置进行处理，只能以中断方式进行处理。当出现故障时，故障源就向 CPU 发出中断请求，CPU 立即响应这一中断请求，转入预先编制好的中断服务程序进行故障处理。

（4）系统调度。在多道程序系统中，多道程序的切换往往由中断引发，如时间片结束引发的时钟中断，又如在虚拟存储器中，由于缺页中断而引发的对磁盘的调用。

（5）人机对话。系统的人机界面越来越受到重视。使用键盘和鼠标等输入设备选择功能项、回答计算机的提问、输入命令等人机对话中的操作通常都是以中断方式进行的。

（6）多机通信。在多处理机系统和计算机网络中，平时各个节点执行各自的程序，当一个节点需要和另一个节点通信时，一般都可以以中断方式向对方发出请求，而后者也可以用同样的方式发回响应。

从以上讨论可以看出，中断技术不仅常用于外设的输入/输出管理，而且还可用于各种随机事件的处理上。只要我们掌握了中断技术，就可以在各种微机系统的设计中合理使用。

练习题 1

8.1-1 在微机系统中引入中断技术，可以（　　）。

A．提高外设速度　　B．减轻主存负担　　C．提高 CPU 效率　　D．增加信息交换的精度

8.1-2 判断：断点是中断服务程序的返回地址。（　　）

8.1-3 CPU 的“中断”功能使它能够中断_________，转去________，完成后返回原先执行的程序。

8.1-4 比较 8086/8088 调用子程序和执行中断服务程序的异同。

8.1-5 什么叫中断？采用中断有哪些优点？

8.1-6 什么叫中断源？通常有哪几类？

8.2 中断管理系统的功能和中断优先级

8.2.1 中断管理系统的功能

根据以上讨论，要使中断的优点得以发挥并合理地管理多个中断源，中断管理系统至少应

具有以下三个基本功能。

（1）实现中断的响应与返回。当有中断源发出中断请求时，应能根据系统当时的运行情况做出是否响应的决定。若响应，应能正确地转入该中断源的中断服务程序。当中断处理结束后，能正确返回被中断的程序继续执行。

（2）实现中断优先级排队。当系统中有多个中断源同时发出中断请求时，就有一个先响应谁的问题。设计者事先应根据轻重缓急，给每个中断源确定一个优先服务的级别，这就是中断源的中断优先级；然后对它们按各自的优先级进行排队，重要和紧急的赋予更高的优先级，即排在队伍的前面。一般来讲，系统总是先响应具有较高优先级的中断源的请求。

（3）能够正确处理中断嵌套问题。当 CPU 正在执行中断服务程序时，又有新的中断源发出请求，如果 CPU 暂停当前正在执行的中断服务程序，转去为新的中断源服务，当服务结束后再回到被中断的中断服务程序继续执行，这就称为中断嵌套。作为一个合理的中断管理系统，处理新的中断请求时应遵循以下原则：高优先级中断能中断低优先级中断，同级中断和低优先级中断不能中断当前中断。

8.2.2 中断优先级

当各中断源的优先级确定之后，如何保证 CPU 能按优先级顺序响应中断请求呢？这要靠优先级判优(排队)逻辑来实现。实现中断源的优先级判优的方法可分为两大类：软件判优法(常用软件查询实现)和硬件判优法(常用硬件排队电路实现)。

1. 软件判优法

软件判优法只需简单的硬件电路。如系统中有 8 台外设，就可以将这 8 台外设的中断请求信号(高电平有效)相“或”以后作为系统的中断请求发给 CPU，这 8 台外设中只要有 1 台外设发出中断请求，CPU 就能收到。但当 CPU 进入中断服务程序后仍不能确定中断源是哪个外设，可再用软件读取中断源请求的状态信号，然后以查询方式来确定到底响应哪一个中断源并提供相应的服务。图 8.2-1 为中断请求与查询电路，对应的软件查询流程图如图 8.2-2 所示。

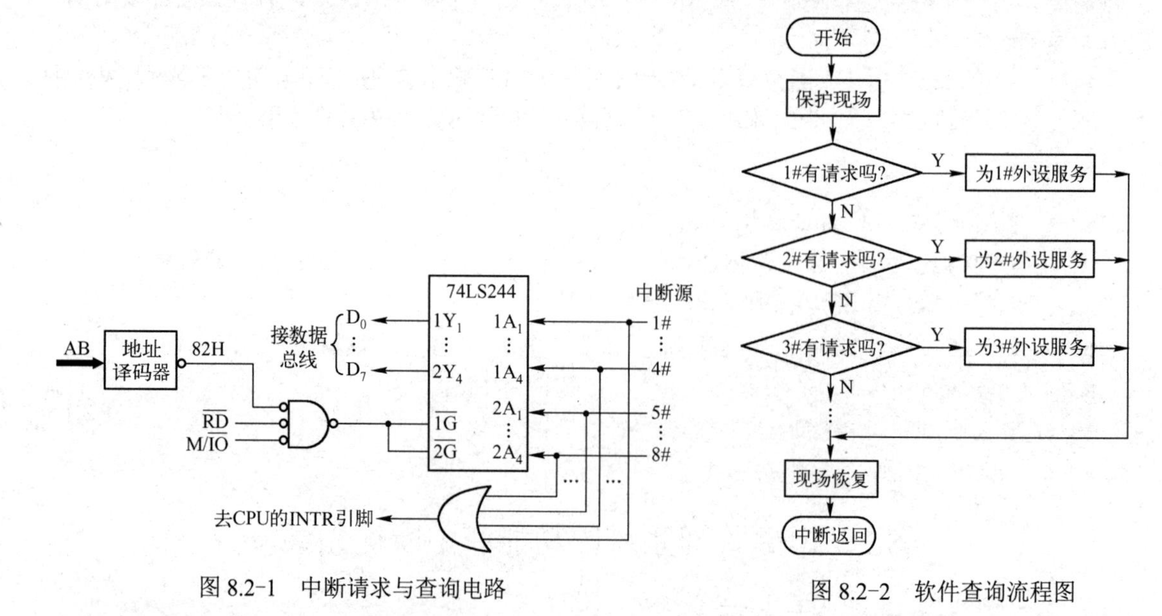

图 8.2-1　中断请求与查询电路

图 8.2-2　软件查询流程图

CPU 响应中断后的查询程序如下：

```
PINTR:    PUSH   AX
```

```
            PUSH   BX
            IN     AL, 82H
            MOV    BL, AL
FAN1:       ROR    BL, 1          ; ROR 指令把 BL 的最低位移入 CF
            JC     ISP1           ; CF=1 表示 1#中断源有中断请求
FAN2:       ROR    BL, 1
            JC     ISP2
FAN3:       ROR    BL, 1
            JC     ISP3
             ⋮
FANOVER:    POP    BX
            POP    AX
            IRET                  ; 中断返回
ISP1:        ⋮                    ; 1#中断源的处理程序
            JMP    FANOVER
ISP2:        ⋮                    ; 2#中断源的处理程序
            JMP    FANOVER
ISP3:        ⋮                    ; 3#中断源的处理程序
            JMP    FANOVER
             ⋮
```

2．硬件判优法

硬件判优法是靠硬件排队电路来实现判优的。根据所实现的方法不同，又可分为简单硬件法和专用硬件法。

（1）简单硬件法

简单硬件法就是利用通用的逻辑芯片，按中断管理的要求组成硬件判优电路。就其实现原理而言，又可分为串行中断优先级排队模式（采用链式结构）和并行中断优先级排队模式（采用优先编码方式）两种。

① 串行中断优先级排队模式

其基本设计思想是：将所有的外设连成一条链，最靠近 CPU 的外设优先级最高，离 CPU 越远的外设优先级越低。当链上有外设发出中断请求时，该请求信号可以被 CPU 接收，CPU 若满足条件可以响应，就发出中断响应信号。中断响应信号沿着这条链先到达优先级高的外设。若优先级高的外设发出了中断请求，则在本级接收中断响应信号的同时，封锁该信号使其不能往后传输。这样，就使得后面的优先级较低的外设的中断请求不能得到响应。如果优先级高的外设没有中断请求，它就把中断响应信号传递给它的下一级，以此类推。只有得到中断响应信号的外设才能得到服务。串行中断优先级排队电路见图 8.2-3。

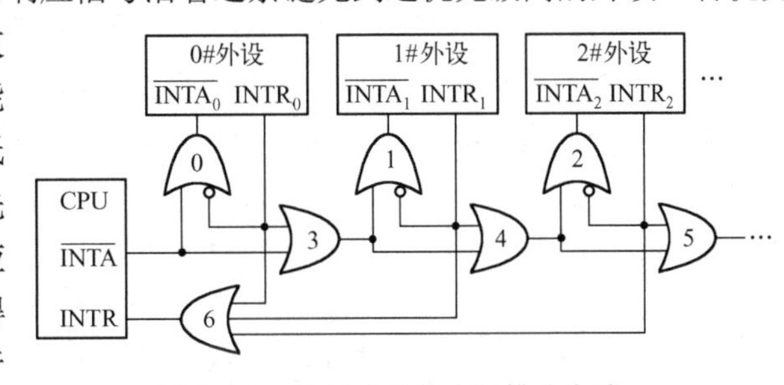

图 8.2-3　串行中断优先级排队电路

串行中断优先级排队模式的优点是：电路较为简单，易于扩充，因各级逻辑一致，前级排队逻辑的输出就是后级排队逻辑的输入，连接方便。

其缺点是：当链接的级数较多时，会因时延增大而使后级的响应速度变慢。

② 并行中断优先级排队模式

图 8.2-4 所示的是一种并行中断优先级排队电路，它由优先编码器 74LS148 和译码器 74LS138 组成，编码器的 3 位编码输出作为译码器的译码输入。

74LS148为8-3线优先编码器，其真值表如表8.2-1所示。$\overline{ST}$为选通输入端，$\bar{I}_7 \sim \bar{I}_0$为编码输入端($\bar{I}_7$优先级最高)，$\overline{Y}_2 \sim \overline{Y}_0$为编码输出端，$Y_s$为选通输出端，$\overline{Y}_{EX}$为优先级扩展输出端。一片74LS148可管理8级中断请求，通过级联可以按8的倍数扩展。扩展方法是：高位片的Y_s端与低位片的$\overline{ST}$端相连，$\overline{Y}_{EX}$作为输出位的扩展端。在输入的各中断请求中，74LS148只对各有效的中断请求中优先级最高的进行编码。比如在$INTR_0 \sim INTR_7$这8个中断请求中($INTR_0$的优先级最高，$INTR_7$的优先级最低)，如果$INTR_0 \sim INTR_{i-1}$无请求，而$INTR_i$请求有效(即i号中断源有请求$\overline{INTR_i} = 0$)，不论$INTR_{i+1} \sim INTR_{i+n}$的各中断请求是否有效，74LS148的编码输出均为i，当$\overline{INTA} = 0$时选通74LS138，在74LS138的所有输出中，仅对应$INTR_i$的中断响应信号$\overline{INTA_i}$有效，即各中断请求中仅优先级最高的i号中断被响应。在$\overline{INTA}$无效期间，74LS138的译码输出均为高电平。

表8.2-1　74LS148真值表

输入端									输出端				
选通输入	编码输入								编码输出			优先级扩展输出	选通输出
$\overline{ST}$	$\bar{I}_7$	$\bar{I}_6$	$\bar{I}_5$	$\bar{I}_4$	$\bar{I}_3$	$\bar{I}_2$	$\bar{I}_1$	$\bar{I}_0$	$\overline{Y}_2$	$\overline{Y}_1$	$\overline{Y}_0$	$\overline{Y}_{EX}$	Y_S
1	×	×	×	×	×	×	×	×	高阻			1	1
0	1	1	1	1	1	1	1	1	高阻			1	0
0	0	×	×	×	×	×	×	×	0	0	0	0	1
0	1	0	×	×	×	×	×	×	0	0	1	0	1
0	1	1	0	×	×	×	×	×	0	1	0	0	1
0	1	1	1	0	×	×	×	×	0	1	1	0	1
0	1	1	1	1	0	×	×	×	1	0	0	0	1
0	1	1	1	1	1	0	×	×	1	0	1	0	1
0	1	1	1	1	1	1	0	×	1	1	0	0	1
0	1	1	1	1	1	1	1	0	1	1	1	0	1

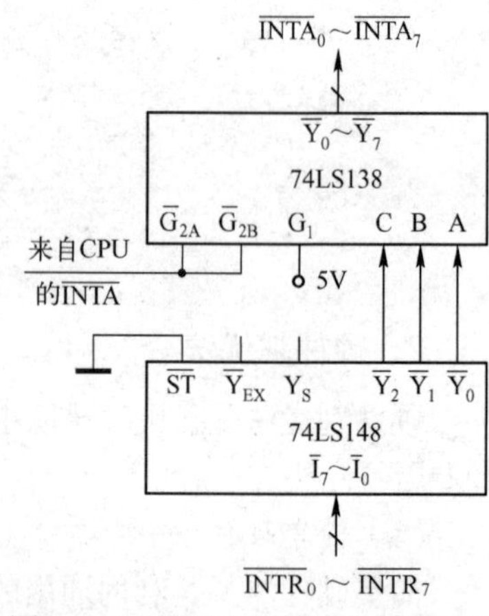

图8.2-4　并行中断优先级排队电路

并行中断优先级排队模式的优点是：响应速度快，能满足高速CPU的要求；其不足之处是扩展性不如串行中断优先级排队模式灵活，比如以图8.2-4为基础只能以8的整数倍扩展。

(2) 专用硬件方式

采用软件判优法或简单硬件法虽然都能解决中断优先级的问题，但它们或多或少都有一定的局限性。微机中多用可编程中断控制器来管理中断，比如8259A。

可编程中断控制器作为专用的中断优先级管理芯片，一般可以接收多级中断请求，进行优先级排队，从中选出优先级最高的中断请求，将其发给CPU。还可以通过编程选择不同的排队策略(如固定优先级还是旋转优先级)。它还设有中断屏蔽字寄存器，用户可以通过编程设置中断屏蔽字，从而改变原有的中断优先级。另外，可编程中断控制器还支持中断的嵌套。

系统中采用可编程中断控制器以后，硬件的连接也发生了改变。这时，CPU的INTR和$\overline{INTA}$引脚不再与外设的中断逻辑相连，而是与可编程中断控制器相连。来自外设的中断请求信号通过可编程中断控制器的中断请求输入引脚IR_i进入可编程中断控制器。CPU发出$\overline{INTA}$信号以后，由可编程中断控制器将选出的优先级最高的中断请求的中断类型码(中断源的唯一识别号，见8.3节)送出，使CPU可以转向相应的中断服务程序。可编程中断控制器的连接电路如图8.2-5所示。

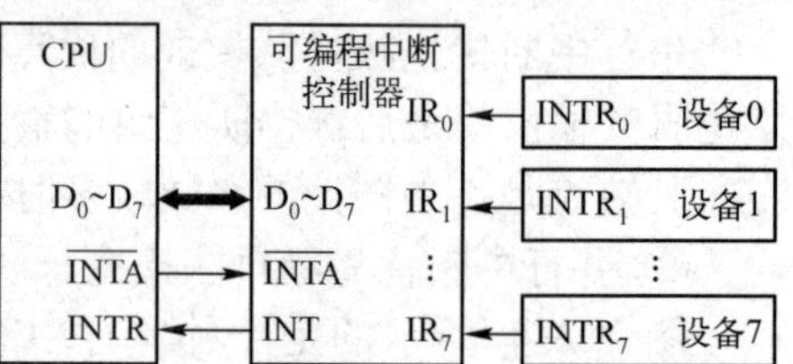

图8.2-5　可编程中断控制器的连接电路

由于可编程中断控制器可以通过编程来设置或改变其工作方式，因此使用起来方便灵活，8.4节将系统讨论。

练习题 2

8.2-1 常见的中断源的优先级判优的方法可分___________和___________两大类。

8.2-2 判断：每个中断电路都必须设计中断优先级判优电路，否则 CPU 在中断响应后不能正确转入相应的中断服务程序。（　　）

8.2-3 判断：中断优先就是谁先中断，谁就得到优先响应。（　　）

8.2-4 简述中断优先级的概念。

8.2-5 在有多个中断源发出中断请求时，有几种方法确定它们的优先级别？

8.3　8086/8088 的中断操作与响应

8.3.1　中断的分类

根据中断源性质不同和 CPU 对中断管理的方式不同，中断的分类也不尽相同。在 8086/8088 中，所有的中断分成两类，即硬件中断和软件中断。

硬件中断也称为外部中断，它是由 CPU 外部的硬件产生的，如打印机、键盘等。硬件中断又可分为可屏蔽中断(INTR)和非屏蔽中断(NMI)。其中，非屏蔽中断不受 CPU 中断允许标志 IF（见 2.1 节)的影响，只要有中断请求，总能被 CPU 响应，一般都是用来处理紧急情况的，比如用来处理存储器奇偶校验错和 I/O 通道奇偶校验错等事件。硬件中断绝大部分属于可屏蔽中断，受中断允许标志 IF 的影响，也就是说，只有当 IF=1(称为 CPU 处于开中断状态)时，才可能被 CPU 响应。同时，这类中断源一般设有自己的中断屏蔽字(即设备级的中断屏蔽)，用户可以通过写设备级的中断屏蔽字来改变中断的优先级。

软件中断是根据某条指令或者对标志寄存器中的某个标志的设置而产生的，它与硬件电路无关。常见的有除法错中断、单步中断、断点中断、溢出中断，或由中断指令“INT　n”产生的中断等。

综上所述，8086/8088 的中断类型分类如图 8.3-1 所示。

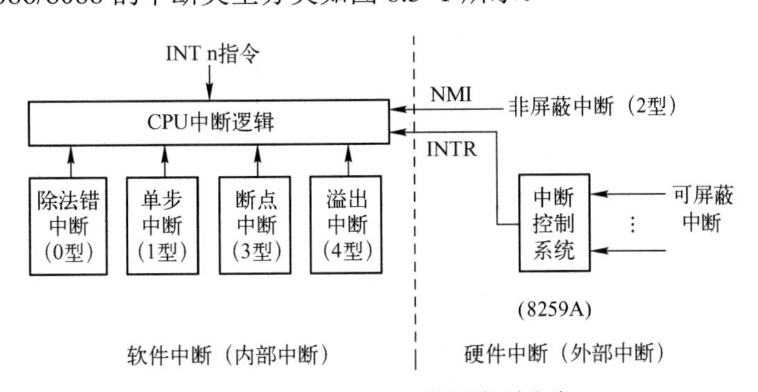

图 8.3-1　8086/8088 中断类型分类

8.3.2　中断类型码、中断向量和中断向量表

1．中断类型码

为了更好地区分不同的中断源，8086/8088 为每个中断源规定(分配)了一个中断类型码，中断类型码的范围为 0～255。根据中断类型码的不同，整个系统一共可处理 256 种不同的中断。这 256 种不同的中断也有不同的分工，其中有一部分为专用中断或已被系统占用的中断，

这些中断类型码原则上用户是不能使用的，否则会发生一些意想不到的故障。部分中断类型码对应的中断功能如表 8.3-1 所示。

在 256 个中断中，00H～04H 是专用中断，08H～0FH 是硬件中断，05H 和 10H～1AH 是基本外设的 I/O 驱动程序和 BIOS 中调用的有关程序，20H～3FH 由 DOS 操作系统使用，40H～FFH 原则上可以由用户程序安排使用。

表 8.3-1 部分中断类型码对应的中断功能

中断类型码	中断功能	中断类型码	中断功能
00H	除法错中断	0CH	串行通信(COM1)
01H	单步中断	0DH	硬盘中断(或并行口 2)
02H	NMI 中断	0EH	软盘中断
03H	断点中断	0FH	并行打印机中断
04H	溢出中断	10H	CRT 显示 I/O 驱动程序
05H	打印中断	13H	硬盘 I/O 驱动程序
08H	电子钟定时中断	14H	RS-232C I/O 驱动程序
09H	键盘中断	16H	键盘 I/O 驱动程序
0BH	串行通信(COM2)	17H	打印机 I/O 驱动程序

2. 中断向量

8086/8088 系统采用的是向量式中断。每个中断服务程序的入口地址称为一个中断向量，由段地址 CS 和段内偏移量 IP 两部分组成。中断服务程序的入口地址就是中断服务程序要执行的第一条指令的地址。

3. 中断向量表

把系统中所有的中断向量按照一定的规律排列成一个表，这个表就是中断向量表。当中断源发出中断请求，CPU 响应中断后，即可根据中断类型码查找该表，在表中找出此中断源的中断向量，转入相应的中断服务程序。

8086/8088 的中断向量表位于存储器 0 段的 0000～03FFH 的存储区内，各中断向量按其中断类型码的大小顺序依次存放。每个中断向量占 4 个存储单元，其中前 2 个存储单元存放中断服务程序的入口地址中的偏移地址(IP)，低字节在前，高字节在后；后 2 个存储单元存放中断服务程序入口地址中的段地址(CS)，也是低字节在前，高字节在后。图 8.3-2 示出了中断类型码与中断向量所在位置的对应关系。

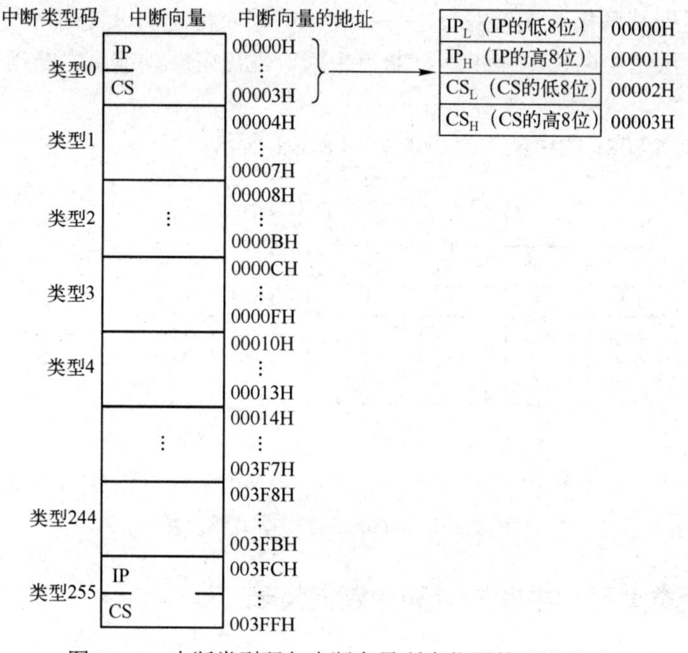

图 8.3-2 中断类型码与中断向量所在位置的对应关系

4. 中断向量的查找

假设某个中断源的中断类型码为 n，将 n 左移两位即 $n×4$，就是该中断源的中断向量在中断向量表中的起始位置。系统初始化时，可以通过软件方式将 n 型中断的中断服务程序的入口地址依次存放在从此处开始的连续 4 个存储单元中(先放 IP，后放 CS)。当中断响应时，CPU 会根据 n 值自动找到这个位置，取出存放在这里的中断向量，依次装入 IP 和 CS，这样就可以转入相应的中断服务程序。

5. 中断向量表的初始化

中断向量表的初始化是中断应用的重要环节，归纳起来有如下几点：

(1) 由 BIOS 提供的中断服务，其中断向量是在系统加电后由 BIOS 负责初始化的。

(2) 由 DOS 提供的中断服务，其中断向量是在启动 DOS 后由 DOS 负责初始化的。

(3) 用户自己开发的中断服务程序，其中断向量由用户自己写入中断向量表。

用户开发的中断服务程序可以分为两种情况：①原系统中没有使用的中断类型；②系统中已经使用的，但用户想在某个时段或某种条件下，用自己的中断服务程序替代原有的中断服务程序。对情况①，用户只需根据中断类型码和中断服务程序的入口地址，对中断向量表初始化即可。对情况②，用户要先对原有中断向量进行读出并转移(保护)以便恢复，然后才能设置新的中断向量。

(1) 直接写入法

【例 8.3-1】 设某中断类型码为 72H 的用户中断服务程序的过程名为 USEINT，请初始化中断向量表。

【解答】 过程名就是中断服务程序的入口地址，完成初始化的程序段为：

```
PUSH  DS
MOV   AX, 0
MOV   DS, AX
MOV   BX, 72H*4              ; 中断向量的地址送 BX
MOV   AX, OFFSET USEINT      ; 取中断服务程序的入口地址中的偏移地址
MOV   [BX], AX               ; 写入中断向量表
INC   BX
INC   BX
MOV   AX, SEG USEINT         ; 取中断服务程序的入口地址中的段地址
MOV   [BX], AX               ; 写入中断向量表
POP   DS
```

(2) DOS 系统功能调用法

为了方便中断向量的读出和写入，DOS 系统提供了两个子功能供调用。

- 从中断向量表中读取中断向量：由“INT 21H”的 35H 号子功能实现。

入口参数：AL = 中断类型码

出口参数：ES: BX = 读出的中断向量

- 把中断向量写入中断向量表：由“INT 21H”的 25H 号子功能实现。

入口参数：AL = 中断类型码

DS: DX = 要写入的中断向量（即中断服程序入口地址）

出口参数：无

执行该子功能后，DX(中断服务程序入口地址中的偏移地址)和 DS(中断服务程序入口地址中的段地址)将被写入地址为 $AL \times 4 \sim AL \times 4 + 3$ 的 4 个存储单元中。

下面举例说明上述两个子功能的使用。

1CH 型中断服务程序只有一条 IRET 指令，该中断服务程序由系统的 08H 型中断(系统时钟中断)每隔 55ms 调用一次。所以可以把它看成系统时钟中断的外扩，在用户需要定时的场合，可以设计自己的中断服务程序取代原先的 1CH 型中断服务程序。但在更新 1CH 型中断向量之前要先读出并转移原有中断向量。

【例 8.3-2】 假设某用户设计了一个“定时中断服务程序”，其过程名为 TIMER，想用它取代系统原先的 1CH 型中断服务程序。请通过 DOS 系统的相关功能调用读出并转移原有中断向量，以及写入新的中断向量。

【解答】 读取原有中断向量并保存的子程序(OLD1CHXL 是预先定义的双字型变量)：

```
READ    PROC
        MOV    AH, 35H                        ; 写入子功能号
        MOV    AL, 1CH                        ; 写入中断类型码
        INT    21H
        MOV    WORD PTR OLD1CHXL, BX          ; 读取原有中断向量中的偏移地址并保存
        MOV    WORD PTR OLD1CHXL+2, ES        ; 读取原有中断向量中的段地址并保存
        RET
READ    ENDP
```

中断向量写入子程序：

```
WRITE   PROC
        PUSH   DS                   ; 保护寄存器 DS
        MOV    AX, CS               ; 设 TIMER 服务程序在当前代码段
        MOV    DS, AX               ; TIMER 服务程序入口地址中的段地址送 DS
        MOV    DX, OFFSET  TIMER    ; TIMER 服务程序入口地址中的偏移地址送 DX
        MOV    AH, 25H              ; 写入子功能号
        MOV    AL, 1CH              ; 写中断类型码
        INT    21H
        POP    DS                   ; 恢复寄存器 DS
        RET
WRITE   ENDP
```

8.3.3 中断响应过程与时序

图 8.3-3 示出了 8086/8088 中断响应的流程图。

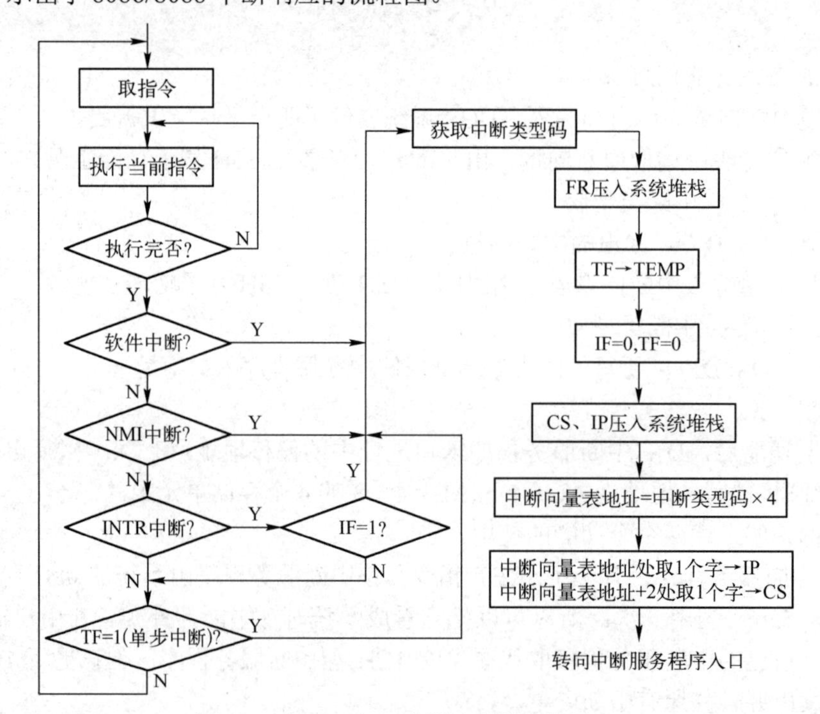

图 8.3-3 8086/8088 中断响应的流程图

从图 8.3-3 中可以看出，8086/8088 响应中断的次序是：软件中断→NMI(非屏蔽)中断→INTR(可屏蔽)中断→单步中断。从宏观来看，软件中断的优先级最高，而单步中断的优先级最低。只有可屏蔽中断才需要进入中断响应周期，从数据总线读取中断类型码，而其余几种中断都没有这个操作，这是因为它们的中断类型码是固定的，由 CPU 直接生成。另外，指令中断也属软件中断，且不受 IF 标志的控制，但从优先级角度看，它是编程时安排的，所以不在优先级的排队之列。关于中断的嵌套，在执行中断服务程序的过程中，若有非屏蔽中断请求，则 CPU 总是可以响应的。当然，如果在中断服务程序中使用了开中断指令，则对可屏蔽中断请求也可以响应。

单步中断一般用在调试程序的过程中，它由单步标志 TF=1 引起，CPU 每执行一条指令中断一次。当进入单步中断响应时，CPU 自动清零了 TF，在中断返回后，由于恢复了中断响应时的标志寄存器的内容，使 CPU 又回到了单步状态，直到程序将 TF 清零为止。

8086/8088 对软件中断和硬件中断响应的过程是不同的，这里分别讨论。

1. 硬件中断的响应过程和中断服务

（1）硬件中断的响应过程

硬件中断指的是非屏蔽中断(NMI)和可屏蔽中断(INTR)。对非屏蔽中断请求，CPU 响应的条件是执行完当前指令。CPU 响应非屏蔽中断请求后内部自动形成中断类型码 2。而对可屏蔽中断请求，CPU 首先要检查 IF 是否等于 1，如果 IF=1，则在执行完当前指令以后，进入中断响应，即 CPU 响应可屏蔽中断请求的条件是：CPU 的中断是开放的(IF=1)且执行完当前指令。

CPU 响应可屏蔽中断请求后，从 $\overline{\text{INTA}}$ 引脚连续发 2 个负脉冲，中断源在接到第二个负脉冲后，发送其中断类型码，CPU 收到这个中断类型码以后，进行如下操作：

① 将中断类型码放入暂存器保存。

② 将标志寄存器的内容压入系统堆栈，以保护中断发生时的状态。

③ 将 IF 和 TF 清零。

将 IF 清零的目的是防止在中断响应的同时又有别的中断，引起系统混乱。而将 TF 清零是为了防止 CPU 以单步方式执行中断服务程序。这里要特别提醒，因为 CPU 在中断响应时自动关闭了中断允许标志(IF 清零)，因此当用户需要进行中断嵌套时，必须在中断服务程序的合适位置使用开中断指令 STI 来对 IF 置 1，否则系统将不支持可屏蔽中断嵌套。

④ 保护断点，就是将当前的 IP 和 CS 的内容压入系统堆栈，目的是在中断结束时能正确地返回。

⑤ 根据取到的中断类型码，在中断向量表中找出相应的中断向量，将其分别装入 IP 和 CS，即可自动转向中断服务程序。

（2）中断服务程序的结构

中断服务程序是中断的重要组成部分，是中断请求的目的所在，除了本次中断所希望 CPU 执行的程序(中断处理部分)，还要考虑现场的保护与恢复、中断允许的控制和中断返回等。根据是否允许中断嵌套，其结构如图 8.3-4 所示。

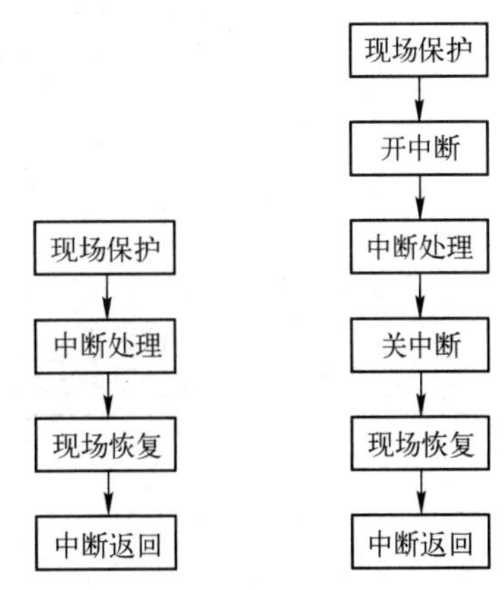

图 8.3-4　中断服务程序的结构

现场保护与现场恢复是为了使中断返回后能继续主程序的运行，主要是通过堆栈操作指令保护那些在主程序和中断服务程序中均用到的寄存器。对于在中断响应过程中由硬件自动保护的内容(如标志寄存器和断点)，在中断服务程序中无须再保护。中断返回靠中断返回指令 IRET 实现，其功能主要有两个：一是把断点地址出栈，送至 IP 和 CS 从而实现返回，二是把中断响应时所保护的标志寄存器的内容恢复。

对于允许嵌套的中断服务程序结构，需要增加一条开中断指令和一条关中断指令，从而实现在现场保护和现场恢复阶段处于关中断状态，以防可能对现场产生的破坏，仅在中断处理过程中是开中断的。

这里需要特别说明一点，虽然 CPU 响应中断请求后会自动关中断，但是对可屏蔽中断而言，不论在中断返回前 CPU 是处于开中断状态还是关中断状态，返回后总是开中断的。这是因为在响应中断请求前 CPU 肯定是开中断的，否则不会响应可屏蔽中断请求。在中断响应过程中是先保护标志寄存器(FR)，后关中断的，而中断返回指令的功能之一就是恢复标志寄存器的内容，所以返回后 CPU 一定是开中断的。

另外，中断服务程序中可能还涉及中断结束问题，这一点将在 8.4 节详细讨论。

上述对可屏蔽中断的响应、处理和返回的全过程可以用图 8.3-5 加以说明。

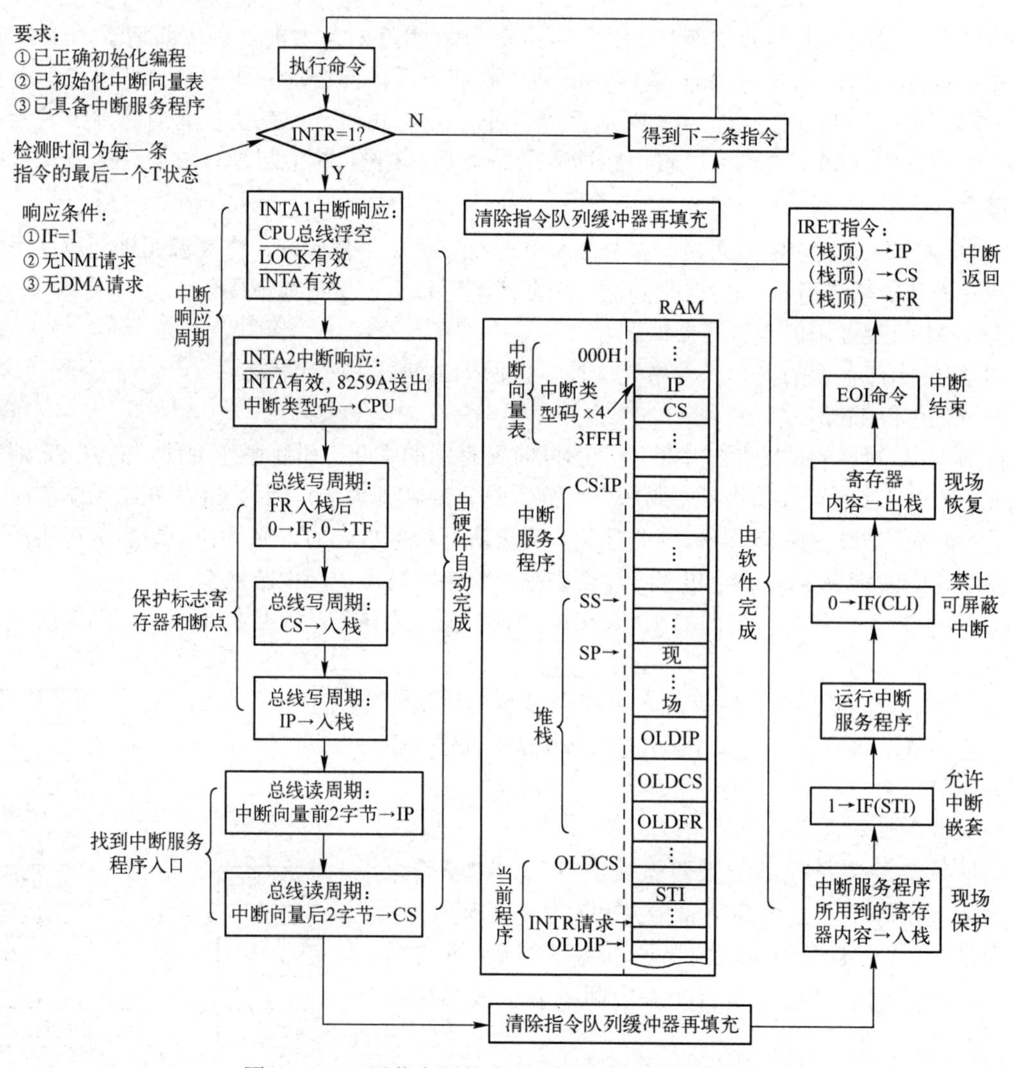

图 8.3-5　可屏蔽中断的响应、处理和返回的全过程

图 8.3-5 分为四大部分，上部是 CPU 执行当前指令和响应可屏蔽中断请求的条件；响应以

后分为 3 部分，左侧为中断响应及处理过程，全部由硬件自动完成；右侧为中断服务程序部分，全部为程序员编写的软件；中部为 RAM 的使用情况，通过这一部分可以看出当前程序(主程序)和中断服务程序以及堆栈段、数据段(中断向量表)在 RAM 中的分布和相互关系。

RAM 的使用情况如下：当前程序的段地址用 OLDCS 表示，偏移地址用 OLDIP 表示，标志寄存器的内容用 OLDFR 表示；中断服务程序的段地址用 CS 表示，偏移地址用 IP 表示；堆栈段的段地址为 SS，栈顶指针为 SP；中断向量表位于 DS＝0000H 的数据段。当前程序在执行过程中，若有可屏蔽中断请求产生，并得到 CPU 的响应时，CPU 就把 OLDFR 和当前程序的断点“OLDCS:OLDIP”压入堆栈。中断服务完成，执行一条 IRET 指令时，又将上述压入堆栈的 OLDIP、OLDCS、OLDFR 出栈，分别送至相应的寄存器，从而继续当前程序的执行。

（3）硬件中断的时序

中断操作是 8086/8088 的基本操作之一。8086/8088 对可屏蔽中断的响应要用两个总线周期，图 8.3-6 示出了 8086 中断响应总线周期的时序。

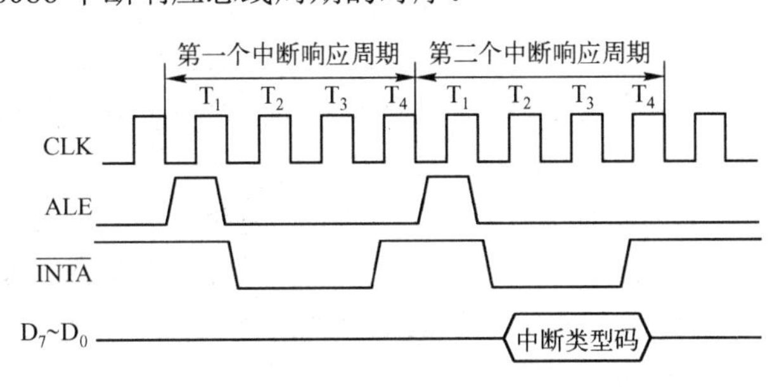

图 8.3-6　8086 中断响应总线周期的时序

8086/8088 要求可屏蔽中断请求信号 INTR 是一个高电平信号，并且要维持 2 个总线周期。这是因为 CPU 是在一条指令的最后一个 T 状态采样 INTR 的，进入中断响应以后，它在第一个中断响应周期的 T_1 状态仍需采样 INTR，以确信是一个有效的中断请求信号。另外，中断源在第二个中断响应周期送出的中断类型码是通过数据总线的低 8 位传输的，这点对 8086 来讲尤为重要。因为 8086 的数据总线有 16 根，这就意味着外设的硬件连接中的数据线只能接在 16 位数据总线的低 8 位上，不能是别的连接方式，否则会出错。

8086/8088 要求 NMI 为边沿触发信号，上升沿后要维持 2 个时钟周期高电平。

2．中断指令和软件中断的响应过程

（1）中断指令

● INT　*n* 软件中断指令

格式：INT　*n*

功能：产生一个中断类型码为 *n* 的软件中断。

操作：①标志寄存器入栈；②断点地址入栈，其中 CS 先入栈，IP 后入栈；③从中断向量表中获取中断服务程序入口地址，即 IP←(0000H:4*n*)，CS←(0000H:4*n*+2)。

● INTO 溢出中断指令

格式：INTO

功能：检测 OF，当 OF=1 时，产生 4 型中断；当 OF=0 时，不起作用。

操作：①标志寄存器入栈；②断点地址入栈，CS 先入栈，IP 后入栈；③从中断向量表中获取中断服务程序的入口地址，即 IP←(0000H:0010H)，　CS←(0000H:0012H)。

● IRET 中断返回指令

格式：IRET

功能：从中断服务程序返回断点处，并恢复标志寄存器的内容，继续执行原程序(主程序)。本指令用于中断服务程序中。

操作：①断点出栈，其中 IP 先出栈，CS 后出栈；②标志寄存器出栈。

注意：普通的返回指令 RET 没有操作②，使用时不能混淆。

（2）软件中断的响应过程

对于可屏蔽中断，中断类型码是由发出中断请求的外设送给 CPU 的。而软件中断的中断类型码是由系统分配的或由指令本身指定的。所以软件中断的响应过程相对来说比较简单。下面分两种情况来讨论。

首先讨论除“INT *n*”指令以外的软件中断，包括除数为 0 引起的中断、单步中断、断点中断和溢出中断 4 种。对这 4 种软件中断，系统分配了特定的中断类型码，依次为 0、1、3 和 4，且系统初始化时已将相应的中断向量装入中断向量表中。当中断发生时，只需直接查找中断向量表即可，其余操作与硬件中断相同，可参考图 8.3-3 和图 8.3-5。

接着分析由中断指令“INT *n*”引起的指令中断。这是一条双字节指令，指令的第二个字节即为中断类型码 *n*。CPU 执行这条指令时，先取出 *n*，将其左移两位后，再去查找中断向量表，取出中断向量（即中断服务程序的入口地址），实现转移。

下面以 CPU 执行“INT 21H”为例，介绍 CPU 对指令中断的响应过程。只要正确理解了各类中断响应过程的异同，本例就可以作为对整个中断响应过程的总结。

中断类型码 21H 是由指令提供的，设 21H 型中断的中断服务程序的入口地址为 2000H:1234H。指令中断响应过程如图 8.3-7 所示。

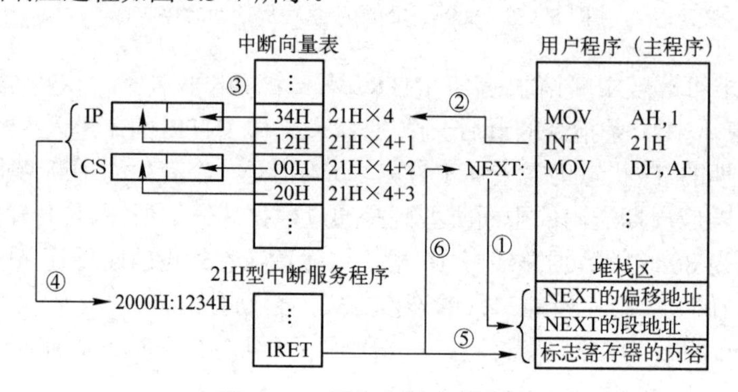

图 8.3-7　指令中断响应过程

在执行“INT 21H”之前，必须先把相应中断服务程序的入口地址 2000H:1234H 送入中断向量表 21H × 4 开始的 4 个单元。

当 CPU 取出“INT 21H”后，CS × 16 + IP 的值必定等于“INT 21H”下一条指令的物理地址 NEXT，这就是断点地址。经 CPU 对该指令译码可知，这是一条中断指令，于是 CPU 关闭中断(使 IF = 0)，然后进入图 8.3-7 所示过程。

① 将标志寄存器的内容、当前 CS 和 IP 的内容(断点地址)依次压入堆栈保护。

② 读取中断类型码 21H 并左移 2 位(即 21H × 4)，生成中断向量表的地址。

③ 读取 21H × 4～21H × 4 + 3 这 4 个存储单元的内容(中断向量)送入 IP 和 CS。

④ 根据当前的 CS:IP(2000H:1234H)，转入中断服务程序执行。

图中的⑤⑥两步是中断服务结束执行 IRET 指令的过程，即把断点地址 NEXT 从堆栈中出栈并送入 CS:IP，从而使 CPU 又回到被中断的程序(主程序)继续执行，将标志寄存器的内容从堆栈中出栈，以恢复标志寄存器的内容。

说明：

① 当除法运算中因商超出寄存器所能表示的范围或除数为 0 而产生 0 型中断时，DOS 为 0 型中断设计的中断服务程序仅仅是显示一条错误信息“Divide overflow”。用户在程序设计中对于出现的 0 型中断要做某种处理的话，必须用自己的中断服务程序取代原有的中断服务程序，否则就只能得到一条错误提示。

② 当标志寄存器的 TF 为 1 时，CPU 每执行完一条指令就自动产生 1 型中断，调用 1 型中断的中断服务程序。CPU 执行一条指令称为一步，因此 1 型中断也叫单步中断。CPU 响应单步中断后，首先自动清零 TF，然后转入单步中断服务程序。而在中断服务程序结束时又将 TF 恢复为 1。这样既保证了每执行主程序的一条指令就产生一次中断，又实现了以连续方式执行单步方式下嵌套的其他中断源的中断服务程序。

③ DOS 为 1 型中断设计的中断服务程序也仅仅是一条 IRET 指令。实际上，单步中断是为 DEBUG 软件中单步调试程序的需要而设计的，因此在使用 1 型中断时，用户必须自己设计中断服务程序，并取代原有的中断服务程序。DEBUG 的单步调试功能（T 命令）是由 DEBUG 软件提供的。

④ 和单步中断一样，DOS 系统的 3 型中断服务程序也仅仅是一条 IRET 指令。因此在使用时也必须由用户编制自己的中断服务程序来取代原有的中断服务程序，DEBUG 的断点调试功能（G 命令）就是由 DEBUG 软件提供的。

⑤ 除法错中断和单步中断都有两种方式响应对应类型的中断。因除法错引起的中断和执行“INT 0”产生的中断，其结果是一样的，即都是执行 0 型中断服务程序。同样，因 TF=1 和“INT 1”引起的中断，其结果也是一样的，都是执行 1 型中断服务程序。

⑥ 溢出中断也有两种响应方式，分别是两条指令：“INTO”和“INT 4”。而这两条指令又不完全相同。

- “INTO”指令先判溢出标志 OF 是否为 1，如果为 1(即有溢出)则产生 4 型中断，执行 4 型中断服务程序；如果为 0 则不产生中断，继续执行“INTO”的下一条指令。
- “INT 4”指令仅仅是“INT *n*”指令中的一条，执行“INT 4”指令时，不论 OF 是 1 还是 0，均产生 4 型中断，即它并不判断 OF 标志。
- 和 1 型、3 型中断一样，DOS 为 4 型中断所设计的中断服务程序也仅仅是一条 IRET 指令。因此在使用中也必须由用户编写自己的中断服务程序来取代原有的中断服务程序。
- 还有一点必须注意，当运算产生溢出时，CPU 仅设置溢出标志(使 OF=1)，并不产生溢出中断。如果用户需要对运算过程是否产生溢出进行监控，就必须在可能产生运算溢出的指令之后安排一条“INTO”指令(而不是“INT 4”指令)。

练习题 3

8.3-1 判断：(　　) 8086/8088 的中断类型码越小，则其中断优先级越高。

8.3-2 8086/8088 有一个强大的中断系统，可以处理_______种不同的中断。从中断产生的来源来分，中断可以分为两大类：______中断和硬件中断。其中硬件中断又可以分为________中断和_________中断。

8.3-3 在 8086/8088 中，非屏蔽中断的中断向量在中断向量表中的位置（　　）。

A．是由程序指定　　　　B．由 DOS 自动分配

C．固定在 0008H 开始的 4 个字节　　　　D．固定在中断向量表的表首

8.3-4 8086/8088 中断系统的中断类型码是（　　）。

A．中断服务程序的入口地址　　B．中断向量表的内容

C．中断向量表的地址指针　　D．以上三项都不是

8.3-5　中断向量的地址是（　　）。

A．子程序入口地址　　B．中断服务程序入口地址

C．中断服务程序入口地址的地址　　D．传输数据的起始地址

8.3-6　中断类型码为 40H 的中断服务程序入口地址存放在中断向量表中的起始地址是（　　）。

A．DS:0040H　　B．DS:0100H　　C．0000H:0100H　　D．0000H:0040H

8.3-7　8086/8088 对中断请求响应优先级最高的请求是（　　）。

A．NMI　　B．INTR　　C．内部中断　　D．单步中断

8.3-8　当 8086/8088 的 INTR=1，且中断允许标志 IF=1 时，则 CPU 完成（　　）后，响应该中断请求，进行中断处理。

A．当前时钟周期　　B．当前总线周期

C．当前指令周期　　D．下一个指令周期

8.3-9　8086/8088 的中断管系统可以处理多种中断源，其中每执行一条指令发生单步中断的条件是（　　）。

A．TF=1，OF=1　　B．TF=1，IF=1　　C．OF=1，IF=1

8.3-10 下面的中断中，只有（　　）需要提供硬件中断类型码。

A．NMI　　B．INTR　　C．INT 0　　D．INT n

8.3-11　响应可屏蔽中断后，8086/8088 是在（　　）读取中断向量码的。

A．保存断点后　　B．第一个中断响应周期

C．第二个中断响应周期　　D．T_4 前沿

8.3-12　写出下列中断类型码对应的中断向量在中断向量表中的物理地址。

（1）INT　12H　　（2）INT　8

8.3-13　中断向量表在存储器的什么位置？中断向量表的内容是什么？

8.3-14　某可屏蔽中断的类型码为 08H，其中断服务程序的入口地址为 1020H: 0040H，请编写程序将该中断服务程序的入口地址写入中断向量表中。

8.4　可编程中断控制器 8259A

8.4.1　8259A 的主要功能及结构

在 8.2 节讲到中断优先级的判优时，曾提到可用专用硬件方式来实现，8259A 就是一种可编程的中断控制器。

1．8259A 的主要功能

（1）一片 8259A 可以管理 8 级中断，并且在不增加其他电路的情况下，可以用多片 8259A 级联，形成对多于 8 级中断请求的管理。最多可以用 9 片 8259A 来构成 64 级的主从式中断管理系统。

（2）对任意一级中断请求都可以单独屏蔽，设置其为禁止或允许中断。

（3）可以通过编程使 8259A 工作在不同的工作方式下，使用起来灵活方便。

（4）能根据编程提供中断源的中断类型码。

2. 8259A 的引脚及功能

8259A 为双列直插式封装，28 个引脚，见图 8.4-1(a)，说明如下。

$D_7 \sim D_0$：数据线，双向，用来与 CPU 传输数据。

INT：中断请求信号，输出，由 8259A 传输给 CPU，或由从片传输给主片。

$\overline{INTA}$：中断响应信号，输入，接收来自 CPU 的中断响应信号。

$IR_7 \sim IR_0$：中断请求输入信号，可以是电平触发或边沿触发。多片 8259A 级联时，从片的 INT 引脚与主片的 IR_i 相连，$i = 0, 1, \cdots, 7$。

$CAS_2 \sim CAS_0$：双向级联信号。对主片来讲是输出，发送所选中从片的 ID 编码 000～111。对从片而言是输入，以此可以判别该从片是否被选中。

$\overline{SP}/\overline{EN}$：从设备编程/允许缓冲，双向。当 8259A 工作于非缓冲方式时(由编程决定，该方式下 8259A 的 $D_7 \sim D_0$ 与数据总线直接相连)，$\overline{SP}/\overline{EN}$ 为输入，执行 $\overline{SP}$ 功能，用于控制级联方式下的 8259A 为主片还是为从片，若 $\overline{SP}/\overline{EN}=1$ 为主片，若 $\overline{SP}/\overline{EN}=0$ 为从片。若系统中只有一片 8259A，则 $\overline{SP}/\overline{EN}=1$，而 $CAS_2 \sim CAS_0$ 悬空。

在缓冲方式下(在一个大系统中 8259A 的 $D_7 \sim D_0$ 要通过缓冲器与数据总线相连)，$\overline{SP}/\overline{EN}$ 为输出，执行 $\overline{EN}$ 功能，作为总线启动信号，以控制总线缓冲器的接收和发送。此时 8259A 的主从控制由初始化命令字 ICW_4 的 D_2(M/S)决定。

A_0：内部寄存器的选择，输入。当 $A_0 = 0$ 时，对应的内部寄存器为 ICW_1，OCW_2 和 OCW_3；当 $A_0=1$ 时，对应的寄存器为 $ICW_2 \sim ICW_4$ 和 OCW_1。由于 A_0 的一个状态要对应多个不同的内部寄存器，因此要在各命令字中用特征标志加以区别。

$\overline{CS}$：片选信号，输入，低电平有效。一般与地址译码器的输出连接，作为对 8259A 的选择信号。

$\overline{RD}$：读信号，输入，低电平有效，用来控制 CPU 对 8259A 的读操作。

$\overline{WR}$：写信号，输入，低电平有效，用来控制 CPU 对 8259A 的写操作。

3. 8259A 的内部结构

8259A 的内部结构见图 8.4-1(b)，其主要模块的功能如下：

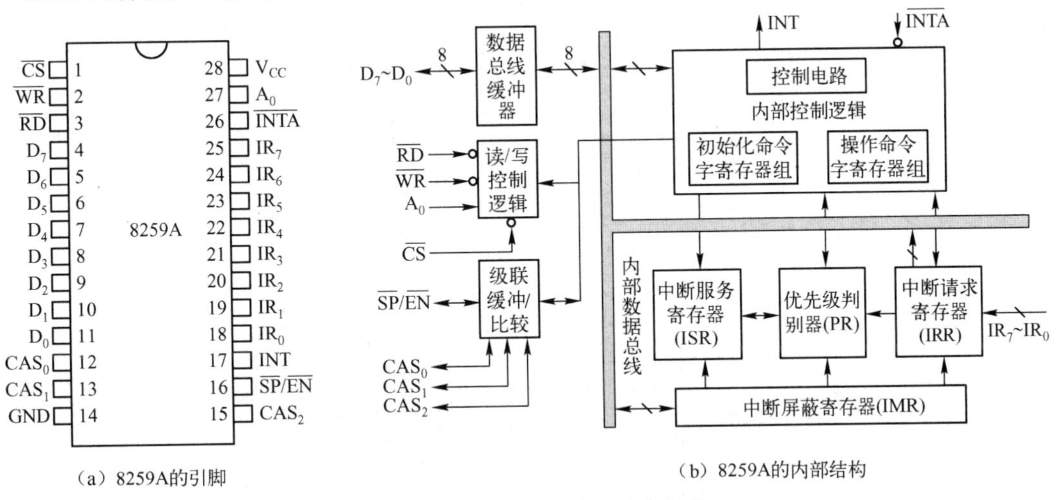

图 8.4-1　8259A 的引脚和内部结构

(1) 中断请求寄存器(IRR)

IRR 是一个 8 位的寄存器，接收来自 $IR_7 \sim IR_0$ 上的中断请求输入信号，当收到时就在 IRR 的相应位置 1，当中断请求被响应时，IRR 的相应位复位。中断请求输入信号的触发方式有两种：一种是边沿触发，另一种是电平触发。用户可通过初始化命令字 ICW_1 来设置。

（2）中断屏蔽寄存器(IMR)

IMR 是一个 8 位的寄存器，用来存放中断屏蔽字，它是由用户通过编程(操作命令字 OCW_1)来设置的。IMR_i 与 IR_i 一一对应，当 IMR 中第 i 位置 1 时，就屏蔽了 IR_i 上来自外设的中断请求，使锁存于 IRR_i 位的中断请求不能送达优先级判别器参加排队，也就是说，禁止了 IR_i 的中断请求获得服务的机会。这样用户就可以根据需要设置 IMR，改变系统原有的中断优先级。

（3）中断服务寄存器(ISR)

ISR 也是一个 8 位的寄存器，它与 IR_i 的中断源一一对应，标记了 CPU 正在为哪些中断源服务，分为两种情况：

① 若 CPU 不处于中断服务状态，有未被屏蔽的中断请求，CPU 满足中断响应条件，将响应这些中断请求中优先级最高的，如 IR_i 上的中断请求。当 8259A 收到第一个中断响应信号时将使 ISR_i 置 1，而 IRR_i 清零。ISR_i 置 1，表明 CPU 正在为 IR_i 上的中断请求服务；而 IRR_i 由 1 变 0，则表示 IR_i 上的中断请求已被响应。

② 若 CPU 正在为中断源服务，比如正在为 IR_6 的中断请求服务中，如果 IR_0 又有中断请求输入且没被屏蔽，按 8259A 的默认优先级，IR_0 高于 IR_6，因而 CPU 会暂停 IR_6 的中断处理而响应 IR_0 的中断请求，这样 ISR_0 也被置 1，此时 IRS_0、IRS_6 均为 1，这表明 IR_0、IR_6 的中断服务均未结束。从该意义上而言，ISR 的每一位都是“中断服务的标志位”。

ISR_i 为 1 的状态一般要保持到收到相应的中断结束命令为止。

（4）优先级判别器（PR）

PR 是用来管理和识别各个中断源的优先级的，也分为两种情况：

① 根据优先级的规定，判别同时送达 PR 的中断源(IRR_i=1 且 IMR_i=0)哪一个的优先级最高。

② 根据当前 ISR 的状态和新进入 PR 的中断请求，判别新的中断请求的优先级是否更高，以决定是否进入中断嵌套。

上述 IRR、IMR、ISR 和 PR 共同实现了中断请求、中断屏蔽、中断排队和中断嵌套管理。8259A 优先级裁决过程工作原理图见图 8.4-2。

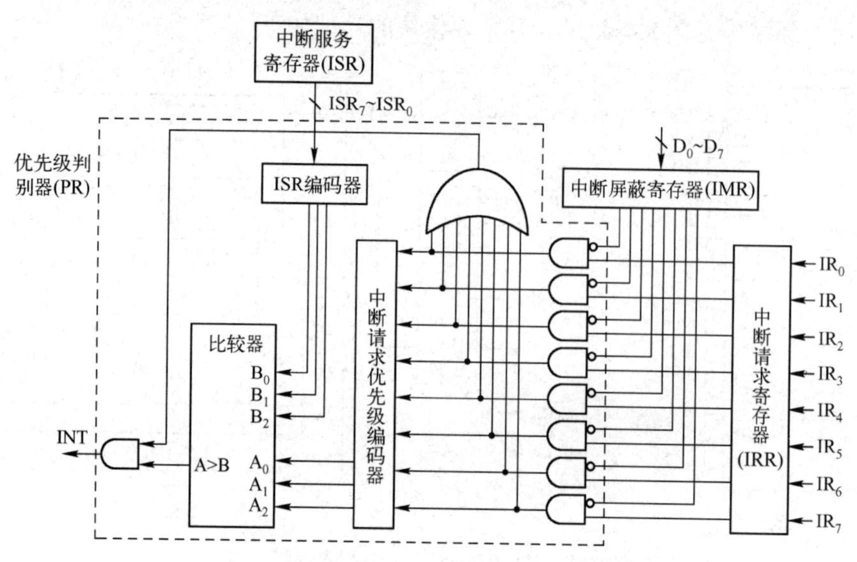

图 8.4-2　8259A 优先级裁决过程工作原理图

从图 8.4-2 可以看出：首先，通过 8 个与门选出参加中断优先级排队的中断请求输入，即 8 位 IRR 与 8 位 IMR 对应各位分别送至与门输入端，只有 IRR 为 1 的位(有中断请求)和对应 IMR 位为

0(中断请求允许)同时成立的与门其输出才有效(为 1)。只有这些中断请求才能参加排队。其次，中断请求优先级编码器从参加排队的那些中断请求输入中，选出当前优先级最高的作为下一步比较的一个输入($A_2A_1A_0$)。最后，把来自 ISR 的当前正在被服务的中断的最高优先级($B_2B_1B_0$)与当前中断请求中的最高优先级($A_2A_1A_0$)一起送入比较器进行比较，当比较器输入 A>B 时其输出有效(为 1)，这样 A>B 输出端所接的与门输出有效(即 INT=1)，8259A 发出中断请求。

（5）内部控制逻辑

在 8259A 的内部控制逻辑中，有一组初始化命令字寄存器(ICW_1～ICW_4)和一组操作命令字寄存器(OCW_1～OCW_3)，这 7 个寄存器均由用户根据需要通过编程来设置。内部控制逻辑可以按照编程所设置的工作方式来管理 8259A 的全部工作。在 IRR 中有未被屏蔽的中断请求输入时，它可以输出高电平的 INT 信号向 CPU 发出中断请求。在中断响应期间，它使得 ISR 的相应位置位，并控制向 CPU 发送相应的中断类型码。在中断服务结束时，它按照编程指定的方式进行处理。

（6）数据总线缓冲器

数据总线缓冲器是一个 8 位的双向三态缓冲器，用作 8259A 与数据总线的接口，用来传输初始化命令字、操作命令字、状态字和中断类型码。

（7）读/写控制逻辑

读/写控制逻辑接收来自 CPU 的读/写命令，完成规定的操作。具体操作由片选信号 $\overline{CS}$、内部寄存器选择信号 A_0，以及读($\overline{RD}$)和写($\overline{WR}$)信号共同控制。当 CPU 对 8259A 进行写操作时，它控制将写入的命令送入相应的命令字寄存器中。当 CPU 对 8259A 进行读操作时，它控制将相应的寄存器的内容输出到数据总线上。

（8）级联缓冲器/比较器

此功能部件在级联方式的主从结构中用来存放和比较系统中各 8259A 的从片标志(ID 编码)。与此相关的是 CAS_2～CAS_0 和 $\overline{SP}/\overline{EN}$。

其中 CAS_2～CAS_0 是 8259A 相互间连接用的专用总线，用来构成 8259A 的主从式级联控制结构。

$\overline{SP}/\overline{EN}$ 在缓冲方式下产生总线启动信号 $\overline{EN}$，以控制总线缓冲器的接收和发送。在非缓冲方式下，用来决定本片 8259A 是主片还是从片：$\overline{SP}/\overline{EN}$=1 为主片，$\overline{SP}/\overline{EN}$=0 为从片。

8.4.2 8259A 的工作过程

8259A 的工作过程分为单片 8259A 工作过程和多片级联工作过程。

1. 单片 8259A 的工作过程

单片 8259A 的工作过程为：

（1）中断源通过 IR_7～IR_0 向 8259A 发出中断请求，使得 IRR 的相应位置 1。

（2）若此时 IMR 中的相应位为 0，即该中断请求没有被屏蔽，则进入优先级排队。8259A 分析这些请求，若条件满足，则通过 INT 向 CPU 发出中断请求。

（3）CPU 接收到中断请求信号后，如果满足条件，则进入中断响应，通过 $\overline{INTA}$ 引脚发出两个连续负脉冲。

（4）8259A 收到第一个 $\overline{INTA}$ 时，进行如下操作：

① 使 IRR 的锁存功能失效(目的是防止此时再来中断请求导致中断响应的错误)，到第二个 $\overline{INTA}$ 时再有效。

② 使 ISR 的相应位置 1，表示已为该中断请求服务。

③ 使 IRR 相应位清零，表明对应的中断请求被响应。

（5）8259A 在收到第二个 $\overline{\text{INTA}}$ 时，进行如下操作：

① 把中断类型码送至数据总线。中断类型码由初始化命令字 ICW_2 和中断请求引脚的编码共同决定(见 8.4.4 节)。

② 如果 8259A 工作在中断自动结束方式，此时将清零 ISR 的相应位，这种结束方式不能管理中断嵌套。因为 ISR 的相应位清零后，在中断服务期间若再有未被屏蔽的中断请求，只要 CPU 满足中断响应条件，不管其优先级是否比现在被服务的中断的优先级高，都会予以响应，从而可能造成中断混乱。

③ 如果 8259A 工作在非中断自动结束方式，此时不清零 ISR 的任何位，只有在中断服务结束发出中断结束命令后，才会使 ISR 中的相应位清零。

2. 多片 8259A 级联的工作过程

1 片 8259A 只能管理 8 级中断，8259A 可通过多片级联来扩大中断管理能力。在级联使用时，至少需要 2 片 8259A 级联(1 片为主片，1 片为从片，所以也叫主从式连接)，可管理 15 级外部中断。最多允许 9 片 8259A 级联(其中 1 片为主片，8 片为从片)，可管理 64 级中断。

（1）连接方法

图 8.4-3 示出了一个由 3 片 8259A 组成的级联系统。从片 A 的 INT 连接到主片的 IR_3，从片 B 的 INT 连接到主片的 IR_6。假设采用固定优先级，在这个级联系统中，各中断源的优先级从高到低依次为：主片的 IR_0～IR_2，从片 A 的 IR_0～IR_7，主片的 IR_4～IR_5，从片 B 的 IR_0～IR_7，主片的 IR_7。

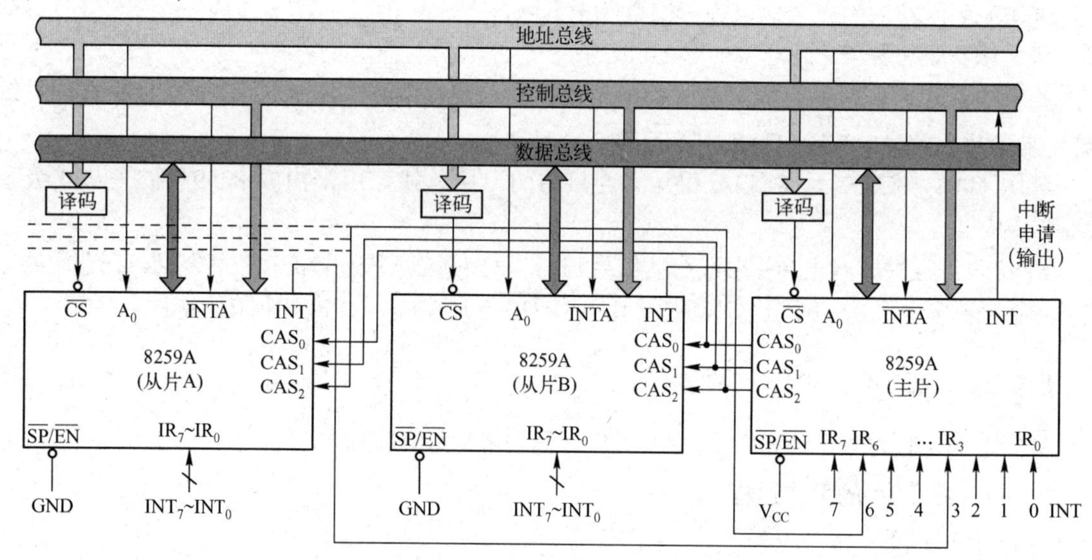

图 8.4-3　3 片 8259A 组成的级联系统

当用 9 片级联实现 64 级中断时，其连接方法为：

① 64 个中断源的中断请求分别接到 8 个从片的 IR_i，每个从片的中断请求 INT 接到主片的 IR_i。当中断源有中断请求且未被屏蔽时，相应的从片向主片发出中断请求，再由主片向 CPU 发出中断请求。

② 来自 CPU 的 $\overline{\text{INTA}}$ 复接到每个 8259A 的 $\overline{\text{INTA}}$ 。

③ 主片的 CAS_2、CAS_1、CAS_0 依次复接到每个从片的 CAS_2、CAS_1、CAS_0。

④ 所有 8259A 的 D_7～D_0 对应复接到数据总线的 D_7～D_0。

⑤ 由系统生成的片选信号分别接到各个 8259A 的 $\overline{\text{CS}}$ (注意：各个 8259A 的 $\overline{\text{CS}}$ 是互不相

同的，即地址互不相同）。

⑥ 主片的$\overline{SP}/\overline{EN}$接高电平，从片的$\overline{SP}/\overline{EN}$接地（当 8259A 工作于缓冲方式时，请见该引脚的说明）。

（2）级联方式下的请求与响应过程

在级联方式下如果 CPU 响应的是主片上的中断源（即主片 IR_i 引脚接的是外部中断源而不是从片），其中断响应过程和单一主片工作一样。下面讨论从片上中断源的中断请求与中断响应过程。

① 从片上的中断源通过 IR_7～IR_0 向从片发出中断请求，使得 IRR 的相应位置 1。

② 若此时 IMR 中的相应位为 0，即该中断请求没有被屏蔽，则进入优先级排队。从片分析这些请求，若条件满足，则通过 INT 向主片发出中断请求。

③ 主片收到请求后，若满足条件则通过 INT 向 CPU 发出中断请求。

④ CPU 接收到中断请求信号后，如果满足条件，则进入中断响应，通过$\overline{INTA}$引脚发出 2 个连续的负脉冲，送给所有的 8259A。

⑤ 各 8259A 收到第一个$\overline{INTA}$时，使各自的 IRR 的锁存功能失效（目的是防止此时再来中断请求导致中断响应的错误），直到第二个$\overline{INTA}$时再有效。这一点与单片 8259A 工作时一样。不同的是：主片收到第一个$\overline{INTA}$后使对应的 ISR 位置 1，并通过 CAS_2～CAS_0 输出当前被响应的中断源所属从片的 ID 编码。每个从片有唯一的 ID 编码，它等于该从片的 INT 引脚所连接的主片的 IR_i 引脚的编码 i。例如，图 8.4-3 中从片 A 连在主片的 IR_3，则该从片的 ID 编码就为 03H（由初始化命令字 ICW_3 设置）。

⑥ 每个从片均收到这一 ID 编码并和自身的 ID 编码进行比较。

⑦ 与主片送出的 ID 编码一致的从片清零被响应的中断源对应的 IRR 位，且将对应的 ISR 位置 1，并做好把对应的中断类型码送到数据总线的准备。

⑧ 在第二个$\overline{INTA}$脉冲有效期间，由被选中的从片将中断类型码送至数据总线。CPU 在中断响应周期的第二个周期读取中断类型码，并生成中断向量表的地址，然后从中断向量表中读出中断向量而转向相应的中断服务程序执行。

级联系统中的所有 8259A 都必须单独编程，以便设置各自的工作状态，每一个从片占用两个端口地址。这时，作为主片的 8259A 一般需设置为特殊的全嵌套方式。这种方式与完全嵌套方式不同，两者的比较将在 8.4.3 节讨论。

8.4.3 8259A 的中断管理

8259A 的中断管理包括中断优先级管理、中断结束管理、中断嵌套管理、中断屏蔽管理和多片级联管理，其中前 4 个管理又各有不同的工作方式。下面仅对前 4 个管理的有关概念加以讨论，至于各种方式的设置和切换可通过后面要讨论的 8259A 初始化命令字 ICW_1～ICW_4 和操作命令字 OCW_1～OCW_3 来实现。

1. 中断优先级管理

中断优先级管理包括以下工作方式：

（1）固定优先级方式

8259A 复位后自动处于固定优先级方式，8 个中断源的优先级是固定的，依次为 $IR_0 > IR_1 > IR_2 > IR_3 > IR_4 > IR_5 > IR_6 > IR_7$。

（2）循环优先级方式

在循环优先级方式下，8 个中断源的优先级是循环变化的：当 8259A 被设置为循环优先级

后的瞬时优先级为 $IR_0>IR_1>IR_2>IR_3>IR_4>IR_5>IR_6>IR_7$；一旦某个中断源的请求被响应后，它就变为最低优先级，它的下一级则上升为最高优先级。比如 IR_4 的中断请求输入被响应后，优先级变为 $IR_5>IR_6>IR_7>IR_0>IR_1>IR_2>IR_3>IR_4$。

（3）特殊循环优先级方式

特殊循环优先级方式由程序指明循环起始时的最低优先级。如指定 IR_2 为最低优先级，等价于指定 IR_3 为最高优先级，则设置后的瞬时优先级为 $IR_3>IR_4>IR_5>IR_6>IR_7>IR_0>IR_1>IR_2$。而循环优先级方式下，初始时最高优先级一定是 IR_0。通过操作命令字 OCW_2 可以使 8259A 进入或退出特殊循环优先级方式，以及指定特殊循环优先级方式下最低优先级的中断源，具体设置方法见 8.4.4 节。

（4）查询排序优先级方式

这种方式一般用于中断源个数多于 64 的场合。在此种方式下，8259A 接收中断请求输入的功能不变，优先级排队功能依然有效，但并不送出中断请求，而是由程序读取 8259A 的查询字来判断该 8259A 的中断源是否有请求，该查询字不但提供是否有中断请求输入的信息，而且在有中断请求输入的情况下还提供优先级最高的中断源的二进制编码。另外这种方式下 8259A 不再提供中断类型码，而是由查询程序控制中断响应。因此这种方式下 8259A 已不再作为一个真正的可编程中断控制器来使用。当多个 8259A 工作在这种方式下时，芯片与芯片间的优先级顺序是靠查询顺序来决定的。具体查询过程见操作命令字 OCW_3 中的叙述。

2．中断结束管理

中断结束管理实际上就是对中断服务寄存器 ISR 中对应位的处理。中断结束时必须使 ISR 中对应位清零，在不同时刻使 ISR 中对应位清零，就对应不同的中断结束方式。

（1）中断自动结束方式

中断自动结束方式在中断响应的第二个周期中 $\overline{INTA}$ 的后沿自动清零 ISR 中的最高优先级位。这种结束方式不能用于中断嵌套管理，原因见 8.4.2 节。

（2）一般中断结束方式

一般中断结束方式是由 CPU 向 8259A 的偶地址端口写入一个一般的 EOI(End of Interrupt，中断结束)命令来实现的(操作命令字 OCW_2 中 EOI=1)，一旦写入该命令字，将清零 ISR 中优先级最高的 1，从而结束了本级中断服务。具体写入方法见 8.4.4 节。

（3）特殊中断结束方式

特殊中断结束方式是通过向 8259A 的偶地址端口写入一个特殊的 EOI 命令来实现的(操作命令字 OCW_2 中 EOI=1，SL=1)，这个命令特殊在清零指定的 ISR 位，而不是像一般的 EOI 命令直接清零 ISR 中优先级最高的 1。具体写入方法见 8.4.4 节。

3．中断嵌套管理

（1）完全嵌套方式

完全嵌套方式是 8259A 最常用的中断嵌套管理方式，8259A 复位后自动处于这种方式。在这种方式下，8259A 按默认优先级管理中断，即优先级为 $IR_0>IR_1>\cdots>IR_7$；高优先级中断可以中断低优先级中断，低优先级或同级中断不能被响应。即当 CPU 正在进行某一级(IR_i)中断处理时，ISR_i 相应的位为 1，由于优先级判别器的裁决，系统不响应同级和低优先级的中断请求。当有优先级比它高的未被屏蔽的中断源(IR_j，$j<i$)发出中断请求时，8259A 就向 CPU 发出中断请求，只要 CPU 处于开中断状态，即 IF=1，便允许对它进行中断响应，同时将相应的 ISR_j 位置 1。此时，较低优先级的中断源(即中断处理被中断的中断源)对应的 ISR_i 位并不复位，只是使较低优先级的中断服务程序被更高优先级的中断服务程序嵌套，而较低优先级的中断服务

程序暂停执行。当高优先级中断处理结束后再返回被中断的较低优先级的中断继续处理。

这种方式下，当一个中断服务结束时必须通过中断结束命令(用一般的 EOI 命令即可)清零该中断源对应的 ISR 位，否则将阻止同级或优先级低于它的中断源的中断请求被响应。

下面通过一个例子来进一步说明完全嵌套方式下的中断响应、中断处理、中断嵌套、中断结束和中断返回的过程。

设某系统中只用了 1 片 8259A，初始化时，设置 8259A 为完全嵌套方式，一般中断结束方式，并设当前 ISR 和 IMR 所有的位均为 0。假设系统在执行主程序时，首先在 IR_2 和 IR_4 引脚上同时出现中断请求输入，然后在 IR_1 引脚上又有中断请求输入。完全嵌套方式下的中断响应过程如图 8.4-4 所示。

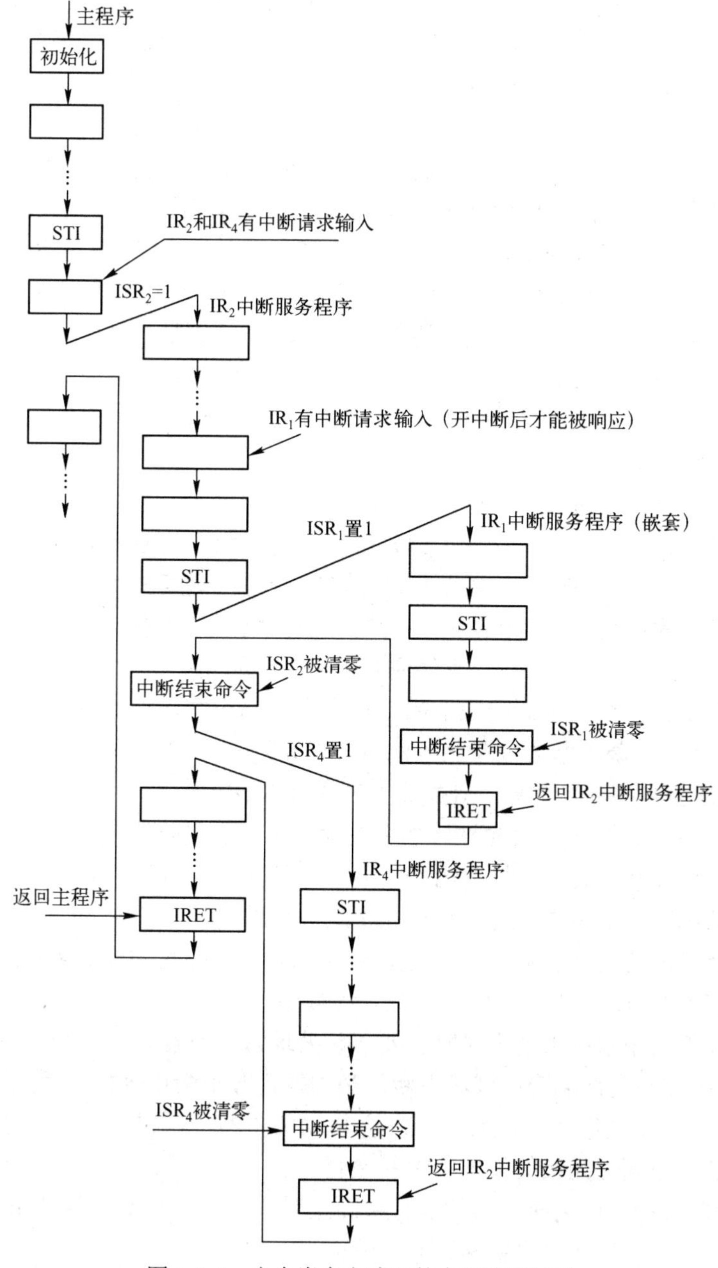

图 8.4-4　完全嵌套方式下的中断响应过程

主程序执行 STI 指令后，使 IF 为 1。这时出现中断请求输入 IR_2 和 IR_4，由于 IR_2 的优先级比 IR_4 高，于是系统响应 IR_2，使 ISR_2 置 1。然后，CPU 开始执行 IR_2 的中断服务程序，此时 IF 又被自动清零。在执行 IR_2 的中断服务程序过程中，又有中断请求输入 IR_1，虽然因 IR_1 的优先级高于正在被服务的 IR_2，8259A 再次向 CPU 发出中断请求，但是由于当前 CPU 处于关中断状态而不能被响应，在执行了一条开中断指令 STI 后，CPU 暂停 IR_2 的中断服务程序而响应 IR_1，ISR_1 置 1。然后，CPU 开始执行 IR_1 的中断服务程序，此时 IF 又被自动清零。IR_1 的中断服务程序除了完成自身规定的功能，还要做两件事才能返回断点：一是执行 STI 指令使系统开中断，以便响应更高优先级的中断请求；二是在中断服务结束返回之前向 8259A 写入中断结束命令，将 ISR_1 清零(因当前 ISR 为 1 的位中，ISR_1 的优先级最高)。

当 CPU 从 IR_1 的中断服务程序返回 IR_2 的中断服务程序时，又通过 OCW_2 将 ISR_2 清零。这样，使得 ISR 的所有位都被清零了。所以，尽管 IR_2 的中断服务程序并没有结束，但是 IR_4 的中断请求却得到了响应。这样便造成了在完全嵌套方式下，较高优先级的 IR_2 被较低优先级的 IR_4 嵌套的例外情况。这种情况似乎与完全嵌套方式下的中断优先级管理原则有所不符。但是，从刚才讲述的过程中可以看出，这种例外是 IR_2 的中断服务程序提前发出中断结束命令，主动放弃自己的优先级造成的。由此可见，提前在中断服务程序中发出中断结束命令会改变中断嵌套的次序。因此，在某些控制系统中，为了防止一个控制过程被优先级较低的或同级的中断请求打断，但又能开放较高优先级的中断，需注意以下两点：一是要用 STI 指令开中断；二是要在正确位置使用中断结束命令，且不能用中断自动结束方式。

IR_4 的中断服务程序用 OCW_2 将 ISR_4 清零之后，返回 IR_2 的中断服务程序。

IR_2 的中断服务程序在前面已经清零了 ISR_2 位，所以执行完其本身的功能后，便返回主程序，无须再执行中断结束命令。

通过这个例子，可得出这样两个重要的结论：

① 进入中断服务程序后，只有执行 STI 指令，才能允许其他可屏蔽中断的中断服务程序进行嵌套。如果一个中断服务程序一直没有执行 STI 指令，则其执行过程中就不会被其他可屏蔽中断的中断服务程序嵌套。读者会问，这种情况下系统怎样开中断呢？实际上，在中断服务程序执行完最后一条指令 IRET 之后，系统便开中断，从而允许新的中断请求进入。因为 IRET 指令的一个功能就是恢复进入中断响应前的标志寄存器的内容，而当时标志寄存器中 IF 肯定为 1，否则不会进入可屏蔽中断的中断服务程序，见 8.3.3 节。

② 进入中断服务程序后，如果一开始用 STI 指令使 IF 为 1，开了中断，但未用 OCW_2 清零对应的 ISR 位，这种情况下，会允许比本中断优先级高的中断请求进入，形成符合优先级规则的嵌套。如果在 STI 指令之后，接着用 OCW_2 命令清零了相应的 ISR 位，但中断处理过程并没有结束，这种情况下，中断嵌套就未必按优先级规则进行了。上述 IR_4 中断 IR_2 的中断服务程序的情况就是例证。请读者思考，如何调整图 8.4-4 中 IR_4 的中断服务程序中的中断结束命令所在位置，才能使得 IR_4 的中断响应符合优先级顺序？

综上所述，在编写中断相关的程序时，要正确处理以下问题。

① 在主程序中如果允许响应可屏蔽中断，必须执行开中断指令使 IF 为 1。

② 每当进入一个中断服务程序时，系统会自动关中断，所以只有在中断服务程序中再次开中断，才有可能被较高优先级的可屏蔽中断嵌套。

③ 每个中断服务程序结束时，必须执行中断结束命令，清零对应的 ISR 位，才能返回断点。否则，将阻止同级和低优先级中断请求被响应。

（2）特殊全嵌套方式

完全嵌套方式的中断管理能满足单片 8259A 工作时的中断管理要求，但对于图 8.4-5 中完全嵌套方式级联情况下的中断管理则力不从心。

如图 8.4-5(a)所示，由 2 片 8259A 构成级联系统，主片的 IR_4 接有 1 个从片(从设备)，若从片上有 1 个中断源(IR_6)的中断请求正在被 CPU 服务，则主片的 $ISR_4=1$，从片的 $ISR_6=1$。

如图 8.4-5(b)所示，如果在处理从片的 IR_6 中断请求时，该从片上又有优先级更高的中断源(如 IR_0)发出中断请求($IRR_0=1$)，从片按照完全嵌套方式向主片发出中断请求(INT=1)，但是对主片而言，该中断请求属于同级(都是主片 IR_4 上的请求)，按完全嵌套方式，它将被屏蔽，使得从片上的高优先级中断没能中断低优先级中断。可见在主片和从片都处于完全嵌套方式下时，并不能使从片的中断源发出的中断请求按完全嵌套方式进行中断。解决办法是让主片工作在特殊全嵌套方式。

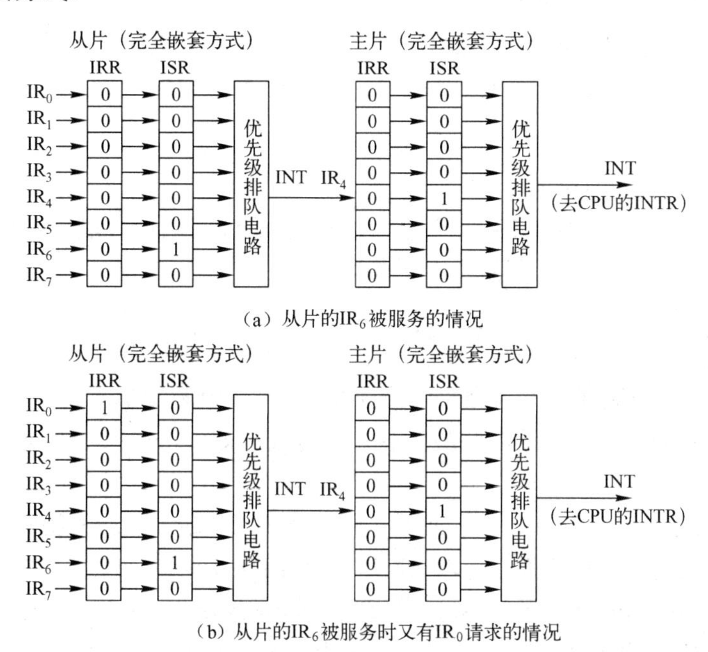

图 8.4-5　完全嵌套方式级联情况下的中断管理

特殊全嵌套方式与完全嵌套方式不同，当来自某个从片的中断请求被服务时，主片的优先级控制逻辑不封锁这个从片(即特殊全嵌套下不封锁本级中断)，从而使来自该从片的较高优先级的中断请求输入能被主片识别，并向 CPU 发出中断请求。这使得主片能合理地管理级联下的嵌套问题。图 8.4-6 给出了主片在特殊全嵌套方式级联情况下的中断管理，若主片采用特殊全嵌套方式，在从片上的 IR_6 被服务时，从片 IR_0 的中断请求被送到主片后，主片将暂停从片 IR_6 的中断服务，转去为从片 IR_0 的中断请求服务，即进入中断嵌套。此时主片的 $ISR_4=1$，从片的 ISR_6 和 ISR_0 均为 1，即 IR_6 和 IR_0 的中断服务均未结束。

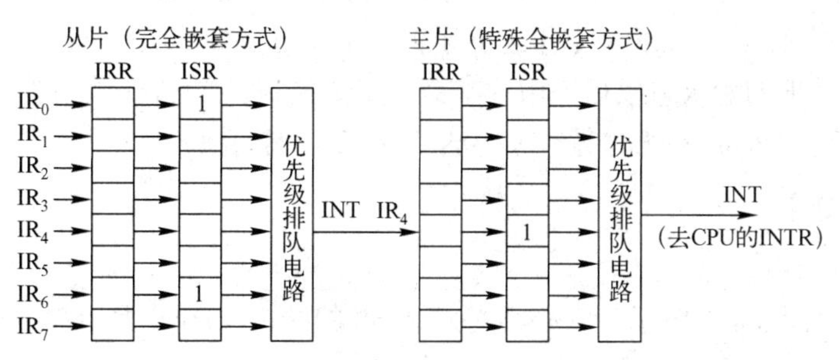

图 8.4-6　主片在特殊全嵌套方式级联情况下的中断管理

由于上述改变，使得主片的中断结束也不能像完全嵌套方式那样，只在中断服务程序的尾部使用一般的 EOI 命令。而必须先检查被服务的中断是否是该从片中唯一的中断请求。为此，先向从片发一个一般的 EOI 命令，清零已完成服务的 ISR 中的相应位。然后再读出该从片的 ISR 内容，检查其是否全为 0。若全为 0，则刚结束中断服务的是该从片唯一的中断请求，接着向主片发一个一般的 EOI 命令，清零与从片相对应的 ISR 中的相应位，表示为这个从片的中断服务已完成。反之，则不是唯一的中断请求，该从片还有未结束的中断服务，就不能向主片发 EOI 命令，以便使该从片对应主片的 ISR 位仍为 1。在图 8.4-6 中，如果 IR_0 的中断服务结束时直接向主片发一个一般的 EOI 命令而清零了主片的 ISR_4，这以后主片上比 IR_4 优先级低的中断请求就可以被主片送出，而此时从片 IR_6 的中断服务程序并没结束，又出现了低优先级中断打断高优先级中断的情况。注意：图 8.4-6 中在固定优先级情况下，优先级顺序从高到低依次为：主片的 IR_0, IR_1, IR_2, IR_3；从片的 IR_0, IR_1, IR_2, IR_3, IR_4, IR_5, IR_6, IR_7；主片的 IR_5, IR_6, IR_7。

4．中断屏蔽管理

可以通过 CLI 指令禁止所有可屏蔽中断请求进入 CPU，也可以通过对中断屏蔽寄存器 IMR 的操作实现对某些中断源的屏蔽。有两种屏蔽方式：

（1）一般屏蔽方式

将 IMR 中某一位或某几位置 1，即可屏蔽对应位的中断请求。该方式下，只屏蔽本级中断，使得被屏蔽的中断源无权参加优先级排队。其余中断源仍按原有中断管理模式进行中断。或者说高于被屏蔽中断源的优先级不变，而低于被屏蔽中断的优先级均相应升高。

（2）特殊屏蔽方式

特殊屏蔽方式与一般屏蔽方式有两点不同：一是对某中断源实施的特殊屏蔽一般是在为该中断源服务的某个时刻进行的，而不是像一般屏蔽那样在中断响应之前；二是它不仅屏蔽本级中断源的再次被响应(使 IMR 的对应位为 1，这一点与一般屏蔽相同)，而且还自动清零被屏蔽中断源的 ISR 位，这样在执行某中断源的中断服务程序中若设置了特殊屏蔽方式，除本中断源以外的任何未被屏蔽的中断请求都可以被 8259A 送出。通过在中断处理过程中设置特殊屏蔽，可以在需要的时候嵌套优先级更低的中断，从而增加了中断管理的灵活性和可控性。

二维码 8-1　人生优先级管理

特殊屏蔽方式的设置和取消均通过操作命令字 OCW_3 来实现。

思政案例：见二维码 8-1。

8.4.4　8259A 的编程

8259A 的编程涉及两类命令字：一类是初始化命令字，通过这些命令字使 8259A 处于初始状态，初始化命令字必须在 8259A 工作之前设置，工作过程中一般不再改变；另一类是操作命令字，在 8259A 处于初始状态以后，用这些命令字来控制 8259A 执行不同的操作，可根据需要，在初始化以后的任何时刻随时写入 8259A(有些要经常写入)。

1．初始化命令字

（1）ICW_1

ICW_1 的格式如图 8.4-7 所示，它必须写入 A_0=0 的端口，D_4=1 是 ICW_1 的特征标志。

$D_0(IC_4)$：用来指出后面是否使用 ICW_4。若使用 ICW_4，则 D_0=1，反之为 0。对 8086/8088 系统来讲，后面必须设置 ICW_4，因此该位为 1。

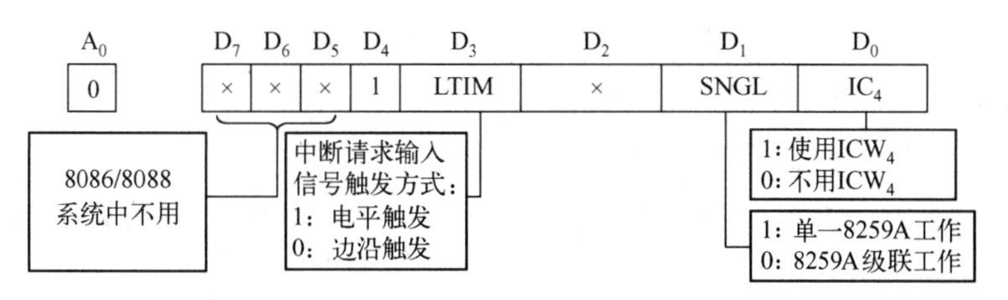

图 8.4-7　ICW$_1$ 的格式

D_1(SNGL)：用来指出系统中是否只有 1 片 8259A。若仅有 1 片，则 D_1=1，反之为 0。

D_3(LTIM)：用来设定中断请求输入信号的触发方式。当 D_3=1 时，表示为电平触发。此时 IR$_i$ 输入高电平即可进入 IRR；当 D_3=0 时，表示为边沿触发，此时 IR$_i$ 输入由低到高的跳变被识别而送入 IRR。

D_2 和 D_5～D_7 在 8086/8088 系统中不用。

（2）ICW$_2$

ICW$_2$ 的格式如图 8.4-8 所示，必须写入 A_0=1 的端口，在 8086/8088 系统中，用 ICW$_2$ 来设置中断类型码，其高 5 位即 T_7～T_3 为中断类型码的高 5 位，低 3 位写入值无意义。

A_0	D_7	D_6	D_5	D_4	D_3	D_2	D_1	D_0
1	A_{15}	A_{14}	A_{13}	A_{12}	A_{11}	A_{10}	A_9	A_8
	T_7	T_6	T_5	T_4	T_3	×	×	×

图 8.4-8　ICW$_2$ 的格式

8259A 的中断类型码由两部分组成，高 5 位来自用户设置的 ICW$_2$，低 3 位为 IR$_i$ 的编码 i，由 8259A 自动插入。也就是说，当用户设置了 ICW$_2$ 以后，来自 IR$_i$ 的中断源的中断类型码也就唯一地确定了，而且每一片 8259A 的 8 个中断类型码都是连续的，其 IR_0～IR_7 的类型码的低 4 位要么为 0～7(T_3=0)，要么为 8～F(T_3=1)。表 8.4-1 给出了中断类型码与 ICW$_2$ 及引脚编号的关系。

表 8.4-1　中断类型码与 ICW$_2$ 及引脚编号的关系

中断请求输入引脚	用户决定位					8259A 自动插入位		
	D_7	D_6	D_5	D_4	D_3	D_2	D_1	D_0
IR_0	T_7	T_6	T_5	T_4	T_3	0	0	0
IR_1	T_7	T_6	T_5	T_4	T_3	0	0	1
IR_2	T_7	T_6	T_5	T_4	T_3	0	1	0
IR_3	T_7	T_6	T_5	T_4	T_3	0	1	1
IR_4	T_7	T_6	T_5	T_4	T_3	1	0	0
IR_5	T_7	T_6	T_5	T_4	T_3	1	0	1
IR_6	T_7	T_6	T_5	T_4	T_3	1	1	0
IR_7	T_7	T_6	T_5	T_4	T_3	1	1	1

例如，设 ICW$_2$=48H，则 IR_0～IR_7 的中断类型码分别为 48H, 49H, …, 4FH。事实上由于用户设置的只是中断类型码的高 5 位，所以在 ICW$_2$ 中只要高 5 位是一样的，不论低 3 位为何值，其结果都是一样的。

（3）ICW$_3$

只有当系统中有多片 8259A 级联时才需要写入 ICW$_3$，必须写入 A_0=1 的端口。用于说明主片和从片的连接关系，注意主片和从片编程时 ICW$_3$ 的定义是不同的。

级联系统中的所有 8259A 都必须进行独立的编程，以便设置各自的工作状态。这时作为主片的 8259A 一般设置为特殊全嵌套方式，作为从片的 8259A 一般设置为完全嵌套方式。

主片的 ICW$_3$ 格式如图 8.4-9 所示。主片的哪个 IR$_i$ 引脚上连接有从片，则相应 ICW$_3$ 的 D_i 位为 1，反之为 0。

从片的 ICW$_3$ 的格式如图 8.4-10 所示。ID_2～ID_0 是从片的 ID 编码，等于该从片的 INT 引脚所连接的主片 IR$_i$ 引脚的编码 i。因此，从片的 ICW$_3$ 用来指出该从片连接在主片的哪一个 IR$_i$ 引脚上。例如，某从片连接在主片的 IR_3，则该从片的 ICW$_3$ 的低 3 位为 011。从片 ICW$_3$ 的高 5 位不用，一般取 0。

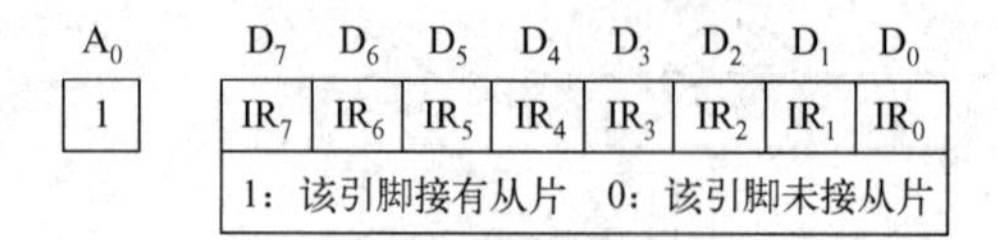

图 8.4-9 主片的 ICW_3 的格式

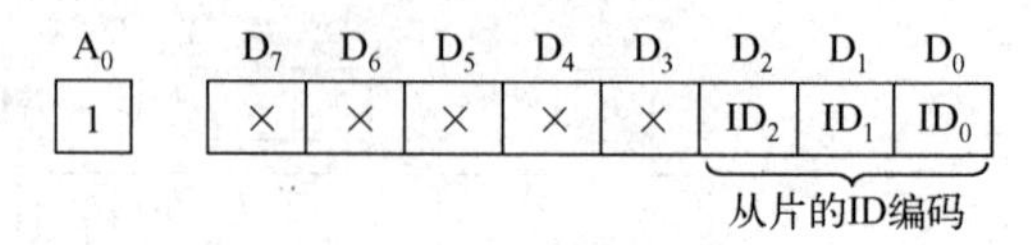

图 8.4-10 从片的 ICW_3 的格式

（4）ICW_4

ICW_4 的格式如图 8.4-11 所示，必须写入 A_0=1 的端口，$D_7D_6D_5$=000 是 ICW_4 的特征标志。

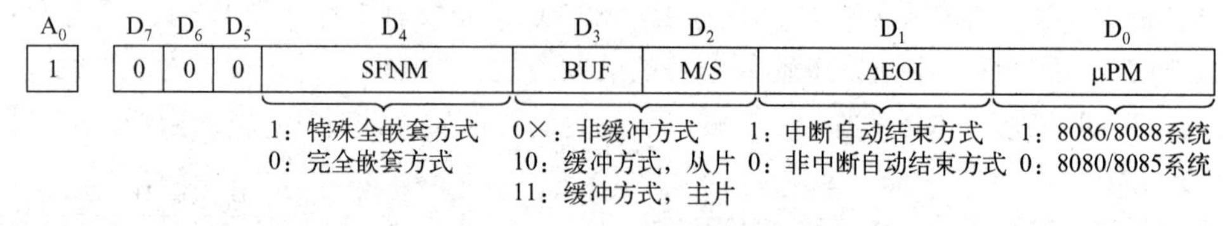

图 8.4-11 ICW_4 的格式

D_0(μPM)：CPU 类型选择。在 8086/8088 系统中，μPM=1。

D_1(AEOI)：指出是否为中断自动结束方式。若为中断自动结束方式，则 D_1=1。在这种方式下，当第二个 $\overline{INTA}$ 脉冲到来时，ISR 的相应位会自动清零。如果设置 D_1=0，则为非中断自动结束方式，这时必须在程序的适当位置使用中断结束命令(见 OCW_2)使 ISR 中为 1 的相应位清零。

D_2(M/S)：在缓冲方式下有效，用来指出本片是主片还是从片。对主片 D_2=1，对从片 D_2=0。非缓冲方式下该位无效。

D_3(BUF)：用来指出本片是否工作在缓冲方式，并由此决定了引脚 $\overline{SP}/\overline{EN}$ 的功能。D_3=1 表示 8259A 工作在缓冲方式，反之 8259A 工作在非缓冲方式。由于在缓冲方式下不能由 $\overline{SP}/\overline{EN}$ 来指明本片是主片还是从片，因此需用 D_2 位(即 M/S 位)来指示。

D_4(SFNM)：用来指出本片是否工作在特殊全嵌套方式，若是则 D_4=1，反之 D_4=0，即 8259A 工作在完全嵌套方式。

2. 初始化的程序流程

8259A 的初始化就是把按系统工作要求所确定的各初始化命令字分别写入指定的端口，其初始化流程图如图 8.4-12 所示。由图可知，8259A 初始化时，对 ICW_1～ICW_4 的写入顺序是有要求的，同时对写入的端口地址也有要求。尤其是当系统中有多片 8259A 工作于级联方式时，对每片 8259A 均要单独编程，其中主片和从片的 ICW_3 的格式及功能均不相同，端口地址亦不相同，应视具体硬件的连接方式而定。

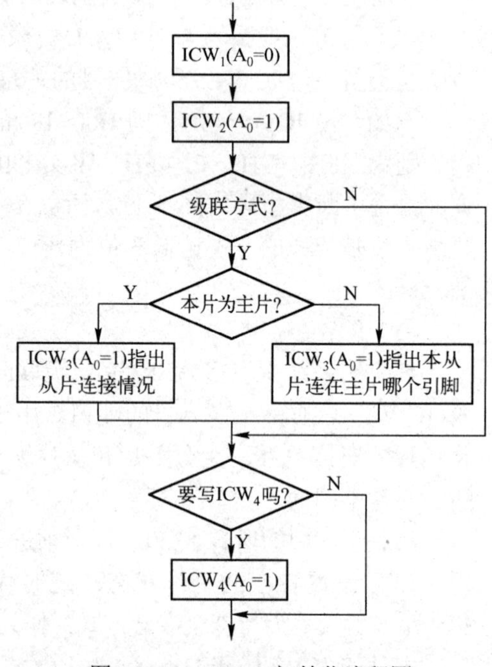

图 8.4-12 8259A 初始化流程图

【例 8.4-1】 一个 CPU 为 8088 的系统，采用 1 片 8259A，要求其工作在完全嵌套方式，非中断自动结束方式，非缓冲方式，中断请求输入信号为边沿触发方式，中断类型码为 0B0H～0B7H。该 8259A 的两个端口地址分别为 20H 和 21H，试完成初始化程序。

【解答】
```
MOV   AL, 13H       ;送 ICW1
OUT   20H, AL
MOV   AL, 0B0H      ;送 ICW2，写入中断类型码的高 5 位
```

```
        OUT    21H, AL
        MOV    AL, 01H      ;送 ICW4
        OUT    21H, AL
```

3. 操作命令字

8259A 的操作命令字一共有 3 个，为 OCW_1～OCW_3。

（1）OCW_1

OCW_1 的格式如图 8.4-13 所示，必须写入 A_0=1 的端口。

OCW_1 用于设置中断屏蔽字。M_7～M_0 代表 8 个屏蔽位，分别用来控制 IR_7～IR_0 的中断请求输入。如果 $M_i=1$，则 IR_i 的中断请求输入(即中断源)被屏蔽，不能进入优先级排队。如果 $M_i=0$，则允许相应 IR_i 的中断请求输入进入优先级排队。

A_0	D_7	D_6	D_5	D_4	D_3	D_2	D_1	D_0
1	M_7	M_6	M_5	M_4	M_3	M_2	M_1	M_0
	IR_7	IR_6	IR_5	IR_4	IR_3	IR_2	IR_1	IR_0

M_i=1, IR_i的中断请求输入被屏蔽
M_i=0, IR_i的中断请求输入开放

图 8.4-13 OCW_1 的格式

【例 8.4-2】 编写屏蔽 8259A 的 IR_3、IR_4 和 IR_6 中断请求输入的程序。设该 8259A 的两个端口地址分别为 20H 和 21H。

【解答】

```
MOV AL, 01011000B ; OCW1 的内容
OUT 21H, AL
```

（2）OCW_2

OCW_2 的格式如图 8.4-14 所示，必须写入 $A_0=0$ 的端口，D_4D_3=00 为其特征标志。

A_0	D_7	D_6	D_5	D_4	D_3	D_2	D_1	D_0
0	R	SL	EOI	0	0	L_2	L_1	L_0
	1: 循环优先级 0: 固定优先级	1: L_2–L_0 有效 0: L_2–L_0 无效	1: 有中断结束功能 0: 无中断结束功能			SL=1时有效： R=1、EOI=0时，指出循环优先级起始的最低优先级 R=0、EOI=1时，指出要清零的ISR位 R=EOI=1时，是上述两功能的组合，即指出要清零的ISR位，同时指定它为最低优先级		

图 8.4-14 OCW_2 的格式

OCW_2 用来控制中断结束，以及循环优先级设置与复位。与这些操作有关的命令和方式控制大都以组合形式使用。

表 8.4-2 给出了 OCW_2 中各位的组合。这里要说明的是：凡是没有通过 L_2～L_0 来指出编码的 EOI 命令，均是清零 ISR 中优先级最高的位；凡是没有通过 L_2～L_0 来指出编码的循环优先级方式，其初始时均按 $IR_0>IR_1>\cdots>IR_7$ 的优先级顺序处理。

表 8.4-2 OCW_2 中各位的组合

R SL EOI	L_2～L_0	功能名称	功能说明	应用
0 0 0	无效	设置固定优先级	复位循环优先级回到 $IR_0>IR_1>\cdots>IR_7$	用于固定优先级和循环优先级间的切换
1 0 0	无效	设置循环优先级	启动 8259A 为循环优先级	
0 0 1	无效	一般的 EOI 命令（一般中断结束方式）	自动清零 ISR 中优先级最高的位	固定优先级下的中断结束命令字
0 1 1	给出要清零的 ISR 位的编码	特殊的 EOI 命令（特殊中断结束方式）	由 L_2～L_0 指定要清零的 ISR 位	
1 0 1	无效	循环优先级，一般的 EOI 命令	设置循环优先级，一般中断结束方式	循环优先级下的中断结束命令字

续表

R SL EOI	L_2～L_0	功 能 名 称	功 能 说 明	应　用
1 1 0	给出循环优先级起始的最低优先级的中断编码	设置特殊循环优先级	设置特殊循环优先级，即设置为循环优先级，同时由 L_2～L_0 指出开始循环时优先级最低的中断源	用于设置特殊循环优先级
1 1 1	给出要清零的 ISR 位，同时指定它为循环优先级初始时的最低优先级	特殊的 EOI 命令，特殊循环优先级	特殊循环优先级设置，即由 L_2～L_0 指定循环起始时最低优先级的中断源 特殊中断结束方式（同上）	特殊循环优先级下的中断结束命令字
0 1 0	无操作			

（3）OCW_3

OCW_3 的格式如图 8.4-15 所示，必须写入 A_0=0 的端口，$D_7D_4D_3$=001 是特征标志。它主要用来控制 8259A 的中断屏蔽、查询和读寄存器等操作。

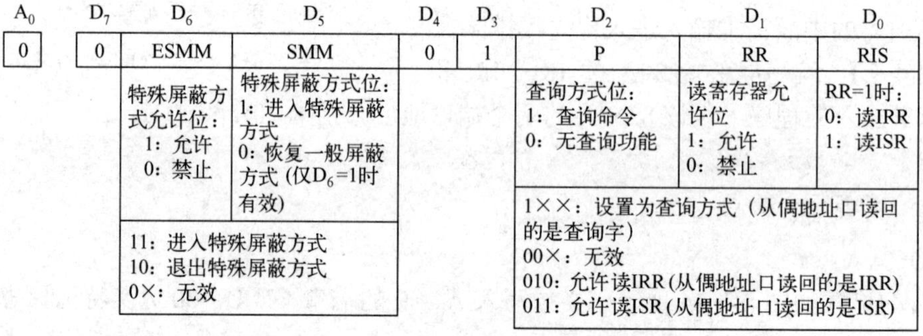

A_0	D_7	D_6	D_5	D_4	D_3	D_2	D_1	D_0
0	0	ESMM	SMM	0	1	P	RR	RIS
		特殊屏蔽方式允许位： 1：允许 0：禁止	特殊屏蔽方式位： 1：进入特殊屏蔽方式 0：恢复一般屏蔽方式（仅D_6=1时有效）			查询方式位： 1：查询命令 0：无查询功能	读寄存器允许位 1：允许 0：禁止	RR=1时： 0：读IRR 1：读ISR
		11：进入特殊屏蔽方式 10：退出特殊屏蔽方式 0×：无效				1××：设置为查询方式（从偶地址口读回的是查询字） 00×：无效 010：允许读IRR（从偶地址口读回的是IRR） 011：允许读ISR（从偶地址口读回的是ISR）		

图 8.4-15　操作命令字 3（OCW_3）的格式

D_6（ESMM）：特殊屏蔽方式允许位，D_6=1 允许特殊屏蔽方式，与 D_5 组合使用。

D_5（SMM）：特殊屏蔽方式位，只有当 D_6=1 时该位才有效。

若 D_6D_5=11，则 8259A 进入特殊屏蔽方式。这时，8259A 允许任何未被屏蔽的中断请求输入信号产生中断，而不管它们的优先级的高低。特殊屏蔽方式一般在中断服务程序中设置，以允许 8259A 把优先级低于本级中断的中断请求送出，它将破坏一般的中断嵌套规则。若 D_6D_5=10，则恢复原来的中断屏蔽方式。

D_2（P）：查询方式位。D_2=1 设置为查询方式，即用软件查询的方式来识别中断源，靠软件实现中断的响应而不是靠中断向量。即这种方式下 8259A 既不产生硬件请求，也不提供中断类型码。这种方式多用在多于 64 级中断的场合。查询方式工作过程如下：

① 关闭系统中断：执行一条 CLI 指令。

② 设置查询命令字：向 8259A 的偶地址（A_0=0）端口写入 P=1 的 OCW_3（此命令对 8259A 来讲相当于第二个 $\overline{INTA}$ 信号），即 OCW_3 为 0CH。

③ 读查询字：8259A 收到查询命令字后立即产生一个查询字等待 CPU 来读取。所以在写入查询命令字后，执行一条读偶地址端口的 IN 指令，将得到一个中断查询字，其格式如图 8.4-16 所示。而 8259A 收到查询命令字后，除了把中断查询字放到数据总线供 CPU 读取外，还要把由 $W_2W_1W_0$ 决定的 ISR 位置 1。

D_7	D_6	D_5	D_4	D_3	D_2	D_1	D_0
I	×	×	×	×	W_2	W_1	W_0
中断请求标志位 1：有请求 0：无请求	无效				I=1时为最高优先级的中断请求的二进制编码 I=0时无效		

图 8.4-16　8259A 的中断查询字格式

其中 I 为中断请求标志位。I=1 表示有请求，这时 W_2～W_0 给出最高优先级的中断请求的二进制编码；I=0 表示无请求。

【例 8.4-3】 设 8259A 的端口地址为 20H、21H。读中断查询字的程序段为：

```
MOV    AL, 0CH
OUT    20H, AL        ; 查询字命令写入 8259A
IN     AL, 20H        ; 读中断查询字
```

D_1(RR)：读寄存器允许位。在 D_2=0 的情况下，若 D_1=1 则允许读 ISR 和 IRR。

D_0(RIS)：读 ISR 和 IRR 的选择位，必须和 D_1 位结合起来使用。当 D_1D_0=10 时，允许读 IRR；当 D_1D_0=11 时，允许读 ISR。

对 8259A 内部寄存器的读出方式同读中断查询字一样，CPU 先送一个操作命令字 OCW_3(即读寄存器命令字)，然后用一条读偶地址端口的 IN 指令，即可读得对应的 IRR 和 ISR。

【例 8.4-4】 设 8259A 的端口地址为 20H、21H。读 IRR 和读 ISR 的程序段分别为：

```
MOV    AL, 0AH
OUT    20H, AL        ; 写入读 IRR 命令字
IN     AL, 20H        ; 读回 IRR 至 AL
MOV    AL, 0BH
OUT    20H, AL        ; 写入读 ISR 命令字
IN     AL, 20H        ; 读回 ISR 至 AL
```

注意： 每次读取 IRR 或 ISR 都要先写 OCW_3，读寄存器命令字是一次有效的。不论在什么情况下，读奇地址(A_0=1)端口均可得到 IMR。

练习题 4

8.4-1 选择题

（1）CPU 可以访问 8259A 的端口地址数为（　　）。

A．1 个　　B．2 个　　C．3 个　　D．8 个

（2）设 8259A 工作于循环优先级方式，CPU 执行完 IR_2 的中断服务程序后，IR_0～IR_7 的优先级顺序为（　　）。

A．$IR_2>IR_3>IR_4>IR_5>IR_6>IR_7>IR_0>IR_1$　　B．$IR_3>IR_4>IR_5>IR_6>IR_7>IR_0>IR_1>IR_2$

C．$IR_0>IR_1>IR_2>IR_3>IR_4>IR_5>IR_6>IR_7$　　D．$IR_2>IR_0>IR_1>IR_3>IR_4>IR_5>IR_6>IR_7$

（3）设两片 8259A 级联，主片设为特殊全嵌套方式，CPU 执行完主片 IR_3 的中断服务程序后，主片 IR_0～IR_7 的优先级顺序为（　　）。

A．$IR_2>IR_3>IR_4>IR_5>IR_6>IR_7>IR_0>IR_1$　　B．$IR_3>IR_4>IR_5>IR_6>IR_7>IR_0>IR_1>IR_2$

C．$IR_0>IR_1>IR_2>IR_3>IR_4>IR_5>IR_6>IR_7$　　D．$IR_2>IR_0>IR_1>IR_3>IR_4>IR_5>IR_6>IR_7$

（4）8259A 有 3 种中断结束方式，其目的都是为了（　　）。

A．发出中断结束命令，使相应的 ISR=1　　B．发出中断结束命令，使相应的 ISR=0

C．发出中断结束命令，使相应的 IMR=1　　D．发出中断结束命令，使相应的 IMR=0

（5）当用 8259A 时，其中断服务程序要用中断结束命令，是因为（　　）。

A．要用它屏蔽正在被服务的中断源，使其不再发出中断请求

B．要用它来清零中断服务寄存器中的对应位，以及允许同级或低优先级的中断请求能被响应

C．要用它来清零中断请求寄存器中的对应位，以免重复响应该中断请求

（6）8259A 特殊全嵌套方式要解决的主要问题是（　　）。

A．屏蔽所有中断请求　　B．设置最低优先级　　C．开放低优先级中断　　D．响应同级中断

（7）8259A 操作命令字 OCW_2 为 20H，功能为（　　）。

A．一般 EOI 命令　　B．自动 EOI 命令

C．自动 EOI 命令加循环优先级　　　　　　　　　D．一般 EOI 命令加循环优先级

8.4-2　判断题

（1）（　　）8259A 的 IR_7～IR_0 为高电平有效。

（2）（　　）通过设置 8259A 的 IMR 的状态就可以控制 8086 是否响应可屏蔽中断。

（3）（　　）8259A 中各寄存器是通过不同的地址识别的。

（4）（　　）8259A 的初始化命令字 ICW_1～ICW_4 是必写的命令字，而且只需要写入一次。

（5）（　　）8259A 的 IRR、IMR、ISR 的读操作必须先设置 OCW_3。

8.4-3　填空题

（1）8259A 允许的中断请求输入信号触发方式包括____________和____________。

（2）一片 8259A 可管理______级中断，管理 46 级中断至少需要_________片 8259A。

（3）已知某 8086 系统中用了 1 片 8259A，此时 ISR=30H，请问 8259A 处于______状态。

（4）8259A 的 4 个初始化命令字 ICW_1、ICW_2、ICW_3 和 ICW_4 应顺序写入，其中：__________为必须写入的，__________为选择写入的。

（5）有 3 片 8259A 级联，从片分别接入主片的 IR_2 和 IR_5，则主片 8259A 的 ICW_3 为_____，两片从片 8259A 的 ICW_3 分别为______和______。

8.4-4　问答题

（1）8259A 的 IMR 与 8086 的中断允许标志 IF 有何区别？

（2）8259A 的当前中断服务寄存器 ISR 的内容代表什么？在中断嵌套和单个中断情况下，ISR 的内容有什么区别？

（3）8259A 的循环优先级和特殊循环优先级方式有什么差别？

（4）8259A 的特殊屏蔽方式和一般屏蔽方式相比，有什么不同之处？特殊屏蔽方式一般用在什么场合？

（5）8259A 有几种中断结束方式？各自用在什么场合？

（6）8259A 仅有两个端口，如何识别 4 个 ICW 命令和 3 个 OCW 命令？

8.4-5　设有两片 8259A 级联，主片设为特殊全嵌套方式，从片设为完全嵌套方式，从片的 INT 引脚接至主片的 IR_2 引脚，写出主、从片 IR_0～IR_7 引脚的中断优先级顺序。

8.4-6　怎样用 8259A 的中断屏蔽命令字来禁止 IR_2、IR_6 引脚上的中断请求输入？又怎样撤销中断屏蔽？设 8259A 的端口地址为 93H、94H。

8.4-7　8088 系统中有一片 8259A，其占用地址为 F0H～F1H，采用非缓冲方式，一般完全嵌套，电平触发，一般中断结束，中断类型号为 80H～87H，屏蔽 IR_3、IR_4 引脚上的中断请求入，试写出 8259A 的初始化程序段。

8.4-8 下面是一个对 8259A 进行初始化的程序段，请为该程序段加上注释，并具体说明各初始化命令字的含义。

```
PORT0 EQU 40H
PORT1 EQU 41H
......
MOV   AL, 13H
MOV   DX, PORT0
OUT   DX, AL
INC   DX
MOV   AL, 08H
OUT   DX, AL
MOV   AL, 01H
OUT   DX, AL
```

8.5　8259A 的应用

8.5.1　中断程序设计方法

中断程序设计一般包含以下 2 部分内容。

1．主程序

和中断有关的主程序一般包含以下操作：

① 设置中断向量，即中断向量表的初始化，常用方法包括直接写入法和 DOS 系统功能调用法。

② 设置 8259A（可屏蔽中断才需要）。

③ 设置 CPU 的中断允许标志 IF，用 STI 指令开中断（可屏蔽中断才需要）。

2．中断服务程序

中断服务程序的功能各不相同，但是一般都包含以下操作：

① 保护现场，通过一系列 PUSH 指令将相关寄存器的内容入栈保护。

② 若允许中断嵌套，则用 STI 指令开中断，使 IF=1（可屏蔽中断可选）。

③ 中断服务。

④ 用 CLI 指令关中断，使 IF=0，禁止其他中断请求进入（可屏蔽中断可选）。

⑤ 向 8259A 送中断结束命令，清零 ISR 中相应位（可屏蔽中断才需要）。

⑥ 恢复现场，通过一系列 POP 指令将相关寄存器的内容恢复。

⑦ 用 IRET 指令返回主程序。

思政案例：见二维码 8-2。

二维码 8-2　中断机制与管理效率

8.5.2　8259A 的应用举例

8259A 的应用编程主要包括初始化命令字写入、操作命令字写入和状态字的读取 3 部分。而 8259A 的端口地址仅有两个，是靠一定的写入顺序和设置特征标志来实现通过一个端口地址对多个寄存器操作的，为此把这些操作总结在表 8.5-1 中，以便使用时参考。

表 8.5-1　8259A 的基本操作

操作类型	$\overline{CS}$	A_0	$\overline{RD}$	$\overline{WR}$	功　能	特征标志及写入顺序及说明
写命令字	0	0	1	0	数据总线→ICW_1	命令字中的 D_4=1
	0	0	1	0	数据总线→OCW_2	命令字中的 D_4D_3=00
	0	0	1	0	数据总线→OCW_3	命令字中的 $D_7D_4D_3$=001
	0	1	1	0	数据总线→OCW_1	————————
	0	1	1	0	数据总线→ICW_2、ICW_3、ICW_4	图 8.4-12 初始化流程
读状态字	0	0	0	1	IRR→数据总线	OCW_3 中的 RR=1，RIS=0，P=0
	0	0	0	1	ISR→数据总线	OCW_3 中的 RR=1，RIS=1，P=0
	0	0	0	1	查询字→数据总线	OCW_3 中的 P=1
	0	1	0	1	IMR→数据总线	任何时候
无操作	1	×	×	×	无	无

1. 8259A 在 X86 系统中的应用

8259A 的性能优越，在许多机器上都用作可编程中断控制器。从 8086/8088 到 80286 和 80386，均直接采用单片 8259A 或 2 片 8259A 级联来工作，80486 虽然采用了集成技术，但芯片内部仍相当于 2 片 82C59 的级联。

例如在 80286 中，可屏蔽中断是通过 2 片 8259A 级联来管理的。其中主片基本同 IBM PC/XT 中的单片 8259A，只是在原来留给用户的 IR_2 引脚上级联了一片从片，这个从片主要用来管理实时时钟、协处理器和硬盘等外部中断。表 8.5-2 和表 8.5-3 给出了 80286 主片管理、从片扩展的中断源和中断类型码(80286 以上机型也基本相同)。

表 8.5-2 主片管理的中断源和中断类型码

中断号	中断类型码	主片	中断源	中断向量地址
0	08H	IR_0	电子钟时间基准	020H～023H
1	09H	IR_1	键盘	024H～027H
2	0AH	IR_2	来自从 8259A	028H～02BH
3	0BH	IR_3	串行口 2	02CH～02FH
4	0CH	IR_4	串行口 1	030H～033H
5	0DH	IR_5	并行口 2	034H～037H
6	0EH	IR_6	软盘	038H～03BH
7	0FH	IR_7	并行口 1(打印机)	03CH～03FH

表 8.5-3 从片扩展的中断源和中断类型码

中断号	中断类型码	从片	中断源	中断向量地址
8	70H	IR_0	实时时钟	1C0H～1C3H
9	71H 改向 0AH	IR_1	用户中断	1C4H～1C7H
10	72H	IR_2	保留	1C8H～1CBH
11	73H	IR_3	保留	1CCH～1CFH
12	74H	IR_4	保留	1D0H～1D3H
13	75H	IR_5	80287 中断	1D4H～1D7H
14	76H	IR_6	硬盘	1D8H～1DBH
15	77H	IR_7	保留	1DCH～1DFH

图 8.5-1 示出了 8259A 在 80286 中的应用连接。

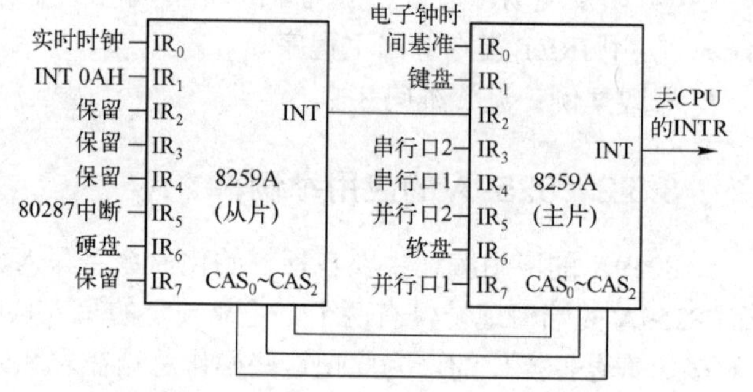

图 8.5-1 8259A 在 80286 中的应用连接

(1) 命令字的确定

在 80286 以上 PC 中，工作于实模式下的主片、从片的初始化命令字如下：

① 写入主片的初始化命令字

ICW_1=11H：定义主片为上升沿触发方式，级联使用，要写入 ICW_3 和 ICW_4。

ICW_2=08H：定义主片中断类型码从 08H 开始，对应于 IR_0 的中断类型码。

ICW_3=04H：定义主片的 IR_2 上接有从片。

ICW_4=01H：定义主片工作在非缓冲方式，非中断自动结束方式，完全嵌套方式和 8259A 芯片用于 X86 微机中。

当 CPU 向主片写完上述 4 个初始化命令字之后，主片将工作于固定优先级方式和一般屏蔽方式。如不需要屏蔽某一外设的中断请求输入信号，也不需要修改上述工作方式，写完初始化命令字之后，就不要写操作命令字了。

② 写入从片的初始化命令字

ICW_1=11H：与主片完全相同。

ICW_2=70H：定义从片中断类型码从 70H 开始，对应于表 8.5-3 中的中断号 8(从片 IR_0)的中断类型码。

ICW_3=02H：定义从片 ID 编码，02H 表示从片接在主片的 IR_2 上。

ICW_4=01H：定义与主片完全相同。

当 CPU 向从片写完 ICW_1～ICW_4 之后，如不需要屏蔽某一外设的中断请求输入信号，也不需要修改上述工作方式，就不需要写操作命令字。

（2）初始化编程

8259A 的初始化编程就是把上述确定的各个初始化命令字按规定写入各 8259A 的寄存器。要注意的是写入顺序和端口地址。

系统分配给 8259A 的端口地址是：主片为 20H 和 21H，从片为 A0H 和 A1H。

```
MOV    AL, 11H      ; ICW1送AL，上升沿触发，级联使用，需写入ICW3、ICW4
OUT    20H, AL      ; ICW1送主片偶地址端口
OUT    0A0H, AL     ; ICW1送从片偶地址端口
MOV    AL, 08H      ; ICW2送AL，设置主片中断类型码
OUT    21H, AL      ; ICW2送主片奇地址端口
MOV    AL, 70H      ; ICW2送AL，设置从片中断类型码
OUT    0A1H, AL     ; ICW2送从片奇地址端口
MOV    AL, 04H      ; ICW3送AL，定义主片IR2上接有从片
OUT    21H, AL      ; ICW3送主片奇地址端口
MOV    AL, 02H      ; ICW3送AL，定义从片ID编码
OUT    0A1H, AL     ; ICW3送从片奇地址端口
MOV    AL, 01H      ; ICW4送AL，定义8259A的工作方式(主片和从片一样)
OUT    21H, AL      ; ICW4送主片奇地址端口
OUT    0A1H, AL     ; ICW4送从片奇地址端口
```

2. 8259A 在打印机接口的应用

假设打印机接口采用 Centronics 标准，相应引脚信号如表 8.5-4 所示。

打印机的工作流程如下：CPU 将要打印的数据送至打印机的数据线，然后发选通信号 $\overline{STB}$ 通知打印机。打印机将数据读入，同时使 BUSY 线为高，可用于通知 CPU 停止送数据。这时打印机内部对读入的数据进行处理。处理完以后使 $\overline{ACK}$ 有效，同时使 BUSY 失效，可用于通知 CPU 发送下一个数据。

图 8.5-2 给出了中断传输方式下的打印机接口电路。设 8255A 的 A 口工作在方式 1，采用中断传输方式将 BUFF 开始的缓冲区中 100 个字符送打印机输出。A 口接打印机数据线，将 PC_0 接至打印机的 $\overline{STB}$，打印机的 $\overline{ACK}$ 接至 PC_6，8255A 的中断请求信号(PC_3)接至 8259A 的 IR_3。

表 8.5-4　Centronics 标准引脚信号

引　脚	名　称	方　向	功　　能
1	$\overline{STB}$	入	数据选通，有效时接收数据
2～9	D_7～D_0	入	数据线
10	$\overline{ACK}$	出	响应信号，有效时准备接收数据
11	BUSY	出	忙信号，有效时不能接收数据
12	PE	出	纸用完
13	SLCT	出	选择联机，指出打印机不能工作
14	AUTOLF	入	自动换行
31	INIT	入	打印机复位
32	ERROR	出	出错
36	SLCTIN	入	有效时打印机不能工作

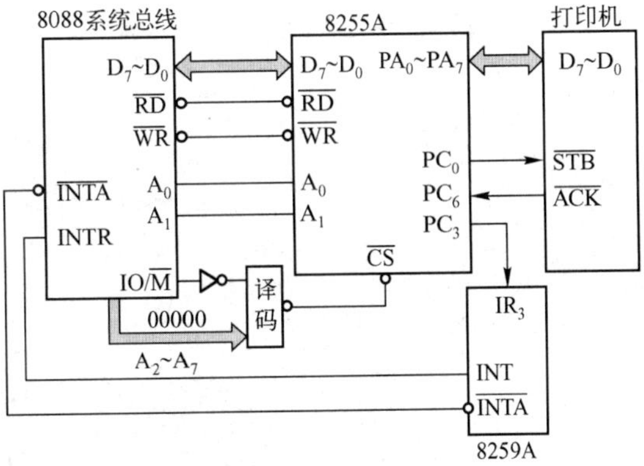

图 8.5-2　中断传输方式下的打印机接口电路

8255A 的工作方式控制字为：1010×××0B。

PC_0 置位：00000001B，即 01H。

PC_0 复位：00000000B，即 00H。

PC_6 置位：00001101B，即 0DH， 8255A 的 A 口输出允许中断。

由硬件连接可以分析出 8255A 的 4 个端口地址分别为：00H，01H，02H，03H。假设 8259A 的端口地址为：20H，21H。

假设 8259A 初始化时 ICW_2 为 08H，则 8255A 的 A 口中断类型码是 0BH，此中断类型码对应的中断向量应放到中断向量表从 2CH(0BH×4)开始的 4 个存储单元中。主程序如下(8259A 的初始化略)：

```
MAIN:  MOV   AL, 0A0H
       OUT   03H, AL                    ; 设置 8255A 的工作方式控制字
       MOV   AL, 01H                    ; 使选通无效
       OUT   03H, AL
       XOR   AX, AX
       PUSH  DS
       MOV   DS, AX                     ; 初始化中断向量表
       MOV   AX, OFFSET PRINT
       MOV   WORD PTR [002CH], AX
       MOV   AX, SEG PRINT
       MOV   WORD  PTR [002EH], AX      ; 写入中断向量
       POP   DS
       MOV   AL, 0DH
       OUT   03H, AL                    ; 使 8255A 的 A 口输出允许中断
       IN    AL, 21H                    ; 读 8259A 的中断屏蔽字
       AND   AL, 0F7H                   ; 开放 8259A 的 IR3 中断
       OUT   21H, AL
       MOV   AX, SEG  BUFF
       MOV   DS, AX
       MOV   DI, OFFSET  BUFF           ; 设置地址指针
       MOV   CX, 100                    ; 设置计数初值
       STI                              ; 开中断
WAIT:  CMP   CL, 0                      ; 等待中断
       JNZ   WAIT                       ; 若 100 个字符未输完，则继续等待中断
       HLT
```

中断服务程序如下：

```
PRINT  PROC  FAR
       MOV   AL, [DI]
       OUT   00H, AL                    ; 从 A 口输出一个字符
       MOV   AL, 00H
       OUT   03H, AL                    ; 产生选通
       INC   AL
       OUT   03H, AL                    ; 撤销选通
       INC   DI                         ; 修改地址指针
       DEC   CL                         ; 修改计数值
       JNZ   NEXT
       IN    AL, 21H                    ; 读 8259A 的中断屏蔽字
       OR    AL, 08H                    ; 恢复 8259A 原有的中断屏蔽字
       OUT   21H, AL
```

```
NEXT:  MOV    AL, 20H                  ; 给 8259A 发一般的 EOI 命令
       OUT    20H, AL
       IRET                            ; 中断返回
PRINT  ENDP
```

8.5.3 案例：可屏蔽中断的管理

本节将给出单个可屏蔽中断、两级可屏蔽中断嵌套，以及两片 8259A 级联的例子。

1. 单个可屏蔽中断

在图 8.5-3 所示的单个可屏蔽中断的电路原理图中，8259A 的基地址为 0480H，IR_0 接一个外部中断源(用按键模拟)，中断类型码为 60H，采用边沿触发、非缓冲方式，一般中断结束方式，采用固定优先级。8255A 的基地址为 04B0H，在没有中断时，A 口数码管循环显示数字 0～9，B 口数码管熄灭；当有中断请求时，A 口数码管暂停，B 口数码管依次显示 0～9 然后熄灭，中断返回，之后 A 口数码管则继续循环显示。编写程序实现以上功能。

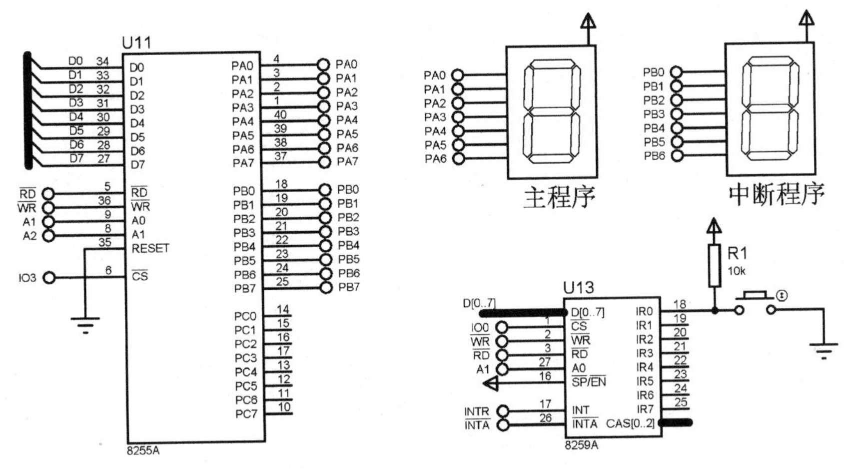

图 8.5-3 单个可屏蔽中断的电路原理图

【程序 8.5-1】

```
IOCON  EQU    04B6H                    ;8255A 控制字寄存器地址
IOA    EQU    04B0H
IOB    EQU    04B2H
IOC    EQU    04B4H
P8259  EQU    0480H
O8259  EQU    0482H
CODE   SEGMENT
ASSUME CS:CODE,DS:DATA,SS:STACK
START: MOV    AX, DATA
       MOV    DS, AX
       MOV    AX, STACK
       MOV    SS, AX
       LEA    SP, TOP
       CLI                             ;修改中断向量前关中断
       MOV    AX, 0
       MOV    ES, AX                   ;ES=0
       MOV    SI, 60H*4                ;设置 60H 型中断的中断向量
```

```
        MOV   AX, OFFSET INT0        ;取中断服务程序入口地址
        MOV   ES:[SI], AX
        MOV   AX, CS
        MOV   ES:[SI+2], AX
        MOV   AL, 10000000B          ;初始化 8255A
        MOV   DX, IOCON
        OUT   DX, AL
        MOV   AL, 00010011B          ;初始化 8259A
        MOV   DX, P8259      ;ICW1=0001 0011B，单片 8259A，边沿触发，要写 ICW4
        OUT   DX, AL
        MOV   AL, 60H
        MOV   DX, O8259              ;ICW2=0110 0000 B
        OUT   DX, AL
        MOV   AL, 01H        ;ICW4=0000 0001B,工作在 8086 系统，非中断自动结束
        OUT   DX, AL
        MOV   DX, O8259
        MOV   AL, 00H                ;OCW1，8 个中断全部开放 00H
        OUT   DX, AL
        STI                          ;开中断
AGAIN:  MOV   BX, OFFSET TABLE       ;数码管初始显示 0
        MOV   CX, 10
        MOV   SI, BX
NEXT:   MOV   AL, [SI]
        MOV   DX, IOA
        OUT   DX, AL
        CALL  DELAY
        INC   SI
        LOOP  NEXT
        JMP   AGAIN
INT0    PROC  ;-----------中断服务程序--------------------
        PUSH  CX
        PUSH  BX
        PUSH  DX
        MOV   BX, OFFSET TABLE
        MOV   CX, 10
OUTPUT:
        MOV   AL, [BX]
        MOV   DX, IOB
        OUT   DX, AL
        CALL  DELAY
        INC   BX
        LOOP  OUTPUT
        MOV   AL, 0FFH               ;数码管熄灭
        MOV   DX, IOB
        OUT   DX, AL
        MOV   DX, P8259              ;一般 EOI 命令
        MOV   AL, 20H
        OUT   DX, AL
        POP   DX
        POP   BX
```

```
        POP    CX
        IRET                          ;返回主程序
INT0    ENDP
DELAY   PROC
        PUSH   BX
        PUSH   CX
        MOV    BX, 50
DEL1:   MOV    CX,5882
DEL2:   LOOP   DEL2
        DEC    BX
        JNZ    DEL1
        POP    CX
        POP    BX
        RET
DELAY   ENDP
CODE    ENDS
DATA    SEGMENT
 TABLE DB 0C0H, 0F9H, 0A4H, 0B0H, 99H, 92H,82H, 0F8H, 80H, 90H
                                                    ;数字 0~8 的段码(共阳极数码管)
        TABLE_END = $
DATA    ENDS
STACK   SEGMENT
        DB 100 DUP(?)
        TOP LABEL WORD
STACK   ENDS
        END    START
```

2. 两级可屏蔽中断嵌套

在图 8.5-4 所示的两级可屏蔽中断嵌套的电路原理图中，8259A 和 8255A 的基地址同图 8.5-3。8259A 管理两个中断源，其中 IR_0 的优先级高于 IR_3 的，IR_0 的中断类型码为 60H，编写程序实现以下要求：

（1）没有中断请求时，A 口数码管循环显示数字 0～9，其他两个数码管熄灭；

（2）$IR_0(IR_3)$ 有中断请求时，A 口数码管暂停，B 口(C 口)数码管显示一轮 0～9，然后黑屏，中断返回，恢复到进入中断之前的状态；

（3）IR_0 的中断请求可以中断 IR_3 的中断服务程序执行，即形成中断嵌套。

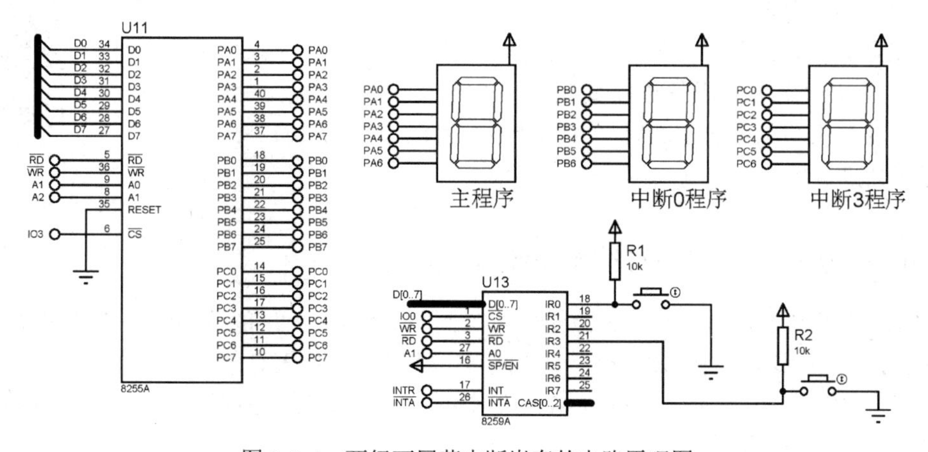

图 8.5-4　两级可屏蔽中断嵌套的电路原理图

分析：为了正确地处理嵌套，在进入低优先级的 IR_3 的中断服务程序后要开中断，退出前要关中断，见图 8.3-4(b)允许嵌套的中断服务程序结构。

二维码 8-3 程序 8.5-2

请扫二维码获取程序 8.5-2。

3．两片 8259A 级联

图 8.5-5 所示为两片 8259A 级联的电路原理图，其中主片的基地址和中断类型码同图 8.5-3，从片的基地址为 0490H，中断类型码为 80H，从片的 INT 接主片的 IR_3，请编写程序实现以下要求：

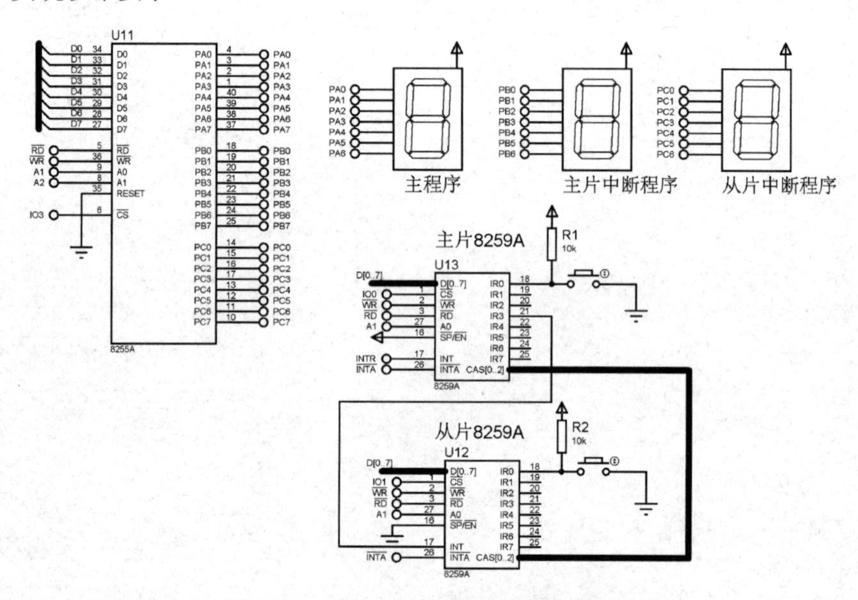

图 8.5-5 两片 8259A 级联的电路原理图

（1）没有中断请求时，8255A 的 A 口的数码管循环显示数字 0～9，其他两个数码管黑屏；

（2）主片或者从片有中断请求时，A 口数码管暂停，B 口或 C 口对应的数码管显示 0～9 一轮，然后黑屏，中断返回；

（3）主片 IR_0 的中断请求可以中断从片 IR_0 的中断服务程序执行，即形成中断嵌套。

分析：主片和从片的 CAS_0~CAS_2 引脚相连，从片的 $\overline{SP}/\overline{SN}$ 接地。主片和从片都需要进行初始化。注意，从片的中断服务程序在用一般的 EOI 命令结束从片 IR_0 的中断服务之后，还应该清零主片的 IR_3 对应的 ISR 位。

请扫二维码获得程序 8.5-3。

需要注意的是如果从片上有 2 个以上的中断请求，主片应采用特殊全嵌套方式，且从片的中断服务程序要判断是否所有的中断服务均已结束，只有从片上没有正在服务的中断时，才能清零主片的 IR_3 对应的 ISR 位。读者可以尝试拓展。

二维码 8-4 程序 8.5-3

8.5.4 案例：简易交通灯控制系统 V3.0

在图 7.4-6 基础上，增加一个紧急模式，得到图 8.5-6 所示的简易交通灯控制系统 V3.0 的电路原理图，其中 8259A 的 IR_0 上接一个按键，按键按下代表有紧急情况发生，触发 1 次中断，4 个方向的红灯全部亮起(其他灯熄灭)，持续一段时间后中断返回，恢复中断响应之前信号灯的状态。中断类型码同 8.5.3 节。

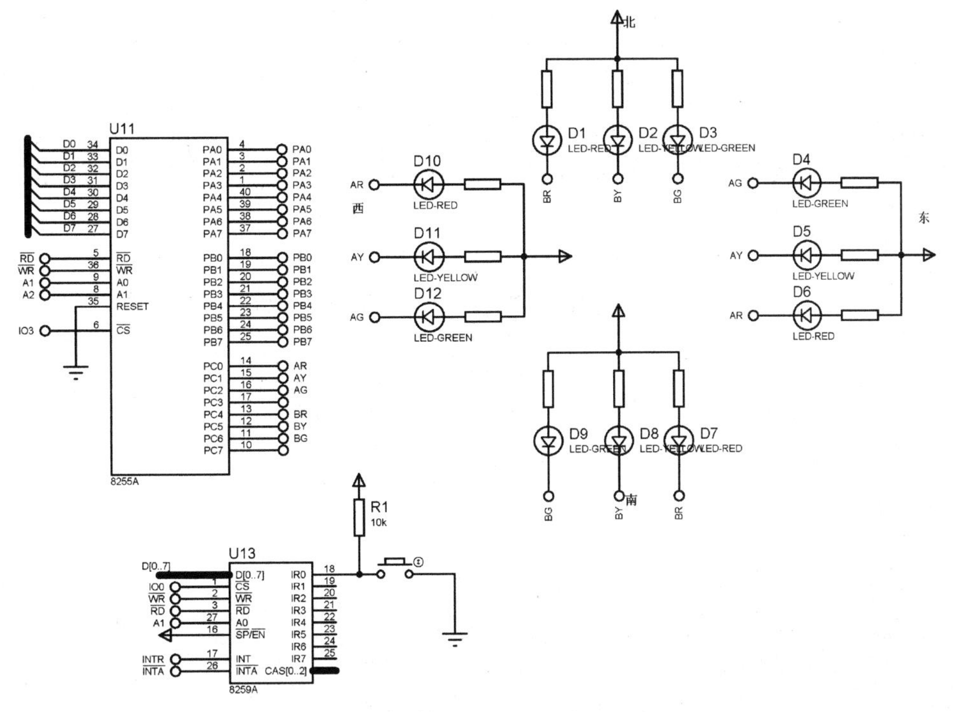

图 8.5-6　简易交通灯控制系统 V3.0 的电路原理图

4 个红灯全亮是在中断服务程序中处理的，特别要注意：进入中断服务程序时要保护现场，中断返回前要恢复现场，否则信号灯无法正确恢复到中断响应之前的状态。

请扫二维码码获取程序。

二维码 8-5　简易交通灯控制系统 V3.0 程序

8.5.5　8259A 在自动气象站中的应用

1．中断向量表初始化和 8259A 初始化

自动气象站中有 8253、ADC0809 和键盘 3 个中断源，分别接 8259A 的 IR_0、IR_1、IR_2。设 8259A 的中断类型码为 50H～57H，采用电平触发，非中断自动结束，完全嵌套，固定优先级。8259A 的片选 $\overline{CS}$ 接图 6.2-3 中 74LS138 的 IO_0，端口地址范围为 480H～48FH，编程用 480H 和 482H。

假设自动气象站中 8253 计数器 0 的定时中断服务程序名为 C0_INT0，ADC0809 的中断服务程序名为 ADC_INT1，键盘的中断服务程序名为 KEY_INT2。将各中断服务程序的入口地址，即中断向量写入中断向量表（中断向量表初始化）的程序和 8259A 的初始化程序如下。

- 8253 计数器 0 的定时中断向量写入中断向量表的程序（中断类型码为 50H）

```
MOV   AX, OFFSET C0_INT0   ; 中断服务程序入口地址中的偏移地址
MOV   DX, AX
MOV   AX, SEG C0_INT0      ; 中断服务程序入口地址中的段地址
MOV   DS, AX
MOV   AH, 25H              ; 设置 INT 21H 的子功能号
MOV   AL, 50H              ; 中断类型码送 AL
INT   21H                  ; 中断向量写入中断向量表
```

- ADC0809 的中断向量写入中断向量表的程序（中断类型码为 51H）

```
MOV   AX, OFFSET ADC_INT1  ; 中断服务程序入口地址中的偏移地址
```

```
MOV     DX, AX
MOV     AX, SEG ADC_INT1      ; 中断服务程序入口地址中的段地址
MOV     DS, AX
MOV     AH, 25H               ; 设置 INT 21H 的子功能号
MOV     AL, 51H               ; 中断类型码送 AL
INT     21H                   ; 中断向量写入中断向量表
```

● 键盘中断向量写入中断向量表的程序(中断类型码为 52H)

```
MOV     AX, OFFSET KEY_INT2   ; 中断服务程序入口地址中的偏移地址
MOV     DX, AX
MOV     AX, SEG KEY_INT2      ; 中断服务程序入口地址中的段地址
MOV     DS, AX
MOV     AH, 25H               ; 设置 INT 21H 的子功能号
MOV     AL, 52H               ; 中断类型码送 AL
INT     21H                   ; 中断向量写入中断向量表
```

● 8259A 的初始化程序

```
MOV     DX, 480H              ; 8259A 的偶地址送 DX
MOV     AL, 00011011B         ; ICW1: 电平触发方式，单片 8259A
OUT     DX, AL
MOV     DX ,482H              ; 8259A 的奇地址送 DX
MOV     AL, 01010000B         ; ICW2: 50H 对应于 IR0 的中断类型码
OUT     DX, AL
MOV     AL, 00001101B         ; ICW4: 完全嵌套方式，非中断自动结束方式
OUT     DX, AL
XOR     AL, AL
OUT     DX, AL                ; 写 OCW1
STI
```

2. 中断式键盘

在自动气象站中设置的是 4×4 的行列式键盘，图 7.4-7 中(见 7.4 节)键 0～9 用于设置数字，键 A 用于显示小数点，键 B～F 实现设置、确定、取消、上移动、下移动功能。这里键盘采用中断传输方式，扫描法获取按键编码。在没有任何按键按下时，键盘的列线全为高电平，因此与非门的输出为低，一旦有按键按下，对应的列线则变低，与非门的输出则为高，从而通过 8259A 的 IR_2 发出中断请求，CPU 如响应中断请求，则进入键盘中断服务程序进行按键编码识别，进而根据操作要求进行菜单设置、数据通信、充电设置、存储时间设置等。

键盘中断服务程序流程图如图 8.5-7 所示。键盘中断服务程序如下：

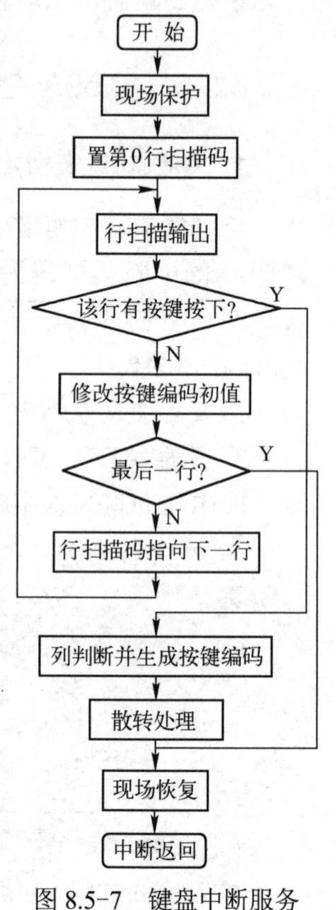

图 8.5-7　键盘中断服务程序流程图

```
KEY_INT2: PROC   FAR
          PUSH   AX
          PUSH   BX
          PUSH   CX
          PUSH   DS
L1:       MOV    BL, 4          ; 行数送 BL
```

```
          MOV    BH, 4          ; 列数送 BH
          MOV    AL, 11111110B  ; 设置起始扫描码，使第 0 行为低电平
          MOV    CL, 0F0H       ; 设置屏蔽码
          MOV    CH, 0FFH       ; 设按键编码初值为 FFH(-1 的补码)
L2:       MOV    DX, 4B4H       ; 设置 8255A 的 C 口地址
          OUT    DX, AL         ; 行扫描
          ROL    AL             ; 修改扫描码，为扫描下一行做准备
          MOV    AH, AL         ; 行扫描码送 AH 保存
          MOV    DX, 4B4H
          IN     AL, DX         ; 读列线数据
          AND    AL, CL         ; 屏蔽无用位，保留列线位
          CMP    AL, CL         ; 列线是否有低电平
          JNE    L3             ; 有，说明有键按下，转列判断并生成按键编码
          ADD    CH, BH         ; 没有则修改按键编码，以便扫描下一行
          MOV    AL, AH         ; 扫描码送 AL
          DEC    BL             ; 行数减 1
          JNZ    L2             ; 不是最后一行，转下一行扫描
          JMP    KEY_OVER       ; 扫描一遍结束
L3:       INC    CH             ; 按键编码加 1
          RCL    AL             ; 带进位循环左移一位
          JC     L3             ; CF=1，说明该列没有按键按下，转去检查下一列
          MOV    AL, CH         ; CF=0，说明该列有按键按下，按键编码送 AL
KEY_JUMP: CMP    AL, 0          ; 查 0 号键
          JZ     KEY0           ; 是 0 号键，转 0 号键处理
          CMP    AL, 1          ; 查找 1 号键
          JZ     KEY1           ; 是 1 号键，转 1 号键处理
          ⋮
          CMP    AL, 0FH        ; 查找 F 号键
          JZ     KEYF           ; 是 F 号键，转 F 号键处理
          MOV    DX,480H        ; 8259A 的一般 EOI 命令
          MOV    A2,20H
          OUT    DX,A2
KEY_OVER: POP    DS
          POP    CX
          POP    BX
          POP    AX
          IRET
KEY_INT2: ENDP
KEY0:     ⋮
          JMP    KEY_OVER
KEY1:     ⋮
          JMP    KEY_OVER
          ⋮
KEYF:     ⋮
          JMP    KEY_OVER
```

8.6　本章学习指导

8.6.1　本章主要内容

1．中断技术概述

中断的基本概念，中断的典型应用等。

2．中断管理系统的功能和中断优先级

中断过程包括：中断请求、中断优先级判优、中断响应、中断服务、中断返回等，需要由微机的软硬件共同完成。能完成中断过程的所有硬件和软件构成中断管理系统，其至少应具有以下功能：（1）中断的响应与返回；（2）中断优先级排队；（3）正确处理中断的嵌套。

中断优先级靠判优(排队)逻辑来实现。常用的优先级判优方法可分为软件判优法(常用软件查询实现)和硬件判优法(常用硬件排队电路实现)。后者又可分为简单硬件法和专用硬件法。

3．8086的中断系统

（1）中断分类

8086/8088 可以处理 256 种不同的中断。每个中断对应一个中断类型码，共有 0～255 个中断类型码。所有中断分成两类，即硬件中断和软件中断。

硬件中断也称为外部中断，又可分为可屏蔽中断和非屏蔽中断两种，由 CPU 的相应硬件引入。非屏蔽中断仅有一级，不受中断允许标志 IF 的屏蔽，常用来处理紧急事件。可屏蔽中断仅当 IF=1 时才可能有效。在一个系统中，通过可编程中断控制器的管理，可屏蔽中断可以有几个甚至几十个。

软件中断是 CPU 根据某条指令或者对标志寄存器中的某个标志的设置而产生的，与硬件无关。常见的有除法错中断、溢出中断、单步中断、断点中断，或由中断指令“INT　*n*”产生的中断等。

（2）中断向量及中断向量表

8086/8088 采用向量式中断，256 种中断对应 256 个中断向量。为区分不同类型的中断，系统为每个中断源设置的编号称为中断类型码。中断向量就是中断服务程序的入口地址，位于存储器 0 段的 0～03FFH 区域中。一个中断向量占 4 个存储单元，前 2 个存储单元存放中断服务程序入口地址中的偏移地址(IP)，后 2 个存储单元存放中断服务程序入口地址中的段地址(CS)。

中断类型码 n(0～255)与中断向量在中断向量表中的起始地址的关系为：$4\times n$。

注意：中断类型码只与中断向量的存放地址有关，但其不能决定中断向量本身和中断服务程序的功能，中断向量以及中断服务程序的功能由软件开发者决定。

（3）中断响应和处理过程

在 8086 系统中各种中断的响应和处理过程是不完全相同的，主要区别在于如何获取相应的中断类型码。一般都包括：关中断；保护断点；现场保护；给出中断服务程序入口，转入相应的中断服务程序；现场恢复；开中断；返回。

4．可编程中断控制器 8259A

（1）8259A 的内部结构

8259A 用于实现中断优先级管理、中断结束管理、中断嵌套管理和中断屏蔽管理等功能。单片 8259A 可以管理 8 级可屏蔽中断，可多片级联，9 片可构成 64 级主从式中断系统。该芯片共有 28 个引脚。其内部结构可以分为 3 大部分：

① 总线及级联缓冲机构，包括数据总线缓冲器、读/写控制逻辑、级联缓冲比较器。

② 中断控制机构，包括 IRR、IMR、ISR、PR。其中：

IRR 用来接收来自 IR_7～IR_0 上的中断请求输入信号，当收到中断请求输入信号时就在 IRR 的相应位置 1。

IMR 存放对中断请求的屏蔽信息。若要 CPU 不响应可屏蔽中断，可以通过设置标志寄存器中的 IF 实现，还可以通过设置 IMR 来实现。当希望系统中有的可屏蔽中断被响应，有的不被响应时，只能通过设置 IMR 来实现。

ISR 内容标记了 CPU 正在为哪些中断源服务。中断嵌套时，ISR 中至少有两位是 1；单个中断情况下只有 1 位为 1。

③ 中断编程结构，包括 4 个初始化命令字 ICW_1～ICW_4 和 3 个操作命令字 OCW_1～OCW_3。在使用 8259A 时，首先要对其初始化，且需要按照固定的顺序设置初始化命令字，见图 8.4-12 和例 8.4-1。一般情况下，初始化命令字一旦设定，工作过程中就不再改变。操作命令字则是由应用程序设定的，用于对中断处理过程的动态控制。在一个系统运行过程中，可多次改写操作命令字。

（2）设置优先级的方式

① 固定优先级方式：这是 8259A 最常用的方式，优先级顺序固定不变，规定为 IR_0, IR_1, …, IR_7。在对 8259A 进行初始化后，若没有设置其他优先级方式，则自动按此方式工作。

② 循环优先级方式：在这种方式下，优先级顺序不是固定不变的，一个中断源的中断请求被服务后，其优先级自动降为最低。而初始的优先级顺序规定为 IR_0, IR_1, …, IR_7。由 OCW_2 决定系统是否采用循环优先级。这种方式一般用在系统中多个中断源优先级相等的场合。

③ 特殊循环优先级方式：这种方式与循环优先级方式唯一的区别是优先级是通过编程确定的，而不是固定 IR_0 为初始的最高优先级。它也由 OCW_2 决定。

（3）屏蔽中断源的方式

① 一般屏蔽方式：通过 OCW_1 使 8259A 的 IMR 中的一位或者若干位置 1 来屏蔽与这些位对应的中断源。

② 特殊屏蔽方式：在某些希望中断服务程序能动态地改变系统优先级结构的场合，常采用特殊屏蔽方式，即在此中断服务程序中，用 OCW_1 将 IMR 中本级中断的对应位置 1，即将本级中断屏蔽，同时使 ISR 中当前对应位自动清零，为开放低级中断请求提供可能。特殊屏蔽方式总是在中断服务程序中使用的。

（4）中断嵌套的处理方式

包括完全嵌套、特殊全嵌套两种方式。

① 完全嵌套方式：在此方式下，中断请求按 IR_0, …, IR_7 的优先级顺序进行处理。当一个中断请求被响应，即把中断类型码送至数据总线上时，ISR 的对应位置为 1，并保持至 CPU 发出中断结束命令，为 PR 提供判优的依据。因为 PR 要将新接收的中断请求与当前的 ISR 位进行比较，以判断中断优先级，优先响应高优先级中断，可形成嵌套。

② 特殊全嵌套方式：多用于多片级联的主片。与完全嵌套方式不同的是，在特殊全嵌套

下，当处理某一级中断时，可以响应同级的中断请求，从而实现对同级中断请求的特殊嵌套。这种方式是专门为多片 8259A 级联系统提供的，用来确认从片内部优先级的工作方式。

（5）中断结束的处理方式

在 8259A 中，当一个中断请求得到响应时，会将 ISR 的相应位置 1。而当中断服务结束时，应使相应位清零，这就是中断结束处理，否则 8259A 的中断控制功能就会不正常。8259A 有以下 3 种中断结束的处理方式。

① 中断自动结束方式：仅用于多个中断源不发生嵌套的单片 8259A 系统中。只要在 8259A 初始化时，使 ICW_4 的 D_1 位(AEOI)为 1，则系统一进入中断过程就将 ISR 中相应位清零。宏观看好像已经结束了中断。

② 一般中断结束方式：用在完全嵌套的情况下。当用 OUT 指令往 8259A 发出一般 EOI 命令时，8259A 会把当前 ISR 中优先级最高的非 0 位清零，因此优先级最高的 ISR 位对应着最近一次被响应和处理的中断。具体操作控制是 OCW_2 中 EOI=1，SL=0，R=0。

③ 特殊中断结束方式：用在特殊全嵌套方式下，因为此时只根据 ISR 无法确定哪一级中断是最后响应和处理的。此时在程序中要发一条特殊的 EOI 命令，指出要清零当前 ISR 中的哪一位。这也是通过设置 OCW_2 来实现的，此时 EOI=1，SL=1，R=0，$L_2L_1L_0$ 的状态指明要清零的 ISR 位。

（6）引入中断的请求方式

有以下几种方式可供选择：

① 边沿触发方式：以上升沿形式向 8259A 发出中断请求，上升沿后可一直维持高电平，通过 ICW_1 设置。

② 电平触发方式：以高电平形式发出中断请求。但在响应中断后必须及时清除高电平，以防引起第二次中断。

③ 中断查询方式：这是一种用软件确定中断请求位的方式，一般在一个中断服务程序可为几个外设服务的场合使用。其特点是外设仍通过 8259A 发出中断请求(可为边沿触发或电平触发，由 ICW_1 设置)。但 8259A 不使用 INT 信号向 CPU 发出中断请求；CPU 内部将 IF 清零，禁止了外部对 CPU 的中断请求；CPU 用软件查询确定中断源，从而实现对外设的中断服务。CPU 的查询命令通过 OCW_3 设置。

8.6.2 典型例题

【例 8.6-1】 根据图 8.6-1 所示 DEBUG 环境下提供的 8086 存储器中的数据，判断“INT 11H”中断服务程序的入口地址是（　　）。

```
0000:0040  B3 18 8A CC 4D F8 00 F0 - 41 F8 00 F0 C5 18 8A CC
0000:0050  39 E7 00 F0 A0 19 8A CC - 2E E8 00 F0 DS EF 00 F0
```

图 8.6-1　例 8.6-1 图

A．F000H:0F84DH　　B．A019H:8ACCH　　C．CC8AH:19A0H　　D．4DF8H:00F0H

分析：中断类型码为 11H，中断向量在中断向量表中的起始地址为：11H×4=44H，从图中可知从 44H 开始连续 4 个字节是“4D F8 00 F0”，根据先 IP 后 CS，低字节在前高字节在后的顺序，IP=F84DH，CS=F000H。

【解答】 A

【例 8.6-2】 如图 8.6-2 所示，4 个中断源通过与非门与 CPU 的 NMI 引脚相连。编程实现以下功能：CPU 响应中断后，从 8255A 的 C 口读取中断源的中断请求信息，识别中断源后，在数码管上显示中断源编号。

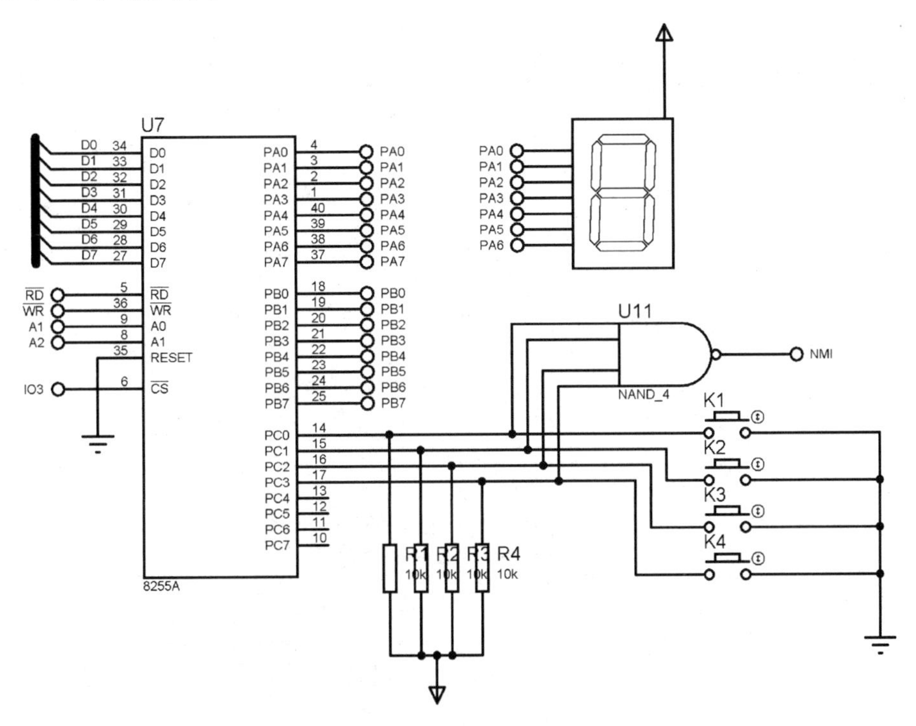

图 8.6-2　例 8.6-2 电路原理图

【程序 8.6-1】

```
        IOCON  EQU    04B6H              ;8255A 控制字寄存器地址
        IOA    EQU    04B0H
        IOB    EQU    04B2H
        IOC    EQU    04B4H
        CODE   SEGMENT
               ASSUME CS:CODE,DS:DATA,SS:STACK
        START: MOV    AX, DATA
               MOV    DS, AX
               MOV    AX, STACK
               MOV    DS, AX
               LEA    SP, TOP
               PUSH   ES                 ;初始化中断向量表
               XOR    AX, AX
               MOV    ES, AX
               MOV    SI, 2*4            ;中断向量的地址送 SI
               MOV    AX, OFFSET NMI_SERVICE
               MOV    ES:[SI], AX        ;保存中断服务程序入口地址中的偏移地址
               MOV    BX, CS
               MOV    ES:[SI+2], BX      ;保存中断服务程序入口地址中的段地址
               POP    ES
               MOV    AL, 10000001B      ;8255A 初始化
               MOV    DX, IOCON          ;A 口方式 0 输出，C 口低 4 位方式 0 输入
               OUT    DX, AL
               JMP    $
```

```
NMI_SERVICE  PROC
        MOV    DX, IOC              ;读 C 口中断源状态
        IN     AL, DX
        NOT    AL
        AND    AL, 0FH
        TEST   AL, 01H              ;测试开关 1 是否闭合
        JNZ    P1
        TEST   AL, 02H              ;测试开关 2 是否闭合
        JNZ    P2
        TEST   AL, 04H              ;测试开关 3 是否闭合
        JNZ    P3
        TEST   AL, 08H              ;测试开关 4 是否闭合
        JNZ    P4
        JMP    DISP
P1:     MOV    AL, 1
        JMP    DISP
P2:     MOV    AL, 2
        JMP    DISP
P3:     MOV    AL, 3
        JMP    DISP
P4:     MOV    AL, 4
DISP:   MOV    DX, IOA
        LEA    BX, LED
        XLAT
        OUT    DX, AL
        IRET
NMI_SERVICE  ENDP
CODE    ENDS
DATA    SEGMENT
        ORG    1000H
        LED    DB 0C0H, 0F9H, 0A4H, 0B0H, 99H, 92H,82H, 0F8H, 80H, 90H
                                    ; 共阳极数码管数字 0~9 的段码
        TABLE_END = $
DATA    ENDS
STACK   SEGMENT
        DB 100 DUP(?)
        TOP LABEL WORD
STACK   ENDS
        END    START
```

显然 4 个中断源的优先级顺序取决于程序中判断的先后，即 K1>K2>K3>K4，这正是 8.2 节所讨论的软件判优法。

【例 8.6-3】 若 8086/8088 系统采用单片 8259A 管理中断，给定的中断类型码为 24H，试问：

（1）对应该中断源的中断向量在中断向量表的地址是什么？

（2）这个中断源应该连接 IR_0～IR_7 引脚中的哪一个？

（3）若中断服务程序入口地址为 4FE0H:0024H，则该中断源对应的中断向量表中的内容是什么？请画图表示。

（4）请采用直接写入法，完成下面中断向量表初始化的程序段。

```
PUSH    ES
________________
________________
________________
________________
________________
POP     ES
```

分析：中断类型码为 n，则中断向量在中断向量表的地址为 $4n$～$4n+3$。中断类型码是由初始化命令字 ICW_2 设置的，根据 ICW_2 的低 3 位来判断中断源接到哪个 IR 引脚。根据中断向量表的定义，中断向量的前 2 个字节(0024H)应该是中断服务程序入口地址中的偏移地址，后 2 个字节(4FE0H)为中断服务程序入口地址中的段地址，放在从 24H×4 开始的连续 4 个存储单元内。

00090H	24H
00091H	00H
00092H	E0H
00093H	4FH

图 8.6-3　中断向量表中对应的内容

【解答】（1）中断向量表地址为 24H×4=90H；

（2）中断类型码 24H 的最低 3 位为 100B，所以中断源接 IR_4；

（3）中断向量表中对应的内容见图 8.6-3。

（4）填入的初始化程序段为：

```
PUSH    ES
MOV     AX, 0
MOV     ES, AX
MOV     BX, 24H*4
MOV     WORD PTR ES:[BX],0024H
MOV     WORD PTR ES:[BX+2],4FE0H
POP     ES
```

【例 8.6-4】 设当前 IR_4 为最高优先级，若要 IR_1 变为最低优先级，则应该设置 8259A 的哪个操作命令字？设置为多少？

分析：本题考查的是 8259A 的优先级管理。循环的优先级有两种：循环优先级和特殊循环优先级。如果采用的是前者，则当前最高优先级的 IR_4 被响应之后，应该是它的下一级 IR_5 变成最高优先级，此时 IR_4 降为最低优先级。而题目要求 IR_1 为最低优先级，显然应该采用特殊循环优先级管理方式才行。

【解答】 应该设置 OCW_2，设置为 11000001B。

本章习题

8-1　试选用两种方法，为中断类型码为 0AH 的中断源设置中断向量，已知中断服务程序的入口地址为 INT_PA。

8-2　列出 8086/8088 的中断引脚和与中断有关的指令。

8-3　8086/8088 如何获得中断类型码？

8-4　中断响应有哪些条件？为什么 CPU 响应可屏蔽中断后立即关中断？

8-5　可屏蔽中断和非屏蔽中断的主要区别是什么？

8-6　中断向量存放在 0000H:0058H 开始的 4 个连续存储单元中，该中断向量所对应的中断类型码为多少？若相应的中断服务程序入口地址为 5060H:7080H，请画出该中断向量在中断向量表中的分布情况。

8-7　给定 SP=0100H，SS=0500H，FR=0240H，在存储单元中已有(00024H)=0060H，(00026H)= 1000H，在段地址为 0800H 及偏移地址为 00A0H 的存储单元中，有一条中断指令“INT 9”。问：执行“INT 9”指令后，SS、SP、IP、FR 的内容是什么？栈顶的 3 个字是什么？（提示：对于“INT n”指令，n=3 时，为 1 字节

指令，$n \neq 3$ 时，为 2 字节指令）

8-8 若 8086 系统采用单片 8259A 管理中断，给定中断类型码为 40H，如果 IR_4 引脚上的中断源的中断服务程序的入口地址为 3322H:1150H。问

（1）其中断向量在中断向量表中的地址是多少？

（2）其中断向量所在的 4 个存储单元的内容依次是多少？

（3）请完成下面初始化中断向量表的程序段。

```
______________________
______________________
______________________
______________________
MOV    AH，25H
INT    21H
```

8-9 在一个 8086/8088 和单片 8259A 组成的系统中，试说明：

（1）8086/8088 响应可屏蔽中断的条件是什么？

（2）8086/8088 在响应中断过程中，$\overline{INTA}$ 信号的主要作用是什么？

（3）假设 8259A 已经被初始化，ICW_2=0AH，若连接在 8259A 的 IR_3 的外设发出中断请求，它的中断向量存放的地址是多少？

8-10 若 8088 系统采用 2 片 8259A 级联，主片的中断类型码从 30H 开始，端口地址为 20H、21H。从片的 INT 接主片的 IR_7，从片的中断类型码从 40H 开始，端口地址为 22H、23H。主片从片均工作在非缓冲方式，非中断自动结束、完全嵌套方式，中断采用电平触发。试对其进行初始化。

8-11 试编程实现将 8259A 的各种工作状态(包括 IMR、IRR、ISR 和中断查询字)读出，并存入 BUF 开始的内存单元中。设 8259A 的端口地址为 180H 和 181H。

8-12 若要求 8259A 的地址为 E010H 和 E012H，试画出 8259A 与 8086 系统总线的连接图。若系统中只有 1 片 8259A、允许 8 个中断源，边沿触发，非缓冲方式，完全嵌套方式，一般中断结束，中断类型码规定为 40H，试编写初始化程序。如果 IR_4 上的中断源的中断服务程序的入口地址为 1000H:8899H，请编写初始化中断向量表的程序段。

8-13 假如外设 S_1, S_2, S_3, S_4, S_5 按优先级排列，S_1 优先级最高，按下列提问，说明中断服务程序的运行次序(中断服务程序中有 STI 指令)：

（1）S_3, S_4 同时发出中断请求；

（2）S_3 中断处理中，S_1 发出中断请求；

（3）S_1 中断处理未完成前发出一般 EOI 命令，S_5 发出中断请求。

8-14 设 8255A 的 A 口工作在方式 1，作为中断传输方式下的字符打印机的接口。此时，若 CPU 通过 8255A 的 C 口向打印机发出数据锁存信号，则 CPU 送来打印的数据被锁存到打印机等待打印。打印机收到打印数据后向 8255A 发出应答信号。此时 8255A 就发出中断请求，中断请求输入信号接 8259A 的 IR_3，中断类型码为 5BH。设中断服务程序的入口地址为 3000H:2240H。I/O 端口地址任选。

（1）试写出 8255A 的初始化程序；

（2）用直接写入法，将中断向量写入中断向量表中；

（3）编写中断服务程序；

（4）画出电路图。

第 9 章　可编程定时/计数器 8253

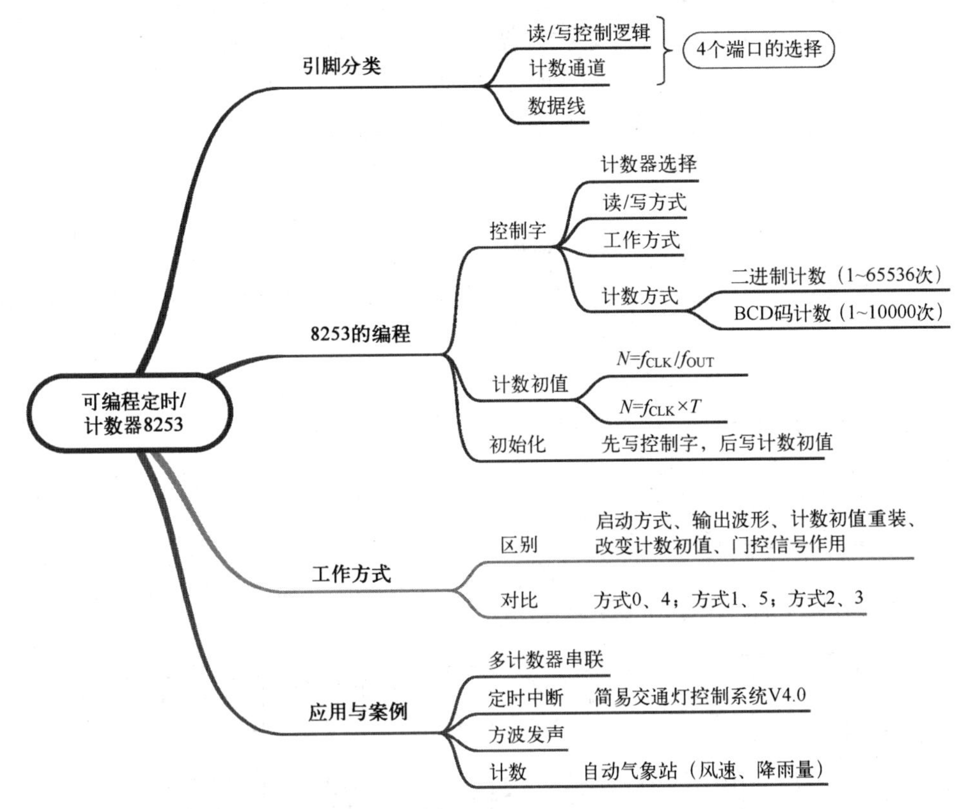

在微机系统中往往需要一些时钟，以便实现定时控制或延迟控制，如定时扫描、定时中断、定时检测、定时刷新、系统日历时钟以及音频发生等。对外部事件进行记录也是各种微机系统所常用的，因此也往往需要一些计数器。而定时功能通常是通过计数来实现的，当计数器的输入脉冲为固定频率的信号时，计数就具有了定时功能，因此一般将定时器和计数器融为一体。

8253 是 Intel 系列的可编程定时/计数器，被广泛应用于微机系统中，提供系统定时和系统发声源等；在其他领域也常被用于定时、计数和信号发生。

8253 的主要功能如下：

（1）有 3 个独立的 16 位计数器。

（2）每个计数器都可以按二进制或二-十进制（BCD 码）计数。

（3）每个计数器的计数频率可达 2MHz。

（4）每个计数器都具有 6 种不同的工作方式，可通过编程选择。

（5）每个计数器的计数初值都可以通过编程设置。

（6）所有的输入/输出都与 TTL 电平兼容。

9.1　8253 的引脚功能和编程结构

9.1.1　8253 的引脚功能

8253 有 24 个引脚，其引脚排列如图 9.1-1（a）所示。

（1）与读/写控制逻辑有关的引脚有 5 个，均为输入引脚，其不同组合确定了 8253 的所有操作。具体为：

$\overline{CS}$：片选信号，有效时，该 8253 工作。

$\overline{WR}$：写信号，用来控制对 8253 的写入操作，对应 CPU 的 I/O 写。

$\overline{RD}$：读信号，用来控制对 8253 的读出操作，对应 CPU 的 I/O 读。

A_1 和 A_0：端口选择线，通常与系统地址总线的低位相连。这两个引脚的 4 个编码 00～11，分别对应 8253 内部的计数器 0、计数器 1、计数器 2 和控制字寄存器。

（2）与计数通道有关的引脚有以下 3 个：

CLK：计数器的时钟输入。

GATE：计数器的门控信号，用来控制计数器的工作。通常只有当 GATE 为高电平时，才允许计数器工作，否则将禁止计数器工作。但也有个别不同的地方，这取决于 8253 的工作方式。

OUT：计数器的输出，输出波形与工作方式有关。

（3）数据线引脚：D_7～D_0，用于传输 CPU 对 8253 读/写的信息。

此外还有电源线和地线引脚。

9.1.2 8253 的编程结构

8253 的内部结构如图 9.1-1(b)所示，其组成如下。

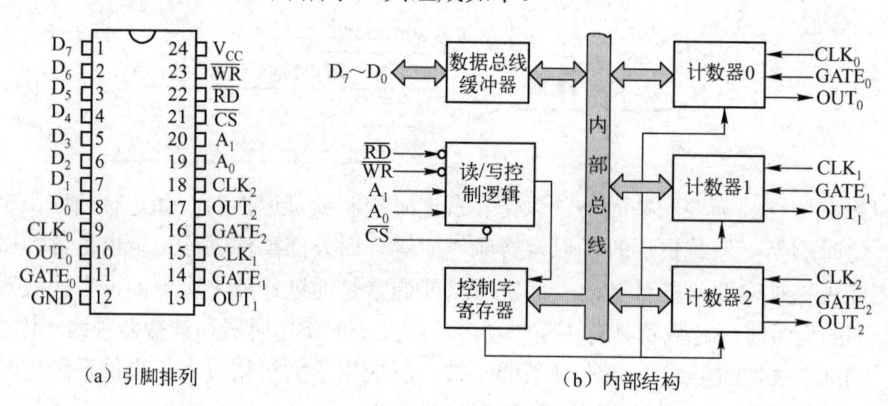

（a）引脚排列　　（b）内部结构

图 9.1-1　8253 的引脚排列与内部结构

（1）数据总线缓冲器

这是一个 8 位的双向三态缓冲器，通过引脚 D_7～D_0 与系统数据总线相连接，用来传输 CPU 向 8253 写入的控制字、计数初值，以及 CPU 读出的 8253 计数器的当前值。

（2）读/写控制逻辑

由$\overline{CS}$来控制 8253 是否被选中。在选中情况下，接收来自 CPU 的读/写控制信号和地址信号。经过组合产生控制整个芯片工作的内部控制信号，选择相应的操作。

（3）控制字寄存器

当 A_1A_0=11 时，读/写控制逻辑选中控制字寄存器，用来保存初始化时由 CPU 写入的控制字，并根据控制字内容发出相应的控制信号，控制每个计数器的操作方式，使各部件完成指定动作。

（4）计数器 0、1 和 2

这 3 个计数器完全相同且相互独立，每个计数器内部结构如图 9.1-2 所示，都包含 1 个 16 位的初值寄存器(CR)、1个16位的计数器执行部件(CE)和1个16位的输出锁存器(OL)。计数器执行部件实际上是一个16位的减1计数器。计数初值可保存在初值寄存器中，由它传递给减1计数器。每个计数器可对时钟输入CLK按二进制或二-十进制(BCD码)进行减1计数，减到0为止，在输出端OUT输出一个信号。在计数的开始和计数过程中，计数器还要受到门控信号GATE的控制，两者的关系取决于控制字。

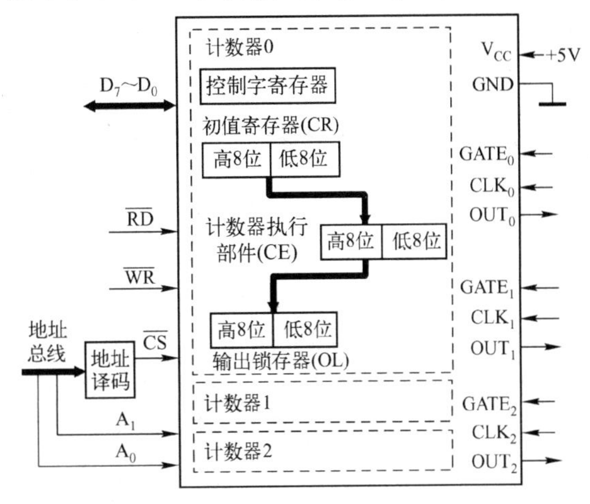

图9.1-2 计数器内部结构

在计数的过程中，CPU随时可用IN指令读取任一计数器的当前值，以便了解当前的工作情况。这一操作不影响计数器的正常工作。

为什么一个计数器要设置初值寄存器、减1计数器和输出锁存器3个寄存器呢？这是因为在输出连续波形时，计数器要自动初始化，即当减1计数器回零时，要把计数初值自动装入计数器以启动新一轮的计数，所以需要一个寄存器保持初值。

另外，当读取计数器当前值时，为了不影响计数器的正常计数，不是对减1计数器进行读操作，而是读输出锁存器，在计数过程中输出锁存器与减1计数器是同步变化的，所以读出的锁存器值也就是计数器的当前值，其读取过程将在后面讨论。

9.1.3 8253内部寄存器的选择

假设8253采用6.2.3节I/O端口地址译码电路的IO_2输出，则8253的基地址为04A0H，因为D_7~D_0接8086数据总线的低8位，所以端口地址均为偶地址，端口选择线A_1和A_0接8086地址总线A_2和A_1，其内部端口的选择如表9.1-1所示。

如不做特殊说明，下文的8253均采用以上端口地址。

表9.1-1 8253内部端口的选择

$\overline{CS}$ A_1 A_0	读($\overline{RD}$)	写($\overline{WR}$)	端口地址
0 0 0	读计数器0	写计数器0	04A0H
0 0 1	读计数器1	写计数器1	04A2H
0 1 0	读计数器2	写计数器2	04A4H
0 1 1	————	写控制字寄存器	04A6H
1 × ×	无效(D_7~D_0为高阻状态)		

练习题1

9.1-1 8253内部共有______个____位的计数器，占_______个端口地址，每个计数器有________种工作方式和3条信号线，即________、________和________。

9.1-2 假设A_6=1，A_7、A_5、A_4、A_3、A_2均为0时，8253的片选有效，则控制字寄存器的端口地址应为(　　)。

A．40H　　B．41H　　C．42H　　D．43H

9.1-3 当8253的$\overline{WR}$=0，A_0=1，A_1=0，$\overline{CS}$=0时，其完成的工作是(　　)。

A．写计数器0　　B．写计数器1　　C．写计数器2　　D．写控制字寄存器

9.1-4 判断：8253既可以做计数器也可以做定时器，本质上是计数器，定时器是通过对固定频率的脉冲计数而实现的。(　　)

9.1-5 判断：8253的计数器在输入脉冲控制下完成加1计数。(　　)

9.2　8253的编程

9.2.1　8253的控制字

为了让 8253 正确工作，必须先设定控制字并写入控制字寄存器。8253 的控制字格式如图 9.2-1 所示。

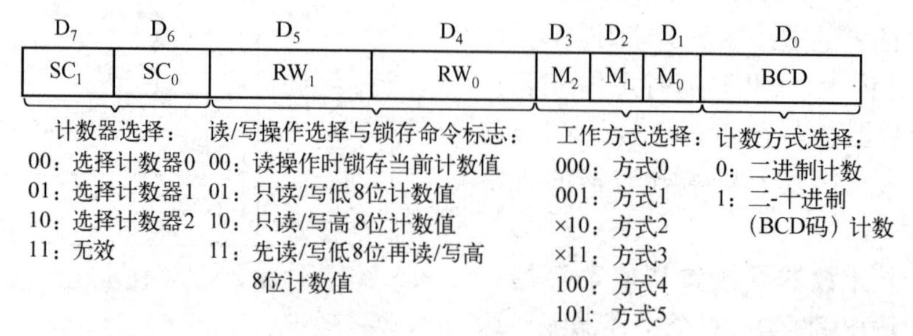

图 9.2-1　控制字格式

需要说明的是因 8253 有 3 个计数器，对应有 3 个控制字寄存器分别管理各个计数器的工作方式，而 8253 的控制字寄存器的端口地址只有 1 个(A_1A_0=11)，为了区分，所以在控制字中安排了 SC_1、SC_0 用于计数器选择。

9.2.2　8253的计数初值

8253 的计数初值(也叫时间常数)是决定计数次数的，计算方法可分为两种情况。

① 当输出信号为连续的周期波时，假设计数器的时钟输入 CLK 的频率为 f_{CLK}，要求 OUT 输出信号的频率为 f_{OUT}，则计数初值 $N = f_{CLK} / f_{OUT}$。

② 当工作在定时方式时，如希望的定时时间为 T，则计数初值 $N = f_{CLK} \times T$。

如果已知输出连续信号的周期 T，也可以按情况②计算。

不论输出何种波形，由于 8253 的每个计数器都是 16 位的，那么在二进制计数方式下，1 个计数器的最大计数次数为 65536 次(10000H 次)，在 BCD 码计数方式下的最大计数次数为 10000 次，而对应这两种最大计数次数的计数初值 N 都是 0。这是因为 8253 的计数器是先做减 1 计数，后判断是否回零(计数次数到)的。当计数初值为 0 时，减 1 以后为 16 位的最大值(二进制数为 FFFFH，十进数为 9999)，再到 0 表示计数次数到，所以计数初值为 0 时达最大计数次数(16 位表示的最大值加 1)。

9.2.3　8253的初始化编程

对 8253 的初始化编程包括两方面的内容：①向控制字寄存器写入控制字；②向相应计数器写入计数初值。

这里需要特别指出的是：对 8253 初始化编程时需先写入控制字，后写入计数初值，并且要按控制字中 RW_1、RW_0 所约定的格式写入计数初值。

【例 9.2-1】 某系统用 8235 作为电话双音频信号发生电路(见图 9.2-2)。用计数器 0 和计数器 1 产生双音频所需的两个方波信号，经方波-正弦波转换电路转换成两个音频信号并叠加得到双音频信号。用计数器 2 作为发号时间控制的定时器。电话双音频信号是两个音频信号的叠加，以数字 8 为例，两个音频信号的频率分别为 852Hz 和 1336Hz。当按下一个电话号码时，电话机将发出这一双音频信号，其发号时间为 50～80ms，本例选 50ms。根据该电路使计数器 0 产生 852Hz 的方波，计数器 1 产生 1336Hz 的方波，计数器 2 用于 50ms 的定时，时间到产生中断请求信号。请对 8253 各计数器初始化。

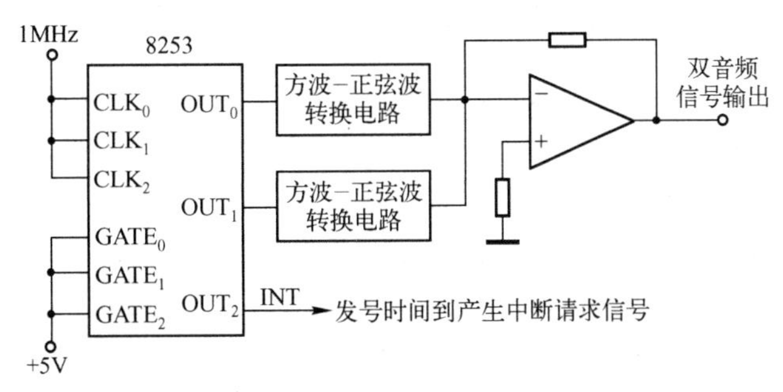

图 9.2-2　电话双音频信号发生电路

【解答】 ① 计算各计数器的计数初值。

计数器 0：已知 $f_{CLK0}=1MHz$，$f_{OUT0}=852Hz$，则 $N=f_{CLK0}/f_{OUT0}$ $=1MHz / 852Hz=1174$。

计数器 1：已知 $f_{CLK1}=1MHz$，$f_{OUT1}=1336Hz$，则 $N=f_{CLK1}/f_{OUT1}$ $=1MHz / 1336Hz=748$。

计数器 2：已知 $f_{CLK2}=1MHz$，定时时间 T=50ms，则

$$N=f_{CLK2}\times T=1MHz\times 50ms=50000=C350H$$

② 确定各计数器的控制字。

计数器 0：先读/写低 8 位后读/写高 8 位计数值(在不引起混淆的情况下，下文简写为读/写高低 8 位)，工作在方式 3，BCD 码计数，控制字为 00110111B(37H)。

计数器 1：读/写高低 8 位，工作在方式 3，BCD 码计数，控制字为 01110111B(77H)。

计数器 2：读/写高低 8 位，工作在方式 0，二进制计数，控制字为 10110000B(B0H)。

③ 确定端口地址。

8253 的 4 个端口地址如 9.1.3 节所分析。

④ 初始化程序

```
COUNTER0:   MOV   AL, 37H       ; 写入计数器 0 的控制字
            MOV   DX, 04A6H
            OUT   DX, AL
            MOV   AL, 74H       ; 写入计数器 0 的计数初值低 8 位(BCD 码计数)
            MOV   DX, 04A0H
            OUT   DX, AL
            MOV   AL, 11H       ; 写入计数器 0 计数初值高 8 位(BCD 码计数)
            OUT   DX, AL
COUNTER1:   MOV   AL, 77H       ; 写入计数器 1 的控制字
            MOV   DX, 04A6H
            OUT   DX, AL
            MOV   AL, 48H       ; 写入计数器 1 的计数初值低 8 位(BCD 码计数)
            MOV   DX, 04A2H
            OUT   DX, AL
            MOV   AL, 07H       ; 写入计数器 1 的计数初值高 8 位(BCD 计数)
            OUT   DX, AL
COUNTER2:   MOV   AL, 0B0H      ; 写入计数器 2 的控制字
            MOV   DX, 04A6H
            OUT   DX, AL
```

```
        MOV   AL, 50H              ; 写入计数器 2 的计数初值低 8 位(二进制计数)
        MOV   DX, 04A4H
        OUT   DX, AL
        MOV   AL, 0C3H             ; 写入计数器 2 的计数初值高 8 位(二进制计数)
        OUT   DX, AL
```

说明：计数初值 1174 和 748 写入时，为何以十六进制 1174H 和 0748H 的形式写入？以计数器 0 的 1174 为例，低字节写入时 74 后面如果不加 H，则汇编程序按十进制处理，将把 74 转换成十六进制(二进制)的 4AH 作为操作数，高 8 位的 11 则转换成 0BH 作为操作数，初始化后初值寄存器的值为 0B4AH，而非 1174H。若以 74H 和 11H 的形式出现在指令中，则初始化后初值寄存器的值就为 BCD 码表示的 1174。计数器 2 实现 50ms 的定时，需要计数 50000 次，超过了按 BCD 码计数的上限，因此只能按二进制计数。

9.2.4 8253 的计数器读操作

所谓计数器的读操作是指读出某计数器的当前值至 CPU 中。有直接读操作和锁存读操作两种方式。

（1）直接读操作

直接读操作又有两种方法。一种是直接执行 IN 指令读取相应计数器的当前计数值，也就是计数器执行部件(减 1 计数器)的当前值。例如要将计数器 1 的当前计数值读入 CX，可执行下列程序段(假设在控制字寄存器中已经设置为先读/写低 8 位，后读/写高 8 位计数值的 16 位读/写格式)。设 8253 端口地址范围见表 9.1-1。

```
    MOV   DX, 04A2H          ; 读计数器 1 的低 8 位
    IN    AL, DX
    MOV   CL, AL
    IN    AL, DX             ; 读计数器 1 的高 8 位
    MOV   CH, AL
```

这种方法虽然读取简单快捷，但是有读出错误结果的可能性。比如在读低 8 位时，若计数器的当前计数值为 0100H，则读到的低 8 位值为 00H；当读高 8 位时，假设计数器与读低 8 位时相比刚好做了一次减 1 计数，则此时计数器的当前值变为 00FFH，读到的高 8 位值为 00H，最终读到的 16 位计数器当前值为 0000H，而正确结果应为 0100H 或 00FFH。

另一种方法可以解决上述问题，先通过 GATE 信号暂停计数器计数，再做读操作，读完后再让计数器继续工作。显然这种方法会影响计数器的正常工作，从而影响定时或计数的精度。

（2）锁存读操作

锁存读操作既可以保证读取结果的正确无误，又不影响计数器的正常计数，是一种常用的方法。

锁存读操作的方法是：在读之前先向要读的计数器发一个锁存命令，其格式如图 9.2-3 所示，然后再做读操作，该锁存命令将使输出锁存器锁存当前值而不再跟随减 1 计数器变化，这样就可以保证分两次读出的计数值是可靠的。写入锁存命令之后，当 CPU 读取计数值，或对计数器重新初始化编程以后，能自动解除锁存状态。因此锁存命令既不影响计数器的正常计数，又保证了读取的正确性。

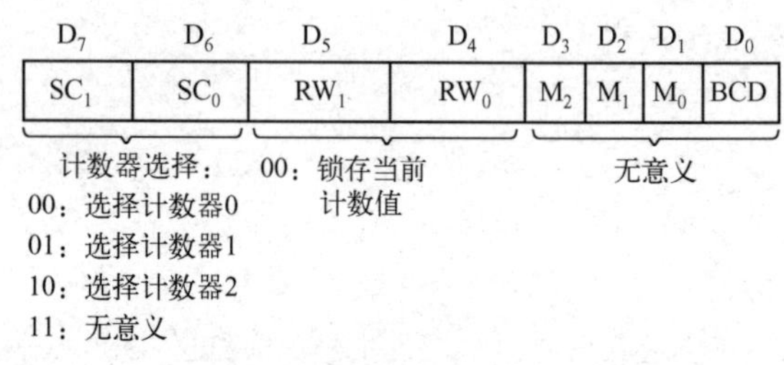

图 9.2-3 锁存命令格式

该方法读取计数器 1 当前值的程序段为：

```
MOV   AL, 01000000B
MOV   DX, 04A6H     ; 计数器的 1 锁存命令写入控制字寄存器
OUT   DX, AL
MOV   DX, 04A2H     ; 读低 8 位
IN    AL, DX
MOV   CL, AL
IN    AL, 04A2H     ; 读高 8 位，读信号上升沿解锁
MOV   CH, AL
```

练习题 2

9.2-1 8253 可以实现定时功能，若计数脉冲为 1kHz，则定时 1s 的计数初值应该为 ______。

9.2-2 若 8253 的计数初值 $N=400$，则当计数器计数到 0 时，定时时间 $T=$ ______，设 8253 的计数脉冲(时钟输入 CLK)频率为 0.5MHz。

9.2-3 8253 为（　　）计数器，当作为定时器使用时，其定时基准由（　　）确定。

A．二进制计数　　B．BCD 码　　C．二进制或 BCD 码

D．时钟输入 CLK 的频率　　E．计数器计数值　　F．定时时间常数(计数初值)

9.2-4 若对 8253 写入控制字的值为 96H，说明设定 8253 的（　　）。

A．计数器 1 工作在方式 2 且只写入低 8 位计数初值

B．计数器 1 工作在方式 2 且一次写入 16 位计数初值

C．计数器 2 工作在方式 3 且只写入低 8 位计数初值

D．计数器 2 工作在方式 3 且一次写入 16 位计数初值

9.2-5 当 8253 的控制字设置为 3AH 时，CPU 将向 8253（　　）计数初值。

A．一次写入 8 位　B．一次写入 16 位　C．先写入低 8 位，再写入高 8 位　D．上述三种情况均不对

9.2-6 编程设置 8253 的计数器 0 工作在方式 1，计数初值为 3000H；计数器 1 工作在方式 2，计数初值为 2010H；计数器 2 工作在方式 4，计数初值为 4030H。端口地址为 80H～83H，CPU 为 8088。

9.3　8253 的工作方式

8253 共有 6 种工作方式，各工作方式的主要区别是：①输出的波形不同；②启动计数器的方式不相同；③计数过程中门控信号 GATE 对计数过程的影响不同；④计数过程中改变计数初值对计数过程的影响不同。

在各种工作方式中，以下 3 个方面是共同遵守的基本规则。

① 控制字写入后，所有的控制逻辑电路立即复位，输出端 OUT 进入初始状态(有的工作方式为高电平，有的工作方式为低电平)。

② GATE 上升沿有效，GATE 的作用是在下一个 CLK 周期的下降沿生效。

③ 计数初值装入计数器和减 1 计数都是在 CLK 周期的下降沿。

以下对 6 种工作方式的讨论中，每一种工作方式都包括工作波形、工作特点和应用举例三个方面。而工作波形又包括正常计数波形、计数过程中改变计数初值波形和 GATE 的作用波形三种。

9.3.1　方式 0

该工作方式用于计数结束产生中断。其波形如图 9.3-1 所示，其中 CW 表示 8253 的控制字，LSB 表示计数初值的低 8 位。均采用计数器 0，二进制计数，只写入计数初值低 8 位。

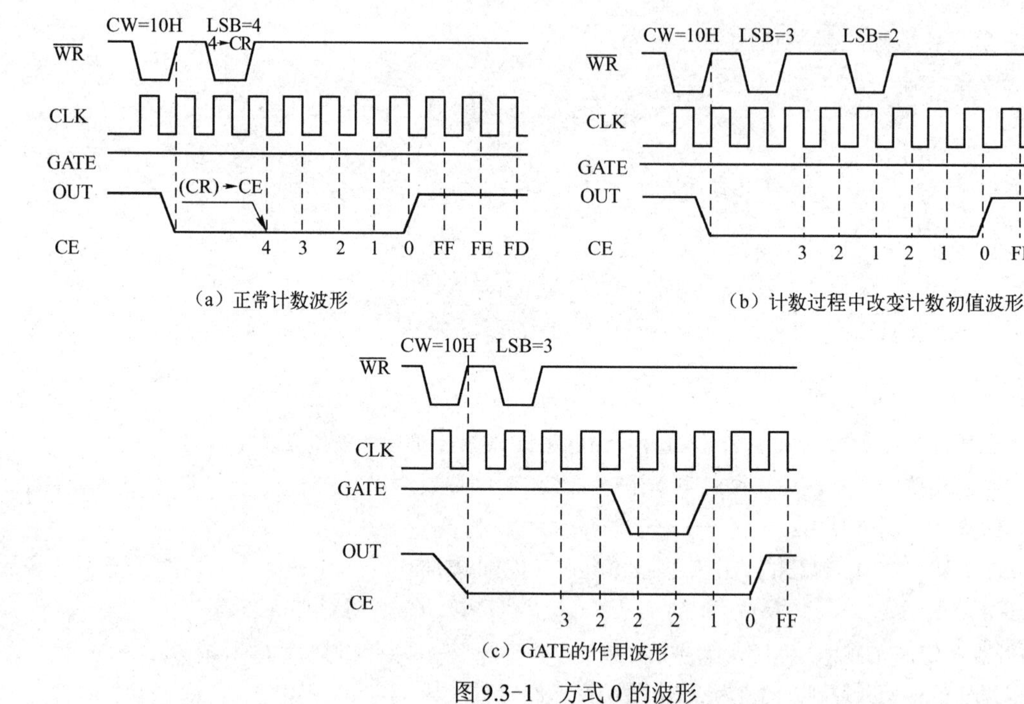

（a）正常计数波形

（b）计数过程中改变计数初值波形

（c）GATE的作用波形

图 9.3-1　方式 0 的波形

方式 0 的特点为：

① 写入控制字之后，OUT 变低，写入计数初值后开始计数。计数到 0 后输出端 OUT 为高电平，并且一直保持高电平，除非写入新的计数初值。正常计数波形如图 9.3-1(a)所示。

② 其计数初值是一次有效的，即写入一次，工作一次。实际应用中，常将计数结束后的上升沿作为中断请求信号。

③ 在计数过程中改变计数初值是立即有效的。即新的计数初值写入后，在下一个 CLK 周期开始按新的计数初值计数。计数过程中改变计数初值的波形如图 9.3-1(b)所示。

④ 计数过程中可由 GATE 控制计数过程的暂停。当 GATE=0 时，计数器暂停计数，直到 GATE=1 时，计数器又继续计数。在计数过程中，GATE 的变化不影响 OUT 的状态。GATE 的作用波形如图 9.3-1(c)所示。

⑤ 如果使用中断，OUT 即为中断请求信号，可将 OUT 直接接到 CPU 的中断请求输入端，或接到中断优先级排队电路的中断请求输入端。

【例 9.3-1】 要实现定时中断，定时时间为 4096(1000H)个 CLK 周期。采用计数器 0，设定工作在方式 0，读/写高低 8 位，按二进制计数，原理电路如图 9.3-2(a)所示。初始化及工作波形如图 9.3-2(b)所示。设 8253 端口地址范围为 40H～43H，写出对应的初始化程序。

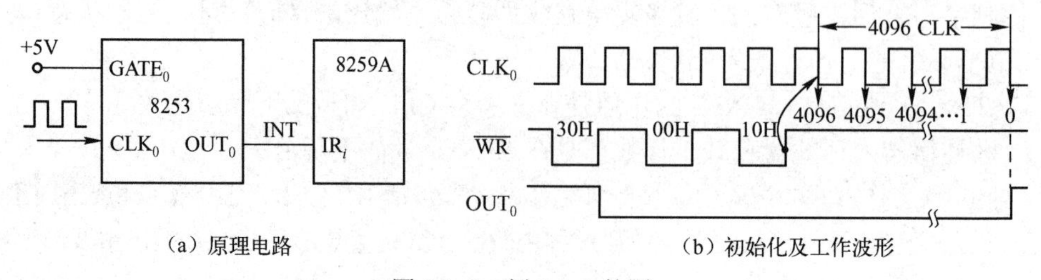

（a）原理电路

（b）初始化及工作波形

图 9.3-2　例 9.3-1 的图

【解答】 初始化程序如下：

```
MODE0:  MOV    AL, 00110000B
        OUT    43H, AL        ; 计数器 0，读/写高低 8 位，方式 0，按二进制计数
```

```
        MOV    AL, 00H
        OUT    40H, AL        ; 写入计数初值低 8 位
        MOV    AL, 10H
        OUT    40H, AL        ; 写入计数初值高 8 位
```

9.3.2 方式 1

该工作方式常用作可重复触发的单稳态触发器，其波形如图 9.3-3 所示。

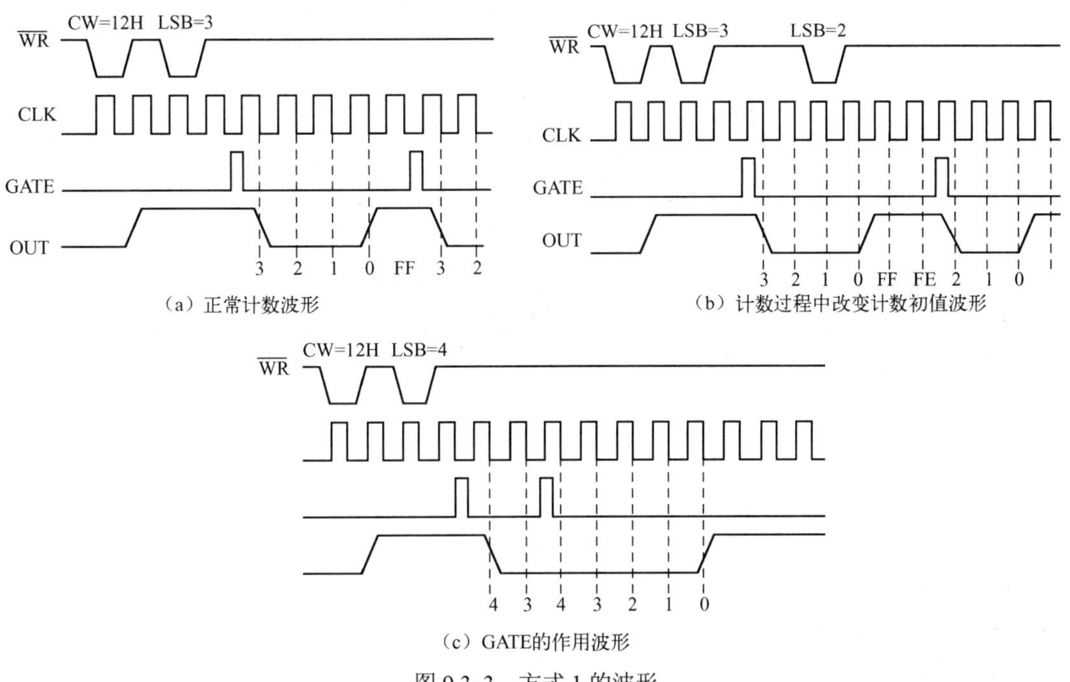

图 9.3-3 方式 1 的波形

其特点为：

① 写入控制字后，OUT 变高电平并保持，写入计数初值后并不立即装入并计数，而是等待硬件(GATE)的触发。触发 1 次计数 1 次，计数到 0 后 OUT 变高电平。正常计数波形如图 9.3-3(a)所示。

② 其计数初值不必重新写入，除非要改变计数初值，即写入一次可多次使用，取决于硬件(GATE)的触发。

③ 在计数过程中改变计数初值不是立即有效的。即新的计数初值写入后，现行计数不受影响，新的计数初值在下次启动后才开始有效。计数过程中改变计数初值的波形如图 9.3-3(b)所示。

④ 计数过程中可由 GATE 重新启动按初值计数，但 GATE 的变化不影响 OUT 的状态，只有计数到 0 时 OUT 才变高。GATE 的作用波形如图 9.3-3(c)所示。

【例 9.3-2】 某系统使用了 8253 的 3 个计数器，要求计数器 0 在初始化后立即启动，计数器 1 和计数器 2 在计数器 0 启动一段时间(这里设为 1000 个 CLK)后同时启动。要求计数器 1 的计数次数为 65536 次，计数器 2 的计数次数为 10000 次。为了满足上述要求，计数器 0 工作方式 0，只读/写高 8 位，BCD 码计数；计数器 1 工作在方式 1，只读/写低 8 位，二进制计数；计数器 2 工作在方式 1，只读/写高 8 位，按 BCD 码计数。其实现电路如图 9.3-4 所示，用 OUT_0 作为计数器 1 和计数器 2

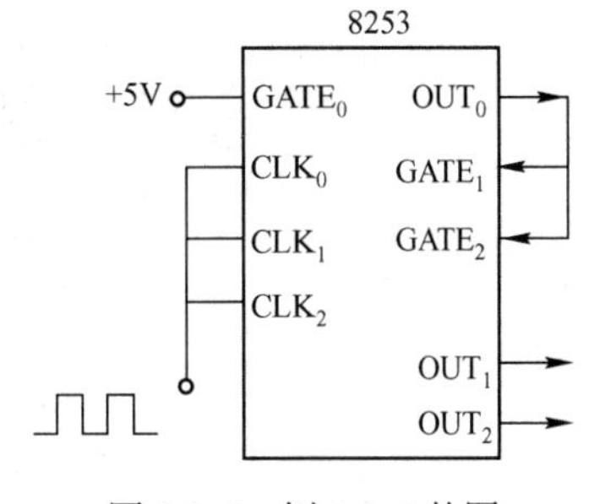

图 9.3-4 例 9.3-2 的图

的启动信号，设端口地址为40H～43H。写出对应的初始化程序。

【解答】 初始化程序如下：

```
CNT1: MOV   AL, 01010010B
      OUT   43H, AL        ; 计数器 1，只读/写低 8 位，方式 1，按二进制计数
      MOV   AL, 00H
      OUT   41H, AL        ; 写入计数器 1 的计数初值
CNT2: MOV   AL, 10100011B
      OUT   43H, AL        ; 计数器 2，只读/写高 8 位，方式 1，按 BCD 码计数
      MOV   AL, 00H
      OUT   42H, AL        ; 写入计数器 2 的计数初值
CNT0: MOV   AL, 00100001B
      OUT   43H, AL        ; 计数器 0，只读/写高 8 位，方式 0，按 BCD 码计数
      MOV   AL, 10H
      OUT   40H, AL        ; 写入计数器 0 的计数初值，同时启动定时
```

注意：在这种应用中，一般最后初始化计数器 0，因为如果先初始化计数器 0，在初始化其他计数器时，计数器 0 已经开始计数，假如计数器 0 的计数次数太少，就可能出现其他计数器初始化还没完成，计数器 0 的定时时间或计数次数已到，而造成启动错误。

9.3.3 方式 2

这种工作方式的功能如同 1 个 *N* 分频计数器，其输出是输入时钟按照计数初值 *N* 分频后的 1 个连续脉冲。即如果计数初值为 *N*，其输出是每到 *N* 个输入脉冲就输出 1 个脉冲。因此，这种工作方式可用作 *N* 分频器，或用作速率发生器，也可用于产生周期性的中断请求信号。其波形如图 9.3-5 所示。

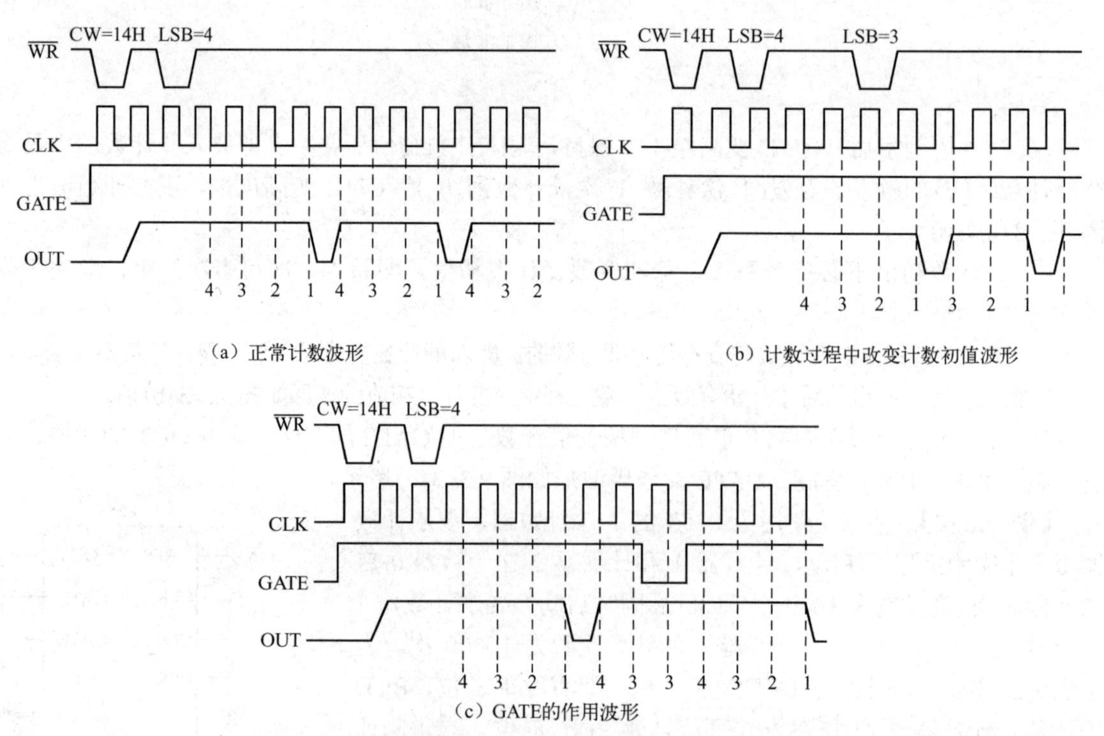

图 9.3-5 工作方式 2 的波形

其特点如下：

① 如果 GATE 为高电平，当控制字写入之后 OUT 变高电平并保持，计数初值写入之后开始计数。计数到 1(注意不是减到 0)时，OUT 变低电平，经过 1 个 CLK 后输出又恢复为高电平，同时自动重新装入计数初值开始计数。正常计数波形如图 9.3-5(a)所示。

② 其计数初值是多次有效的，只需要写入一次计数初值，就可连续输出周期性信号。

③ 当 GATE 为高电平时，在计数过程中写入新的计数初值不是立即有效的，仅当现行计数结束，OUT 输出负脉冲后，才开始按新的计数初值计数。计数过程中改变计数初值的波形如图 9.3-5(b)所示。

④ 计数过程中可由 GATE 控制计数过程的暂停。当 GATE=0 时，计数器暂停计数，待 GATE 变高电平后的下一个 CLK 周期使计数器恢复计数初值 *N*，重新开始计数。但在计数过程中 GATE 的变化不影响 OUT 的状态。GATE 的作用波形如图 9.3-5(c)所示。

⑤ OUT 可作为周期性的中断请求信号，可将其直接接到 CPU 的中断请求输入端，或接到中断优先级排队电路的中断请求输入端。

【例 9.3-3】 使 8253 每隔一定时间产生一次中断请求，设中断请求间隔为 500 个 CLK 脉冲，采用计数器 2，工作在方式 2，读/写高低 8 位，按 BCD 码计数。其电路和工作波形如图 9.3-6 所示。设 8253 端口地址范围为 40H～43H，写出对应的初始化程序。

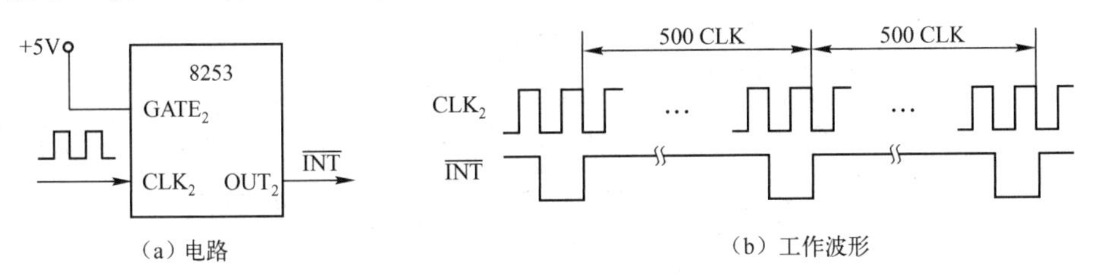

图 9.3-6 例 9.3-3 的图

【解答】 初始化程序如下：

```
MODE2:MOV   AL, 10110101B
      OUT   43H, AL           ; 计数器 2，读/写高低字节，工作在方式 2，按 BCD 码计数
      MOV   AL, 00H
      OUT   42H, AL           ; 写入计数初值低 8 位
      MOV   AL, 05H
      OUT   42H, AL           ; 写入计数初值高 8 位
```

9.3.4 方式 3

该工作方式常用作方波发生器。其波形如图 9.3-7 所示。

方式 3 和方式 2 类似，都是只需写入一次计数初值，就可连续输出周期性信号。其特点是：

(1) 如果 GATE 为高电平，当控制字写入之后 OUT 变高电平并保持，计数初值写入之后开始计数。根据计数初值 *N* 的奇偶性分为以下两种情况。

① 当 *N* 为偶数时：在计数初值装入以后的每个 CLK 脉冲计数器减 2。当计数器减到 0 时，一方面改变 OUT 的状态，同时又自动重新装入计数初值，然后重复这一过程。因此，从 OUT 输出的是 *N*/2 个 CLK 周期高电平、*N*/2 个 CLK 周期低电平的方波信号，输出信号的周期是 *N* 个 CLK 周期。其正常计数波形如图 9.3-7(a)所示。

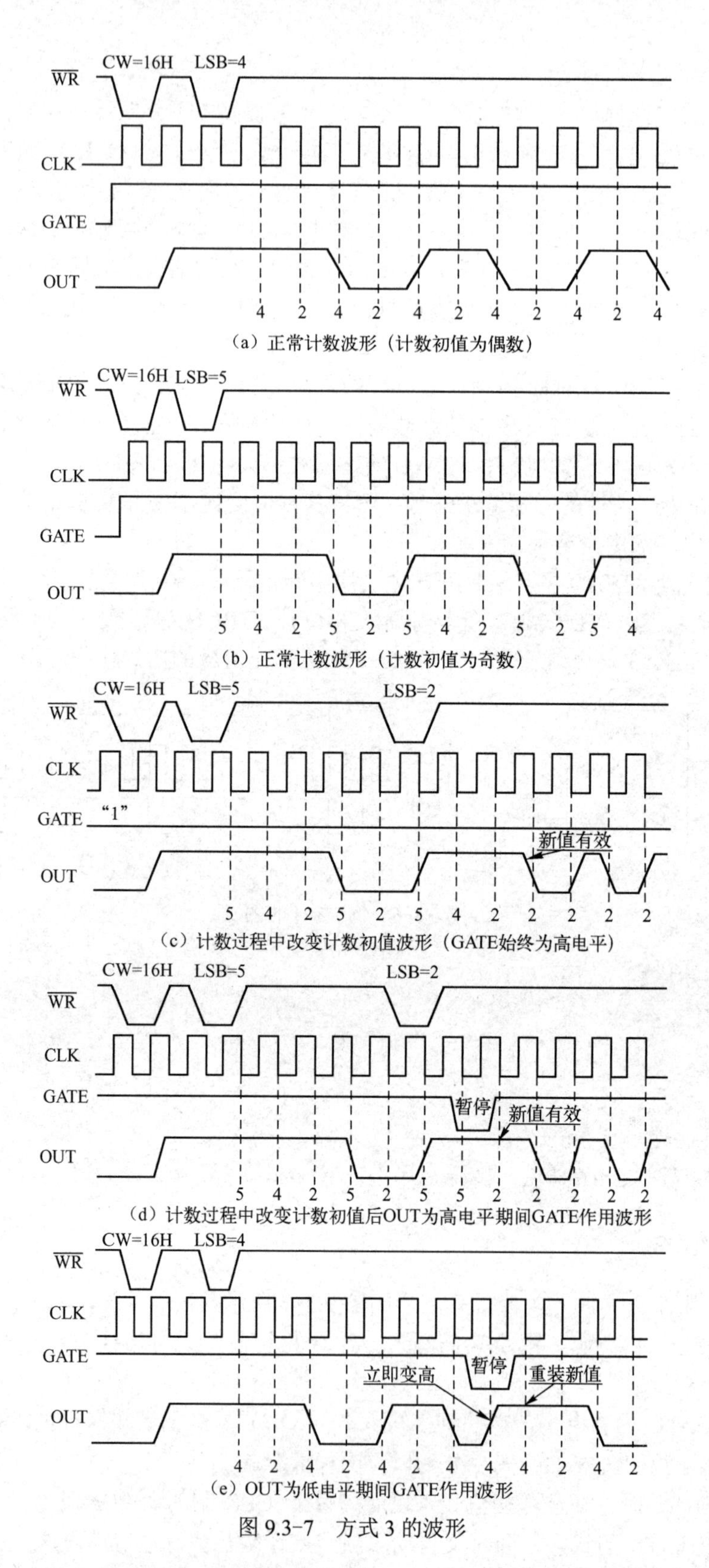

（a）正常计数波形（计数初值为偶数）

（b）正常计数波形（计数初值为奇数）

（c）计数过程中改变计数初值波形（GATE始终为高电平）

（d）计数过程中改变计数初值后OUT为高电平期间GATE作用波形

（e）OUT为低电平期间GATE作用波形

图 9.3-7　方式 3 的波形

② 当 N 为奇数时：在计数初值装入以后的第一个 CLK 脉冲计数器减 1，其后的每个 CLK 脉冲计数器减 2。当计数器减到 0 时，一方面输出端 OUT 变低电平，同时又自动重新装入计数初值。在重新装入计数初值后的第一个 CLK 脉冲，使计数器减 3，其后的每个 CLK 脉冲计

数器减 2。当计数器减到 0 时，一方面输出端 OUT 恢复为高电平，同时又自动重新装入计数初值重复上述过程。因此，在 N 为奇数的情况下，输出波形的高电平时间为$(N+1)/2$ 个 CLK 周期，低电平时间为$(N-1)/2$ 个 CLK 周期，即为高电平时间比低电平时间多一个 CLK 周期的近似方波，其周期仍然为 N 个 CLK 周期。其正常计数波形如图 9.3-7(b)所示。

（2）其计数初值是多次有效的，只需要写入一次计数初值，就可连续输出周期性信号。

（3）当 GATE 为高电平时，在计数过程中写入新的计数初值不是立即有效的，仅当现行计数结束，OUT 输出改变状态后，才将新的计数初值装入计数器，开始按新的计数初值计数，计数过程中改变计数初值波形如图 9.3-7(c)所示。如果写入新的计数初值后 GATE 产生由低电平到高电平的变化，在 GATE 变高电平后的第一个 CLK 周期下降沿开始按新的计数初值计数，其波形如图 9.3-7(d)所示。

（4）计数过程中，可由 GATE 控制计数过程的暂停或重新启动计数。若在 OUT 为高电平期间，GATE 变低电平，则暂停计数过程，待 GATE 变高电平后计数器又重装计数初值开始计数，波形如图 9.3-7(d)所示。而在 OUT 为低电平期间，GATE 变低电平，OUT 的输出立即变高电平，并不需要等待 CLK 周期的下降沿，此时，暂停计数，输出维持高电平。当 GATE 变高电平后的第一个 CLK 周期的下降沿，计数器又重装计数初值开始计数。其作用波形如图 9.3-7(e)所示。

【例 9.3-4】 如图 9.3-8 所示，对时钟输入 CLK（32.768kHz）进行分频，获得 1Hz 且占空比为 50%的方波信号。采用计数器 0，读/写高低 8 位，按二进制计数。写出对应的初始化程序，端口地址范围设为 40H～43H。

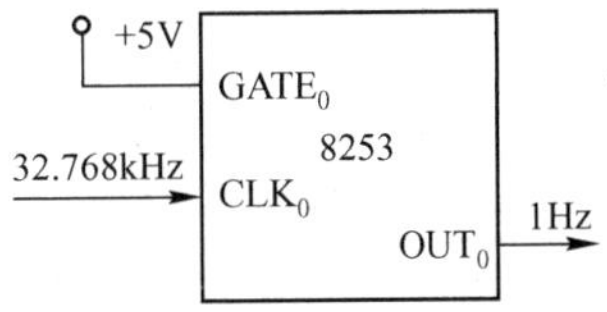

+5V
$GATE_0$
8253
32.768kHz
CLK_0
OUT_0
1Hz

图 9.3-8 例 9.3-4 的图

【解答】 计数初值 $N = (32.768×1000) /1 = 32768 = 8000H$

```
MODE3:  MOV    AL, 00110110B
        OUT    43H, AL        ; 计数器 0，读/写高低字节，工作在方式 3，按二进制计数
        MOV    AL, 0
        OUT    40H, AL        ; 写入计数初值低 8 位
        MOV    AL, 80H
        OUT    40H, AL        ; 写入计数初值高 8 位
```

9.3.5 方式 4

该工作方式常用作软件触发选通信号发生器，其波形如图 9.3-9 所示。

这种工作方式和方式 0 类似，都是软件触发一次工作一次，即写入一次计数初值工作一次。它们输出波形的区别在于初始条件和计数结束以后的输出。其特点如下：

① 写入控制字之后，OUT 变高电平，写入计数初值后开始计数(即软件启动)。计数到 0 时停止计数，OUT 变为低电平，维持一个 CLK 周期后又变为高电平。因此这种工作方式的计数初值是一次有效的，只有再次写入计数初值，才启动下一次计数过程。一次定时时间到后，OUT 输出不像方式 0 那样是高电平，而是一个 CLK 周期的负脉冲。其波形如图 9.3-9(a)所示。

② 在计数过程中改变计数初值是立即有效的。即新的计数初值写入后，在下一个 CLK 周期开始按新的计数初值计数，若计数初值为双字节，则在写入低 8 位时停止计数，在写入高 8 位后开始按新值计数。计数过程中改变计数初值波形如图 9.3-9(b)所示。

③ 可由 GATE 控制计数过程的暂停。当 GATE=0 时，计数器暂停计数，直到 GATE=1 时，计数器又继续计数。在计数过程中，GATE 的变化不影响 OUT 的状态。GATE 的作用波形如图 9.3-9(c)所示。

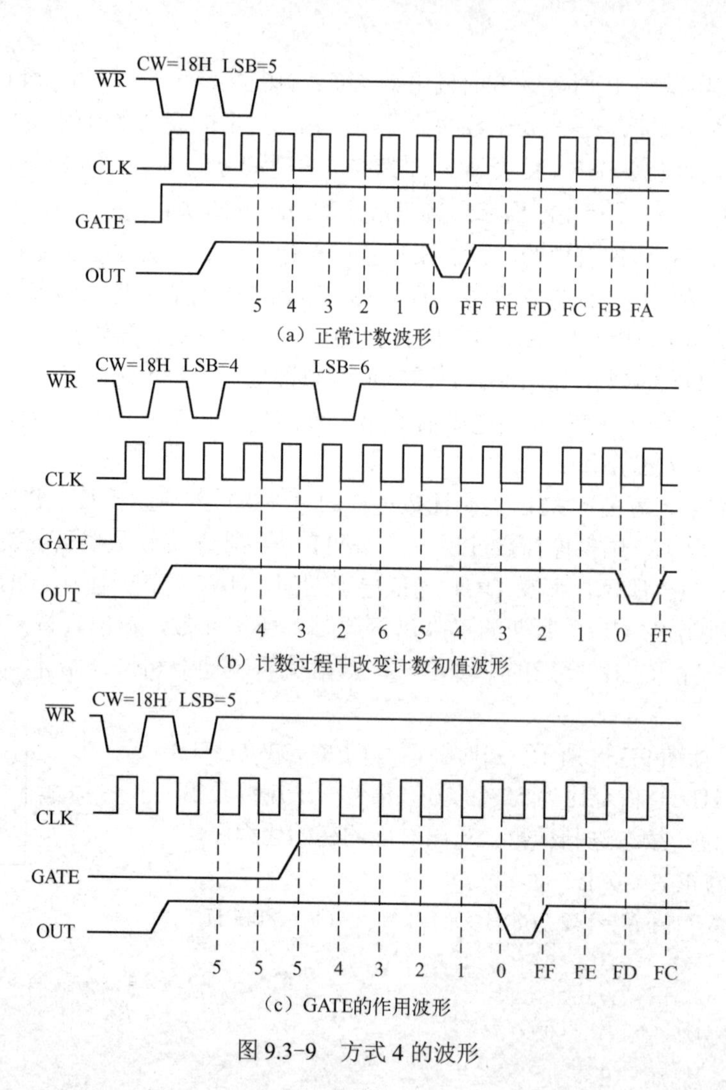

图 9.3-9　方式 4 的波形

【例 9.3-5】 对于锁存器，实现定时锁存控制，即在一定时间后产生一个锁存信号 LE，定时时间为 10 个 CLK 周期。采用计数器 1，工作在方式 4，只读/写低 8 位，按 BCD 码计数。原理电路和工作波形如图 9.3-10 所示，写出对应的初始化程序，端口地址范围设为 40H～43H。

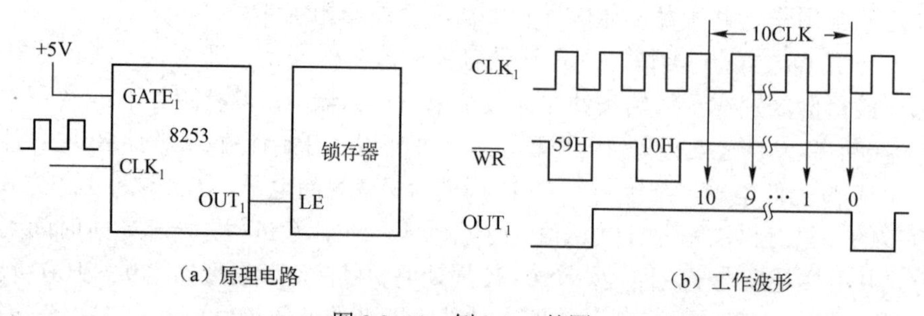

图 9.3-10　例 9.3-5 的图

【解答】 初始化程序如下：

```
MODE4: MOV    AL, 01011001B
       OUT    43H, AL          ; 计数器 1，只读/写低 8 位，工作在方式 4，按 BCD 码计数
       MOV    AL, 10H
       OUT    41H, AL          ; 写计数器初值
```

9.3.6 方式 5

该工作方式常用作硬件触发选通信号发生器，其波形如图 9.3-11 所示。

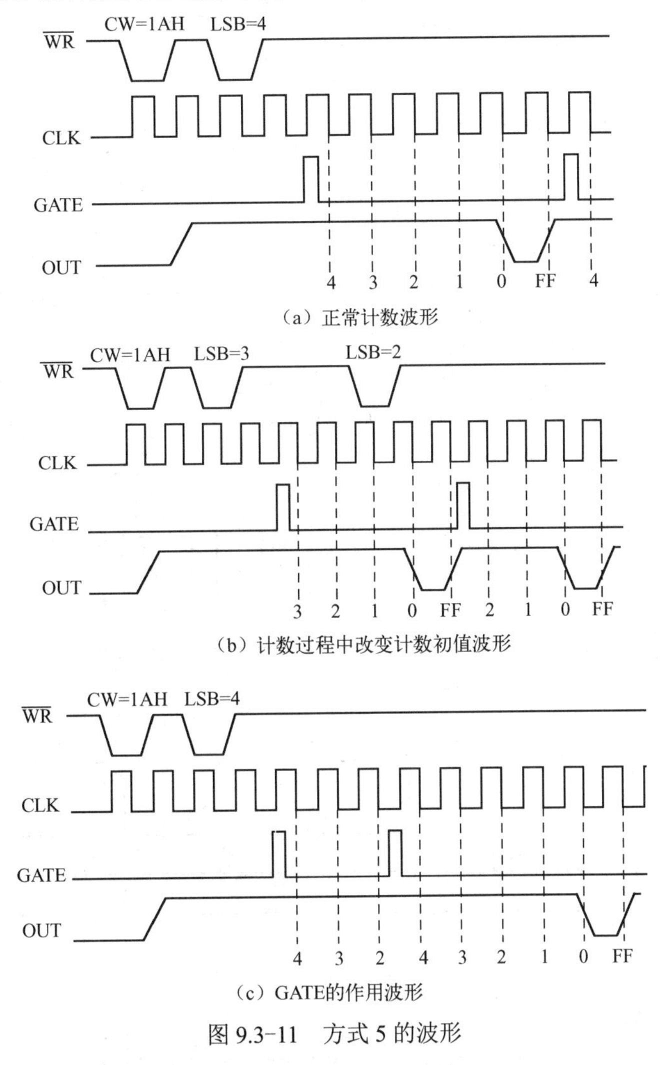

（a）正常计数波形

（b）计数过程中改变计数初值波形

（c）GATE的作用波形

图 9.3-11　方式 5 的波形

这种工作方式和方式 1 类似，都是只需要写入一次计数初值，硬件触发一次工作一次。它们的区别在于输出的波形。其特点是：

① 写入控制字以后，OUT 变高电平并保持，写入计数初值以后，计数器并不立即开始计数，而是等待硬件(GATE)的触发启动。触发一次启动一次，计数到 0 时 OUT 变为低电平，一个 CLK 周期后又变高电平，即输出一个 CLK 周期的负脉冲，其波形如图 9.3-11(a)所示。

② 其计数初值不必重新写入，除非要改变计数初值。即写入一次可多次使用，取决于硬件(GATE)的触发。

③ 在计数过程中改变计数初值不是立即有效的。即新的计数初值写入后只要不出现 GATE 脉冲信号，现行计数不受影响，新的计数初值在下次启动后才开始生效。计数过程中改变计数初值波形如图 9.3-11(b) 所示。

④ 计数过程中可由 GATE 脉冲重新启动计数，但 GATE 的变化不影响 OUT 的状态，只有计数到 0 时 OUT 才输出一个 CLK 周期的负脉冲。GATE 的作用波形如图 9.3-11(c)所示。

【例 9.3-6】 在一个通信系统中，收发双方采用握手方式进行通信应答，发送方通过 $\overline{REQ}$ 发送请求后转入对接收应答信号$\overline{\text{SEND}}$的检测，如果发送$\overline{\text{REQ}}$之后一定时间(这里为 100 个 CLK 脉冲)内不能接收到$\overline{\text{SEND}}$，就在接收方产生通信异常信号$\overline{\text{FAIL}}$。用 8253 实现 100 个 CLK 的定时，电路如图 9.3-12 所示。这里采用计数器 1，工作在方式 5，读/写低 8 位，按二进制计数。写出对应的初始化程序，端口地址范围设为40H～43H。

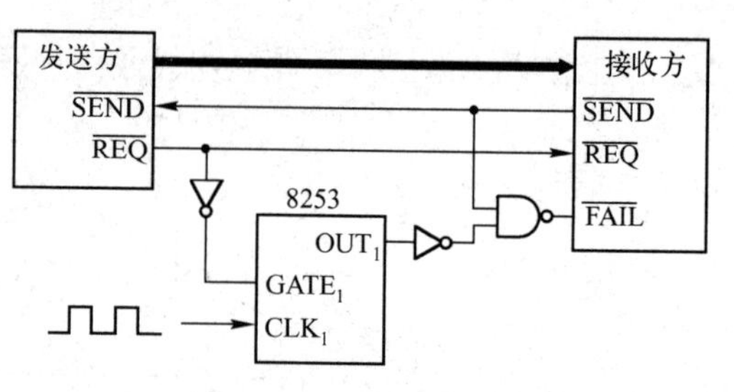

图 9.3-12 例 9.3-6 的图

分析：工作过程及信号变化如下。复位后$\overline{\text{REQ}}$为高电平($GATE_1=0$)，$\overline{\text{SEND}}$也为高电平。8253 初始化后 OUT_1 为高电平，从而使加在接收方的$\overline{\text{FAIL}}$信号为无效的高电平。当发送方发出请求信号($\overline{\text{REQ}}=0$，$GATE_1=1$)后就启动了计数器 1。当计数次数到时，OUT_1 输出一个负脉冲，这时如果接收方仍没有发出$\overline{\text{SEND}}=0$ 的应答信号，图中 OUT_1 处的与非门的输出将为低电平，即产生通信异常信号$\overline{\text{FAIL}}$，对应的工作波形如图 9.3-13(a)所示。如果在 OUT_1 变低电平前$\overline{\text{SEND}}$变为低电平，与非门的输出将保持高电平，即不产生通信异常信号$\overline{\text{FAIL}}$，见图 9.3-13(b)。

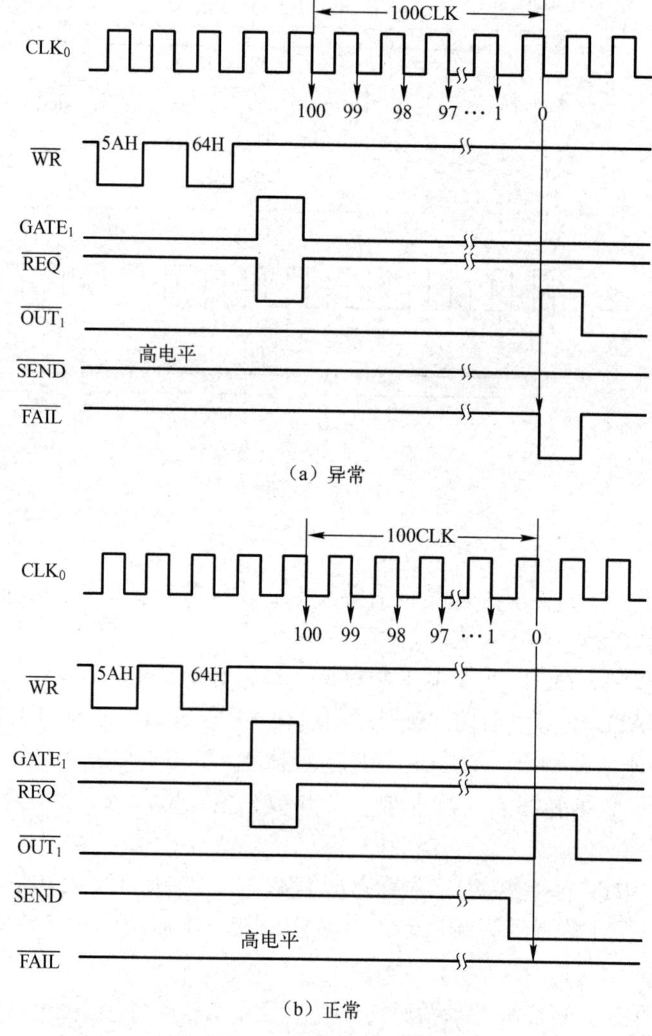

图 9.3-13 例 9.3-6 的工作波形

【解答】 初始化程序如下：

```
MODE5:  MOV    AL, 01011010B
        OUT    43H, AL       ; 计数器 1，只读/写低 8 位，工作在方式 5，按二进制计数
        MOV    AL, 100
        OUT    40H, AL       ; 计数初值送计数器 1
```

练习题 3

9.3-1 8253 具有两种启动计数的方式，分别为________和________。

9.3-2 8253 只采用硬件启动计数的工作方式为（　　）

A．方式 0 和方式 1　　B．方式 2 和方式 4　　C．方式 1 和方式 5　　D．方式 3 和方式 5

9.3-3 8253 的端口地址是 80H～83H，计数器 1 的 CLK_1=2kHz，OUT_1 每隔 20ms 输出一个 CLK 周期的负脉冲，$GATE_1$=1，则该计数器的控制字是________，写入的端口地址是________，计数初值是________，写入的端口地址是________。

9.3-4 若 8253 的某一计数器用于输出方波，该计数器应工作在________。若该计数器的时钟输入 CLK 的频率为 1MHz，输出方波频率为 5kHz，则计数初值应设为________。

9.3-5 分析下面的程序将使 8253 的哪个计数器输出何种波形？

```
MOV    AL, 54H
MOV    DX, 2AFH
OUT    DX, AL
MOV    DX, 2ADH
MOV    AL, 0F0H
OUT    DX, AL
```

9.3-6 在某个应用系统中，CPU 为 8086，8253 的地址范围为 FFF0～FFF6H，定义计数器 0 工作在方式 2，CLK_0=2MHz，要求 OUT_0 输出频率为 1kHz 的单脉冲信号；定义计数器 1 工作在方式 0，其 CLK_1 输入外部计数信号，每计数满 1000 个向 CPU 发出中断请求。试写出计数器 0 和计数器 1 的初始化程序，并画出电路图。

9.4　8253 的应用举例

9.4.1　8253 多计数器串联的应用

【例 9.4-1】 某个以 8086 为 CPU 的系统中，8253 的基地址为 310H，8253 控制一个发光二极管的点亮和熄灭，要求点亮 10s 后再让它熄灭 10s，并重复上述过程。设输入的时钟信号频率为 2MHz。请编写实现以上功能的程序。

分析： 根据题意 8253 的 3 个计数器和控制字寄存器的地址分别为：计数器 0，310H；计数器 1，312H；计数器 2，314H；控制字寄存器，316H。

假设利用计数器 1 的 OUT_1 与发光二极管相连，只要对 8253 初始化编程，使 OUT_1 输出周期为 20s、占空比为 1∶1 的方波，就能使发光二极管交替点亮、熄灭 10s。计算计数器 1 的计数初值：

$N_1 = 2\times10^6\times20 = 4\times10^7 > 65536$

仅用 1 个计数器无法完成。因此用 2 个计数器串联，假设是计数器 1 和计数器 2。要满足 $N_1\times N_2$=20s×2MHz= 4×10^7。电路如图 9.4-1 所示。

计数器 1：控制字 = 01110111B = 77H，BCD 码计数，计数初值 N_1 =8000。

计数器 2：控制字 = 10110111B = B7H，BCD 码计数，计数初值 N_2 =5000。

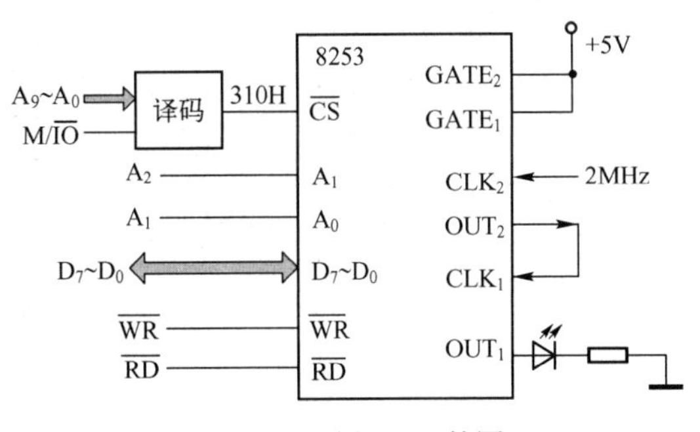

图 9.4-1　例 9.4-1 的图

【解答】 初始化程序如下：

```
COUNT2: MOV    DX, 316H
        MOV    AL, 0B7H       ; 写入控制字
        OUT    DX, AL
        MOV    DX, 314H
        MOV    AL, 00H
        OUT    DX, AL         ; 写入计数初值低 8 位
        MOV    AL, 50H
        OUT    DX, AL         ; 写入计数初值高 8 位
COUNT1: MOV    DX, 316H
        MOV    AL, 77H        ; 写入控制字
        OUT    DX, AL
        MOV    DX, 312H
        MOV    AL, 00H
        OUT    DX, AL         ; 写入计数初值低 8 位
        MOV    AL, 80H
        OUT    DX, AL         ; 写入计数初值高 8 位
```

说明：在 8253 的应用中，当 1 个计数器的计数/定时长度不够时，可以将 2 个或 3 个计数器串联起来使用，即将上一个计数器的输出 OUT 作为下一个计数器的 CLK 输入，甚至可以将 2 个 8253 串联起来使用。

思政案例：见二维码 9-1。

二维码 9-1 不积跬步无以至千里

9.4.2 8253 方波发声的应用

【例 9.4-2】 8253 计数器 1 的时钟输入信号 CLK_1 的频率为 1MHz，要求输出频率为 250Hz 的方波来驱动扬声器发声，而计数器 1 的门控信号由计数器 0 控制，要求计数器 0 启动 1s 后，扬声器开始发声。8253 的端口地址见表 9.1-1。

分析：根据要求可知，计数器 1 工作在方式 3，计数初值 $N_1=10^6/250=4000$，如果采用 BCD 码计数，读/写高低 8 位，则 8253 的控制字为 01110111B。计数器 1 的门控信号 $GATE_1$ 由计数器 0 产生，而 $GATE_1$ 是上升沿有效的，因此计数器 0 选择工作方式 0，定时时间到 OUT_0 从低电平变为高电平，正好能出现 $GATE_1$ 所需的上升沿。因此电路原理图如图 9.4-2 所示。假设计数器 0 的时钟输入信号 CLK_0 的频率为 1kHz，要定时 1s，计数初值 $N_0=1×1000=1000$，采用 BCD 码计数，控制字为 00110001B。

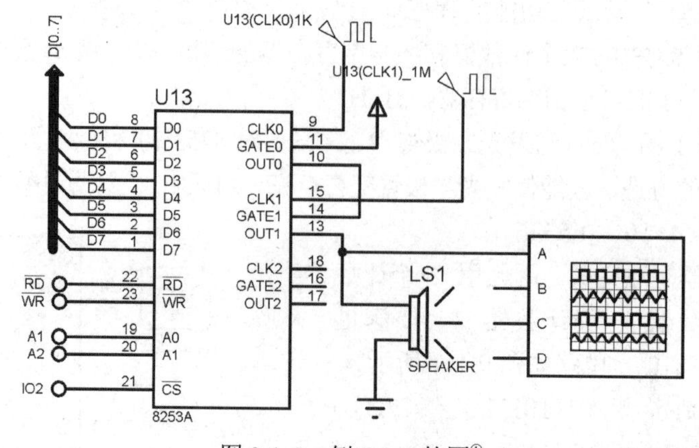

图 9.4-2 例 9.4-2 的图[①]

① 注：Proteus 中 8253 的元件名默认为 8253A

Proteus 中数字时钟信号发生器、虚拟示波器的使用请参考 14.2.6 节相关内容。

【程序 9.4-1】

```
P8253_BASE   EQU 04A0H
P8253_0      EQU P8253_BASE + 0
P8253_1      EQU P8253_BASE + 2
P8253_2      EQU P8253_BASE + 4
P8253_CON    EQU P8253_BASE + 6
CODE    SEGMENT
  ASSUME    CS:CODE
START:                                 ;先初始 T1 后初始化 T0
        MOV     AL, 01110111B          ;8253 写控制字，计数器 1 工作在方式 3，BCD 码计数
        MOV     DX, P8253_CON
        OUT     DX, AL
        MOV     AL, 00H                ;写入计数初值 4000
        MOV     DX, P8253_1
        OUT     DX, AL
        MOV     AL, 40H
        OUT     DX, AL
        MOV     AL, 00110001B          ;8253 写控制字，计数器 0 工作在方式 0，BCD 码计数
        MOV     DX, P8253_CON
        OUT     DX, AL
        MOV     AL, 00H                ;写入计数初值 1000
        MOV     DX, P8253_0
        OUT     DX, AL
        MOV     AL, 10H
        OUT     DX, AL
        JMP     $
CODE    ENDS
        END     START
```

观察图 9.4-3 中虚拟示波器的输出，虚拟示波器的时间单位是 1ms，一个周期的方波占 4 个小格，说明周期是 4ms，频率也就是 250Hz，与要求相符。

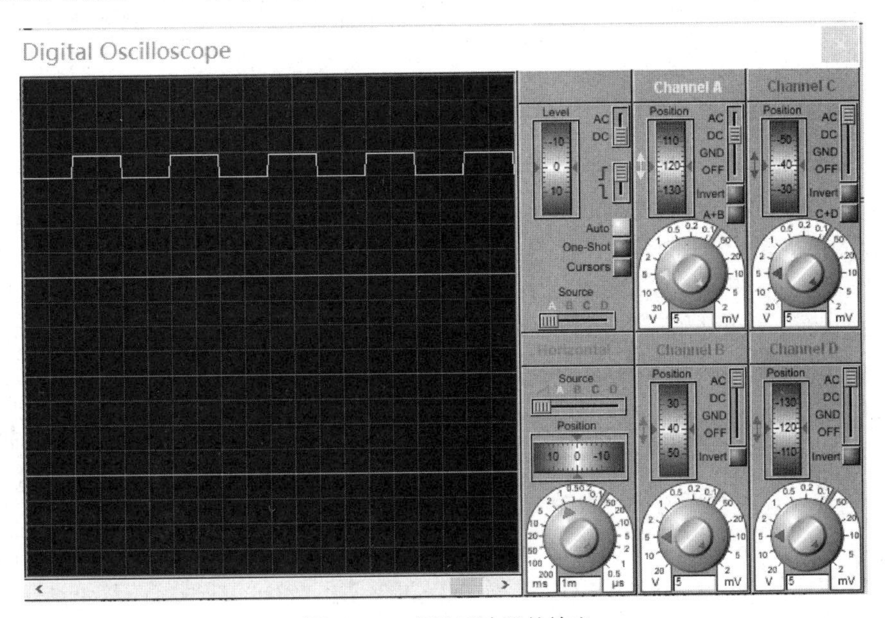

图 9.4-3　虚拟示波器的输出

如果知道各音阶对应的声波频率，在此电路和程序基础上拓展，输出相应方波去驱动扬声器，就能发出不同的音阶，再进一步配上节拍，就可以演奏不同的乐曲。

9.4.3　案例：简易交通灯控制系统 V4.0

图 9.4-4 为简易交通灯控制系统 V4.0 的电路原理图，相对于 8.5.4 节的设计，其进行了以下拓展：

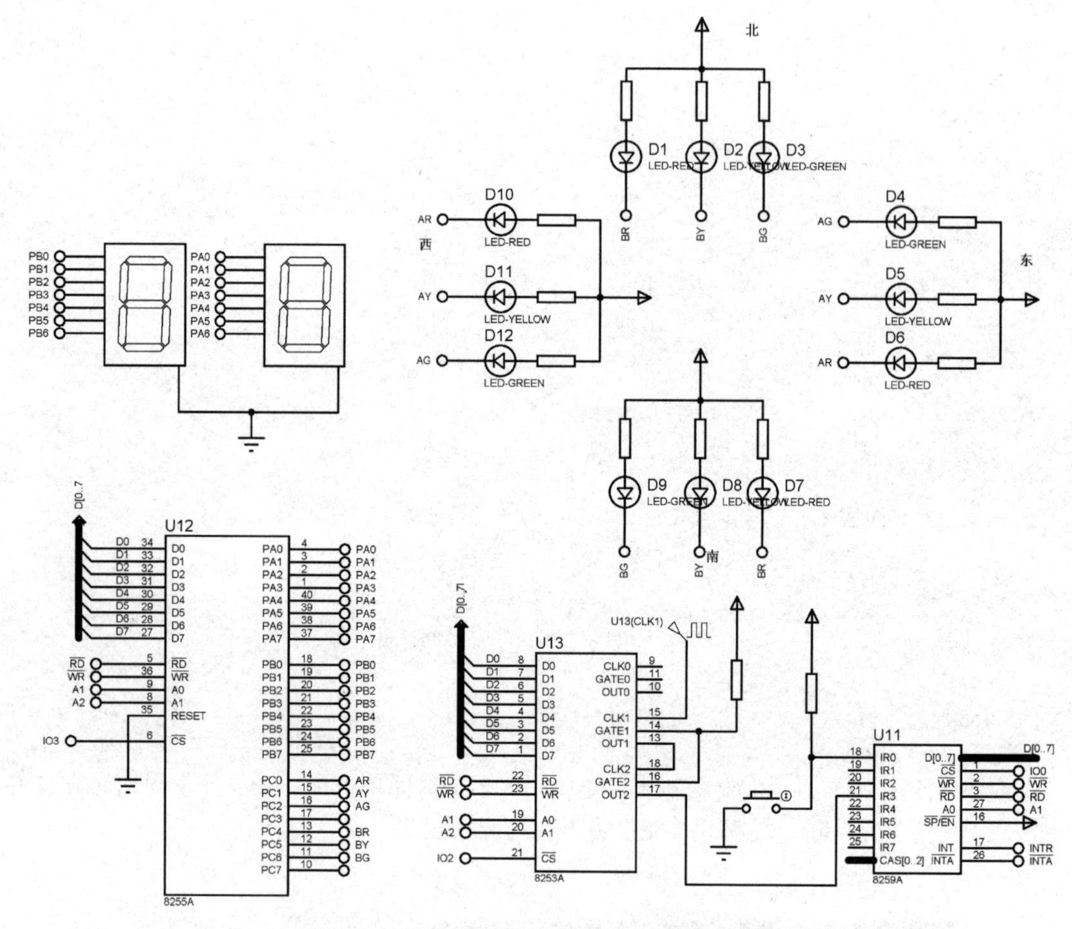

图 9.4-4　简易交通灯控制系统 V4.0 电路原理图

（1）在 8255A 的 A 口和 B 口接共阴极数码管，显示倒计时；

（2）使用 8253 产生 1s 的定时中断，用于控制数码管的更新。

在此系统中存在两个中断源，一个是 IR_0 上对应的紧急情况按键；一个是 IR_3 上由 8253 的 OUT_2 输出的周期性中断请求信号。因此在程序设计时需要考虑中断源的优先级问题，显然 IR_0 上的中断优先级更高，如果在执行 IR_3 的中断服务程序时，按键被按下，应该暂停 IR_3 的中断服务程序的执行，转去处理 IR_0 的中断请求，形成正确的中断嵌套。类似问题的处理可以参考 8.5.3 节。

在主程序中需要对 8253、8255A、8259A 进行初始化，同时需要对中断向量表进行初始化，即写入 2 个中断源的中断向量。

2 位数码管倒计时显示时，个位和十位段码的获取可以参考 7.4.1 节的方法。如图 9.4-5 所示，数码管的更新在 IR_3 的中断服务程序中完成，假设南北/东西绿灯时间长度为 SNG/EWG，变量 STATUS 用于表示当前通行方向。请扫二维码获取程序。

二维码 9-2　简易交通灯控制系统 V4.0 程序

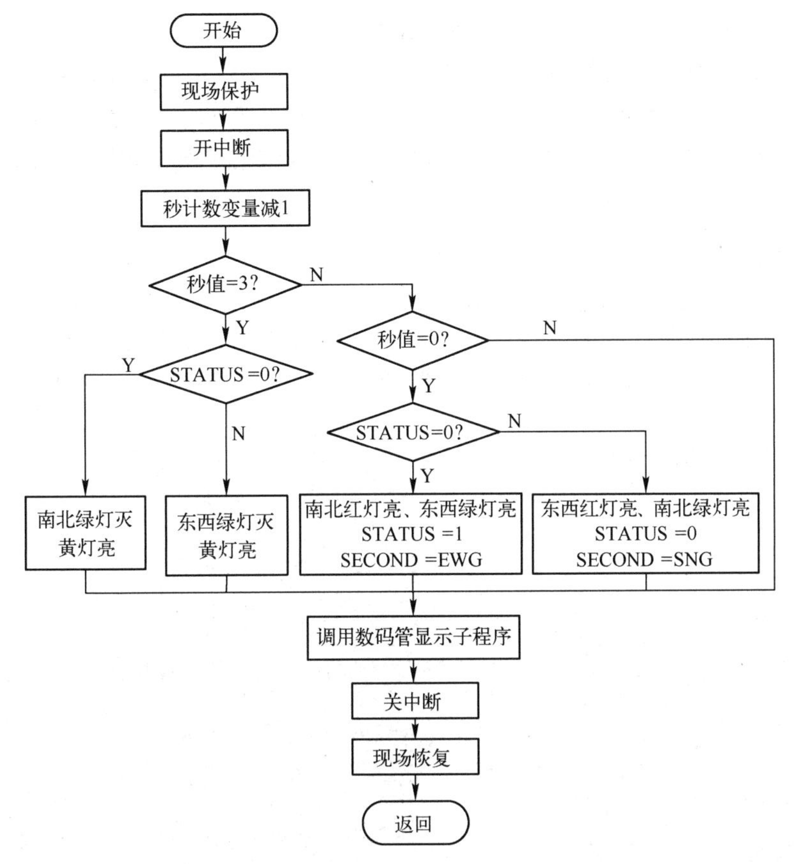

图 9.4-5　IR_3的中断服务程序流程图

9.4.4　8253 在自动气象站中的应用

在自动气象站的瞬时风速和降雨量的测量中，风速传感器和翻斗式雨量传感器的输出都是脉冲信号，瞬时风速 $V=a+bf$，其中 a 为常数(起动风速)，b 为系数，f 为单位时间内的脉冲数(每秒脉冲数)；翻斗式雨量传感器某时段的降雨量计算公式为 $P=kN$，其中 N 为该时段内传感器输出脉冲的个数，k 为系数。本例时间段取 1min。应用 8253 实现瞬时风速和降雨量的测量。

1．问题分析与资源分配

要实现瞬时风速和降雨量的测量均需要对脉冲计数和定时，采用 8253 的计数器 0 实现定时 1s，计数器 1 用于对风速传感器输出的脉冲信号计数，计数器 2 用于对翻斗式雨量传感器输出的脉冲信号计数，风速、降雨量测量原理图如图 9.4-6 所示。8253 的 $\overline{CS}$ 接 I/O 端口地址译码电路的 IO_2(见图 6.2-3)，因此端口地址范围为 04A0H～04AFH。

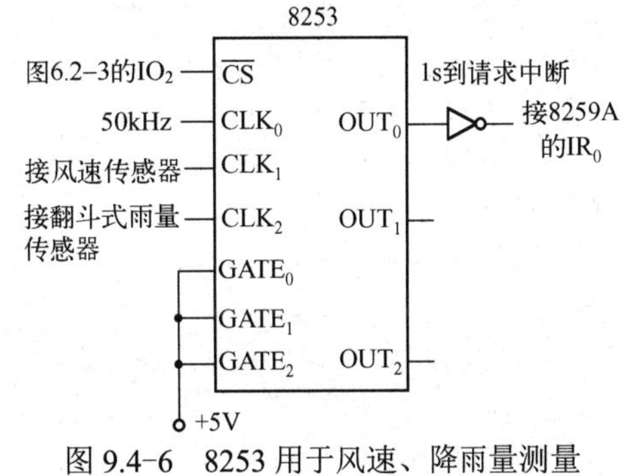

图 9.4-6　8253 用于风速、降雨量测量原理示意图

计数器 0：产生 T=1s 的基准时间，工作方式 2，CLK_0 的频率 f_{CLK0}=50kHz，则计数器 0 的计数初值 $N_0=f_{CLK0}\times T=50000\times 1=50000$(C350H)。

计数器 1：记录风速传感器的输出脉冲，工作方式 0，设计数初值为 N_1，当定时 1s 到时，如果读出的当前值为 M_1，则风速传感器输出脉冲的频率 $f_1=N_1-M_1$。一般风速传感器脉冲频率范围是 0～1221Hz，设计数初值 N_1=FFFFH。

计数器 2：记录翻斗式雨量传感器的输出脉冲，工作方式 0，设计数初值为 N_2，当定时 60s（计数器 0 中断 60 次）到时如果读出的当前计数值为 M_2，则 60s 记录的脉冲个数 $N=N_2-M_2$，根据翻斗式雨量传感器某时段的雨量计算公式 $P=kN$，可以求出该段时间内的降雨量。

2. 程序编写

各计数器控制字确定：

计数器 0：工作方式 2，计数初值 C350H，二进制计数，读/写高低 8 位，控制字为 00110100B。

计数器 1：工作方式 0，计数初值 FFFFH，二进制计数，读/写高低 8 位，控制字为 01110000B。

计数器 2：工作方式 0，计数初值 FFFFH，二进制计数，读/写高低 8 位，控制字为 10110000B。

8253 初始化程序为：

```
CNV0:   MOV   DX, 04A6H       ; 控制字寄存器端口地址送 DX
        MOV   AL, 00110100B   ; 写入计数器 0 控制字
        OUT   DX, AL
        MOV   DX, 04A0H       ; 计数器 0 端口地址送 DX
        MOV   AL, 50H         ; 写入计数器 0 计数初值低 8 位
        OUT   DX, AL
        MOV   AL, 0C3H        ; 写入计数器 0 计数初值高 8 位
        OUT   DX, AL
CNV1:   MOV   DX, 04A6H       ; 控制字寄存器端口地址送 DX
        MOV   AL, 01110000B   ; 写入计数器 1 控制字
        OUT   DX, AL
        MOV   DX, 04A2H       ; 计数器 1 端口地址送 DX
        MOV   AL, 0FFH        ; 写入计数器 1 计数初值低 8 位
        OUT   DX, AL
        MOV   AL, 0FFH        ; 写入计数器 1 计数初值高 8 位
        OUT   DX, AL
CNV2:   MOV   DX, 04A6H       ; 控制字寄存器端口地址送 DX
        MOV   AL, 10110000B   ; 写入计数器 2 控制字
        OUT   DX, AL
        MOV   DX, 04A4H       ; 计数器 2 端口地址送 DX
        MOV   AL, 0FFH        ; 写入计数器 2 计数初值低 8 位
        OUT   DX, AL
        MOV   AL, 0FFH        ; 写入计数器 2 计数初值高 8 位
        OUT   DX, AL
        MOV   BL, 0           ; 计数器 0 中断次数清零
```

根据功能要求，计数器 0 的中断服务程序流程图如图 9.4-7 所示。程序如下：

```
C0_INT: PUSH  AX
        PUSH  BX
        PUSH  CX
        PUSH  DX
        STI                   ; 开中断
RCNV1:  MOV   DX, 04A6H       ; 控制字寄存器端口地址送 DX
        MOV   AL, 40H         ; 写入计数器 1 锁存命令
        OUT   DX, AL
        MOV   DX, 04A2H       ; 计数器 1 端口地址送 DX
        IN    AL, DX          ; 读取计数器 1 的当前计数值
        MOV   CL, AL
```

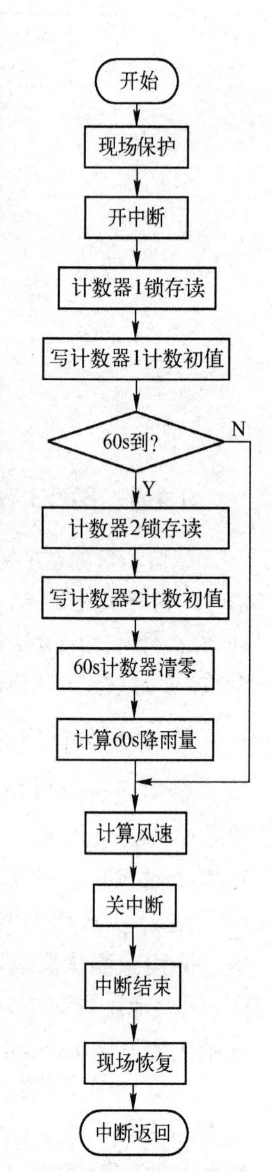

图 9.4-7　计数器 0 的中断服务程序流程图

```
        IN      AL, DX
        MOV     CH, AL
        MOV     M1, CX          ; 计数器 1 当前计数值暂存 M1 开始的单元
CNV11:  MOV     DX, 04A2H       ; 计数器 1 端口地址送 DX
        MOV     AL, 0FFH        ; 写入计数器 1 计数初值低 8 位
        OUT     DX, AL
        MOV     AL, 0FFH        ; 写入计数器 1 计数初值高 8 位
        OUT     DX, AL
        INC     BL              ; 秒计数器加 1
        CMP     BL, 60
        JNE     PFREG           ; 不到 60s 转风速计算
RCNV2:  MOV     DX, 04A6H       ; 控制字寄存器端口地址送 DX
        MOV     AL, 80H         ; 写入计数器 2 锁存命令
        OUT     DX, AL
        MOV     DX, 04A4H       ; 计数器 2 端口地址送 DX
        IN      AL, DX          ; 读取计数器 2 的当前计数值
        MOV     CL, AL
        IN      AL, DX
        MOV     CH, AL
        MOV     M2, CX          ; 计数器 2 当前计数值暂存 M2 开始的单元
CNV21:  MOV     DX, 04A4H       ; 计数器 2 端口地址送 DX
        MOV     AL, 0FFH        ; 写入计数器 2 计数初值低 8 位
        OUT     DX, AL
        MOV     AL, 0FFH        ; 写入计数器 2 计数初值高 8 位
        OUT     DX, AL
        MOV     BL, 0
        CALL    Num_Count       ; 调用降雨量计算子程序
PFREG:  CALL    Freq_Count      ; 调用风速计算子程序
        CLI                     ; 关中断
        MOV     AL, 20H         ; 8259A 的一般 EOI 命令
        MOV     DX, 0480H       ; 8259A 的偶地址端口，见表 6.2-1
        OUT     DX, AL
        POP     DX
        POP     CX
        POP     BX
        POP     AX
        IRET
Num_Count:                      ; 降雨量计算子程序
        ⋮
        RET
Freq_Count:                     ; 风速计算子程序
        ⋮
        RET
```

9.5 本章学习指导

9.5.1 本章主要内容

1. 8253 的基本结构

8253 内部有 3 个可编程的 16 位计数器，各个计数器之间完全独立。8253 的基本结构

包括：

（1）数据总线缓冲器及读/写控制逻辑：用于与系统总线连接及控制芯片的读/写操作。

（2）控制字寄存器(只写不读)：用于存放 8253 的控制字，3 个计数器共用一个控制字寄存器端口地址，因此在写入控制字时，要通过控制字中的最高 2 位(SC_1SC_0)的状态决定是对哪一个计数器进行控制字的写入。

（3）3 个独立的 16 位计数器：用于存放计数初值，每个计数器都有时钟输入、门控和输出 3 个信号。这 3 个计数器都是可读/写的。

2．8253 的编程命令

8253 的控制字由 8 位组成，可分为 4 组：

（1）D_7 D_6 位选择计数器 0, 1 或者 2。

（2）D_5D_4 位组合为 00 时，对计数器进行锁存读，使当前计数值锁存在输出锁存器中，便于读出；为 01 时只读/写低 8 位计数值；为 10 时，只读/写高 8 位计数值；为 11 时，先读/写低 8 位再读/写高 8 位计数值。

（3）$D_3D_2D_1$ 位决定每个计数器的工作方式，8253 的每个计数器都有 6 种工作方式。

（4）D_0 位选择 BCD 码计数还是二进制计数。若选择 BCD 码计数，则 D_0 应为 1，允许的最大计数次数为 10^4；选择二进制计数，D_0 为 0，最大计数次数为 2^{16}。

8253 编程时必须严格遵守 2 条原则：（1）对计数器写入计数初值前必须先写入控制字；（2）写入计数初值，要符合控制字中的格式规定。

对 8253 有读出和写入 2 种操作。读出用来读计数器的当前值；写入有 3 种情况，除了写控制字和计数初值，还有锁存命令，这是为了配合读计数器的当前值，因为在读之前，必须先用锁存命令将当前值锁存至输出锁存器中，否则将读不到一个确定的结果。

注意：控制字需写入控制字寄存器，而计数初值应写入相应的计数器，且计数初值应与控制字中设定的计数方式相对应，即二进制计数方式的计数初值为二进制数，BCD 码计数方式的计数初值为 BCD 码。所有用到的计数器必须逐一进行初始化。8253 是 8 位接口芯片，而计数器是 16 位的，故在写入 16 位计数初值时必须分两次，先写入低 8 位，再写入高 8 位。在读当前计数值前，需要写入锁存命令。

3．8253 的工作方式

8253 的 6 种工作方式的比较见表 9.5-1。

表 9.5-1　8253 的 6 种工作方式比较

	方式 0	方式 1	方式 2	方式 3	方式 4	方式 5
功能	计数结束产生中断	可重复触发的单稳态触发器	速率发生器	方波发生器	软件触发选通信号发生器	硬件触发选通信号发生器
启动方式	写入计数初值启动（软启动）	外部信号启动（硬件启动）	写入计数初值启动（软启动）	写入计数初值启动（软启动）	写入计数初值启动（软启动）	外部信号启动（硬件启动）
输出波形	写入计数初值 *N* 后经过 *N*+1 个 CLK 周期后输出变高电平	启动后输出变低电平，经过 *N* 个 CLK 周期后输出变高电平，即产生一个宽度为 *N* 个 CLK 周期的负脉冲	经过 *N*–1 个 CLK 周期后输出宽度为 1 个 CLK 周期的负脉冲	当 *N* 为偶数时：输出 *N*/2 个 CLK 周期的高电平，*N*/2 个 CLK 周期的低电平（周期为 *N* 个 CLK 周期的方波） 当 *N* 为奇数时：输出 (*N*+1)/2 个 CLK 周期的高电平，(*N*–1)/2 个 CLK 周期的低电平	写入计数初值并经过 *N* 个 CLK 后输出宽度为 1 个 CLK 周期的负脉冲	计数初值装入并经过 *N* 个 CLK 后输出宽度为 1 个 CLK 周期的负脉冲

续表

		方式 0	方式 1	方式 2	方式 3	方式 4	方式 5
计数初值重装		——	——	自动重装	自动重装	——	——
计数过程中改变计数初值		立即有效	外部触发后有效	1. 外部触发后有效 2. 计数到 1 后有效	1.外部触发后有效 2.计数到 0 后有效	立即有效	外部触发有效
GATE 的作用	GATE=0	停止计数	——	停止计数	停止计数	停止计数	——
	上升沿有效	——	启动计数	启动计数	启动计数	——	启动计数
	GATE=1	允许计数	——	允许计数	允许计数	允许计数	——
最大/最小计数次数下的计数初值	最小	1	1	2	2	1	1
	最大	0	0	0	0	0	0

思政案例：见二维码 9-3。

二维码 9-3　时间管理就是人生管理

9.5.2　典型例题

【例 9.5-1】 在 8086 系统中使用了一块 8253 芯片，硬件连接见图 9.5-1，所用的时钟输入信号频率为 1MHz。要求 3 个计数器分别完成以下功能：

（1）计数器 0 工作在方式 3，输出频率为 2kHz 的方波；

（2）计数器 1 产生宽度为 480μs 的负脉冲；

（3）计数器 2 用硬件触发，输出单脉冲，时间常数为 26。

请对 8253 完成初始化。

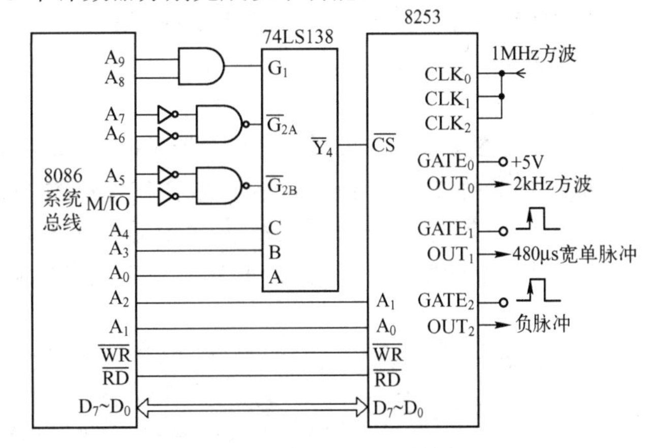

图 9.5-1　例 9.5-1 的图

分析：由图 9.5-1 可知 8253 的 $\overline{CS}$ 由 74LS138 构成的地址译码器产生，只有当执行 I/O 操作即 $M/\overline{IO}$=0 以及 $A_9A_8A_7A_6A_5$=11000 时，译码器才能工作。当 $A_4A_3A_0$=100 时，$\overline{Y_4}$=0，使 $\overline{CS}$ 有效，选中偶地址端口，端口基地址为 0310H。地址总线的 A_2A_1 分别与 8253 的 A_1A_0 相连，用于 8253 的端口寻址，因此 8253 的 4 个端口地址分别为 0310H、0312H、0314H 和 316H。

计数器 0 为工作方式 3，即构成一个方波发生器，计数初值 N_0=1M / 2k = 500。

计数器 1 为工作方式 1，即由 $GATE_1$ 的正跳变启动，输出一个宽度由时间常数决定的负脉冲。计数初值 $N_1=1\times10^6\times480\times10^{-6}=480$。

计数器 2 为工作方式 5，即由 $GATE_2$ 的正跳变启动，在计数到 0 时形成一个宽度与时钟输入信号周期相同的负脉冲。根据题意 N_2=26。

【解答】 对 3 个计数器初始化的程序如下：

```
      MOV    DX, 0316H；计数器 0 初始化
      MOV    AL, 37H
```

```
        OUT    DX, AL
        MOV    DX, 0310H
        MOV    AL, 0
        OUT    DX, AL
        MOV    AL, 05H
        OUT    DX, AL
        MOV    DX, 0316H       ; 计数器 1 初始化
        MOV    AL, 73H
        OUT    DX, AL
        MOV    DX, 0312H
        MOV    AL, 80H
        OUT    DX, AL
        MOV    AL, 04H
        OUT    DX, AL
        MOV    DX, 0316H       ; 计数器 2 初始化
        MOV    AL, 9BH
        OUT    DX, AL
        MOV    DX, 0314H
        MOV    AL, 26H
        OUT    DX, AL
```

【例 9.5-2】 假设 8253 计数器的时钟输入信号频率为 2MHz，请给出 8253 两种定时 1s 的软硬件工作方法，假设 8253 的基地址为 CS8253，且是 8086 系统。

【解答】 根据已知条件，计数次数 $N=2\times10^6$，超过了 1 个计数器的计数范围，有 2 种解决方案：

① 和例 9.4-1 一样采用 2 个计数器串联(详细方案略)。

② 只采用 1 个计数器，同时结合软件计数的方法，假设 1 个计数器采用工作方式 0 定时 20ms，定时时间到后触发 1 次中断，中断服务程序重新对 8253 写入计数初值，同时对中断次数计数，如果中断满 50 次，则定时 1s 时间到。对应的初始化和中断服务程序如下：

```
                 ⋮
         MOV    NUM,0              ; 字节型变量 NUM 用来记录当前中断次数
         MOV    AL, 00110000B      ; 计数器 0 为工作方式 0,读/写高低 8 位，二进制计数
         MOV    DX, CS8253+6       ; 控制字寄存器地址送 DX
         OUT    DX, AL
         MOV    AX, 40000          ; 计数初值 40000，定时 20ms
         MOV    DX, CS8253         ; 计数器 0 地址送 DX
         OUT    DX, AL
         MOV    AL, AH
         OUT    DX, AL             ; 写入计数初值到计数器 0
         STI                       ; 开中断
          ⋮
TIMNINT  PROC   FAR                ; 定时中断服务程序
         PUSH   AX
          ⋮
         INC    NUM
         CMP    NUM, 50
```

```
        JB     INIT
        MOV    NUM, 0
INIT:   MOV    AX, 40000        ; 重新写入计数初值到计数器 0
        MOV    DX, CS8253
        OUT    DX, AL
        MOV    AL, AH
        OUT    DX, AL
         ⋮
        POP    AX
        IRET
TIMNINT ENDP
```

【例 9.5-3】 图 9.5-2 为测量物体 A 穿过 L 距离所用时间的系统示意图，Det_0 和 Det_1 是两个光电检测器输出信号，正常情况下光电检测器输出逻辑 0，当光路被物体遮挡时，输出逻辑 1。基本设计思想是利用 8255A 的 C 口获取 Det_0 和 Det_1 信号，然后启动和停止 8253 的工作，以获取物体 A 穿过 L 距离的时间。注意：Det_0 和 Det_1 的输出分别与 8255A 的 PC_0 和 PC_7 连接，系统只利用 8253 的计数器 0，外部提供的时钟输入信号频率为 2MHz。8255A 的端口地址从 0301H 开始，8253 的端口地址从 0401H 开始，要求：

（1）画出硬件连接图（可以根据需要，调整系统总线的空间布局）；

（2）画出程序流程图；

（3）分析并给出 8255A 的控制字、8253 的控制字和计数初值；

（4）编写出实现上述工作过程并将测量结果存入 RESULT 单元的完整程序；

（5）计算出该系统所能测量的最大时间，当系统进行测量时，存入 RESULT 单元中数据的单位是什么？

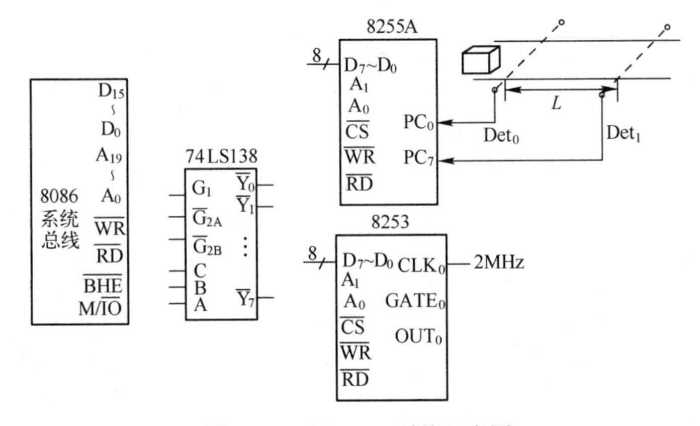

图 9.5-2　例 9.5-3 系统示意图

分析：因为 8255A 和 8253 的基地址均为奇地址，而系统使用的 CPU 是 8086，所以 8255A 和 8253 的 D_7～D_0 均接到数据总线的高 8 位，且地址总线的 A_0=1，A_2A_1 接端口选择引脚 A_1A_0。用 $A_{10}A_9A_8$ 连接 74LS138 的 C、B、A，8255A 的 $\overline{CS}$ 接 $\overline{Y}_3$，8253 的 $\overline{CS}$ 接 $\overline{Y}_4$，地址总线的 A_0 接 G_1，M/$\overline{IO}$ 和 $\overline{BHE}$ 通过或门后输出接 $\overline{G}_{2A}$，A_{11} 接 $\overline{G}_{2B}$，由此得到图 9.5-3。

测量过程如下：首先通过 PC_0 对 Det_0 信号进行循环检测，当发现 Det_0 为逻辑 1 时，启动 8253 计数器 0 工作，然后通过 PC_7 对 Det_1 信号进行循环检测，当发现 Det_1 为逻辑 1 时，对 8253 计数器 0 读当前计数值，此数据就是测量结果。把此数据存入 RESULT 单元，同时停止 8253 计数器 0 工作（假设软件工作所占用的时间不影响测量精度）。

【解答】（1）系统的硬件连接图如图 9.5-3 所示。

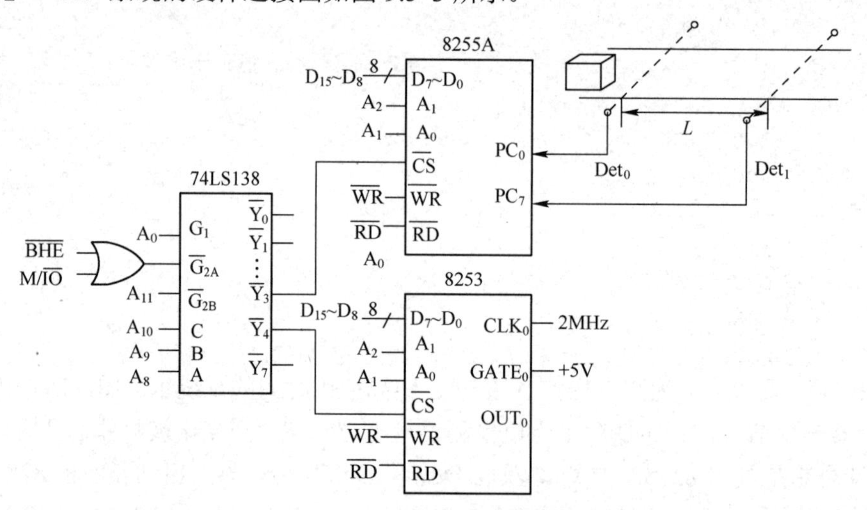

图 9.5-3　系统的硬件连接图

（2）程序流程图如图 9.5-4 所示。

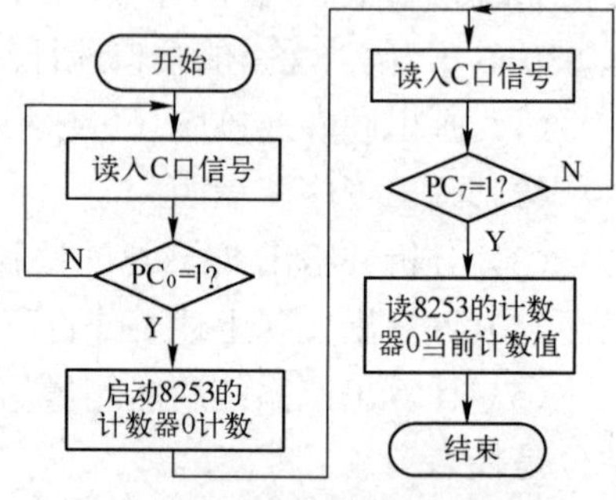

图 9.5-4　程序流程图

（3）8255A 的 C 口应该工作在方式 0 输入，A 口、B 口未使用，设置为工作方式 0 输出，所以 8255A 的控制字为 10001001B=89H。

8253 的计数器 0 工作在方式 0，读/写高低 8 位，二进制计数，控制字为 00110000B=30H，计数初值取 FFFFH，$GATE_0$ 接+5V。

（4）完整的程序如下：

```
DATA    SETGMENT
        RESULT  DW ?
DATA    ENDS
CODE    SEGMENT
    ASSUME CS:CODE, DS:DATA
START:  MOV    AX, DATA
        MOV    DS, AX
        MOV    DX, 0307H          ; 8255A 初始化
        MOV    AL, 89H
        OUT    DX, AL
        MOV    DX, 0407H          ; 8253 初始化
        MOV    AL, 30H
        OUT    DX, AL
        MOV    DX, 0305H          ; 读 PC0 状态
LOP1:   IN     AL, DX             ; 检测 Det0
        TEST   AL, 01H
        JZ     LOP1
        MOV    DX, 0401H          ; Det0=1 装入计数初值开始工作
        MOV    AL, 0FFH
        OUT    DX, AL
        OUT    DX, AL
```

```
        MOV    DX, 0305H           ; 读 PC7 状态
LOP2:   IN     AL, DX              ; 检测 Det1
        TEST   AL, 80H
        JZ     LOP2
        ;----------------------; Det1=1 读计数值
        MOV    DX, 0407H
        MOV    AL, 00H             ; 计数器 0 锁存命令
        OUT    DX, AL
        MOV    DX, 0401H
        IN     AL, DX
        MOV    CL, AL
        IN     AL, DX
        MOV    CH, AL
        NOT    CX                  ; 等效为 FFFFH-CX→CX
        MOV    RESULT, CX
        MOV    AH, 4CH
        INT    21H
CODE    ENDS
        END    START
```

（5）由于 8253 计数器 0 的计数初值是 FFFFH，而时钟输入信号频率是 2MHz，周期为 0.5μs，系统所能测量的最大时间是：65535×0.5≈32.77ms。

因为时钟输入信号周期是 0.5μs，所以 RESULT 单元中数据的单位是 0.5μs。

本章习题

9-1 试比较硬件电路定时与软件定时的优缺点。

9-2 若 8253 的某计数器时钟输入信号(如 CLK_0)的频率为 1.1925MHz，能否在它的输出端(OUT_0)实现 30ms 的定时脉冲呢？

9-3 设某 8088 系统中，8253 占用端口地址 40H～43H。使用其产生电子时钟基准(定时时间为 50ms)和产生方波用作扬声器音调控制(频率为 1kHz)。试编写 8253 的初始化程序，设输入时钟信号频率为 2MHz。

9-4 试用 8253 输出周期为 100ms 的方波。设系统的时钟输入信号频率为 2MHz，端口地址为 01E0H～01E3H，CPU 为 8088。

9-5 若 8253 可利用 8086 的外设接口地址 D0D0H～D0DFH，试画出电路连接图。已知 8253 的时钟输入信号频率为 2MHz。

（1）若利用计数器 0，1，2 分别产生周期为 100μs 的对称方波，以及每 1s 和 10s 产生一个负脉冲，试说明 8253 如何连接，并编写包括初始化在内的程序。

（2）若希望通过接口控制 $GATE_0$，从 CPU 使 $GATE_0$ 有效开始，20μs 后在计数器 0 的 OUT_0 端产生一个正脉冲，试设计满足要求的硬件与软件。

9-6 某一接口电路中，需要通过 8253 定时从 90H 号端口读入一个字节数到 2500H 开始的单元中。假设时钟输入信号频率为 2MHz，每定时 1s 输入一个数，在输入 200 个数后停止工作。

（1）请给出两种 8253 定时 1s 的软硬件方法。

（2）设接口中断系统已经设计好，请编写实现定时输入 200 个数的主程序和中断服务程序。

假设 8253 的端口地址为 60H～63H。

9-7 用所学的 8086 及相关芯片，按下面要求模拟设计：

在 400 米田径赛中，有 8 条跑道，发号令枪声响（提示：启动 8253 工作），8 位运动员同时参赛，当运动员到达终点时，所对应的跑道产生一个足够宽度的正脉冲。设计一个运动员成绩记录装置，将运动员成绩存入 BUFF 缓冲器。

（1）画出可编程接口芯片的译码电路；

（2）给出可编程接口芯片初始化控制字；

（3）画出所设计装置的连线简图；

（4）写出完成该功能的程序设计思路并编程。

第 10 章　可编程串行通信接口芯片 8251A

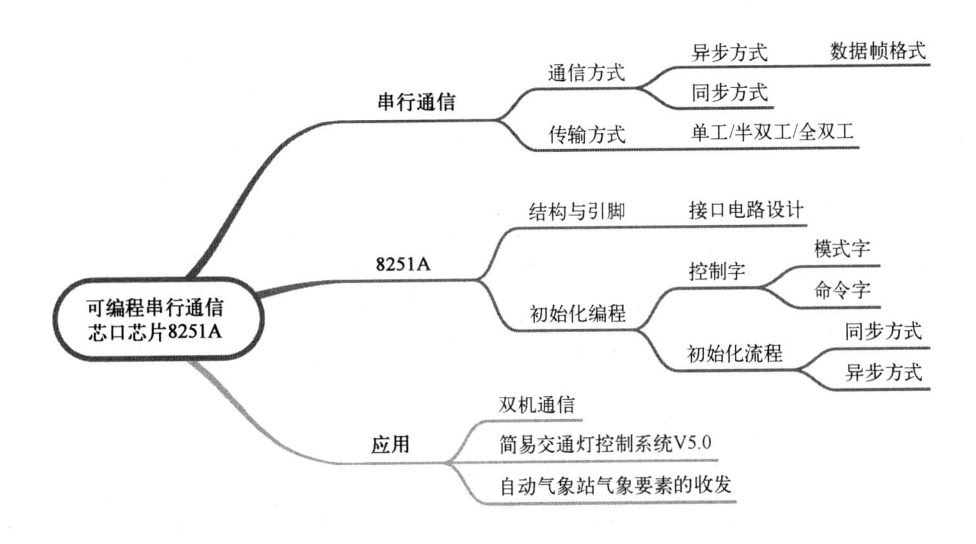

10.1　串行通信基础

数据通信方式可分为并行通信与串行通信两种，如图 10.1-1 所示。

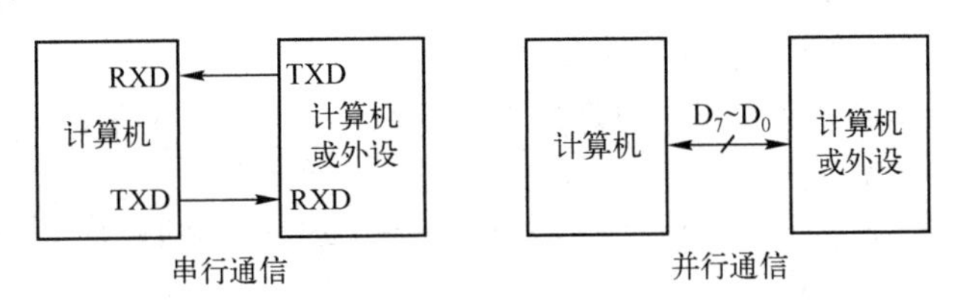

图 10.1-1　串行通信与并行通信

并行通信是指利用多条数据传输线将一个数据的各位同时进行传输，其特点是传输速度快，但当距离较远、数据位数又较多时会导致通信线路复杂且成本高。

串行通信是指利用一条传输线将数据一位位地顺序传输。其特点是通信线路简单，利用电话或电报线路就可实现通信，从而大大降低了成本，特别适用于远距离通信，但传输速度慢。

串行通信用于计算机与终端之间、计算机与计算机之间的通信，是构成计算机网络的基础。此外，串行通信还广泛用于计算机与串行打印机、鼠标、绘图仪、传真机、键盘、远距离数据采集等外设之间的信息传输。

尽管串行通信使设备之间的连线减少了，但也随之带来将串行数据转换为并行数据，并行数据转换为串行数据等串并转换问题，这使串行通信比并行通信复杂。串并转换可用软件实现，其方法简单，但速度慢，占用大量 CPU 时间，影响系统的性能。更为方便的实现方法是用硬件，如通用异步收发器（UART，典型的器件有 Intel 8250）、通用同步和异步收发器（USART，典型的器件有 Intel 8251A）和异步通信接口适配器（ACIA）等。

10.1.1　串行通信方式

串行通信时，发送和接收的数据是在时钟的作用下一位一位地移入或移出的，收发双方必须采用同样的时钟频率才能保证数据串行传输的正确性，这就是所谓的同步问题。串行通信可分为异步通信和同步通信两种，如图 10.1-2 所示，主要区别在于收发时钟是否是同一个。

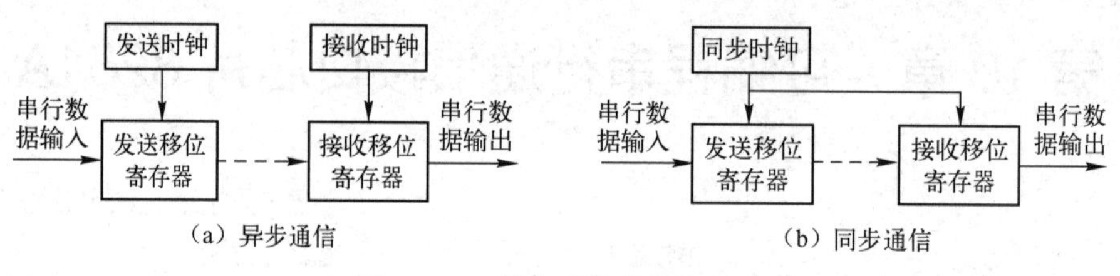

图 10.1-2　异步通信和同步通信

1. 异步通信及其协议

异步通信以一个字符为传输单位，通信中两个字符间的时间间隔是不固定的，然而在同一个字符中的两个相邻位代码间的时间间隔是固定的。接收方在收到起始信号之后只要在一个字符的传输时间内能和发送方保持同步就能正确接收。下一个字符起始位的到来又使同步重新校准。

通信协议是指通信双方约定的一些规则。图 10.1-3 给出了异步通信的数据帧格式，一般包括：起始位、数据位、校验位、停止位等，各位的意义如下。

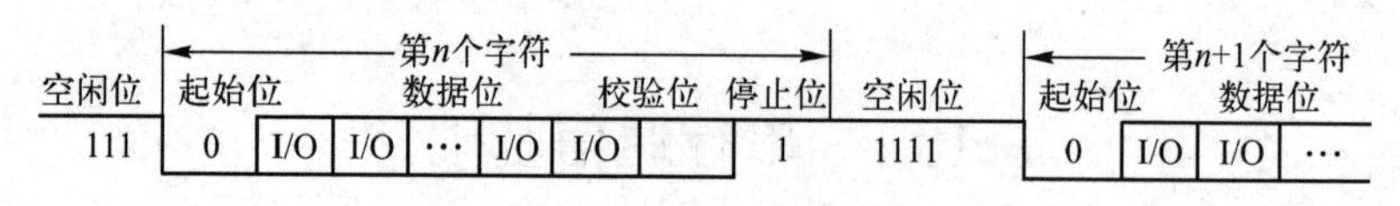

图 10.1-3　异步通信的数据帧格式

① 起始位：先发出一个逻辑“0”信号，表示传输字符的开始。

② 数据位：紧接在起始位之后。数据位为 5～8 位，构成一个字符。通常采用 ASCII 码。从最低位开始传输，靠时钟定位。

③ 校验位：数据位加上这一位后，使得“1”的位数应为偶数(偶校验)或奇数(奇校验)，以此来校验数据传输的正确性。

④ 停止位：是一个字符数据的结束标志。可以是 1 位、1.5 位、2 位的逻辑“1”信号。

⑤ 空闲位：处于逻辑“1”状态，表示当前线路上没有数据传输。

波特率：是衡量数据传输速率的指标，表示每秒传输的二进制位数。例如，数据传输速率为 120 字符/秒，而每一个字符为 10 位，则其传输的波特率为 10×120=1200b/s。

异步通信方式由于不需要在发送方和接收方之间另外传输定时信号，因而实现起来比较简单，缺点是对每个字符要加起始位和停止位，传输的冗余数据位会增加。

【例 10.1-1】 异步通信，数据帧由 1 个起始位，2 个停止位，1 个校验位和 8 个数据位组成，设传输英文大写字母 W 的 ASCII 码(57H)且采用偶校验，请写出此时传输的数据帧。

【解答】 异步通信时先传输的是数据的最低位，所以 57H(01010111B)是反过来的。数据帧见表 10.1-1。

表 10.1-1　例 10.1-1 的数据帧

起始位	数据位								校验位	停止位
	D_0	D_1	D_2	D_3	D_4	D_5	D_6	D_7		
0	1	1	1	0	1	0	1	0	1	11

2. 同步通信及其协议

同步通信以一个帧为传输单位，每个帧中包含有多个字符。在通信过程中，以固定的时钟来发送和接收数据，每个比特与时钟信号严格一一对应；每个字符间的时间间隔是相等的，而且每个字符中各相邻位代码间的时间间隔也是固定的。

图 10.1-4 给出了同步通信的数据帧，接收方要从接收到的数据流中正确区分出每个比特(位同步)，首先必须建立与发送方一样的时钟。在近距离传输时，可以在传输线中增加一根时钟信号线，用发送方的时钟驱动接收设备。远距离传输时，则必须从接收的数据流中提取同步信号，用锁相技术可得到与发送时钟完全相同的接收时钟，从而实现位同步。

如果数据仍以字符为单位传输，若干字符构成一字符串，则必须在字符串前加上 1～2 个同步字符(SYN)，用于标识字符串的开始。一种有 2 个同步字符的同步通信的数据帧格式如图 10.1-5 所示。

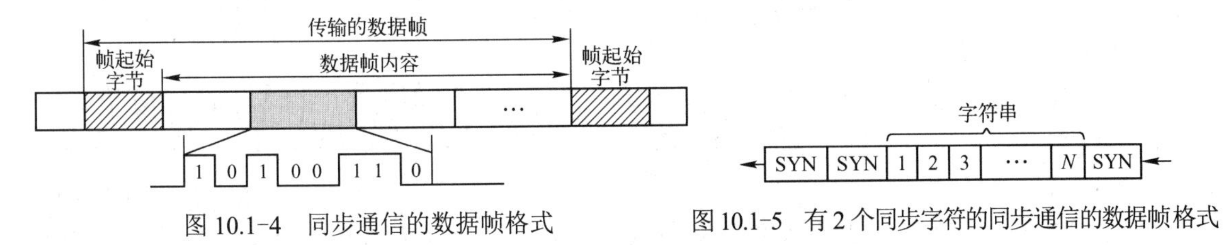

图 10.1-4　同步通信的数据帧格式

图 10.1-5　有 2 个同步字符的同步通信的数据帧格式

同步通信的效率较异步通信要高，但实现电路比较复杂，成本也比较高。现行的同步通信传输系统在军事专线上、以及在广域网的结点交换机与路由器之间都有应用。

10.1.2　数据传输方式

根据数据传输方向的不同有以下三种数据传输方式，如图 10.1-6 所示。

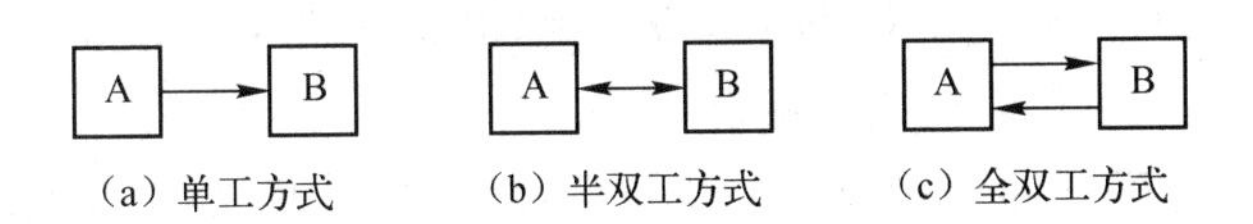

图 10.1-6　数据传输方式

单工方式：只允许数据按照一个固定的方向传输，即一方只能作为发送方，另一方只能作为接收方。

半双工方式：数据能从设备 A 传输到设备 B，也能从设备 B 传输到设备 A，但是双方之间只有一根传输线，所以不能同时在两个方向上传输，每次只能有一个设备发送，另一个设备接收。通信双方可以轮流地进行发送和接收。

全双工方式：允许通信双方同时进行发送和接收。这时，设备 A 在发送的同时也可以接收，设备 B 亦同。全双工方式相当于把两个方向相反的单工方式组合在一起，因此需要两条传输线。

10.1.3　信号传输方式

1．基带传输方式

基带传输指在传输线路上直接传输不加调制的二进制信号，如图 10.1-7 所示。它要求传输线路的频带较宽，传输的数字信号是矩形波。

基带传输方式仅适宜于近距离和速度较低的通信。

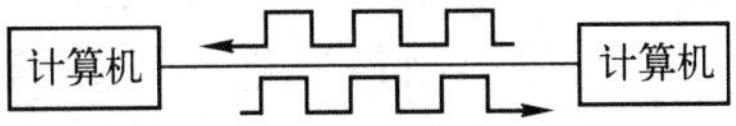

计算机　计算机

图 10.1-7　基带传输方式

2．频带传输方式

频带传输方式传输的是经过调制的模拟信号。

在长距离通信时，发送方要用调制器把数字信号转换成模拟信号，接收方则用解调器将接收到的模拟信号再转换成数字信号，这就是信号的调制解调。

实现调制和解调任务的装置称为调制解调器(MODEM)。采用频带传输时，通信双方各接一个调制解调器，将数字信号寄载在模拟信号(载波)上加以传输。因此，这种传输方式也称为载波传输方式。这时的通信线路可以是电话交换网，也可以是专用线。

数字信号基本的调制方法有以下几种，如图 10.1-8 所示。

调幅(AM)——模拟信号的振幅随着数字信号变化。例如，数字信号“0”无模拟输出，数字信号“1”有模拟输出。

调频(FM)——模拟信号的频率随着数字信号变化，幅度不变。例如，数字信号“0”频率是 F_1，数字信号“1”频率是 F_2。

调相(PM)——模拟信号的初始相位随着数字信号变化，幅度不变。例如，数字信号“0”相位是 0°，数字信号“1”相位是 90°。

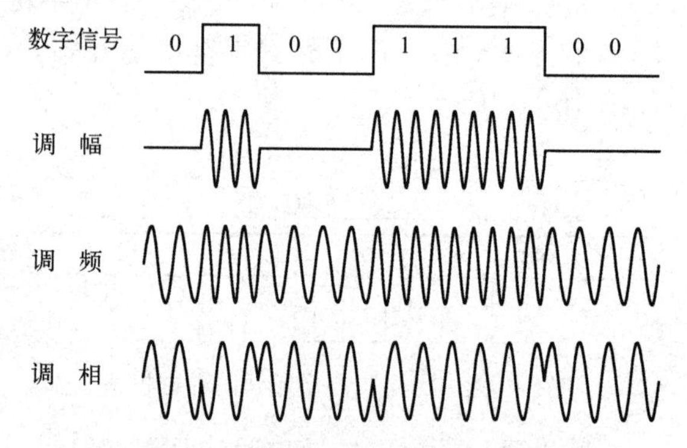

图 10.1-8 数字信号基本的调制方法

10.1.4 RS-232C 标准

RS-232C 标准指的是计算机或数据终端设备(DTE)与数据通信设备(DCE，如调制解调器 MODEM)之间的连接标准。在这一标准中，调制解调器一端通过标准插座和传输设施连接在一起，另一端通过接口与 DTE 连接在一起。

RS-232C 标准为设计串行通信接口芯片和设备提供了一种依据，将符合 RS-232C 标准的设备连接在一起就能实现数据串行通信。

1. RS-232C 电气特性

RS-232C 标准采用 EIA 电平，逻辑“1”，用电平−3V～−15V 表示；逻辑“0”，用电平+3V～+15V 表示。例如：微型计算机系统发出的“1”和“0”信号电平分别是−12V 和+12V，图 10.1-9 给出了 EIA 电平传输数据的示例。

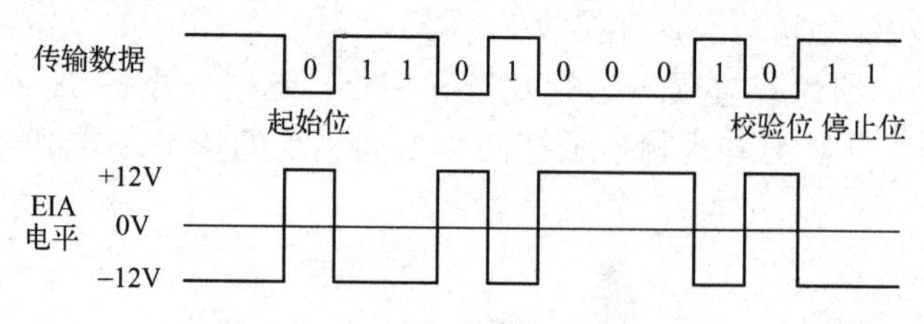

图 10.1-9 EIA 电平传输数据示例

DTE 和 DCE 都必须按 RS-232C 标准规定的电平来设计，在一般数字电路中，大多使用 TTL 电平，要增加电平转换电路。MCl488 完成 TTL 电平到 EIA 电平的转换，MCl489 完成 EIA 电平到 TTL 电平的转换。

这些电气特性确定了利用 RS-232C 标准所能实现的传输距离和速率。如果采用双绞线连接时，信号传输的极限距离为 15m。

2. RS-232C 机械特性

RS-232C 机械特性与 DTE 和 DCE 实际的物理连接有关。RS-232C 是一个有 25 个(或 9 个)

插脚的连接器，引脚都做了具体定义，这些引脚在每一端都被捆扎成一根带有端接插头的电缆；DTE 和 DCE 必须各具有一个阴阳属性相反的插头，以便与该电缆相连接。

3. RS-232C 引脚定义与连接

异步通信的 RS-232C 引脚连接如图 10.1-10(a)所示，同步通信的 RS-232C 引脚连接如图 10.1-10(b)所示。主要包括：

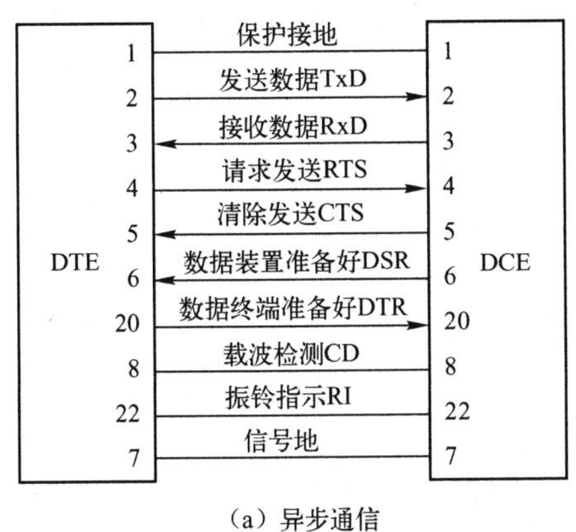

(a) 异步通信

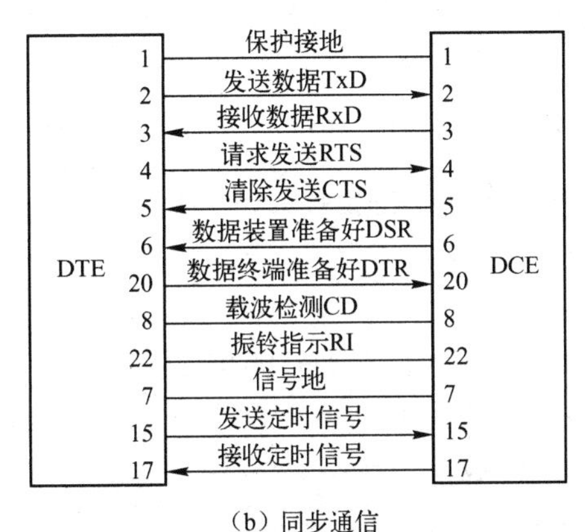

(b) 同步通信

图 10.1-10　异步通信 RS-232C 与同步通信 RS-232C 引脚连接

(1) 数据传输信号

发送数据 TxD(Transmit Data)和接收数据 RxD(Receive Data)是一对数据传输信号，在 DTE 与 DCE 连接时，引脚一一对应连接，发送的数据从 DTE 发出，由 DCE 调制输出模拟信号；接收数据时，DCE 接收模拟信号将其解调为数字信号，并将数字信号传输给 DTE 设备。如果是 DTE 与 DTE 直接连接，则采用引脚 2 和 3 交叉连接，DTE 发送的数据直接传输给另一台的 DTE 接收。

(2) 联络信号

DTE 与 DCE 是两个独立的模块或是独立设备，在进行串行数据传输之前和传输的过程中，两者之间要求能够配合工作，为此，设置了如下的联络信号线。

数据装置准备好 DSR(Data Set Ready)和数据终端准备好 DTR(Data Terminal Ready)是为 DCE 和 DTE 之间建立的一对联络信号。当 DSR 有效时，表示 DCE 已经准备就绪；当 DTR 有效时，表示 DTE 已经准备就绪。两者都有效后，才能进行数据传输。

请求发送 RTS(Request To Send)和清除发送 CTS(Clear To Send)是为发送数据建立的一对联络信号。当 DTE 将要发送数据时，先发出请求发送 RTS，以取得 DCE 的允许，如果允许，则 DCE 发出清除发送 CTS 给 DTE。

载波检测 CD(Carried Detect)和振铃指示 RI(Ring Indication)是为接收数据建立的信号。当 DCE 接收到线路上的信号(也可能是干扰)时，它就发出载波检测 CD 给 DTE；当两台 DCE 线路物理连接完成时，它就向 DTE 发出振铃指示 RI，启动 DTE 开始接收 DCE 传输的数字信号，并对接收的数据帧进行出错检测，将正确的数据帧中的数据字符取出保存，将出错帧的状态信息记录到状态寄存器中。

(3) 信号地和保护接地

保护接地是接在设备的外壳上的，RS-232C 电缆的屏蔽线与机外壳相互连着，并接到大地。信号地是逻辑电路中的地信号。

（4）同步时钟信号

在同步通信中，除了异步通信所需要的数据信号和挂钩联络信号以外，还增加了两条时钟信号。

引脚 15 是发送定时信号，该时钟信号是发送数据时的同步时钟，用这个时钟来同步 DTE 向 DCE 的数据发送。

引脚 17 是接收定时信号，该时钟信号是接收数据时的同步时钟，用这个时钟来同步 DCE 到 DTE 的数据接收。

练习题 1

10.1-1 计算机数据通信方式分为______ 和______ ，其中______ 方式又分为______ 通信和______ 通信两种通信协议方式。

10.1-2 串行通信有 3 种数据传输方式，即____________，____________ 和____________。

10.1-3 串行通信中调制的作用是________________，解调的作用是________________。

10.1-4 判断：RS-232C 标准采用的电平同 TTL 电平兼容。（　　）

10.1-5 判断：串行通信只需要一根导线。（　　）

10.1-6 已知异步串行通信的一个数据帧为 0011000101B，其中包括 1 位起始位、1 位停止位、7 位 ASCII 码数据位和 1 位校验位。此时传输的字符是______ ，采用的是 ________校验，校验的状态为______。

10.1-7 若某数据终端设备以 2400b/s 的波特率发送异步串行数据，发送 1 位需要多少时间？假设一个字符包含 7 个数据位、1 个校验位，1 个停止位，发送 1 个字符需要多少时间？

10.2　可编程串行通信接口芯片 8251A

8251A 是 Intel 公司专门设计的通用同步和异步收发器(USART)，可用作 CPU 与串行设备的接口电路，由 CPU 编程以完成实际的串行通信，8251A 从 CPU 接收并行的数据，然后转换成串行数据发送；也可接收串行数据，转换成并行数据给 CPU。

10.2.1　8251A 概述

1．8251A 的基本功能

8251A 是一种可编程串行通信接口芯片，具有以下基本功能：

（1）串行通信时，是全双工、双缓冲的接收/发送器。

（2）可用于同步和异步方式。同步方式下，数据传输的波特率为 0～64kb/s；异步方式下，数据传输的波特率为 0～19.2kb/s。

（3）同步方式下，字符可选 5～8 位，可加校验位，可自动检测同步字符。

（4）异步方式下，字符可选 5～8 位，可加校验位，发送时，自动为每个字符添加 1 个起始位，通过编程可选择 1 位、1.5 位和 2 位停止位。

（5）出错检测方式包括奇偶校验、溢出和帧错误等检测。

2．8251A 的内部结构

8251A 的内部结构如图 10.2-1(a)所示，整个芯片可以分成 5 个主要部分：发送器、接收器、数据总线缓冲器、读/写控制逻辑和调制解调控制电路。8251A 的内部由内部数据总线实现相互之间的通信。

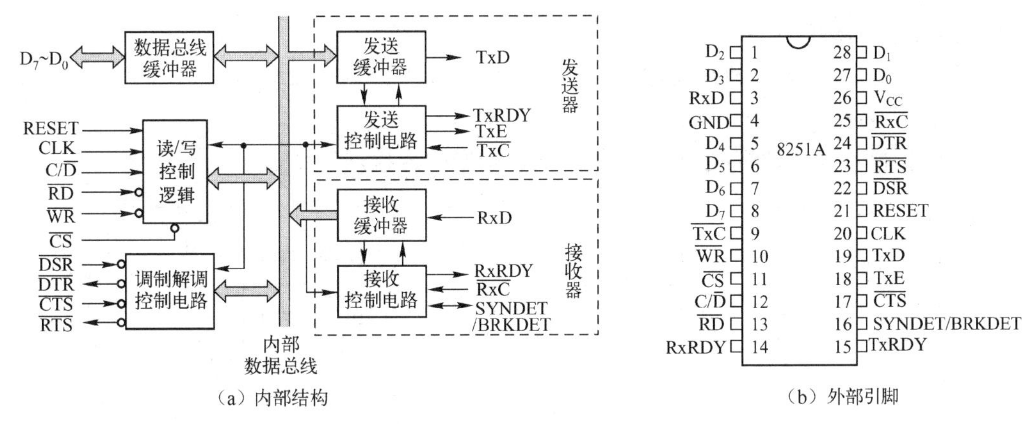

（a）内部结构　　（b）外部引脚

图 10.2-1　8251A 内部结构与外部引脚

（1）发送器

发送器由发送缓冲器和发送控制电路两部分组成。

当发送缓冲器为空时，TxRDY 有效（或者状态字的 D_0=1），表明发送器准备好，等 CPU 写入数据，CPU 可以通过中断或者查询方式获知此引脚状态；CPU 将要发送的数据写入发送缓冲器，待发送的数据在发送器完成并串转换，根据同步或异步方式插入格式位，数据在发送器时钟 $\overline{\text{TxC}}$ 的作用下一位一位地从 TxD 引脚串行发送。

采用异步方式，则由发送控制电路在其首尾加上起始位和停止位，然后从起始位开始，经移位寄存器（图中未画出）从 TxD 引脚逐位串行发送。

采用同步方式，则在发送数据之前，发送器将自动送出 1～2 个同步字符，然后逐位串行发送数据。

（2）接收器

接收器由接收缓冲器和接收控制电路两部分组成。

采用异步方式，在 RxD 引脚上检测低电平，将检测到的低电平作为起始位，8251A 开始进行采样，完成字符装配，并进行奇偶校验和去掉停止位，变成并行数据后，送到接收缓冲器，同时在 RxRDY 引脚上发出一个信号送 CPU，表示已经收到一个字符。

采用同步方式，首先搜索同步字符。8251A 监测 RxD 引脚，每当 RxD 引脚上出现一个数据位时，就接收下来并送入移位寄存器（图中未画出）移位，与同步字符寄存器（图中未画出）的内容进行比较，如果两者不相等，则接收下一位数据，并且重复上述比较过程。当两个寄存器的内容相等时，8251A 的 SYNDET 升为高电平，表示同步字符已经找到，同步已经实现。

如果是双同步，就要在测得移位寄存器的内容与第一个同步字符寄存器的内容相同后，再继续检测此后移位寄存器的内容是否与第二个同步字符寄存器的内容相同。如果相同，则认为同步已经实现。

在外同步情况下，同步输入端 SYNDET 加一个高电位来实现同步。

实现同步之后，接收器就开始进行数据的同步传输。这时，接收器在接收器时钟 $\overline{\text{RxC}}$ 的作用下对 RxD 引脚进行采样，并把接收到的数据位送到移位寄存器中。在 RxRDY 引脚上发出一个信号，表示收到了一个字符。

（3）数据总线缓冲器

数据总线缓冲器是 CPU 与 8251A 之间的数据接口，包含 3 个 8 位的缓冲寄存器（图中未画出）：接收数据缓冲器、状态寄存器和发送数据/命令寄存器。前两个寄存器分别用来存放 CPU 向 8251A 读取的数据或状态信息，第三个寄存器用来存放 CPU 向 8251A 写入的数据或控制字。

（4）读/写控制逻辑

读/写控制逻辑用来配合数据总线缓冲器的工作，功能详见引脚功能。

（5）调制解调控制电路

调制解调控制电路用来简化 8251A 和调制解调器的连接。

3．8251A 的引脚功能

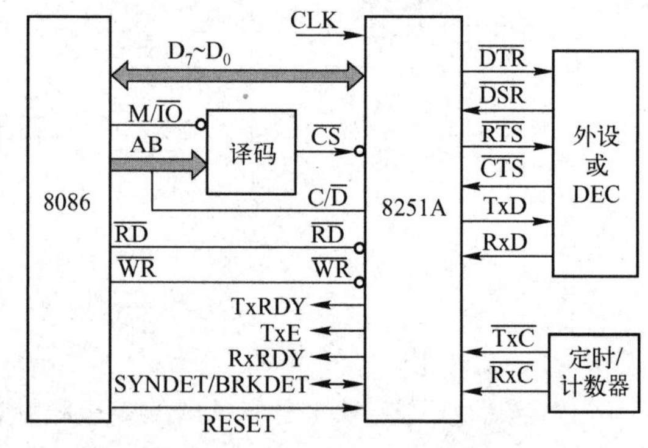

图 10.2-2　8251A 与 CPU 之间的连接信号

（1）8251A 和 CPU 之间的连接

如图 10.2-2 所示，8251A 和 CPU 之间的连接信号可以分为四类：

① 片选信号

$\overline{CS}$：片选信号，由地址总线和 M / $\overline{IO}$ 等控制信号通过译码后得到。

② 数据信号

D_7～D_0：8 位，三态，双向数据线，与系统的数据总线相连，用于传输 CPU 发送的数据、对 8251A 的控制字、8251A 送往 CPU 的状态字及数据。

③ 读/写控制信号

$\overline{RD}$：读信号，低电平时表示 CPU 当前正在从 8251A 读取数据或者状态字。

$\overline{WR}$：写信号，低电平时表示 CPU 当前正在往 8251A 写入数据或者控制字。

C/$\overline{D}$：控制/数据信号，用来区分当前读/写的是数据、还是状态字或控制字。

表 10.2-1 给出了读/写控制信号组合与 8251A 操作的对应关系。

表 10.2-1　读/写控制信号组合与 8251A 操作的对应关系

$\overline{CS}$	C/$\overline{D}$	$\overline{RD}$	$\overline{WR}$	操作
0	0	0	1	8251A 数据→数据总线
0	0	1	0	数据总线→8251A 数据
0	1	0	1	8251A 状态字→数据总线
0	1	1	0	数据总线→8251A 控制字
1	×	×	×	8251A 总线浮空（无操作）

数据输入端口和数据输出端口合用同一个偶地址，而状态端口和控制端口合用同一个奇地址。

④ 收发联络信号

TxRDY：发送器准备好信号，用来通知 CPU，8251A 已准备好发送一个字符。在中断方式下，TxRDY 可用做中断请求信号；在查询方式下，TxRDY 可供 CPU 查询。

TxE：发送器空信号，高电平有效，用来表示此时 8251A 发送器中的并串转换器空，说明一个发送动作已完成。

RxRDY：接收器准备好信号，用来表示当前 8251A 已经从外设或 DCE 接收到一个字符，等待 CPU 来取走。因此，在中断方式时，RxRDY 可用做中断请求信号；在查询方式时，RxRDY 可用做查询信号。

SYNDET/BRKDET：同步检测/断点检测信号。在同步方式下(SYNDET)可以是输入信号(外同步)，又可以是输出信号(内同步)。在异步方式下(BRKDET)是输出信号，用于断点检测。

（2）8251A 与外设之间的连接

8251A 与外设之间的连接信号分为两类：

① 收发联络信号

$\overline{DTR}$：数据终端准备好信号，表示 CPU 当前已经准备就绪，用于通知外设。

$\overline{DSR}$：数据装置准备好信号，表示当前外设已经准备好。

$\overline{RTS}$：请求发送信号，表示 CPU 已经准备好发送数据，由 8251A 送往外设。

$\overline{CTS}$：清除发送信号，是对$\overline{RTS}$的响应，由外设送往8251A。

实际使用时，这4个信号中通常只有$\overline{CTS}$必须为低电平，其他3个信号可以悬空。

② 数据信号

TxD：发送器数据输出信号，当 CPU 送往 8251A 的并行数据被转换为串行数据后，通过TxD送往外设。

RxD：接收器数据输入信号，用来接收外设送来的串行数据，串行数据进入8251A后被转换为并行数据。

（3）时钟、电源和地

8251A除了与CPU及外设的连接信号外，还有3个时钟、复位、电源和电。

CLK：时钟输入，用来产生 8251A 的内部时序。同步方式下，大于接收数据或发送数据波特率的30倍；异步方式下，则要大于波特率的4.5倍。

$\overline{TxC}$：发送器时钟输入，用来控制发送字符的速度。同步方式下，$\overline{TxC}$的频率等于波特率；异步方式下，$\overline{TxC}$的频率可以为波特率的1倍、16倍或者64倍。

$\overline{RxC}$：接收器时钟输入，用来控制接收字符的速度，和$\overline{TxC}$一样。

在实际使用时，$\overline{RxC}$和$\overline{TxC}$往往连在一起，由同一个外部时钟来提供。CLK 则由另一个频率较高的外部时钟来提供。

RESET：复位信号，使8251A处于空闲状态。

V_{CC}：电源输入。

GND：地。

10.2.2 8251A初始化编程

利用 8251A 串行传输数据之前必须进行初始化：设置同步或异步方式，规定串行通信的数据格式、波特率因子、检验方式和同步位等；设置控制字，确定数据传输方式等。

1. 模式字

初始化时必须设置模式字。8251A 模式字的格式如图 10.2-3 所示。模式字各位说明如下。

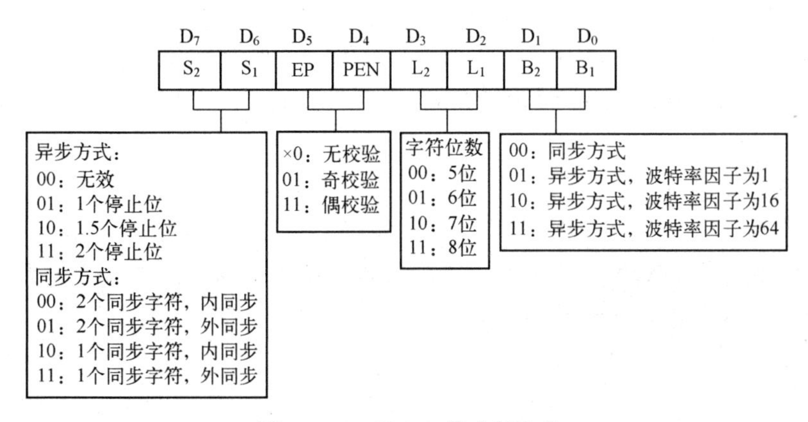

图10.2-3 8251A模式字格式

D_1D_0：确定是工作于同步方式还是异步方式。D_1D_0=00 时为同步方式；$D_1D_0 \neq 00$ 时，为异步方式；D_1D_0=01、10 和 11 时，分别表示波特率因子为 1、16 和 64。用户可以通过波特率因子来选择发送器和接收器时钟的分频倍率，从而获得需要的字符传输速度。例如：$\overline{TxC}$ 和 $\overline{RxC}$ 接入的时钟频率为 4800Hz 时，若 D_1D_0=10，则波特率为 300b/s（4800÷16=300）。

D_3D_2：确定一个字符包含的数据位数。D_3D_2 为 00、01、10 和 11 分别表示 5 位、6 位、7 位和 8 位。编程时，CPU 写入 1 个字节数据，若字符位数小于 8 位，取该字节的后几位组成一个字符。例如，设置该字符位数为 5 位，CPU 写入的字节是 10010110 时，串行输出为 10110。

D_5D_4：确定是否进行校验以及校验方式。D_4=1 时，表示要校验；D_4=0 时，表示不校验。当 D_4=1 需要校验时，用 D_5 设置是奇校验还是偶校验，D_5=0 表示奇校验，D_5=1 表示偶校验。

D_7D_6：异步时用于规定停止位的位数，D_7D_6 为 00、01、10 和 11 分别表示无效、停止位为 1 位、1.5 位和 2 位；同步时用于确定同步的字符个数，以及是内同步还是外同步。

2. 命令字

命令字是在串行传输过程中，根据通信状况不断发出的各种指令，注意这些指令都是用位控制的。命令字定义如图 10.2-4 所示。各位定义如下。

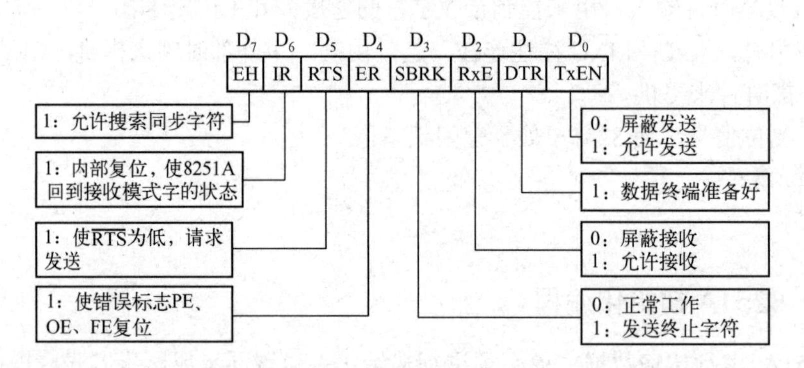

图 10.2-4　8251A 命令字定义

（1）与初始设置有关的定义

D_7：允许搜索同步字符 EH。8251A 工作在内同步时，当 D_7=1 时，8251A 进入搜索状态，此时将接收到的数码逐位组合成字符，与同步字符比较，直到搜索到同步字符之后，SYNDET 输出为 1 为止，此后再将 D_7 位清零，正常接收。

D_6：复位命令 IR。当 D_6=1 时，无论其他位为何值，都会使 8251A 回到接收模式字的状态。在此状态下，只有向 8251A 的控制端口写入新的模式字，重新对 8251A 初始化编程后，8251A 才能正常工作。

（2）与收发数据控制有关定义

D_2：接收数据允许 RxE。当 D_2=1 时，表示 8251A 可以接收数据，否则屏蔽接收数据。

D_0：发送数据允许 TxEN。当 D_0=1 时，表示 8251A 可以发送数据，否则，屏蔽发送数据。同时，发送数据还会受联络信号的影响。

（3）与 8251A 引脚有关的定义

D_5：发送请求 RTS。当 D_5=1 时，使 8251A 的 $\overline{RTS}$ 引脚为低电平，表示 CPU 已经准备好了数据，用该信号向 MODEM 或外设请求发送数据。

D_1：数据终端准备好 DTR。当 D_1=1 时，使 8251A 的 $\overline{DTR}$ 引脚为低电平，用以通知外设或 MODEM，数据终端设备（DTE）已经做好接收数据的准备工作。

（4）其他的控制位

D_4：清除出错标志 ER。当异步或同步方式时，8251A 在接收数据的同时，可以检测出接收到的一帧数据是否正确，如果是错误帧，它会在状态字中设置。而这个状态只能等到下一帧新数据到达时，才会覆盖重写。控制命令 $D_4=1$ 使状态字的出错标志位全部清零。

D_3：间断发送 SBRK。专用的间断控制，当 $D_3=1$ 时，使发送数据的空闲时输出为低电平，作为数据间断时的线路状态表示。若 $D_3=0$，则在发送数据间断期间，线路仍为高电平。

3. 状态字

状态字用来表示 8251A 当前的运行状态及通信的出错状态。CPU 通过程序检测状态字的相关位来了解当前的通信情况，并以此确定它应采取的措施。状态字各位的定义如图 10.2-5 所示。

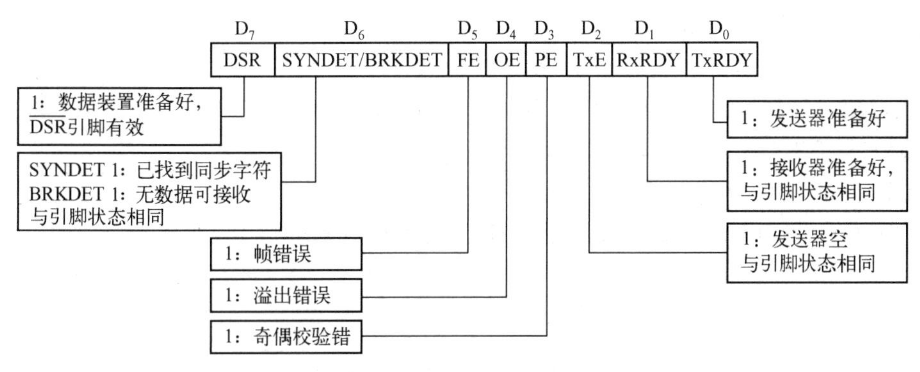

图 10.2-5　8251A 状态字定义

（1）出错标志位

D_5：帧错误 FE(只用于异步方式)。当 $D_5=1$ 时，表示帧错误。在任一字符的结尾没有检测到规定的停止位时，此标志置 1。由命令字中的 ER 位清零。

D_4：溢出错误 OE。当 $D_4=1$ 时，表示溢出错误。若前一个字符尚未被 CPU 取走，新的字符已变有已效时，此标志置 1。该标志位不禁止 8251A 工作，但发生溢出时，前一个字符已经丢失。

D_3：奇偶校验错误 PE。当 $D_3=1$ 时，表示奇偶校验错误。它由命令字中的 ER 清零，PE 并不禁止 8251A 工作。

（2）收发数据状态

D_2：发送器空 TxE。该状态变化与 8251A 的 TxE 引脚一致。

D_1：接收器准备好 RxRDY。该状态变化与 8251A 的 RxRDY 引脚一致。

D_0：发送器准备好 TxRDY。当 $D_0=1$ 时，表示发送缓冲器出现空闲，但它与引脚 TxRDY 的信号不完全相同。当 $D_0=1$ 时，还要满足 $\overline{CTS}=0$ 和 TxEN=1 这两个条件，TxRDY 引脚才被置 1。

（3）其他状态

D_7：数据装置准备好 DSR。该位状态与 8251A 引脚 $\overline{DSR}$ 的状态相反。当 $\overline{DSR}$ 引脚为有效的低电平时，则 DSR 状态 $D_7=1$，否则 $D_7=0$。

D_6：8251A 工作于同步方式时，为外同步检测状态 SYNDET。当 $D_6=1$ 时，表明外同步检测到同步字符，可以开始接收同步数据帧的字符。当接收到字符后，即可使该引脚变低电平。8251A 工作于异步方式时为断点检测状态，$D_6=1$ 时，表示线路上无数据可接收。

4. 8251A 的初始化流程

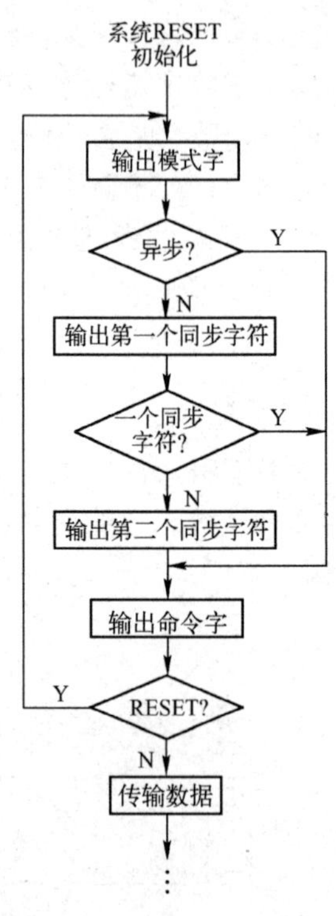

图 10.2-6　8251A 初始化流程

8251A 复位以后，第一次向控制/状态端口（$C/\overline{D}=1$）写入的内容作为模式字。如果模式字中规定了 8251A 工作在同步方式，则 CPU 先输出 1 个或 2 个同步字符，接着向控制/状态端口写入命令字，然后 8251A 就处于规定的工作状态，准备通过数据端口（$C/\overline{D}=0$）进行数据传输了。如果模式字中规定为异步方式，则直接设置命令字，然后进行数据传输。初始化流程如图 10.2-6 所示。

如果要改变 8251A 的工作方式，必须先复位，再重新设置工作方式。8251A 软件复位的方式是：先向控制/状态端口连续写入 3 个全 0，然后再向该端口写入 1 个复位命令字 40H。

（1）异步方式下的初始化程序举例

【例 10.2-1】 设 8251A 工作在异步方式，波特率因子为 16，7 个数据位，偶校验，2 个停止位，发送、接收允许，设端口地址分配如表 6.2-1 所示。完成初始化程序。

【解答】 根据题目要求，可以确定模式字为：11111010B，即 FAH。而命令字为：00110111B，即 37H。则初始化程序如下：

```
MOV    AL, 0FAH        ; 送模式字
MOV    DX, 04C2H
OUT    DX, AL          ; 异步方式，7 个数据位，偶校验，2 个停止位
MOV    AL, 37H         ; 设置命令字，使发送、接收允许，清出错标志，使/RTS、/DTR 有效
OUT    DX, AL
```

（2）同步方式下初始化程序举例

【例 10.2-2】 设 8251A 的端口地址与上例相同，采用内同步方式，2 个同步字符(设同步字符为 16H)，偶校验，7 位数据位。完成初始化程序。

【解答】 根据题目要求，可以确定模式字为：00111000B，即 38H。而命令字为：10010111B，即 97H。它使 8251A 对同步字符进行搜索；同时使状态字中的 3 个出错标志清零；此外，使 8251A 允许发送和接收；命令字还通知 8251A，CPU 当前已经准备好进行数据传输。具体程序段如下：

```
MOV    AL, 38H         ; 设置模式字，同步方式，用 2 个同步字符
MOV    DX, 04C2H       ; 7 个数据位，偶校验
OUT    DX, AL
MOV    AL, 16H
OUT    DX, AL          ; 送 2 个同步字符 16H
OUT    DX, AL
MOV    AL, 97H         ; 设置命令字，允许发送和接收
OUT    DX, AL
```

思政案例：见二维码 10-1。

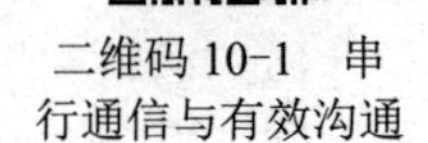

二维码 10-1　串行通信与有效沟通

练习题 2

10.2-1　8251A 引脚 $C/\overline{D}=0$，$\overline{RD}=0$，$\overline{CS}=0$ 时，（　　）。

A. CPU 从 8251A 读数据　　B. CPU 从 8251A 读状态字

C. CPU 写数据到 8251A　　D. CPU 写控制字到 8251A

10.2-2　在异步方式，CPU 了解 8251A 是否准备好接收一个字符数据的方法是（　　）。

A．CPU 响应 8251A 的中断请求　　　　　　　B．CPU 通过程序查询 RTS 引脚的状态

C．CPU 通过程序查询 RxD 引脚状态　　　　　D．CPU 通过程序查询 RxRDY 引脚的状态

10.2-3　若 8251A 以 9600b/s 的波特率发送数据，波特率因子为 16，发送器时钟 $\overline{\text{TxC}}$ 的频率是多少？

10.2-4　要求 8251A 工作于异步方式，波特率因子为 16，具有 7 个数据位，1 个停止位，有偶校验，控制/状态端口地址为 03F2H。请完成对 8251A 的初始化。

10.2-5　要求 8251A 工作于内同步方式，采用双同步，具有 7 个数据位，奇校验，控制/状态端口地址为 03F2H。同步字符为 16H。请完成对 8251A 的初始化，设复位字已写入。

10.2-6　试编写程序段，用异步方式接收 1000 个数据，存放到内存 BUF 开始的单元中。要求使 8251A 工作在异步方式，波特率因子为 16，7 个数据位，偶校验，2 个停止位。设 8251A 的端口地址为 80H 和 81H。采用查询方式实现数据传输。

10.3　8251A 应用举例

10.3.1　案例：双机通信

图 10.3-1 为双机通信电路原理图，甲机和乙机采用异步通信，甲机重复输出字符串“I Love China!”，乙机接收。设波特率因子为 1，无校验位，1 个停止位，8 个数据位。(注意图中甲机、乙机的最小系统仿真电路和 I/O 端口地址译码电路未给出，请扫二维码获取完整的电路图)

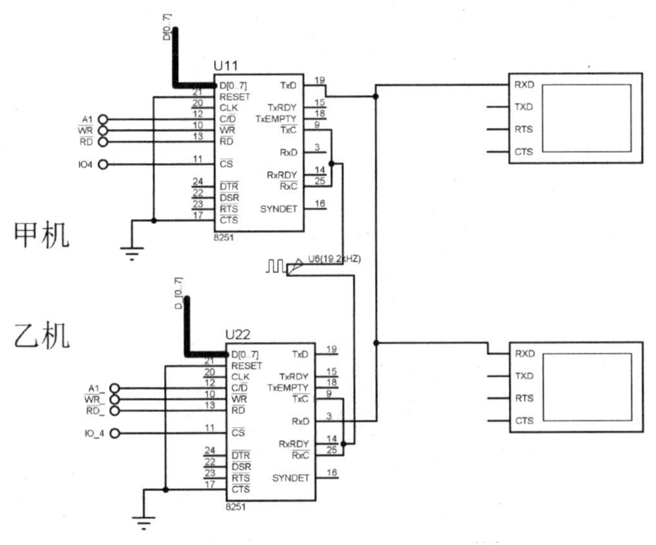

图 10.3-1　双机通信电路原理图①

二维码 10-2　双机通信案例

【程序 10.3-1】

```
CS8251D  EQU  04C0H                          ;8251A 数据端口地址
CS8251C  EQU  04C2H                          ;8251A 控制/状态端口地址
CODE     SEGMENT
         ASSUME CS:CODE,DS:DATA,SS:STACK
START:   MOV      AX, DATA
         MOV      DS, AX
         MOV      AX, STACK
         MOV      SS, AX
```

① 注：Proteus 中 8251A 的元件名默认为 8251

```
        LEA     SP, TOP
RESET:  MOV     AL, 0                   ;连续送 3 个 0
        MOV     CL, 3
        MOV     DX, CS8251C             ;8251A 控制/状态端口地址送 DX
OUT1:   OUT     DX, AL
        LOOP    OUT1
        MOV     AL, 40H                 ;8251A 复位
        OUT     DX, AL
        NOP
        MOV     AL, 4DH                 ;1 位停止位、无校验位、8 位数据位、波特率因子 1
        OUT     DX, AL                  ;写入模式字
        MOV     AL, 15H                 ;允许发送和接收(00010101B)
        OUT     DX, AL                  ;写入命令字
AGAIN:  LEA     SI, STR1                ;取数据缓冲区偏移地址
        MOV     CX, LEN                 ;取字符串长度
NEXT:   MOV     DX, CS8251C             ;设置 8251A 控制/状态端口地址
WAIT1:  NOP
        NOP
        IN      AL, DX                  ;读取状态字
        TEST    AL, 01H                 ;检测 TxRDY 位
        JZ      WAIT1                   ;发送器未准备好，等待
        MOV     DX, CS8251D             ;设置 8251A 数据端口地址
        MOV     AL, [SI]                ;取数据
        OUT     DX, AL                  ;将数据(通过串口)发送
        INC     SI                      ;修改数据区地址指针，指向下一个要发送的字符
        LOOP    NEXT
        CALL    DELAY                   ;延时
AA1:    JMP     AGAIN                   ;重复显示字符串

DELAY   PROC    NEAR                    ;延时子程序
        ……                              ;略
        RET
DELAY   ENDP
CODE    ENDS
DATA    SEGMENT
    ORG   1000H
    STR1  DB' I Love China!! ',0ah,0dh
    LEN = $ -STR1
DATA    ENDS
STACK   SEGMENT
        DB 100 DUP(?)
        TOP LABEL WORD
STACK   ENDS
        END     START
```

程序 10.3-1 为甲机发送的程序，类似地可以编写乙机接收的程序，请扫二维码下载对应电路、程序。

10.3.2 案例：简易交通灯控制系统 V5.0

目前一些导航 App 提供了交通信号灯提醒功能，可结合实时路况和车辆当前位置，让使用者提前了解前方路口的红绿灯状态变化，帮助用户提前做出决策，缓解通行焦虑。如

图 10.3-2 所示的简易交通灯控制系统 V5.0，利用 8251A 把当前路口的通行情况发送出去。

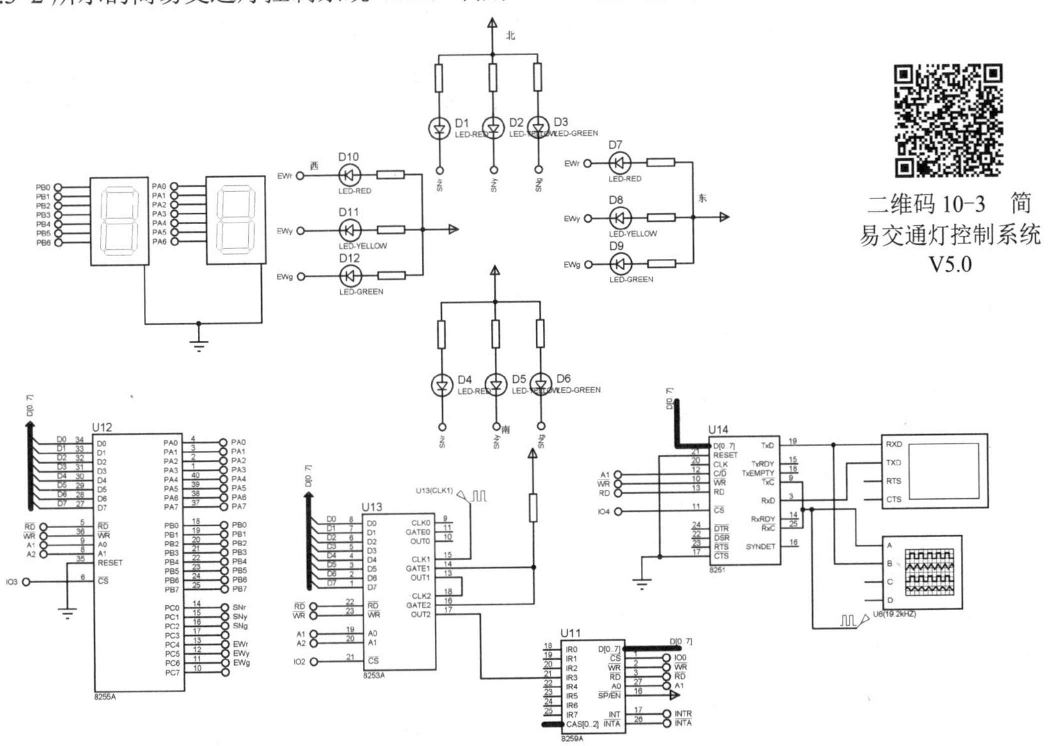

二维码 10-3 简易交通灯控制系统 V5.0

图 10.3-2 简易交通灯控制系统 V5.0 电路原理图

仿真结果见图 10.3-3，8251A 把当前可通行的方向以及信号灯倒计时发送出去，虚拟终端模拟接收端接收到的信息。需要注意的是虚拟终端只能显示字符，因此需要分离出倒计时的十位和个位数字，并转换成对应的 ASCII 码之后再发送出去。数字 0～9 转换成 ASCII 码，可以通过数字加 30H，或者把数字与 30H 相或来实现（见 3.4 节）。

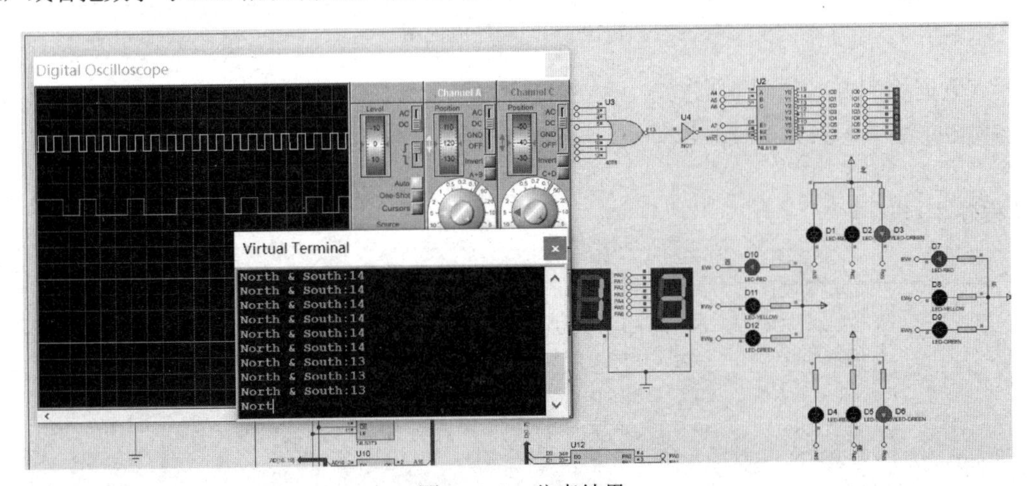

图 10.3-3 仿真结果

请扫二维码获取程序和仿真电路。

10.3.3 8251A 在自动气象站中的应用

通过 8251A 实现自动气象站与上位机通信，把温度、湿度、气压、风速、风向、降雨量和太阳辐射强度 7 个字节数据发送给上位机，其中每个气象要素各占 1 个字节，上位机接收这 7 个字节数据，并进行数据处理、存储、打印等。

8251A 工作在异步方式下，8 位数据，1 位停止位，偶校验，波特率因子为 64。控制/状态端口和数据端口地址按表 6.2-1 设置为 04C2H 和 04C0H。自动气象站把测量数据按顺序排好，存放在存储器内，通过查询方式发送给上位机。当气象站接收到上位机发送的字符串‘#030CGG’的时候，就开始执行发送程序，上位机依次接收这 7 个字节数据，当接收完 7 个字节数据时，则停止接收。在接收程序中进行偶校验，如出错，则转到出错处理程序。程序流程图如图 10.3-4。

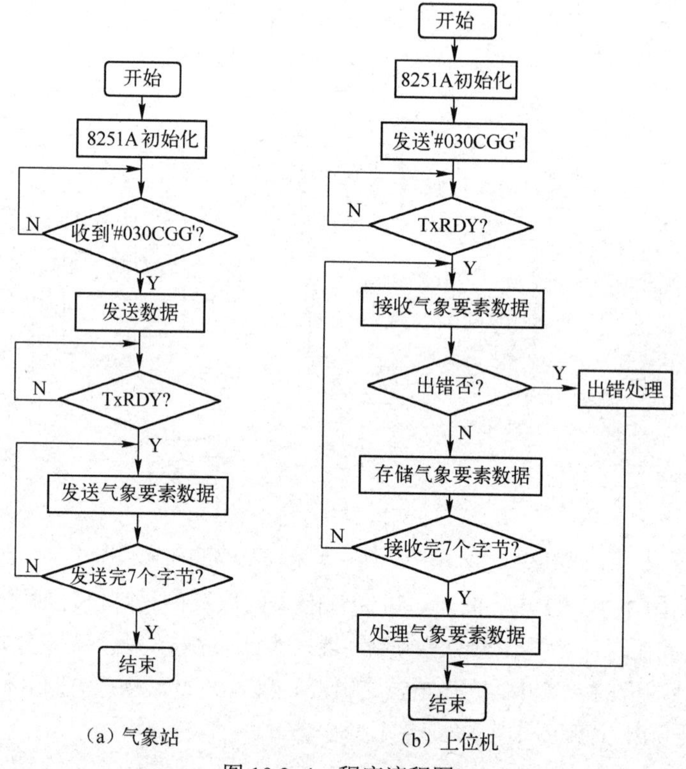

图 10.3-4　程序流程图

所有数据均为 8 位二进制形式输出，温度、湿度、气压、风向、风速、降雨量、太阳辐射强度均为 1 个字节。具体的程序段如下：

● 气象站程序：

【程序 10.3-2】

```
        DATA    SEGMENT
                RBUFFER     DB  10 DUP(?)     ; 接收缓冲区
                SBUFFER     DB  10  DUP(?)    ; 发送缓冲区，存放各个气象要素
                STRIN       DB  '#030CGG'
                CTRL8251    EQU 04C2H
                DATA8251    EQU 04C0H         ; 定义 8251A 的端口地址
        DATA    ENDS
        CODE    SEGMENT
                ASSUME  CS:CODE, DS:DATA
                ORG     1300H                 ; 定义起始地址
        START:  MOV     AX, DATA
                MOV     DS, AX
                MOV     DX, CTRL8251
                MOV     AL, 7FH               ; 将 8251A 定义为异步方式，8 位数据
                OUT     DX, AL                ; 1 位停止位，偶校验，取波特率因子为 64
```

```
         MOV    AL, 37H                 ; 设置命令字，允许接收和发送
         OUT    DX, AL
WAITING: MOV    SI, OFFSET STRIN
         MOV    DI, OFFSET RBUFFER      ; 接收数据块首地址
         MOV    CX, 7                   ; 字符串'#030CGG'的长度
         REPE   CMPSB                   ; 判断是否接收到'#030CGG'，没收到
         JNE    WAITING                 ; 则一直等待，收到则执行发送程序
TxNEXT:  MOV    CX, 7                   ; 发送 7 个字节的气象要素
         MOV    SI, OFFSET SBUFFER      ; 发送数据块首地址
         MOV    DX, CTRL8251
NEXT:    IN     AL, DX
         TEST   AL, 01H                 ; 查询 TxRDY 有效否，若无效，则等待
         JZ     NEXT
         MOV    DX, DATA8251
         MOV    AL, [SI]                ; 向 8251A 输出一个字节数据
         OUT    DX, AL
         INC    SI
         LOOP   TxNEXT
         MOV    AH, 4CH
         INT    21H
CODE     ENDS
         END    START
```

● 上位机程序：

【程序 10.3-3】

```
DATA     SEGMENT
         STRIN        DB  '#030CGG'     ; 发送给气象站用于建立通信
         RBUFFER      DB  10 DUP(?)     ; 接收缓冲区，存放各个气象要素
         CTRL8251     EQU 04C2H
         DATA8251     EQU 04C0H         ; 定义 8251A 的端口地址
DATA     ENDS
CODE     SEGMENT
         ASSUME  CS:CODE, DS:DATA
         ORG    1300H                   ; 定义起始地址
START:   MOV    AX, DATA
         MOV    DS, AX
         MOV    DX, CTRL8251
         MOV    AL, 7FH                 ; 将 8251A 定义为异步方式，8 位数据
         OUT    DX, AL                  ; 1 位停止位，偶校验，取波特率因子为 64
         MOV    AL, 37H                 ; 设置命令字，允许接收和发送
         OUT    DX, AL
         CALL   SENDING                 ; 调用子程序发送'#030CGG'给气象站建立连接
RxNEXT:  MOV    SI, OFFSET SBUFFER
         MOV    CX, 7                   ; 设置循环次数，共收取 7 字节的气象要素
NEXT:    MOV    DX, CTRL8251
         IN     AL, DX
         TEST   AL, 02H
         JZ     NEXT                    ; 查询 RxRDY 有效否，若无效，则等待
         MOV    DX, DATA8251
         IN     AL, DX
```

```
        MOV    [SI], AL
        INC    SI
        MOV    DX, CTRL8251
        IN     AL, DX
        TEST   AL, 38H          ; 测试是否出错
        JZ     ERROR            ; 如错，转出错处理程序
        LOOP   RxNEXT           ; 温度等 7 个字节的气象要素接收存放完毕
        JMP    EXIT
ERROR:  CALL   ERROUT           ; 调用出错处理程序
EXIT:   MOV    AH, 4CH
        INT    21H
CODE    ENDS
        END    START
```

10.4 本章学习指导

10.4.1 本章主要内容

1. 串行通信基础

串行通信是指利用一条传输线将数据一位一位地顺序传输。其特点是通信线路简单、成本低，适用于远距离通信，但传输速度慢。

（1）串行通信方式

- 异步通信以一个字符为传输单位，接收方在收到起始位之后只要在一个字符的传输时间内能和发送方保持同步就能正确接收。
- 同步通信以一个帧为传输单位，每个帧中包含有多个字符。在通信过程中，以固定的时钟来发送和接收数据，每个比特与时钟信号严格对应。

（2）数据传输方式

- 单工方式只允许数据按照一个固定的方向传输。
- 半双工方式允许通信双方轮流进行发送和接收。
- 全双工方式允许通信双方同时进行发送和接收。

（3）信号传输方式

- 基带传输方式指在传输线路上直接传输不加调制的二进制信号，距离近、速度低。
- 频带传输方式传输经过调制的模拟信号，需调制解调器，距离远、速度高。

（4）RS-232C 标准

RS-232C 标准采用 EIA 电平，数据传输时采用“负”逻辑：逻辑“1”，用电平–3V～–15V 表示；逻辑“0”，用电平+3V～+15V 表示。

2. 可编程串行通信接口芯片 8251A

8251A 是一种可编程的串行通信接口芯片，适用于同步和异步串行通信方式，提供多个控制信号。

8251A 初始化内容包括：设置模式字，以确定同步或异步方式、规定串行通信的数据格式、波特率因子、检错方式和内/外同步等；设置命令字，以确定数据传输方式，以及联络方式设定等。

10.4.2 典型例题

【例 10.4-1】 根据图 10.4-1 的信号波形判断：传输的字符是什么？采用何种校验？

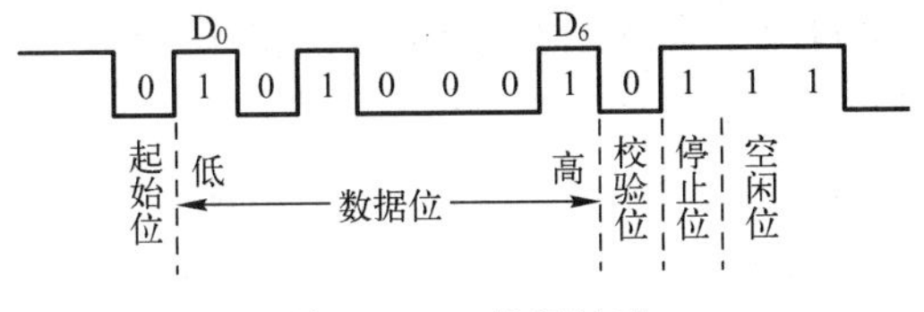

图 10.4-1 信号波形

分析：异步通信时先传输的是数据的最低位，图中数据位是 7 位，补 0 作为 D_7 位，可知传输的字符二进制数为 01000101B，即 45H，是大写英文字母‘E’的 ASCII 码，所以字符是‘E’。数据位中 1 的个数为 3，是奇数个，校验位是 0，说明采用的是奇校验。

【解答】 传输的是字符‘E’，采用奇校验。

【例 10.4-2】 某系统采用异步方式与外设通信，发送的数据帧由 1 位起始位、7 位数据位、1 位校验位和 1 位停止位组成，波特率为 1200b/s。问：该系统每分钟发送多少个字符？若波特率因子为 16，发送时钟频率是多少？

【解答】 由于每发送一个 7 位的字符，就必须发送 $1+7+1+1=10$bit 串行数据，故每分钟发送的字符个数为：$1200/10\times60=7200$。

波特率因子为 16，则发送时钟频率为 1200×16=19.2kHz。

【例 10.4-3】 如图 10.4-2 所示，用 8253 的计数器 1 给 8251A 提供 $\overline{\text{TxC}}$ 信号。为简洁起见图中只给出了部分有关的引脚，8251A 的端口地址为 84H～85H，8253 的端口地址为 80H～83H，试：

（1）写出将模式字写入 8251A 的程序段。使 8251A 工作在异步方式，字符 8 位，停止位 2 位，无校验，波特率为 1200b/s，波特率因子为 16。

（2）写出将字符‘A’写入发送缓冲器的程序段。

（3）对 8253 初始化，其中计数方式为 BCD 码计数，计数初值先写入低 8 位后写入高 8 位。

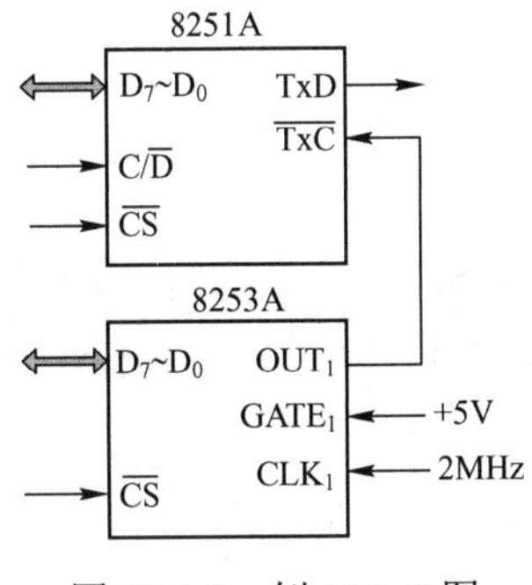

图 10.4-2 例 10.4-3 图

【解答】 （1）根据已知条件可知 8251A 的模式字为 11001101B。因此对应的程序段为：

```
MOV   AL, 0CDH
OUT   85H, AL
```

（2）发送的数据送入 8251A 的控制/状态端口，即偶地址端口，对应的程序段为：

```
MOV   AL, 'A'
OUT   84H, AL
```

（3）8253 的计数器 1 工作在方式 3 时，可以为 8251A 提供 $\overline{\text{TxC}}$ 信号，因为采用 BCD 码计数，计数初值先写入低 8 位后写入高 8 位，由此可知 8253 的控制字为 01110111B。

根据 8251A 的波特率和波特率因子可知，$\overline{\text{TxC}}$ 信号的频率为 1200×16=19200Hz。因此计数初值为：2M/19.2k≈104=68H。初始化程序段为：

```
MOV   AL, 01110111B
OUT   83H, AL
MOV   AL, 68H
OUT   81H, AL
MOV   AL, 0
```

```
OUT    81H, AL
```

本章习题

10-1 串行通信和并行通信有什么异同？它们各自的优缺点是什么？

10-2 什么是异步通信和同步通信？其帧格式有什么区别？分别使用在什么场合？

10-3 串行通信中数据传输可采用哪几种工作方式？各有什么特点？

10-4 串行通信中信号传输方式有几种？各有什么特点？

10-5 在数据传输中为什么要使用 MODEM？试画出一个调频的波形，说明调制和解调的原理。

10-6 RS-232C 的最基本数据传输引脚是哪几根？

10-7 为什么 RS-232C 与 TTL 电平之间要进行电平转换？如何实现？

10-8 在串行传输中，若工作于异步方式，数据帧格式为数据位 8 位，校验位 1 位，停止位 1 位，波特率为 4800b/s，则每秒钟最多能传输的字符数是多少？

10-9 已知异步通信接口的数据帧格式为 1 个起始位、7 个数据位、1 个校验位和 1 个停止位。当该接口每分钟传输 3600 个字符时，试计算其波特率。

10-10 设将 100 个 8 位二进制数采用异步通信传输，波特率为 2400b/s。其数据帧格式为 1 位起始位、8 位数据位、1 位校验位、2 位停止位，试计算传输完毕所需时间。

10-11 8251A 内部有哪些寄存器？分别举例说明它们的作用和使用方法。

10-12 8251A 内部有哪几个端口？它们的作用分别是什么？

10-13 8251A 的引脚分为哪几类？分别说明它们的功能。

10-14 8251A 的控制/状态端口地址为 52H。设置模式字满足：异步方式，字符用 7 位二进制数，带 1 个偶校验位，1 位停止位，波特率因子为 16。设置命令字满足：清除出错标志，允许发送和接收，使数据终端准备好，试编写对应的程序。

10-15 设 8251A 的控制/状态端口地址为 52H，数据端口地址为 50H，接收 50 个字符，将字符放在 BUFFER 所指的内存区域中，试写出这段程序。

10-16 设计一个 8251A 采用异步方式发送字符的程序段。规定波特率因子为 64，7 个数据位，1 个停止位，用偶校验，端口地址为 40H、42H，缓冲区为 2000H～3000H。

第 11 章　A/D、D/A 转换技术及接口设计

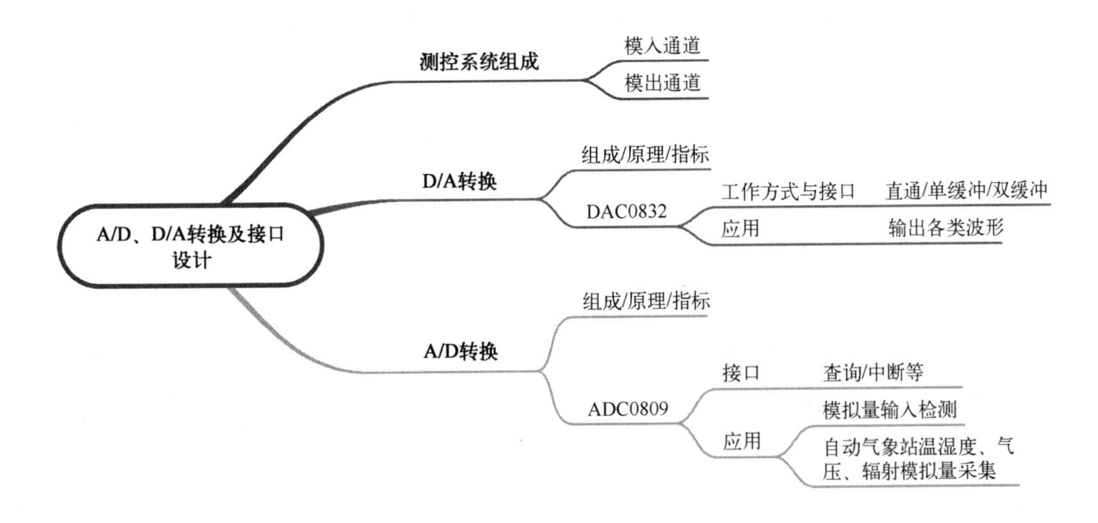

11.1　计算机测控系统组成

在工业控制、智能仪器仪表等领域中，常常用微型计算机进行实时控制和数据处理，组成计算机测控系统。在各种测控系统中，被控制和检测的参量往往是一些连续变化的物理量，如电压、电流、压力、速度、温度、湿度、流量、浓度、高度等。计算机是处理数据的机器，只能接收和处理数字量，因此必须把这些物理量转化成数字量，才能被计算机接收处理。同样，计算机输出的也只能是数字量，而大多数执行机构均不能直接接收数字量，所以往往还需要把计算机加工处理后的数字量转化为模拟量，去控制和驱动执行机构，以实现对设备的控制。常把将模拟量转化为数字量的过程称为模数(A/D)转换，将数字量转化为模拟量的过程称为数模(D/A)转换，完成相应转换功能的器件叫模数转换器(A/D 转换器，简称 ADC)和数模转换器(D/A 转换器，简称 DAC)。

图 11.1-1 所示为一个典型的计算机测控系统组成框图。

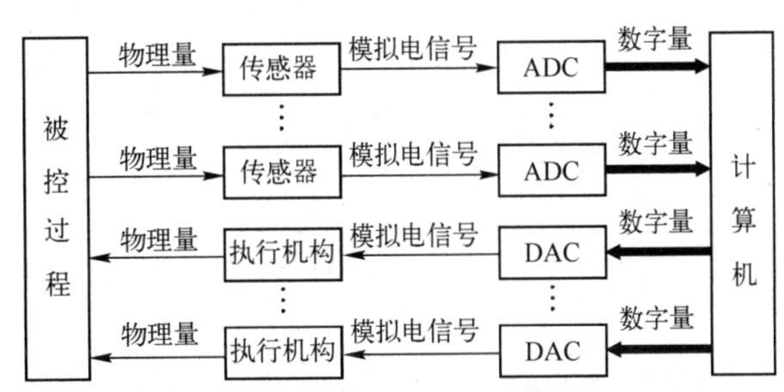

图 11.1-1　计算机测控系统组成框图

在计算机测控系统中，首先检测被控过程的各种物理量，如果为非电量，则需要用传感器将其转换成电量信号，由于传感器输出的信号通常是模拟电信号（即模拟量），因而要用 A/D 转换器把它转换成数字量，输入到计算机中进行处理。计算机输出的控制信号(数字量)，需经过 D/A 转换器转换成模拟电信号后，传输到执行机构，实现对被控过程的控制。如果计算机与被控过程的距离较远，既可以用数字通信技术将图 11.1-1 中的数字量通过有线或无线信道进行传输，也可以采用模拟量长距离传输(ADC、DAC 与计算机在一起)。

上述把一个模拟量转换成数字量并送入计算机的通路，在计算机测控系统中叫模拟量输入通道，简称模入通道；而把计算机送出的数字量转换成模拟量送给被控过程的通路，称为模拟

量输出通道，简称模出通道。

事实上，多媒体计算机本身涉及声音、视频、图形图像的采集、处理、输出等，在通信、智能仪器仪表等许多系统中，A/D 转换器、D/A 转换器也有着同样重要的地位和作用。自然界的物理量大多数都是模拟量，要实现计算机对这些变量的分析、处理及控制，就存在着大量模拟量的输入/输出过程。所以说，ADC、DAC 已经成为计算机接口技术中最为常用的芯片之一，也是计算机应用系统中最为广泛的一类接口。

11.2 D/A 转换器及其接口

11.2.1 D/A 转换器组成

D/A 转换器是把数码表示的数字量(编码信号)转换为模拟量，并以电流或电压形式输出的器件。按照数字量的传输方式(或与 CPU 的接口方式)来分，可分为串行 D/A 转换器和并行 D/A 转换器两种。前者是把待转换数据一位一位地串行传输给 D/A 转换器，速度较慢；后者是把待转换数据的各位同时传输给 D/A 转换器，速度相对较快。目前常用的是并行 D/A 转换器，因此本节主要讨论并行 D/A 转换器。

D/A 转换器组成如图 11.2-1 所示。

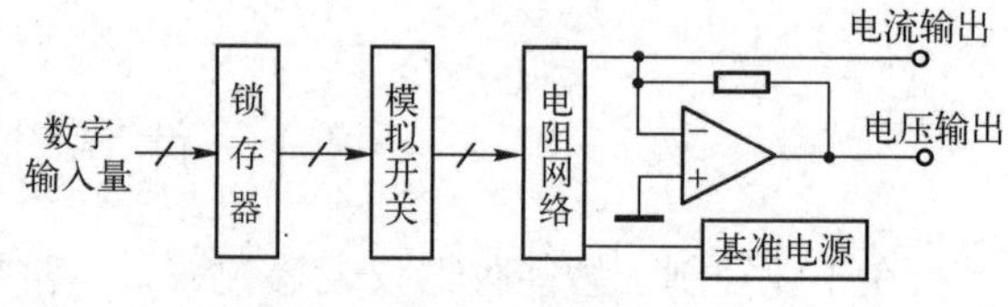

图 11.2-1 D/A 转换器组成

1. 电阻网络

在并行的 D/A 转换器中，都会用到精密电阻和精密电阻网络。转换器的转换精度直接和这些电阻的精度有关。在某些 D/A 转换网络中，转换精度仅取决于各电阻间的比值，而和其绝对精度关系不大，这有利于提高 D/A 转换器抗环境干扰的能力，特别是提高了温度稳定性。

2. 基准电源

在 D/A 转换器中，基准电源的精度直接影响着 D/A 转换的精度。在双极性 D/A 转换器中还需要既稳定又精确的正、负基准电源。如要求 D/A 转换器精确到满刻度的±0.05%，则要求基准电源的精度至少要达到±0.01%。使用时要注意，有些 D/A 转换器自带基准电源生成电路，有些则完全靠外部基准电源。另外，还要求基准电源的噪声低、纹波小、内阻低，在某些特殊情况下还要求基准电源有一定的负载能力。

3. 模拟开关

D/A 转换器要求模拟开关断开时电阻要大，导通时电阻要小，即要求有很高的电阻断/通比。同时，要力求减小开关的饱和电压，减小漏电流以及道通电阻对电阻网络输出的影响。

4. 运算放大器

D/A 转换器的输出端一般都接有运算放大器，其作用是：将电阻网络中各支路电流进行叠加；为 D/A 转换器提供一个输出阻抗低、负载能力强的输出。就运算放大器本身而言，电流和电压的偏移及温度性能是其重要的特征。对于一个快速 D/A 转换器来说，还要考虑运算放大器的动态响应及输出电压的摆率。

假如要求 D/A 转换器的精度达到满刻度的±0.05%，首先要求运算放大器的电压输出至少稳定在满刻度的±0.01%以内。如果运算放大器的满刻度输出为±10V，则要求其输出稳定在±1mV

范围内。因此，这样的运算放大器必须附加对偏移和漂移的校正才能满足转换器对精度的要求。

11.2.2　D/A 转换原理

实现 D/A 转换的方法很多，这里仅以最基本的权电阻网络 D/A 转换和在大多数集成化 D/A 转换器中使用的 R–$2R$ T 形电阻网络为例来说明 D/A 转换的基本原理。

1．权电阻网络 D/A 转换器

图 11.2–2 所示是 4 位的权电阻网络 D/A 转换器的原理电路。

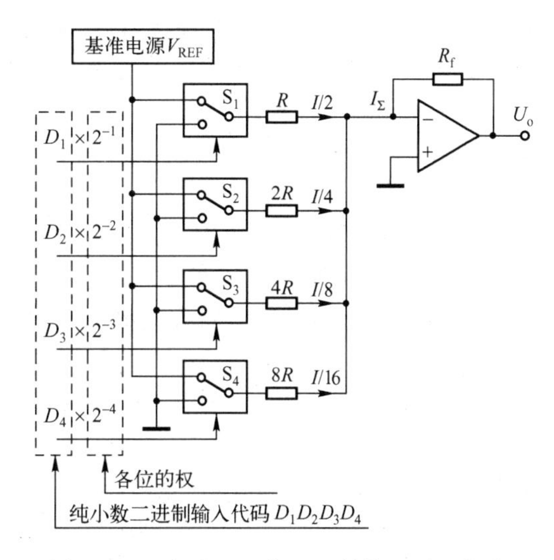

图 11.2–2　权电阻网络 D/A 转换器原理电路

图中 S_1～S_4 是模拟切换开关，开关的闭合方向由待转换二进制数对应位的状态决定，当相应的位为“0”时，开关向下闭合而接地，为“1”时，则向上闭合接基准电源。电阻网络的值是按各位对应的“权”配置的，“权”越大阻值越小，其阻值亦符合二进制规律。由于电阻值和每一位的“权”值相对应，因此叫权电阻网络。

运算放大器构成的是一个求和电路，当输入二进制数的对应位为“1”时，相应的电阻上有电流流过，为“0”时该路电流为 0。因此运算放大器输入端的总电流为

$$
\begin{aligned}
I_\Sigma &= D_1\frac{V_{REF}}{R} + D_2\frac{V_{REF}}{2R} + D_3\frac{V_{REF}}{4R} + D_4\frac{V_{REF}}{8R} \\
&= \frac{V_{REF}}{R}\left(D_1 + \frac{D_2}{2} + \frac{D_3}{4} + \frac{D_4}{8}\right) = \frac{2V_{REF}}{R}(D_1\times 2^{-1} + D_2\times 2^{-2} + D_3\times 2^{-3} + D_4\times 2^{-4}) \\
&= ID
\end{aligned}
$$

式中，$I = 2V_{REF}/R$ 为常数，V_{REF} 为基准电源提供的基准电压。因此 I_Σ 正比于输入二进制数的值 D（纯小数表示）。

运算放大器的输出电压为　　$U_o = -I_\Sigma R_f = -IR_f D$

式中，R_f 也为常数，因此输出电压 U_o 的绝对值正比于输入二进制数的值 D。

可见，选用不同的权电阻网络就可得到不同编码数的 D/A 转换器。

2．T 形电阻网络 D/A 转换器

权电阻网络 D/A 转换器虽然原理清晰、电路简单，但是在输入数字的位数较多时，权电阻的阻值分散性将增大，给生产带来困难，且会影响转换精度。因此集成 D/A 转换器并不用这种转换方式。T 形电阻网络 D/A 转换器克服了权电阻 D/A 转换器的缺陷，不管多少位，在电阻网络中只有 R 和 $2R$ 两种阻值，因此得到了广泛的应用。

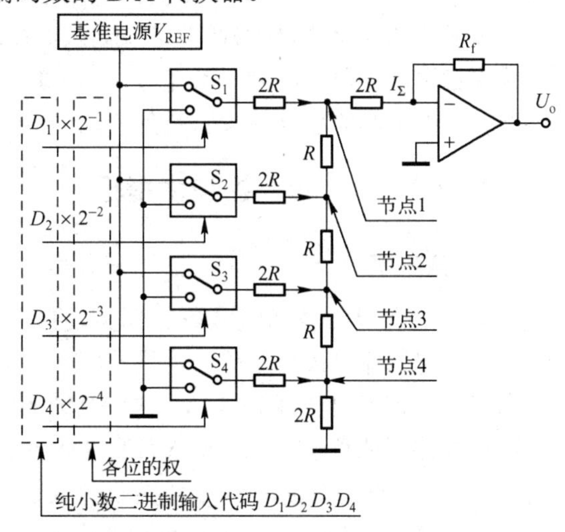

图 11.2–3　T 形电阻网络 D/A 转换器原理电路

图 11.2–3 所示为 T 形电阻网络 D/A 转换器原理电路，除电阻网络外，其余均与权电阻 D/A 转换器相同。根据权电阻网络的输出推导过程可以看出，其关键是求出 I_Σ 的表达式。为此需先求

出各支路电流的表达式，然后再求出各支路流入叠加点(虚地点)的电流。为求出各支路电流表达式，必须先求出各支路对地的等效电阻。

从节点 4 看入，其对地电阻为 2 个阻值为 $2R$ 的电阻并联，因此对地等效电阻的阻值为 R。再从节点 3 看入，由于节点 4 对地的等效电阻为 R，因此节点 3 垂直向下的等效电阻为 $2R$，显然节点 3 对地的等效电阻也为 2 个 $2R$ 电阻的并联，其值为 R。同样的道理，从节点 2 看入的对地等效电阻和从节点 1 看入的对地等效电阻均为 R。据此还可以方便地分析出在假设虚地点电位为“0”情况下，从 S_1～S_4 向右看进去的等效电阻均为 $3R$。先以 S_1 向右看进去的等效电阻来说明。S_1 到节点 1 的电阻为 $2R$，节点 1 垂直向下的等效电阻为 $2R$，向右的对虚地点的电阻也为 $2R$，这 2 个 $2R$ 支路为并联关系，其等效电阻为 R，故而从 S_1 向右看进去的等效电阻为 $3R$。再以 S_2 向右来看，由于节点 2 垂直向下的等效电阻为 $2R$，垂直向上的等效电阻也为 $2R$，这 2 个 $2R$ 支路并联等效电阻为 R，故而从 S_2 向右看进去的等效电阻亦为 $3R$。其余以此类推。

由于从 S_1～S_4 向右看进去的等效电阻均为 $3R$，那么在各开关均接向基准电源时，各开关流过的电流 I 是相等的，均为 $V_{REF}/3R$。流经各开关的电流中流入运算放大器输入端的电流为多少呢？首先来看流经 S_1 的电流有多少流入了运算放大器的输入端。当电流 I 流入节点 1 时，由于节点 1 向右对地(虚地点)的支路电阻和垂直向下支路的对地电阻相等(均为 $2R$)，故而流经 S_1 的电流 I 有一半即 $I/2$ 流入运算放大器的输入端。同理流经 S_2 的电流中流经节点 2 时一半向下，一半向上，向上的那 $I/2$ 电流中流经节点 1 时又有一半流向左边支路一半流向右边支路，因此流入运算放大器输入端的电流为 $I/4$。依此类推，流经 S_3 的电流中流入运算放大器输入端的为 $I/8$，流经 S_4 的电流中流入运算放大器输入端的为 $I/16$。按照输入二进制数对模拟开关的控制，可以求出对某一个二进制数 $D_1\ D_2\ D_3\ D_4$ 输入时，运算放大器输入端的总电流为

$$I_\Sigma = D_1\times(I/2) + D_2\times(I/4) + D_3\times(I/8) + D_4\times(I/16)$$

把 $I=\dfrac{V_{REF}}{3R}$ 代入上式并整理得 $$I_\Sigma=\frac{V_{REF}}{3R}(D_1\times2^{-1}+D_2\times2^{-2}+D_3\times2^{-3}+D_4\times2^{-4})=ID$$

上式中 I 为常数，因此 I_Σ 正比于输入二进制数的值 D。

另外，运算放大器的输出电压为 $$U_o=-I_\Sigma R_f=-I\,R_f D$$

式中，R_f 也为常数。因此输出电压 U_o 的绝对值正比于输入二进制数的值 D。

从以上讨论中可以看出，D/A 转换器的输出不仅与输入的待转换数码和电阻网络有关，还与运算放大器的反馈电阻 R_f、基准电压 V_{REF} 有关。在使用中常常通过调整这两个参数来达到对 D/A 转换器的满刻度和输出电压范围的调整。

集成化的 D/A 转换器通常带有输入数据寄存器，可以和 CPU 的数据总线直接相连。对没有输入数据锁存器的芯片，不能直接和 CPU 的数据总线相连。大多数的 D/A 转换器为电流输出型，用于求和的运算放大器是外接的。

11.2.3　D/A 转换器技术指标

1．分辨率

分辨率是指 D/A 转换器输出电压的最小变化量，也就是输入数字的最低有效位数码变化时，所引起的输出模拟量的变化量。例如，对 8 位的单片集成 D/A 转换器，我们常说它的分辨率为 8 位，若基准电压为 5.1V，把 5.1V 等分为 255 份，每份的电压值则为分辨率，即该芯片在这种条件下的分辨率为：$5.1V/(2^8-1)=5.1V/255$，即 20mV，也就是最低位所代表的电压量为 20mV。有时也直接用 D/A 转换器的位数来表示其分辨率，如 8 位的 D/A 转换器，则说该芯片的分辨率是 8 位的。以上两种说法中，前一种称为应用分辨率，第二种称为芯片分辨率。显

然，D/A 转换器的位数越多，分辨率就越高。

2. 精度

由于转换器内部电路的误差等原因，当送一个数字量给 DAC 后，实际输出值与该数值应产生的理想输出值之间存在一定的误差，这就是 D/A 转换器的精度，通常用该差值与满量程输出电压或者电流的百分比来表示。例如输出满量程为 5V，其精度为 0.02%，则输出电压的最大误差为 5V×0.02%=10mV。一般 D/A 转换器的误差应该不大于 1/2LSB。

3. 转换时间

在数字信号满刻度变化时，从输入数码到输出模拟电压达到其终值+1/2LSB 所需时间称为转换时间。该时间限制了 D/A 转换器的速率，表征了 D/A 转换器的最高转换频率。例如，后面要提到的 DAC0832 的转换时间为 1μs，表明其最高转换频率为 1MHz。各种 D/A 转换器都具有各自的转换时间。不同型号的 D/A 转换器，其转换时间是不同的。

4. 温度范围

任何一个集成电路都有规定的工作温度范围。只有在此范围内工作才能保证其稳定性和标识的性能指标。较好的 D/A 转换器的工作温度为-40℃～85℃，较差的为 0～70℃。

5. 动态范围

所谓动态范围，就是 D/A 转换电路的最大和最小输出电压范围。D/A 转换电路后接的控制对象不同，其要求也有所不同。不同型号的 D/A 转换器输出电压相差较大，一般为 5～10V，有的高压输出型的输出电压高达 24～30V。对电流输出型，低的为 20mA，高的可达 3A。

D/A 转换器的动态范围一般取决于基准电压 V_{REF} 的高低，基准电压高，动态范围就大。

6. 输入代码形式

当 D/A 转换器单极性输出时，输入的数码形式有二进制数和 BCD 码。双极性输出时，用补码等。

11.2.4 D/A 转换器 DAC0832

1. DAC0832 的功能结构和引脚

DAC0832 为 8 位集成 D/A 转换器。电路使用了 CMOS 工艺，从而达到了较低的功耗(20mW)。由于它价格低廉、接口简单、转换控制容易，因而得到了广泛的应用。

DAC0832 内部结构如图 11.2-4 所示，引脚图如图 11.2-5 所示。它有两级输入缓冲寄存器(输入寄存器和 DAC 寄存器)、一个 T 形电阻网络用于 D/A 转换（即图中的 D/A 转换器），为电流输出型芯片，T 形电阻网络的输出电流要外接运算放大器才能得到输出电压。DAC0832 有输入寄存器，因此可以和 CPU 数据总线直接相连。

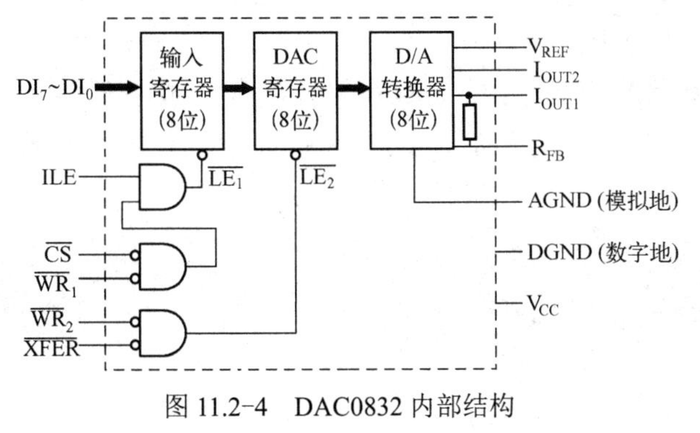

图 11.2-4 DAC0832 内部结构

DAC 0832

引脚	名称	引脚	名称
1	$\overline{CS}$	20	V_{CC}
2	$\overline{WR_1}$	19	ILE
3	AGND	18	$\overline{WR_2}$
4	DI_3	17	$\overline{XFER}$
5	DI_2	16	DI_4
6	DI_1	15	DI_5
7	DI_0	14	DI_6
8	V_{REF}	13	DI_7
9	R_{FB}	12	I_{OUT2}
10	DGND	11	I_{OUT1}

图 11.2-5 DAC0832 引脚图

DAC0832 具有以下特点：

- 单一电源供电，电源电压为+5V～+15V；
- 功耗为 20mW；
- 可单缓冲、双缓冲、或直通方式工作；
- 线性误差：0.02%FSR（满量程）。

各引脚的功能为：

$\overline{CS}$：片选信号，输入，低电平有效。

ILE：输入锁存允许信号，输入，高电平有效。

$\overline{WR_1}$：写控制信号 1，输入，低电平有效。

$\overline{WR_2}$：写控制信号 2，输入，低电平有效。

$\overline{XFER}$：传输控制信号，输入，低电平有效。

DI_7–DI_0：8 位数据输入线，TTL 电平，输入数据的有效保持时间要大于 90ns。

I_{OUT1}：DAC 电流输出端 1，当 DAC 寄存器的内容全为 1 时，I_{OUT1} 的输出电流最大；DAC 寄存器的内容全为 0 时，$I_{OUT1}=0$。它是数字量转换后的模拟电流输出端。

I_{OUT2}：DAC 电流输出端 2，$I_{OUT1}+I_{OUT2}=$ 常数，则 $I_{OUT2}=$ 常数 $-I_{OUT1}$，在单极性输出时，常将 I_{OUT2} 接地。

R_{FB}：反馈电阻引出端，内部已集成有 15kΩ的反馈电阻，应用中可把该端直接和外接运算放大器的输出端相连，仅使用内部电阻作为反馈电阻；也可再串联电阻或电位器，以改变运算放大器的放大倍数；或者把它短路，然后外接反馈电阻。

V_{REF}：基准电压输入端，要求外部提供高精度的基准电源（-10V～+10V）。

V_{CC}：芯片工作电压（+5V～+15V）。

AGND：模拟地，模拟信号和基准电源的参考地。

DGND：数字地，与 AGND 不同，必须正确连接，以提高抗干扰能力。

2．DAC0832 的工作方式

DAC0832 有两级输入缓冲寄存器，且均是可控的，如图 11.2-4 所示。当 $\overline{LE_1}$ 为高电平时，输入寄存器的输出信号随数据输入 DI_7～DI_0 的变化而变化；当 $\overline{LE_1}$ 由高电平变成低电平时，输入寄存器锁存 DI_7～DI_0 的当前值。当 $\overline{LE_2}$ 为高电平时，DAC 寄存器的输出信号随输入寄存器输出信号的变化而变化；当 $\overline{LE_2}$ 由高电平变成低电平时，DAC 寄存器锁存当前输入值（即输入寄存器的当前输出值），并送入 D/A 转换器进行转换。因此有单缓冲、双缓冲和直通三种工作方式，可通过对 ILE 和 $\overline{XFER}$ 的控制来选择某种工作方式。

（1）单缓冲方式

所谓单缓冲就是使输入寄存器和 DAC 寄存器中的一个处于直通状态，例如把 $\overline{WR_2}$、$\overline{XFER}$ 接地（数字地），使 DAC 寄存器处于直通状态；ILE 接+5V，$\overline{WR_1}$ 接微机总线的 $\overline{IOW}$（见 13.2.1 节），$\overline{CS}$ 接端口译码器。CPU 送数据给 DAC0832 转换时，仅需对 $\overline{CS}$ 对应的端口进行一次写入操作，数据写入输入寄存器后就直接经过 DAC 寄存器进入 D/A 转换器进行转换。单缓冲工作方式典型接口连接如图 11.2-6 所示。典型程序为：

```
        MOV  DX, PORTCS      ; 使/CS 有效的端口地址送 DX 寄存器①
        MOV  AL, DATA        ; 待转换数据送 AL
        OUT  DX, AL          ; 待转换数据写入 DAC 寄存器
```

① 注：在程序注释中不支持输入上画线，因此用“/”表示。

（2）双缓冲方式

在双缓冲方式下，输入寄存器和 DAC 寄存器均是可控的。常规的接法是：ILE 接+5V，微机总线的 $\overline{\text{IOW}}$ 复接到 $\overline{\text{WR}}_1$ 和 $\overline{\text{WR}}_2$，用 $\overline{\text{CS}}$ 作为输入寄存器的选通信号，用 $\overline{\text{XFER}}$ 作为 DAC 寄存器的选通信号，它们分别接到端口译码器的两个译码输出端。双缓冲工作方式典型接口连接如图 11.2-7 所示。

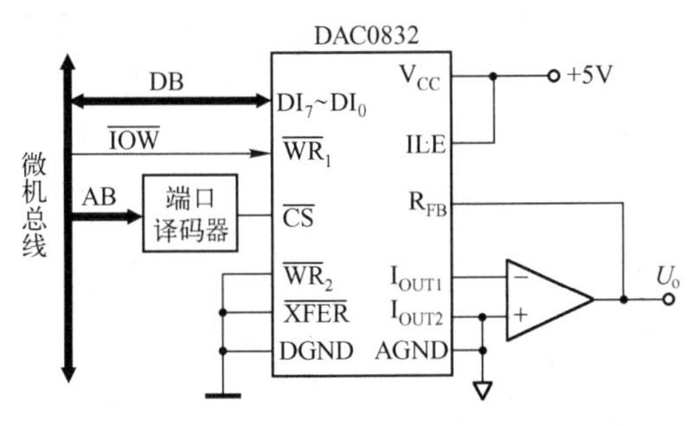

图 11.2-6　单缓冲工作方式典型接口连接

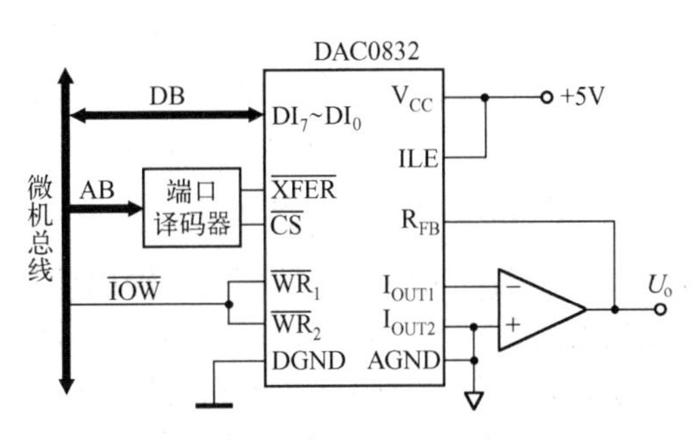

图 11.2-7　双缓冲工作方式典型接口连接

双缓冲方式下的数据写入要分两次进行，第一次是把待转换数据写入输入寄存器，第二次再对 DAC 寄存器进行一次写操作，这一次的写操作仅是一次“虚拟写”，即写入何数据无意义，因为该数据并不进入任何寄存器，仅是为了对 DAC 寄存器进行一次选通，以把第一次写入输入寄存器的内容锁存到 DAC 寄存器中。典型程序为：

```
MOV     DX, PORTIN      ; 使/CS 有效的端口地址送 DX 寄存器
MOV     AL, DATA        ; 待转换数据送 AL
OUT     DX, AL          ; 待转换数据写入输入寄存器
MOV     DX, PORTDAC     ; 选通 DAC 寄存器的地址(使/XFER 为低的地址)送 DX
OUT     DX, AL          ; 选通 DAC 寄存器
```

双缓冲方式可以实现在 D/A 转换的同时接收下一个待转换数据，从而提高转换的速率，还可以实现多路同步转换。在这种应用场合下，第一步是 CPU 分时向各路 D/A 转换器写待转换数据，并锁存到各自的输入寄存器中；然后 CPU 对各路 D/A 转换器同时发选通信号，使各路 D/A 转换器输入寄存器中的数据同时写入各自的 DAC 寄存器，以实现同步转换输出。图 11.2-8 所示为两路模拟信号同步输出系统。

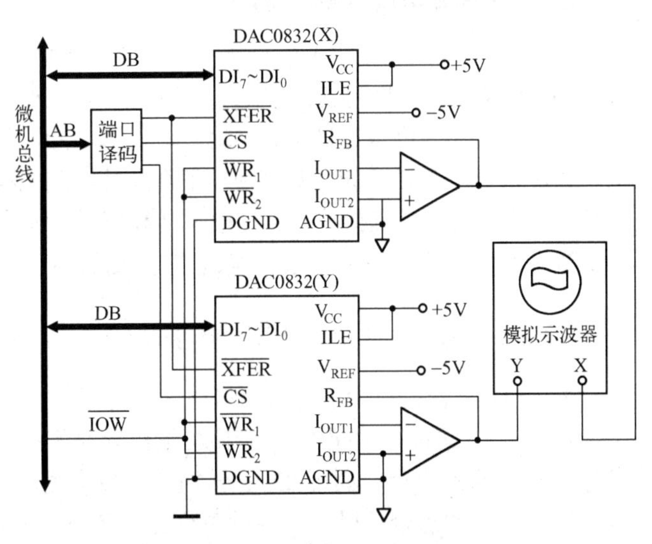

图 11.2-8　两路模拟信号同步输出系统

该系统需要占用 3 个端口地址，2 个 DAC0832 的输入寄存器各占 1 个端口地址(通过对各自的片选 $\overline{\text{CS}}$ 选通实现)，2 个 DAC0832 的 DAC 寄存器共用 1 个端口地址(通过对 $\overline{\text{XFER}}$ 的选通实现)。典型程序为：

```
MOV   DX, PORTCSX      ; 选通 DAC0832(X)输入寄存器的地址(使/CS=0)送 DX
MOV   AL, DATAX        ; X 方向待转换数据送 AL
OUT   DX, AL           ; 待转换数据 DATAX 写入 DAC0832(X)的输入寄存器
MOV   DX, PORTCSY      ; 选通 DAC0832(Y)输入寄存器的地址(使/CS=0)送 DX
```

```
MOV    AL, DATAY         ; Y 方向待转换数据送 AL
OUT    DX, AL            ; 待转换数据 DATAY 写入 DAC0832(Y)的输入寄存器
MOV    DX, PORTDAC       ; 选通 DAC 寄存器的地址
                         ; (使/XFER 为低的地址)送 DX
OUT  DX, AL              ; 同时选通两个 DAC0832 的 DAC 寄存器并启动转换
```

(3)直通方式

在直通方式下 DAC0832 的输入寄存器和 DAC 寄存器一直处于选通状态，输入端的数据将被直接送到 D/A 转换器进行转换。这种方式下由于没有了缓冲功能，因此不能直接和 CPU 数据总线连接，一般很少使用。在该方式下 ILE 接+5V，$\overline{CS}$、$\overline{WR_1}$、$\overline{WR_2}$、$\overline{XFER}$ 都直接接数字地。

3. DAC0832 的模拟输出

D/A 转换器分电流输出型和电压输出型，对电流输出型要得到电压输出，需外接运算放大器进行转换。以上的接口方法中均有转换，但是这些转换均属于单极性输出，在有些场合还要求双极性电压输出，DAC0832 双极性输出电路如图 11.2-9 所示。

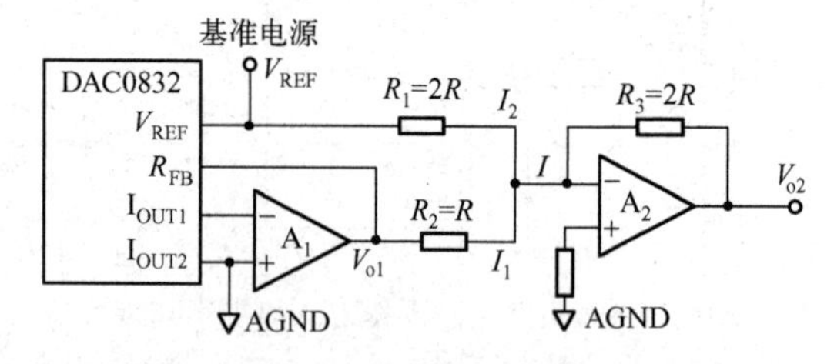

图 11.2-9　DAC0832 双极性输出电路

在该电路中，进入 A_2 的电流 I 为 I_1 和 I_2 的代数和，I_1 为 A_1 的输出电流，I_2 为基准电源提供的电流，由于 A_1 的输出 V_{o1} 与 V_{REF} 的极性相反，因此 I_1 和 I_2 的方向向反。由于 $R_1=R_3=2R_2$，则基准电源提供给 A_2 的电流 I_2 为 A_1 输出电路的 1/2，因此 A_2 的输出在 A_1 输出的基础上产生位移，其输出为 $V_{o2}=-(2V_{o1}+V_{REF})$。

例如，当 DAC0832 的输入数字为 00H 时，$V_{o1}=0$，则 $V_{o2}=-\frac{V_{REF}}{2R}2R=-V_{REF}$。当 DAC0832 的输入数字为 0FFH 时，$V_{o1}=-V_{REF}$，则 $V_{o2}=V_{REF}$。输入数字为 80H 时，$V_{o1}=-V_{REF}/2$，则 $V_{o2}=0$(上述过程没有考虑末位误差的影响)。

4. 数字地和模拟地的处理方法

在设计 D/A 转换器、A/D 转换器等数字量和模拟量并存的系统时，均存在模拟地(AGND)和数字地(DGND)的连接问题。首先要分清哪些属于数字地，哪些属于模拟地。对于数字芯片，如 CPU、锁存器、译码器等只有数字地。对模拟芯片，如运算放大器就只有模拟地。而 A/D 转换器、D/A 转换器等芯片属于数字模拟混合芯片，因此既有数字地又有模拟地。在地线连接时要首先把数字地和数字地连接在一起，模拟地和模拟地连接在一起，切忌混接，然后选择一个公共点再把数字地和模拟地连接在一起，以避免形成回路而引起数字信号通过数字地干扰模拟信号。

11.2.5　案例：DAC0832 波形输出

利用 D/A 转换器输出的模拟量与数字量成正比关系这一特点，将 D/A 转换器作为微机输出接口，CPU 通过程序向 D/A 转换器输出随时间按期望规律变化的数字量，则 D/A 转换器就可输出相应的模拟量。利用 D/A 转换器可以方便地产生各种波形，如方波、三角波、锯齿波等，通过它们的组合可以产生各种复合波形和不规则波形。如果再引进必要的算法，所产生的波形形状将更加灵活，是其他纯硬件波形发生器所难以比拟的。

图 11.2-10 为基于 DAC0832 单缓冲工作方式下的单极性波形输出电路。DAC0832 内部有二级锁存器，采用单缓冲方式，即只经过一级输入缓冲寄存器。图中使第一级锁存，第二级直通，因此第二级的控制端 $\overline{WR_2}$ 和 $\overline{XFER}$ 都固定接地。输入寄存器具有锁存功能的条件是 ILE、$\overline{CS}$、$\overline{WR_1}$ 要满足有效电平，分别为 1、0、0。因此令 ILE 接高电平，$\overline{CS}$ 和 $\overline{WR_1}$ 作为锁存信

号，分别与 IO_6(地址分配见表 6.2-1)和 $\overline{WR}$ 连接。

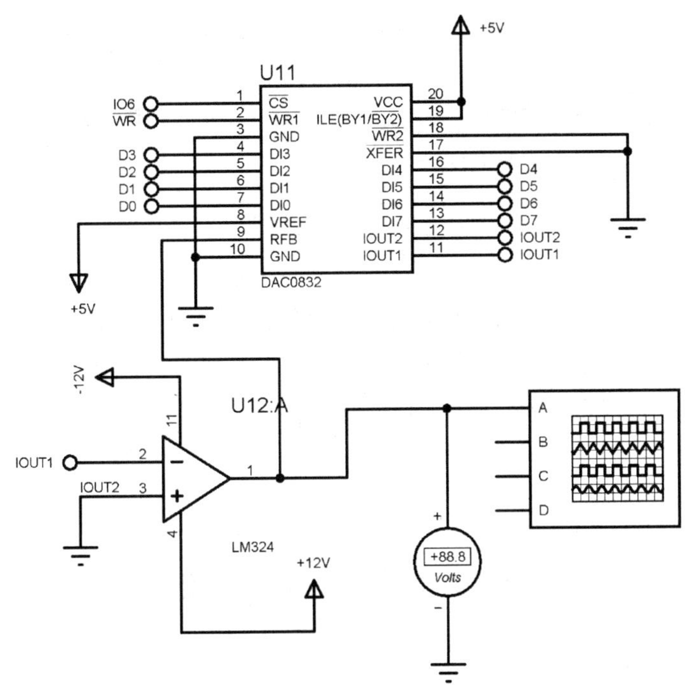

图 11.2-10　单极性波形输出电路

下面的程序用于输出单极性三角波。请读者思考如果要输出方波和锯齿波，应该如何修改程序。

【程序 11.2-1】

```
DAC_1    EQU 04E0H
CODE     SEGMENT
         ASSUME CS:CODE
START:   MOV      AL, 00H
         MOV      DX, DAC_1
OUTUP1:  OUT      DX, AL
         CALL     DELAY
         INC      AL
         JNZ      OUTUP1
         MOV      AL, 0FFH
OUTDN1:  OUT      DX, AL
         CALL     DELAY
         DEC      AL
         JNZ      OUTDN1
         MOV      AL, 0
         JMP      OUTUP1
DELAY    PROC
         MOV      CX, 125
         LOOP     $
         RET
DELAY    ENDP
CODE     ENDS
         END      START
```

练习题 1

11.2-1 一个 4 位的 D/A 转换器，满量程电压为 10V，其线性误差为±1/2LSB。当输入为 0CH 时，其输出最可能为（　　）。

A．+10V　　B．−10V　　C．7.25V　　D．7.00V

11.2-2 DAC0832 采用双缓冲方式的目的是（　　）。

A．锁存转换的数字量

B．多路模出通道同步转换

C．可用于直通工作方式

11.2-3 采用如图 11.2-11 所示单极性电压输出电路，设 DAC0832 的基准电压 $V_{REF}=-5V$。问：（1）DAC0832 工作在哪一种缓冲方式？（2）试编写程序使其输出周期性的锯齿波。（3）如果 $V_{REF}=+5V$，画出输出波形图。

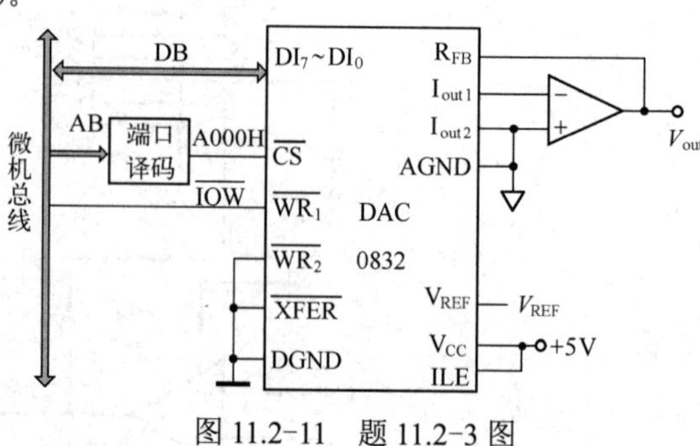

图 11.2-11　题 11.2-3 图

11.3 A/D 转换器及其接口

11.3.1 A/D 转换接口

A/D 转换器是用于将模拟量转换为数字量的器件。当外部模拟量要输入计算机时，必须将输入的模拟量通过 A/D 转换接口送入计算机。A/D 转换接口的一般组成如图 11.3-1 所示，通常包括多路模拟开关、采样保持器、A/D 转换器等。

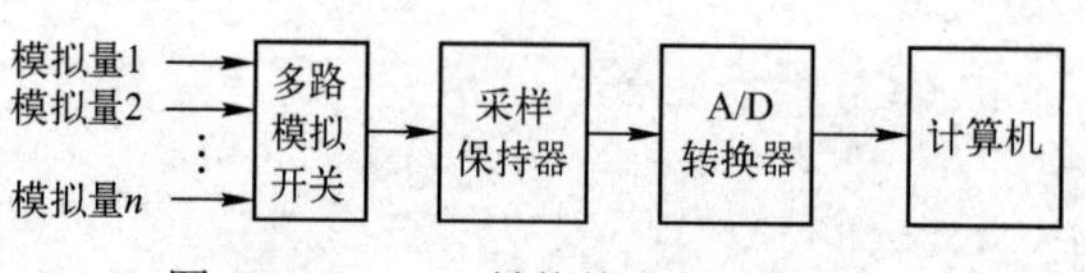

图 11.3-1　A/D 转换接口的一般组成

1．采样与保持

用采样装置将连续变化的模拟信号变为离散的脉冲序列，这一过程就叫采样，采样过程如图 11.3-2 所示。

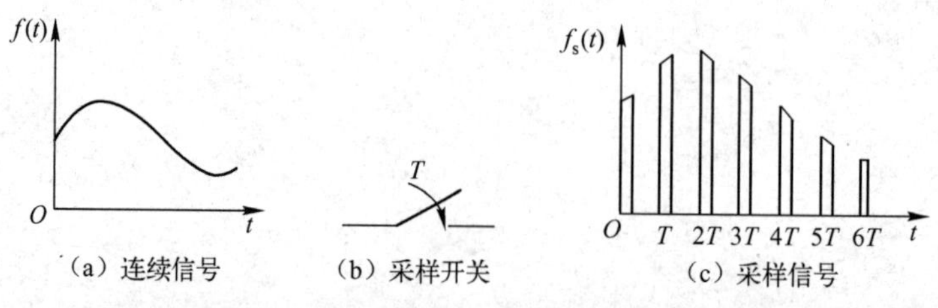

（a）连续信号　（b）采样开关　（c）采样信号

图 11.3-2　采样过程

对每一路输入来说，只是在该路的采样时间内才向计算机输送信号。因此计算机从每一路所获得的信号是一串以该路采样周期为间隔，以采样开关闭合时间为脉冲宽度的脉冲信号。如设采样开关闭合的时间为τ，采样周期为 T，则采样后所得的脉冲序列如图 11.3-2(c)所示。所以采样信号 $f_s(t)$可以看成原信号 $f(t)$ 和一个幅度为 1、宽度为τ、周期为 T 的开关函数 $S(t)$(见图 11.3-3)的乘积，即

$$f_s(t) = f(t)S(t)$$

这样，采样过程可以用乘法器来模拟，如图 11.3-4 所示。

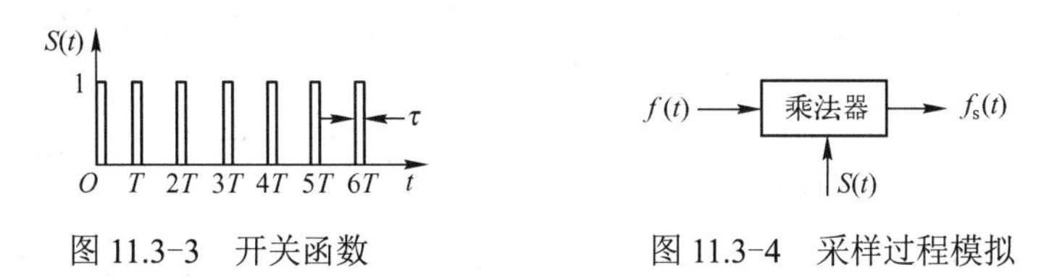

图 11.3-3　开关函数　　　　图 11.3-4　采样过程模拟

采样脉冲的宽度τ是很小的，在下一个采样脉冲到来之前，应暂时保持所取得的采样脉冲幅度。因此，在采样电路之后必须加保持电路。采样与保持是通过采样保持器完成的。

2. 模拟信号的量化

采样信号是时间上离散而幅值上连续的信号，这种信号还不能被计算机接受，因此还必须进行量化处理。

量化过程需要一定的时间，而在量化过程中离散的模拟信号的幅值是在不断变化的，那么量化出来的数字到底对应哪一个瞬间的幅值显然无法确定。这必然增加量化误差，且量化过程所需要的时间越长误差越大，信号的幅值变化越快误差越大。为此，常常对开始采样时刻的瞬时值加以保持，使其在量化期间保持不变。这样就实现了对采样时刻的瞬时值进行转换，量化过程如图 11.3-5 所示。

① 关于分辨率

量化是用一组数码(不加特殊说明，下文均指二进制编码)来逼近模拟信号幅值(下文简称模拟量)的，由于数码位数的有限性，这种逼近必然是近似的，我们把这一组数码的最低位所代表的模拟量叫量化分辨率，也叫量化单位或量化间隔，用 q 表示。因此量化后的数值总是分辨率的整数倍。如图 11.3-5 所示，被量化信号的最大值取为 3V，用 2 位二进制数进行量化，则分辨率为 1V。

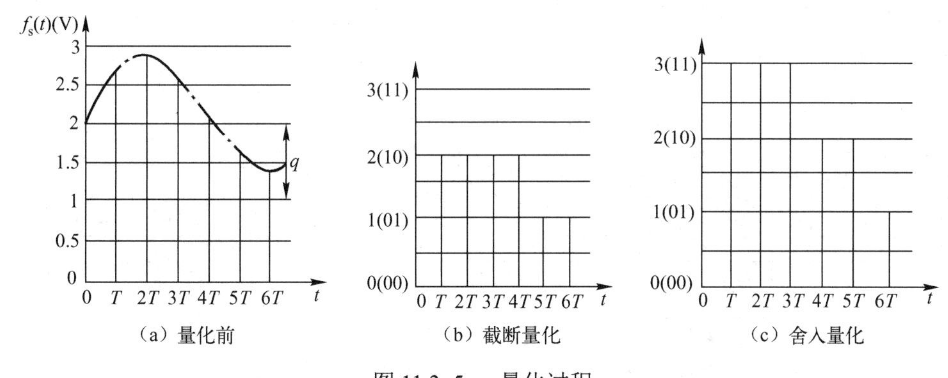

（a）量化前　　（b）截断量化　　（c）舍入量化

图 11.3-5　量化过程

假设被量化信号的最大值(即满刻度值)为 M，量化器的二进制位数为 n，则分辨率 q 可表示为

$$q = M/(2^n - 1) = \text{LSB}$$

式中，LSB 代表量化的最低有效位。

由于通常情况下 n 比较大，分母中的 1 可以忽略，则分辨率可简单表示为

$$q = M/2^n$$

可见，量化的位数越多，分辨率就越高。

② 关于量化误差

由于量化是用有限的数码来表示有无限个分量的模拟量，因此必然存在量化误差。按照被量化模拟量减去分辨率整数倍的剩余部分的不同处理方法，有两种量化特性，对应两种量化误差计算方法。

一种是把剩余部分忽略不计，这叫截断量化，如图 11.3-5(b)所示。截断量化结果总是小于等于实际值，所造成的绝对误差的最大值为$-q$。

另一种是把剩余部分按四舍五入处理，这叫舍入量化，如图 11.3-5(c)所示。采用舍入量化所造成的绝对误差的最大值为$\pm 0.5q$。

在实际应用的 A/D 转换器中，一般都是按四舍五入处理的，所以一般情况下讨论量化误差时都直接按舍入量化讨论。

11.3.2 A/D 转换原理

A/D 转换器的种类很多，按照输出数码的有效位数分为 4 位、6 位、8 位、10 位、13 位、14 位、16 位、24 位和 BCD 码输出的 3.5 位、4.5 位、5.5 位、6.5 位、7.5 位、8.5 位等多种；按照转换速度分为超高速(转换时间≤1ns)、高速(转换时间≤1μs)、中速(转换时间≤1ms)、低速(转换时间≤1s)等；按照转换原理分为计数式、逐次逼近式、双积分式等；按与计算机的接口方式可分为并行和串行。在计算机系统中的 A/D 转换还可借助软件使硬件得以简化。另外，由于电压/频率(V/F)转换器具有和计算机接口简单、抗干扰能力强、性价比高等特点，近年来在 A/D 转换速度要求不高的计算机系统中也得到了广泛的应用，特别是在单片微型计算机系统中应用更广。为适应系统集成的需要，有些转换器还将多路转换开关、时钟电路、基准电源、二-十进制译码器和转换电路集成在一个芯片内，超越了单纯的 A/D 转换功能，为构成数据采集系统和输入/输出装置提供了很多方便。

1. 计数式 A/D 转换器

计数式 A/D 转换器由计数器、D/A 转换器和比较器组成。8 位计数式 A/D 转换器的组成原理如图 11.3-6 所示。

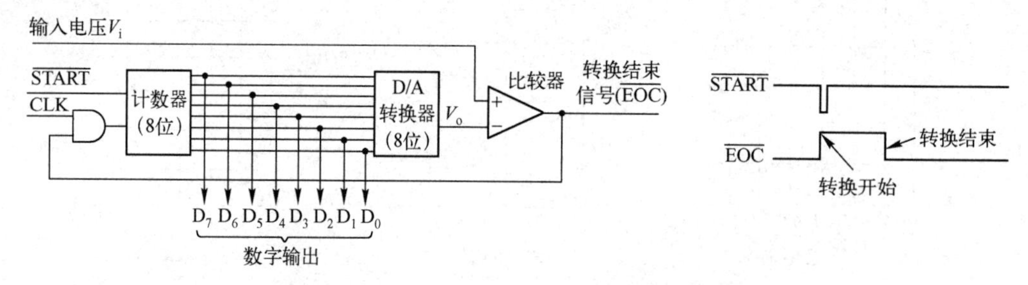

图 11.3-6 8 位计数式 A/D 转换器的组成原理

工作过程：首先给计数器一个启动信号$\overline{START}$(负脉冲)，当$\overline{START}$由高变为低时，计数器清零。此时 D/A 转换器的输出电压 V_o 为 0，在输入 $V_i \neq 0$ 的情况下，比较器的输出为高电平，计数器开放，开始对 CLK 做加 1 计数，随着计数的进行，D/A 转换器的输出电压不断增加(D/A 转换要在两个计数脉冲之间完成)，只要 V_o 不大于 V_i，计数器就不断地计数，直到 $V_o > V_i$ 时，比较器反转，输出由高电平变为低电平而封锁计数脉冲，计数器停止计数，此时计数器中的计数值就是对应于输入 V_i 的数字量，即模拟量 V_i 的 A/D 转换结果。比较器由高到低的跳变就表示一次转换的结束。

计数式 A/D 转换器的特点是电路简单、成本低，但转换速度慢，在满量程下需要 2^n-1 个计数周期才能完成一次转换。

2．逐次逼近式 A/D 转换器

逐次逼近式 A/D 转换器与计数式 A/D 转换器相比，主要就是用逐次逼近式寄存器(SAR)取代了计数器，从而克服了计数式 A/D 转换器转换速度慢的缺陷，得到了广泛的应用。逐次逼近式 A/D 转换器的组成原理如图 11.3-7 所示。

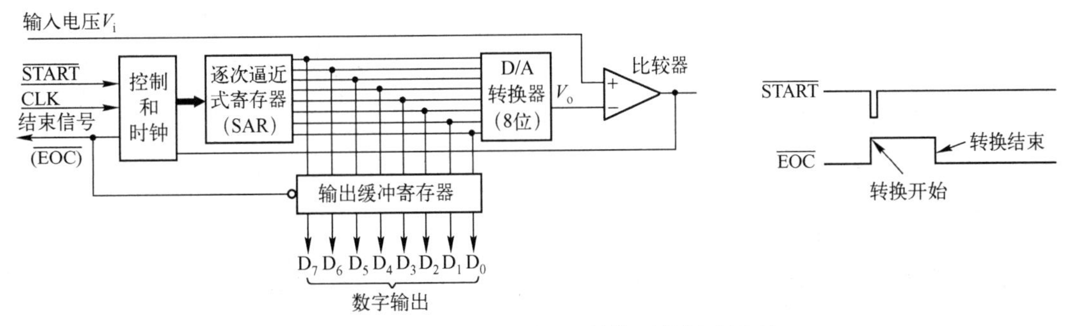

图 11.3-7　逐次逼近式 A/D 转换器的组成原理

工作过程：和计数式 A/D 转换器的过程基本一样，也是首先给 SAR 一个启动信号 $\overline{\text{START}}$（负脉冲），当 $\overline{\text{START}}$ 由高变低时将 SAR 清零。此时 D/A 转换器的输出电压 V_o 为 0，在输入 V_i 为 0 的情况下，比较器的输出为高电平，SAR 开始向输入模拟量 V_i 所对应的数字(即转换结果)逼近。其逼近过程是按对分搜索的方法进行的，即先使 SAR 的最高位为 1(即 10000000)，该值经 D/A 转换器转换后与 V_i 比较，如果 $V_o \leqslant V_i$ 则该位保持 1，否则该位清零，然后再用同样的方法试探次高位，以此类推，直至最后一位，此时 SAR 中的数就是对应于输入 V_i 的数字量，即对模拟量 V_i 的 A/D 转换结果。同时，比较器由高到低的跳变就表示一次转换的结束，并选通输出缓冲寄存器把本次转换的结果送出。表 11.3-1 是假设待转换电压 V_i 所对应的数值为 178 的逐次逼近过程。

表 11.3-1　逐次逼近过程

试探位	试探数	试探值	比较	确认	本次试探后保留的结果
D_7	10000000	128	$V_o<V_i$	保持	10000000
D_6	11000000	192	$V_o>V_i$	回 0	10000000
D_5	10100000	160	$V_o<V_i$	保持	10100000
D_4	10110000	176	$V_o<V_i$	保持	10110000
D_3	10111000	184	$V_o>V_i$	回 0	10110000
D_2	10110100	180	$V_o>V_i$	回 0	10110000
D_1	10110010	178	$V_o=V_i$	保持	10110010
D_0	10110011	179	$V_o>V_i$	回 0	10110010

为了确定试探值的大小，将其与假设的结果 178 比较，试探值对应的是 D/A 转换器的输出 V_o，178 对应的是 V_i。另外对于表中 $V_o=V_i$ 的情况，从理论上讲，比较器并不反转，因此该位保持为 1。从上述逼近过程可以看出，它的逼近次数就等于 A/D 转换器的位数，在时钟频率固定的情况下，一次转换需要的时间是固定的，不像计数式 A/D 转换器，转换时间随待转换电压的增大而增加。

逐次逼近式 A/D 转换器的优点是精度高，转换速度快，其转换时间在几μs 到 100μs 之间，属中速转换器，常用于工业多通道控制系统和声频数字转换系统等。缺点是抗干扰能力不强。

3．双积分式 A/D 转换器

图 11.3-8 所示为双积分式 A/D 转换器的组成原理。图 11.3-9 所示为积分过程，图中曲线 *EAC* 对应的待转换电压为 V_A，*EBD* 对应的待转换电压为 V_B，其中 $V_A>V_B$。在转换开始信号的控制下，电子开关与模拟信号 V_i 接通，在固定的几个时钟脉冲时间内，V_i 向电容 *C* 充电，这是

一个定时正向积分过程，时间一到，控制逻辑把电子开关转接到与 V_i 极性相反的基准电压 V_{REF} 上，使电容放电(反向积分过程)。开始放电的同时计数器也开始计数，当积分器过零时(电容器放电完毕)，使计数器停止计数，并由控制逻辑发出转换结束信号。可见，计数值的大小反映了放电时间的长短，由于 V_{REF} 是恒定的，因此放电的速率(积分曲线的斜率)是固定的，所以放电时间正比于放电前电容上的电压，而该电压(定时积分所产生的)正比于定时积分期间 V_i 的平均值。因此，计数器的计数值正比于定时积分期间 V_i 的平均值，故该计数值即为转换结果。

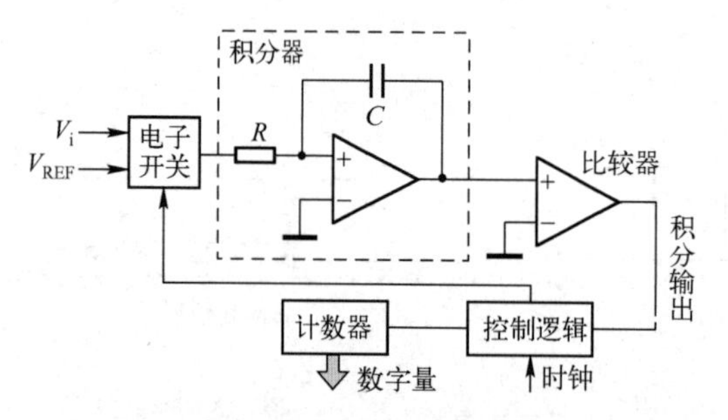

图 11.3-8　双积分式 A/D 转换器的组成原理

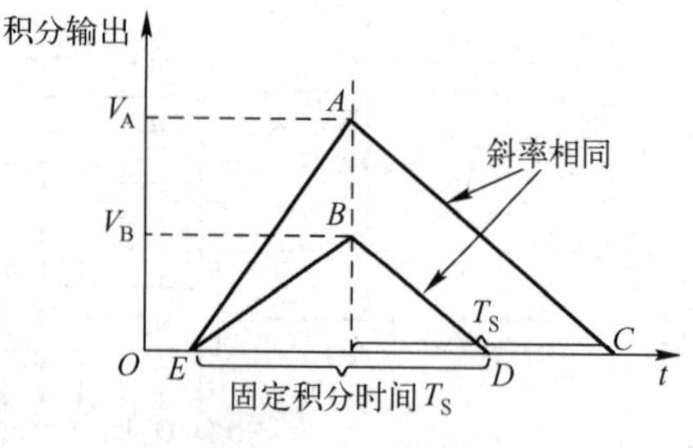

图 11.3-9　积分过程

这种方法的优点是消除干扰及抗电源噪声能力强，精度高。缺点是转换速度慢。转换时间从几毫秒到几百毫秒不等，一般适用于对温度、压力、湿度等缓变参量的检测。它在各种数字仪器仪表中得到了广泛应用。

4．基于 D/A 转换器的 A/D 转换

从计数式 A/D 转换器和逐次逼近式 A/D 转换器的转换原理可以看出，A/D 转换器的计数功能和搜索比较功能都可以通过软件来实现。图 11.3-10 所示为基于 D/A 转换器的 A/D 转换原理图。

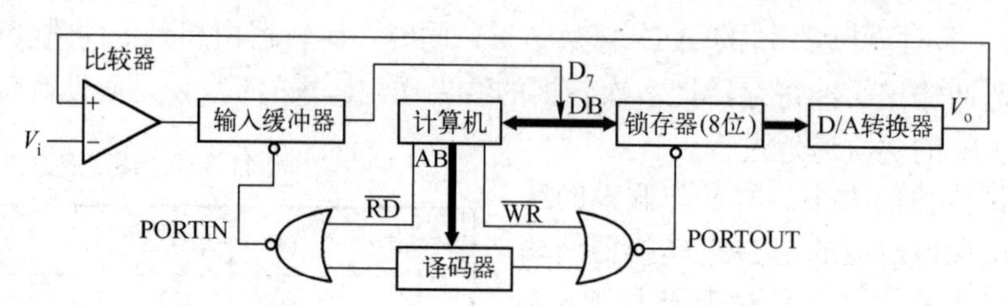

图 11.3-10　基于 D/A 转换器的 A/D 转换原理图

依据计数式 A/D 转换器的转换原理，CPU 首先向锁存器写 0(即清零)，然后读取输入缓冲器判别 D_7 的状态，如果 D_7=1，则 $V_o>V_i$，转换结束，锁存器中的数据即为转换结果。如果 D_7=0，则 $V_i>V_o$，使锁存器加 1 再读输入缓冲器并判别 D_7 的状态，如此循环，直到 D_7=1 为止。

依据逐次逼近式 A/D 转换器的转换原理，结合表 11.3-1，完成逐次逼近式 A/D 转换的程序如下(设输入缓冲器的端口地址为 PORTIN，锁存器的端口地址为 PORTOUT)。

```
START:  SUB   AL, AL        ; AL 清 0
        MOV   BL, 80H       ; 置 BL=80H 作为试探输出的初值
        MOV   CX, 0008H     ; 置逼近次数
ADLOOP: ADD   AL, BL        ; 计算试探值
        MOV   BH, AL        ; 保留试探值
        MOV   DX, PORTOUT   ; 试探值送 D/A 转换器
        OUT   DX, AL
        MOV   DX, PORTIN    ; 读比较结果
```

```
            IN     AL, DX
            AND    AL, 80H        ; 测试比较结果
            JZ     ADNEXT         ; D7=0，即 Vo<Vi，保持此位的 1
            MOV    AL, BL         ; 试探值送 AL
            NOT    AL             ; 试探值求反
            AND    AL, BH         ; 使本次的试探位为 0
            MOV    BH, AL         ; 保存试探值
   ADNEXT:  ROR    BL, 1          ; 右移，得到下一个试探位
            MOV    AL, BH         ; 试探值送 AL
            LOOP   ADLOOP         ; CX 不为 0 继续；试探完毕，BH 中为转换结果
             ⋮
```

11.3.3 A/D 转换器技术指标

1．分辨率

分辨率表示 A/D 转换器对微小输入量变化的敏感程度，通常用 A/D 转换器输出数字量的位数来表示，或者以最小二进制位所代表的电压量来描述。例如，8 位 A/D 转换器，其输出数字量的变化范围为 0～255，即输入电压最多可分为 255 份，每份对应一个最小二进制位。当输入电压满刻度为 5V 时，A/D 转换器对输入模拟电压的分辨能力为 5V/255≈19.6mV。即只要输入电压的变化量大于等于 19.6mV，输出数字量就发生变化，可见该值不仅与 A/D 转换器的位数有关，还与输入电压的满刻度值有关。所以，与 D/A 转换器一样，A/D 转换器的位数所表示分辨率，称为芯片分辨率，而最小二进制位在一定满刻度输入电压下所代表的电压值称为应用分辨率。

2．精度

一个 A/D 转换器输出的数码所对应的实际模拟电压与理想的电压值之差并非是一个常数，把这个差的最大差值定义为绝对精度，而这个最大偏差与满刻度模拟电压之比的百分数即为相对精度。

3．转换时间

A/D 转换器完成一次 A/D 转换所需的时间。其倒数即为转换频率。

4．工作温度范围

由于温度会对内部的运算放大器和电阻网络产生影响，故只有在一定的温度范围内才能保证额定精度指标。应选用温度范围适合预期工作环境的 A/D 转换器。

5．基准电源

基准电源的精度对 A/D 转换器精度影响较大，在选用时应考虑是否需外配基准电源(最好选用片内含基准电源的芯片)。

11.3.4 A/D 转换器 ADC0809

1．ADC0809 的功能结构和引脚

ADC0809 是一种采用 CMOS 工艺的 8 位 A/D 转换器，其内部结构如图 11.3-11 所示。主要由 8 路模拟开关、地址锁存和译码器、比较器、逐次逼近寄存器(SAR)、开关树组、电阻网络、控制与定时逻辑和三态输出锁存器等组成。

它的主要功能和特点包括：

① 8 位分辨率。

② 8 路(通道)模拟输入选通转换。

③ 可锁存三态输出，与 TTL 兼容，和微机接口方便。

④ 最大不可调误差小于±1LSB。

⑤ 不必进行零点和满度调整。

⑥ CMOS 工艺、功耗为 15mW。

⑦ 单一+5V 电源工作。

⑧ 转换时间取决于芯片的时钟频率。时钟频率范围为 10～1380kHz，当时钟频率为 500kHz 时，转换时间为 138μs。

ADC0809 为 28 引脚芯片，其引脚排列如图 11.3-12 所示：

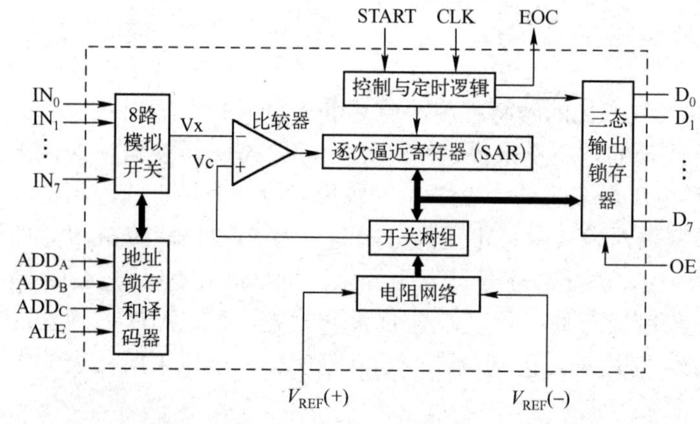

图 11.3-11　ADC0809 内部结构

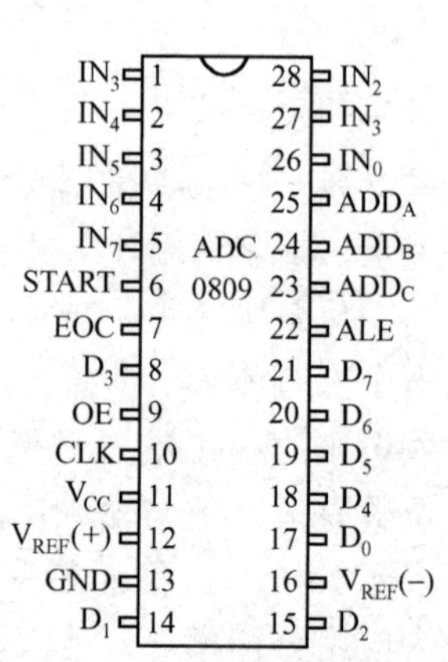

图 11.3-12　ADC0809 引脚排列

START：A/D 转换启动，输入，加正脉冲后转换开始。

IN_7～IN_0：8 通道模拟量，输入(电压范围为 0～5V)。

ADD_A、ADD_B、ADD_C：通道选择，输入，用以选择 8 个通道中的一个模拟量进行 A/D 转换。ADD_C、ADD_B、ADD_A为 000 时选中 IN_0，…，为 111 时选中 IN_7。

D_7～D_0：8 位数字量，输出。

EOC：转换结束，输出，当 A/D 转换开始后 EOC 变成低电平，而转换结束时 EOC 变成高电平。该信号可以作为 A/D 转换的状态信号供查询用，也可作为中断请求信号，通知 CPU 取走 A/D 转换结果。

ALE：地址锁存允许，输入，ALE 的上升沿将 ADD_A、ADD_B、ADD_C 的输入地址打入地址锁存和译码器，经译码后控制 8 路模拟开关，将对应输入通道接至内部比较器的输入端。

OE：输出允许，输入，当 OE 由低电平变高电平时，三态输出锁存器打开，将数据送到数据总线上。与微机连接时该信号一般由片选和读信号产生。

CLK：时钟输入。

$V_{REF}(+)$和 $V_{REF}(-)$：基准电压，输入，一般 $V_{REF}(+)$与电源 V_{CC} 相连，$V_{REF}(-)$与 GND 相连。

V_{CC}：电源。

GND：地。

2．ADC0809 的工作时序

ADC0809 时序图如图 11.3-13 所示，启动脉冲宽度 t_{ws}=100～200ns，ALE 脉冲宽度 t_{wale}=100～200ns，建立时间 t_s=25～50ns，保持时间 t_h=25～50ns，通道地址稳定时间为 t_s+t_h。

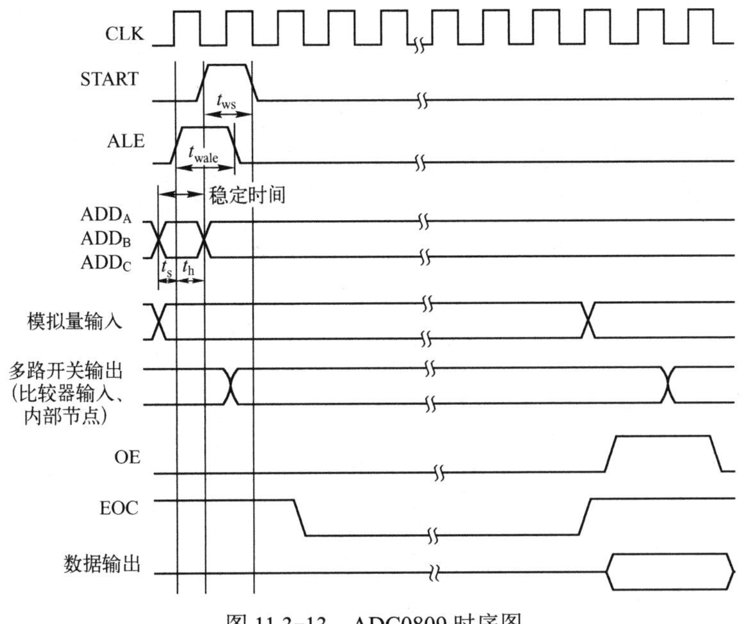

图 11.3-13　ADC0809 时序图

3. ADC0809 与 CPU 的接口

由于 ADC0809 内有三态输出锁存器，并且和 TTL 兼容，因此和 CPU 连接十分方便。图 11.3-14 所示为 ADC0809 接口原理图。START 和 ALE 复接到 $\overline{CS}$ 和 $\overline{IOW}$（见 13.2.1 节）控制的或非门的输出端，这样在锁存通道地址的同时也就启动了 A/D 转换。ADD$_C$、ADD$_B$、ADD$_A$ 分别接到地址总线的 A_2、A_1、A_0，用于通道选择。

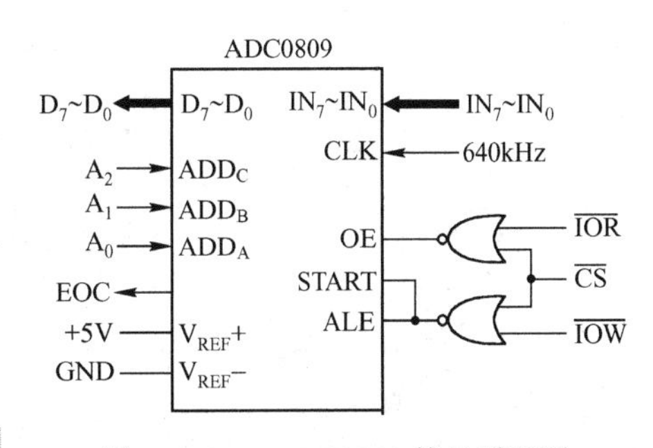

图 11.3-14　ADC0809 接口原理图

能完成这一功能的指令为：

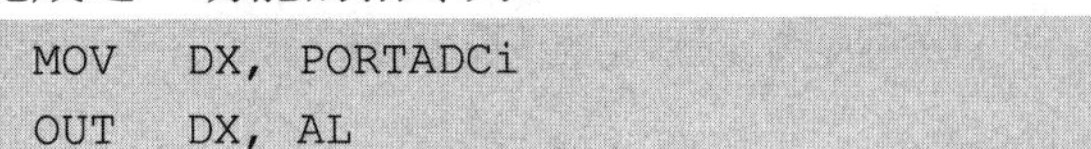

```
MOV  DX, PORTADCi
OUT  DX, AL
```

指令中 AL 的内容无任何意义，输出指令的目的就是产生 $\overline{CS}$ 和 $\overline{IOW}$ 有效的控制信号，以产生有效的 A/D 转换启动信号，并对 ADC0809 的端口地址 PORTADC*i* 中的通道号（一般为地址总线的低 3 位）进行锁存。

转换结束信号 EOC 可以作为中断请求信号，接到可编程中断控制器向 CPU 发出中断请求；也可以作为状态信号接到状态端口供 CPU 查询；也可以作为 DMA 请求信号接到 DMAC。分别对应 ADC0809 的中断式、查询式、DMA 式接口。

ADC0809 的 OE 受 $\overline{CS}$ 和 $\overline{IOR}$（见 13.2.1 节）控制，通过对 ADC0809 的 8 个通道中任何一个的读操作均可读取转换结果。读取 A/D 转换结果的指令为：

```
MOV  DX, PORTADCi
IN   AL, DX
```

二维码 11-1　数字与模拟信号的辩证统一

思政案例：见二维码 11-1。

11.3.5　案例：ADC0809 的应用

1. ADC0809 模拟量输入检测

采用 ADC0809 与 CPU 的查询式接口，连续从通道 0（IN_0）采集数据，用 2 位数码管显示转换的结果。

图 11.3-15 所示为查询方式读取 ADC0809 转换结果的电路原理图，EOC 用作 CPU 查询的状态信号，相应的接口电路需要一个状态端口，采用 74LS244 等构成读取 EOC 的状态端口，根据 EOC 的状态判断转换是否结束，状态端口的地址由 6.2.3 节中译码电路的输出 IO_7 决定。START(ALE)对应的地址由译码电路的输出 IO_5 决定，用地址总线 A_2～A_0 作为通道选择信号，各通道均有各自的启动地址，因此 IN_0～IN_7 的启动地址为 04D0H～04D7H。

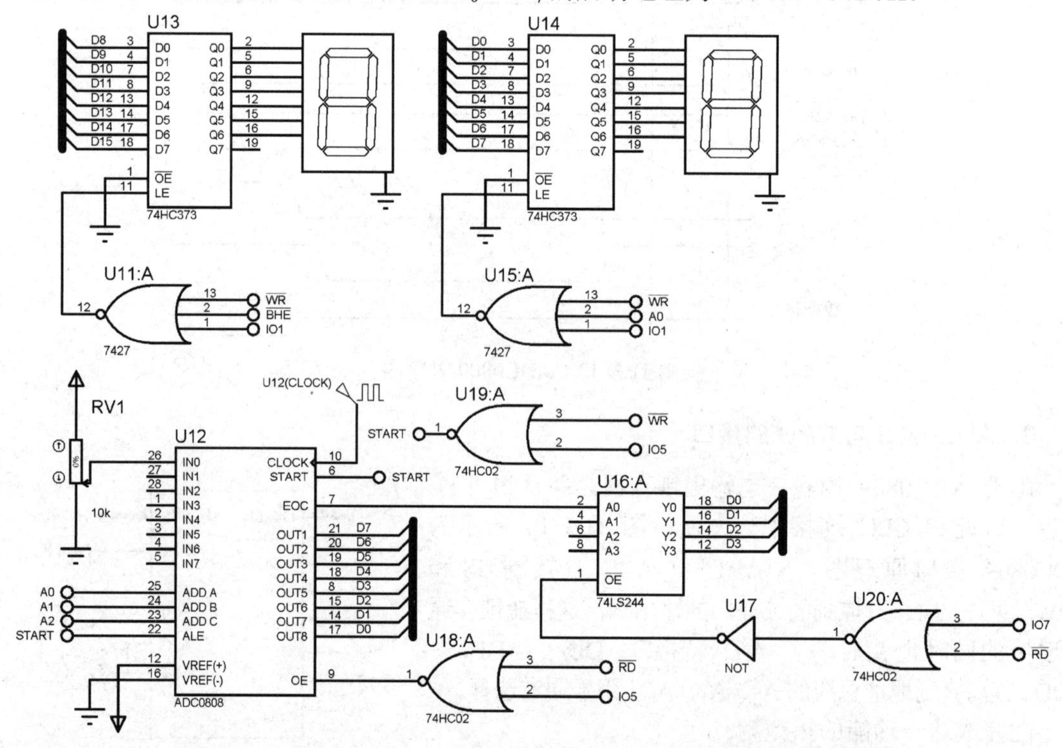

图 11.3-15　查询方式读取 ADC0809[1]转换结果的电路原理图

接口的工作原理是：对 04D0H 端口执行写操作，将启动 ADC0809 对通道 0 输入的模拟量进行 A/D 转换；对 04F0H～04FFH 中任一偶地址端口的读操作，可以获取 EOC 状态，通过检测 D_0 的状态可以判断转换是否结束；一旦转换结束（D_0=1），则对 04D0H～04DFH 中任一偶地址端口进行读操作，可以获取转换结果。其中 CLOCK 引脚接 500kHz 的时钟信号。

转换结果由 2 个数码管按十六进制数（00H～0FFH）显示。数码管的并行接口用 2 片 74HC373 锁存器芯片构成。在图 11.3-15 中，低位数码管显示内容由 8086 的低 8 位数据总线传输，高位数码管显示内容则由高 8 位数据总线传输。因此高位数码管的选通由 $\overline{WR}$、$\overline{BHE}$ 和 IO_1 决定，低位数码管的选通由 $\overline{WR}$、A_0 和 IO_1 决定。当然高低 2 位数码管也可以采用译码电路的不同输出端来控制，但电路和程序需要做相应修改。查询式 A/D 转换程序流程图如图 11.3-16 所示。

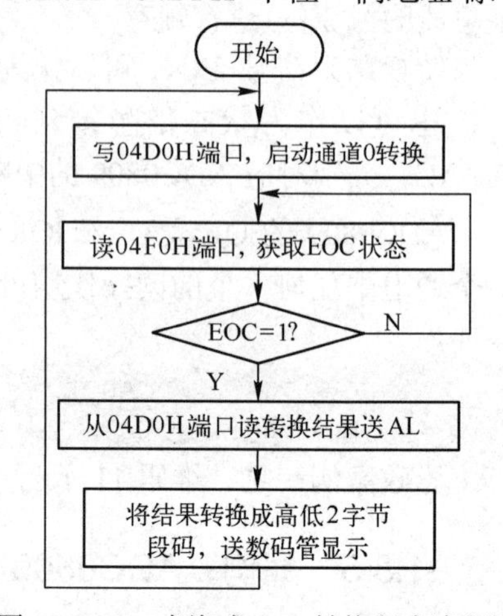

图 11.3-16　查询式 A/D 转换程序流程图

① 图 11.3-15 中使用的 ADC0808 是 ADC0809 的简化版本，两者功能基本相同，主要区别是精度不同，前者转换误差为±1/2LSB，后者为±1LSB。Proteus 仅提供 ADC0808 模块，本书中仿真电路中均使用 ADC0808。

【程序 11.3-1】

```
LED_L    EQU 0490H                              ;低位 74H373
LED_H    EQU 0491H                              ;高位 74H373
EOC_ST   EQU 04F0H                              ;74LS244 地址
ADC0809 EQU 04D0H                               ;ADC0809 地址
ADCIN    EQU 0                                  ;指定转换通道，在 0～7 之间取值
CODE     SEGMENT
         ASSUME CS:CODE,DS:DATA
START:   MOV    AX, DATA
         MOV    DS, AX
AGAIN:   MOV    DX, ADC0809+ADCIN               ;启动指定通道的 A/D 转换
         OUT    DX, AL
         MOV    DX, EOC_ST                      ;74LS244 地址
WAIT0:   IN     AL, DX
         TEST   AL, 01H                         ;检测 EOC 是否有效
         JZ     WAIT0
         MOV    DX, ADC0809
         IN     AL, DX                          ;读取 A/D 转换结果
         MOV    AH, AL
         MOV    SI, AX
         MOV    BX, OFFSET TABLE
         AND    SI, 000FH
         MOV    AL, [BX][SI]                    ;取低字节
         MOV    DX, LED_L                       ;低位 74H373
         OUT    DX, AL                          ;显示
         MOV    SI, AX
         MOV    CL, 12
         SHR    SI, CL
         MOV    AL, [BX][SI]                    ;取高字节
         MOV    DX, LED_H                       ;高位 74H373
         OUT    DX, AL                          ;显示
         JMP    AGAIN
CODE     ENDS
DATA     SEGMENT
TABLE    DB  3FH,06H,5BH,4FH,66H,6DH,7DH,07H
         DB  7FH,6FH,77H,7CH,39H,5EH,79H,71H;0~F 的共阴极七段数码管段码
DATA     ENDS
         END START
```

2. ADC0809 在自动气象站中的应用

ADC0809 用于自动气象模拟量采集。在图 11.3-17 所示的 ADC0809 采集模拟量连接图中，温度、湿度、气压和太阳辐射强度 4 个模拟量分别接入 ADC0809 的 IN_0～IN_3 通道，温度传感器量程为–50℃～80℃，湿度传感器量程为 0%～100%，气压传感器量程为 400～1200hPa，辐射传感器量程为 0～2000W。A/D 转换结束，EOC 为高电平，向 8259A 发出中断请求，等待中断处理。

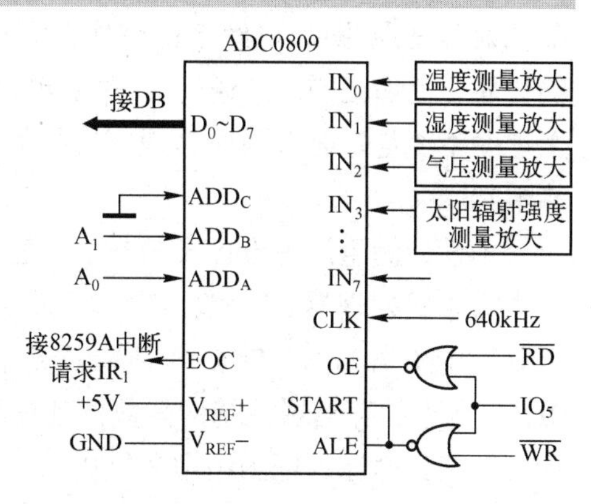

图 11.3-17　ADC0809 采集模拟量连接图

① 工程量转换

以温度为例，由 $Y_i = \frac{(Y_{max} - Y_{min})(D_i - D_{min})}{(D_{max} - D_{min})} + Y_{min}$ 来进行工程量转换的计算，因为 ADC0809 是 8 位的，所以 $D_{max} = 2^8 - 1 = 255$，$D_{min} = 0$，D_i 为 ADC0809 转换输出值，$Y_{max} = 80$，$Y_{min} = -50$。

温度(℃)：$T = \frac{[80 - (-50)] \times (D_i - 0)}{255 - 0} + (-50)$　湿度(%)：$H = \frac{(100 - 0) \times (D_i - 0)}{255 - 0} + 0$

气压(hPa)：$P = \frac{(1200 - 400) \times (D_i - 0)}{255 - 0} + 400$　太阳辐射强度(W)：$R = \frac{(2000 - 0) \times (D_i - 0)}{255 - 0} + 0$

② 程序设计

数据段定义：

```
DATA   SEGMENT
         SBUFFER   DB  10 DUP(?)       ; 存放各个气象要素
         ADDR0809  EQU  4D0H           ; 定义 ADC0809 的通道 0 地址
DATA   ENDS
```

中断服务程序：

```
       ⋮
      MOV    DI, OFFSET SBUFFER
      MOV    BX, 0
TRN:MOV     DX, ADDR0809               ; 通道判断
      IN     AL, DX                    ; 读入结果
      MOV    [BX+DI], AL               ; 将结果存入缓冲区对应存储单元
      INC    BX
      CMP    BX, 4
      JB     LL
      JMP    FIN                       ; 4 个通道都转换完转结束处理
LL: ADD     DX, BX
      OUT    DX, AL                    ; 启动下个通道转换……
      JMP    TRN
       ⋮
FIN:  ⋮                                ; 结束处理
```

11.3.6　自动气象站框架设计

接口篇开始提出的自动气象站的主要功能(风速、风向、降雨量、气压、温度、湿度、太阳辐射强度的测量)已经全部完成；自动气象站和计算机的串行通信、和人机接口的键盘与数码管显示也均已实现；通过 8259A 实现了 8253、ADC0809 和键盘的中断管理。自动气象站的主程序主要是定时调用通信程序进行信息上传和循环调用动态显示程序保证显示的稳定，并等待中断。

本设计侧重原理设计及与教学内容的关联，因此并不是一个实用的自动气象站设计。目前各类嵌入式处理器(单片微型计算机、ARM、DSP 等)已经集成有并行接口、串行通信接口、定时/计数、A/D 和 D/A 转换以及多中断源管理等功能，而且还集成了一定容量的 RAM 和 ROM 构成的存储器系统，其数据处理能力也足以满足自动气象站的要求，因此图 11.3-18 所示自动气象站原理框图中虚线框内部分的功能可由一个嵌入式处理器来实现。本课程所学习的微机原理知识不仅仅针对 PC 机，而是各类微型计算机和嵌入式处理器的共同基础。

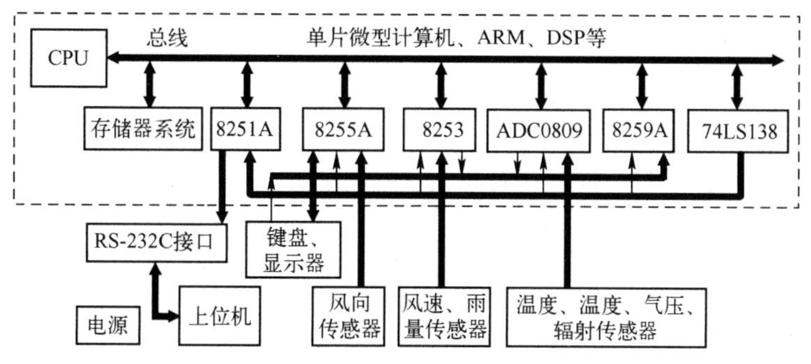

图 11.3-18 自动气象站原理框图

练习题 2

11.3-1 12 位的 A/D 转换器，对 0℃～100℃的温度进行采样转换，如果当前采样值的 A/D 转换输出为 D_i=2048，则实测温度为_____。

11.3-2 某 A/D 转换器的分辨率为 8 位，满量程输入电压为 5V，则分辨率是______V。

11.3-3 有关逐次逼近式 10 位 A/D 转换器的正确叙述是（　　）。

A．转换时间与模拟输入电压有关，分辨率为 $1/2^{10}$　　B．转换时间与模拟输入电压无关，分辨率为 $1/2^{10}$

C．转换时间与模拟输入电压有关，分辨率为 $1/2^9$　　D．转换时间与模拟输入电压无关，分辨率为 $1/2^9$

11.3-4 如图 11.3-19 所示 ADC0809 通过 8255A 与 CPU 接口。图中 ADC0809 的 D_7～D_0 接 8255A 的 A 口，ADD_C、ADD_B、ADD_A 接 PB_2～PB_0；START 接 PC_6，ALE 接 PC_7，EOC 接 PC_0。8255A 的 A 口输入，B 口输出，C 口高 4 位输出，C 口低 4 位输入，三个端口均工作于方式 0。8255A 的地址为 200H～206H。当以查询的方式采样数据时，需不断检测 PC_0。编写程序以查询的方式对 IN_0 输入的模拟量进行 100 次采样，并将转换得到数据存入 BUF 开始的存储单元中。

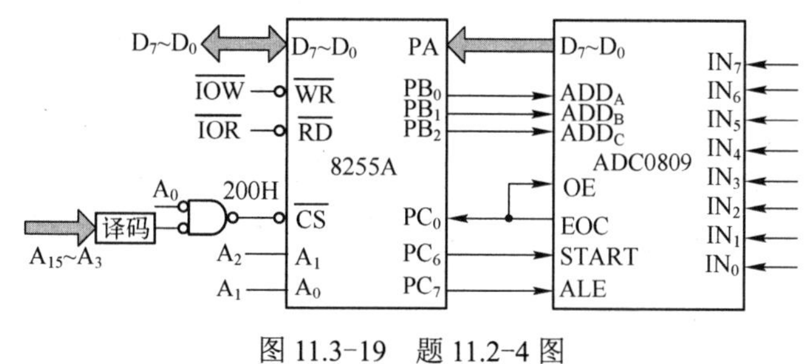

图 11.3-19 题 11.2-4 图

11.4 本章学习指导

11.4.1 本章主要内容

将模拟量转化为数字量的过程称为模数(A/D)转换，将数字量转化为模拟量的过程称为数模(D/A)转换，完成相应转换功能的器件叫模数转换器(又称 A/D 转换器)和数模转换器(又称 D/A 转换器)。

1. D/A 转换器及其接口

D/A 转换器组成包括：电阻网络、基准电源、模拟开关及运算放大器等。

D/A 转换器主要的转换原理有：权电阻网络 D/A 转换和 T 形电阻网络 D/A 转换。

D/A 转换器主要技术指标有：分辨率、精度、转换时间、温度范围、动态范围等。

DAC0832 的引脚定义及三种工作方式：单缓冲方式、双缓冲方式和直通方式。

2. A/D 转换器及其接口

A/D 转换接口组成通常包括：多路模拟开关、采样保持器、A/D 转换器等。

A/D 转换器主要的转换原理有：计数式、逐次逼近式、双积分式等。

A/D 转换器主要技术指标有：分辨率、精度、转换时间、工作温度范围和基准电源等。

ADC0809 的引脚定义、工作时序及与 CPU 的接口，如查询式、中断式等。

11.4.2 典型例题

【例 11.4-1】 根据 A/D、D/A 转换器互为逆转换的特点，设计 ADC0809 和 DAC0832 的自检硬件电路，并编写相应的自检软件。

【解答】 ① 自检思路

首先将 80H 写入 DAC0832，使 DAC0832 输出 2.5V 电压(设满刻度为 5V)。然后，启动 ADC0809，对 DAC0832 的输出进行转换。假定 ADC0809 的满刻度也是 5V，则经转换后，ADC0809 输出的转换结果约为 80H。假定在一定的门限范围内(程序中为±3LSB)两者相等，即认为 ADC0809 和 DAC0832 工作正常；反之认为有故障。

② 自检电路

ADC0809、DAC0832 自检电路如图 11.4-1 所示，将 DAC0832 输出的 U_{OUT} 接到了 ADC0809 的 IN_7 上。ADC0809 的转换结束信号 EOC 接到 U_2 的 $1A_1$ 端。

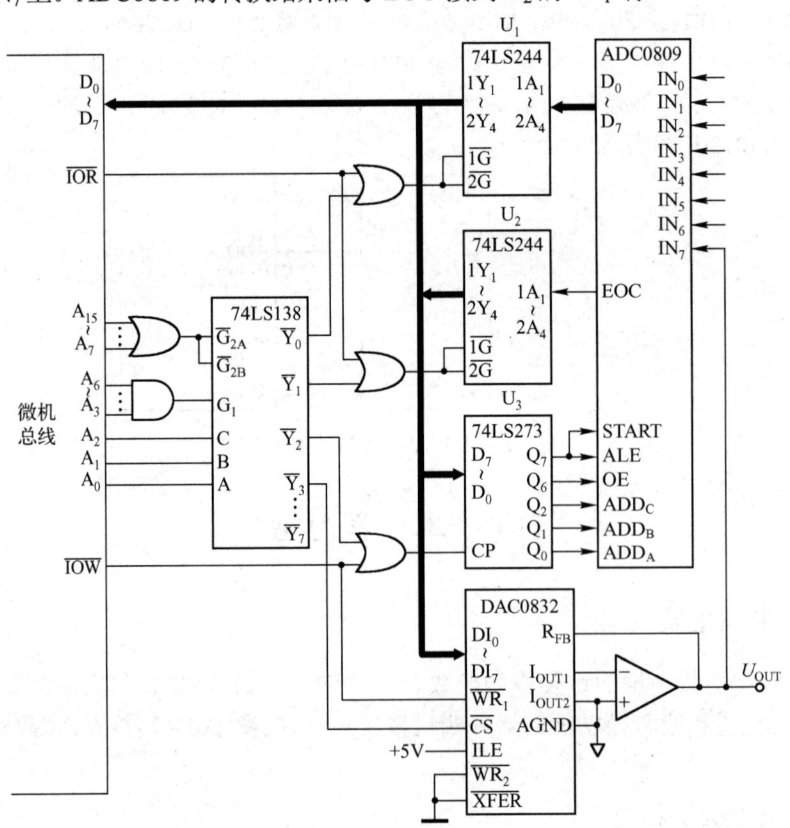

图 11.4-1　ADC0809、DAC0832 自检电路

③ 端口地址分析

根据 74LS138 与地址总线的连接可以看出，当 A_{15}～A_7 全为 0 且 A_6～A_3 全为 1 时选通 74LS138，则译码器输出 $\overline{Y}_0$～$\overline{Y}_7$ 对应地址为 0078H～007FH。因此读取 ADC0809 转换结果的

数据端口地址(即选通 U_1 的地址)为 0078H。读取 ADC0809 转换是否结束的状态端口地址为 0079H。控制 ADC0809 启动和通道选择的控制端口地址为 007AH。向 DAC0832 输出数据的数据端口地址为 007BH。

④ 自检程序

```
ADTEST: MOV    DX, 007BH
        MOV    AL, 80H
        OUT    DX, AL          ; 80H 送 D/A 转换器
        MOV    DX, 007AH
        MOV    AL, 07H
        OUT    DX, AL          ; 送选通 IN7 的地址，并使 START、ALE、OE 均为低
        MOV    AL, 87H
        OUT    DX, AL          ; 使 START 为高
        MOV    AL, 07H
        OUT    DX, AL          ; 使 START 为低，产生启动脉冲
        MOV    DX, 0079H
WAIT:   IN     AL, DX
        TEST   AL, 01H
        JZ     WAIT            ; 等待变换结束
        MOV    AL, 40H
        MOV    DX, 007AH
        OUT    DX, AL          ; 使 ADC0809 的 OE 有效
        MOV    DX, 0078H
        IN     AL, DX          ; 读入 A/D 转换结果
        CMP    AL, 7DH
        JC     ERROR           ; 小于 7DH 转硬件故障处理
        CMP    AL, 84H
        JNC    ERROR           ; 大于等于 84H 转硬件故障处理（略）
        JMP    ADDAOK          ; ADC0809、DAC0832 工作正常且连接正确转 ADDAOK（略）
```

本章习题

11-1 名词解释：采样；量化；分辨率；单缓冲；双缓冲；A/D 转换；D/A 转换。

11-2 D/A 转换器有哪些技术指标？有哪些因素对这些技术指标产生影响？

11-3 某 8 位 D/A 转换器，其输出为 0～5V。当 CPU 分别送出 80H、40H、10H 时，其对应的输出电压各为多少？

11-4 影响 A/D 转换器精度的因素有哪些？应如何求其总误差？

11-5 现有两块 DAC0832 芯片，要求其输出电压均为 0～5V，且两路输出电压在 CPU 更新输出时应同时发生变化。试设计接口电路(接口芯片及地址自定)。

11-6 A/D 转换器的量化间隔是怎样定义的？当满刻度模拟输入电压为 5V 时，8 位、10 位、12 位 A/D 转换器的量化间隔各为多少？

11-7 A/D 转换器的量化间隔和量化误差有什么关系？若满刻度模拟输入电压为 5V，8 位、10 位、12 位、16 位、20 位、24 位 A/D 转换器的量化误差用相对误差来表示时应各为多少？用绝对误差表示又各为多少？

11-8 在图 11.4-1 的 ADC0809、DAC0832 自检电路基础上，改用 8255A 作为接口芯片取代原图中的 U_1、U_2、U_3，DAC0832 的输出送到 ADC0809 的 IN_5，请重新设计电路，并编写相应的自检软件(门槛范围改为±2LSB)。

拓展篇

微机技术发展迅速，CPU 的复杂程度已远非一门课程所能够触及，但是对新技术的了解是必须的。本篇由第 12～14 章组成。第 12 章介绍高性能微处理器、典型国产微处理器，阐述了当前高性能微处理器的关键新技术。第 13 章概述总线的分类、功能及特点，常用和最新的总线控制方法及标准。实践性强是微机原理与接口技术课程的特点之一，第 14 章为实验和实训，主要包括汇编语言和接口部分的基础实验，覆盖了理论部分的主要知识点；此外还有接口部分的综合设计；接口实验均基于 Proteus 仿真软件，具有较大的灵活性，部分实验同时提供了汇编语言和 C 语言两个版本的参考程序。

本篇作为基础篇和接口篇的拓展，第 12～13 章是需要学生了解但教学安排难以系统涵盖的内容，可自学或选学；第 14 章可根据各校实验安排考虑是否选作实验教学内容，不论是否选择作为教学内容，其接口实验都可以作为仿真学习与实物（体）实验的预备和补充。

第 12 章　高性能微处理器及其新技术

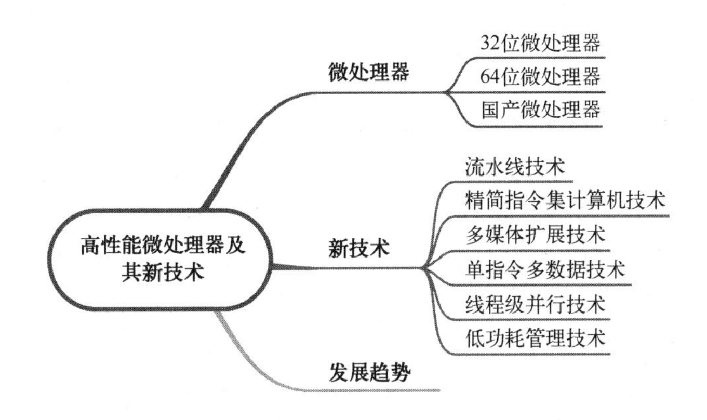

12.1　32 位微处理器

80486 在 Intel 32 位微处理器的体系演化过程中(请扫二维码阅读 80x86 芯片发展)，具有承上启下的地位。一方面它上承 80386，从芯片特征上可看出其将 80386 及运算协处理器 80387、高速缓存器集成于一体。另一方面它下启 Pentium 系列微处理器的基本体系结构。虽然 Pentium 系列采用了超标量设计，有两条流水线及配套的辅助部件，有多媒体控制能力等，但在涉及微机系统基本工作原理的部分，仍然保持了 80486 的部件及功能。

二维码 12-1
80x86 芯片发展

1．32 位微处理器结构

以 80486 为例，图 12.1-1 示出了 32 位微处理器的基本结构框图，图中描述了 32 位微处理器内部的基本部件之间的联系、各部件的主要功能、数据在微处理器中的主要流动方向。其中每个部件对应的图框都可以进一步细化成一个局部结构图，用于反映该部件内的情况。

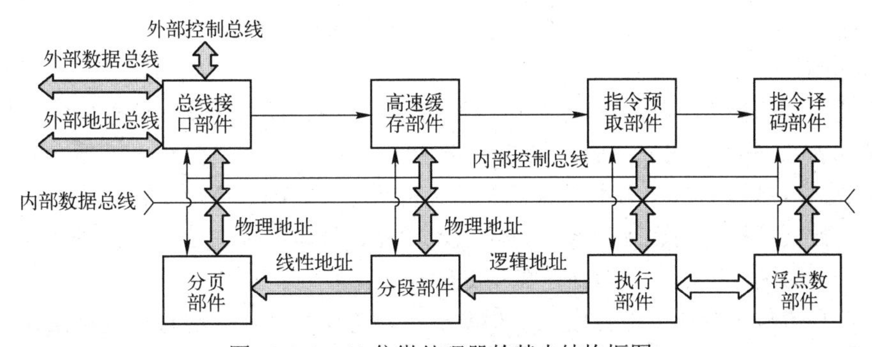

图 12.1-1　32 位微处理器的基本结构框图

所有部件都挂接在内部总线上，通过内部数据总线交换数据，也可以按粗箭头所示方式与相邻部件交换数据。每个部件都有自己的寄存器，而且微处理器还有一些供多个部件共同使用的寄存器。许多寄存器对于编程者是不可见的，编程者可见(在程序的命令中使用)的那部分寄存器构成了程序员通过程序操纵微处理器的一个重要途径。

(1) 总线接口部件

它实现内部总线与外部总线的联系。在内部时序信号控制下，将内部总线上的数据、控制信号或者地址送到外部数据总线、外部控制总线或者外部地址总线；接收外部数据总线的数据和外部控制总线的控制信号，可以根据接收到的控制信号产生相应的总线周期信号、用于与外部协处理器握手联络的信号等。此外，总线接口部件还具有一个重要功能，即支持突发总线控制，对内存进行连续多个存储单元的数据传输，加快数据的读/写。所谓突发总线控制是指在一个总线传输周期只进行一次寻址，然后连续传输多个数据的方式。由于数据一般连续存放，因此可以成组传输。

（2）高速缓存部件

它用于减少微处理器对内存的访问次数，提高程序运行速度。在 80386 中，该部件在微处理器外部(片外 Cache)。在 80486 中，在微处理器内部集成了一个 8KB 容量的高速缓冲存储器(片内 Cache)，用来存放微处理器最近要使用的指令和数据，片内 Cache 比片外 Cache 进一步加快了微处理器访问内存的速度，并减轻了系统总线的负载。Pentium 系列微处理器内部设有 2 个高速缓存部件，一个用于程序缓存，称为程序缓存器；另一个用于对操作数据的缓存，称为数据缓存器。

（3）指令预取部件

它对指令做取入、排队分析、分解等译码的前期准备工作。指令预取操作是利用总线空闲周期，不断将后续指令从高速缓存部件或从内存中取入，放置在代码队列中，直到装满为止。该队列容量为 32B。预处理后供指令译码部件使用，这种指令的取入和分析执行操作是并行的，避免了指令译码部件因总线忙不能及时取入后续指令，而暂时停机的可能性，提高了微处理器工作效率。

（4）指令译码部件

从代码队列中取出指令进行译码，将指令转换成微码入口地址，将指令寻址信息送内存管理部件(分段部件、分页部件)，指挥各部件协同工作。

指令译码部件完成对指令的译码，目的是把指令转换成相应的内部控制总线信号，指挥各部件协同工作。

（5）浮点数部件

它完成执行部件不擅长的浮点数运算、双精度运算等数学运算任务。遇到这类指令时，执行部件暂停工作，把数据交给浮点数部件处理，待浮点数部件完成输出运算结果后，执行部件继续运行。在 80386 中，该部件由片外的运算协处理器 80387 担任。

（6）执行部件

它是微处理器的核心部件，主要完成一般的算术运算、逻辑运算及数据传输等任务。大部分指令的操作都由该部件完成。该部件主要包括 16 个 32 位的通用寄存器、算术逻辑单元 ALU 以及桶形移位器。ALU 用于算术运算和逻辑运算。它的状态保存在标志寄存器中，其可以通过内部的数据总线与高速缓存部件、浮点数部件、分段部件、分页部件进行信息交换。桶形移位器单元可加快移位指令、乘除运算指令的执行。

执行部件负责从指令译码部件中取出指令的微码入口地址，并解释执行该指令微码。微处理器的每一条指令都有一组相应的微码，存放在控制 ROM 中，它们作为可以被机器识别的命令，用来产生对各部件实际操作所需的一系列控制信号。指令译码部件产生的微码入口地址就是指向该组命令的地址。

（7）分段部件

它提供对内存分段管理的硬件支持。可以把指令指定的逻辑地址变换为物理地址，实现对内存的分段管理；也可以把指令指定的逻辑地址变换为线性地址，传输到分页部件，实现对内存分段分页管理；分段部件在地址变换过程中实现任务间的隔离保护及虚拟内存技术。它包含

CS, DS, SS, ES, GS, FS 共 6 个段寄存器，用于存放内存的段地址。

（8）分页部件

它提供对内存分页管理的硬件支持，可直接把指令指定的逻辑地址变换为物理地址，实现对内存的分页管理；也可以将分段部件输出的线性地址转换成物理地址，实现对内存分段分页管理；当分页部件不工作时，分段部件形成的线性地址就作为物理地址。分页部件内还有一个称为后援缓冲器(TLB)的超高速缓存，TLB 中存有 32 个最新使用页的表项内容(线性页号和物理页号)，它作为页地址变换机构的快表。

设置分段和分页部件是为了对物理地址空间进行管理，实现虚拟内存管理功能，所谓虚拟内存是指用少量内存模拟大容量内存，以提高内存利用率的技术。Windows 98 以上操作系统内存管理均采用 flat 逻辑结构，即只分页不分段，用户段均从地址全 0 开始，以便在支持多用户操作时为用户提供最大虚拟内存空间。

2. 80486 寄存器

80486 内部详细结构框图如图 12.1-2 所示，包括总线接口部件、指令预取部件、指令译码部件、控制和保护部件、算术逻辑单元(ALU)、浮点运算部件(FPU)、分段部件、分页部件和 Cache 部件。这些部件可以独立工作，也能与其他部件一起并行工作。在取指令和执行指令时，每个部件完成一项任务或某一操作步骤，这样既可同时对不同的指令进行操作，又可对同一指令的不同部分并行处理，即流水线工作方式。

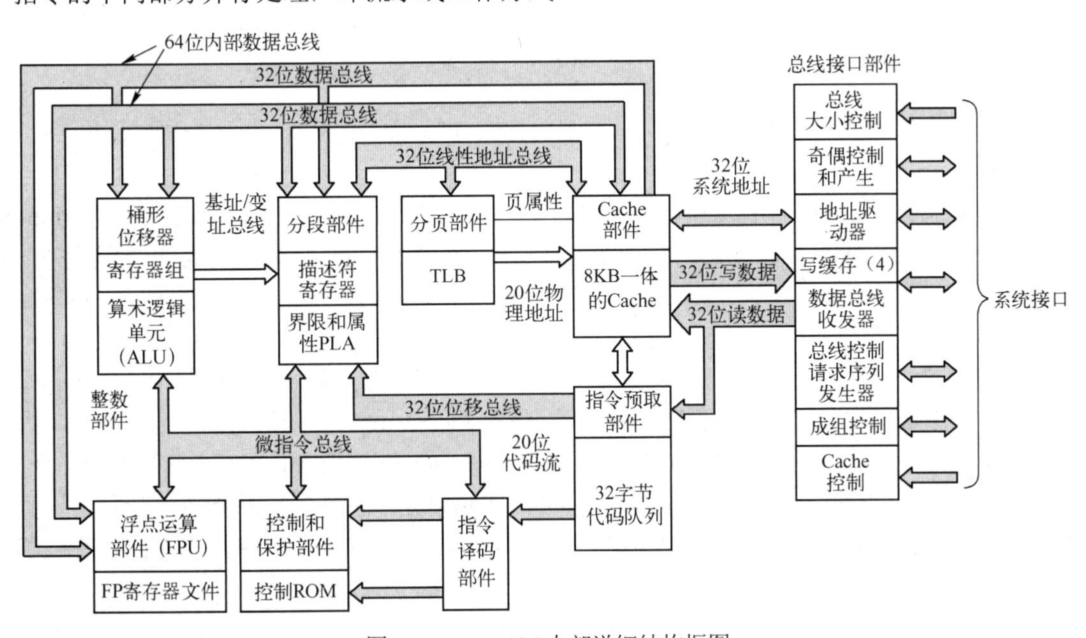

图 12.1-2　80486 内部详细结构框图

80486 的寄存器按功能可分为四类：基本寄存器、系统寄存器、调试和测试寄存器以及浮点寄存器。

这里只简单介绍基本寄存器，包括 8 个通用寄存器、1 个指令指针寄存器、6 个段寄存器、1 个标志寄存器。

（1）通用寄存器(General Purpose Registers)

通用寄存器包括 EAX, EBX, ECX, EDX, EBP, ESP, EDI 和 ESI。

EAX, EBX, ECX, EDX 都可以作为 32 位寄存器、16 位寄存器或者 8 位寄存器使用。EAX 可作为累加器用于乘法、除法及一些调整指令，对于这些指令，累加器常表现为隐含形式。

EAX 也可以保存被访问数据所在存储单元的偏移地址。EBX 常用作地址指针，保存被访问数据所在存储单元的偏移地址。ECX 用作计数寄存器，保存指令的计数值。ECX 可以保存被访问数据所在存储单元的偏移地址。ECX 还可以用于计数的指令，包括带重复指令前缀的字符串指令、移位指令和循环指令。其中移位指令用 CL 计数，带重复指令前缀的字符串指令用 CX 计数，循环指令用 CX 或 ECX 计数。EDX 常与 EAX 配合，用于保存乘法形成的部分结果，或者除法运算前的被除数，还可以寻址内存操作数。

EBP 和 ESP 是 32 位寄存器，也可作为 16 位寄存器 BP、SP 使用，常用于堆栈操作。EDI 和 ESI 常用于字符串操作指令，EDI 用于寻址目的串，ESI 用于寻址源串。

（2）指令指针寄存器(EIP)

EIP(Extra Instruction Pointer)存放指令的偏移地址。80486 工作于实模式下，EIP 是 IP(16 位)寄存器。80486 工作于保护模式时 EIP 为 32 位寄存器。EIP 总是指向程序的下一条指令(EIP 的内容自动加 1，指向下一个存储单元)。EIP 用于在程序中顺序地寻址代码段内的下一条指令。当遇到转移指令等，EIP 的内容会被修改。

（3）标志寄存器(EFR)

EFR(Extra Flags Register)包括状态标志、控制标志和系统标志，用于指示 80846 的状态并控制其操作。80486 的标志寄存器如图 12.1-3 所示。

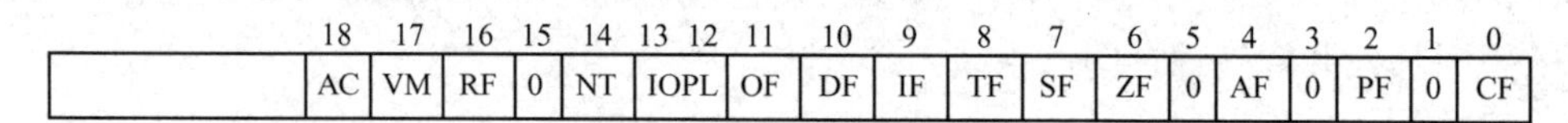

图 12.1-3　80486 的标志寄存器

1）状态标志：包括进位标志 CF、奇偶校验标志 PF、辅助进位标志 AF、零标志 ZF、符号标志 SF 和溢出标志 OF。

2）控制标志：包括陷阱标志(单步标志)TF、中断允许标志 IF 和方向标志 DF。80486 标志寄存器中的状态标志和控制标志，与 8086 标志寄存器中的功能完全一样，这里不再赘述。

3）系统标志和 IOPL 字段：在 EFR 中的系统标志和 IOPL 字段，用于控制操作系统或执行某种操作。它们不能被应用程序修改。

① IOPL(I/O Privilege Level field)：输入/输出特权级标志。它规定了能使用 I/O 敏感指令的特权级。在保护模式下，利用这两位编码可以分别表示 0, 1, 2, 3 这四种特权级，0 级特权最高，3 级特权最低。在 80286 以上的处理器中有一些 I/O 敏感指令，如 CLI(关中断指令)、STI(开中断指令)、IN(输入)、OUT(输出)。IOPL 的值规定了能执行这些指令的特权级。只有特权高于 IOPL 的程序才能执行 I/O 敏感指令，而特权低于 IOPL 的程序，若企图执行敏感指令，则会引起异常中断。

② NT(Nested Task flag)：任务嵌套标志，在保护模式下，指示当前执行的任务嵌套于另一任务中。当任务被嵌套时，NT=1，否则 NT=0。

③ RF(Resume Flag)：恢复标志，与调试寄存器一起使用，用于保证不重复处理断点。当 RF=1 时，即使遇到断点或故障，也不产生异常中断。

④ VM(Virtual 8086 Mode flag)：虚拟 8086 模式标志，用于在保护模式下的系统选择虚拟 8086 模式。VM=1，启用虚拟 8086 模式；VM=0，返回保护模式。

⑤ AC(Alignment Check flag)：队列检查标志。如果在不是字或双字的边界上寻址一个字或双字，队列检查标志将被激活。

（4）段寄存器

80486 包括 6 个段寄存器，分别存放段地址(实地址模式)或选择符(保护模式)，用于与微处理器中的其他寄存器联合生成存储单元的物理地址。具体如下：

① 代码段寄存器 CS。代码段是一个用于保存微处理器程序代码(程序和过程)的存储区域。CS 存放代码段的起始地址。在实模式下，它定义一个 64KB 存储器代码段的起点。在保护模式下，它选择一个描述符，这个描述符描述程序代码所在存储单元的起始地址和长度。在保护模式下，代码段的长度为 4GB。

② 数据段寄存器 DS。数据段是一个存储数据的区域，程序中使用的大部分数据都在数据段中。DS 用于存放数据段的起始地址。可以通过偏移地址或者其他含有偏移地址的寄存器寻址数据段内的数据。在实模式下，它定义一个 64KB 存储器数据段的起点。在保护模式下，数据段的长度为 4GB。

③ 堆栈段寄存器 SS。SS 用于存放堆栈段的起始地址，用堆栈指针寄存器 ESP 确定堆栈段当前的入口地址。EBP 也可以寻址堆栈段内的数据。

④ 附加段寄存器 ES。ES 用于存放附加数据段的起始地址，或者在字符串操作指令中存放目标串的段地址。

⑤ 附加段寄存器 FS 和 GS。FS 和 GS 的作用与 ES 相同，以便允许程序访问两个附加的数据段。

12.2　64 位微处理器

64 位微处理器技术是相对于 32 位而言的，这个位数指的是 CPU 通用寄存器的数据宽度为 64 位，64 位指令集就是运行 64 位数据的指令，也就是说，微处理器一次可以处理 64 位数据。

在 2005 年春季英特尔(Intel)开发技术论坛(IDF)上，Intel 宣布将发布采用 IA-32E 技术的微处理器，该微处理器在 Intel 原有的 IA-32 架构上进行了扩展，增加了 64 位计算模式，支持 64 位的虚拟寻址空间，同时兼顾 64 位和 32 位运算程序。很明显，该微处理器采用了与 AMD Athlon 64(AMD 公司生产的 64 位 CPU)类似的技术。其他高端的精简指令集计算机(Reduced Instruction Set Computer，RISC)也采用 64 位微处理器，比如 SUN 公司的 Ultra SPARC Ⅲ、IBM 公司的 POWER5、HP 公司的 Alpha 等。

把 64 位微处理器运用到移动设备上的还有 Apple 公司 2013 年上市的 iPhone5s、iPad Air 等。2014 年苹果推出的 iPhone6 以及 iPhone6 plus 也使用了 64 位微处理器，但是更加优越，使用了 A8 64 位微处理器。

1．64 位微处理概述

位宽是指 CPU 一次执行指令的数据带宽，位宽对微处理器性能的影响绝不亚于主频。

微处理器的寻址位宽增长很快，在计算机界已使用过 4、8、16、32 位寻址，目前主流的是 64 位寻址浮点运算。

受虚拟和实际内存尺寸的限制，以前的 32 位微处理器存在一个严重的缺陷：当面临大量的数据流时，32 位的寄存器和指令集不能及时进行相应的运算处理。

32 位微处理器一次只能处理 32 位，也就是 4 个字节的数据；而 64 位微处理器一次就能处理 64 位，即 8 个字节的数据。如果将总长 128 位的指令分别按照 16 位、32 位、64 位为单位进行编辑的话，旧的 16 位微处理器(如 8086)需要 8 个指令，32 位微处理器(如 80386)需要 4 个指令，而 64 位微处理器则只要 2 个指令。显然，在工作频率相同的情况下，64 位微处理器的处理速度比 16 位、32 位的更快。

要注意的是，微处理器不只需要位宽够大的寄存器，也需要足够数量的寄存器，以确保大批量数据处理。因此，为了容纳更多的数据，寄存器和内部数据通道也必须加倍。在 64 位微处理器中的寄存器位数是 32 位微处理器的两倍。

不过虽然寄存器位数增加了，但正在执行指令的指令寄存器却都是一样的，即数据流加倍而指令流不变。此外，增加数据位数还可以扩大动态范围。在通常使用的十进制中，只能得到最多 10 个整数(一位数情况下)，这是因为 0～9 中只有 10 个不同的符号来表示相应的意思，想要表示 10 以上的数就需要增加一位数，两位数(00～99)才可以表示 100 个数。

这里可以得出十进制数的动态范围的计算公式 $DR=10^n$(n 表示数字位数)。在二进制体系中，相应地可以得到公式 $DR = 2^n$，32 位可以达到 $2^{32} = 4.3\times10^9$，升级到 64 位之后，就可以达到 $2^{64} = 1.8\times10^{19}$，动态范围扩大了 43 亿倍。

这里说明一下，扩大动态范围可以在一定程度上提高寄存器中数据的准确性。比如，当使用 32 位系统处理气象模拟运算任务时，当处理的数据超过 32 位所能提供的最大动态范围时，系统就会出现诸如 Overflow(超过了最大正整数)或 Underflow(低于最小的负整数)的错误提示，这样寄存器中的数据就无法保证准确。

64 位微处理器除了在运算能力上明显高于 32 位微处理器，在对内存控制的能力上也明显高于 32 位微处理器。通过前面的学习可以知道，内存是通过地址总线进行访问的，并且需要经过算术逻辑单元和寄存器进行计算。传统的 32 位微处理器，其最大的寻址空间为 4GB。而 64 位微处理器，由于地址总线宽度远远大于 32 位微处理器，从理论上来说，它的最大寻址空间为 16TB。随着大批量数据处理的需求逐渐增大，32 位微处理器由于受到寻址能力和计算能力的限制，逐渐无法满足，形成了运行效率的瓶颈。即使 32 位的系统可以通过采用一些寻址技术，比如软件模拟方式等，来实现 512GB 的内存管理，进而对这一瓶颈加以缓冲。但是无论采用何种技术，由于它在硬件上没有改进，只能通过软件的形式来实现，所以这种实现方式在一定程度上会大大降低系统性能。而 64 位微处理器的出现，彻底解决了这一瓶颈问题。

与此同时，也引入了一些新的问题。比如，内存地址随着位数的增加变为原来的两倍，当内存中的内容调入到高速缓存时，将占用更多的高速缓存容量，使得容量本来就不大的高速缓存空间无法载入更多的有用数据，进而导致系统的整体性能下降。

微处理器厂商早已意识到传统的 32 位微处理器的设计严重制约了微处理器性能向更高方向发展。因此，作为微处理器两大厂商的 Intel 和 AMD 分别推出了自家的 64 位架构。然而，在 2005 年 IDF 大会之前，在 64 位微处理器的发展上，AMD 与 Intel 选择了两条截然相反的道路。

2. Intel IA-64 架构

IA(Intel Architecture)即 Intel 体系结构，在 80486 出现之前，Intel 体系结构又被称作 X86 架构。

Intel 公司根据微处理器支持的寻址位宽不同，采用了两种互不通用的策略：IA-32 和 IA-64。对于 32 位的桌面台式计算机，采用的是与 X86 兼容的 IA-32 架构；对于 64 位的服务器，采用的是全新的 IA-64 架构。由于这两种架构的指令集是不能兼容的，也就是说，IA-32 架构无法使用 IA-64 架构的指令集，而 IA-64 架构也无法使用 IA-32 架构的指令集，于是 IA-64 架构的微处理器就不能同时运行两代应用程序。

与 IA-32 架构相比，IA-64 架构最大的一个特点是内存的寻址能力得以大幅提升。但是作为一个全新的架构体系，内存寻址能力的提升只是一方面，为了使系统的性能全面提高，该架构还可以在每个时钟周期内并行执行更多的指令。那么它是如何做到的呢？先来看看传统的

IA-32 架构，它是通过对微处理器并行的排序代码来向微处理器传递并行命令的。IA-32 架构的这一设计原理束缚了 64 位微处理器性能的充分发挥。为了解决这一问题，必须引入新的设计理念。Intel 公司在 IA-64 架构中引入了一种称为 EPIC(Explicitly Parallel Instruction Computing，显式并行指令运算)的技术。该技术除了能让微处理器内并行执行几条指令外，还具有和其他微处理器相连构成并行处理环境的能力。关于这项技术的具体内容，读者可以查阅相关的参考资料，这里不再介绍。IA-64 架构除了引入 EPIC 技术，对寄存器的长度、数量和功能也做了较大的变动，比如提供 128 个整数/多媒体寄存器，12 个 82 位的浮点寄存器、64 个单指令多数据(Single Instruction Stream Multiple Data，SIMD)寄存器等。寄存器方面的变动，使得 IA-64 架构的微处理器大大增强了多任务处理的能力。

Intel 公司基于 IA-64 架构的第一款微处理器是 Itanium(安腾)微处理器。前面提到，IA-64 架构无法与 IA-32 架构兼容，所以该款微处理器无法运行 IA-32 架构的指令集。随着各种技术的进步，该项限制的缺陷显得越来越突出。于是，Intel 公司针对这一问题，对 IA-64 架构又做出了新的变动。在 IA-64 架构中引入了更加完善的 Bundled Instructions 指令包，并且新增了 IA-32 架构转换成 IA-64 架构的 64 位指令编译器。凭借这些技术，当基于 IA-64 架构的微处理器执行 IA-32 架构的二进制代码时，其内部的 64 位指令编译器会采用软件模拟的方式，对 IA-32 架构的二进制代码加以执行，从而实现与 IA-32 架构指令集的兼容。但是，由于采用的是软件模拟的方式，并且这也不是运行 IA-32 架构指令集的最佳方式，所以实现起来效率不高。

3．AMD X86-64 架构

AMD 公司在对待 64 位微处理器的设计问题上，采用的策略与 Intel 公司完全不同。它所采用的策略是 X86-64 架构。简单地说，就是在原来 X86 架构的基础上进行升级和改造。通过改造使得 X86-64 架构在增加寻址位宽的同时，又能向下兼容以往的 X86 架构。于是 AMD 公司通过这个策略，使得其设计的 64 位微处理器可以在 32 位甚至 16 位的应用环境下运行。在 X86 架构中，寄存器体系结构是其核心设计思想，AMD 公司在缔造 X86-64 架构的时候，首先考虑的问题就是同时兼顾 64 位和 32 位的运算任务。如果要做到这一点，就必须对原来 X86 架构中的寄存器体系进行改造。为了了解 X86 架构的设计，先对传统的 X86 架构中的指令集做一个简单的介绍。

X86 架构的指令集属于复杂指令系统。所谓复杂指令系统指的是通过设置一些功能复杂的指令，把一些原来由软件实现的、常用的功能改用硬件指令系统来实现，从而达到增强指令功能的目的。而改用的硬件绝大部分都以寄存器的形式出现。X86 架构的指令集中，程序可以使用的寄存器数量比较少，长度也较短，只有 8 个通用寄存器、8 个浮点寄存器和 8 个 SIMD 寄存器等。这些寄存器在进行批量数据处理时，将会极大降低系统的性能，比如造成传输延迟、流水线工作效率低下等。AMD 公司在设计 X86-64 架构时，一方面增加了寄存器的数量，比如把通用寄存器和 SIMD 寄存器都增加到 16 个；另一方面，也加大了寄存器的位宽，由 32 位变为 64 位。通过这样的改造，使得通用寄存器都可以工作在 64 位模式下。

这些加大位宽的寄存器主要有 RAX、RBX、RCX、RDX、RDI、RSI、RBP、RSP、RIP 以及 EFLAGS 等。由于它们是从原来 X86 架构中扩充起来的，所以它们既可以工作在 64 位模式下，也可以工作在 32 位模式下。举个例子来说，原来 X86 架构中的 EAX 寄存器可以看作 RAX 的一个子集，当系统运行在 32 位模式下时，完全可以把 RAX 当作 EAX 来使用，也就是说仅使用 RAX 寄存器中的部分位；而当系统运行在 64 位模式下时，就完全使用 RAX 寄存器中的所有位。不过，这里需要注意的是，并非所有的寄存器在 32 位模式下都要用到。

为了让寄存器更好地区分是工作在 32 位模式下还是工作在 64 位模式下，X86-64 架构对 64 位 CPU 规定了两种工作模式。如果是工作在 64 位模式下，就称为长模式(Long Mode)；如果是工作在 32 位或更低位的模式下，就称为传统模式(Legacy Mode)。

通过前面的介绍，可知与 Intel 公司的 IA-64 架构相比，AMD 公司的 X86-64 架构最大的优势就是能够完全兼容以往的 X86 应用程序，并且以往的 X86 应用程序在 X86-64 架构下运行无任何区别。AMD 公司正是凭借这一优势在历史上首次战胜它的竞争对手——Intel 公司。

12.3　国产微处理器

1．龙芯微处理器

龙芯微处理器是由中国科学院研制的自主架构 CPU。最开始是基于 MIPS 指令集研发的，之后拓展了 LoongISA 指令集。

2020 年，龙芯中科技术股份有限公司推出了自主指令系统 LoongArch。2021 年 7 月开始，公司信息化业务已经转向基于 LoongArch 的 3A5000 系列微处理器，工控业务开始转向基于 LoongArch 的系列微处理器。

LoongArch 属于龙芯自己的生态，由于软、硬件应用还偏少，龙芯全部要自己来实现从 0 到 1 到 10 的过程。龙芯的想法是推出指令集转译器，翻译 ARM/X86 指令，来兼容安卓、Windows 程序，即牺牲部分性能，换取生态。

龙芯微处理器主要包括龙芯 1 号、龙芯 2 号、龙芯 3 号三大系列。

龙芯 1 号系列：低功耗、低成本专用嵌入式 SoC 或 MCU 微处理器，通常集成 1 个 32 位低功耗微处理器核，应用场景面向嵌入式专用应用领域，如物联终端、仪器设备、数据采集设备等。

龙芯 2 号系列：低功耗通用微处理器，采用单芯片 SoC 设计，通常集成 1～4 个 64 位低功耗微处理器核，应用场景面向工业控制与终端等领域，如网络设备、行业终端、智能制造等。

龙芯 3 号系列：高性能通用微处理器，通常集成 4 个及以上 64 位高性能微处理器核，与桥片配套使用，应用场景面向桌面和服务器等信息化领域。

2．申威微处理器

申威微处理器主要用于超级计算机。

其早期采用 Alpha 指令集，后期拓展了自己的 SW-64 指令集，目前在神威·太湖之光中使用的就是申威 SW26010。

此外，申威目前也向服务器微处理器发展，推出了申威 8A，与 Intel 中端服务器微处理器相当，目前揽下统信、联想、大道云行、鼎甲等多家合作商。

3．飞腾微处理器

飞腾微处理器最早由国防科技大学研究团队创造，现属于飞腾信息技术有限公司，是由中国电子信息产业集团、天津市滨海新区政府和天津先进技术研究院联合支持成立的国资企业。

其早年的微处理器内核主要是基于 SPARC 指令集。

目前其微处理器采用的是 ARM 指令集，基于 ARM V8 架构永久授权。其产品主要分为以下三种：

高性能服务器微处理器：适用于构建较高计算能力和较高吞吐率的服务器产品，如办公业务系统应用微处理器、数据库服务器、存储服务器、云计算服务器等，满足商业级和工业级需求。

高效能桌面微处理器：采用自主研发的高能效微处理器核心，性能卓越、功耗适度，最新产品内置硬件级安全机制，能够同时满足信息化领域对性能、能耗比和安全的应用需求。

高端嵌入式微处理器：采用自主研发、面向嵌入式行业定制化的微处理器核心，具有高安全、高可靠、强实时和低功耗的特点，满足行业终端产品、工业控制领域应用产品需求。

4. 鲲鹏微处理器

鲲鹏微处理器是华为自主研发的全国产化、高性能 CPU，基于 ARM 架构开发，是华为继移动麒麟微处理器、AI 昇腾微处理器后的第三款自研微处理器。

2014 年发布鲲鹏 912 微处理器，2016 年发布鲲鹏 916 微处理器。2019 年 1 月，华为正式发布鲲鹏 920 微处理器。根据华为官方介绍，鲲鹏 920 微处理器是业界第一个采用 7nm 工艺的数据中心级的 ARM 架构微处理器，集成最多 64 个自研核，支持 64 核、48 核、32 核等多种型号。华为将鲲鹏微处理器用于自身服务器，并用来搭建自身的数据中心业务。

华为鲲鹏微处理器是华为自主研发的基于 ARM 架构的企业级系列微处理器产品，包含“算、存、传、管、智”五个产品系统体系。为了保证鲲鹏计算产业的可持续演进，鲲鹏微处理器从指令集和微架构两方面进行兼容性设计，确保既可以适应未来的应用和技术发展演进的需求，又能向下兼容。参考华为鲲鹏微处理器的发展路径规划，鲲鹏新一代微处理器 930 有望进一步迭代，并在服务器和 PC 两个方向进一步发展。

TaiShan 200 服务器是华为新一代数据中心服务器，基于鲲鹏 920 微处理器，适合为大数据、分布式存储、原生应用、高性能计算和数据库等应用高效加速，旨在满足数据中心多样性计算、绿色计算的需求。

5. 海光微处理器

海光是国内高性能计算机龙头中科曙光的参股子公司。通过 AMD 获得了 Zen1 架构和 X86 指令集的永久使用权。

近期，海光的技术来源受制于合资的外资公司(AMD 占股 51%)，且技术的后续升级也可能存在一定难度(AMD 只授权了上一代架构 Zen)。

海光拥有海光 CPU 和海光 DCU 两类高端产品，可以满足服务器、工作站等计算、存储设备对高端微处理器的功能需求。

海光 CPU：兼容 X86 架构的指令集，微处理器性能参数与国际同类型主流微处理器产品相当，支持国内外主流操作系统、数据库、虚拟化平台或云计算平台，能够有效兼容目前存在的数百万款基于 X86 架构的指令集的系统软件和应用软件，具有生态系统优势。此外，海光 CPU 支持国密算法，扩充了安全算法指令，集成了安全算法专用加速电路，支持可信计算，提升了高端微处理器的安全性。海光 CPU 主要有海光 7200、海光 5200 和海光 3200 系列产品。

海光 DCU：以 GPGPU(通用图形处理单元)架构为基础，兼容“类 CUDA”环境，软硬件生态丰富，典型应用场景下性能指标达到国际上同类型高端产品的水平。海光 DCU 主要面向大数据处理、商业计算等计算密集型应用领域，以及人工智能、泛人工智能类运算加速领域。海光 DCU 采用与海光 CPU 类似的产品研发策略，2018 年 1 月启动深算一号 DCU 产品设计，目前该产品已实现商业化应用。此外，第二代 DCU 深算二号的产品研发工作已于 2020 年 1 月启动。

6．兆芯微处理器

兆芯由上海市国资委下属企业和台湾威盛电子合资成立。其基于 X86 架构，成功研发并量产多代通用微处理器，在 PC 产业上使用 Wintel 生态，优势明显。

兆芯通用微处理器产品涵盖“开先”、“开胜”两大系列，“开先”面向 PC，“开胜”面向服务器。“开先”中最新的是 KX6000 系列，采用 16nm 工艺。

8 核心的 KX-U6780A 产品性能与第七代的 4 核心 Intel i5 整体水平仍存在差距，尤其是单核性能不足第七代 Intel i5 的一半，但整数性能方面反超 Intel i5。与 Intel 水平有 8 年以上差距，还需要努力。

7．几种微处理器对比

龙芯、申威早期分别采用 MIPS 架构及 Alpha 架构，后期在 MIPS 架构及 Alpha 架构基础上，分别形成了 LoongArch 和 SW-64 架构，基于引进架构自研了新架构，在国家政策引领下，上层应用生态逐步搭建并不断扩展。

飞腾、鲲鹏采用 ARM 架构，并基于此研发了多样化的产品，在国产商业市场中占据一定份额，由于受到授权条款限制，产品迭代及市场前景有一定的不确定性。

海光、兆芯采用 X86 架构，此架构性能强于其他架构，其软硬件应用生态以及更可持续的迭代发展，在国产商业市场竞争中拔得头筹。

目前，自研架构生态问题尚不稳定，使用反馈有待改善。

此外，在可控程度上，申威、龙芯居于首位，其余需要授权，局限较大。

我国致力于微处理器的自主可控，虽道阻且长，但行则将至；相信在国产化大潮下，各国产微处理器大厂必将鲲鹏展翅，巩固发展成果，在市场化道路上越走越远。

二维码 12-2　中国龙芯之母——黄令仪

思政案例：见二维码 12-2。

12.4　高性能微处理器新技术

随着 VLSI(超大规模集成电路)的出现和发展，芯片集成度显著提高，价格不断下降，从而提高了计算机的性能价格比，使得过去在大、中、小型计算机中才采用的一些现代技术(如流水线技术、高速缓存 Cache 和虚拟存储器等)下移到微型计算机中，使大、中、小、微型计算机的界限随时代的变化而趋向消失。

12.4.1　流水线(PipeLine)技术

流水线技术是一种同时进行若干操作的并行处理技术，类似于工厂的流水作业装配线。在计算机中把 CPU[①]的一个操作(分析指令、加工数据等)进一步分解成多个可以单独处理的子操作，使每个子操作在一个专门的硬件上执行。这样，一个操作需顺序地经过流水线中多个硬件的处理才能完成。但前后连续的几个操作可以依次进入流水线中，在各个硬件间重叠执行，这种操作的重叠提高了 CPU 的效率。

1．超流水线技术

超流水线是指某些 CPU 内部的流水线超过通常的 5～6 步以上，例如 Pentium Pro 的流水

① 下文中 CPU 与微处理器不做区分，交替使用

线就长达 14 步，Pentium Ⅳ为 20 步。流水线步(级)数越多，其完成一条指令的速度越快，因此才能适应工作主频更高的 CPU。超标量(Super Scalar)是指在 CPU 中有一条以上的流水线，并且每个时钟周期内可以完成一条以上的指令，这种设计就叫超标量技术。

2．超长指令字(VLIW)技术

超长指令字(Very Long Instruction Word，VLIW)方法是由美国耶鲁大学的 Fisher 教授首先提出的，与超标量技术有许多类似之处，但是，是以一条长指令来实现多个操作的并行执行，从而减少对存储器的访问。这种长指令往往长达上百位，每条指令可以做几种不同的运算，这些运算都要发送到各种功能部件上去完成，哪些操作可以并行执行，是在编译阶段选择的。

3．其他相关技术

（1）乱序执行技术

乱序执行(Out-of-order Execution)指 CPU 允许将多条指令不按程序规定的顺序分开发送给各相应电路单元来处理。采用乱序执行技术的目的是为了使 CPU 内部电路满负荷运转并相应提高 CPU 运行程序的速度。

（2）分支预测和推测执行技术

分支预测(Branch Prediction)和推测执行(Speculation Execution)是 CPU 动态执行技术中的主要内容。采用分支预测和动态执行的主要目的是为了提高 CPU 的运算速度。推测执行是依托于分支预测基础上的，在分支预测程序是否分支后所进行的处理也就是推测执行。

程序转移(分支)对流水线影响很大，尤其是在循环设计中。每次循环中对循环条件的判断占用了大量的 CPU 时间。为此，Pentium 用分支目标缓冲器(Branch Target Buffer，BTB)来动态地预测程序分支。当指令导致程序分支时，BTB 就记下这条指令的地址和分支目标的地址，并用这些信息预测这条指令再次产生分支时的路径，预先从此处预取指令，保证流水线的指令预取不会空置。

当 BTB 判断正确时，分支程序即刻得到译码。从循环程序来看，在开始进入循环和退出循环时，BTB 会发生判断错误，需重新计算分支地址。因此，循环越多，BTB 的效益越明显。

（3）指令特殊扩展技术

自最简单的计算机开始，指令序列便能取得运算对象，并对它们执行计算。对大多数计算机而言，这些指令同时只能执行一次计算。如需完成一些并行操作，就要连续执行多次计算。此类计算机采用的是单指令单数据(Single Instruction Single Data，SISD)微处理器。在介绍 CPU 性能时还经常提到“扩展指令”或“特殊扩展”，这都是指该 CPU 是否具有对 X86 架构的指令集进行指令扩展的特点而言的。扩展指令中最早出现的是 Intel 公司的“MMX”，其次是 AMD 公司的“3D Now!”，还有 Pentium III 中的“SSE”及 Pentium Ⅳ中的“SSE2”等。

12.4.2 精简指令集计算机(RISC)技术

按照指令系统分类，计算机可以分为两类：复杂指令集计算机(Complex Instruction Set Computer，CISC)和精简指令集计算机(Reduced Instruction Set Computer，RISC)。CISC 是传统的 CPU 设计模式，其指令集的特点是指令数目多而复杂，每条指令的长度不尽相等；而 RISC 则是一种新型的 CPU 设计模式，其指令集的主要特点是指令条数少且简单，指令长度固定。

1. RISC 的概念

精简指令集计算机是在 20 世纪 80 年代发展起来，其基本思想是尽量简化计算机指令功能，只保留那些功能简单、能在一个节拍内执行完成的指令，而把较复杂的功能用一段子程序来实现。RISC 技术通过简化计算机指令功能，使指令的平均执行周期缩短，从而提高计算机的工作主频，同时大量使用通用寄存器来提高子程序执行的速度。

1975 年，IBM 的设计师 John Cocke 研究了当时的 IBM 370 系统(属于 CISC)，发现其中仅占总指令数 20%的简单指令却在程序调用中占据了 80%，而占指令数 80%的复杂指令却只有 20%的机会被调用到。由此，他提出了 RISC 的概念。

第一台 RISC 于 1981 年在美国加州大学伯克利分校问世。20 世纪 80 年代末开始，各家公司的 RISC 微处理器如雨后春笋般出现，占据了大量的市场。到了 20 世纪 90 年代，X86 架构的微处理器也开始使用先进的 RISC 技术。

2. RISC 的特点

RISC 的主要特点是指令长度固定，指令格式和寻址方式种类少，大多数是简单指令且都能在一个时钟周期内完成，易于设计超标量与流水线，寄存器数量多，大量操作在寄存器之间进行。

RISC 技术的基本思想：针对 CISC 指令集指令种类太多、指令格式不规范、寻址方式太多的缺点，通过减少指令种类、规范指令格式、简化寻址方式，方便微处理器内部的并行处理，提高 VLSI 器件的使用效率，从而大幅度地提高微处理器的性能。

RISC 技术的目标绝不是简单地缩减指令集，而是使微处理器的结构更简单、更合理，具有更高的性能和执行效率，同时降低微处理器的开发成本。

由于 RISC 指令集仅包含最常用的简单指令，因此 RISC 技术可以通过硬件优化设计，把时钟频率提得很高，从而实现整个系统的高性能。同时，RISC 技术在 CPU 芯片上设置大量寄存器，用来把常用的数据保存在这些寄存器中，大大减少对存储器的访问，用高速的寄存器访问取代低速的存储器访问，从而提高系统整体性能。

RISC 技术有三个要素：①一个有限的简单的指令集；②CPU 配备大量的通用寄存器；③强调对指令流水线的优化。

RISC 技术的典型特征包括：

（1）指令种类少，指令格式规范。RISC 指令集通常只使用一种或少数几种格式，指令长度单一(一般 4 个字节)，并且在字边界上对齐，字段位置(特别是操作码的位置)固定。

（2）寻址方式简化。几乎所有指令都使用寄存器寻址方式，寻址方式总数一般不超过 5 个。其他更为复杂的寻址方式，如间接寻址等，则由软件利用简单的寻址方式来合成。

（3）大量利用寄存器间操作。RISC 技术强调通用寄存器资源的优化使用，指令集中大多数操作都是寄存器到寄存器的操作，只有取数指令、存数指令访问存储器，指令中出现最多的是 RS(寄存器-存储器)型指令，绝不会出现 SS(存储器-存储器)型指令。因此，每条指令中访问的内存地址不会超过 1 个，访问内存的操作不会与算术操作混在一起。

（4）简化处理器结构。使用 RISC 指令集，可以大大简化微处理器中的控制器和其他功能单元的设计，不必使用大量专用寄存器，特别是允许以硬连线方式来实现指令操作，以期达到更快的执行速度，而不必像 CISC 微处理器那样使用微程序来实现指令操作。因此，RISC 微处理器不必像 CISC 微处理器那样设置微程序控制存储器，从而能够快速地直接执行指令。

（5）便于使用 VLSI 技术。随着 LSI 和 VLSI 技术的发展，整个微处理器(甚至多个微处理器)都可以集成在一片芯片上。RISC 体系结构为单芯片微处理器的设计带来很多好处，有利于提高性能，简化 VLSI 芯片的设计和实现。基于 VLSI 技术，制造 RISC 微处理器的工作量要比 CISC 微处理器小得多，成本也低得多。

（6）加强微处理器的并行能力。RISC 指令集非常适合采用流水线、超流水线和超标量技术，从而实现指令级并行操作，提高微处理器的性能。目前常用的微处理器的内部并行操作技术，基本上都是基于 RISC 体系结构而逐步发展和走向成熟的。

（7）优化编译程序的复杂性高，因此在 RISC 微处理器上软件系统开发时间比 CISC 微处理器要长。

12.4.3 多媒体扩展(MMX)技术

1. MMX 技术概述

多媒体扩展(MultiMedia eXtensions，MMX)是第 6 代 CPU 的重要特点。MMX 技术是在 CPU 中加入了特别为视频信号、音频信号以及图像处理而设计的 57 条指令，因而极大地提高了电脑的多媒体处理功能。

MMX 主要用于增强 CPU 对多媒体信息的处理，提高 CPU 处理 3D 图形、视频和音频信息能力。MMX 技术一次能处理多个数据。计算机的多媒体处理，通常是指动画再生、图像加工和声音合成等处理。在多媒体处理中，对于连续的数据必须进行多次反复的相同处理。利用传统的指令集，无论是多小的数据，一次也只能处理一个数据，因此耗费时间较长。为了解决这一问题，在 MMX 中采用了 SIMD(单指令多数据)技术，可对一条指令多个数据进行同时处理，可以一次处理 64 位任意分割的数据。其次，数据可按最大值取齐。此外，在计算结果超过实际处理能力的时候，其也能进行正常处理。若用传统的 X86 架构，计算结果一旦超出了 CPU 处理数据的限度，数据就要被截掉，转化成较小的数据。而 MMX 利用所谓“饱和(Saturation)”功能，圆满地解决了这个问题。计算结果一旦超过了数据大小的限度，就能在可处理范围内自动变换成最大值。

2. MMX 技术对 IA 的扩展

MMX 技术对 IA(Intel Architecture)编程环境的扩展包括：8 个 MMX 寄存器、4 种 MMX 数据类型及 MMX 指令系统。

（1）MMX 寄存器

MMX 寄存器集由 8 个 64 位 MMX 寄存器组成，见图 12.4-1。MMX 指令使用寄存器名 MM0～MM7 直接访问 MMX 寄存器。这些寄存器只能用来对 MMX 数据类型进行数据运算，不能寻址内存操作数。MMX 指令中内存操作数的寻址仍使用标准的 IA 寻址方式和通用寄存器(EAX、EBX、ECX、EDX、EBP、ESI、EDI 和 ESP)来进行。

尽管 MMX 寄存器在 IA 中是作为独立寄存器来定义的，但是实际上是通过对 FPU(Float Process Unit)数据寄存器堆栈(R0～R7)重命名而来的。

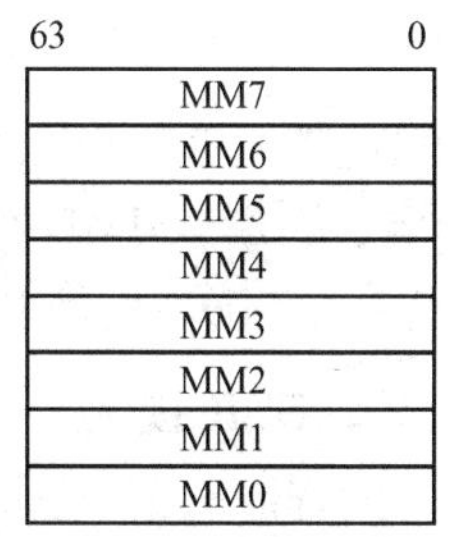

图 12.4-1 MMX 寄存器集

（2）MMX 数据类型

MMX 技术定义了以下新的 64 位数据类型。

紧缩字节：8 个字节紧缩成 1 个 64 位；紧缩字：4 个字紧缩成1个64位；紧缩双字：2个双字紧缩成1个64位；4 字：1个 64 位。数据格式和存储方式如图 12.4-2 所示。

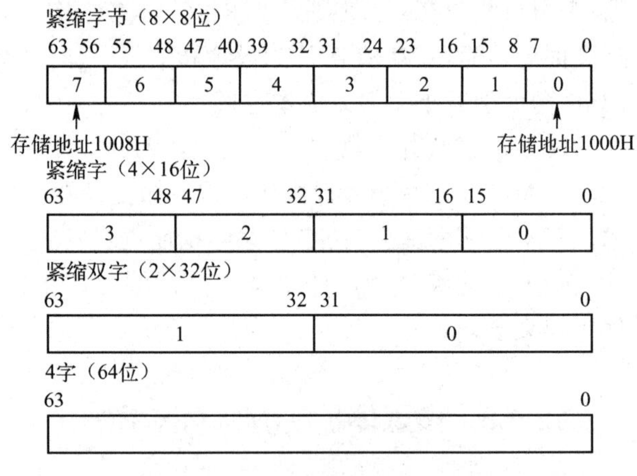

图 12.4-2 数据格式和存储方式

紧缩字节数据类型中字节的编号为 0～7，第 0 个字节在该数据类型的低有效位(位 0～7)，第 7 个字节在高有效位(位 56～63)。紧缩字数据类型中的字编号为 0～3，第 0 个字在该数据类型的位 0～15，第 3 个字在位 48～63。紧缩双字数据类型中的双字编号为 0～1，第 0 个双字在位 0～3l，第 1 个双字在位 32～63。

MMX 指令可以用 64 位块方式与存储器进行数据传输，也可以用 32 位块方式与 IA 通用寄存器进行数据传输。但是，在对紧缩数据类型进行算术或逻辑运算时，MMX 指令则对 64 位 MMX 寄存器中的字节、字或双字进行并行操作。

对紧缩数据类型的字节、字和双字进行操作时，这些数据可以是带符号的整型数据，也可以是无符号的整型数据。

（3）单指令多数据执行方式

MMX 技术使用 SIMD 技术对紧缩在 64 位 MMX 寄存器中的字节、字或双字进行算术或逻辑运算，例如，PADDSB 指令将源操作数中的 8 个带符号字节加到目标操作数中的 8 个带符号字节上，并将 8 个字节的结果存储到目标操作数中。SIMD 技术通过对多数据元素并行实现相同的操作，来显著地提高软件性能。

MMX 技术所支持的 SIMD 执行方式可以直接满足多媒体、通信以及图形应用的需要，这些应用经常使用复杂算法对大量小数据类型(字节、字和双字)数据实现相同的操作。例如，大多数音频数据都用 16 位(1 个字)来量化，一条 MMX 指令可以对 4 个这样的字同时进行操作。视频与图形信息一般用 8 位(1 个字节)来表示，一条 MMX 指令可以对 8 个这样的字节同时进行操作。

12.4.4 单指令多数据(SIMD)技术

1. SIMD 技术

SIMD 结构的 CPU 有多个执行部件，但都在同一个指令部件的控制下。SIMD 在性能上有什么优势呢？以加法指令为例，SISD 结构的 CPU 对加法指令译码后，执行部件先访问内存，取得第一个操作数；之后再一次访问内存，取得第二个操作数；随后才能进行求和运算。而在 SIMD 型 CPU 中，指令译码后几个执行部件同时访问内存，一次性获得所有操作数进行运算。这个特点使得 SIMD 特别适合多媒体应用等数据密集型运算。AMD 公司的 3D NOW！技术其实质就是 SIMD，这使 K6-2 处理器在音频解码、视频回放、3D 游戏等应用中显示出优异性能。

2. SSE 技术

因特网数据流单指令序列扩展(Internet Streaming SIMD Extensions，SSE)除保持原有的 MMX 指令外，又新增了 70 条指令，在加快浮点运算的同时，也改善了内存的使用效率，使内存速度显得更快一些。

Intel 公司的 SSE 由一组队结构的扩展所组成，用以提高先进的媒体和通信应用程序的性能。SSE(包括新的寄存器、新的数据类型和新的指令)与 SIMD 技术相结合，有利于加速应用程序的运行。这个扩展与 MMX 技术相结合，将显著地提高多媒体应用程序的效率。典型的应用程序有：运动视频，图形和视频的组合，图像处理，音频合成，语音的识别、合成与压缩，电话、视频会议，以及 2D、3D 图形。对于需要有规律地访问大量数据的应用程序，也可以从 SSE 的高性能预取和存储方面获得好处。

3．SSE2 技术

Intel 公司在 Pentium Ⅳ微处理器中加入了 SSE2 指令集，与 Pentium III 微处理器采用的 SSE 指令集相比，Pentium Ⅳ的整个 SSE2 指令集共有 144 条，其中包括原有的 68 组 SSE 指令及新增加的 76 组 SSE2 指令。全新的 SSE2 指令除了将传统整数 MMX 寄存器也扩展成 128 位(128 位 MMX)，还提供了 128 位 SIMD 整数运算操作和 128 位双精度浮点运算操作。

4．SSE3 技术

2004 年 Intel 公司在其基于 Prescott 核心的新款 Pentium Ⅳ微处理器中，开始使用 SSE3 技术。

SSE3 指令集是 Intel 公司在 SSE2 指令集的基础上发展起来的。SSE3 在 SSE2 的基础上又增加了 13 条 SIMD 指令，以提升 Intel 超线程(Hyper-Threading)技术的效能，最终达到提升多媒体和游戏性能的目的。

12.4.5 线程级并行(TLP)技术

线程级并行(Thread-Level Parallelism，TLP)技术包括同时多线程技术(Simultaneous Multi-threading Technology，SMT)和单芯片多处理器(Chip Multi-Processors，CMP)技术。

1．同时多线程技术(SMT)

尽管提高 CPU 的时钟频率和增加缓存容量后的确可以改善性能，但这样的 CPU 性能提高在技术上存在较大的难度。实际应用中在很多情况下 CPU 的执行单元都没有被充分使用。如果 CPU 不能正常读取数据(总线/内存的瓶颈)，其执行单元利用率会明显下降。另外，目前大多数执行线程缺乏指令级并行(Instruction-Level Parallelism，ILP)支持。这些都造成了 CPU 的性能没有得到全部的发挥。

同时多线程技术通过复制微处理器上的结构状态，让同一个微处理器上的多线程同时执行并共享微处理器的执行资源，同时减少水平浪费与垂直浪费，最大限度地提供部件的利用率。

超线程(Hyper-Threading，HT)技术是同时多线程技术的一种，就是利用特殊的硬件指令，把两个逻辑内核模拟成两个物理芯片，让单个微处理器都能使用线程级并行计算，进而兼容多线程操作系统和软件，减少了 CPU 的闲置时间，提高了 CPU 的运行效率。

超线程技术是在一个 CPU 同时执行多个程序而共同分享一个 CPU 内的资源，理论上要像两个 CPU 一样在同一时间执行两个线程，Pentium Ⅳ微处理器需要多加入一个 Logical CPU Pointer(逻辑处理单元)。因此新一代的 Pentium Ⅳ HT 的面积比以往的 Pentium Ⅳ增大了 5%。而其余部分如 ALU(算术逻辑单元)、FPU(浮点运算单元)、L2 Cache(二级缓存)则保持不变，这些部分是被分享的。

虽然采用超线程技术能同时执行两个线程，但它并不像两个真正的 CPU 那样，每个 CPU 都具有独立的资源。当两个线程同时需要某一个资源时，其中一个要暂时停止，并让出资源，直到这些资源闲置后才能继续。因此超线程的性能并不等于两个 CPU 的性能。

Pentium Ⅳ超线程有两个运行模式，即单任务模式(Single Task Mode)及多任务模式(Multi

Task Mode)，当程序不支持多处理(Multi-Processing)时，系统会停止其中一个逻辑 CPU 的运行，把资源集中于单个逻辑 CPU 中，让单线程程序不会因其中一个逻辑 CPU 闲置而降低性能，但由于被停止运行的逻辑 CPU 还是会等待工作，占用一定的资源，因此超线程 CPU 运行在单任务模式时，有可能达不到不带超线程功能的 CPU 的性能，但性能差距不会太大。也就是说，当运行单线程程序时，超线程技术甚至会降低系统性能，尤其在多线程操作系统运行单线程程序时容易出现此问题。

2. 单芯片多处理器(CMP)技术

CMP 也指多核。CMP 是由美国斯坦福大学提出的，其思想是将大规模并行处理器中的对称多处理器(Symmetric Multi-Processor，SMP)集成到同一芯片内，各个处理器并行执行不同的进程。与 CMP 结构相比，SMP 结构的灵活性比较突出。但是，当半导体工艺进入 0.18μm 以后，线延迟已经超过了门延迟，要求微处理器的设计通过划分许多规模更小、局部性更好的基本单元结构来进行。相比之下，由于 CMP 结构已经被划分成多个处理器核来设计，每个核都比较简单，有利于优化设计，因此更有发展前途。IBM 的 Power 4 芯片和 Sun 的 MAJC5200 芯片都采用了 CMP 结构。多核处理器可以在微处理器内部共享缓存，提高缓存利用率，同时简化多处理器系统设计的复杂度。

2005 年下半年，Intel 公司和 AMD 公司的新型微处理器融入了 CMP 结构。Intel 安腾(Itanium)处理器开发代码为 Montecito，采用双核设计，拥有最小 18MB 片内缓存，采用 90nm 工艺制造。它的每个单独的核都拥有独立的 L1、L2 和 L3 Cache，包含大约 10 亿只晶体管。

12.4.6 低功耗管理(LPM)技术

对于高性能通用微处理器而言，低功耗管理(Low Power Management，LPM)技术主要解决微处理器局部过热和功率过高的问题。局部过热会导致芯片不能正常工作，功率过高则使得散热设备日趋昂贵，节省散热设备成本和能量损耗可以提高产品的竞争力。对于移动计算(嵌入式微处理器)来说，最重要的是提高能量的效率，即计算相同的问题，使用更少的能量(一方面降低功率，一方面减少计算时间)，其主要目的在于延长电池的寿命，提高产品竞争力。

1. 提升制程工艺

解决 CPU 的高功耗，制程工艺(制作工艺)的提升是最直接的改善方法。

一条粗的电阻丝比一条细的电阻丝的功耗更大。在 CPU 中使用了电路与各个细小元件的连接，虽然这些线路极其细微，但如果全部连接起来的话，CPU 这类超大规模集成电路的线路长度将达到可观的数量级，其功耗会在这些线路中被转换成热量。制程的提升就是把这些线路变得更细，功耗可因此而大幅下降，用 65nm 工艺制造的 Pentium 系列微处理器比 90nm 工艺制造的同样 CPU 功耗下降 30W 就是最好的例证。

2. 降低电压

高电压是造成功耗提升的另一个重要因素，电压与功耗总是成正比关系。

在 CPU 中，最大功耗可由核心电压乘以最大电流简单计算而估得。通常 CPU 内部的电流都较大，而且是不易减小的，因此，虽然供给 CPU 的电压并不高，但与大电流相乘后，带来的功耗也是不容忽视的。所以，降低电压，即使降低的幅度不太大，所带来的功耗下降也将相当明显。但是如果电压降得过低，CPU 内部的 CMOS 管就会变得不稳定，工作可靠性也随之大大降低。

3．减少晶体管数量

微处理器领域总是使用晶体管的数量来衡量集成技术的高低。在 Prescott 核心的 Pentium Ⅳ芯片中，晶体管数量已经达到了 1.69 亿只，比之前的 Northwood 核心增加了 2 倍以上，因此虽然工艺更先进，但功耗反而提升。随着多核和大缓存技术的流行，晶体管的数量也成几何级数增长，数以亿计的晶体管本身就是消耗能源的大户。

在相同制程下，越少的晶体管数量可以拥有越低的功耗。因此，通过优化设计减少晶体管数量是行之有效的降低功耗手段之一。

4．降低频率

实际上，过于注重频率的提高，也是导致 CPU 功耗日益加大的重要因素。以前，人们一直认为频率是衡量 CPU 性能的最重要标志，频率并不等于性能的说法直到近几年才被意识到。

提高频率有很多方法，如采用全新的设计、提升电压、提升制程等，但更为简单直接的却是采用超长流水线设计。在此设计中，CPU 的流水线被划分得相当细密，频率提高的空间也相应增大，这就如同更细密的生产流水线拥有更高的效率一样。但是问题在于，流水线步数增加，其延迟和错误率也会增加，最终导致 CPU 效率直线下降，性能反而不佳。

减少流水线步数在近几年中得到了大量的应用，如 Intel 启用了短流水线设计的酷睿 2（Core 2）。通过减少流水线的步数，降低了频率对功耗的影响，使得在相对较低的频率下也能保持较高的性能。同时，减少流水线步数还可以降低延迟和错误率，提高 CPU 效率。

5．其他方法

高级分支预测（Advanced Branch Prediction）：采用多分支预测机制，大幅度提高预测的准确率，缩短任务执行时间，进而降低功耗。

宏指令融合（Macro-Op Fusion）：将两个宏指令归并为一个，实现“两个操作一次执行”，从而加快执行速度，降低功耗。

功耗优化总线（Power Optimized Bus）：根据需要打开或关闭处理器总线，从而降低非使用状态部分总线的能耗。

专属堆栈管理器（Dedicated Stack Manager）：通过设置硬件堆栈管理器，可以明显减少堆栈管理的微操作数，达到降低功耗的目的。

12.4.7 高性能微处理器发展趋势

1．从通用向专用发展

微处理器面向不同的场景特点定制芯片，XPU（即 CPU、GPU、IPU 等）、ASIC、FPGA、DSA 应运而生。

CPU 是最通用的微处理器，指令最为基础，具有最好的灵活性。

GPU（Graphics Processing Unit，图形处理器），本质上是很多小 CPU 核的并行，因此 NP、Graphcore 的 IPU（Intelligence Processing Unit，智能处理器）等都是和 GPU 处于同一层次的微处理器类型。

ASIC（Application Specific Integrated Circuit，专用集成电路）是不可编程的全定制处理器，具有理论上最复杂的“指令”以及最高的性能效率。因为其覆盖的场景非常少，因此需要数量众多的 ASIC，才能覆盖各类场景。

FPGA（Field Programmable Gate Array，现场可编程门阵列）从架构上来说，可以用来实现定制的 ASIC，但因为具有硬件可编程的能力，可以切换到其他 ASIC，有一定的弹性可编程能力。

DSA(Domain Special Architecture，专用领域架构)处理器是接近于 ASIC 的设计，但具有一定程度的可编程性。其应用的领域和场景比 ASIC 要大。

2．从底层到顶层架构优化

从底层到顶层的软件、算法、硬件架构优化能够极大地提升微处理器性能，例如 AMD Zen3 将分离的两块 16MB L3 Cache 合并成一块 32MB L3 Cache，再叠加改进的分支预测、更宽的浮点单元等，使其单核心性能较 Zen2 提升 19%。

3．异构与集成技术应用

苹果 M1 Ultra 芯片的推出表明：利用逐步成熟的 3D 封装、片间互连等技术，使多芯片有效集成，似乎是延续摩尔定律的最佳实现路径。

主流芯片厂商已开始全面布局：Intel 公司已拥有 CPU、FPGA、IPU 产品线，正加大投入 GPU 产品线，推出最新的 Falcon Shores 架构，打磨异构封装技术；NVIDIA 公司则接连发布多芯片模组（Multi-Chip Module，MCM）Grace 系列产品，即将投入量产；AMD 公司收购了赛灵思，预计未来走向 CPU+FPGA 的异构整合。

此外，Intel、AMD、ARM、高通、台积电、三星、日月光、Google 云、Meta、微软等十大行业主要参与者联合成立了 Chiplet 标准联盟，正式推出通用 Chiplet 的高速互连标准通用小芯片互连通道（Universal Chiplet Interconnect Express，UCIe）。

在 UCIe 的框架下，互连接口标准得到统一。各类不同工艺、不同功能的 Chiplet 芯片，有望通过 2D、2.5D、3D 等各种封装方式整合在一起，多种形态的微处理器共同组成超大规模的复杂芯片系统，具有高带宽、低延迟、经济节能的优点。

4．多核提升性能功耗比

多核微处理器把多个微处理器核集成到同一个芯片之上，每个单元的计算性能密度得以大幅提升。同时，原有的外围部件可以被多个 CPU 系统共享，可带来更高的通信带宽和更短的通信延迟，多核微处理器在并行性方面具有天然的优势，通过动态调节电压和频率、负载优化分布等，可有效降低功耗，提升性能。

5．多线程提升总体性能

以多线程提升总体性能，通过复制微处理器上的结构状态，让同一个微处理器上的多个线程同步执行并共享微处理器的执行资源，可以极小的硬件代价获得总体性能和吞吐量的提高。

6．不可逆转的 SoC 集成

由于集成电路集成度不断提高，将一个完整计算机的所有功能模块集成于一个芯片上的片上系统(System-on-a-Chip，SoC)，可以显著降低系统成本和功耗，提高系统可靠性，成为整个半导体行业发展的一个趋势。苹果 M1 并不是传统意义上的 CPU，而是一片 SoC，CPU 采用了 8 个核心，包括 4 个高性能核心和 4 个高能效核心，每个高性能核心都提供出色的单线程任务处理性能，并在允许的范围内将能耗降至最低。

12.5　本章学习指导

Intel 公司生产的 80x86 系列微处理器一直是 PC 的主流 CPU，它的发展就是微型计算机发展的一个缩影，该系列经历了 8086、80286、80386、80486、Pentium 系列等阶段。

80486 在 Intel 32 位微处理器的体系演化过程中，具有承上启下的地位。一方面，它上承

80386，从芯片特征上可看出其将 80386 及运算协处理器 80387、高速缓存集成于一体。另一方面，它下启 Pentium 系列微处理器的基本体系结构，Pentium 系列微处理器涉及微机系统基本工作原理的部分保持了 80486 的逻辑部件及功能。

龙芯、申威、飞腾、鲲鹏、海光、兆芯等是典型的国产微处理器。我国致力于微处理器的自主可控，以减少对外国技术的依赖，并提升国内技术水平。

高性能微处理器新技术包括 Pipeline、RISC、MMX、SIMD、TLP、LPM 等。

本章习题

12-1 简述 80x86 的发展历史。

12-2 以 80486 为例说明 32 位微处理器内部结构由哪几部分组成，阐述各部分的作用。

12-3 80486 的寄存器分为哪几类？分别是什么寄存器？

12-4 为什么 64 位 CPU 主要采用 IA-64 架构和 X86-64 架构？两者有何异同？

12-5 高性能微处理器有哪些新技术？

12-6 名词解释：（1）流水线技术；（2）RISC 技术；（3）多媒体扩展技术；（4）单指令多数据技术。

12-7 如何理解同时多线程技术和单芯片多处理器技术两种线程级并行技术？

12-8 高性能通用微处理器采用哪些低功耗管理技术？

第13章　总线技术

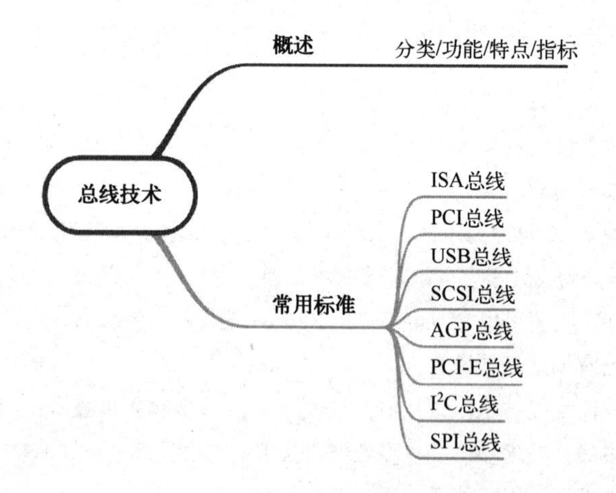

13.1　总线概述

总线是一组公用信号线的集合，是一种在各模块或各设备间传输信息的公共通路。

在微机系统中，利用总线实现芯片内部、印刷电路板各部件之间、机箱内各插件板之间、主机与外设之间或系统与系统之间的连接与通信。总线是构成微机系统的重要技术，总线设计会直接影响整个微机系统的性能、可靠性、可扩展性和可升级性。

1．总线分类

根据总线在系统中所处的位置，按照总线的主要作用和传输性质，可按图 13.1-1 进行分类。

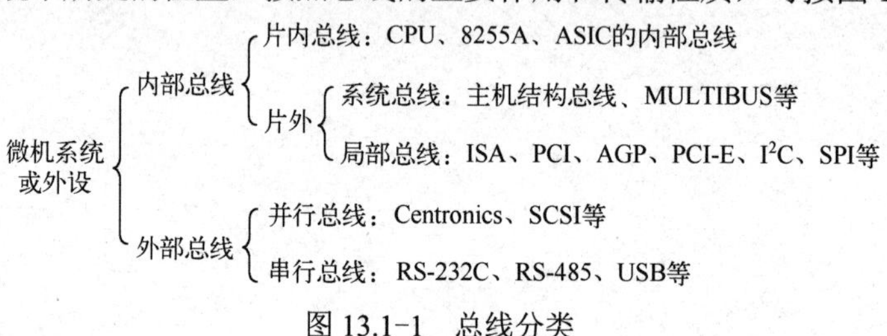

图 13.1-1　总线分类

按照总线长度区分，总线可分为：毫米级芯片内总线、厘米级芯片间总线、分米级机箱内总线（如 ISA、PCI、I^2C 及 SPI 等）、十米级机柜间总线（RS-232C、VXI 等）及千米级现场总线（FF、Profibus 等）。

（1）片内总线

片内总线位于集成电路的内部，用作各功能单元的信息通路。例如，CPU 片内总线是 ALU、寄存器和控制器之间的信息通路。

（2）系统总线

系统总线是指模块式微型计算机机箱内的底板总线，用来连接构成微型计算机的各插件板，它可以是多处理器系统中各 CPU 板之间的通信通道，也可以是用来扩展某块 CPU 板的局部资源，或是总线上所有 CPU 板扩展共享资源之间的通信通道。标准化微机系统总线有 16 位的 MULTIBUS I、STDBUS，32 位的 MULTIBUS II、STD32 和 VME 等。

(3) 局部总线

局部总线用作印制电路板上连接各芯片之间的公共通路，如 CPU 及其支持芯片与其局部资源之间的通道。这些资源包括在板资源、插在板上局部总线扩展槽上的功能扩展板上的资源。例如 PC 系列机中的 ISA、EISA、PCI、AGP、PCI-E、I^2C 及 SPI 等总线标准。

(4) 外部总线

外部总线是相对于微型计算机的机体而言的，它用于微机系统之间、微机系统与外设之间及独立部件与微机系统之间。

外部总线又分为并行总线和串行总线。并行打印机总线 Centronics 就是建立在微机系统与打印机之间的一种标准。串行接口 RS-232C 总线是连接微机系统与调制解调器等设备之间的一种标准，而 RS-485 总线是大多数工业现场总线的标准物理层协议。通用串行总线 USB 是一种快速同步传输的双向串行接口。

2. 总线功能

(1) 数据传输。数据传输功能是总线的基本功能，用总线传输率来表示，即每秒传输的字节数，单位是 MB/s(兆字节/秒)。影响总线传输率的主要因素有总线位宽、时钟频率等。总线传输类型有同步传输和异步传输。

(2) 中断功能。中断是微机系统中实时响应的机制，是微型计算机快速反应的关键。当外设与微型计算机之间建立中断约定时，即占用了微机系统提供的一条中断线路。中断信号线的多少，中断优先级的高低，反映了系统响应多个中断源的能力。

(3) 多外设支持。多个外设共用总线时，总线占用权由总线仲裁器采用一定仲裁策略管理，以确定哪个外设占用总线。多 CPU 系统、DMA 系统都存在总线占用问题。

3. 总线特点

(1) 共享性。共享性表现为总线是一组公共信号线，在总线上挂接多个芯片或部件，并分时享用总线。单根信号线不能称为总线，两个芯片或部件之间的多根信号线也不能称为总线。

(2) 可扩展性。可扩展性表示在总线上的信号线一般具有通用性，像数据总线、地址总线和控制总线都具有通用性，使连接的部件有较强兼容性，方便系统功能模块扩展。

(3) 竞争仲裁。共享必然引起争用，总线在争用的基础上工作，争用处理是总线分时共享的策略。总线设计为争用解决设计算法，合理分配各共享资源的总线占用。

4. 性能指标

(1) 总线位宽。总线位宽指一次可以同时传输的数据位数，小于等于 CPU 的数据位宽。ISA 总线为 16，EISA、PCI 总线为 32。

(2) 总线频率。总线频率指总线工作时每秒内能传输数据的次数。ISA、EISA 总线为 8MHz，PCI 总线为 33MHz。

(3) 总线带宽。总线带宽即总线传输率，指总线每秒能传输的字节数，用 MB/s 表示。

$$\text{总线带宽(总线传输率)} = \text{总线位宽}/8 \times \text{总线频率}$$

如 PCI 总线位宽为 32，总线频率为 33MHz，则

$$\text{总线带宽(总线传输率)} = 32/8 \times 33 = 4 \times 33 = 132\text{MB/s}$$

13.2 常用总线标准

13.2.1 ISA 总线

ISA(Industry Standard Architecture，工业标准体系结构)是 IBM 公司为推出 IBM PC/AT 而

建立的总线标准，故又称 PC/AT 总线。它的前身是 IBM PC/XT 上的 8 位总线扩展槽，也称 AB 槽，有 32 对 62 引脚，ISA 总线在这个基础上增加了一个 18 对 36 个引脚的 CD 槽，因而数据总线扩展到 16 位。从 80286 开始到 Pentium 系列；大多都采用了 ISA 总线标准。

1. ISA 总线特点

ISA 总线用于连接插件板，它以通道形式经过扩充和再驱动，连接到扩充插槽上，扩充插槽固定在系统主板上成为 ISA 总线插槽，每个系统主板上有多个 ISA 总线插槽，满足不同需求和功能的插件板(显示卡、声卡、网卡等)可插入 ISA 总线插槽中。其主要特点如下：

- I/O 空间 0100H～03FFH；
- 24 位地址线(16MB 寻址空间)；
- 总线频率 8MHz，总线传输率 16MB/s；
- 提供 11 个中断请求输入，7 个 DMA 通道；
- 采用单总线结构，数据总线最高 16 位；
- 采用独立请求式的总线裁决，静态优先级算法；
- 数据同步传送；
- 总线频率是系统主板频率的 1/8。

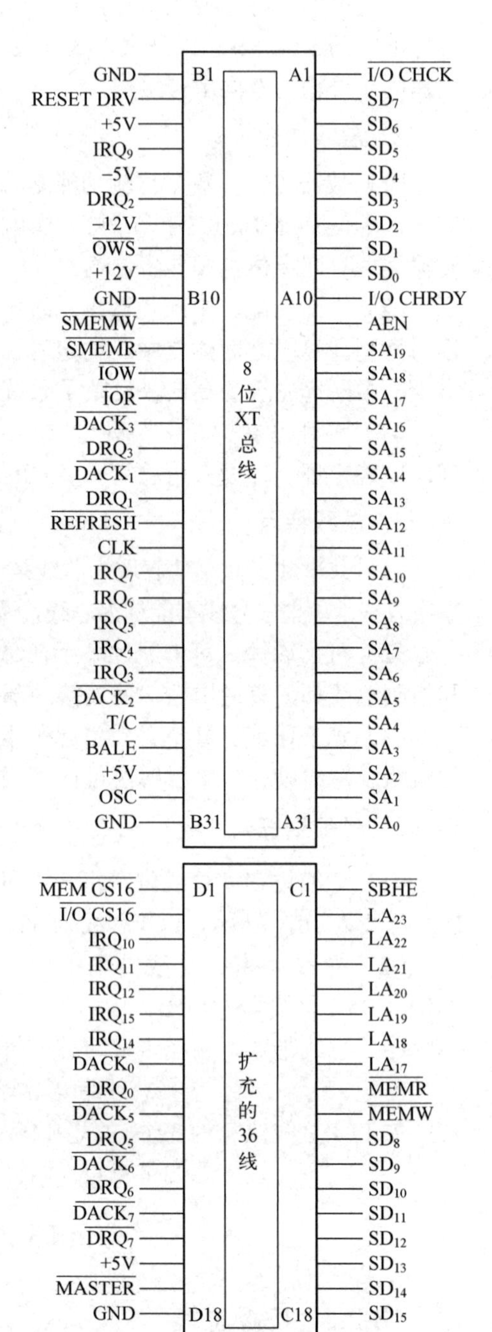

图 13.2-1 ISA 总线信号线

2. ISA 总线信号

ISA 总线共包含 98 根信号线，是在原来 8 位 XT 总线 62 线基础上再扩充 36 线而成的。98 根信号线分为五类：地址线、数据线、控制线、辅助线和电源线，如图 13.2-1 所示。

(1) $SA_{19} \sim SA_0$

地址总线。用于传输存储器和 I/O 端口地址，利用这 20 根地址线再加上 LA_{23}～LA_{17}，就可以对 16MB 的存储空间进行寻址。

(2) $LA_{23} \sim LA_{17}$

非锁定地址总线。这些信号也用于对存储器和 I/O 端口寻址，与 SA_{19}～SA_0 配合，使寻址空间达 16MB。

(3) SD_{15}～SD_0

数据总线。为 CPU、存储器和设外提供 16 位的数据总线。在 I/O 通道上，所有的 8 位外设都使用 SD_7～SD_0 和 CPU 通信，16 位外设则使用 SD_{15}～SD_0。

(4) BALE

地址锁存允许。这个信号由 8288 总线控制器提供，用来锁存 CPU 送来的有效地址和存储器地址译码信号，也可以作为一个新的 CPU 总线周期已开始的标志。

(5) AEN

地址允许。如果处于 DMA 控制周期中，此信号可用来在 DMA 期间禁止 I/O 端口的地址译码。

(6) $\overline{IOR}$ 和 $\overline{IOW}$

$\overline{IOR}$ 为 I/O 读。用来把选中的 I/O 端口的数据读到

数据总线上，在 CPU 启动的 I/O 周期，通过地址线选择 I/O 端口；在 DMA 周期，I/O 设备由 $\overline{\text{DACK}}$ 选择。

$\overline{\text{IOW}}$ 为 I/O 写。用来把数据总线上的数据写入被选中的 I/O 端口，在 CPU 启动的 I/O 周期，通过地址线选择 I/O 端口；该信号由 CPU 或 DMA 控制器产生，经总线控制器 8288 送至总线。

（7）$\overline{\text{SMEMR}}$ 和 $\overline{\text{MEMR}}$

存储器读。有效时，把选中的存储单元中的数据读到数据总线上。$\overline{\text{SMEMR}}$ 仅当存储器译码信号选中低于 1MB 存储空间时才有效，而 $\overline{\text{MEMR}}$ 适用于所有的存储器读周期。

（8）$\overline{\text{SMEMW}}$ 和 $\overline{\text{MEMW}}$

存储器写。有效时，把数据总线上的数据写入到被选中的存储单元。$\overline{\text{SMEMW}}$ 仅当存储器译码信号选中低于 1MB 存储空间时才有效，而 $\overline{\text{MEMW}}$ 适用于所有的存储器写周期。

（9）DRQ_0～DRQ_3 和 DRQ_5～DRQ_7

DMA 请求。用来把外设发出的 DMA 请求，通过系统板上的 DMA 控制器，产生一个 DMA 周期。优先级次序为：DRQ_0 级别最高，DRQ_7 最低。

（10）$\overline{\text{DACK}_0}$～$\overline{\text{DACK}_3}$ 和 $\overline{\text{DACK}_5}$～$\overline{\text{DACK}_7}$

DMA 应答。是对 7 路 DRQ 信号的应答信号。

（11）IRQ_3～IRQ_7，IRQ_9～IRQ_{12}，IRQ_{14} 和 IRQ_{15}

中断请求。AT 系统板上有 2 块 8259A，通过级联可以产生 15 个中断请求信号，除了在系统板上使用的 4 个中断请求信号，还有 11 个中断请求信号没有使用，它们与 AT 总线上的 11 个 IRQ 引脚相连，可以管理 11 级中断。

（12）$\overline{\text{I/O CHCK}}$

通道检查。有效时表明接口插件或系统板存储器出错，它将产生一次不可屏蔽中断。

（13）I/O CHRDY

I/O 通道就绪。该信号受外设或存储器控制，当它为低电平时，表示外设或存储器没有准备好，这时就要插入等待周期，直到外设或者存储器准备就绪为止。此信号变成低电平的时间不能超过 10 个时钟周期。

（14）T/C

DMA 终止计数。该信号是一个正脉冲，表明 DMA 传输的数据已达到其程序预置的字节数，用来结束一次 DMA 数据块传输。

（15）$\overline{\text{REFRESH}}$

刷新信号。用于指示一个存储器刷新周期。当其作为一个输出信号输出低电平时，将启动外部 RAM 的刷新周期；当其作为一个输入信号输入低电平时，将迫使从外设驱动刷新周期。

（16）$\overline{\text{SBHE}}$

总线高字节允许。有效时，表示数据总线上传输的是高位字节（SD_{15}～SD_8）。16 位外设用 $\overline{\text{SBHE}}$ 控制数据总线缓冲器接到高 8 位数据线 SD_{15}～SD_8 上。

（17）$\overline{\text{MASTER}}$

主设备号。该信号和 DRQ 信号一起使用，对系统进行控制。

（18）$\overline{\text{MEM CS16}}$

存储器 16 位芯片选择。

（19）$\overline{\text{I/O CS16}}$

I/O 16 位芯片选择。

（20）OSC

晶体振荡信号。该信号的频率为14.31818MHz，周期为70ns，占空比为1/2；提供给其他的功能部件使用。

（21）$\overline{\text{OWS}}$

零等待状态。该信号有效时，告诉CPU扩展插槽中的设备不要插入任何等待状态就可完成当前的总线周期。

（22）CLK

系统时钟。它是一个频率为6MHz的系统时钟信号，周期为167ns，占空比为1/2，与微处理器的时钟周期同步，该信号仅用作同步信号。

（23）RESET DRV

复位驱动。它在系统上电或过低电压恢复时复位或初始化系统逻辑。

13.2.2 PCI总线

PCI（Peripheral Component Interconnect，外部设备互连）总线是Intel公司为适应Pentium系列微处理器而开发的32位总线。它的总线频率为系统主板时钟频率的1/2，是ISA总线的4倍。当系统主板时钟为66MHz时，PCI总线频率为33MHz，所以最大的总线传输率可达33×4＝ 132MB/s，是ISA总线的24倍。目前个人计算机中所使用的PCI总线通常都是32位的，PCI局部总线支持64位的操作。

PCI总线开放性好，具有广泛的兼容性，能与ISA总线兼容。

1．PCI总线特点

PCI是高总线带宽、与微处理器无关的总线，采用同步时序协议和集中式仲裁策略，具有自动配置能力。它是高速外围总线，又是至关重要的层间总线，将计算机主板上的各层总线“粘合”成一个整体。

PCI局部总线有以下特点：

（1）高总线带宽，最高总线频率为33MHz，有32位和64位两种数据通道；

（2）多总线结构，可与ISA、EISA和MCA微通道等多种总线兼容；

（3）支持Pentium微处理器的成组数据传输方式；

（4）允许多处理器工作，支持总线主控方式，允许多处理器中的任何一个成为总线主控设备，对总线操作进行控制；

（5）具有自动配置能力，配置软件能够自动地根据当前系统的使用状况，分配未被使用的地址和中断，以解决可能出现的冲突；

（6）实现触发级的中断，这种中断支持中断共享；

（7）PCI总线支持高达10个外设，而且其中的某些外设必须嵌入系统主板上。

2．PCI总线结构

在一个微机系统中，HOST总线、PCI总线及遗留扩展总线三种不同类别总线标准共存，所有的PCI总线上的部件都与PCI总线相连，经总线桥再与HOST总线或遗留扩展总线相连。以桥连接的多总线具有较好的可扩充性和兼容性，允许多条总线并行工作。PCI总线结构如图13.2-2所示。

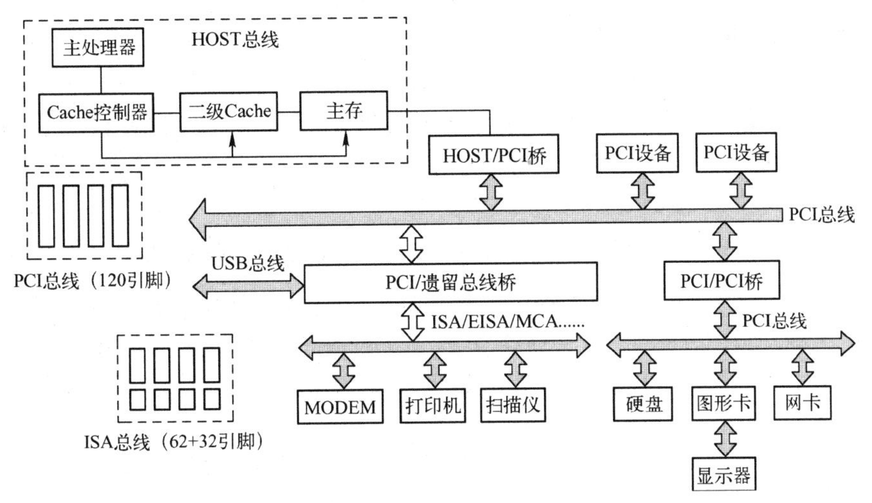

图 13.2-2　PCI 总线结构

HOST 总线，也称 CPU-主存总线，可构成多 CPU 系统。HOST 总线用 HOST/PCI 桥实现与 PCI 总线连接。

PCI 是局部总线，连接着高速 PCI 设备，可以是主设备，也可以是从设备，支持成组传输方式，没有 DMA。总线结构中允许有多条 PCI 总线，通过 PCI/PCI 桥扩展。

遗留扩展 ISA、EISA、MCA 等总线，可实现保留的扩展卡槽使用。遗留扩展总线与 PCI 总线之间有一个 PCI/遗留总线桥，将两个总线连接在一起。

3. PCI 总线信号

32 位的 PCI 总线有 62 对引脚，其中的 2 对用作定位缺口，故实际上有 60 对引脚。它们类似 ISA 分成 AB 两面，但引脚间距比 ISA 要小得多。

如图 13.2-3 所示，PCI 总线信号分为必备和可选两大类，左边的总线信号是 32 位操作必不可少的，右边则多数是扩展为 64 位操作时的信号。可以看出，PCI 局部总线采用了数据/地址复用技术，使得总线引脚大为减少，从而降低了总线设备的制作成本。在 ISA 总线中，地址总线与数据总线分别引出，这是两者的另一个明显差别。

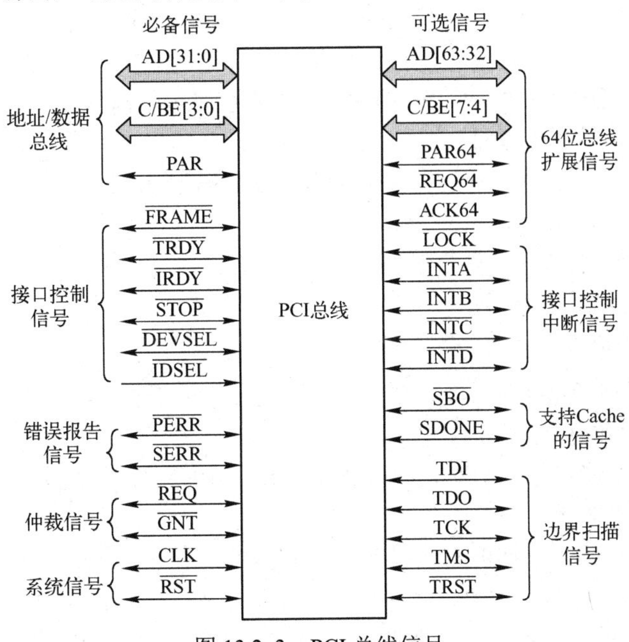

图 13.2-3　PCI 总线信号

（1）总线时钟、复位信号

CLK：系统时钟，输出，时钟频率是 0～33MHz。

$\overline{\text{RST}}$：复位，输入，低电平有效，所有连接到 PCI 总线上的设备都复位。

（2）地址数据线、总线命令、奇偶校验

AD[31:0]：地址与数据复用，双向三态。

C/$\overline{\text{BE}}$[3:0]：命令与字节允许，双向三态。在一个总线周期的数据时间段内，这些线表明总线周期的类型；在一个总线周期的地址时间段，这些线为低电平，表明在数据传输时会涉及 32 位数据总线上的哪些字节。C/$\overline{\text{BE0}}$ 对应第 0 字节(LSB)，C/$\overline{\text{BE3}}$ 则对应第 3 字节(MSB)。

PAR：奇偶校验，双向三态，对 AD_{31}～AD_0 与 C/$\overline{\text{BE3}}$ 上传输的信号做奇偶校验。

（3）帧信号，总线业务

$\overline{\text{FRAME}}$：帧数据，在每个数据传输周期的开始，由现役的 PCI 总线主设备将这个信号置成低电平，当所有的数据传输完毕或传输被中断时，撤销这个信号。或是当前主设备驱动，指示一个总线业务开始，直至结束。

$\overline{\text{IRDY}}$：初始者就绪，写数据时表明数据已在 AD 线上，读数据时表明主设备已为接收数据准备好。

$\overline{\text{TRDY}}$：目标设备就绪，写数据时表明已为接收数据准备好，读数据时表明数据已在 AD 线上。

$\overline{\text{STOP}}$：停止，目标设备要求主设备终止当前数据的传输。

$\overline{\text{LOCK}}$：锁定，指示总线业务不可分割。低电平，表明对指定的 PCI 设备的访问封锁，但是对其他 PCI 设备的访问仍然可以执行。

$\overline{\text{DEVSEL}}$：设备选择，输入，表示某个设备被选中。

IDSEL：预置设备选择，输出，低电平选择配置初始化的设备。

（4）总线请求与授权

$\overline{\text{REQ}}$：总线请求，输入，表示驱动该信号的设备向仲裁方提出请求，这是一个点对点的信号，每一个主设备都有自身的$\overline{\text{REQ}}$，当执行$\overline{\text{RST}}$时都处于高阻禁止状态。

$\overline{\text{GNT}}$：总线授权，输出，表示允许提出申请的设备使用总线。这是一个点对点的信号，每一个主设备都有自身的$\overline{\text{GNT}}$，当执行$\overline{\text{RST}}$时都处于高阻禁止状态。

（5）错误报告

$\overline{\text{PERR}}$：数据奇偶校验报告错，表示检测到数据奇偶校验错。除特殊周期外，其他的 PCI 传输都有数据奇偶错误的报告功能。

$\overline{\text{SERR}}$：系统错误。该信号专门报告地址奇偶错、特殊周期命令中的数据奇偶校检错或者其他任何灾难性的系统错误。

（6）扩充 PCI 地址、数据和命令线

AD[63:32]：扩充地址到 64 位。

C/$\overline{\text{BE[7:4]}}$：总线命令。

$\overline{\text{REQ64}}$：64 位传输请求。

ACK64：64 位传输响应。

PAR64：高双字奇偶校验，即对扩充的 AD 线和 C/$\overline{\text{BE}}$ 线提供奇偶校验。

（7）支持 Cache 的信号

支持 Cache 透写与回写操作的双向控制信号有两条：

$\overline{\text{SBO}}$：试探返回。有效时，表示命中了修改过的一行。

SDONE：监听完成。有效时，表明监听已经结束；无效时，说明监听正在进行。

（8）扩充 PCI 的中断请求信号线

$\overline{INTA}$ ~ $\overline{INTD}$：中断请求信号(仅用于多功能设备)。

中断请求信号在 PCI 中是可选的，并非必备的。这 4 条中断请求信号线均为电平触发，低电平有效，使用开漏方式驱动，同时中断请求信号的建立与撤销是与时钟不同步的。对于单一功能的设备，只能使用 $\overline{INTA}$ 这条线；而对于多功能的设备，4 条线都可以使用，且可以是任意的一条或者任意的几条线，这就为 PCI 板卡的设计提供了很大的灵活性。

（9）扩充 PCI 的边界扫描信号

它用于系统与外部接口，作为系统测试信号输出和输入，包括：

TCK：测试时钟；TDI：测试输入；TDO：测试输出；TMS：测试模式选择；$\overline{TRST}$：测试复位。

13.2.3 USB 总线

USB(Universal Serial Bus，通用串行总线)是由 COMPAQ、DIGITAL EQUIPMENT、IBM、Intel、Microsoft、NEC 等七家公司共同开发的一种外设连接技术，它在传统计算机组织结构的基础上，引入了网络的某些技术，以最终解决和简化微型计算机与设备的连接。

1. USB 总线特点

总线为微型计算机各模块间的通信提供了共享的通道。USB 总线解决了一些相对较慢的设备的 I/O 操作需要，其特点表现在以下几个方面。

（1）共享性：具有广泛的应用性，适应不同的设备，传输率从 kbps 量级到 Mb/s 量级，乃至上百 Mb/s 或 Gb/s 量级，并在同一根电缆上支持同步、异步两种传输模式。

（2）实时性：与 PC 产业的发展相一致，具有简单而完整的协议。实现了现今 PC 所要求的即插即用的体系结构，并与现有的操作系统相适应，不会产生任何冲突。

（3）动态性：其电缆连接和连接头只有单一的模型，电气特性与用户无关。可以自行检测外设，自行进行设备设置和驱动，提供动态连接、动态识别等特性。

（4）联合性：可以对多个设备同时进行操作，最多可接 127 个设备，在主机和设备之间可传输多个数据和报文，并利用底层协议，提高了总线利用率。将设备和主机硬件进行了最优集成，并提供低价的电缆和连接头等，因而也促进了低价设备的发展。

（5）容错性：在协议中规定了出错处理和差错恢复的机制，可以对有缺陷的设备进行认定，对错误的数据进行恢复或报告。

（6）多能性：各个不同的接口可以使用不同的供电模式。

2. USB 总线体系结构

如图 13.2-4 所示为 USB 的树状总线拓扑结构。USB 系统可由 USB 主机控制器(HOST)，根集线器(ROOT HUB)，USB 集线器(HUB)和 USB 设备等部分组成。USB 的物理连接是有层次的星形布局，每个集线器是在星形的中心，只有一个主机。

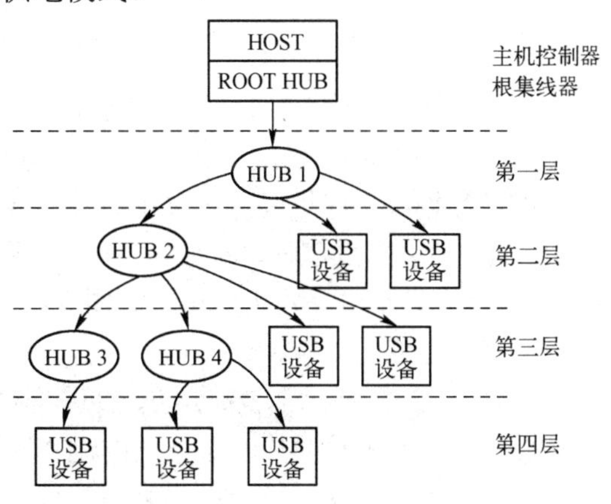

图 13.2-4　USB 的树状总线拓扑结构

USB 的主机控制器(HOST)永远连接在 PC 的 USB 端上，所有连接到 HOST 上的都称为设备，设备与设备之间是无法实现直接通信的，只有通过 HOST 的管理与调节才能够实现数据的互相传输。在系统中，通常会有一个根集线器，这个根集线器一般有两个下行的端口。

USB 设备处于 USB 结构的末端，可以直接接在 PC 上的任意 USB 接口上；也可使用 HUB 扩展，使更多的 USB 设备连接到系统中。HUB 有一个上行端口，有多个下行端口(连接其他的设备)，从而使整个系统可以扩展连接 127 个设备，其中 HUB 也算设备。

USB 是一种轮询方式的总线，在 USB 总线上，主机可以和许多设备同时进行数据传输，主机与设备之间数据通信是垂直分层传输的。图 13.2-5 所示为 USB 总线分层关系，下层为上层提供服务，上层向下层发送所需数据，层与层之间紧密相连；而水平方向上，使用同样的协议和规程，实现同层上的管理。

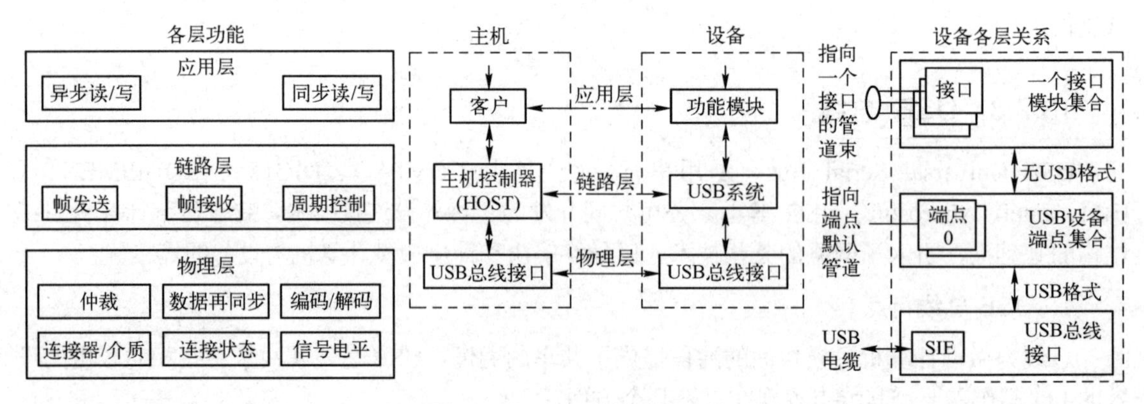

图 13.2-5　USB 总线分层关系

(1) 物理层

物理层总线接口包括机械、电气、功能和规程等定义。

USB 的电缆有 4 根线，USB 插座有两种：A 型和 B 型。如图 13.2-6 所示，其中 2 根接+5V 电源和 GND，提供 USB 设备的工作电源，也可使用自带电源。另外 2 根是数据线，数据线是半双工的，在整个系统中，传输率是一定的，以 USB1.1 为例，要么是高速(12Mb/s)，要么是低速(1.5Mb/s)，没有一个可以中间变速的设备来实现数据码流的变速。连接电缆长度小于 5m。

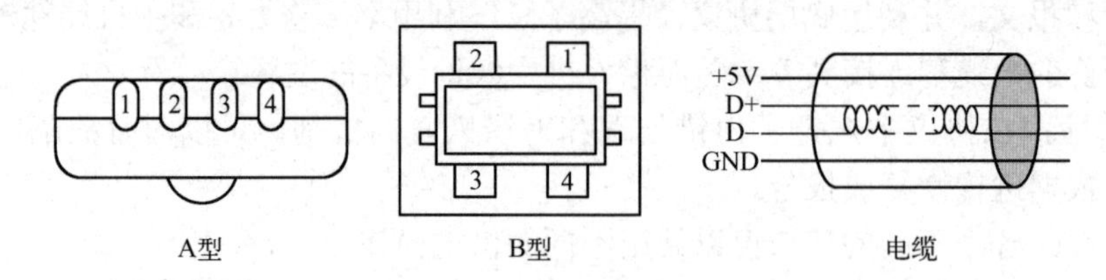

图 13.2-6　USB 接口插座与电缆

主控设备(HOST)或 HUB 的 USB 接口的第 2(D+)、3(D−)引脚与 USB 设备第 2(D−)、3(D+)引脚的定义相反，两条数据线正好组成两对收发信号连接。

USB 采用非归零码(NRZI)，“1”表示不出现电平变化，而“0”表示电平发生变化，如图 13.2-7 所示。

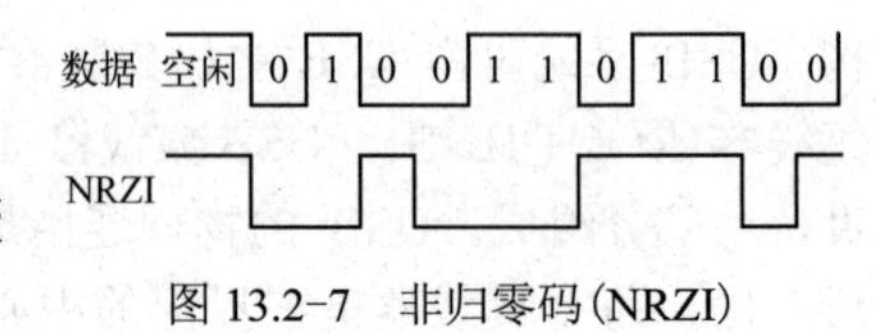

图 13.2-7　非归零码(NRZI)

(2) 链路层

如图 13.2-5 所示，链路层是主机控制器(HOST)系统与 USB 设备之间建立的端点到端点的传输协议，它能接收应用层下达的无 USB 格式的控制命令和数据信息，并将其封装成 USB 格式，发送到物理层；还能接收物理层传输来的 USB 格式的状态帧和数据帧，并将 USB 帧撤封，转换成无 USB 的数据格式，传输给应用层。

端点是一个 USB 设备唯一可确认的部分，它是主机和设备之间的通信流终点。端点可决定端点与客户软件之间通信所需传输的服务类型。利用设备地址和端点号就可唯一指定一个端点。每个 USB 设备都拥有端点 0，低速设备有两个端点，高速设备最多有 16 个端点。

（3）应用层

应用层是用管道进行操作的。一个 USB 管道是设备上的一个端点和主机上的软件的结合体。管道表示经过一个存储器缓冲区和一个设备上的端点，可以在主机和设备之间具有用软件传输数据的能力。管道上有两种互相排斥的管道：无格式的流管道(Stream Pipe)和有格式的信息管道(Message Pipe)。

3. USB 协议帧

USB 协议，即 USB 的传输格式和操作的流程。主控设备负责把 USB 时间分成 1ms 的时间段，称之为“帧”。它是通过以 1ms 的间隔发送帧开始(SOF)的方法来建立帧的，如图 13.2-8 USB 协议帧示例中的帧 0～帧 3。

USB 协议帧通常用来分配总线带宽给不同的数据传输方式。同时由于帧结构的规律性，帧的这种特性也可以用作同步信号。图 13.2-8 给出了 USB 协议帧的示例。

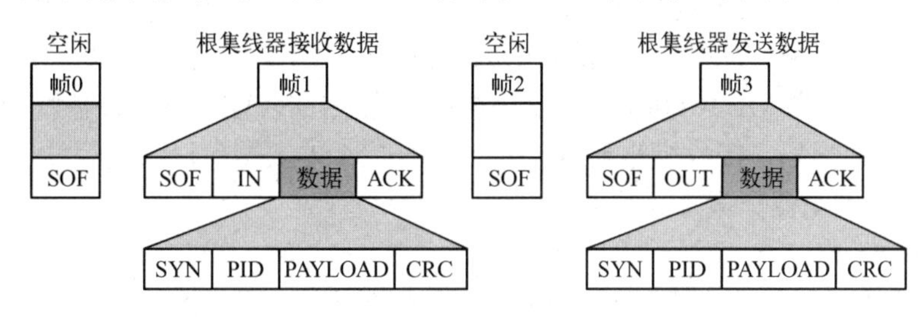

图 13.2-8　USB 协议帧示例

每个 USB 协议帧的 SOF 之后，主机控制器(HOST)可以发送其他的处理信息或数据，也可以处于空闲状态。如果需要发送处理信息或数据时，需要遵循 USB 协议，USB 协议帧由一个或多个分组组成，共有 4 种分组类型：令牌分组、数据分组、挂钩握手分组、特殊分组。

每个 USB 协议帧的每种分组都有专门的分组结构，大多数的分组结构如图 13.2-9 所示，分组由分组标识域(PID)、地址域(ADDR)、端点域(ENDP)和校验域(CRC5)组成，每个分组由 PID 的编码决定。表 13.2-1 所示为 PID 分组命令。PID 由 4 位二进制编码和该 4 位的反码组成，4 位反码是为 PID 域自检验服务的。ADDR 由 7 比特组成 128 个地址。ENDP 由 4 位组成 16 个组，CRC5 采用循环冗余校验码，分令牌 CRC 和数据 CRC 两种。

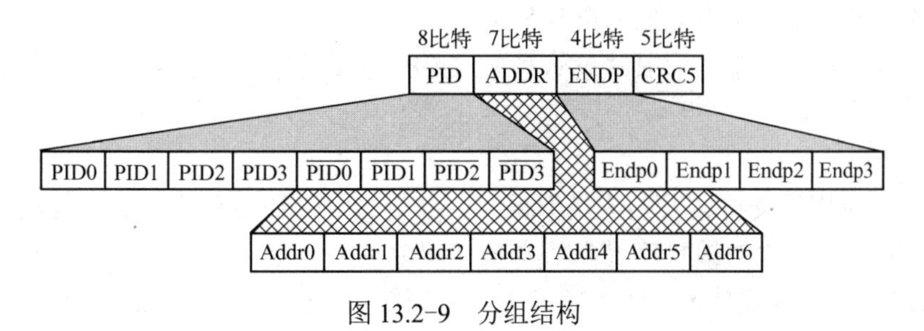

图 13.2-9　分组结构

表 13.2-1　PID 分组命令

分组类型	分组命令	PID[3:0]	说　明
令牌分组	SOF(帧开始)	0101B	帧标记+帧标号开始
	OUT(输出)	0001B	地址+主机中的端点号→USB 设备
	IN(输入)	1001B	地址+USB 的端点号→主机处理
	SETUP(配置)	1101B	地址+主机中的端点号→用于控制端点建立
数据分组	DATA0(数据奇)	0011B	数据分组奇 PID
	DATA1(数据偶)	1011B	数据分组偶 PID
挂钩握手	ACK(已收正确)	0010B	接收器接收到无错分组
	NAK(出错)	1010B	接收器不能接收或发送数据
	STALL(暂停)	1110B	端点被暂停
特殊分组	PRE	1100B	主机发出同步信号，激活至低速设备的下行总线数据流

4．USB 的传输方式

USB 是一种轮询方式的总线，在每次传输开始，主机控制器(HOST)发送一个包括描述传输动作种类、方向、USB 设备地址和端点号的 USB 数据包，这个数据包通常被称为令牌包。USB 设备从解码后的数据包的适当位置取出属于自己的数据。传输开始时，由不同 PID 值来标志数据的传输方向，如 OUT(0001B)表示主机控制器(HOST)向 USB 设备发送数据的方向，然后由发送端发送数据包，接收端也要响应发送一个握手的数据包以表明是否传输成功。

USB 提供了以下 4 种传输方式。

（1）同步传输

USB 同步传输主要传输数据信息，同步传输的数据不具有 USB 定义的格式，使用流管道，单方向传输，同步传输的端点决定数据区的最大长度；同步传输率固定不变，不支持因错而进行的重传，使用同步传输的软件不要求是同步的。主控设备与 USB 设备在发送数据时，只需要使用 DATA0 作为数据分组即可。

（2）中断传输

USB 中断传输用于少量且不经常传输的周期性数据。中断传输采用流管道，无 USB 格式要求，传输的帧长度受限，高速设备最大不超过 64 字节的数据区，低速设备只允许不超过 8 字节的数据区，不够的最大数据区，无须添加字节。中断传输的服务请求可得到保证，对传输的错误可进行重传。

（3）控制传输

USB 控制传输是非周期的、突发的由主机客户软件发起的通信，主要用于传输控制命令和状态信息。它只能用于控制信息管道，并且对于任一个 USB 设备来讲，必须提供一条默认控制管道。这条管道的端点为设备的两个 0 号端点，一个进、一个出(端点都是单向的)，由 USB 系统软件对设备初始化，也可将其理解为建立 USB 逻辑链路，这种通信发生在链路层，用于控制管理。

（4）成批传输

USB 成批传输用于支持突发的大量数据，可获得带宽以访问总线，数据传输使用流管道，无 USB 格式要求，传输的帧长度受限，由批量传输端点决定自身的最大传输帧长度。作为主机控制器(HOST)都必须支持 8、16、32 和 64 字节作为最大长度。如果出错可以重传。

在这 4 种传输方式中，除同步传输外，其他 3 种都必须进行错误校验，在数据传输发生错误时，都会重新发送数据以保证其准确性。

13.2.4 SCSI 总线

SCSI(Small Compute System Interface，小型计算机系统接口)总线是在美国 Shugart 公司开发的，在 SASI 的基础上增加了磁盘管理功能。目前广泛用于微型计算机中主机与光驱、扫描仪、打印机以及像硬盘这样的大容量存储设备的连接，成为一种重要的、极具潜力的总线标准。SCSI 总线有如下主要特点：

① SCSI 是一种低成本的通用多功能的微型计算机与外部设备并行外部总线，当采用异步方式传输 8 位的数据时，传输率可达 1.5MB/s。也可以采用同步传输，传输率达 5MB/s。其下一代 SCSI-2(fast SCSI)的传输率为 10MB/s；Ultra SCSI 的传输率为 20MB/s；Ultra-Wide SCSI(数据为 32 位宽)的传输率高达 40MB/s。

② SCSI 的启动设备(命令别的设备操作的设备)和目标设备(接受请求操作的设备)通过高级命令进行通信，不涉及设备的物理层如磁头、磁道、扇区等物理参数，所以不管是否与磁盘或 CD-ROM 接口，都不必修改硬件和软件，是一种连接很方便的通用接口。它也是一种智能接口，对于多媒体集成接口此标准更重要。

③ 当采用单端驱动器和单端接收器时，电缆可长达 6m；当采用差动驱动器和差动接收器时，电缆可长达 25m。总线上最多可挂接 8 台总线设备(包括适配器和控制器)。但在任何时刻只允许两个总线设备进行通信。目前数据宽度有 8 位和 32 位两种。

13.2.5 AGP 总线

AGP(Accelerated Graphics Port，加速图形端口)总线是 Intel 公司为高性能图形和视频支持而专门设计的一种新型总线。AGP 以 PCI 为基础，但在物理上、电气上和逻辑上独立于 PCI。与 PCI 带有多个连接器(插槽)的真正总线不同，AGP 是专为系统中一块视频卡设计的点到点高性能连接，只有一个 AGP 插槽可以插入单块视频卡。

AGP 是一种高速连接，以 66MHz 的基本总线频率运行(实际为 66.66MHz)，是标准 PCI 的两倍。基本 AGP 模式叫作 1X，每个周期完成一次传输。由于 AGP 总线为 32 位(4 字节)宽，在每秒 6600 万次的条件下传输率约为 266MB/s。原始 AGP 规范也定义了 2X 模式，每个周期完成两次数据传输，传输率达到 533MB/s。

更新的 AGP2.0 规范增加了 4X 传输能力，每个周期完成 4 次数据传输，传输率为 1066MB/s。表 13.2-2 给出了 AGP 工作模式下的总线频率和传输率。

表 13.2-2 AGP 工作模式下的总线频率和传输率

AGP 模式	基本总线频率	有效总线频率	传输率
1X	66MHz	66MHz	266MB/s
2X	66MHz	133MHz	533MB/s
4X	66MHz	266MHz	1066MB/s

由于 AGP 独立于 PCI，使用 AGP 视频卡将省出 PCI 总线用于更多的传统输入/输出，如 IDE/ATA 或 SCSI 控制器、USB 控制器、声卡等。

除了能获得更快的视频性能，Intel 公司设计 AGP 的另一个主要原因是允许视频卡与系统 RAM 直接进行高速连接。这将允许 AGP 视频卡直接对 RAM 进行数据存取，减少了越来越多视频内存的需求。AGP 将使视频卡的传输率能满足高速 3D 图形渲染，以及将来在 PC 上显示全活动视频的需要。

13.2.6 PCI-E 总线

PCI-E(PCI-Express，快速 PCI)总线是 Intel 公司为了全面取代现行的 PCI 和 AGP 总线，最终实现总线标准统一而提出的。其主要优势就是传输率高，目前最高可达到 10GB/s 以上，而且还有相当大的发展潜力。PCI-E 也有多种规格，从 PCI-E 1X 到 PCI-E 16X，能满足现在和将来一定时间内出现的低速设备和高速设备的需求。

PCI-E 采用了目前业内流行的点对点串行连接，比起 PCI 以及更早期的微型计算机总线的共享并行架构，每个设备都有自己的专用连接，不需要向整个总线请求带宽，而且可以把传输率提高到一个很高的水平，达到 PCI 所不能提供的高总线带宽。相对于传统 PCI 总线在单一时间周期内只能实现单向传输，PCI-E 的双单工连接能提供更高的传输率和质量，它们之间的差异跟半双工和全双工类似。

PCI-E 的接口根据总线位宽不同而有所差异，PCI-E 规格从 1 条通道连接到 32 条通道连接，有非常强的伸缩性，以满足不同系统设备对总线带宽的需求。此外，较短的 PCI-E 卡可以插入较长的 PCI-E 插槽中使用，PCI-E 接口还能够支持热插拔。PCI-E 1X 的 250MB/s 传输率已经可以满足主流声效芯片、网卡芯片和存储设备对总线带宽的需求，但是远远无法满足图形芯片对总线带宽的需求。因此，用于取代 AGP 接口的 PCI-E 接口总线位宽为 X16，能够提供 5GB/s 的总线带宽，即便有编码上的损耗，但仍能够提供约为 4GB/s 左右的实际总线带宽，远远超过 AGP 8X 的 2.1GB/s 的总线带宽。

PCI-E 通道规格中，PCI-E 1X 和 PCI-E 16X 已成为主流规格，很多芯片厂商在南桥芯片中添加对 PCI-E 1X 的支持，在北桥芯片中添加对 PCI-E 16X 的支持。除了提供极高总线带宽之外，PCI-E 因为采用串行数据包方式传递数据，所以 PCI-E 接口每个引脚可以获得比传统 I/O 标准更多的总线带宽，这样就可以降低 PCI-E 设备生产成本和体积。另外，PCI-E 也支持高阶电源管理，支持热插拔，支持数据同步传输，为优先传输数据进行总线带宽优化。

13.2.7 I^2C 总线

I^2C(Inter-Integrated Circuit，内置集成电路)总线是 Philips 公司开发的一种双向两线串行总线，以实现集成电路之间的有效控制。目前，Philips 及其他半导体厂商提供了大量的含有 I^2C 总线的接口芯片，I^2C 总线已成为广泛应用的工业标准之一。

(1) I^2C 总线特点

I^2C 总线采用二线制传输，一根是数据线(Serial Data Line，SDA)，另一根是时钟线(Serial Clock Line，SCL)，所有 I^2C 器件都连接在 SDA 和 SCL 上，每一个器件具有一个唯一的地址。

I^2C 总线是一种多主机总线，总线上可以有一个或多个主机(或称主控器件)，总线运行由主机控制。主机是指启动数据的传输(发起始信号)、发出时钟信号、发出终止信号的器件。通常，主机由单片机或其他微处理器担任；被主机访问的器件叫从机(或称被控器件)，可以是其他单片机，或者其他芯片，如 LED 或 LCD 驱动、串行存储器芯片。

I^2C 总线支持多主(Multi-Mastering)和主从(Master-Slave)两种工作方式。多主方式下，I^2C 总线上可以有多个主机。I^2C 总线需通过硬件和软件仲裁来确定主机对总线的控制权；主从工作方式时，系统中只有一个主机，总线上的其他器件均为从机，只有主机能对从机进行读/写访问，因此，不存在总线的竞争等问题。

(2) I^2C 总线工作原理

I^2C 总线是由数据线(SDA)和时钟线(SCL)构成的串行总线，可发送和接收数据。在主机与被控器件之间、器件与器件之间进行双向传输，最高传输率为 100kb/s。各种被控器件均并联在这条总线上，并且都有唯一的地址，在信息的传输过程中，I^2C 总线上并接的每个器件既是主机(或从机)，又是发送器(或接收器)，这取决于它所要完成的功能。主机发出的控制信号分为地址码和控制量两部分，地址码用来选址，即接通需要控制的器件，确定控制的种类；控制量决定该调整的类别及需要调整的量。这样，各器件虽然接在同一条总线上，却彼此独立，互不相关。

I^2C 总线在传输数据过程中共有三种类型的信号：

开始信号：SCL 为高电平时，SDA 由高电平向低电平跳变，开始传输数据。

结束信号：SCL 为高电平时，SDA 由低电平向高电平跳变，结束传输数据。

应答信号：接收数据的器件在接收到 8bit 数据后，向发送数据的器件发出特定的低电平脉冲，表示已收到数据。主机向被控器件发出一个信号后，等待被控器件发出一个应答信号，主机接收到应答信号后，根据实际情况做出是否继续传输信号的判断。若未收到应答信号，则判断为被控器件出现故障。

目前，有很多半导体集成电路上都集成了 I^2C 接口，如存储器、监控芯片等。

13.2.8　SPI 总线

SPI（Serial Peripheral Interface，串行外设接口）总线是 Motorola 公司推出的一种同步串行接口，用于 CPU 与各种外设进行全双工、同步串行通信。SPI 可以同时发送和接收串行数据。它只需 4 条线就可以完成 CPU 与各种外设的通信，这 4 条线是：串行时钟线（SCLK）、主机输入/从机输出数据线（MISO）、主机输出/从机输入数据线（MOSI）、低电平有效从机选择线 $\overline{CS}$。这些外设可以是简单的 TTL 移位寄存器，复杂的 LCD 显示驱动器，A/D 转换器、D/A 转换器或其他的 CPU。

当 SPI 工作时，在移位寄存器中的数据逐位从主机输出引脚（MOSI）输出（高位在前），同时从主机输入引脚（MISO）接收的数据逐位移到移位寄存器（高位在前）。发送一个字节后，从另一个外设接收的字节数据进入移位寄存器中。主 SPI 的时钟信号（SCLK）使传输同步。其典型系统框图如图 13.2-10 所示。

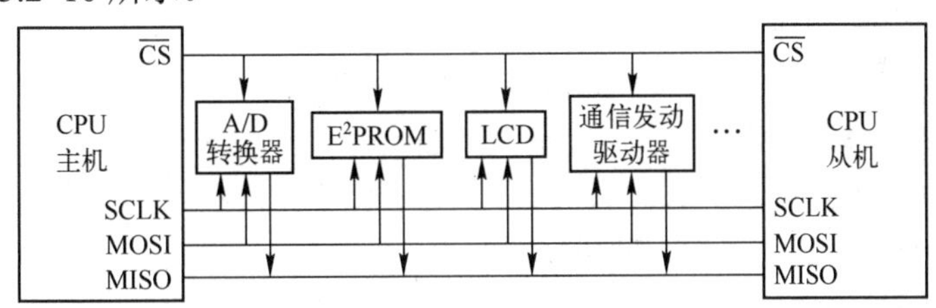

图 13.2-10　典型系统框图

SPI 采用串行通信协议，也就是说数据是一位一位传输的。由 SCLK 提供时钟脉冲，MOSI、MISO 则基于此脉冲完成数据传输。数据在时钟上升沿或下降沿时改变，在紧接着的下降沿或上升沿被读取。这样，经过至少 8 次时钟信号的改变（上升沿和下降沿为一次），就可以完成 8 位数据的传输，具体协议格式如图 13.2-11 所示。

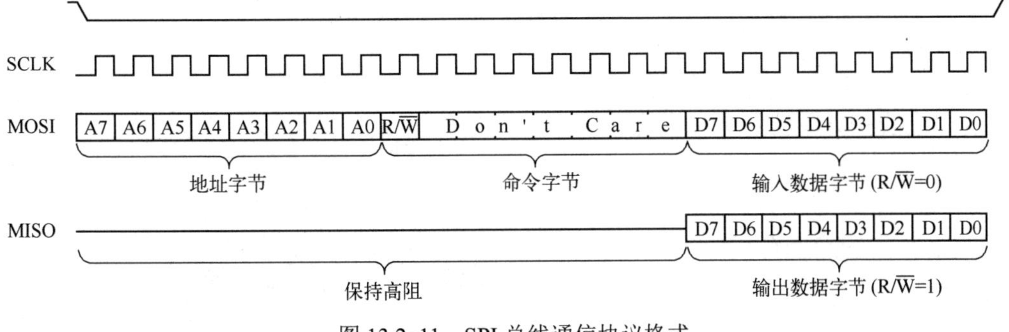

图 13.2-11　SPI 总线通信协议格式

普通的串行通信一次连续传输至少 8 位数据，而 SPI 允许数据一位一位地传输，甚至允许暂停，因为 SCLK 时钟线由主机控制。

当没有时钟跳变时，从机不采集或传输数据，也就是说，主机通过对 SCLK 时钟线的控制可以完成对通信的控制。

因为 SPI 的数据输入线和输出线独立，所以允许同时完成数据的输入和输出，从而实现全双工通信。

二维码 13-1　功成不必在我，功成必定有我

思政案例：见二维码 13-1。

13.3　本章学习指导

总线是一组公用信号线的集合，是一种在各模块或各设备间传输信息的公共通路。根据不同分类方法可以分为片内总线、系统总线、局部总线及外部总线。

常用的总线标准包括 ISA、PCI、USB、SCSI、AGP、PCI-E、I^2C 及 SPI 等。

本章习题

13-1　什么是总线？其特点是什么？

13-2　根据微型计算机系统的不同层次，共有哪几类总线？

13-3　试说明 ISA、PCI 和 USB 总线的主要特点和用途。

13-4　PCI 总线是通过什么与微处理器连接的？

13-5　试说明 PCI 局部总线结构中，遗留总线是通过什么与微处理器连接的。

13-6　什么是 USB 串行总线？

13-7　USB 串行总线是通过什么与微处理器连接的？

13-8　USB 串行总线体系结构分几层？每层的作用是什么？

13-9　SCSI 总线的主要特点是什么？

13-10　试说明微机中采用 AGP 总线的原因。

13-11　请对 I^2C、SPI 两种总线标准进行比较。

第14章 实 验 指 导

14.1 汇编语言基础实验

14.1.1 寻址方式验证

1. 实验目的

掌握 DEBUG 常用基本命令，理解各类寻址方式的特点，并掌握使用方法。

二维码 14-1
DOSBox 的安装与设置

2. 知识点和技能点

8086 的寄存器结构、存储器组织、寻址方式，以及 DEBUG 常用基本命令的使用。

3. 实验预习

二维码 14-2
DEBUG 常用命令和使用

扫描二维码获取阅读材料，学习“DOSBox 的安装与设置”、“DEBUG 常用命令和使用”。

4. 实验任务

利用 DEBUG 相关命令验证以下指令中源操作数的寻址方式。

（1）立即寻址

```
MOV    AX, 1
MOV    BL, 02H
MOV    BH, 34H
```

（2）寄存器寻址

在验证完（1）后，执行

```
MOV    AX, BX
```

（3）直接寻址

令[1000H]=1234H，然后执行

```
MOV    AX, [1000H]
```

（4）寄存器间接寻址

令[1000H]=5678H，执行

```
MOV    SI, 1000H
MOV    AX, [SI]
```

（5）变址寻址

在验证完（4）后执行

```
MOV    BX, 1000H
MOV    AX, [BX+1]
```

（6）基址加变址寻址、相对基址加变址寻址

令[1000H]=AB90H，[10002]=3412H，执行

```
MOV    BX, 1000H
MOV    SI, 1
MOV    AX, [BX+SI]
MOV    CX, [BX+SI+1]
```

5．实验分析

在 DEBUG 中验证以上指令中源操作数的寻址方式：首先要利用 A 命令输入汇编语言指令；对于任务（3）、（4）和（6）需要先用 E 命令修改相关存储单元的内容为指定值，然后用 D 命令观察修改后的值；最后利用 T 命令单步跟踪指令的执行。

6．实验步骤与结果

（1）立即寻址验证结果如图 14.1-1 所示，执行完指令后 AX=0001H，BX=3402H(注意：DEBUG 中十六进制数不加后缀 H)。

注意：不同计算机上段地址可能不同，按实际情况操作即可。

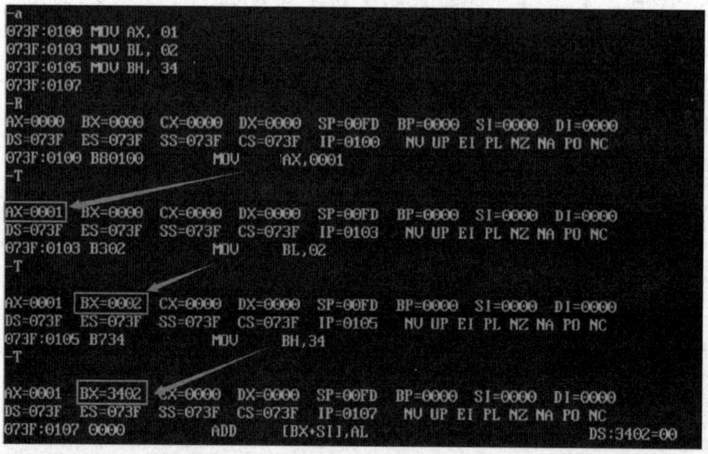

```
-a
073F:0100 MOV AX, 01
073F:0103 MOV BL, 02
073F:0105 MOV BH, 34
073F:0107
-R
AX=0000  BX=0000  CX=0000  DX=0000  SP=00FD  BP=0000  SI=0000  DI=0000
DS=073F  ES=073F  SS=073F  CS=073F  IP=0100   NV UP EI PL NZ NA PO NC
073F:0100 B80100        MOV     AX,0001
-T

AX=0001  BX=0000  CX=0000  DX=0000  SP=00FD  BP=0000  SI=0000  DI=0000
DS=073F  ES=073F  SS=073F  CS=073F  IP=0103   NV UP EI PL NZ NA PO NC
073F:0103 B302          MOV     BL,02
-T

AX=0001  BX=0002  CX=0000  DX=0000  SP=00FD  BP=0000  SI=0000  DI=0000
DS=073F  ES=073F  SS=073F  CS=073F  IP=0105   NV UP EI PL NZ NA PO NC
073F:0105 B734          MOV     BH,34
-T

AX=0001  BX=3402  CX=0000  DX=0000  SP=00FD  BP=0000  SI=0000  DI=0000
DS=073F  ES=073F  SS=073F  CS=073F  IP=0107   NV UP EI PL NZ NA PO NC
073F:0107 0000          ADD     [BX+SI],AL                         DS:3402=00
```

图 14.1-1　立即寻址验证结果

（2）寄存器寻址验证结果如图 14.1-2 所示，执行完指令后 AX=3402H。

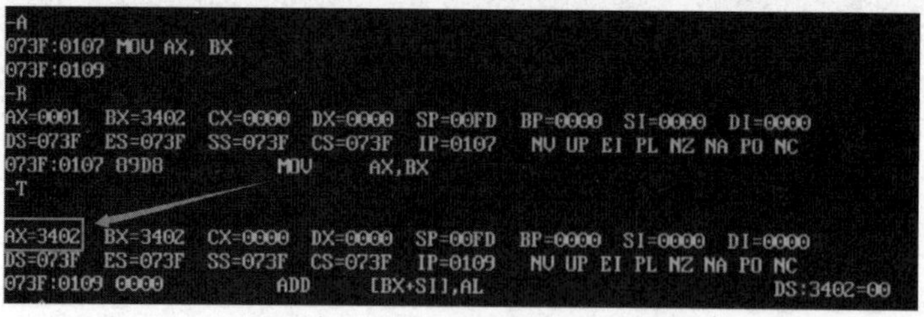

```
-A
073F:0107 MOV AX, BX
073F:0109
-R
AX=0001  BX=3402  CX=0000  DX=0000  SP=00FD  BP=0000  SI=0000  DI=0000
DS=073F  ES=073F  SS=073F  CS=073F  IP=0107   NV UP EI PL NZ NA PO NC
073F:0107 89D8          MOV     AX,BX
-T

AX=3402  BX=3402  CX=0000  DX=0000  SP=00FD  BP=0000  SI=0000  DI=0000
DS=073F  ES=073F  SS=073F  CS=073F  IP=0109   NV UP EI PL NZ NA PO NC
073F:0109 0000          ADD     [BX+SI],AL                         DS:3402=00
```

图 14.1-2　寄存器寻址验证结果

（3）直接寻址验证结果如图 14.1-3 所示，执行完指令后[1000H]=1234H，AX=1234H。

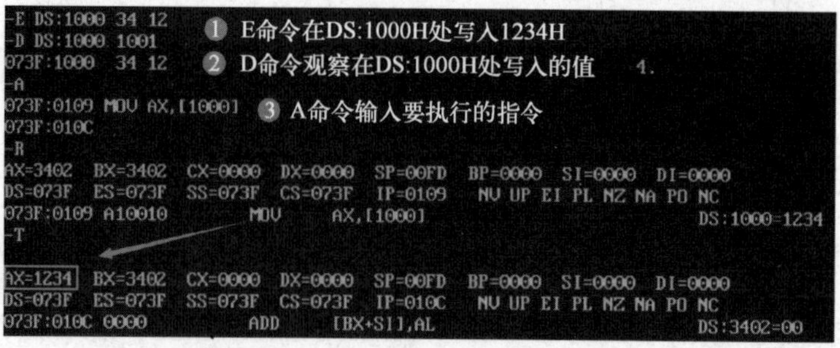

```
-E DS:1000 34 12          ① E命令在DS:1000H处写入1234H
-D DS:1000 1001           ② D命令观察在DS:1000H处写入的值
073F:1000  34 12
-A
073F:0109 MOV AX,[1000]   ③ A命令输入要执行的指令
073F:010C
-R
AX=3402  BX=3402  CX=0000  DX=0000  SP=00FD  BP=0000  SI=0000  DI=0000
DS=073F  ES=073F  SS=073F  CS=073F  IP=0109   NV UP EI PL NZ NA PO NC
073F:0109 A10010        MOV     AX,[1000]                          DS:1000=1234
-T

AX=1234  BX=3402  CX=0000  DX=0000  SP=00FD  BP=0000  SI=0000  DI=0000
DS=073F  ES=073F  SS=073F  CS=073F  IP=010C   NV UP EI PL NZ NA PO NC
073F:010C 0000          ADD     [BX+SI],AL                         DS:3402=00
```

图 14.1-3　直接寻址验证结果

（4）寄存器间接寻址验证结果如图 14.1-4 所示，执行完指令后 SI=1000H，[1000H]= 5678H，AX=5678H。

-E DS:1000 78 56
-D DS:1000 1001
073F:1000 78 56
xV
-A
073F:010C MOV SI, 1000
073F:010F MOV AX,[SI]
073F:0111
-R
AX=1234 BX=3402 CX=0000 DX=0000 SP=00FD BP=0000 SI=0000 DI=0000
DS=073F ES=073F SS=073F CS=073F IP=010C NV UP EI PL NZ NA PO NC
073F:010C BE0010 MOV SI,1000
-T
AX=1234 BX=3402 CX=0000 DX=0000 SP=00FD BP=0000 SI=1000 DI=0000
DS=073F ES=073F SS=073F CS=073F IP=010F NV UP EI PL NZ NA PO NC
073F:010F 8B04 MOV AX,[SI] DS:1000=5678
-T
AX=5678 BX=3402 CX=0000 DX=0000 SP=00FD BP=0000 SI=1000 DI=0000
DS=073F ES=073F SS=073F CS=073F IP=0111 NV UP EI PL NZ NA PO NC
073F:0111 F0 LOCK
073F:0112 027400 ADD DH,[SI+00] DS:1000=78

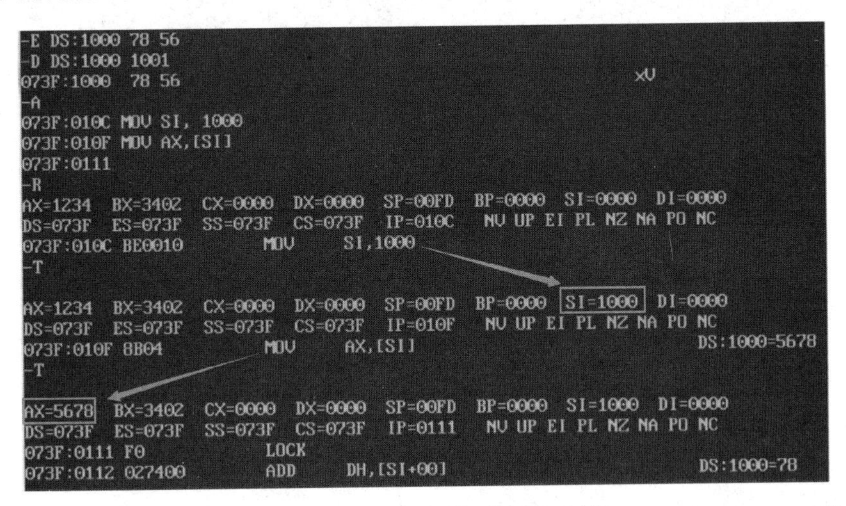

图 14.1-4　寄存器间接寻址验证结果

（5）变址寻址验证结果如图 14.1-5 所示，执行完指令后 BX=1000H，[BX+1]=[1001H]= 0056H，AX=0056H。

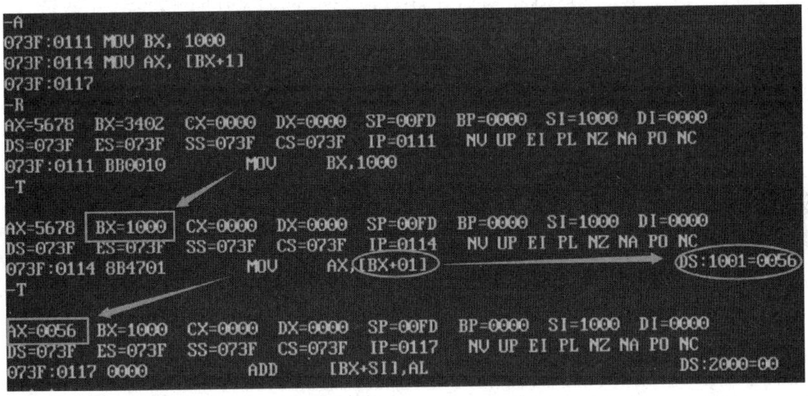

-A
073F:0111 MOV BX, 1000
073F:0114 MOV AX, [BX+1]
073F:0117
-R
AX=5678 BX=3402 CX=0000 DX=0000 SP=00FD BP=0000 SI=1000 DI=0000
DS=073F ES=073F SS=073F CS=073F IP=0111 NV UP EI PL NZ NA PO NC
073F:0111 BB0010 MOV BX,1000
-T
AX=5678 BX=1000 CX=0000 DX=0000 SP=00FD BP=0000 SI=1000 DI=0000
DS=073F ES=073F SS=073F CS=073F IP=0114 NV UP EI PL NZ NA PO NC
073F:0114 8B4701 MOV AX,[BX+01] DS:1001=0056
-T
AX=0056 BX=1000 CX=0000 DX=0000 SP=00FD BP=0000 SI=1000 DI=0000
DS=073F ES=073F SS=073F CS=073F IP=0117 NV UP EI PL NZ NA PO NC
073F:0117 0000 ADD [BX+SI],AL DS:2000=00

图 14.1-5　变址寻址验证结果

（6）如图 14.1-6 所示，用 E 命令修改 DS:1000H 和 DS:1002H 处的内容为 AB90H 和 3412H。基址加变址寻址以及相对基址加变址寻址的验证结果见图 14.1-7(A 命令输入指令部分略)，执行完指令后 BX=1000H，SI=0001H，[BX+SI]= [1001H]=12ABH，[BX+SI+1]= [1002H]= 3412H，AX=12ABH，CX= 3412H。

-E DS:1000 90 AB 12 34
-D DS:1000 1003
073F:1000 90 AB 12 34 ...4

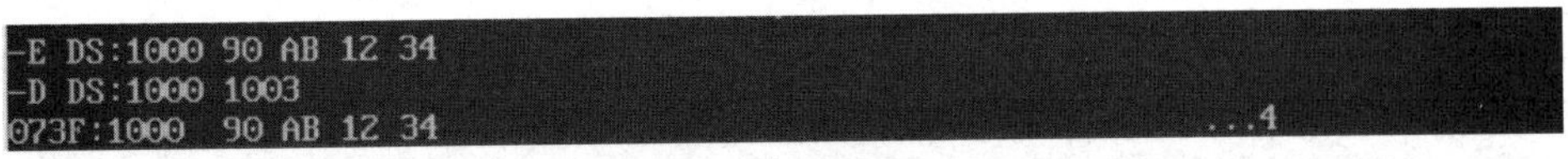

图 14.1-6　E 命令修改 DS:1000H 和 DS:1002H 处的内容

7. 思考题

立即寻址、寄存器寻址方式与其他寻址方式有何本质区别？这些寻址方式中的操作数分别在哪里？

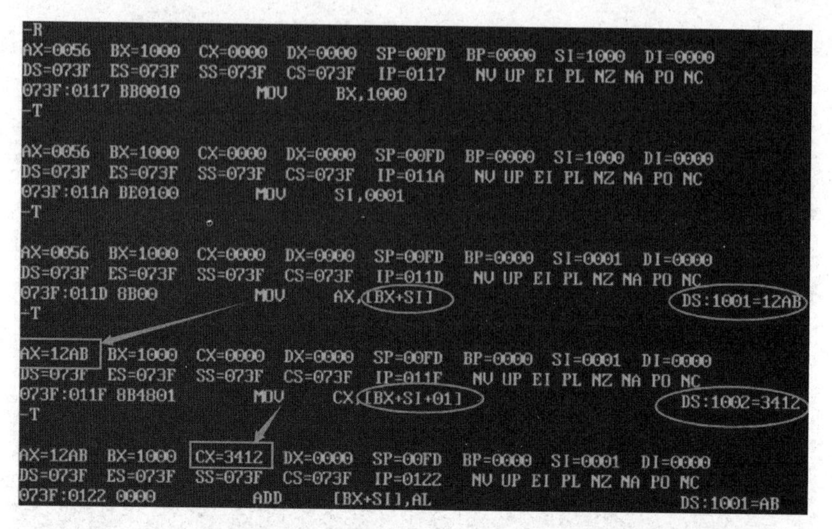

图 14.1-7 基址加变址寻址以及相对基址加变址寻址的验证结果

14.1.2 顺序程序设计实验

1. 实验目的

掌握汇编语言程序设计的一般过程和 DEBUG 跟踪执行程序的方法；掌握汇编语言程序的一般结构，掌握顺序程序设计方法。

2. 知识点和技能点

汇编语言程序的编写、编译、链接和执行，DEBUG 跟踪执行程序，8086 指令系统，源程序结构。

3. 实验预习

扫描二维码获取阅读材料，学习“汇编语言程序编写、编译、链接和执行”等相关内容。

二维码 14-3 汇编语言程序编写、编译、链接和执行

4. 实验任务

编写程序将双字型变量 VAR1 与 VAR2 相加，结果保存在 VAR1 中。用 DEBUG 跟踪执行程序，并分析结果。

5. 实验分析

首先需要在数据段中定义变量 VAR1 和 VAR2。双字型变量相加时必须分成两部分，高 16 位相加时，要用带进位的加法，把 D_{15} 位(最低位为 D_0 位)相加产生的进位加上。另外由于这两个变量是双字型的，在访问时需要使用 PTR 伪指令。

【参考程序 14.1-1】

```
DATA    SEGMENT
        VAR1    DD   12344321H              ;变量 VAR1 和 VAR2 存放 2 个双字数据
        VAR2    DD   56788765H
DATA    ENDS
CODE    SEGMENT
        ASSUME   CS:CODE, DS:DATA
START: MOV    AX, DATA
```

```
        MOV   DS, AX
        MOV   AX, WORD PTR VAR1          ;取变量 VAR1 的低 16 位 4321H
        ADD   AX, WORD PTR VAR2          ;与变量 VAR2 的低 16 位 8765H 相加
        MOV   WORD PTR VAR1, AX          ;相加结果送回变量 VAR1 的低 16 位
        MOV   AX, WORD PTR VAR1 + 2      ;取变量 VAR1 的高 16 位 1234H
        ADC   AX, WORD PTR VAR2 + 2      ;与变量 VAR2 的高 16 位 5678H 进行
                                         ;带进位的相加
        MOV   WORD PTR VAR1 + 2, AX      ;相加结果送回变量 VAR1 的高 16 位
        MOV   AH, 4CH
        INT   21H
CODE    ENDS
        END   START
```

6. 实验步骤与结果

（1）输入源程序，然后进行编译、链接，利用 DEBUG 跟踪执行程序，使用 U 命令得到图 14.1-8 所示参考程序 14.1-1 的反汇编结果。

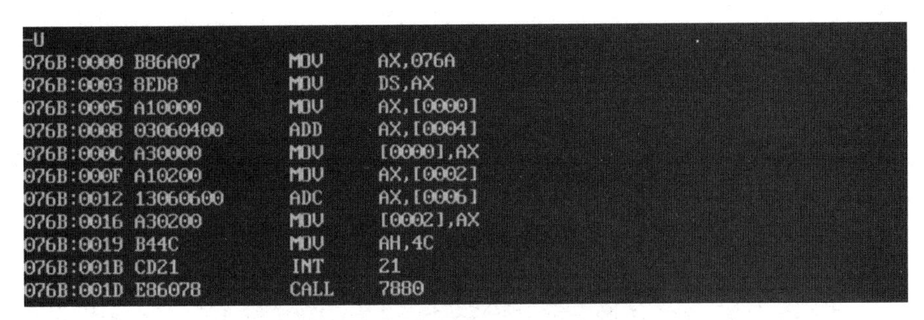

```
-U
076B:0000 B86A07        MOV     AX,076A
076B:0003 8ED8          MOV     DS,AX
076B:0005 A10000        MOV     AX,[0000]
076B:0008 03060400      ADD     AX,[0004]
076B:000C A30000        MOV     [0000],AX
076B:000F A10200        MOV     AX,[0002]
076B:0012 13060600      ADC     AX,[0006]
076B:0016 A30200        MOV     [0002],AX
076B:0019 B44C          MOV     AH,4C
076B:001B CD21          INT     21
076B:001D E86078        CALL    7880
```

图 14.1-8　参考程序 14.1-1 的反汇编结果

观察图 14.1-8 并思考：

参考程序 14.1-1 代码段第 3 条指令“MOV AX, WORD PTR VAR1”在图中为什么变成了“MOV AX, [0000]”？

“MOV AX, [0000]”表示将数据段中第 1 个字数据送入 AX，而在参考程序 14.1-1 的数据段定义的第 1 个变量 VAR1 是双字型变量，前面加上“WORD PTR”表示此处将 VAR1 作为字类型使用，对应变量 VAR1 低 16 位的字数据，即数据段的第 1 和第 2 个字节。在编译、链接后，汇编程序（MASM）将源程序中的“MOV AX, WORD PTR VAR1”转换成了“MOV AX, [0000]”。

变量名其实就是一个符号，有段地址和偏移地址，变量 VAR1 的段地址就是 DATA，即数据段段地址(这里是 076AH)，其偏移地址为 0000H，所以“MOV AX, WORD PTR VAR1”和“MOV AX, [0000]”都是把数据段中偏移地址为 0000H 的字数据送入 AX，都属于直接寻址。

类似地，VAR2 是数据段中偏移地址从 0004H 开始的双字型变量，所以参考程序 14.1-1 中的“ADD AX, WORD PTR VAR2”被转换成了图 14.1-8 中的“ADD AX, [0004]”。

在了解了数据段中变量地址的表示后，读者可能会有这样的疑问：怎样才能看到数据段的内容，比如 VAR1 和 VAR2 的值呢？

从图 14.1-8 的第 1 条指令可知数据段的段地址是 076AH，要观察变量 VAR1 和 VAR2 的初值，可以用“d 076A: 0000 0007”。如图 14.1-9 所示，观察参考程序 14.1-1 数据段的内容，前 4 个字节是 VAR1 的值，后 4 个字节是 VAR2 的值。注意：多字节数据是按小尾顺序存放的。接着用 R 命令观察到程序执行前 DS 的值为 075AH。

```
-D 076A:0000 0007
076A:0000  21 43 34 12 65 87 78 56                          !C4.e.xV
-R
AX=FFFF  BX=0000  CX=002D  DX=0000  SP=0000  BP=0000  SI=0000  DI=0000
DS=075A  ES=075A  SS=0769  CS=076B  IP=0000   NV UP EI PL NZ NA PO NC
076B:0000 B86A07         MOV     AX,076A
```

图 14.1-9　观察参考程序 14.1-1 数据段的内容

（2）用“g CS:0005”，如图 14.1-10 所示，程序执行到“MOV AX, [0000]”（此语句尚未执行，而是即将要执行），即参考程序 14.1-1 中的“MOV AX, WORD PTR VAR1”。此时执行完了参考程序 14.1-1 代码段的第 1 条和第 2 条指令，可以发现“DS=076A”，说明数据段的段地址已经正确装入。图 14.1-10 右下角中给出“DS:0000”处存放的字数据正是 4321H，即 VAR1 的低 16 位。

```
-G CS:0005

AX=076A  BX=0000  CX=002D  DX=0000  SP=0000  BP=0000  SI=0000  DI=0000
DS=076A  ES=075A  SS=0769  CS=076B  IP=0005   NV UP EI PL NZ NA PO NC
076B:0005 A10000         MOV     AX,[0000]                     DS:0000=4321
```

图 14.1-10　程序执行到“MOV AX, [0000]”

（3）用“g CS:0019”，使程序执行到“MOV AH, 4C”，接下来的指令的作用是返回操作系统，其实程序的功能到这里已经完成了。此时用“d ds:0000 0007”观察程序执行之后数据段中定义的变量 VAR1 和 VAR2 的值。图 14.1-11 给出了参考程序 14.1-1 执行之后的运算结果，运算结果在 VAR1 中，值为 68ACCA86H。

```
-G CS:0019

AX=68AC  BX=0000  CX=002D  DX=0000  SP=0000  BP=0000  SI=0000  DI=0000
DS=076A  ES=075A  SS=0769  CS=076B  IP=0019   NV UP EI PL NZ NA PE NC
076B:0019 B44C           MOV     AH,4C
-D DS:0000 0007
076A:0000  86 CA AC 68 65 87 78 56                          ...he.xV
```

图 14.1-11　参考程序 14.1-1 执行之后的运算结果

7．思考题

如果要将变量 VAR1 中的 4 位压缩 BCD 码与 VAR2 中的 4 位压缩 BCD 码相加，结果保存在 VAR1 中，其中 VAR1 和 VAR2 定义如下：

```
    VAR1   DB 34H, 67H
    VAR2   DB 78H, 12H
```

请编写程序，并用 DEBUG 观察分析程序执行的结果。

14.1.3　分支程序设计实验

1．实验目的

掌握分支程序设计的方法；掌握转移类指令的使用方法。

2．知识点和技能点

8086 指令系统、源程序结构、汇编语言程序设计的一般过程、条件转移指令，以及分支程序设计的基本方法。

3．实验预习

复习第 4 章有关条件转移指令的格式、功能，以及分支程序的设计方法。

4．实验任务

已知 X 和 Y 是无符号字节数，编写程序计算分段函数 $Y=\begin{cases}3X, & X<20\\ X-20, & X\geqslant 20\end{cases}$。用 DEBUG

跟踪执行程序，并分析结果。

5. 实验分析

本实验是典型的分支程序问题，适合用比较指令和条件转移指令实现，相应的流程图见图 14.1-12。注意：要用无符号数的条件转移指令和无符号数的乘法运算指令。字节型乘法结果默认在 AX 中，而本实验中显然不管哪个分支的结果都不会超过 1 个字节无符号数的最大值 255，所以只需要读出 AL 中的内容送 *Y* 即可。

图 14.1-12 分支程序设计实验的程序流程图

6. 实验步骤

（1）编写汇编语言源程序（见参考程序 14.1-2），然后进行编译、链接，得到可执行程序。

【参考程序 14.1-2】

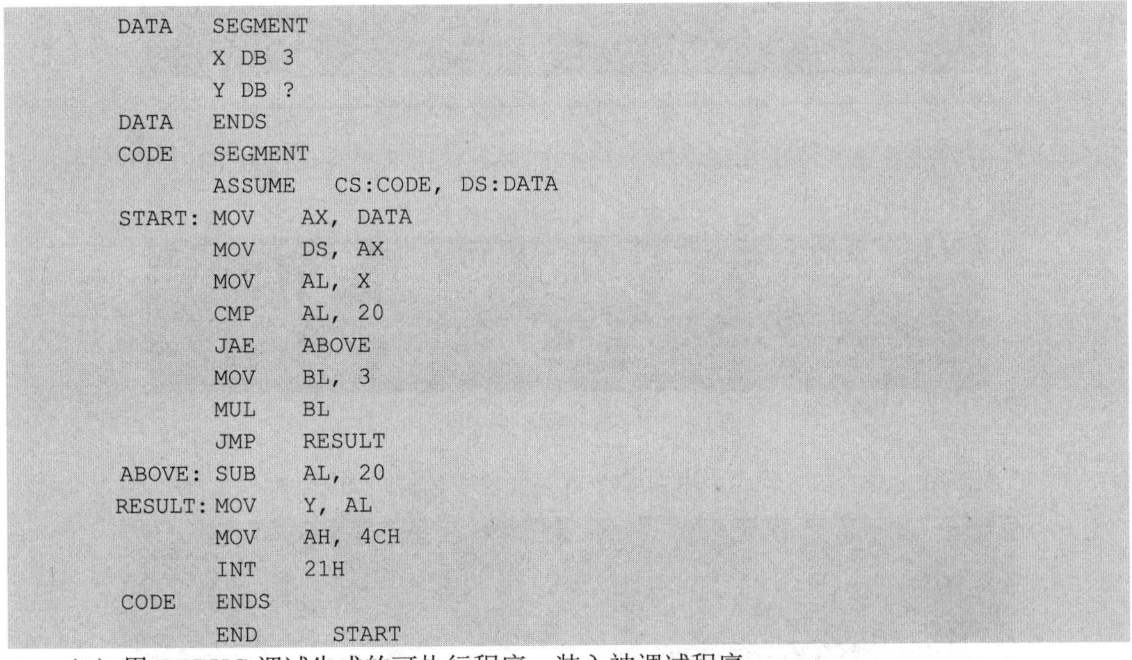

```
DATA    SEGMENT
        X DB 3
        Y DB ?
DATA    ENDS
CODE    SEGMENT
        ASSUME   CS:CODE, DS:DATA
START:  MOV    AX, DATA
        MOV    DS, AX
        MOV    AL, X
        CMP    AL, 20
        JAE    ABOVE
        MOV    BL, 3
        MUL    BL
        JMP    RESULT
ABOVE:  SUB    AL, 20
RESULT: MOV    Y, AL
        MOV    AH, 4CH
        INT    21H
CODE    ENDS
        END      START
```

（2）用 DEBUG 调试生成的可执行程序，装入被调试程序：

① 用 U 命令查看参考程序 14.1-2 的反汇编结果，如图 14.1-13 所示，记录代码段和数据段的段地址（图中分别为 076BH 和 076AH）；

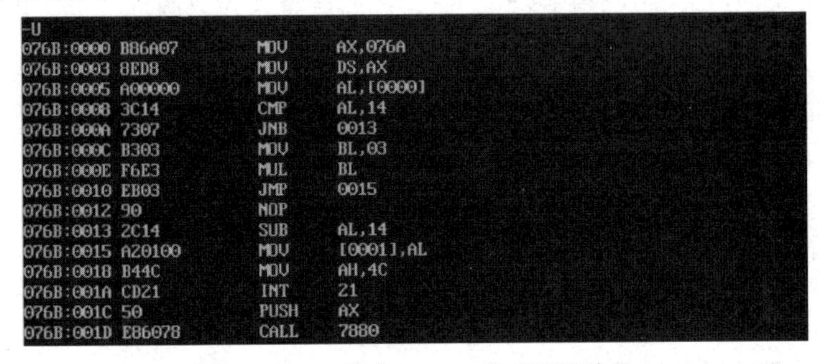

```
-U
076B:0000 B86A07        MOV     AX,076A
076B:0003 8ED8          MOV     DS,AX
076B:0005 A00000        MOV     AL,[0000]
076B:0008 3C14          CMP     AL,14
076B:000A 7307          JNB     0013
076B:000C B303          MOV     BL,03
076B:000E F6E3          MUL     BL
076B:0010 EB03          JMP     0015
076B:0012 90            NOP
076B:0013 2C14          SUB     AL,14
076B:0015 A20100        MOV     [0001],AL
076B:0018 B44C          MOV     AH,4C
076B:001A CD21          INT     21
076B:001C 50            PUSH    AX
076B:001D E86078        CALL    7880
```

图 14.1-13 程序 14.1-2 的反汇编结果

② 如图 14.1-14 所示，用 D 命令查看程序执行前变量 *X* 和 *Y* 的值，可以看到 *X*=03H，*Y*=00H(注意：DEBUG 中十六进制数不加后缀 H)；

-D 076A:0000 0001
076A:0000 03 00

图 14.1-14　用 D 命令查看程序执行之前变量 *X* 和 *Y* 的值

③ 用 G 命令执行程序；

④ 如图 14.1-15 所示，用 D 命令查看程序执行之后变量 *X* 和 *Y* 的值。发现 *Y* 变成了 09H，第 1 个分支执行结果正确。

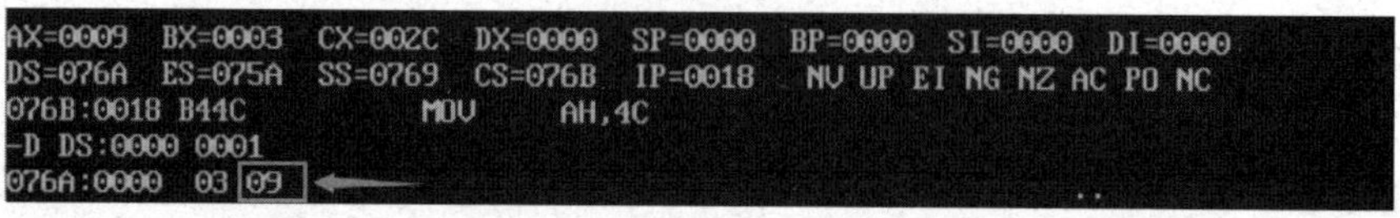

AX=0009 BX=0003 CX=002C DX=0000 SP=0000 BP=0000 SI=0000 DI=0000
DS=076A ES=075A SS=0769 CS=076B IP=0018 NV UP EI NG NZ AC PO NC
076B:0018 B44C MOV AH,4C
-D DS:0000 0001
076A:0000 03 09

图 14.1-15　用 D 命令查看程序执行之后变量 *X* 和 *Y* 的值

（3）测试第 2 个分支

① 如图 14.1-16 所示，用 E 命令修改变量 *X* 的值，测试第 2 个分支(不需要退出 DEBUG)。

-E DS:0000 14
-D DS:0000 0001
076A:0000 14 09
① E命令修改变量X的值为14H，即20
② D命令查看修改后的变量值

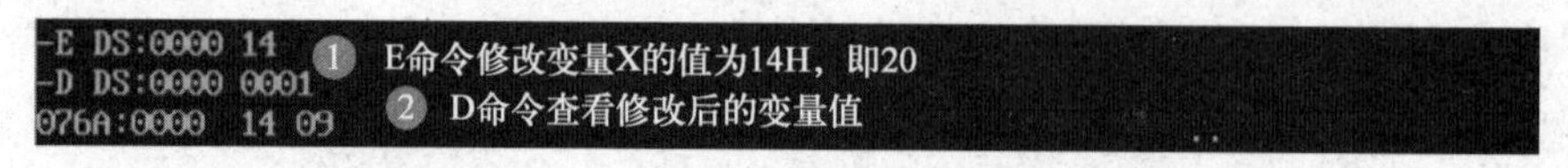

图 14.1-16　用 E 命令修改变量 *X* 的值

② 当前程序已经执行到最后了，如图 14.1-17 所示，用 R 命令修改 IP 的值为 0000H，回到第 1 条指令处重新运行程序。

-R IP
IP 0018
:0000
-R
AX=0009 BX=0003 CX=002C DX=0000 SP=0000 BP=0000 SI=0000 DI=0000
DS=076A ES=075A SS=0769 CS=076B IP=0000 NV UP EI NG NZ AC PO NC
076B:0000 B86A07 MOV AX,076A
① 用R命令把当前IP的值修改为0，程序回到第一条指令，重新执行。

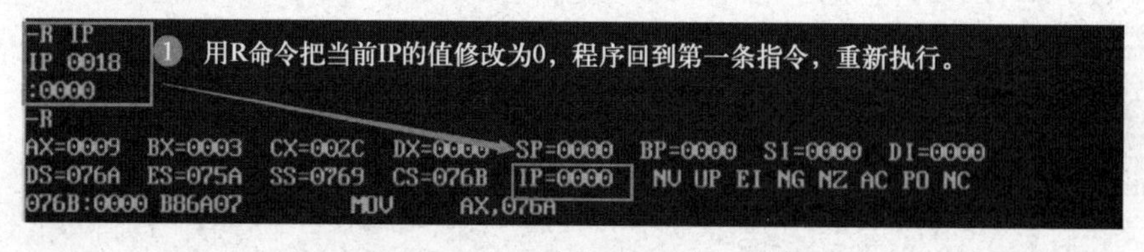

图 14.1-17　用 R 命令修改 IP 的值

③ 再次使用 G 命令执行程序，用 D 命令观察变量 *Y* 的值，如图 14.1-18 所示。

-G CS:0018
AX=0700 BX=0003 CX=002C DX=0000 SP=0000 BP=0000 SI=0000 DI=0000
DS=076A ES=075A SS=0769 CS=076B IP=0018 NV UP EI PL ZR NA PE NC
076B:0018 B44C MOV AH,4C
-D DS:0000 0001
076A:0000 14 00
Y=X-20即Y=X-14H

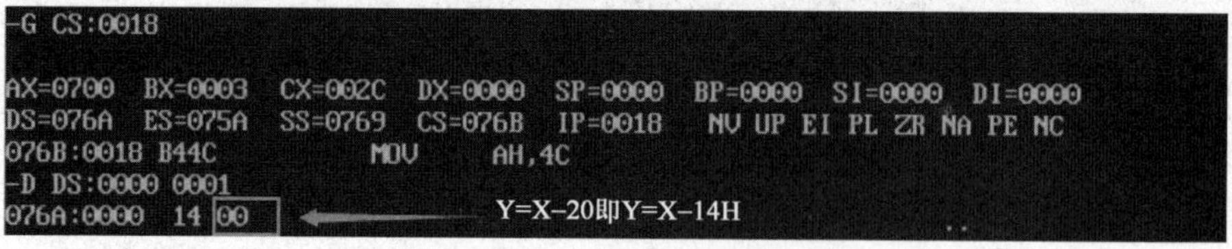

图 14.1-18　D 命令观察变量 *Y* 的值

测试第 2 个分支时，如果不使用步骤①～②，而是直接修改源程序中变量 *X* 的值，也是可以的，但是需要重新对源程序进行编译、链接，生成可执行程序。

7. 思考题

如果 *X* 和 *Y* 是有符号字节数，程序应该如何修改？

14.1.4　循环程序设计实验

1. 实验目的

熟练掌握计数控制的循环程序的设计方法和调试方法。

2．知识点和技能点

8086 指令系统、源程序结构、汇编语言程序设计的一般过程和循环程序设计。

3．实验预习

复习第 4 章中有关循环指令和循环程序的相关内容。

4．实验任务

请编写程序对给定的若干个字符进行分类统计，统计数字字符、英文字母(包括大小写)、其他字符的个数，分别存放于变量 NUM、LET 和 OTH 中。

5．实验分析

数字字符、英文字符和其他字符都是用 ASCII 码表示的，见附录 B。'0' ～ '9' 的 ASCII 码为 30H～39H，'A' ～ 'Z' 的 ASCII 码为 41H～5AH，而 'a' ～ 'z' 的 ASCII 码为 61H～7AH。本实验的关键就是要判断一个字符对应的 ASCII 码属于哪个范围。对应程序的流程图见图 14.1-19。注意，此任务中要用无符号数的条件转移指令。

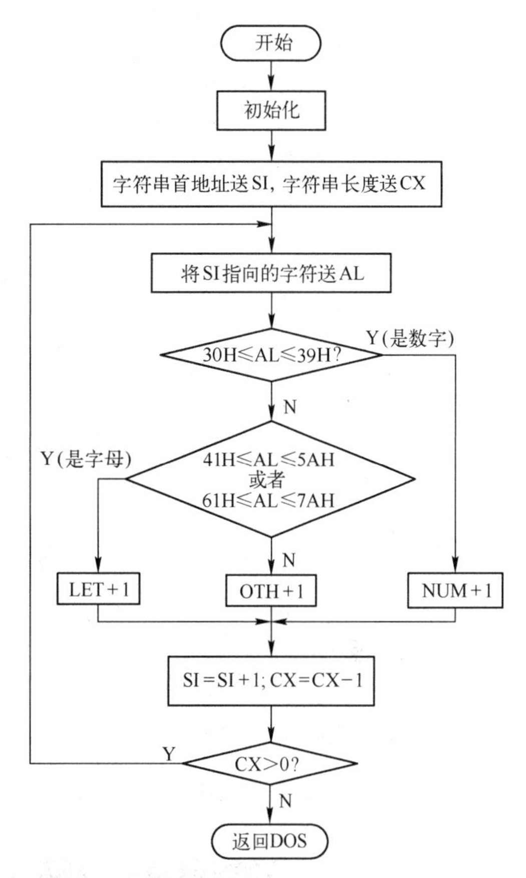

图 14.1-19　循环程序设计实验的程序流程图

【参考程序 14.1-3】

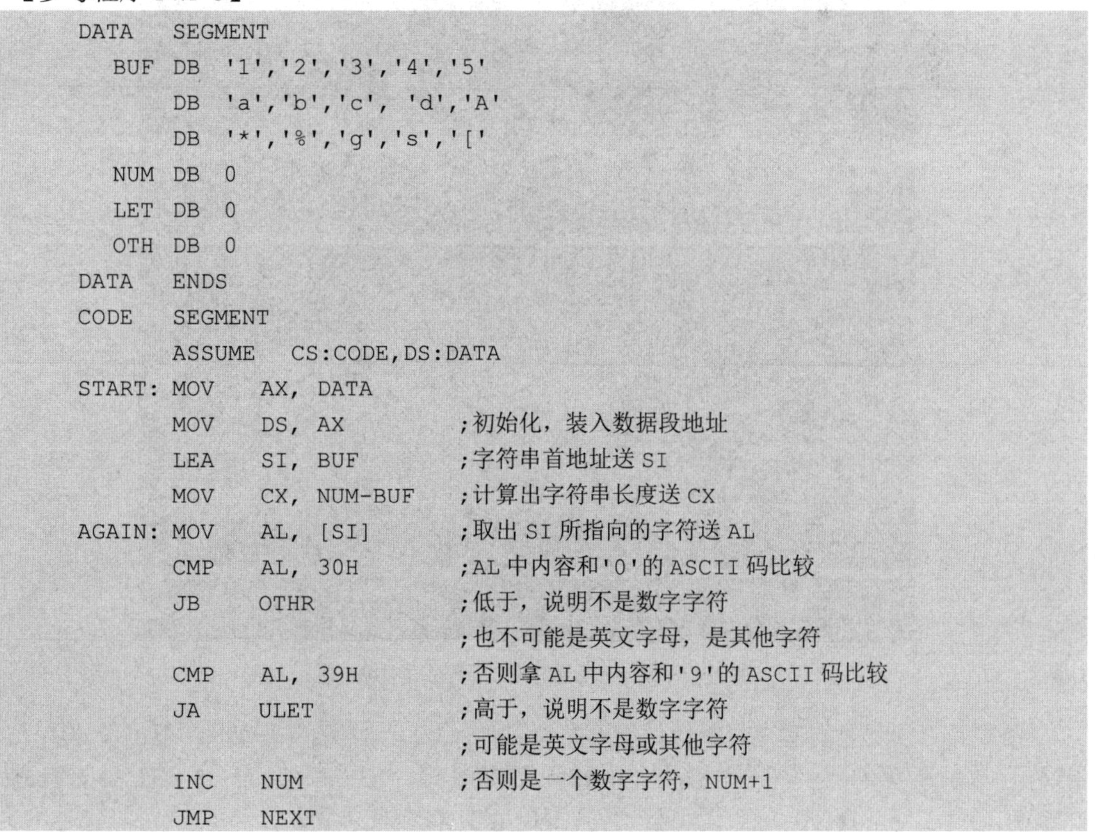

```
DATA    SEGMENT
   BUF DB  '1','2','3','4','5'
       DB  'a','b','c', 'd','A'
       DB  '*','%','g','s','['
   NUM DB  0
   LET DB  0
   OTH DB  0
DATA    ENDS
CODE    SEGMENT
        ASSUME   CS:CODE,DS:DATA
START: MOV    AX, DATA
       MOV    DS, AX            ;初始化，装入数据段地址
       LEA    SI, BUF           ;字符串首地址送 SI
       MOV    CX, NUM-BUF       ;计算出字符串长度送 CX
AGAIN: MOV    AL, [SI]          ;取出 SI 所指向的字符送 AL
       CMP    AL, 30H           ;AL 中内容和'0'的 ASCII 码比较
       JB     OTHR              ;低于，说明不是数字字符
                                ;也不可能是英文字母，是其他字符
       CMP    AL, 39H           ;否则拿 AL 中内容和'9'的 ASCII 码比较
       JA     ULET              ;高于，说明不是数字字符
                                ;可能是英文字母或其他字符
       INC    NUM               ;否则是一个数字字符，NUM+1
       JMP    NEXT
```

```
ULET:  CMP    AL, 41H         ;否则拿 AL 中内容和'A'比较
       JB     OTHR            ;低于，说明是其他字符
       CMP    AL, 5AH         ;否则拿 AL 中内容和'Z'比较
       JA     LLET            ;高于，说明可能是小写英文字母或其他字符
       INC    LET             ;否则是一个大写英文字母，LET+1
       JMP    NEXT
LLET:  CMP    AL, 61H         ;否则拿 AL 中内容和'a'比较
       JB     OTHR            ;低于，说明是其他字符
       CMP    AL, 7AH         ;否则拿 AL 中内容和'z'比较
       JA     OTHR            ;高于，说明是其他字符
       INC    LET             ;否则是一个小写英文字母，LET+1
       JMP    NEXT
OTHR:  INC    OTH
NEXT:  INC    SI              ;取下一个字符
       LOOP   AGAIN
       MOV    AH, 4CH
       INT    21H             ;程序结束
CODE   ENDS
       END    START
```

6. **实验结果**

（1）连续用 3 次 U 命令(目的是找到程序最后一条指令所在的位置)，观察参考程序 14.1-3 的反汇编结果，见图 14.1-20。

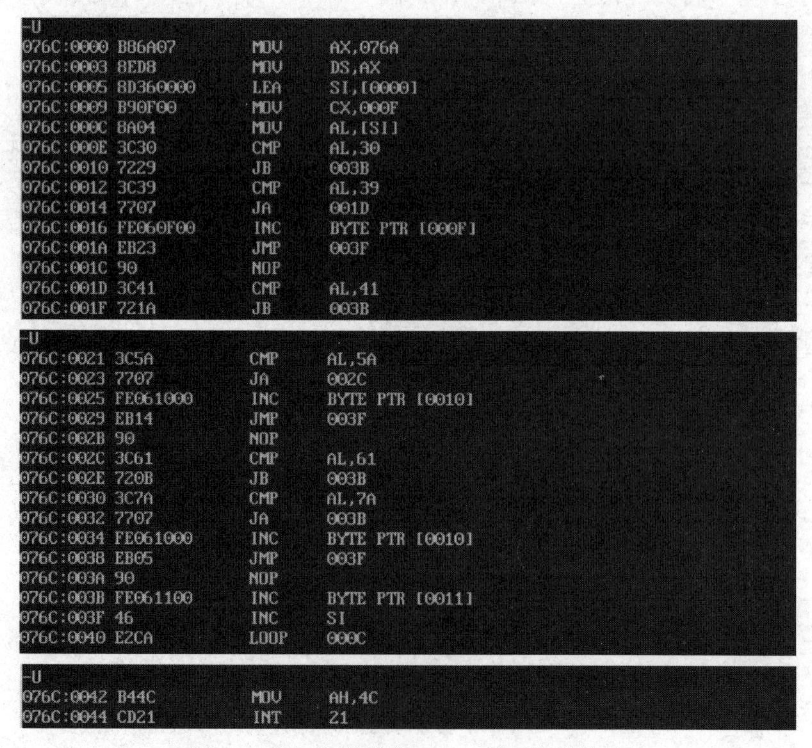

图 14.1-20　参考程序 14.1-3 的反汇编结果

（2）用 G 命令执行程序，执行结果见图 14.1-21。利用 D 命令观察到在数据段的前 15 个字节存放的是字符串，地址 076AH:000FH 处是变量 NUM，076AH:0010H 处是 LET，076AH:0011H 处是 OTH，它们的值分别为 05H、07H 和 03H。

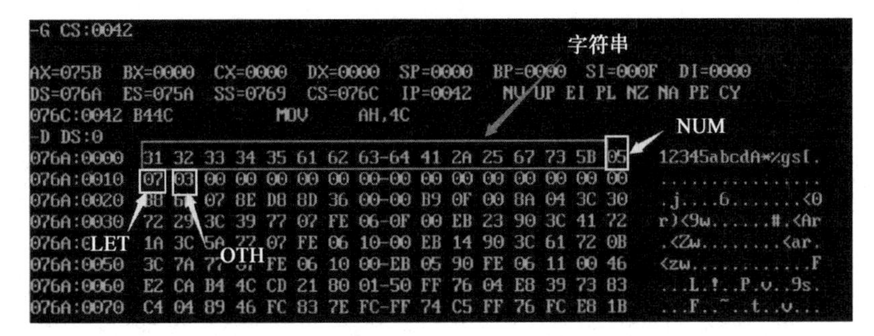

图 14.1-21　参考程序 14.1-3 的执行结果

补充说明：数据段中的变量 BUF 也可以定义成字符串形式，即：BUF DB '12345abcd A*%gs['。

7．思考题

如果要把字符中的大写英文字母全部转换成小写，应该如何修改以上程序？

14.1.5　DOS 系统功能调用实验

1．实验目的

掌握常用的 DOS 系统功能调用，学会简单的人机信息交互方法。

2．知识点和技能点

8086 指令系统、源程序结构、汇编语言程序设计的一般过程、循环程序设计，以及 DOS 系统功能调用相关的程序设计。

3．实验预习

复习 DOS 系统功能调用方法。

4．实验任务

从键盘输入目标字符串和待查找的关键字符，从目标字符串中寻找出关键字符。若找到则在屏幕上显示 Y，否则显示 N。要求显示的格式如下(*代表不同的字符)：

```
INPUT STRING: *********
INPUT CHARACTER: *
RESULT: *
```

5．实验分析

提示信息用 DOS 系统功能调用的 09H 号功能实现输出；目标字符串的输入用 0AH 号功能；关键字符用 02H 号功能输入；前 2 行结束时都要用 09H 号功能输出回车换行符；代表查找结果的字符用 01H 号功能输出。其程序流程图如图 14.1-22 所示。

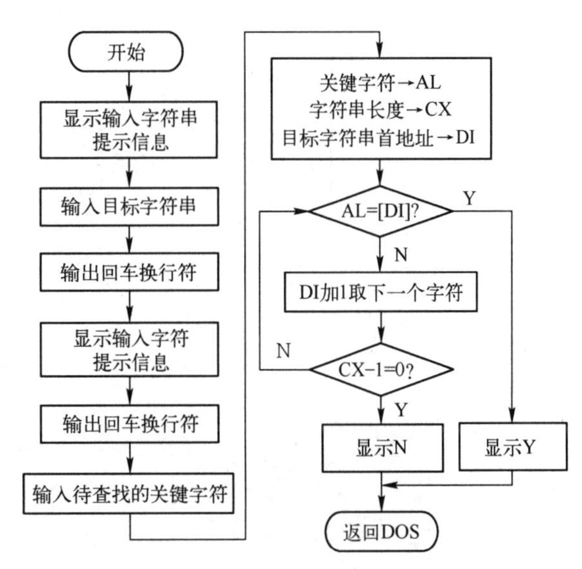

图 14.1-22　DOS 系统功能调用实验的程序流程图

【参考程序 14.1-4】

```
DATA    SEGMENT
        STRBUF1 DB 'INPUT STRING:','$'
```

```
        STRBUF2  DB 'INPUT CHARACTER:','$'
        STRBUF3  DB 'RESULT:','$'
        KEYLEN   DB 64              ;输入字符串缓冲区，存放目标字符串
        KEYNUM   DB ?
        KEYBUF   DB 64 DUP(?)
        CHAR  DB ?                  ;存放关键字符
        CRLF  DB 0AH,0DH,'$'        ;回车换行
DATA    ENDS
CODE    SEGMENT
        ASSUME CS:CODE, DS:DATA
START:  MOV    AX, DATA
        MOV    DS, AX
        LEA    DX, STRBUF1          ;显示输入字符串的提示信息
        MOV    AH, 9
        INT    21H
        LEA    DX, KEYLEN           ;接收用户输入的目标字符串
        MOV    AH, 0AH
        INT    21H
        LEA    DX, CRLF             ;回车换行
        MOV    AH, 09H
        INT    21H
        LEA    DX, STRBUF2          ;显示输入字符的提示信息
        MOV    AH, 09H
        INT    21H
        MOV    AH, 01H              ;从键盘接收用户输入待查找的关键字符
        INT    21H
        MOV    CHAR, AL
        LEA    DX, CRLF             ;回车换行
        MOV    AH, 09H
        INT    21H
        MOV    CL, KEYNUM           ;循环查找目标字符串
        MOV    CH, 0
        MOV    DI, OFFSET KEYBUF
        MOV    AL, CHAR
L1:     CMP    AL, [DI]
        JZ     FOUND
        INC    DI
        LOOP   L1
NOFOUND:LEA    DX, STRBUF3          ;显示结果 N
        MOV    AH, 09H
        INT    21H
        MOV    DL, 'N'
        MOV    AH, 2
        INT    21H
        JMP    EXIT
FOUND:  LEA    DX, STRBUF3          ;显示结果 Y
        MOV    AH, 09H
        INT    21H
        MOV    DL, 'Y'
        MOV    AH, 2
```

```
        INT    21H
EXIT:   MOV    AH, 4CH
        INT    21H
CODE    ENDS
        END    START
```

6. 实验结果

（1）建立汇编语言源程序(见参考程序 14.1-4)，对源程序进行编译、链接，得到可执行程序。

（2）如图 14.1-23 所示，输入不同的字符串和字符，分别记录执行结果。

```
D:\>p14_1_4.exe
INPUT STRING:I love China!
INPUT CHARACTER:o
RESULT:Y
D:\>p14_1_4.exe
INPUT STRING:Let's strive for the rise of China!
INPUT CHARACTER:w
RESULT:N
```

图 14.1-23　执行结果

7. 思考题

试编写程序并调试，实现从键盘输入 2 个字符串，进行比较：如果完全相同，则显示 MATCHED，否则显示 NOT MATCHED。

14.1.6　子程序设计实验

1. 实验目的

熟练掌握 3 种基本结构程序的设计方法，熟练掌握子程序设计与调用方法，掌握参数传递的方法。

2. 知识点和技能点

8086 指令系统、源程序结构、汇编语言程序设计的一般过程、DOS 系统功能调用，以及子程序设计与调用。

3. 实验预习

复习过程定义方法，复习主程序与子程序之间参数传递的方法。

4. 实验任务

编写程序实现两个 6 字节数相加，其中：

```
ADD1=060504030201H
ADD2=90876A7DBC45H
```

最后将计算的结果输出到屏幕上，要求：

（1）将两个单字节相加的程序段定义为子程序(过程)。主程序分 6 次调用该子程序，调用时通过寄存器传递参数。

（2）编写一个子程序实现单字节十六进制数到 ASCII 码的转换，并将计算结果输出到屏幕上。

5. 实验分析

6 个字节的数据在存储器中存放时，也遵守低字节存放在低地址、高字节存放在高地址的小尾顺序原则。所以定义数据段时，可以把 ADD1 和 ADD2 分别定义为字节型变量，各包含 6 个字节，再定义一个变量 SUM 存放结果。因为要求用寄存器传递参数，所以用 CX 存放数据长度，SI 和 DI 分别指向待相加的两个字节即 ADD1 和 ADD2，BX 指向 SUM。

SUM 需要输出到屏幕上，SUM 中的数据是十六进制数，而屏幕上能显示的都是字符，所以必须将十六进制数转换成 ASCII 码。单字节十六进制数到 ASCII 码转换的子程序与主程序之间的参数通过 SI 和 DI 来传递。SI 指向 SUM 待转换的某一字节，DI 指向转换后的 ASCII 码应该存放的存储单元。然后再使用 DOS 系统功能调用的 09H 功能，输出显示结果对应的字符串。显示时注意字符的顺序应该是先显示高位再显示低位，即高位在左、低位在右。因此在调用单字节十六进制数转换为 ASCII 码的子程序之前，DI 应该初始化为待显示字符串最后一个字节在数据段的偏移地址。

主程序流程图见图 14.1-24，单字节相加子程序的流程图见图 14.1-25，单字节十六进制数转换为 ASCII 码的子程序流程图见图 14.1-26。

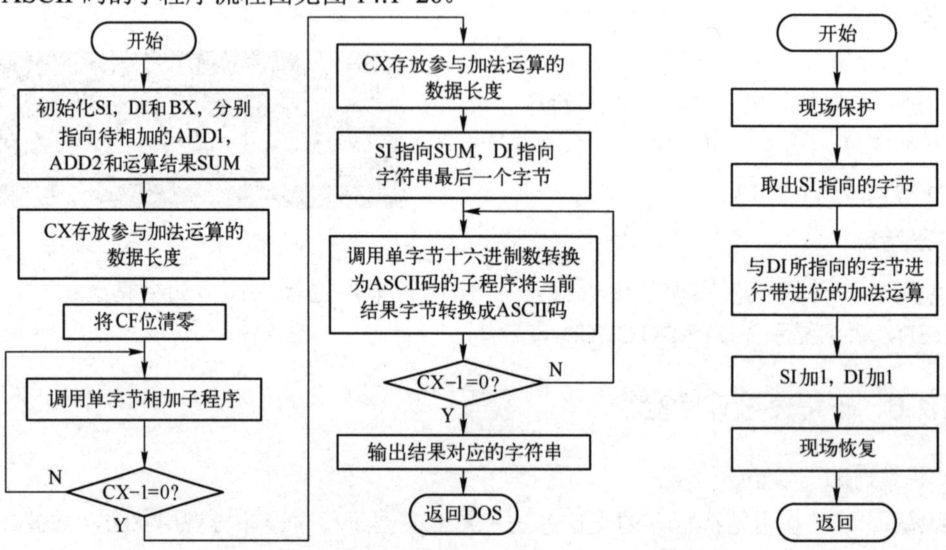

图 14.1-24　主程序流程图

图 14.1-25　单字节相加子程序流程图

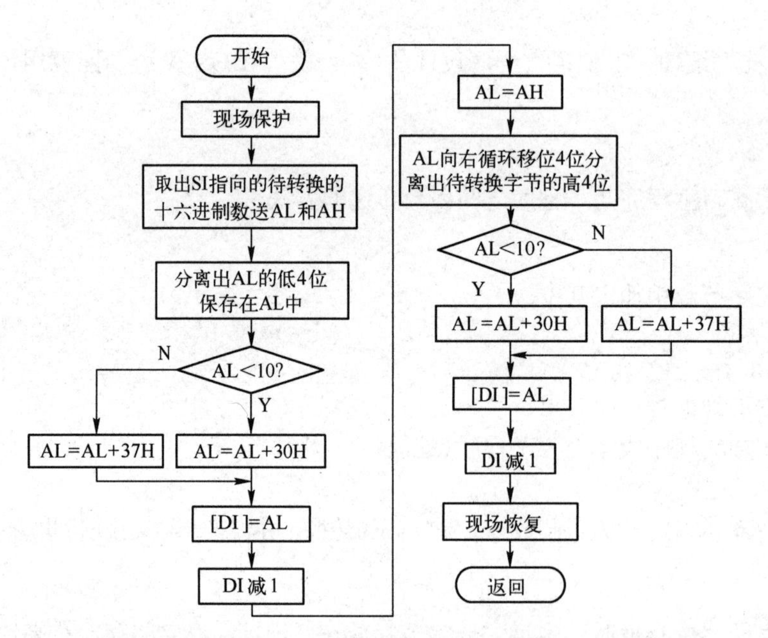

图 14.1-26　单字节十六进制数转换为 ASCII 码的子程序流程图

二维码 14-4　参考程序 14.1-5

扫二维码获取参考程序 14.1-5。

6. 实验结果

图 14.1-27 为参考程序 14.1-5 的运行结果。

```
D:\>p14_1_5.exe
968C6E80BE46
```

图 14.1-27　参考程序 14.1-5 的运行结果

7. 思考题

如果要用堆栈或存储单元来传递参数，应该如何编写程序？

14.2　接口基础实验

14.2.1　存储器实验

1．实验目的

掌握存储器字位扩展法，用 SRAM 构造存储器，以及存储器与 8086 连接的方法。

2．知识点和技能点

字位扩展法，存储器译码，8086 存储器的分体结构，Proteus 环境下的 8086 仿真。

二维码 14-5
Proteus 的基本操作

3．实验预习

扫描二维码获取材料，学习“Proteus 的基本操作”、“Proteus 下 8086 的仿真”；复习 2.6 节关于 8086 最小系统仿真电路等相关内容。

二维码 14-6
Proteus 下 8086 的仿真

4．实验任务

在 8086 系统中，用 2K×8b 的 SRAM 芯片(如 Intel 6116，下文简称 6116)构成 8KB 的存储器系统，要求：

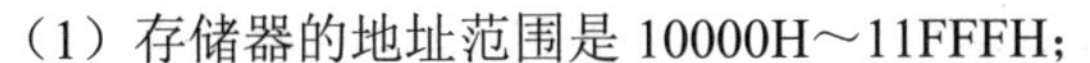

（1）存储器的地址范围是 10000H～11FFFH；

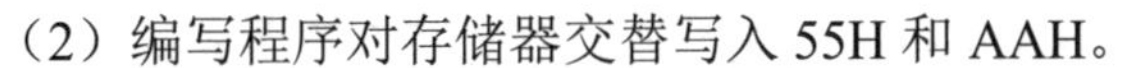

（2）编写程序对存储器交替写入 55H 和 AAH。

5．实验分析

8086 将 1MB 的存储空间从物理上分为奇地址存储体和偶地址存储体，每个存储体容量为 512KB。奇地址存储体的数据线接数据总线的高 8 位(D_{15}～D_8)，地址线接地址总线的 A_{19}～A_1，又称为高位字节存储体。偶地址存储体的数据线接数据总线的低 8 位(D_7～D_0)，地址线接地址总线的 A_{19}～A_1，又称为低位字节存储体。奇地址存储体由 $\overline{BHE}$ 选择；偶地址存储体由 A_0 选择。

8086 的 1 个字为 16bit，即 2 个字节。8086 可外接 1MB 的存储空间，本设计只需要 8KB。用 2K×8b 的 6116 芯片构成 8KB 的存储器，需要 8KB/2KB=4 个，2 个构成 1 组满足字长 16 bit，共 2 组。地址范围 10000H～11FFFH，其中 A_0 作为偶地址存储体选择信号，A_{11}～A_1 作为 6116 芯片的片内地址线。2 组芯片的地址范围见表 14.2-1。用 A_{14}～A_{12} 作为 74LS138 译码器的 C、B、A 输入，74LS138 译码器的输出端 Y_0 和 Y_1 分别参与两组 6116 的片选，A_{15} 与 74LS138 译码器的 E_2 相连，A_{16} 与 E_1 相连，8086 的 $M/\overline{IO}$ 反相后与 E_3 相连。

6．实验原理图及参考程序

存储器实验原理图见图 14.2-1(最小系统仿真电路未画出，详见 2.6 节)，实验用到的元器件有：74LS138、6116、OR 和 NOT 等。图中 A_{19}～A_{17} 未参与译码，即采用的是部分译码法。读者也可自行设计全译码法对应的电路。

表 14.2-1　2 组芯片的地址范围

$A_{19}A_{18}$ $A_{17}A_{16}A_{15}A_{14}$ $A_{13}A_{12}$	$A_{11}A_{10}\cdots A_0$	地址	组号
0 0 0 1 0 0 0 0	0 0…0 ≀ 1 1…1	10000H ≀ 10FFFH	第 1 组 RAM1（奇） RAM0（偶）
0 0 0 1 0 0 0 1	0 0…0 ≀ 1 1…1	11000H ≀ 11FFFH	第 2 组 RAM3（奇） RAM2（偶）

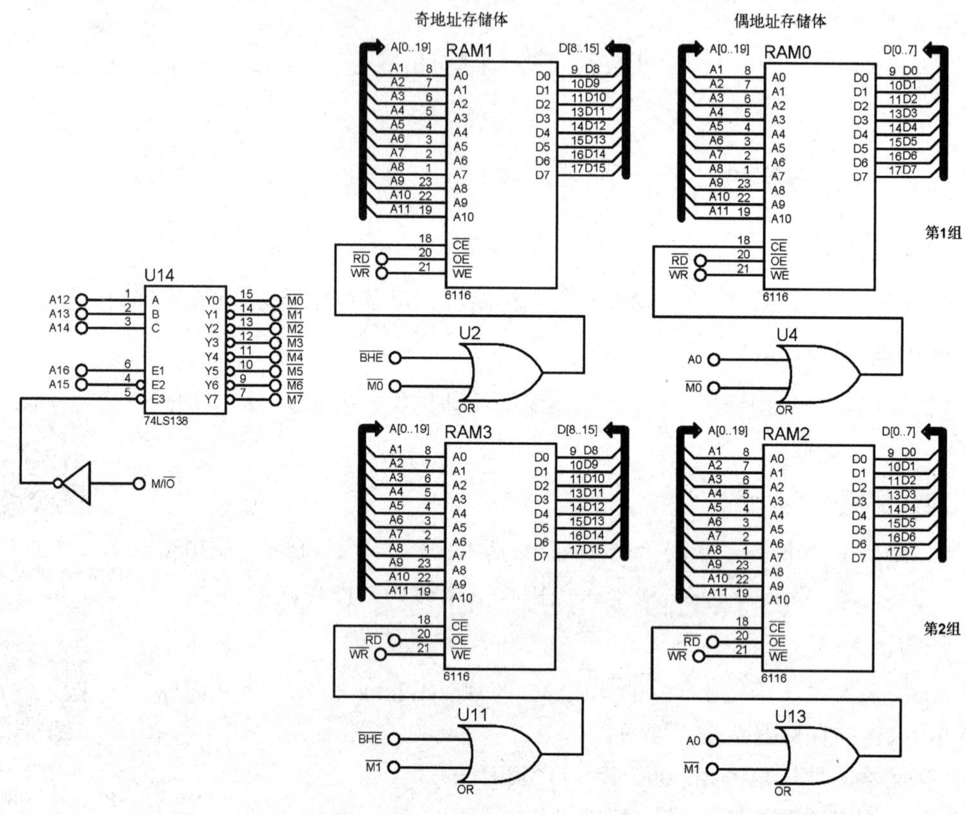

图 14.2-1　存储器实验原理图

【参考程序 14.2-1】

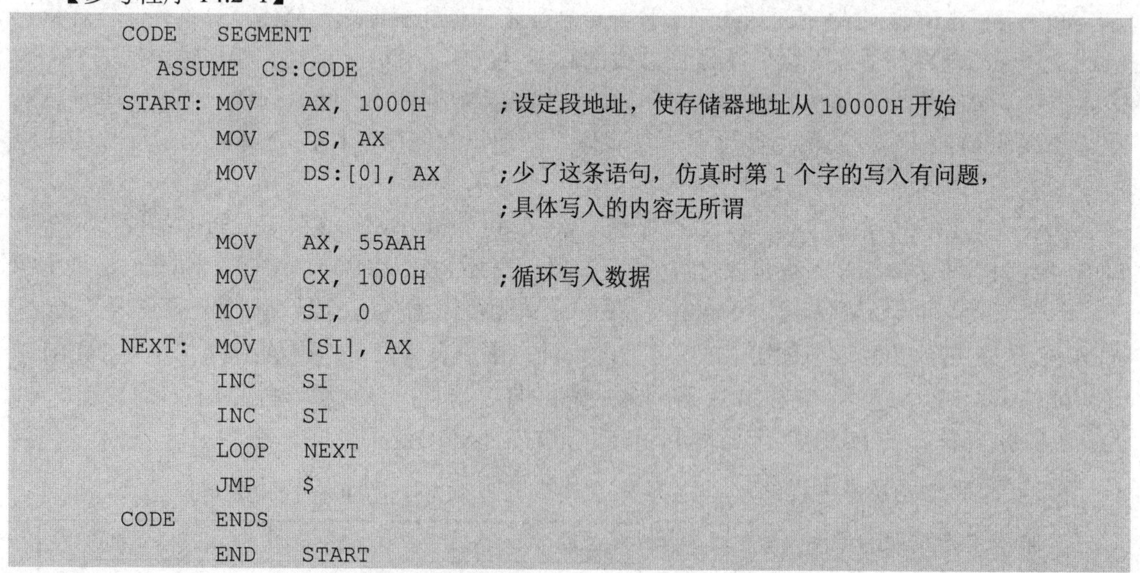

```
CODE   SEGMENT
  ASSUME  CS:CODE
START: MOV    AX, 1000H        ;设定段地址，使存储器地址从 10000H 开始
       MOV    DS, AX
       MOV    DS:[0], AX       ;少了这条语句，仿真时第 1 个字的写入有问题，
                               ;具体写入的内容无所谓
       MOV    AX, 55AAH
       MOV    CX, 1000H        ;循环写入数据
       MOV    SI, 0
NEXT:  MOV    [SI], AX
       INC    SI
       INC    SI
       LOOP   NEXT
       JMP    $
CODE   ENDS
       END    START
```

7．实验结果

Proteus 仿真开始后按下暂停按钮，如图 14.2-2 所示，选择 Debug 菜单的“Memory Contents-RAM0”等选项，可以观察到 6116 芯片中的内容。

图 14.2-3 和图 14.2-4 给出了第 1 组偶地址和奇地址 6116 芯片中的内容，可以看到偶地址芯片 RAM0 中存储的是 AAH，奇地址芯片 RAM1 中存储的是 55H，两个芯片的片内地址都是从 0000H 至 07FFH，即各 2KB，共 4KB。第 2 组 6116 芯片中的内容也是如此。

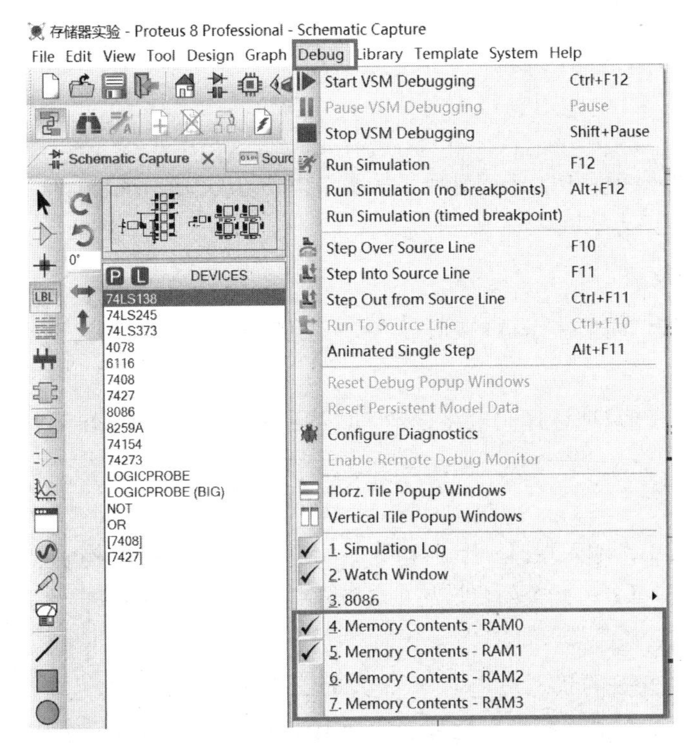

图 14.2-2 选择 Debug 菜单的 Memory Contents-RAM0 等选项

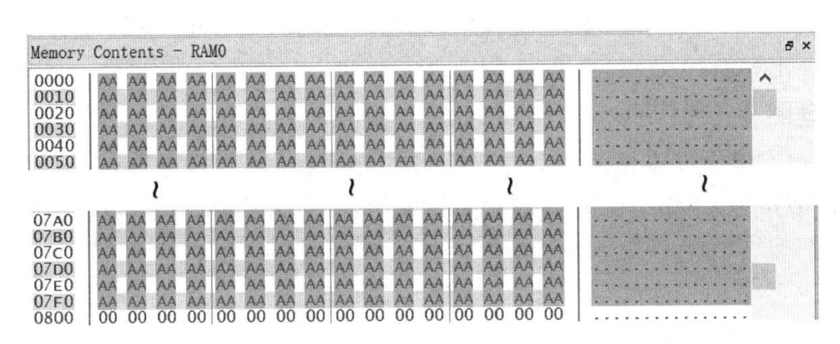

图 14.2-3 第 1 组偶地址 6116 芯片内容

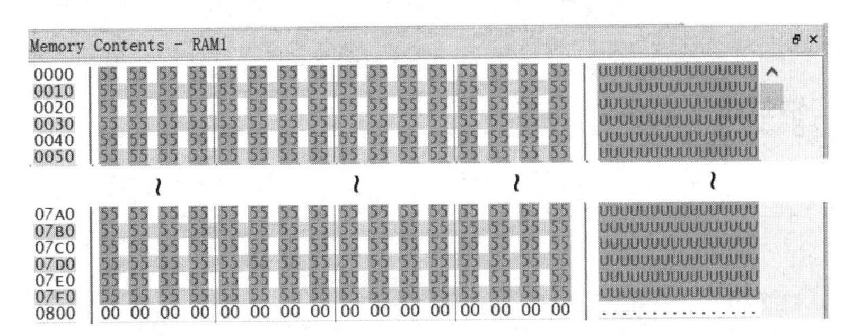

图 14.2-4 第 1 组奇地址 6116 芯片内容

8．思考题

要求用 4K×8b 的 EPROM 芯片 Intel 2732，8K×8b 的 SRAM 芯片 Intel 6264，74LS138 构成 16KB ROM(地址空间为 10000H～13FFFH)和 16KB RAM 的存储器系统(地址空间为 14000H～17FFFH)，系统配置为 8086 最小工作模式。并通过程序验证存储器中数据的读/写。

14.2.2 简单 I/O 接口实验

1．实验目的

了解 8086 微机系统中 I/O 端口地址的分配，掌握 I/O 端口地址译码方法，以及简单并行 I/O 芯片与 CPU 的接口方法。

2．知识点和技能点

I/O 接口基本原理，简单并行 I/O 接口芯片及与 CPU 构成程序查询式输入/输出接口的方法。

3．实验预习

复习 6.2.3 节 I/O 端口地址译码电路设计等内容；复习 6.1.3 节 74LS373 和 74LS244 等芯片的工作原理。

4．实验任务

用 74LS244 构成 1 个输入端口，接 1 个开关；使用 1 片 74LS373 构成一个 8 位输出端口，控制 8 只发光二极管(L_1～L_8)；开关闭合时发光二极管点亮，开关断开时发光二极管熄灭。

5．实验分析

根据实验任务，开关的状态决定了 8 个发光二极管的亮灭，这是典型的程序查询传输方式。假设如图 14.2-5 所示，发光二极管采用低电平驱动，开关状态通过数据总线的 D_3 位读入，那么检查开关状态的测试字应该是 00001000B(08H)。对应的程序为双分支结构，读入开关状态后，执行“TEST AL，08H”，如果 ZF=0(开关断开)，发光二极管熄灭，即输出端口输出 0FFH；反之输出 00H，发光二极管点亮。

6．实验原理图及参考程序

简单 I/O 接口实验原理图见图 14.2-5，8086 最小系统仿真电路和 I/O 端口地址译码电路未画出，详见 2.6 节和 6.2.3 节。该实验用到的元器件有：74LS373、74LS244、SWITCH、LED-YELLOW、RES 等。

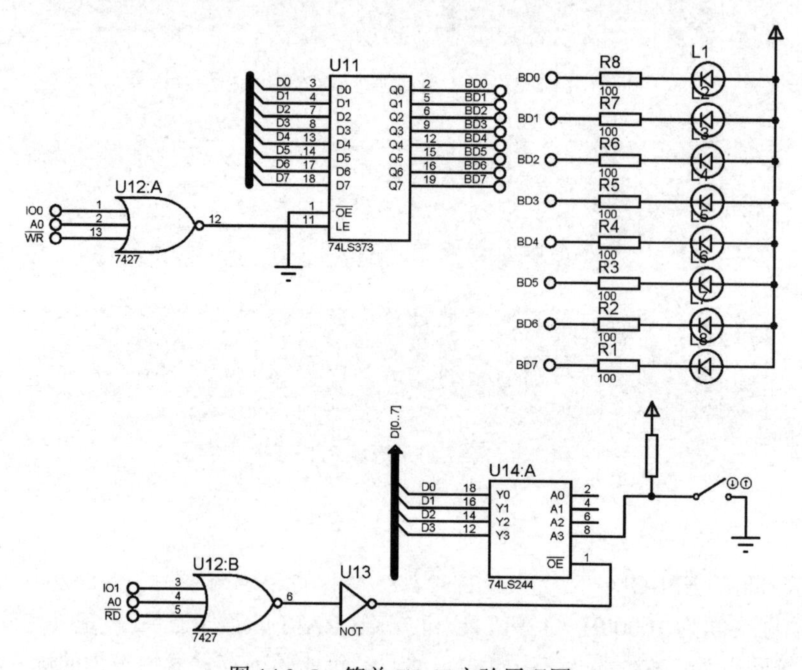

图 14.2-5 简单 I/O 口实验原理图

【参考程序 14.2-2】

```
IN245   EQU 0490H
OUT373 EQU 0480H
CODE    SEGMENT
        ASSUME CS:CODE
START: MOV    AL, 0FFH          ;初始发光二极管全部熄灭
        MOV    DX, OUT373
        OUT    DX, AL
AGAIN: MOV    DX, IN245
        IN     AL, DX
        TEST   AL, 08H          ;检测开关是否闭合
        JNZ    N                ;开关断开
Y:      MOV    AL,0             ;开关闭合，发光二极管点亮
        JMP    L
N:      MOV    AL,0FFH          ;开关断开，发光二极管熄灭
L:      MOV    DX, OUT373
        OUT    DX, AL
        JMP    AGAIN
CODE    ENDS
        END    START
```

7．思考题

按键和开关在使用时有何区别？如果将图 14.2-5 的开关换成按键(BUTTON)，并且接到 74LS244 的 A_2 引脚，程序应该如何修改？

Proteus 也支持用 C 语言对 8086 进行程序设计。扫描二维码可获取相关方法和本次实验的 C 语言程序。本章部分接口实验提供了 C 语言源程序，可在配套资源中获取。

二维码 14-7 Proteus 下使用 C 语言对 8086 编程的方法

14.2.3　8255A 实验

1．实验目的

掌握 8255A 工作方式 0 的特点及使用方法，七段数码管的静态显示。

2．知识点和技能点

8255A 与 CPU 的连接，8255A 的工作方式 0，七段数码管的使用。

3．实验预习

（1）复习 8255A 工作方式 0 的特点和使用方法。

（2）复习七段数码管静态显示相关内容。

4．实验内容

使用 1 片 8255A，要求 8255A 的 B 口作为输入端口，连接 8 个开关，A 口作为输出端口接共阳极七段数码管，数码管显示闭合开关的数目。

5．实验分析

假设采用图 14.2-6 所示的 8255A 实验原理图，8255A 的片选信号接 IO_3，8255A 的 A_0、A_1 接地址总线 A_1、A_2，请分析 8255A 的四个端口地址分别为多少？

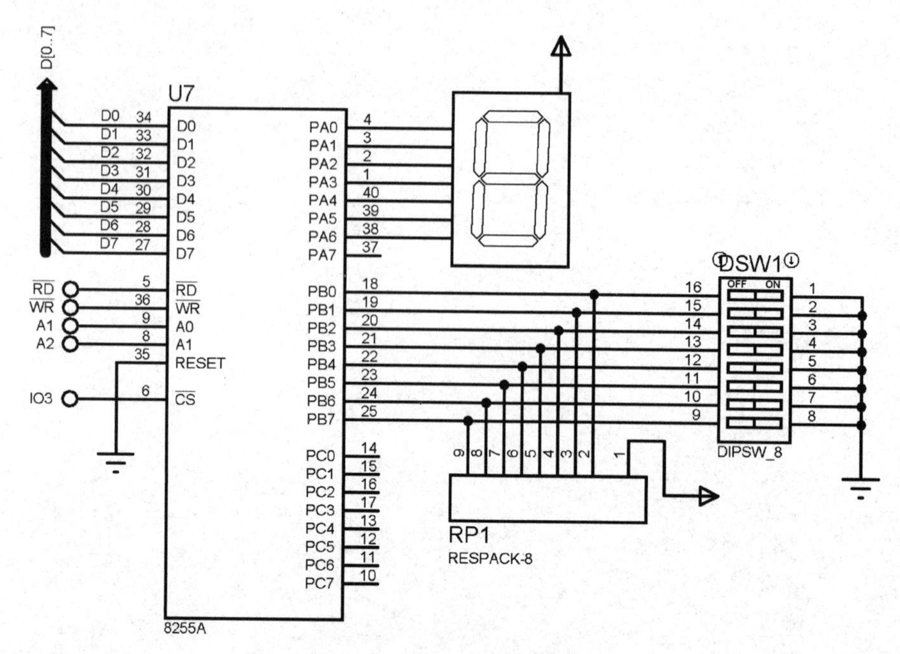

图 14.2-6　8255A 实验原理图

8255A 的 A 口为工作方式 0 输出、B 口为工作方式 0 输入，控制字为 10000010B。某开关闭合(ON)时，B 口对应引脚为低电平，通过 IN 指令从 B 口读入开关状态至 AL，然后统计 AL 的 8 个二进制位中“0”的个数，并保存在变量 NUM 中。可以通过带进位的循环移位指令，依次把 AL 的各位送入 CF，然后用 JC 指令判断 CF 的状态，如果 CF=0，则 NUM 加 1。

接下来用数码管显示 NUM 的值，在此之前要把 NUM 的值转换成对应数码管字符的段码，可以通过查表法实现。注意：在每次重新统计闭合开关的数目之前，要将 CF 和 NUM 清零。程序流程图见图 14.2-7。

6. 实验原理图及参考程序

图 14.2-6 的实验原理图中，元器件包括：8255A、DIPSW_8、RESPACK-8、7SEG-COM-AN-GRN 等。

【参考程序 14.2-3】

```
        IOCON  EQU   04B6H
        IOA    EQU   04B0H
        IOB    EQU   04B2H
        IOC    EQU   04B4H
        CODE   SEGMENT
               ASSUME CS:CODE, DS:DATA
        START: MOV    AX, DATA
               MOV    DS, AX
               MOV    AL, 82H      ;8255A 初始化
               MOV    DX, IOCON
               OUT    DX, AL
        START1:MOV    DX, IOB      ;从 B 口读开关状态
               IN     AL, DX
               MOV    CX, 8
               CLC                 ;每次统计前 CF 要清零
               MOV    NUM, 0       ;NUM 要清零
```

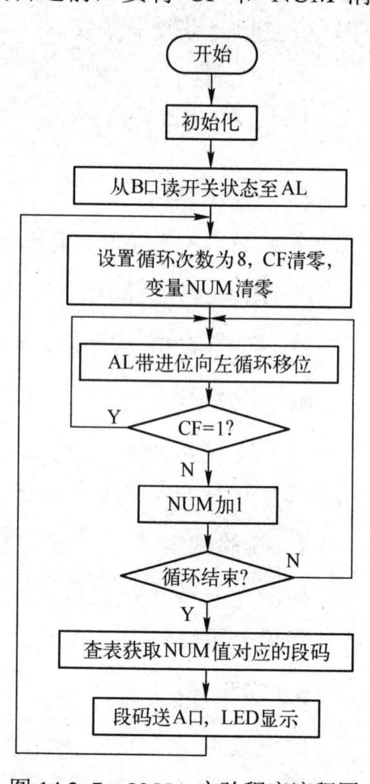

图 14.2-7　8255A 实验程序流程图

```
NEXT:  RCL    AL, 1        ;将最高位移入CF
       JC     ONE
       INC    NUM          ;CF=0，NUM加1
ONE:   LOOP   NEXT         ;处理下一位
       MOV    BX, OFFSET TABLE
       MOV    AL, NUM
       XLAT                ;查表获取段码
       MOV    DX, IOA      ;送A口数码管显示
       OUT    DX, AL
       JMP    START1
CODE   ENDS
DATA   SEGMENT
   TABLE   DB 0C0H,0F9H,0A4H,0B0H
           DB 99H,92H,82H,0F8H,80H    ;0~8的共阳极数码管段码
   NUM     DB ?
DATA   ENDS
       END    START
```

7. 思考题

把图 14.2-6 中的数码管换成 8 个发光二极管，从 PA_0 引脚上的发光二极管开始点亮，延时一段时间后熄灭并点亮 PA_1 引脚上的发光二极管，以此类推；点亮 PA_7 引脚上的发光二极管后回到 PA_0 引脚上的，重复循环下去，直到 PB_0 引脚上开关闭合(ON)，该如何设计程序？

14.2.4 非屏蔽中断实验

1. 实验目的

掌握非屏蔽中断的工作原理、中断向量表的初始化方法、中断服务程序的设计。

2. 知识点和技能点

中断与中断控制的基本概念，8086 中断机理，中断服务程序的结构，中断向量表的初始化。

3. 实验预习

复习中断的基本原理和中断处理过程，非屏蔽中断的中断类型码和触发方式，初始化中断向量表的直接写入法。

4. 实验任务

使用 1 片 74LS373 构成一个 8 位输出端口，控制 8 个 LED，记为 L_1～L_8。初始时只有 L_1 亮，按键每按下一次触发一次非屏蔽中断，使得点亮的 LED 移动 1 位，即按照 $L_1 \to L_2 \to L_3 \to \cdots \to L_8$ 的顺序轮流点亮。

5. 实验分析

非屏蔽中断请求由 NMI 引脚上信号的上升沿触发，不受中断允许标志 IF 影响。中断类型码 2。中断相关程序编写的一般步骤包括：

（1）根据中断类型码计算中断向量在中断向量表中的地址，这里是 2×4～2×4+3；

（2）将中断服务程序入口地址写入中断向量表的相应位置；

（3）编写中断服务程序，本实验在中断服务程序中完成发光二极管的移动点亮。

假设采用如图 14.2-8 所示的非屏蔽中断实验原理图，发光二极管共阳极，阴极通过限流

电阻与 74LS373 的引脚相连，引脚为高电平时发光二极管熄灭，低电平时发光二极管点亮。当端口输出 FEH 时，使得 L_1 亮而 L_2～L_8 灭。图中 L_1 在最上，对应最低数据位，L_8 在最下，对应最高数据位，因此要实现 L_1～L_8 轮流点亮，则应该用循环左移指令“ROL AL,1”。

每按下一次按键，就触发一次非屏蔽中断请求，执行一次中断服务程序，因此控制发光二极管变化的指令应该在中断服务程序中。

6．实验原理图及参考程序

此实验用到的元器件包括：7427、74LS373、RES、LED-YELLOW 和 BUTTON 等，如图 14.2-8 所示。

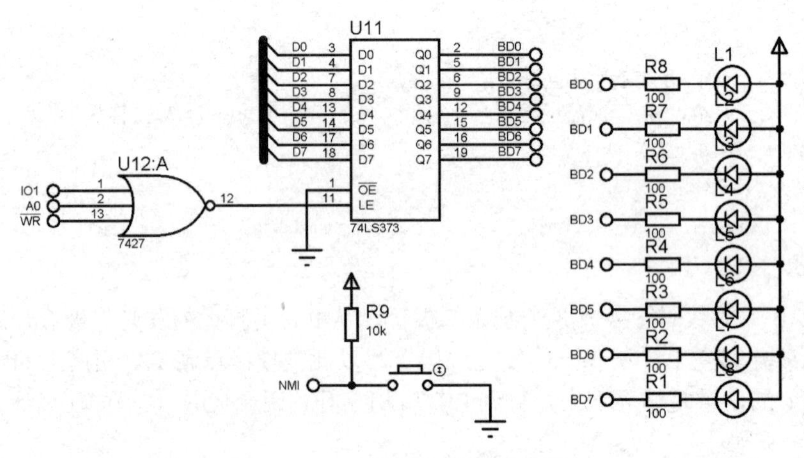

图 14.2-8　非屏蔽中断实验原理图

【参考程序 14.2-4】

```
OUT373 EQU 0490H
CODE   SEGMENT
       ASSUME CS:CODE
START: PUSH   ES                    ;中断向量表初始化
       XOR    AX, AX
       MOV    ES, AX
       MOV    SI, 2*4               ;中断向量的地址送 SI
       MOV    AX, OFFSET NMI_SERVICE
       MOV    ES:[SI], AX           ;保存中断服务程序入口地址中的偏移地址
       MOV    BX, CS
       MOV    ES:[SI+2], BX         ;保存中断服务程序入口地址中的段地址
       POP    ES
       MOV    AL, 0FEH              ;设置发光二极管初始状态
       MOV    DX, OUT373
       OUT    DX, AL
       JMP    $
NMI_SERVICE:                        ;中断服务程序
       ROL    AL, 1
       MOV    DX, OUT373
       OUT    DX, AL
EXIT:  IRET                         ;中断返回
CODE   ENDS
       END    START
```

7. 思考题

（1）对比本次实验与 14.2.3 节的实验，分别属于哪种数据传输方式？有何区别？

（2）增加一个数码管，数码管显示的数字与当前发光二极管的编号对应，每按一次按键，数码管与发光二极管同步更新。应该如何修改程序和电路？

14.2.5 8259A 实验

1. 实验目的

熟悉从可屏蔽中断请求到中断响应、中断处理、中断返回的整个中断过程和详细流程；掌握与中断机制有关的各种基本概念；初步了解 8259A 的工作原理和使用方法；学会中断服务程序的编写。

2. 知识点和技能点

中断与中断控制的基本概念，8086 中断机理，8259A 的工作原理及应用。

3. 实验预习

复习中断的基本原理和中断处理过程；复习 8259A 的编程和中断管理。

4. 实验任务

在 8259A 的 IR_2 上接一个外部中断源(单脉冲中断源)，中断类型码为 62H，当有中断请求时(按下按键)，通过数码管显示中断次数，当中断次数超过 9 时，回到 0。

5. 实验分析

实验程序由一个主程序和一个中断服务程序组成。主程序主要用于 8259A 的初始化、中断向量表初始化和开中断等操作；中断服务程序的执行由单脉冲引发，主要完成中断次数的修改和显示。

6. 实验原理图与参考程序

8259A 实验原理图见图 14.2-9，用到的元器件包括 8259A、BUTTON、RES、7SEG-COM-AN-GRN、7427 和 74LS373 等。

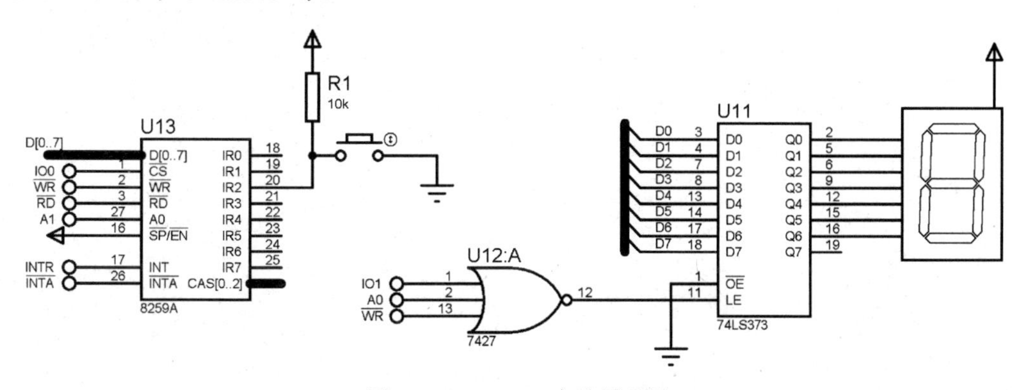

图 14.2-9　8259A 实验原理图

【参考程序 14.2-5】

```
OUT373 EQU   0490H
P8259  EQU   0480H
O8259  EQU   0482H
```

```
CODE   SEGMENT
       ASSUME CS:CODE,DS:DATA
START: MOV    AX, DATA
       MOV    DS, AX
       CLI                        ;修改中断向量表前关中断
       MOV    AX, 0
       MOV    ES, AX              ;ES=0
       MOV    SI, 62H*4           ;设置 62H 号中断向量的地址
       MOV    AX, OFFSET INT2     ;取中断服务程序入口地址
       MOV    ES:[SI], AX
       MOV    AX, CS
       MOV    ES:[SI+2], AX
       MOV    AL, 00010011B       ;初始化 8259A
       MOV    DX, P8259           ;ICW1=0001 0011 B
                                  ;单片 8259A，上升沿中断， 要写 ICW4
       OUT    DX, AL
       MOV    AL, 60H
       MOV    DX, O8259           ;ICW2=0110 0000 B
       OUT    DX, AL
       MOV    AL, 01H             ;ICW4=0000 0001 B
                                  ;工作在 8086 系统，非自动结束
       OUT    DX, AL
       MOV    DX, O8259
       MOV    AL, 00H             ;OCW1，8 个中断全部开放 00H
       OUT    DX, AL
       MOV    BX, OFFSET TABLE ;数码管初始显示 0
       MOV    AL, [BX]
       MOV    DX, OUT373
       OUT    DX, AL
       STI                        ;开中断
       JMP    $
       ;-----------中断服务程序--------------------
INT2   PROC
       INC    BX
       CMP    BX, OFFSET TABLE_END
       JNZ    OUTPUT
       MOV    BX, OFFSET TABLE
OUTPUT:
       MOV    AL, [BX]
       MOV    DX, OUT373
       OUT    DX, AL
       MOV    DX, P8259           ;EOI
       MOV    AL, 20H
       OUT    DX, AL
       IRET                       ;返回主程序
INT2   ENDP
CODE   ENDS
DATA   SEGMENT
  TABLE  DB 0C0H, 0F9H, 0A4H, 0B0H, 99H, 92H,82H, 0F8H, 80H, 90H
```

```
                                        ;0~8 的共阳极数码管段码
        TABLE_END = $
    DATA    ENDS
            END     START
```

7. 思考题

（1）非屏蔽中断与可屏蔽中断的响应过程有何区别？程序设计时有何不同？

（2）例 7.3-3 采用的是 8255A 方式 1 的查询式输出，请使用 8259A 并修改电路和程序，实现 8255A 方式 1 的中断式输出。

14.2.6 8253 实验

1. 实验目的

熟悉并掌握 8253 的基本工作原理和编程方法，以及与 CPU 的连接方法。

2. 知识点和技能点：

8253 与 CPU 的连接，8253 的工作方式，8253 的初始化编程，Proteus 虚拟示波器，以及数字时钟信号发生器的使用方法。

3. 实验预习

（1）扫描二维码，获取阅读材料，学习“数字时钟信号发生器和虚拟示波器的使用方法”等内容。

（2）复习 8253 的工作方式和初始化编程。

二维码 14-8 数字时钟信号发生器和虚拟示波器的使用方法

4. 实验任务

编写程序，设置 8253 的工作方式和计数初值，通过示波器观察 OUT 输出波形，以及改变门控信号 GATE 的状态时对计数的影响。

5. 实验分析

假定使用 8253 的计数器 0，由数字时钟信号发生器为 CLK_0 提供时钟输入信号，同时将 CLK_0、$GATE_0$ 和 OUT_0 均送入虚拟示波器进行观察。

为了观测方便，在 OUT_0 端同时控制一个绿色和红色的发光二极管，当 OUT_0 输出高电平时，红色发光二极管点亮，绿色发光二极管熄灭；反之红色发光二极管熄灭，绿色发光二极管点亮。下面设计了 8253 工作方式 0 的验证方案，其余工作方式留给读者验证。

6. 实验原理图和参考程序

图 14.2-10 给出了 8253 实验原理图，用到的元器件包括：8253A、RES、LED-RED、LED-GREEN、SWITCH 和 NOT。

CLK_0 接频率为 2Hz 的数字时钟信号，开关断开，$GATE_0$ 为高电平。写入工作方式 0 对应

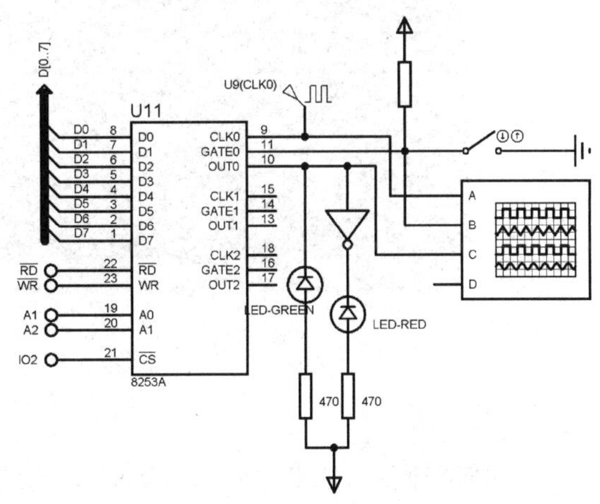

图 14.2-10 8253 实验原理图①

① 注：Proteus 的元件库中 8253 默认的元件名为 8253A

的控制字，假定写入的计数初值为 10，则延时 5s 后计数结束，OUT_0 端变高电平。计数过程中闭合开关，计数器停止工作；直到开关断开，计数器接着计数；定时时间到，OUT_0 端变高电平。

【参考程序 14.2-6】

```
TCONTR  EQU 04A6H                    ;控制字寄存器
TCON0   EQU 04A0H
TCON1   EQU 04A2H
TCON2   EQU 04A4H
CODE   SEGMENT
       ASSUME CS:CODE
START: MOV    DX, TCONTR
       MOV    AL, 00110000B          ;计数器 0，读/写高低 8 位，方式 0，二进制计数
       OUT    DX, AL
       MOV    DX, TCON0
       MOV    AL, 10 mod 256         ;先写入低字节
       OUT    DX, AL
       MOV    AL, 10 / 256           ;后写入高字节
       OUT    DX, AL
       JMP    $
CODE   ENDS
       END    START
```

通过图 14.2-11 中的虚拟示波器可以看到 CLK_0 的周期为 0.5s，计数 10 次后 OUT 变成高电平，即定时时间是 5s。

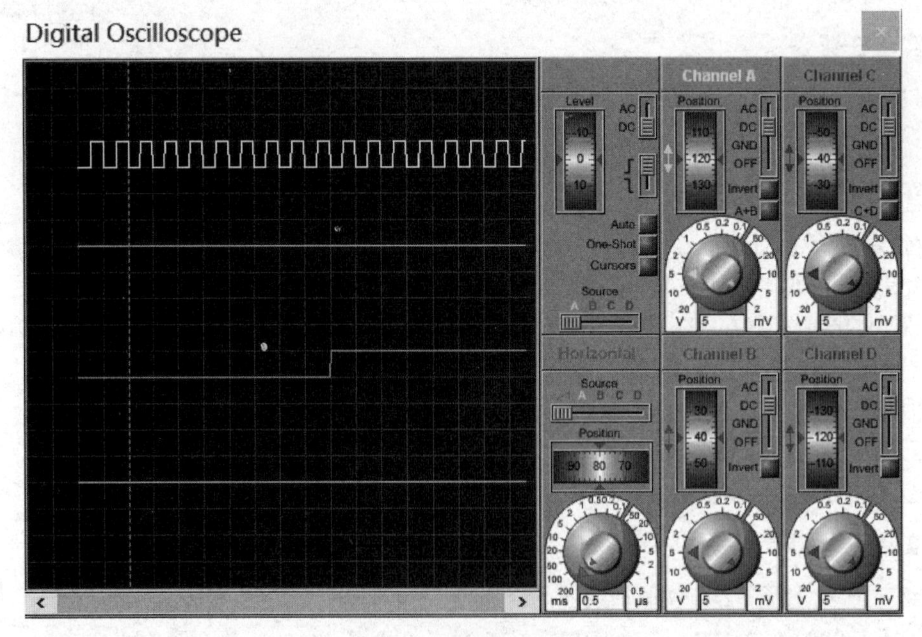

图 14.2-11　8253 方式 0 的波形

7．思考题

假设时钟输入信号的频率是 100kHz，使用 8253 产生周期为 1s 的中断请求信号，用于更新 1 位数码管的显示，初始时数码管显示 0，每隔 1s 数字递增 1，到 9 后回到 0，以此往复。请设计对应的电路和程序。

14.2.7　8251A 实验

1．实验目的

理解串行通信的基本概念；掌握 8251A 的基本工作原理及应用编程方法。

2．知识点和技能点

8251A 的应用编程，Proteus 虚拟终端的使用方法。

二维码 14-9
虚拟终端的使用方法

3．实验预习

（1）复习串行通信的特点和 8251A 的编程方法。

（2）扫描二维码，获取阅读材料，学习“虚拟终端的使用方法”等内容。

4．实验内容

使用 8251A 循环发送指定的字符串，比如“I Love China !”。要求通过虚拟示波器和虚拟终端观察发送的情况。设波特率为 19200b/s，波特率因子为 1，无校验位，8 位数据位和 1 位停止位。

5．实验分析

根据实验内容可以确定模式字和命令字，它们都写入奇地址端口(即 $C/\overline{D}=1$)。在发送之前要检验 TxRDY 位的状态(状态字的 D_0 位)，只有当 TxRDY=1(发送器准备好)时，才能发送下一个字节，状态字也从奇地址端口读出，通过“TEST AL, 01H”实现检测。要发送的数据送入偶地址端口(即 $C/\overline{D}=0$)。8251A 实验程序的流程图见图 14.2-12。

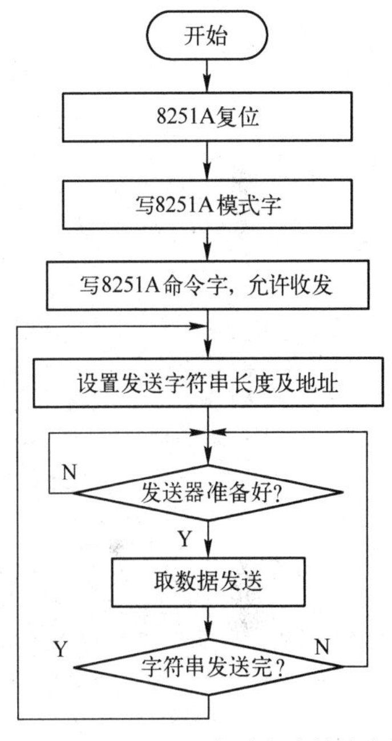

图 14.2-12　8251A 实验程序的流程图

6．实验原理图和参考程序

8251A 实验原理图见图 14.2-13，用到的元器件主要为 8251A、虚拟终端和虚拟示波器等。

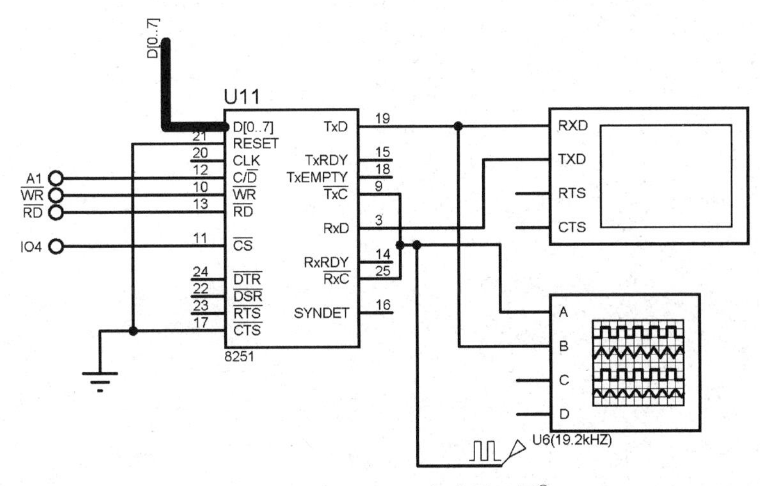

图 14.2-13　8251A 实验原理图①

① 注：在 Proteus 元件库中 8251A 默认的元件名为 8251

【参考程序 14.2-7】

```
CS8251D  EQU  4C0H          ;8251A 数据端口(偶地址端口)
CS8251C  EQU  4C2H          ;8251A 控制/状态端口(奇地址端口)
CODE   SEGMENT
    ASSUME CS:CODE,DS:DATA,SS:STACK
START: MOV    AX, DATA
       MOV    DS, AX
       MOV    AX, STACK
       MOV    SS, AX
       LEA    SP, TOP
RESET: MOV    AL, 0         ;连续送 3 个 0
       MOV    CL, 3
       MOV    DX, CS8251C   ;8251A 控制/状态端口地址送 DX
OUT1:  OUT    DX, AL
       LOOP   OUT1
       MOV    AL, 40H       ;8251A 复位
       OUT    DX, AL
       NOP
       MOV    AL, 4DH       ;1 位停止位、无校验位、8 位数据位、波特率因子为 1
       OUT    DX, AL        ;写入模式字
       MOV    AL, 17H       ;允许发送和接收（00010111B）
       OUT    DX, AL        ;写入命令字
AGAIN: LEA    SI, STR1      ;取数据缓冲区偏移地址
       MOV    CX, LEN       ;取字符串长度
NEXT:  MOV    DX, CS8251C   ;设置 8251A 控制/状态端口地址
WAIT1: NOP
       NOP
       IN     AL, DX        ;读取状态字
       TEST   AL, 01H       ;检测 TxRDY 位
       JZ     WAIT1         ;发送器没有准备好，等待
       MOV    DX, CS8251D   ;设置 8251A 数据端口地址
       MOV    AL, [SI]      ;从存储单元取数据
       OUT    DX, AL        ;将数据（通过串口）传输给另一台计算机（用虚拟终端表示）
       INC    SI            ;修改数据区地址指针，指向下一个要传输的字符
       LOOP   NEXT
       CALL   DELAY         ;延时
AA1:   JMP    AGAIN         ;重复显示字符串
DELAY  PROC   NEAR          ;延时子程序
       PUSH   BX
       PUSH   CX
       MOV    BX, 50
DEL1:  MOV    CX, 100
DEL2:  LOOP   DEL2
       DEC    BX
       JNZ    DEL1
       POP    CX
       POP    BX
       RET
DELAY  ENDP
CODE   ENDS
```

```
DATA   SEGMENT
     ORG 1000H
     STR1DB 'I Love China!',0ah,0dh
LEN = $ -STR1
DATA   ENDS
STACK  SEGMENT
       DB 100 DUP(?)
       TOP LABEL WORD
STACK  ENDS
       END    START
```

在本实验中，虚拟终端的 Baud Rate（波特率）设为 19200b/s，Data Bits（数据位数）设为 8 位，Parity（奇偶校验位）设为 NONE。其实验结果见图 14.2-14，虚拟示波器的通道 A 是 $\overline{\text{RxC}}$ 和 $\overline{\text{TxC}}$ 信号，频率为 19.2kHz，通道 B 是 TxD 引脚上的波形，虚拟终端给出了 8251A 发送的字符串。

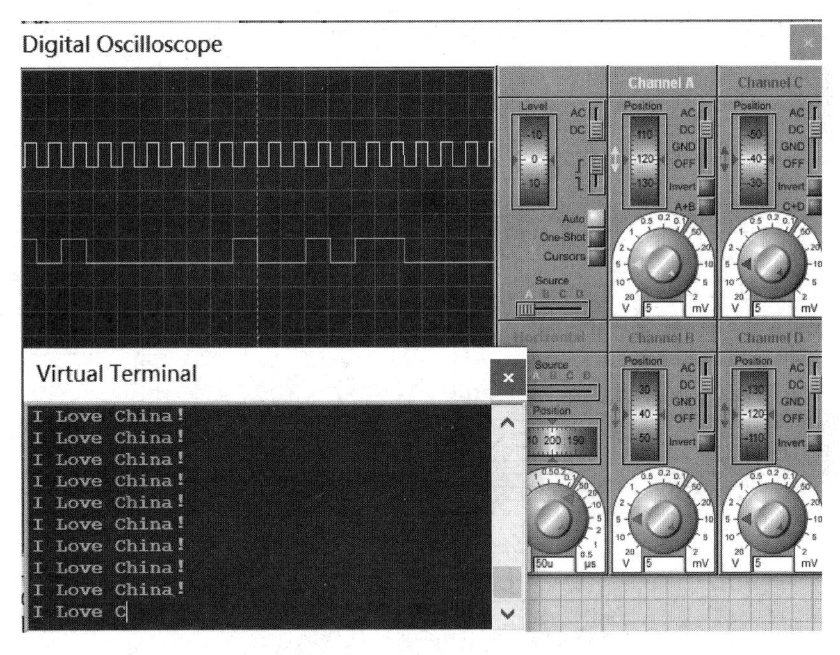

图 14.2-14　8251A 的实验结果

7．思考题

如果用 8253 为 8251A 提供 $\overline{\text{RxC}}$ 和 $\overline{\text{TxC}}$ 信号，该如何修改电路和程序？

14.2.8　DAC0832 实验

1．实验目的

熟悉并掌握 DAC0832 的使用方法及其与 CPU 的接口和双缓冲工作方式。

2．知识点和技能点

DAC0832 双缓冲工作方式的接口与程序设计，Proteus 虚拟示波器的使用。

3．实验预习

DAC0832 与 CPU 的接口，单缓冲方式下输出锯齿波、三角波、方波的方法。

4．实验任务

采用 DAC0832 的双缓冲工作方式，生成两个反向的同步锯齿波。

5．实验分析

需采用两片 DAC0832 来生成两个反向的同步锯齿波。为了实现同步，两片 DAC0832 都要工作在双缓冲方式下，使用输入寄存器和 DAC 寄存器。每片 DAC0832 的 ILE 接+5V，$\overline{WR_1}$ 和 $\overline{WR_2}$ 与 $\overline{WR}$ 复接。每片 DAC0832 的 $\overline{CS}$ 各接译码电路的 1 个输出端，分别为 IO_6 和 IO_7，两片 DAC0832 的 $\overline{XREF}$ 与译码电路的输出 IO_1 复接。

双缓冲方式可以实现多路同步转换。第一步，CPU 分时向各路写待转换的数据，并锁存到各自的输入寄存器中；第二步，CPU 对各路 DAC0832 同时发选通信号，使各路 DAC0832 输入寄存器中的数据同时打入各自的 DAC 寄存器，以实现同步转换输出。

6．实验原理图和参考程序

DAC0832 实验原理图见 14.2-15，该实验用到的元器件有：DAC0832、RES 和 LM324 等。

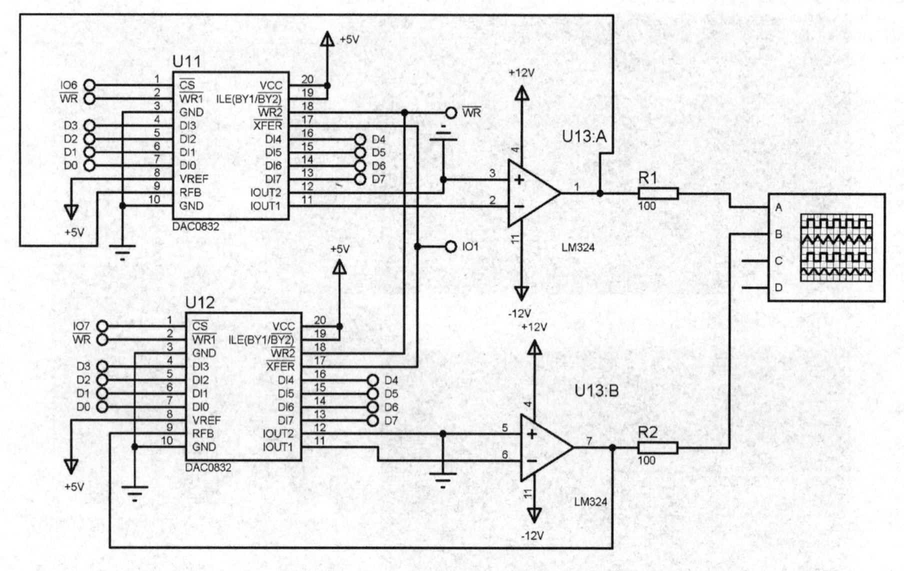

图 14.2-15　DAC0832 实验原理图

【参考程序 14.2-8】

```
        DAC_1  EQU   4E0H
        DAC_2  EQU   4F0H
        DAC    EQU   490H
        CODE   SEGMENT
               ASSUME CS:CODE
        START: MOV    BL, 00H
               MOV    BH, 00H
        OUTUP: MOV    DX, DAC_1        ;锯齿波 1
               MOV    AL, BL
               OUT    DX, AL
               MOV    DX, DAC_2        ;锯齿波 2
               MOV    AL, BH
               OUT    DX, AL
               MOV    DX, DAC          ;同步输出
```

```
        OUT     DX, AL
        CALL    DELAY
        INC     BL
        DEC     BH
        JNZ     OUTUP
        MOV     BL, 0
        MOV     BH, 0
        JMP     OUTUP
DELAY   PROC
        MOV     CX, 125
        LOOP    $
        RET
DELAY   ENDP
CODE    ENDS
        END     START
```

加载可执行程序并运行，其实验结果如图 14.2-16 所示，可以从示波器看到两个通道输出反向的同步锯齿波。

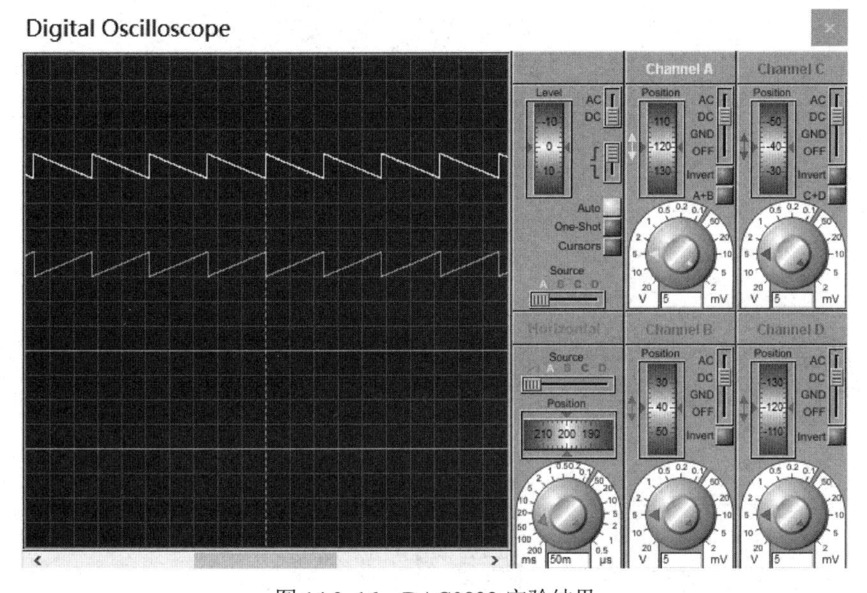

图 14.2-16　DAC0832 实验结果

7. 思考题

如果要输出的是同步的三角波或方波，程序该如何修改？

14.2.9　ADC0809 实验

1. 实验目的

以 ADC0809 为例，熟悉并掌握 8 位 A/D 转换器的使用方法及其与 CPU 的中断式接口。

2. 知识点和技能点

ADC0809 及其与 CPU 的中断式接口，ADC0809 及应用，中断服务程序设计。

3. 实验预习

ADC0809 的工作原理，中断服务程序设计。

4．实验任务

在 11.3.5 节 ADC0809 与 CPU 之间所采用的查询式接口基础上，设计 ADC0809 与 CPU 的中断式接口。连续从通道 0 采集数据，用 2 位数码管显示转换结果。

5．实验分析

在 ADC0809 中断式接口中，每次 A/D 转换结束，EOC 由低电平变为高电平，将此作为中断请求信号，可以接非屏蔽中断 NMI(或者 8259A 的 IR_i)，在中断服务程序中读取 A/D 转换结果，并启动下一次的 A/D 转换。电路其他部分与查询式接口一致。

在中断传输方式下，A/D 转换程序由主程序和中断服务程序两部分组成。主程序主要完成中断向量表初始化、启动第一次 A/D 转换和其他初始化操作等，中断服务程序完成读入 A/D 转换结果，并启动下一次 A/D 转换。

6．实验原理图和参考程序

实验原理图见图 14.2-17，该实验用到的元器件有：ADC0809[①]、74HC373、7427、74HC02、RES、POT-HG 和 7SEG-COM-CAT-GRN 等。

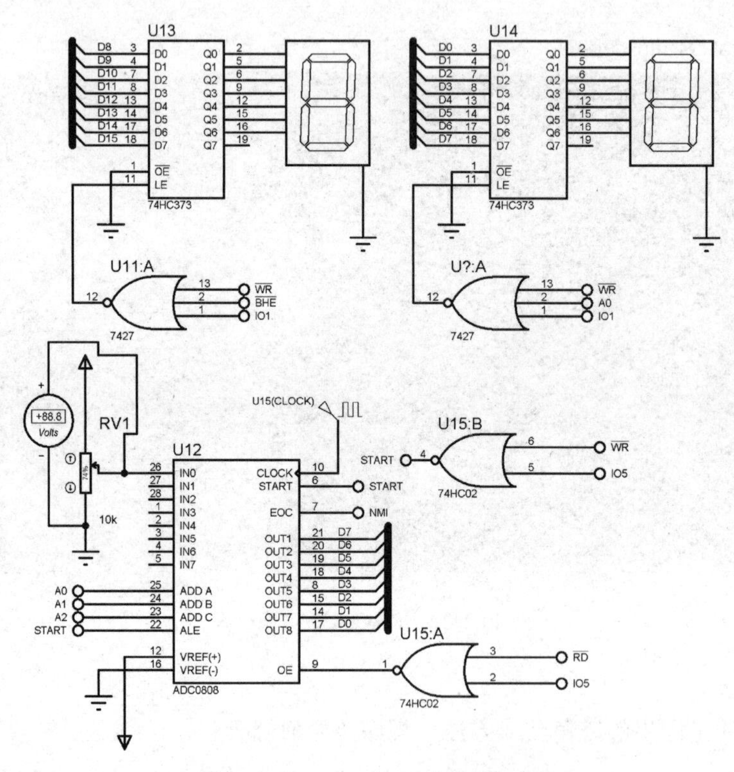

图 14.2-17　ADC0809 实验原理图

【参考程序 14.2-9】

```
LED_L      EQU    490H             ;低位的 74HC373 地址
LED_H      EQU    491H             ;高位的 74HC373 地址
ADC0809    EQU    4D0H             ;ADC0809 地址
CODE   SEGMENT
   ASSUME CS:CODE,DS:DATA,SS:STACK
```

① 注：Proteus 的元件库中无 ADC0809，用 ADC0808 代替，仿真效果类似。

```
START: MOV    AX, DATA
       MOV    DS, AX
       MOV    AX, STACK
       MOV    SS, AX
       LEA    SP, TOP
       PUSH   ES                     ;中断向量表初始化
       XOR    AX, AX
       MOV    ES, AX
       MOV    AL, 2
       XOR    AH, AH
       SHL    AL, 1
       SHL    AL, 1
       MOV    SI, AX
       MOV    AX, OFFSET NMI_SERVICE
       MOV    ES:[SI], AX
       MOV    BX, CS
       MOV    ES:[SI+2], BX
       POP    ES
       MOV    DX, ADC0809            ;启动 ADC0809 通道 0 的 A/D 转换
       OUT    DX, AL
       JMP    $
NMI_SERVICE:
       MOV    DX, ADC0809
       IN     AL, DX                 ;读取 A/D 转换结果
       MOV    AH, AL
       MOV    SI, AX
       MOV    BX, OFFSET TABLE
       AND    SI, 000FH
       MOV    AL, [BX][SI]           ;取低字节
       MOV    DX, LED_L              ;低位的 74HC373
       OUT    DX, AL                 ;显示
       MOV    SI, AX
       MOV    CL, 12
       SHR    SI, CL
       MOV    AL, [BX][SI]           ;取高字节
       MOV    DX, LED_H              ;高位的 74HC373
       OUT    DX, AL                 ;显示
       MOV    DX, ADC0809            ;再次启动 ADC0809 通道 0 的 A/D 转换
       OUT    DX, AL
EXIT:  IRET
CODE   ENDS
DATA   SEGMENT
   ORG 1000H
   TABLE  DB 3FH,06H,5BH,4FH,66H,6DH,7DH,07H
          DB 7FH,6FH,77H,7CH,39H,5EH,79H,71H     ;0~F 的共阴极七段数码管段码
DATA   ENDS
STACK  SEGMENT
       DB 100 DUP(?)
       TOP LABEL WORD
STACK  ENDS
       END    START
```

7. 思考题

把图 14.2-17 中的非屏蔽中断 NMI 替换成可屏蔽中断，电路和程序应该如何修改？

14.3 接口综合设计

14.3.1 电子时钟设计

1. 设计要求

设计一个电子时钟。要求：

（1）在 LED 显示器上以 HH-MM-SS（时-分-秒）的形式显示时间；

（2）时间每秒更新一次；

（3）当前时间可以调整。

2. 电路设计分析

硬件电路主要分为秒定时信号产生电路、LED 显示器接口和按键接口。假设秒定时信号产生电路用 8253 构成；LED 显示器采用 8 位数码管动态扫描、分时循环显示原理，用 8255A 的 A 口和 B 口分别用于段选和位选；8255A 的 C 口接 3 个按键分别用于时、分、秒的调整，见图 14.3-1。

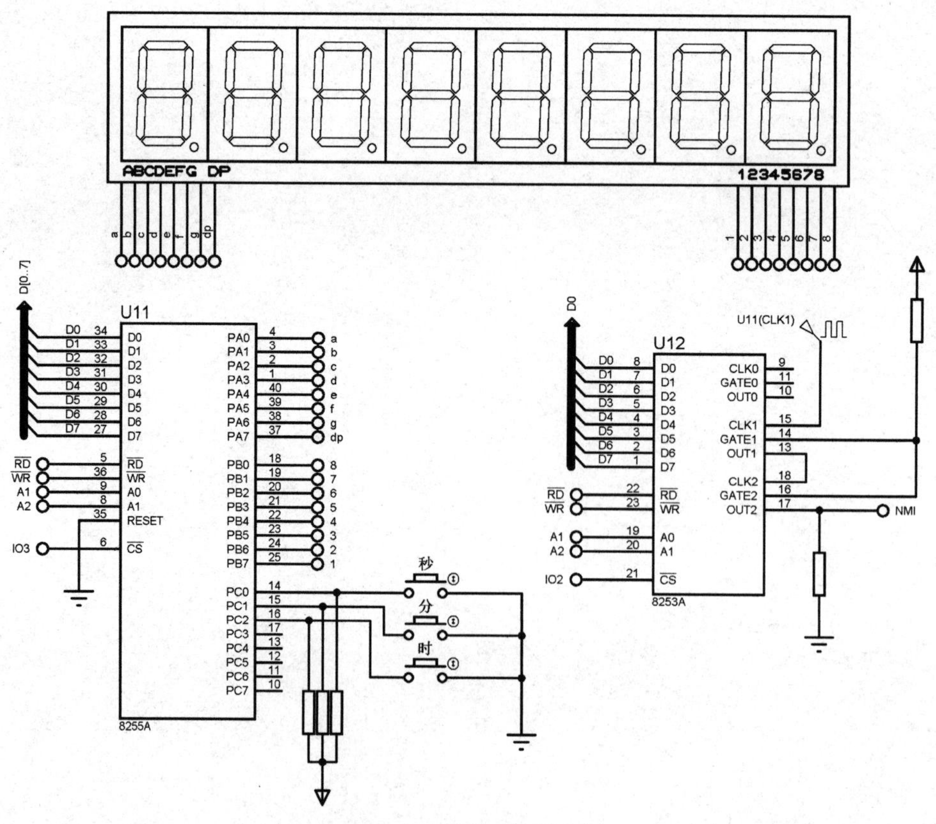

图 14.3-1 电子时钟原理图

假设 8253 的 CLK_1 输入的时钟信号频率为 100kHz，为了实现 1s 的定时，需要两个计数器串联，计数器 1 的计数初值设为 1000，工作在方式 3，OUT_1 输出的是 1kHz 的方波，同时作为 CLK_2

的输入，计数器 2 工作在方式 2，计数初值为 100，输出周期为 1s 的负脉冲，每隔 1s 向 8086 发 1 次中断请求。这里采用的是非屏蔽中断 NMI（也可以采用可屏蔽中断，并利用 8259A 来管理）。

3．程序设计分析

在此基础上，实现电子时钟的原理是：利用秒定时信号产生电路产生周期性的定时中断请求信号，每隔 1s 向 CPU 发送 1 次非屏蔽中断请求；CPU 响应非屏蔽中断请求时，在中断服务程序中通过软件计数来获得秒、分、时的值。时、分、秒各对应 1 个变量，中断服务程序按 BCD 码规则进行加 1 运算。程序主要包括：

（1）主程序：主要包括初始化操作（设置时间初值、初始化中断向量表、初始化 8253 和 8255A 等），调用 LED 显示子程序和按键调整子程序，电子时钟主程序的流程图见图 14.3-2。

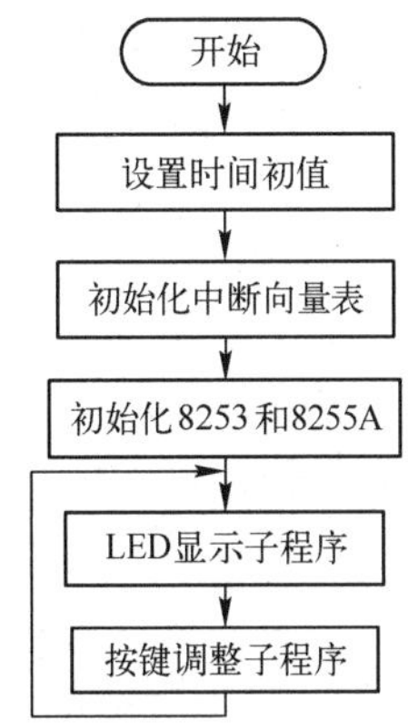

图 14.3-2　电子时钟主程序流程图

（2）中断服务程序：用于时、分、秒的计数处理，中断服务程序流程图见图 14.3-3。

（3）LED 显示子程序：从时、分、秒的计数变量中取出时间数据（BCD 码），分离成时、分、秒的个位、十位共 6 个字节，转换成数码管的段码，以及时与分、分与秒之间的间隔符“-”的段码依次送 LED 显示器显示。

（4）按键调整子程序：检测“时”、“分”和“秒”等按键是否被按下，按下则相应的变量按 BCD 码规则进行加 1 处理。按键检测时需要注意去抖和松手检测（重复计数）等问题的处理。程序流程图见图 14.3-4。

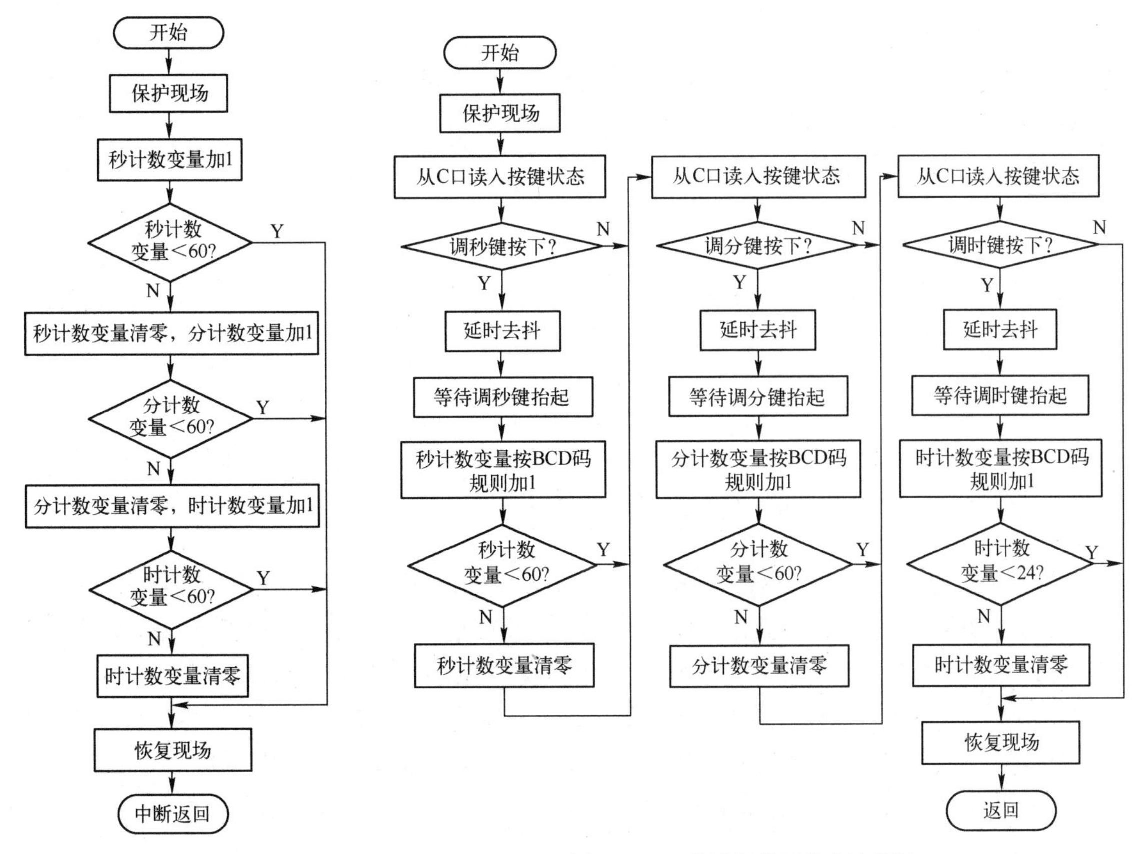

图 14.3-3　中断服务程序流程图　　图 14.3-4　按键调整子程序流程图

4．参考程序

请扫描二维码获取程序。

二维码 14-10　电子时钟程序

14.3.2　多功能波形发生器设计

1．设计要求

利用 D/A 转换器和并行接口芯片，设计一个能输出多种波形的多功能波形发生器，要求：

（1）通过按键选择，使 D/A 转换器输出矩形波、三角波、锯齿波或梯形波；

（2）通过按键可以改变输出波形的幅值，例如，利用 1～5 这 5 个数字键改变其输出波形的幅值，当按下 1～5 数字键时，使 D/A 转换器的输出幅值从 1V 增加到 5V；

（3）用示波器观察输出波形。

2．设计原理分析

这里选用 DAC0832 构成多功能波形发生器的模拟输出通道，假设其工作在单缓冲方式，输出单极性电压，则输出电压 V_{OUT} 与输入数字量 D 之间的关系为：

$$V_{\mathrm{OUT}}=-\frac{D}{256}V_{\mathrm{REF}}$$

D=0～255，基准电压 V_{REF}=−5V。

当 D=0FFH=255 时，最大输出电压 $V_{\max}$=(−255/256)×(−5V)=4.98V；当 D=0 时，最小输出电压 $V_{\min}$=(−0/256)×(−5V)=0V。

DAC0832 输出的模拟量与输入的数字量成正比，通过程序向 DAC0832 输出随时间规律变化的数字量，在 DAC0832 输出端便可以得到规则波形。因此通过控制最大输出电压即可得到不同的输出幅值，把 0～255 分成 5 挡：

1 挡的最大幅值为 1V，对应的 D_1=51；

2 挡的最大幅值为 2V，对应的 D_2=102；

3 挡的最大幅值为 3V，对应的 D_3=153；

4 挡的最大幅值为 4V，对应的 D_4=204；

5 挡的最大幅值为 5V，对应的 D_5=255。

3．电路设计分析

按下数字键 i 时（i=1～5），设置不同的 D_i 值，就可以得到对应的输出幅值。此外还需要通过按键来选择输出 4 种不同的波形，按键至少需要 10 个（包含 1 个停止键），为此采用 4×4 行列式键盘。

假设用 8255A 来控制按键，用 PC_0～PC_3 作为行线扫描输出，用 PC_4～PC_7 作为列线状态输入。16 个按键中，1～5 号键作为幅值选择，A 号键为矩形波，B 号键为三角波，C 号键为锯齿波，D 号键为梯形波，F 号键为停止。为了调试方便，在 8255A 的 A 口连接了一个共阴极七段数码管，显示按下的按键编码，用于观察按键与波形变化的关系。由此可知 8255A 工作在方式 0，PC_4～PC_7 输入，PC_0～PC_3 输出，A 口输出，因此控制字为 10001000B。

多功能波形发生器原理图见图 14.3-5。

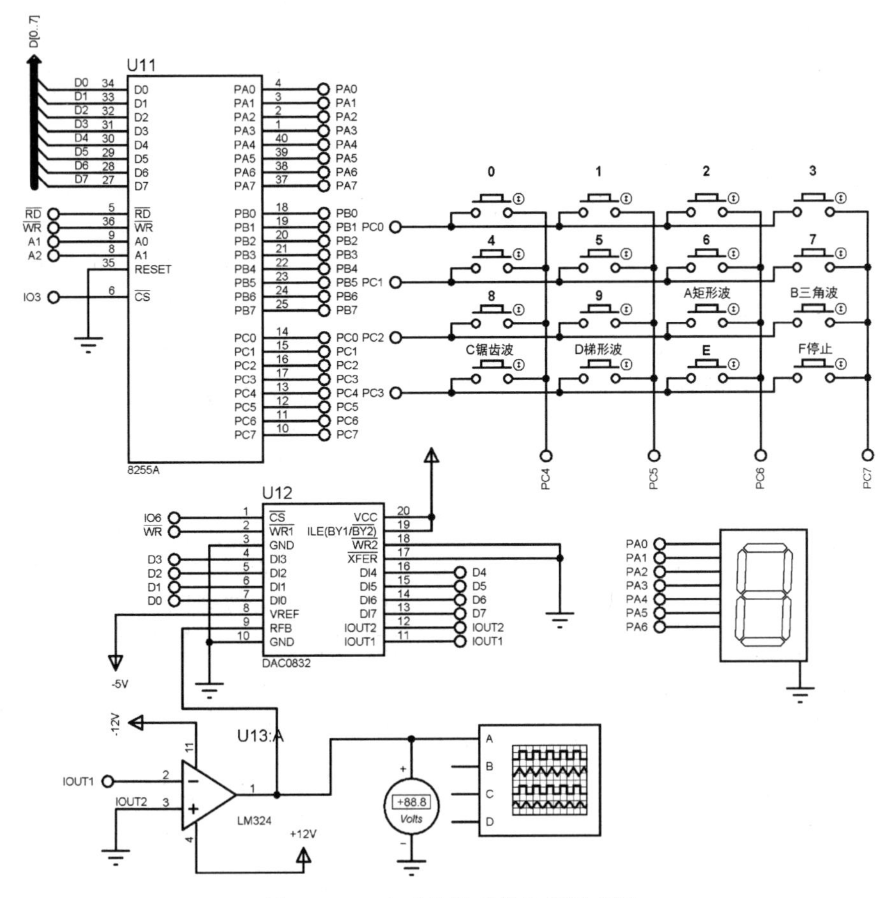

图 14.3-5　多功能波形发生器原理图

4．程序设计分析

多功能波形发生器主程序流程图见图 14.3-6，其中键盘扫描子程序可参考 7.4.3 节。

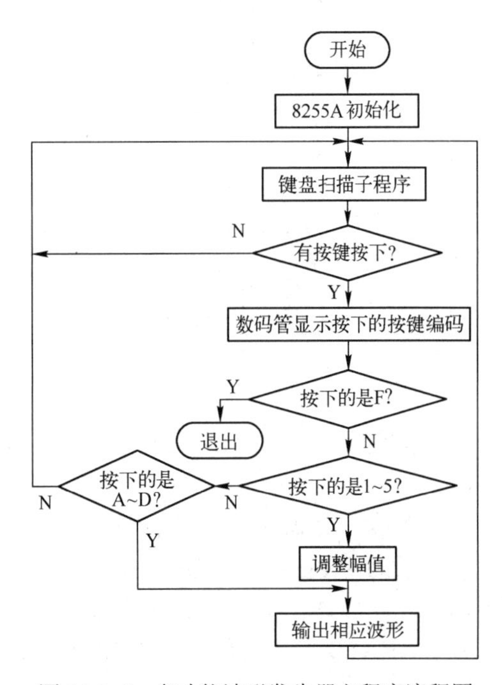

图 14.3-6　多功能波形发生器主程序流程图

5．参考程序

请扫描二维码获取程序。

二维码 14-11
多功能波形发生器
程序

14.3.3　步进电机速度控制系统设计

1．设计任务

设计 1 个四相步进电机的速度控制系统。要求：

（1）该步进电机以四相八拍方式工作；

（2）用电位计控制该步进电机的速度；

（3）用 00H～FFH 表示电机速度的挡位，0 表示速度最快，FFH 表示速度最慢，将速度挡位显示在数码管上。

2．电路设计分析

为了实现设计任务要求，通过 1 个电位计来控制步进电机的速度，因此用 ADC0809 采集步进速度(电位计数据)信息，将所得到的模拟速度值，由软件转换为与步进电机速度相关的步进脉冲频率，再以此值控制步进脉冲的输出周期。

图 14.3-7 为步进电机速度控制系统原理图，8253 用于产生周期性的定时中断请求信号 IR_0 送 8259A，通过定时中断和 ADC0809 的共同作用，换算出信号的延时量，据此来控制节拍输出频率。

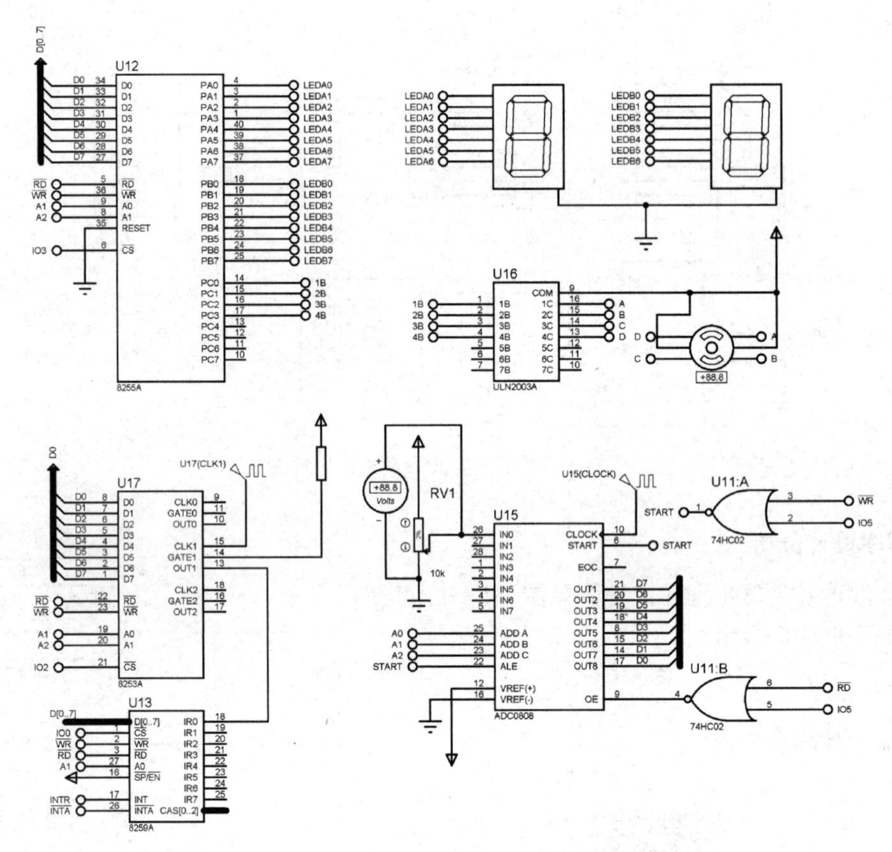

图 14.3-7　步进电机速度控制系统原理图

选用 ULN2003A 来实现步进电机的控制，假设用 8255A 的 C 口低 4 位作为步进电机的控制接口，即 8255A 的 PC_0～PC_3 接到四相步进电机的 A 相、B 相、C 相和 D 相绕组驱动控制电路，对应 ULN2003A 引脚 1B～4B。

因为速度值用十六进制数表示，所以用 2 位七段数码管即可，本设计采用数码管静态显示，用 8255A 的 A 口和 B 口作为数码管的接口。高位数码管的地址为 4B0H(IO_3)，低位数码管地址为 4B2H(IO_3+2)，电机接口即 8255A 的 C 口地址为 4B4H(IO_3+4)，8253 的基地址为 4A0H(IO_2)。

3．程序设计分析

为了实现对各绕组按一定方式轮流加电，需先按所选择的工作方式在数据段中建立 1 个周期内各拍应向 8255A 的 C 口送出的控制字表。本设计中采用四相八拍工作方式，控制字表如下：0001B，0011B，0010B，0110B，0100B，1100B，1000B，1001B。

假定 8253 的定时时间是 *k* ms，从 ADC0809 转换电路采样到的数据为 CNT，即相对速度；而每输出 1 拍控制信号的延时量为(CNT+1)*k* ms。因此，可以用软件设计 1 个中断计数器，计数器计数到 CNT +1 时，就输出 1 拍控制信号。可见 CNT 越大电机速度越慢。

按上述设计思想设计的控制软件由主程序和中断服务程序组成。主程序主要完成初始化中断向量表、初始化 8259A、8255A 和 8253，首次启动 A/D 转换以及调用显示子程序控制数码管的显示，对应的主程序流程图见图 14.3-8。中断服务程序采集 A/D 转换结果并保存，计算新的节拍输出延时量，启动下一次 A/D 转换，延时量到时输出电机的 1 拍控制字等，其程序流程图见图 14.3-9。

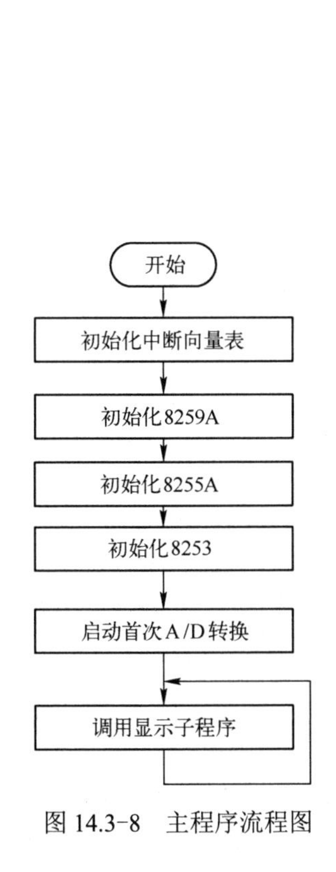

图 14.3-8　主程序流程图

开始
采集A/D转换结果并保存
与上次结果一致?
Y
N
计算新的节拍输出延时量
启动下一次A/D转换
延时量加1
到规定的延时量?
N
Y
输出1拍控制字
到控制字表末尾?
N
Y
回到控制字表头
中断结束命令
中断返回

图 14.3-9　中断服务程序流程图

4．参考程序

请扫描二维码获取程序。

二维码 14-12
步进电机速度控制
系统程序

附录A　基本逻辑门电路图形符号对照表

表中列出了基本逻辑门电路的国际图形符号和限定符号(GB/T4728.12.1996)、国外流行图形符号和曾用图形符号。

序　号	名　称	GB/T4728.12—1996		国外流行图形符号	曾用图形符号
		限定符号	国标图形符号		
1	与门	&	&		
2	或门	≥1	≥1		+
3	非门	逻辑非入和出	1		
4	与非门		&		
5	或非门		≥1		+
6	与或非门		& ≥1		+
7	异或门	=1	=1		⊕
8	同或门	=	= =1		⊙ ⊕
9	集电极开路OC门、漏极开路OD门	L型开路输出	&		
10	缓冲器	▷	▷		
11	三态使能输出的非门	EN 输入使能	1 EN 1 EN		
12	传输门		n p a 1X1 1 1 b		TG

注：在表的第三列列出了限定符号，限定符号有总限定符号、输入/输出限定符号、内部连接符号、方框内符号、非逻辑连接和信息流指示符号等。

总限定符号用于表征逻辑单元的总逻辑功能，输入/输出限定符号标注在方框内输入端或输出端，用于说明输入或输出的功能消息等。

附录 B　ASCII 编码表

表 B-1　非打印 ASCII 码

十进制数	十六进制数	助记名	备注	十进制数	十六进制数	助记名	备注
0	00	NUL	空	16	10	DLE	数据通信换码符
1	01	SOH	文件头的开始	17	11	DC1	设备控制 1
2	02	STX	文本的开始	18	12	DC2	设备控制 2
3	03	ETX	文本的结束	19	13	DC3	设备控制 3
4	04	EOT	传输的结束	20	14	DC4	设备控制 4
5	05	ENQ	询问	21	15	NAK	否定
6	06	ACK	确认	22	16	SYN	同步空闲
7	07	BEL	响铃	23	17	ETB	传输块结束
8	08	BS	后退	24	18	CAN	取消
9	09	HT	水平跳格	25	19	EM	媒体结束
10	0A	LF	换行	26	1A	SUB	减
11	0B	VT	垂直跳格	27	1B	ESC	退出
12	0C	FF	格式馈给	28	1C	FS	域分隔符
13	0D	CR	回车	29	1D	GS	组分隔符
14	0E	SO	向外移出	30	1E	RS	记录分隔符
15	0F	SI	向内移入	31	1F	US	单元分隔符

表 B-2　可打印 ASCII 码

十进制数	十六进制数	符号	十进制数	十六进制数	符号	十进制数	十六进制数	符号
32	20	空格	64	40	@	96	60	、
33	21	!	65	41	A	97	61	a
34	22	″	66	42	B	98	62	b
35	23	#	67	43	C	99	63	c
36	24	$	68	44	D	100	64	d
37	25	%	69	45	E	101	65	e
38	26	&	70	46	F	102	66	f
39	27	′	71	47	G	103	67	g
40	28	(	72	48	H	104	68	h
41	29	)	73	49	I	105	69	i
42	2A	*	74	4A	J	106	6A	j
43	2B	+	75	4B	K	107	6B	k
44	2C	,	76	4C	L	108	6C	l
45	2D	-	77	4D	M	109	6D	m
46	2E	.	78	4E	N	110	6E	n
47	2F	/	79	4F	O	111	6F	o
48	30	0	80	50	P	112	70	p

续表

十进制数	十六进制数	符号	十进制数	十六进制数	符号	十进制数	十六进制数	符号
49	31	1	81	51	Q	113	71	q
50	32	2	82	52	R	114	72	r
51	33	3	83	53	S	115	73	s
52	34	4	84	54	T	116	74	t
53	35	5	85	55	U	117	75	u
54	36	6	86	56	V	118	76	v
55	37	7	87	57	W	119	77	w
56	38	8	88	58	X	120	78	x
57	39	9	89	59	Y	121	79	y
58	3A	:	90	5A	Z	122	7A	z
59	3B	;	91	5B	[	123	7B	{
60	3C	<	92	5C	\	124	7C	|
61	3D	=	93	5D	]	125	7D	}
62	3E	>	94	5E	^	126	7E	～
63	3F	?	95	5F	–	127	7F	

附录C　自 测 试 题

C.1　试卷 1 及答案

二维码 C-1　试卷 1

二维码 C-2　试卷 1 答案

C.2　试卷 2 及答案

二维码 C-3　试卷 2

二维码 C-4　试卷 2 答案

C.3　试卷 3 及答案

二维码 C-5　试卷 3

二维码 C-6　试卷 3 答案

附录 D　本书二维码目录

参 考 文 献

[1] 周荷琴．微型计算机原理与接口技术．4 版．合肥：中国科技大学出版社，2008.

[2] 王爽．汇编语言．2 版． 北京：清华大学出版社，2008.

[3] 彭虎，周佩玲，傅忠谦．微机原理与接口技术学习指导．3 版．北京：电子工业出版社，2013.

[4] 余春暄，施远征，左国玉．80x86 微机原理与接口技术——习题解答与实验指导．北京：机械工业出版社，2011.

[5] 顾晖，陈越，梁惺彦．微机原理与接口技术——基于 8086 和 Proteus 仿真．3 版．北京：电子工业出版社，2019.

[6] 徐军，李海燕，张申浩．考研专业课真题必练（含关键考点点评）——微机原理与接口技术．北京：北京邮电大学出版社，2013.

[7] 邹逢兴．微机原理与接口技术经典实验案例集．北京：高等教育出版社，2012.

[8] 陈逸菲，等．微机原理与接口技术实验与实践教程——基于 Proteus 仿真．北京：电子工业出版社，2016.

[9] 朱有产，等．微机原理与接口技术——基于 Proteus 仿真．北京：北京邮电大学出版社，2021.

[10] 何宏，等. 微机原理与接口技术——基于 Proteus 仿真的 8086 微机系统设计及应用学习指导. 北京：清华大学出版社，2015.

[11] 宋志强，等. 单片机原理及应用：基于 C51+Proteus 任务式驱动教程. 北京：机械工业出版社，2022.

[12] 陆小风. 计算机底层的秘密. 北京：电子工业出版社，2023.

[13] 靳国杰，张戈. CPU 通识课. 北京：人民邮电出版社，2022.

[14] 六大国产 CPU 大比拼：申威、龙芯、飞腾、鲲鹏、海光、兆芯，真正能自主可控的仅两家. https://blog.csdn.net/Stestack/article/details/134151938.